教育部高等学校化工类专业教学指导委员会推荐教材
荣获中国石油和化学工业优秀教材一等奖
江苏“十四五”普通高等教育本科规划教材

化工热力学

第二版

冯 新　宣爱国　周彩荣　主编

化学工业出版社
·北 京·

化工热力学是化学工程与工艺专业最重要的必修课程之一，也是一门非常抽象、枯燥和难以理解的课程。为了使学生能真正体会到化工热力学的美丽和智慧所带来的快乐，《化工热力学》（第二版）无论从内容还是形式上均有推陈出新之举，令人耳目一新。书中列举大量"从生活中来、到生产中去"的鲜活实例；尽可能用直观生动的图像替代抽象的语言；插入重点提示，使得本书生动活泼、重点突出、易于理解，同时具有时代气息。此外，《化工热力学》（第二版）采用化工设计公司宝贵的工程案例真题真做，让学生充分理解热力学模型对化工生产质量与经济效益的重要性。

《化工热力学》（第二版）内容包括：绪论、流体的 p-V-T 关系和状态方程、纯流体的热力学性质计算、溶液热力学性质的计算、相平衡、化工过程能量分析、蒸汽动力循环与制冷循环，共七章。本书可作为化工及相关专业的高等学校教材，也可供有关科研和工程技术人员参考。

图书在版编目（CIP）数据

化工热力学/冯新，宣爱国，周彩荣主编．—2版．—北京：化学工业出版社，2018.8（2025.1重印）
教育部高等学校化工类专业教学指导委员会推荐教材
ISBN 978-7-122-32252-4

Ⅰ.①化…　Ⅱ.①冯…②宣…③周…　Ⅲ.①化工热力学-高等学校-教材　Ⅳ.①TQ013.1

中国版本图书馆CIP数据核字（2018）第110547号

责任编辑：徐雅妮　丁建华　　装帧设计：关　飞
责任校对：王素芹

出版发行：化学工业出版社（北京市东城区青年湖南街13号　邮政编码100011）
印　　刷：北京云浩印刷有限责任公司
装　　订：三河市振勇印装有限公司
880mm×1230mm　1/16　印张22½　彩插1　字数668千字　　2025年1月北京第2版第8次印刷

购书咨询：010-64518888　　售后服务：010-64518899
网　　址：http://www.cip.com.cn
凡购买本书，如有缺损质量问题，本社销售中心负责调换。

定　　价：58.00元

教育部高等学校化工类专业教学指导委员会
推荐教材编审委员会

序

化工是工程学科的一个分支，是研究如何运用化学、物理、数学和经济学原理，对化学品、材料、生物质、能源等资源进行有效利用、生产、转化和运输的学科。化学工业是美好生活的缔造者，是支撑国民经济发展的基础性产业，在全球经济中扮演着重要角色，处在制造业的前端，提供基础的制造业材料，是所有技术进步的“物质基础”，几乎所有的行业都依赖于化工行业提供的产品支撑。化学工业由于规模体量大、产业链条长、资本技术密集、带动作用广、与人民生活息息相关等特征，受到世界各国的高度重视。化学工业的发达程度已经成为衡量国家工业化和现代化的重要标志。

我国于2010年成为世界第一化工大国，主要基础大宗产品产量长期位居世界首位或前列。近些年，科技发生了深刻的变化，经济、社会、产业正在经历巨大的调整和变革，我国化工行业发展正面临高端化、智能化、绿色化等多方面的挑战，提升科技创新能力，推动高质量发展迫在眉睫。

党的二十大报告提出要坚持教育优先发展、科技自立自强、人才引领驱动，加快建设教育强国、科技强国、人才强国，坚持为党育人、为国育才。建设教育强国，龙头是高等教育。高等教育是社会可持续发展的强大动力。培养经济社会发展需要的拔尖创新人才是高等教育的使命和战略任务。建设教育强国，要加强教材建设和管理，牢牢把握正确政治方向和价值导向，用心打造培根铸魂、启智增慧的精品教材。教材建设是国家事权，是事关未来的战略工程、基础工程，是教育教学的关键要素、立德树人的基本载体，直接关系到党的教育方针的有效落实和教育目标的全面实现。

为推动我国化学工业高质量发展，通过技术创新提升国际竞争力，化工高等教育必须进一步深化专业改革、全面提高课程和教材质量、提升人才自主培养能力。

教育部高等学校化工类专业教学指导委员会（简称“化工教指委”）是教育部领导的专家组织，其主要职责是以人才培养为本，开展高等学校本科化工类专业教学的研究、咨询、指导、评估、服务等工作。高等学校本科化工类专业包括化学工程与工艺、资源循环科学与工程、能源化学工程、化学工程与工业生物工程、精细化工等，培养化工、能源、信息、材料、环保、生物、轻工、制药、食品、冶金和军工等领域从事科学研究、技术开发、工程设计和生产管理等方面的专业人才，对国民经济的发展具有重要的支撑作用。

“化工教指委”成立伊始就高度重视教材工作，通过建设高质量、高水平的精品教材，推动化工类专业课程和教学方法改革。2008年“化工教指委”与化学工业出版社组织编写了10种适合应用型本科教育、突出工程特色的“教育部高等学校化学工程与工艺专业教学指导分委员会推荐教材”，包括国家级精品课程、省级精品课程的配套教材，出版后被100多所高校选用，并获得中国石油和化学工业优秀教材一等奖。2014年召开了“教育部高等学校化工类专业教学指导委员会推荐教材编审会”，在组织修订第一批推荐教材的同时，增补专业必修课、专业选修课配套教材，为培养化工类人才提供更丰富的教学支持。

2018 年以来，在新一届“化工教指委”的指导下，本套教材的编写学校与作者根据新时代学科发展与教学改革，持续对教材品种与内容进行完善、更新，全面准确阐述学科的基本理论、基础知识、基本方法和学术体系，全面反映化工学科领域最新发展与重大成果，有机融入课程思政元素，对接国家战略需求，厚植家国情怀，培养责任意识和工匠精神，并充分运用信息技术创新教材呈现形式，使教材更富有启发性、拓展性，激发学生学习兴趣与创新潜能。

希望“教育部高等学校化工类专业教学指导委员会推荐教材”能够为培养理论基础扎实、工程意识完备、综合素质高、创新能力强的化工类人才，发挥培根铸魂、启智增慧的作用。

教育部高等学校化工类专业教学指导委员会
2023 年 6 月

作者简介

冯新博士，南京工业大学教授，博士生导师，多年来潜心于化工热力学和材料研究，主持的“化工热力学”课程被评选为国家精品课程。冯新教授主持了多项国家自然科学基金项目，曾获国家技术发明二等奖，并先后5次获国家和省部级科技奖励，在国内外知名期刊上发表论文170多篇，获国家发明专利20多项。她具有宽广的国际视野，连续参加5届国际化工热力学顶级会议PPEPPD，她的教学与科研理念受到美国三院院士J. M. Prausnitz教授、美国工程院院士Keith Gubbins和Carol Hall教授的赞许。参与翻译了化工热力学名著《Molecular Thermodynamics of Fluid-Phase Equilibria》（3rd ed.）及化工热力学经典教材《Introduction to Chemical Engineering Thermodynamics》（7th ed.）；并组织了高水平的国际化工热力学课程。

冯新教授有着非常独特的教育理念，她主张“用学生听得懂的语言来讲授化工热力学”，并认为教书的同时育人，是一种“四两拨千斤”的方法！她希望学生们是“胸怀大志、志存高远的人”，而不是“精致的利己主义者”；是有“大智慧的人”，而不是“小聪明的人”。在她的精心“雕琢”下，很多“璞玉”成长为优秀的人才！冯新教授曾获“感动江苏教育人物——2018最美高校教师”、江苏省高校“优秀共产党员”、南京工业大学“师德十佳”等荣誉称号。

宣爱国博士，武汉工程大学教授，曾担任化学化工实验中心主任，研究方向为化工过程模拟与优化，长期从事本科生和研究生化工热力学的教学工作。2015年指导学生研究开发的“化工热力学计算软件”获得计算机软件著作权。她先后承担科研课题20多项，发表论文60多篇，其中SCI收录10余篇，获得发明专利2项。有代表性的科研成果有“羰基氧化法合成碳酸二苯酯相关体系的相平衡研究”“甲苯二异氰酸酯相关体系的相平衡研究”“石油化工关键装置的在线监测与安全评价”等。代表论文曾发表在《Fluid Phase Equilibria》《Chemical Engineering Science》等知名期刊。宣爱国教授坚持以教育为本，言传身教、教学相长，将社会主义核心价值观融入教学全过程，在化工热力学教学岗位上塑造了有理想信仰、责任担当、创新探索、潜心育人的新时代优秀教师形象。

周彩荣博士，郑州大学教授，河南省教学名师，主要从事化工热力学、精细有机合成和制药工程的教学与科研。作为郑州大学“化工热力学”课程负责人，开展了教学内容、教学方法、教学模式等改革，在教学工作中注重融入工程实践，不断将研究成果引入教学过程中。开发的化工热力学网络虚拟实验室可以完整展现实验过程，达到仿真效果，加深学生对实验过程及理论的了解。她先后主持完成了河南省优秀课程、精品课程、精品视频共享课等项目，领衔的教学团队曾获得河南省教学示范团队、河南省双语教学示范课程、中国石油和化学工业联合会优秀教学团队等称号。周彩荣教授作为主持及主要研究者承担完成了国家自然科学基金、省（部）科技攻关等项目，获国家发明专利6项，在国内外学术刊物上发表学术论文167篇，获省部级以上科技进步奖5项。

前 言

《化工热力学》自2009年出版以来得到了读者的好评，其起点高、眼界阔、理念和形式新、有时代感、脉络清晰、生动、易于理解的风格受到了师生们的喜爱，被全国50多所兄弟院校使用。本教材2010年荣获中国石油和化学工业优秀教材奖，2011年荣获江苏省精品教材。本书编者冯新教授2018年荣获“感动江苏教育人物——2018最美高校教师”的称号，所主持的南京工业大学化工热力学课程2009年荣获国家精品课程；周彩荣教授2016年荣获河南省高等教育教学名师称号。为了这些进步能与读者分享，编者们花了整整三年时间对教材进行了修改。这期间，编者们多方听取了使用者的意见；同时，不断汲取国内外及工业界最新养分，希望把自己的所思所想和点滴进步反映到新版教材中。希望这本凝聚了编者们心血的教材能不辜负大家的期望和厚爱。

《化工热力学》（第二版）在继承原有风格的基础上，更加注重逻辑性和扩展知识，强调模型选择的重要性：

1. 第2～7章章首设置了“本章框架”“导言”和“本章基本要求”，让学生一开始就对每一章的重要作用和主要内容、章与章之间的关系、需要重点掌握的知识点了然于心。

2. 为了让学生能真正认识到化工热力学最重要的是“概念”而不是“算算算”，第5章新增了“5.5 热力学模型选择与Aspen Plus”，采用南京英斯派工程技术有限公司的工程案例作为例题，真题真做，考察了不同热力学模型对精馏塔的分离能力、设备和能耗、投资和操作费用及开车情况的影响。该工程案例充分说明，如果没有准确地选择热力学模型，Aspen Plus给出的答案可能是非常荒谬的。可以说：没有热力学模型，就没有化工设计。

3. 主要的内容变化：①第2章“混合规则”的描述更清晰；②$G=H-TS$始终是热力学的主线，为此，第3章新增“3.3.2 Gibbs自由能随T、p的变化关系式”；③第5章新增“5.5 热力学模型选择与Aspen Plus”；④第6章“6.2 热力学第二定律及其应用”部分改动较大，“敞开体系的熵平衡”表述得更清晰，新增了学生喜闻乐见的“工业生产节能实例”；⑤第7章在结构和内容上改动较大，以提高学习效果；⑥新增了较多的例题与习题，以体现各章之间千丝万缕的联系；⑦为了让学生们了解更多化工热力学的历史、感受到时代的脉搏，增加了“知识拓展”内容。

4. 开发了与本教材配套的计算软件，可登录www.cipedu.com.cn注册会员（网页首行），搜索“化工热力学”或“作者姓名”查找下载。

本书第1章、第2章由南京工业大学冯新教授编写，第3章、第7章由郑州大学周彩荣教授编写，第4章、第5章由武汉工程大学邮电与信息工程学院宣爱国教授编写，第6章由华北理工大学侯彩霞副教授编写，全书由冯新教授、宣爱国教授统稿。

各章的参考学时为第1章2学时、第2章6学时、第3章6学时、第4章10～12学时、第5章8～12学时，第6章6～8学时、第7章6～8学时。带*号的内容可作为选讲内容，便于教师根据不同专业、不同学时要求进行取舍。

在《化工热力学》（第二版）编写过程中，不仅编者们竭尽了全力，也得到了很多专家、同行、学生的支持和帮助：华东理工大学刘洪来教授、南京工业大学陆小华教授、瑞典吕勒奥工业大学吉晓燕教授给予了高水平的指点；南京英斯派工程技术有限公司谢佳华总经理花费了大量时间和精力为本书撰写案例，并把很多宝贵的设计案例无私奉献了出来；南京工业大学化工学院刘畅教授、杨祝红副教授、吕玲红教授、朱育丹副教授提出了很多有益的建议，刘畅教授提供了许多有价值的教改成果；武汉工程大学化工与制药学院杨犁副教授、武汉工程大学邮电与信息工程学院向丽副教授为本书再版的校正和教材的配套计算软件开发提供了很多支持；武汉工程大学化工与制药学院硕士研究生宋子林为本书开发了配套的计算软件；南京工业大学化工学院樊凡同学对配套的计算软件进行了测试，南京工业大学化工学院鲁帅同学为例题精确计算作出了贡献，并对某些内容提出很好的建议；许多使用本教材的师生也对再版提出了宝贵意见。再版工作还得到江苏省精品教材、江苏省品牌专业建设经费的支持，在此一并深表谢意！

由于编者的学术水平有限，书中难免有不妥之处，敬请读者批评指正。

编者

2019 年 1 月

第一版前言

化工热力学是国内外化学工程与工艺专业的主干课程，是化工过程研究、开发和设计的理论基础。

化工热力学概念严谨、理论性强，使众多学子在枯燥的数学公式和抽象的概念面前望而生畏。课时缩短后，问题更加突出。

为解决应用型人才培养中对课程“为什么学-学什么-如何学-如何用”的困惑，2007 年 7 月，教育部化学工程与工艺专业教学指导分委员会在北京召开了“化学工程与工艺专业应用型本科教学研讨会”，对应用型本科教材提出了新的要求，并确定以南京工业大学冯新、武汉工程大学宣爱国为牵头人来负责组织应用型《化工热力学》教材的编写工作。之后，同年 8 月在天津大学召开“全国化工类专业教学成果推广暨人才培养方案与核心课程教学研讨会”以及 11 月在郑州大学召开“第二届全国化工热力学教学与学科发展研讨会”上，经过广泛交流、充分讨论，新教材确定了“从生活中来，到生产中去”的主旨。教材编写内容始终围绕“为什么要学-学什么-如何学-如何用”展开。为了使学生能真正体会到化工热力学的美丽和智慧所带来的快乐，本教材无论从内容上还是形式上均有推陈出新之举，令人耳目一新。

(1) 以学生为中心，注重列举生活和生产实例

改革传统教育观念，强调以学生为中心。“理解是走向真知必不可少的阶段”，本教材精心设计例题和习题——考虑到学生对生产没有感性认识，本教材从生活入手，用学生熟悉的生活例子设疑，再用化工热力学原理解疑，最后上升到生产中去。如“液化气成分的选择”“以压缩天然气为燃料的出租车的里程问题”等；此外，各章适时穿插一些与热力学原理密切相关的科学前沿成果，如“低温热管降服青藏铁路冻土‘多动症’”“化工热力学与遏制全球变暖的关系”。人所共知，全球气候变暖是一个关系到人类存亡的大问题，而 CO_2 等温室气体的捕集、埋存与热力学的溶解度紧密相关。这些看似简单的生活问题，实则隐藏着深深的热力学原理，希望通过这些例子让学生们领悟到化工热力学的重要。

(2) 注重科学层面上培养学生的节能减排意识

化工热力学最根本任务就是给出物质和能量的最大利用极限，因此本教材希望从科学层面上培养学生的节能减排意识。我们深信，与只会翻开书本套公式的学生相比，能在头脑中有清晰、正确合理利用能源与资源概念的学生对全球可持续发展的贡献更大。因此，本教材中无论是引言还是例题经常将热力学原理与国计民生相联系，以培养学生对能源资源的忧患意识。

(3) 注重化工热力学巧妙思想方法的传输

化工热力学的数学公式纷繁复杂，理论概念严谨、抽象，但其实是“似至晦，实至明；似至繁，实至简；似至难，实至易”。它时时处处将“复杂事物变成简单事物加校正”的解决问题的方法，非常巧妙与独特，值得同学们学习与借鉴。

(4) 注重绪论、引言和结论

本教材非常重视绪论、引言和结论。

绪论中详细地交代了化工热力学的用途、研究内容和特点、研究方法以及各章之间的关系，这样可以使学生一开始就对该课程的总体框架有一个较为清晰的认识。

每一章引言从学生已有知识入手，以国家和社会需求为大背景，生动、有时代气息，亲

切如同课堂开场白；每一章以设问为出发点，围绕提出问题和解决问题，循环往复，以问题带动知识的学习和掌握，使教学活动诱人深入，不断激发学生的求知欲望。

各章之间内容与公式的前后呼应，更体现了不同章节热力学原理之间千丝万缕的联系和丝丝入扣的特征。

每一章的小结，都是从全局来理解该章内容的重要性以及最重要的概念和结论回顾，让学生一目了然。

（5）图文并茂、计算手段新颖

本教材最大的创新和特点是，留出 1/4 版面，插入大量图片和重点提示图板，使得教材生动活泼、重点突出、易于理解。而应用 Excel“单变量求解”工具和状态方程计算软件的图解说明，将纷繁复杂的计算演绎得清楚明了、易于掌握，从而诠释了计算机、网络与化工热力学的联系和应用，极具时代气息。

本教材另一创新是通过“创新的轨迹”讲述原理和公式背后的故事，让学生理解基础研究的重要性和科学技术的继承性。

全书分为 7 章。第 1 章为绪论、第 2 章为流体的 p-V-T 关系和状态方程，由南京工业大学冯新教授编写；第 3 章为纯流体的热力学性质计算，由郑州大学周彩荣教授编写；第 4 章为溶液热力学性质的计算、第 5 章为相平衡，由武汉工程大学宣爱国教授编写；第 6 章是化工过程能量分析，由河北理工大学田永淑教授编写；第 7 章是压缩、膨胀、动力循环与制冷循环，由沈阳化工大学龙小柱教授编写。冯新教授、宣爱国教授对全书进行了通读和统稿。全书由天津大学马沛生教授主审。

各章的参考学时为第 1 章和第 2 章 6 学时、第 3 章 6 学时、第 4 章 12 学时、第 5 章 8～12 学时，第 6 章 6～8 学时、第 7 章 6～8 学时。带 * 号的内容可作为选讲内容，便于教师根据不同专业、不同学时要求进行取舍。

本书作为化学工程与工艺及有关专业的应用型本科教材，也可作为化学化工教师、化学工程师、研究生和从事相关工作的科研和工程技术人员的参考书。

在本教材的写作过程中，得到南京工业大学陆小华教授、武汉工程大学王存文教授、郑州大学蒋登高教授的热情关怀和指导；也得到了南京工业大学材料化学工程国家重点实验室钱红亮硕士生、云志教授、张雅明教授、杨祝红副教授、吕玲红副教授、刘畅副教授和武汉工程大学“绿色化工过程”教育部和湖北省共建实验室邹正、王丁，南京工业大学化学化工学院孙超、谢文龙、吕家威的帮助；本教材还得到南京工业大学“化学工程与工艺国家特色专业”以及“化学工程与工艺专业国家优秀教学团队”建设经费的支持，在此向他们表示深深的感谢！

由于我们的学术水平有限，书中不足之处，敬请读者批评指正。

编者

2008 年 12 月

目录

第 3 章 纯流体的热力学性质计算 / 52

第 4 章 溶液热力学性质的计算 / 87

第 5 章 相平衡 / 150

第 6 章 化工过程能量分析 / 203

第1章 绪论

随着气候变化、环境污染和能源紧缺等问题日益加重，节能减排已成为全球的共识。怎样才能降低能耗、减少污染排放？作为化学工程师，我们能为之做些什么？什么样的“节能减排”意识才是正确的？在生产过程中是否只要使各环节的能量达到平衡就达到了节能的最高境界？“污染排放”既污染了环境，又浪费了资源，怎样才能在源头达到零排放？

从本质上看，节能减排是一个抑制熵增的过程。因为人类的一切生产消费活动都伴随着能源的耗费和熵的增加。经济系统是一个开放系统，它不断与自然界进行物质、能量、熵的交换，在物质交换中，输入物料资源，排出废物和输出产品；在能量交换中，输入可利用能、排出废热，这些过程都是一个个彻头彻尾的熵增过程。因此，节能减排要抑制熵增任重而道远。尽管人类无法逆转熵增的方向，就像无法逆转时间一样，但通过全人类的努力可以减缓熵增的速度。

化工热力学是化学工程的一个重要分支，它的最根本任务就是利用热力学第一、第二定律给出物质和能量的最大利用极限，有效地降低生产能耗，减少污染，从而在本质上指导如何减缓熵增的速度。因此毫不夸张地说：化工热力学就是为节能减排而生的！所以，学好化工热力学可以帮助我们培养正确的“节能减排”意识，从科学的层面节能减排，以减缓有效资源和有效能量的耗散速度。让能源开发利用效率与文明的进步提高同步！为人类更美好的明天贡献自己的力量！

1.1 化工热力学的范畴

化学工业是国民经济的支柱产业，而化学工程是研究其生产过程中的共同规律，并应用这些规律来解决生产中工程问题的学科。化学工程的主要目标就是把化学家实验室的成果进行规模化生产，它为人们的衣、食、住、行作出了杰出的贡献。如果没有青霉素大规模生产，最普通的感染都可能夺去我们的生命；如果没有化肥，我们可能食不果腹。化学工程的研究方法甚至已应用到其他的领域，如药物在人体中的扩散、含有高胆固醇的血液在血管中的流动状态（类似高黏度的流体在管道中的流动）等。

化工热力学则是化学工程的一个重要分支，是热力学基本定律应用于化学工程而形成的一门分支学科。

热力学基本定律应用于化学领域，形成了化学热力学，其主要内容有热化学、相平衡和化学平衡的理论；热力学基本定律应用于热能动力装置，如燃气轮机、冷冻机等，形成了工程热力学，其主要内容是研究工质的基本热力学性质以及各种装置的工作过程，探讨提高能量转换效率的途径。

化工热力学是以化学热力学和工程热力学为基础，伴随着化学工业的发展而逐步形成的，它集两

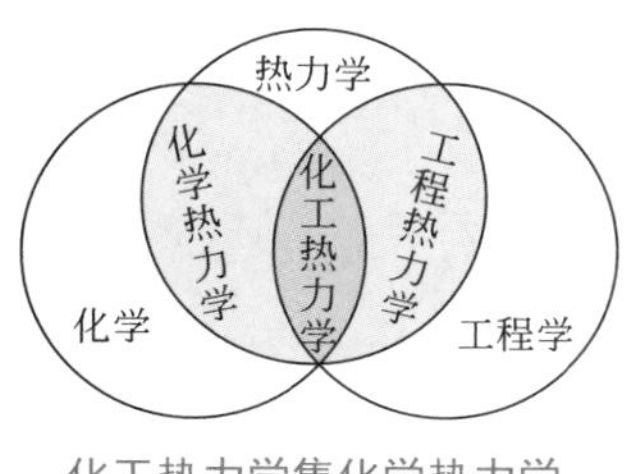

化工热力学集化学热力学、工程热力学之大成

者之大成，但比两者要复杂得多。一方面，这是由于随着化学工程的蒸馏、吸收、萃取、结晶、吸附等单元操作以及各种类型反应装置的出现，多组分系统的温度、压力、各相组成和各种热力学性质间相互关系成为研究开发和设计中必不可少的数据，它的获取不仅需要热力学原理，还需要适用于从低压到高压包括临界区，从非极性到极性以至形成氢键，从小分子、离子到高分子和生物大分子的热力学理论模型，还需要解决相应复杂的计算问题，这些都远远超出了传统化学热力学的内容。另一方面，化工生产中能量消耗在生产费用中占有很高的比例，涉及的工质比一般热力工程的要复杂得多，因此更需要研究能量包括低品位能量的有效利用，建立适合化工过程的热力学分析方法。

1.2 化工热力学在化工中的重要性

化工热力学是化工过程研究、开发和设计的理论基础。一个化工过程主要包括化学反应过程和产品的分离纯化过程。反应是龙头，分离则是体积庞大的龙身。而化工热力学在解决化工过程中反应和分离两大问题上有非常重要的作用。

(1) 反应问题

在化工生产和工艺设计中，常常需要预测某一化学反应能否进行。如图 1-1 所示，当原料 A 和 B 作用时，是生成目标产物 C 还是副产品 D 或 E？要得到目标产物 C，工艺条件是什么？当在一定条件下 A+B 能得到 C 时，那么需要知道这个反应的最大产率为多少，这样才能预测产品的成本，这是一个化学平衡问题。以上两个问题都涉及化工热力学的原理，见图 1-1。

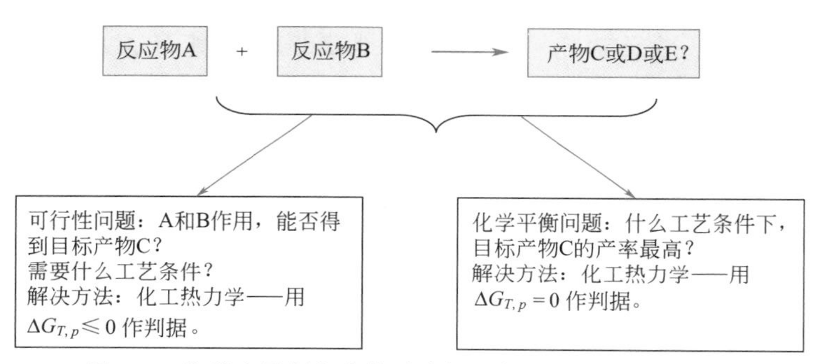

图 1-1 化学产品制备中的反应问题与化工热力学的关系

(2) 分离问题

在反应过程中伴随着目标产物 C 往往有副产品 D 或 E 产生，又因为反应很少是完全的，所以未反应的反应物 A 或 B 还需分离出来使之再次循环，见图 1-2。再者，由于原料 A 或 B 含有各种杂质，需要提纯才能进入反应器，而得到的产

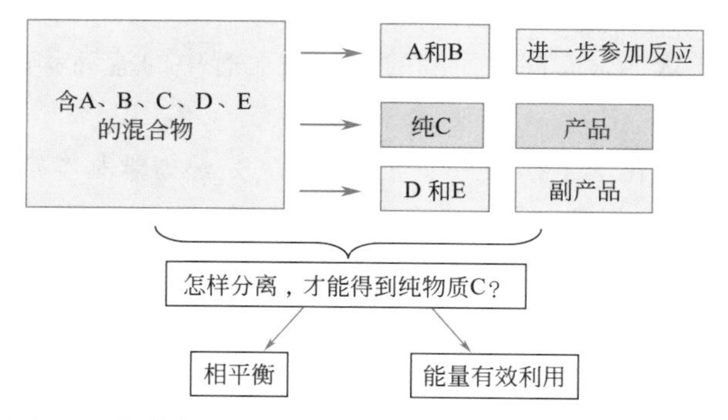

图 1-2 化学产品制备中的分离问题与化工热力学的关系

品也需要进一步精制，所有这些都离不开分离操作。分离是化工厂最重要的环节，一个典型的大规模化工厂中，分离操作的设备占全厂总投资的 50%～90%，能耗占全厂的 60%～90%。

相平衡是相变化的极限，它是一切传质分离手段的依据。以精馏为例，如图 1-3 所示，汽液平衡线是确定精馏塔理论板数的依据，因此，没有汽液平衡数据就没有精馏塔的设计。由此可见，化工热力学在既涉及相平衡问题又涉及能量有效利用的分离过程中有着举足轻重的作用。

化工热力学与单元操作、传递过程、化学反应工程和化工系统工程等构成了化学工程学科体系，如图 1-4 所示。化学工业生产规模的不断扩大、生产技术的不断发展，是化工热力学学科的建立和发展的强大动力；同时化工热力学学科的发展，为化学工程的发展奠定了坚实的基础。近年来，以煤、石油、天然气、无机盐为原料的大型化学工业的发展，以及在化工、炼油、轻工、医药等工业中化工分离新技术的出现，使化工热力学研究的物质不仅仅是那些极性或非极性的小分子，而且扩展到电解质、高分子化合物、生物大分子；涉及的状态不仅仅是一般的气体、液体与固体，而且扩展到液晶、凝胶、超临界状态；讨论的问题不仅仅是常规的相平衡，而且进一步扩大到高压临界现象、界面现象以及综合相变与化学变化的耦合过程。以上这些均拓宽和深化了化工热力学的研究范畴，促进了化工热力学学科的发展，更充分地发挥了热力学理论在化学工程中的作用。

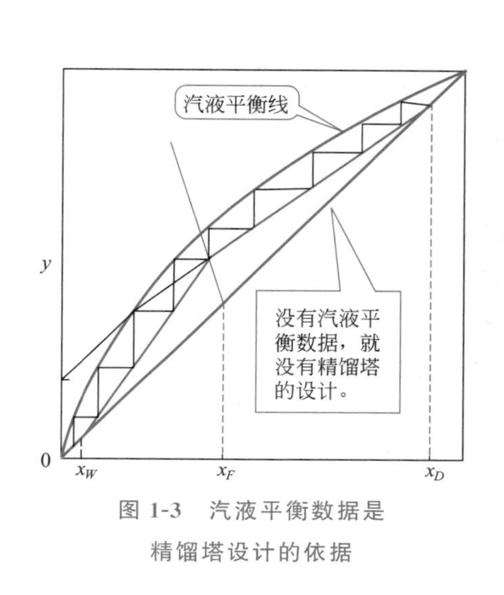

图 1-3　汽液平衡数据是精馏塔设计的依据

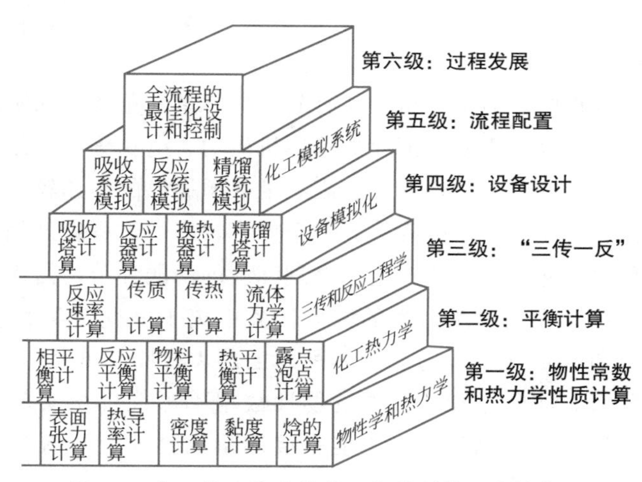

图 1-4　化工热力学在化学工程学科体系中的作用以及与其他分支学科间的关系

目前，化工热力学课程已成为国内外化学工程与工艺专业本科生和研究生最重要的专业基础课之一。它的任务是给出物质和能量有效利用的方法；培养学生合理利用能源、节约资源的观点；使学生会使用经典热力学原理来解决化工生产中的工程实际问题，并为后续专业课程的学习打下坚实的理论基础。

1.3　化工热力学的任务和主要研究内容

化工热力学的任务概括地说有两个方面：一是平衡研究；另一是过程的热力学分析；也就是说，前者给出物质有效利用的极限，而后者给出能量有效利用的极限，见图 1-5。

平衡研究对于单相系统来说主要是物性研究，要得出一定温度压力和组成下的密度、热容、焓、熵、逸度系数、活度系数等热力学性质，它是进一步研究多相系统和化学反应系统的基础，也是过程热力学分析的基础。对于多相系统，主要是研究相平衡时温度压力与各相组成以及各种热力学性质间的相互依赖关系，它直接为选择分离方法以及单元操作装置的研究设计服务。对于化学反应系统，主要是研究化学平衡时温度压力与组成间的相互依赖关系，为反应装置的研究设计提供理想极限。

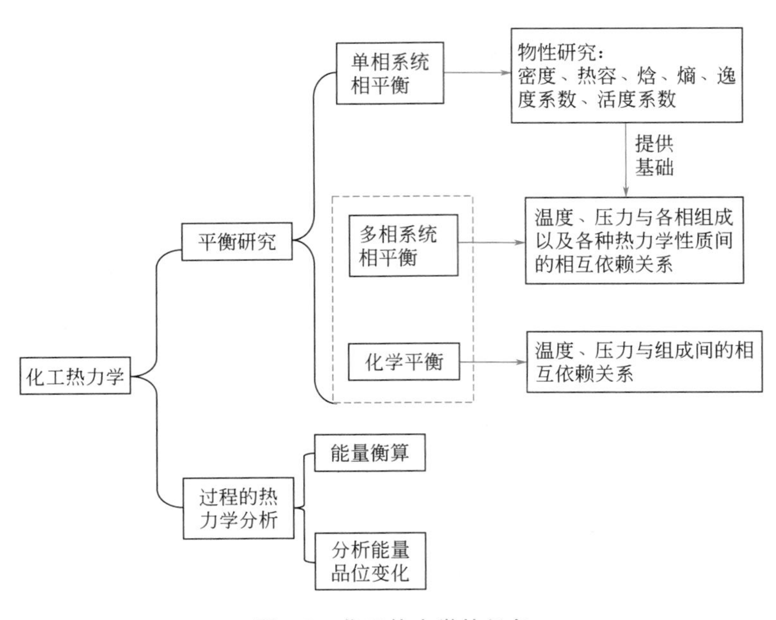

图 1-5　化工热力学的任务

过程的热力学分析是从有效利用能量的角度研究实际生产过程的效率。它有两个层次：一是能量衡算，计算过程实际消耗的热、机械功、电功等；二是进一步分析能量品位的变化。热力学原理告诉我们：功的品位比热高，较高温度热源提供的热比较低温度热源提供的热的品位高。实际生产过程总是伴随着能量品位的降级，一个效率较高的过程应该是能量品位降低较少的过程。热力学分析可指明过程中引起能量品位产生不合理降级的薄弱环节，提供改进方向。

在完成化工热力学的两大任务中离不开化工物性数据。化工物性数据源于实验测定，但化学物质的数目众多，约有 10^5 种以上的无机物和 6×10^5 种以上的有机物，由此组成的混合物更是数不胜数，实际过程所需要的物性数据不可能都由实验测定。所以需建立一定的模型从容易测量的性质推测难以测量或者不能直接测量的性质；从有限的实验数据获得更系统的物性信息，具有重要的理论和实际意义。

因此，热力学原理必须结合反映系统特征的模型，才能应用于解决化工过程中热力学性质的计算和预测、相平衡和化学平衡计算、能量的有效利用等实际问题。原理是基础，应用是目的，模型是应用中不可缺少的工具。它们之间的作用关系如图 1-6 所示。

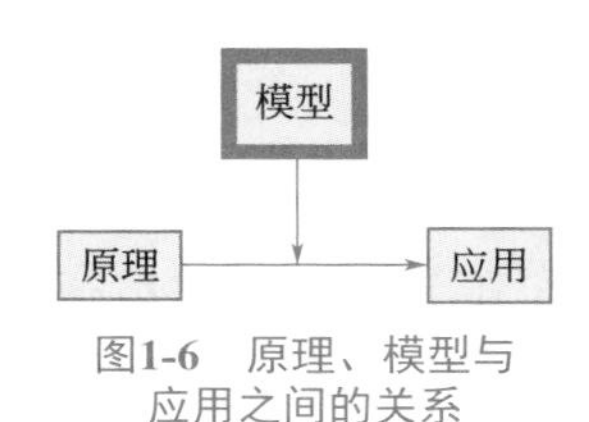

图1-6　原理、模型与应用之间的关系

由于实际生产系统非常复杂，温度、压力范围十分宽广，以致化学工程师不能再沿用物理化学理论中简单的理想气体和理想溶液模型来计算。因此，建立能描述实际气体 p-V-T 关系的气体状态方程模型以及建立能描述实际溶液行为的活度系数模型已成为化工热力学研究的重要内容，也是学习本课程的重点。由表 1-1 不难看出，活度系数的误差将引起物性误差最后导致设备尺寸及价格的惊人误差，特别是对于难以分离的物质。可见模型的重要。

表 1-1　活度系数误差与物性误差、设备尺寸及价格误差的关系

性质		假设热物性的误差/%	最后导致在设备上的误差/%	
			设备尺寸	设备价格
活度系数	极易分离物系	10	3	2
	易分离物系	10	20	13
	难分离物系	10	50	31
	极难分离物系	10	100	100

本教材主要章节以及各章之间的联系如图 1-7 所示。

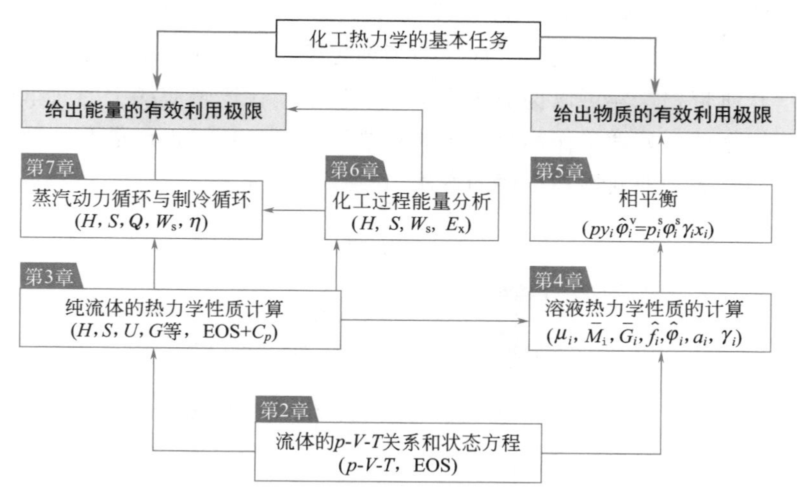

图 1-7　本教材主要章节以及各章之间的联系

各章知识点的联系：

① 相平衡是本课程的两大任务之一，因此很多内容都是围绕着汽液平衡方程 $py_i\hat{\varphi}_i^v=p_i^s\varphi_i^s\gamma_ix_i$（第 5 章）来进行的，如第 4 章逸度系数 $\hat{\varphi}_i^v$、φ_i^s 和活度系数 γ_i 的计算就是为了相平衡原理的应用；而逸度系数的计算需要第 2 章 p-V-T 的关系（状态方程，又称 EOS）；饱和蒸气压 p_i^s 的计算需要第 3 章的 Antoine 方程（见第 4 章“本章小结”）。

② 化工过程能量分析是本课程的另一大任务（第 6 章），此过程需要 H、S 等数据，但由于它们难以或不可测量，所以化工热力学巧妙地利用热力学基本关系式、Maxwell 关系式(第 3 章)，将其与容易测量的 p-V-T 数据（第 2 章）建立了联系。

各知识点之间有千丝万缕的联系，体现了化工热力学的巧妙和逻辑上的严谨性。

1.4　化工热力学处理问题的方法

演绎法是化工热力学理论体系的基本科学方法。演绎过程主要以数学方法进行，这决定了化工热力学的数学公式纷繁复杂，理论概念严谨、抽象。但演绎法“似至晦，实至明；似至繁，实至简；似至难，实至易”的特点又决定了化工热力学抽象复杂的背后是多快好省，如：

① 化工热力学往往会从局部的实验数据加半经验模型来推算系统完整的信息；

② 从常温常压的物性数据来推算苛刻条件下的性质；

③ 从容易获得的物性数据（p、V、T、x）来推算较难测量或不可测量的数据（y，H，S，G）；

④ 利用混合规则从纯物质的性质求取混合物的性质；

⑤ 以理想态为标准态加上校正，求取物质真实态的性质。

以上的“半经验模型”“推算”“混合规则”“校正”都涉及复杂的公式（模型），但可省却大量的人力物力，避免大量苛刻条件下的危险测试。地质状态研究也离不开模型，地质流体 H_2O，CO_2，CH_4，N_2 所处的温度、压力高达 2000K、20～30GPa，实验无法进行，必须依靠状态方程的预测才能进行；还有新能源页岩气、可燃冰（甲烷水合物）的开采与输送，二氧化碳的地下封存，炸药爆轰等涉及极端温度压力的研究都离不开状态方程的模型。而对那些十分有用但又不可测试的数据，化工热力学还能巧妙地利用数学方法，将其与容易测量数据建立联系，解决问题。因此化工热力学真正是一门非常“聪明”的学科。

化工热力学处处可见的将实际过程变成理想模型加校正的处理问题方法尤其值得学习，见图 1-8。在整个化工热力学的理论内容中，理想气体、理想溶液、卡诺热机、可逆过程、理想功等理想模型的设计，是演绎过程中不可缺少的环节和纽带，这样可以保证热力学基本关系式在逻辑演绎中的简单性、明晰性。同学们今后在处理工作和生活中遇到错综复杂问题时也可借鉴这种理想化结果加校正的方法，即共性加个性的方法。

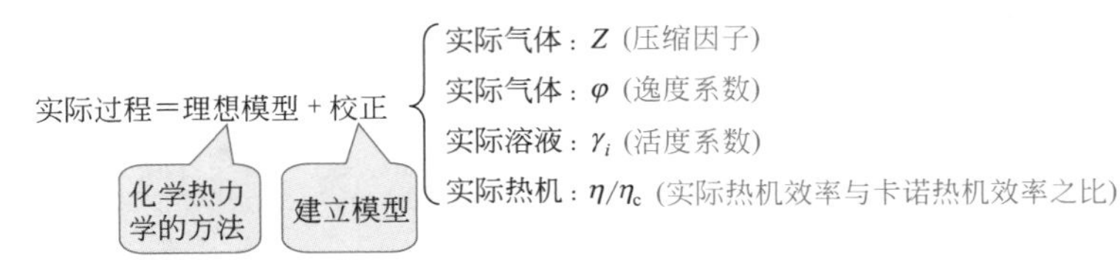

图 1-8 化工热力学中处理实际体系的方法

1.5 如何学好本课程——写给同学们

“水变油？”——符合热力学原理吗？

亲爱的同学：

热力学第一、第二定律是反映自然界客观规律的公理，具有普遍性，它不但能解决实际生产和日常生活问题，还能用于宇宙问题的研究。爱因斯坦曾说过：虽然物理学的大部分都会随时间而改变，但热力学是普适而永恒的。他还说许多理论在科学的长河中只是昙花一现，但他坚信热力学会永远存在。因此，在你们今后的工作和生活中应自觉运用热力学原理来衡量自己的思想和方法、出现的新生事物是否与之相违背？

本课程是一门培养你们节约资源、合理利用能源观点的课程；也是一门训练你们逻辑思维和演绎能力的课程；同时也是一门比较抽象、枯燥、难以理解的课程，真是“焓焓”糊糊“熵”脑筋。为了能将化工热力学的知识变得生动、易懂，我们花了很多心血编写了此本教材，但即使是这样，还需要你们花费很多的时间和精力才能学好。

如何才能学好本课程？

① 了解本课程的两大任务，建立各知识点的联系，见图 1-7。

② 紧紧抓住 Gibbs 自由能 $G=H-TS$ 这根主线。它既是系统达到相平衡、化学平衡的判据（$\Delta G_{T,p}=0$）；又是计算逸度（$\mathrm{d}G=RT\mathrm{d}\ln f$）、活度系数$\left(\ln\gamma_i=\left[\partial\left(\frac{nG^{\mathrm{E}}}{RT}\right)/\partial n_i\right]_{T,p,n_{j(\neq i)}}\right)$的出发点；也是汽液平衡数据热力学一致性检验的工具。

③ 掌握化工热力学“实际过程＝理想模型＋校正”的处理问题方法，由图 1-8 可知，这些校正内容即是状态方程、活度系数等模型，这正是本课程的重点。

随着课程的深入，你可能会越来越感到化工热力学所涉及的计算太烦琐、复杂、耗时。但不用担心，有功能强大的 Aspen Plus 软件的帮助，这些都不是问题。但必须指出的是，如果没有正确的热力学模型的选择，Aspen Plus 提供的答案可能是荒谬的！那就意味着“垃圾进，垃圾出”（Garbage in，garbage out）。那么谁来选择正确的模型？那就是你——亲爱的同学！

④ 注意准确理解热力学严谨的概念，甚至需要咬文嚼字，上下标的不同代

表了完全不同的含义。如 φ_i、$\hat{\varphi}_i$、φ（第 4 章）。

⑤ 注意单位的换算，将公式中的每一项换算成 SI 制（常用单位换算表见附录 1），将避免很多不必要的计算错误。

⑥ 循序渐进。如图 1-7 所示，各知识点间有千丝万缕的联系，若前面的概念没理解，则将成为后面章节的拦路虎。

⑦ 充分利用参考书、网上资源辅助学习。每一本教材由于作者的偏好不同，叙述的角度不同，有的部分这本书容易理解，有的部分那本书容易理解。因此，每一位学生要找到适合自己的参考书。

⑧ 时时温习本章绪论，你会有新的发现、新的体会。

希望你能体会到化工热力学的美丽和智慧所带来的快乐！因为“了解事物的本质是令人愉快的！”

最后祝你在学习化工热力学过程中一切顺利！

习　题

1-1 化工热力学与哪些学科相邻？化工热力学与物理化学中的化学热力学有哪些异同点？

1-2 化工热力学在化学工程与工艺专业知识构成中处于什么位置？

1-3 化工热力学有些什么实际应用？请举例说明。

1-4 化工热力学能为目前全世界提倡的“节能减排”做些什么？

1-5 化工热力学的研究特点是什么？

第2章

流体的p-V-T关系和状态方程

本章框架

2.1　纯流体的 p-V-T 关系

2.2　流体的状态方程

2.3　对应态原理和普遍化关联式

2.4　液体 p-V-T 关系

2.5　真实气体混合物的 p-V-T 关系

2.6　状态方程的比较、选用和应用

导　言

流体 p-V-T 关系是化工热力学的基石，是化工过程开发和设计、安全操作的共同起点。相图是 p-V-T 关系的直观、定性描述；状态方程是 p-V-T 关系的解析表达式，是定量描述。状态方程加上理想气体的 C_p^{id}，可以推算出大多数热力学性质——获得难以测定的 H、S 和逸度 $\hat{f}_i$，解决化工热力学的两大任务——能量和物质有效利用极限问题。因此，状态方程是最重要的模型之一，本章是全书的基础（见图 1-7）。

本章主要内容是利用状态方程计算真实气体偏离理想气体的程度——压缩因子 Z，从而通过 $Z=\dfrac{pV}{RT}$获得 p-V-T 关系。状态方程主要有立方型状态方程（vdW、RK、SRK、PR）、virial 方程、普遍化状态方程，其中 SRK、PR 方程因兼具简单性和精确性，在工业上已得到广泛应用。

本章基本要求

重点掌握：p-V、p-T 相图中各点、线、面的意义，特别是临界点（2.1）；各状态方程的历史沿革、地位和方程形式；偏心因子、三参数对应态原理；用 vdW、RK、SRK、PR、virial 和普遍化状态方程求解 Z（2.2，2.3）。

掌握：液体 p-V-T 的求取（2.4）；用各种混合规则求取真实气体混合物的 p-V-T 关系（2.5）；状态方程选用原则（2.6）。

理解：超临界流体特征和应用（2.1）；“对应态原理”“普遍化”和“混合规则”思想在化工热力学中的重要地位（2.3，2.5）。

众所周知，物质状态、性质的变化多数是由于温度、压力变化引起的。在高温高压下，世界上最软的矿物质之一——石墨能变成世界上最硬的矿物质——金刚石；101.325kPa 下，空气在−191.35℃下会变成液体，−213℃下则变成了坚硬的固体；火山喷发时，在 1000℃ 以上高温下，刚硬的岩石变成了通红炽热的岩浆；火灾中的液化气罐之所以发生爆炸，是由于温度升高导致压力升高、超过气罐的耐受压力；CO_2 在超临界状态具有惊人的溶解能力，利用此性质可提取用常规方法无法提取的高附加值物质。化工过程就是巧妙利用物质随温度、压力变化，状态和性质大幅度变化的特点，依据热力学原理来实现物质的低成本大规模生产的。因此研究物质的温度 T、压力 p、体积 V 之间的关系有着极其重要的意义。

石墨在 1000～2000℃，$(5\sim10)\times10^3$ MPa 下将变为金刚石

化工过程涉及的多数是流体——气体和液体，如蒸馏、吸收、萃取等分离过程处理的都是流体。流体最基本的热力学性质有两大类：一类是 p-V-T 关系；另一类是内能、焓、熵等数据。但后者并不能通过实验直接测量，需通过 p-V-T 关系推算而得（见 3.4.2 节）。

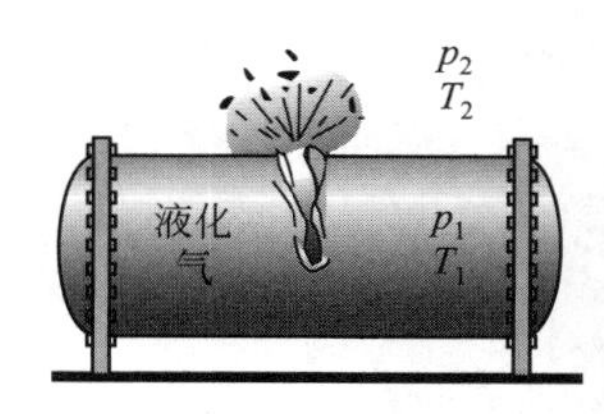

液化气罐的压力在火灾中随温度升高而急剧上升，最后超压爆炸

可以毫不夸张地说，只要有了 p-V-T 关系加上理想流体的 C_p^{id}，那么除了化学反应平衡以外的热力学问题原则上均可得到解决，如：

① p-V-T 关系→管道或容器的尺寸、强度的设计；

② p-V-T 关系$+C_p^{id}$→焓、熵→理想功、损失功、有效能→化工过程能量分析→能量的有效利用；

③ p-V-T 关系→混合物各组分的化学位、逸度系数→相平衡性质→物质分离→物质的有效利用。

可见，流体 p-V-T 关系的意义远不止于其本身，它是化工过程的基石，是化工过程开发和设计、安全操作和科学研究必不可少的基础数据。

但一方面流体 p-V-T 数据测定是一项费时耗资的工作，特别是高温高压下的 p-V-T 数据测定，技术上相当困难而且非常危险，因此测定所有流体的所有数据是不可能的；另一方面，②、③的应用需要求导和积分，而离散的实验数据点不便于这些数学运算。因此，需要一种连续方程能近似描述 p-V-T 实验规律。一个多世纪以来，研究者孜孜以求，通过经验或半经验方法，建立具有一定理论基础又经过合理简化的模型，提出了上百个能描述流体 p-V-T 关系的状态方程，为科学发展作出了杰出的贡献。

本章的目的：①定性认识流体 p-V-T 行为；②掌握描述流体 p-V-T 关系的模型化方法，了解几种常见的状态方程；③状态方程的比较和选用，使人们能在缺乏实验数据的情况下，预测流体的 p-V-T 性质。

2.1 纯流体的 p-V-T 关系

在了解流体 p-V-T 定量关系之前，有必要定性了解直观描述流体物态变化基本规律的纯物质 p-V-T 立体相图。但在实际使用时三维图较难构成和理解，往往使用二维投影图，如 T-V 图、p-T 图和 p-V 图，即通过固定其他变量，重点指出所强调变量的影响，以使 p、V、T 关系一目了然。

2.1.1 *T-V* 图

首先来了解一下比较容易理解的 T-V 图。

现有一个实际过程：置于活塞缸内的水在 101.325kPa 恒压条件下被持续加热，此时水的状态发生了变化，如图 2-1 所示。由最初的 20℃过冷水（即未饱和水，状态 1）变为 100℃的饱和水（状态 2），再变为 100℃汽液共存状态水（状态 3），再变为 100℃饱和水蒸气（状态 4），最后变为 300℃的过热蒸汽（状态 5）。从状态 1 到状态 5，温度在上升，体积在不断变大，该过程用热力学语言表达就是 T-V 图，如图 2-2 所示。

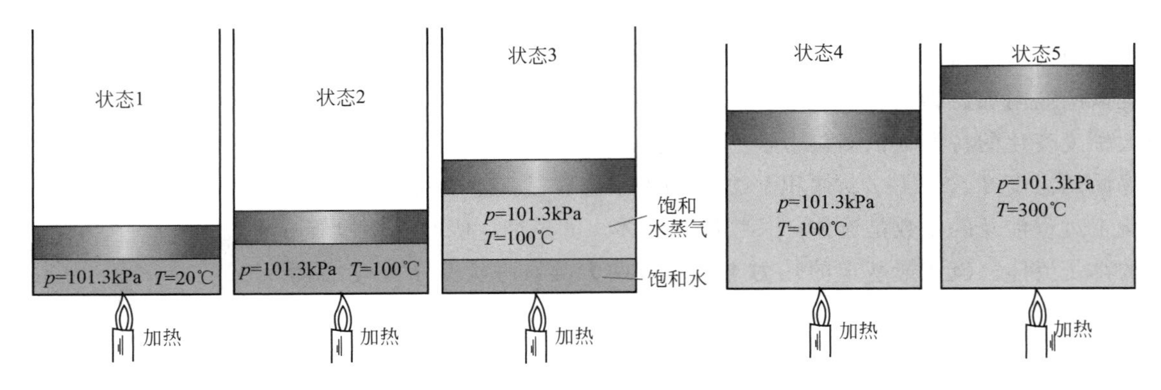

图 2-1　恒压下，水的体积随温度变化的示意图

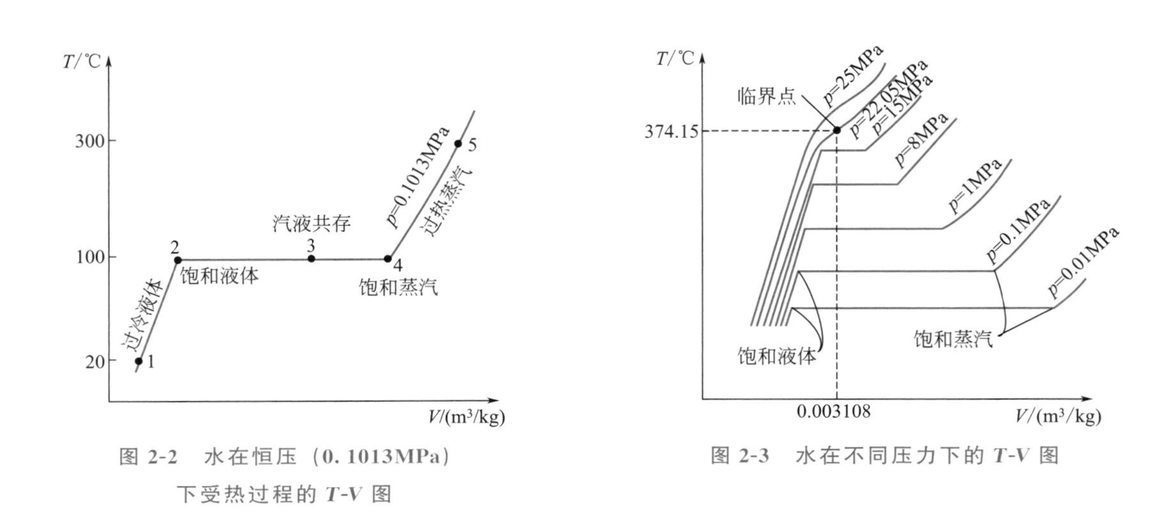

图 2-2　水在恒压（0.1013MPa）下受热过程的 T-V 图

图 2-3　水在不同压力下的 T-V 图

如果在不同压力下重复图 2-2 的相变过程，则可得到一系列如图 2-3 所示的 T-V 曲线，它们的形状是相似的，只是：①压力越高沸点越高，如 1MPa 下水的沸点为 179.9℃；而大气压力低于 0.05MPa 的青藏高原，水在 80℃左右就沸腾了（每一给定压力下有一对应的沸点，当压力为 0.1013MPa 时的沸点为正常沸点）；②压力越高饱和液体摩尔体积越大，饱和水蒸气的摩尔体积越小。

将图 2-3 不同压力下的饱和液相点和饱和汽相点连接起来即形成一个拱圆顶曲线，如图 2-4 所示。曲线上点、线、面的具体意义将在下节 p-V 图中详细叙述。

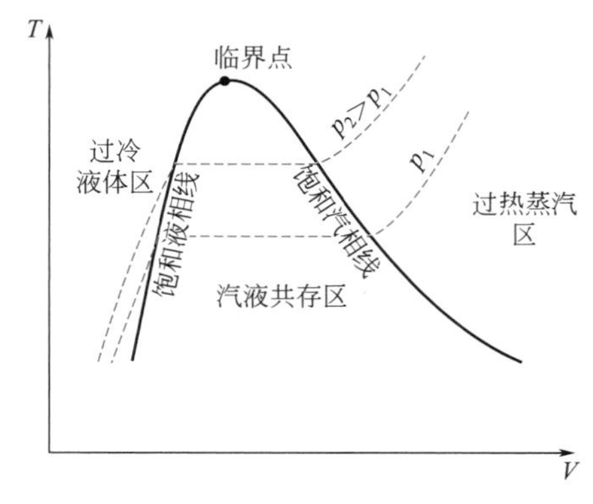

图 2-4　纯物质的 T-V 图

2.1.2　*p*-*V* 图

与 T-V 图一样，纯物质的 p-V 图也是对实际过程的一种热力学语言描述。该过程为纯物质在恒温条件下，体积随压力的变化。

现有一个实际过程，在恒温 150℃下，水置于活塞缸中，活塞上的重量逐渐减轻，使得活塞缸内的压力不断降低，此时水的状态发生了变化，如图 2-5 所示。最初为 1MPa 的过冷水（状态 1）；随后活塞缸内的压力降低，水的体积逐渐增大（允许与环境换热以保持恒温）；当压力达到 150℃

的饱和压力 0.4762MPa 时变为饱和水（状态 2）；水开始沸腾，此后由 100%饱和水汽化为汽液混合物（状态 3），再变为 100%饱和水蒸气（状态 4），在汽化过程中温度和压力保持不变，但体积在增加；最后变为压力为 0.2MPa 的过热蒸汽（状态 5）。从状态 1 到状态 5，压力不断减小，体积在不断增大，如果在不同温度下重复上述过程，则可以得到以温度 T 为参变量的 p-V 图了，如图 2-6 所示。p-V 图与 T-V 图形状非常相似，但恒温线的趋势是向下的，工程上用得最多的是 p-V 图。

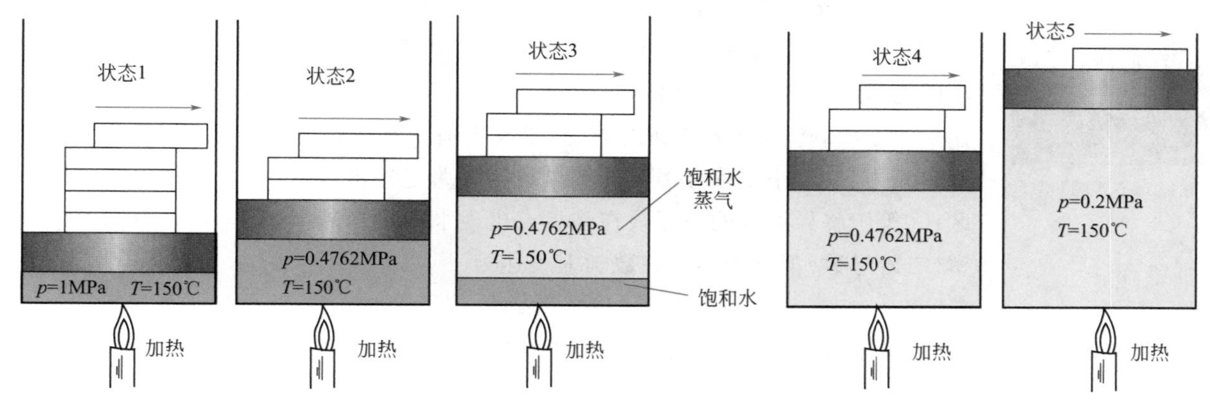

图 2-5 恒温下，水的体积随压力变化的示意图

在 p-V 图中有几个比较重要的点、线、面必须清楚。

图 2-6 曲线 CD 和 CE 分别代表饱和液相线和饱和汽相线，它们构成了汽液共存的边界线，饱和液相线实际上是液相刚刚开始汽化（即产生第一个气泡），故饱和液相线也被称为泡点线；而饱和汽相线实际上是代表汽相刚刚开始冷凝（即产生第一个液滴），故饱和汽相线也被称为露点线；对于纯物质而言，在相同压力下泡点（或者沸点）与露点的值是相同的，但状态是不同的。

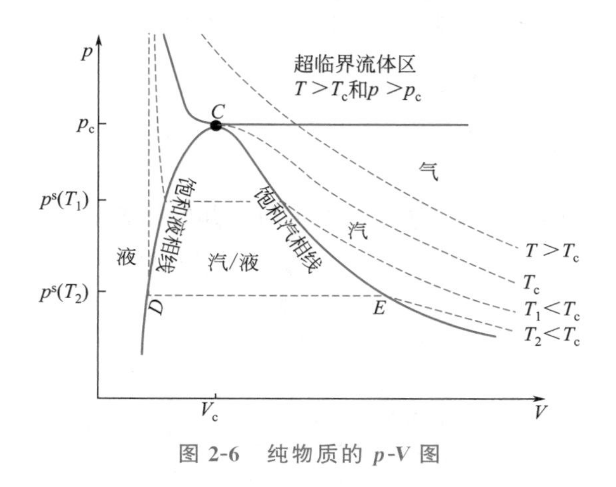

图 2-6 纯物质的 p-V 图

图 2-6 中所有位于饱和液相线 CD 左边的区域为过冷液体区（给定压力下低于泡点温度存在的液体为过冷液体），而位于饱和汽相线 CE 右边的区域为过热蒸汽区（给定压力下高于露点温度存在的蒸汽为过热蒸汽），这两个区中物质是以单相（或者液相或者汽相）存在的。过冷液体区的等温线是非常陡的，这是因为液体的体积随压力变化很小。区域 DCE 则为汽液共存区，根据相律

$$F=C-\pi+2=1-2+2=1$$

该区只有一个自由度。每个等温线水平部分对应的压力为纯物质在此温度下的饱和蒸气压，它由等温线与饱和液相线或饱和汽相线的交点决定。

随着温度的升高，饱和液相线和饱和汽相线相交于点 C，即纯物质的临界点，它是汽液相互转化的极限。临界点所对应的温度、压力和摩尔体积分别称为临界温度 T_c、临界压力 p_c 和临界体积 V_c。而 p_c 和 T_c 是纯物质能够呈现汽液平衡时的最高压力和最高温度。

临界温度T_c是p-V-T关系中最重要的数据：
1.是气体是否能被液化的判据；
2.是物性数据估算的基础。

液化天然气(LNG)储运

临界温度 T_c 是过程安全最重要的、最普遍的基本概念之一，它是物质在低温或超低温条件下是否发生相变的决定性条件。物质在低于 T_c 条件下才能被液化，如天然气的主要成分是甲烷，其 $p_c=4.60\text{MPa}$，$T_c=-82.55℃$，为了便于储运，一般将其制成液化天然气(LNG)，则其液化的必要条件是温度必须降到 $-82.55℃$以下，否则无论施加多大的压力都不可能使之液化；而许多爆炸事故是处于密闭金属容器中的液态介质在高于 T_c 条件下，全部汽化造成压力飙升(压力一般将上升至几十兆帕以上)使容器超压导致的。

因此，临界点数据特别是临界温度是 p-V-T 关系中最为重要而有用的数据。不同物质的临界值各不相同，见附录 2。

图 2-6 中包含了若干条等温线：①高于临界温度的等温线是平滑的曲线，不会跨越相边界；②小于临界温度的等温线则横跨过冷液体区、汽液共存区、过热蒸汽区；③等于临界温度的等温线在临界点出现水平拐点，该点的斜率(一阶导数)和曲率(二阶导数)都等于零。在数学上表达为

$$\left(\frac{\partial p}{\partial V}\right)_{T=T_c}=0 \tag{2-1}$$

$$\left(\frac{\partial^2 p}{\partial V^2}\right)_{T=T_c}=0 \tag{2-2}$$

式(2-1) 和式(2-2) 是临界点的数学特征，在状态方程求参数时极其有用(见 2.2.3 节)。

当物质的 $T>T_c$、$p>p_c$ 时，该区域就是极其重要的超临界流体区。目前，利用超临界流体特殊性质开发的超临界分离技术和反应技术已越来越成为人们关注的热点，参见 2.1.5.4 节。

2.1.3 p-T 图

p-T 图最能表达 p、T 变化所引起的相态变化，因此常被称为相图，三个相正好可以用三条线分开。图 2-7 中的三条相平衡曲线：升华线 12 将固相区和汽相区分开、熔化线 23 将固相区和液相区分开，汽化线 2C 将液相区和汽相区分开，三线的交点是三相点，此时三相共存，根据相律 $F=C-\pi+2=1-3+2=0$，因此三相点的自由度为 0，即每个物质只有唯一的三相点。汽化线终止于临界点 C 点，因为当流体为高于临界温度和压力的超临界流体时，汽液已不分了。物质从 A 点到 B 点，即从液相到汽相，没有穿过相界面，这个变化过程是渐变的，即从液体到流体再到汽体都是渐变的，不存在突发的相变。

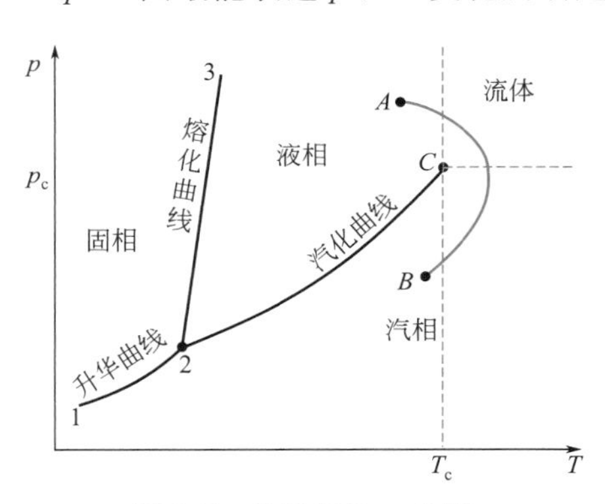

图 2-7 纯物质的 p-T 图

2.1.4 p-V-T 图

要全面表达纯物质在平衡态下 p-V-T 之间的关系还得用以 p、V、T 为坐标的三维曲面图，如图 2-8(a)、图 2-8(b) 所示。图 2-8(a) 表达的是凝固时体积缩小的

物质之 p-V-T 相图，大多数物质属于此类。图 2-8(b) 表达的是凝固时体积膨胀的物质之 p-V-T 相图，例如水属于此类。

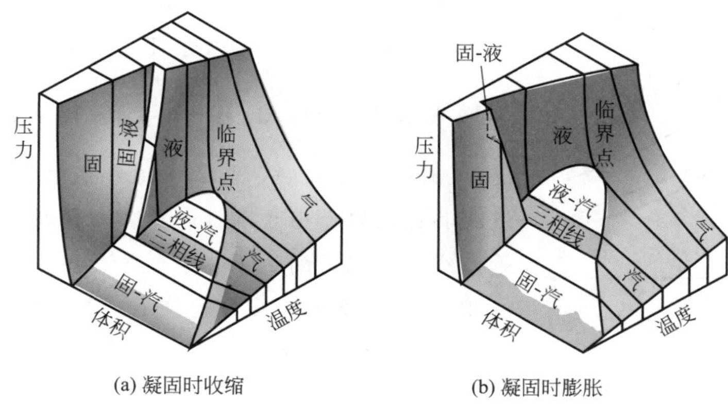

图 2-8　纯物质的 p-V-T 相图

【例 2-1】 将下列纯物质经历的过程表示在 p-V 图上：

① 过热蒸汽等温冷凝为过冷液体；

② 过冷液体等压加热成过热蒸汽；

③ 饱和蒸汽可逆绝热膨胀；

④ 饱和液体恒容加热；

⑤ 在临界点进行的恒温膨胀。

解：①～⑤的过程在 p-V 图上的表达见［例 2-1］图。值得指出的是，由于可逆绝热膨胀过程的温度、压力是降低的，所以对于③的过程其方向是向下的。

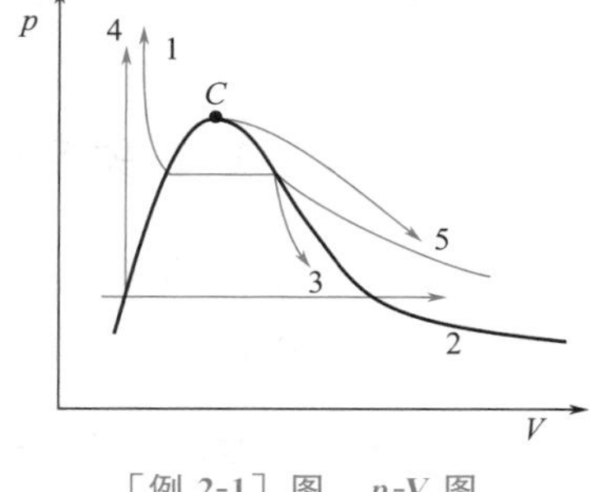

［例 2-1］图　p-V 图

【例 2-2】 现有一过程，从［例 2-2］图 1（p-V 图）的状态点 a（过热蒸汽）出发，到达状态点 d（过冷液体）可以有两种途径：①均相途径（$a \rightarrow b \rightarrow c \rightarrow d$）；②非均相途径（$a \rightarrow b' \rightarrow c' \rightarrow d$）。请在 p-T 图上画出对应的路径。

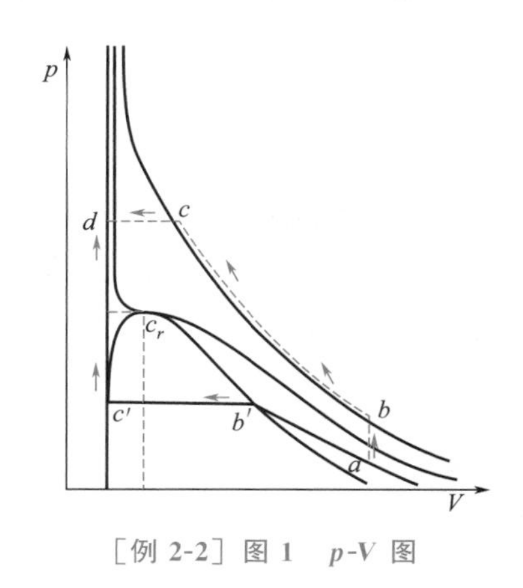

［例 2-2］图 1　p-V 图

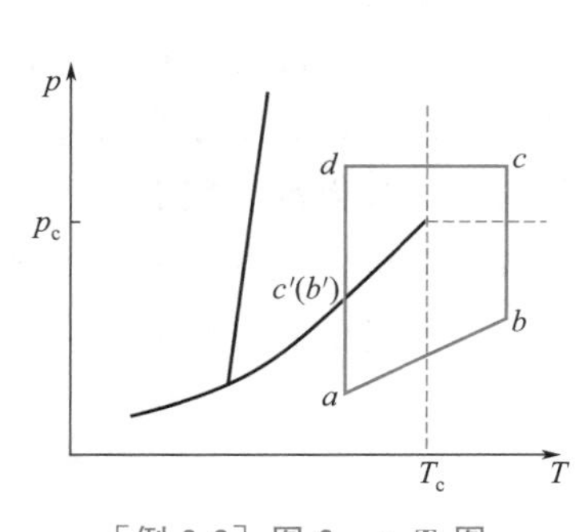

［例 2-2］图 2　p-T 图

解：如［例 2-2］图 2 所示。

① 均相途径：$a \rightarrow b$ 是等容过程，因此在 p-T 图上应该沿着等容线走；$b \rightarrow c$ 是等温过程，$c \rightarrow d$ 是等压过程；

② 非均相途径：$a \rightarrow b' \rightarrow c' \rightarrow d$ 整个过程为等温过程，值得注意的是 b' 与 c' 的 p、T 均相等，所以这两点在 p-T 图上是重叠的，且与汽液共存线相交。

【例 2-3】 在 4L 的刚性容器中装有 50℃、2kg 水的饱和汽液混合物，已知 50℃水的饱和液相体积 $v^{sL}=1.012\text{cm}^3 \cdot \text{g}^{-1}$，饱和汽相体积 $v^{sv}=12050\text{cm}^3 \cdot \text{g}^{-1}$；水的临界体积 $v_c=3.111\text{cm}^3 \cdot \text{g}^{-1}$。

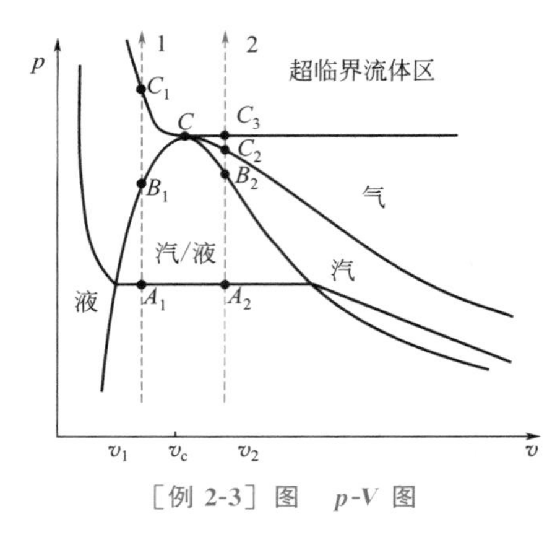

［例 2-3］图　p-V 图

现在将水慢慢加热，使得饱和汽液混合物变成了单相，问：此单相是什么相？如果将容器换为 400L，最终答案是什么？

解：如［例 2-3］图所示。

① 若刚性容器的体积为 4L，则容器中水的饱和汽液混合物的单位质量体积为：$v_1=\dfrac{v_{总}}{w}=4\times10^3\text{cm}^3/2000\text{g}=2\text{cm}^3\cdot\text{g}^{-1}$，$v^{sL}<v_1<v_c$，即 A_1 点位于饱和液相体积与临界体积之间的汽液共存区内。由于刚性容器体积保持不变，因此加热过程在等容线上变化，到达 B_1 时，汽液共存相变为液相单相（饱和液相）；继续加热，当 $T_{B_1}<T<T_c$ 时，流体状态为过冷液相（因为压力也在增加），当继续加热至 $T>T_c$，则最终单相为超临界流体，即 C_1 点。

② 同理，容器体积为 400L 时，$v_2=400\times10^3\text{cm}^3/2000\text{g}=200\text{cm}^3\cdot\text{g}^{-1}$，$v_c<v_2<v^{sv}$，当水慢慢加热后，则状态从位于汽液共存区的 A_2，变为汽相单相 B_2（饱和汽相），继续加热，$T_{B_2}<T<T_c$ 时，流体状态为过热蒸汽；继续加热至 $p<p_c$、$T\geqslant T_c$，则单相为气体状态 C_2，当 $p\geqslant p_c$、$T>T_c$，最终单相为超临界流体状态 C_3。

2.1.5　流体 p-V-T 关系的应用及思考

流体 p-V-T 关系有着十分广泛的应用，上至航天航空、下至地质勘探，乃至日常生活，在很多习以为常的现象背后却隐藏着极深的科学道理。

2.1.5.1　气体液化和低温技术

流体 p-V-T 关系的最大应用就是气体的液化。所谓“液化”是指物质由气态变为液态的过程，在液化过程中物质放出热量而温度降低。“液化”的先决条件是物质所处温度必须降低到临界温度以下。临界温度较高的气体，如氨、二氧化硫、乙醚和某些碳氢化合物，在常温下压缩即可变为液体。有些物质，如氧、氮、氢、氦等的临界温度很低，必须预冷到临界温度以下再压缩才能使之液化。

液化气体有极广的用途，如液氧和液氢常常作为推进火箭使用的燃料；食品工业速冻工艺过程消耗大量的液氮。最典型的气体液化是空气液化，纯氧、纯氮以及霓虹灯中所充的氩、氖、氪、氦就是利用空气压缩并降温到−191.35℃成为液体，然后利用这些气体汽化点的差异进行分离而得的。

在通常情况下气体的临界温度很低，因此液化与低温技术是分不开的。液氮、液氢、液氦等已经广泛应用于几乎所有需要极低温的科学技术部门。而低温技术成果的应用更是引起了许多领域的技术革命，其中影响最大的莫过于高温超导了。

知识拓展

气体液化的历史

气体液化的研究始于 18 世纪末，首先被液化的是氨 NH_3 和二氧化硫 SO_2（1799 年）。1823 年，杰出的英国物理学家和化学家法拉第（M. Faraday，1791—1867）为进一步研究气体液化的方法做出了重要贡献，他使加压的气体降温，液化了硫化氢 H_2S、氯化氢 HCl、氯气 Cl_2。但是，对于氢 H_2、氧 O_2、氮 N_2、一氧化碳 CO 这几种气体，直到 19 世纪 60 年代，科学家们尽管已经尝试了一切可以采用的手段（当时压力已可加到高达 2790atm，1atm＝101325Pa），都没能使它们液化。因此这些气体被称为“永久性气体”。

1863 年，英国物理学家和化学家安德鲁斯（T. Andrews，1813—1885）找出了永久性气体没能被液化的原因：原来对每一种气体都存在一种温度界限，高于这一温度的气体即使在很高的压力下也不能被液化，这一温度即为临界温度。

此后不久，法国物理学家盖勒德（L. Cailletet，1832—1913）和瑞士物理学家毕克特（R. Pictet，1846—1929）分别液化了氧气 O_2。大规模液化气体的方法是波兰物理学家乌罗布列夫斯基（S. Wroblewski，1845—1888）和化学家奥耳舍夫斯基（K. Olszewski，1846—1915）共同发明的。

焦耳-汤姆逊效应原理（Joule-Thomson effect，参见 7.2.1）使得气体液化技术进一步发展：即在低于一定温度条件下，气体膨胀使其冷却。1895 年德国制冷工程师林德（K. Linde，1842—1934）根据这一原理研究出了气体液化的方法（林德循环，参见 7.6.2）。用差不多同样的装置，1898 年，英国的物理学家和化学家杜瓦（J. Dewar，1842—1923）实现了氢 H_2 的液化，极为著名的杜瓦容器于 1892 年开始应用。1908 年，荷兰物理学家昂尼斯（H. K. Onnes，1853—1926）成功实现了氦气 He 的液化，从而消灭了最后一种“永久气体”，并且温度低至 4.3～1.15K 之间（参见第 2 章中的“创新的轨迹”）。

已广泛使用的新型制冷剂 **R134a**

2.1.5.2 制冷剂的选择

氟利昂对臭氧层有破坏作用已被禁用，需要寻找替代品。在选择新制冷剂时，离不开 p-V-T 数据。详见 7.4.3 节。因此，p-V-T 数据为制冷剂的选择奠定了坚实的基础。

2.1.5.3 液化气成分的选择

液化气（全称液化石油气）是石油在提炼汽油、煤油、柴油、重油等油品过程中剩下的一种石油尾气，是饱和与不饱和烷烃的混合物，它的热值很高，是理想的气体燃料。对家庭用液化气的要求是加压后变成液体储于高压钢瓶里，打开减压阀后即汽化，以便燃烧，但不是所有烷烃都可以作为家庭用液化气的。

【例 2-4】 现在有甲烷、乙烷、丙烷、正丁烷、正戊烷和正己烷作为液化气成分的候选气体，它们的临界温度 T_c、临界压力 p_c 以及正常沸点 T_b 数据见［例 2-4］表。

（1）请根据对家庭用液化气储存和使用的要求来选择液化气成分。

（2）请解释以下现象：到冬天，有时钢瓶内还有较多液体却不能被点燃？

（3）根据以上原理，请你在附录 2 中找出其他符合家庭用液化气要求的气体。

［例 2-4］表 各种气体的 T_c、p_c 以及正常沸点 T_b

物　质	T_c/℃	p_c/MPa	T_b/℃	燃烧值/kJ · g^{-1}
甲烷	−82.55	4.600	−161.45	55.6
乙烷	32.18	4.884	−88.65	52.0
丙烷	96.59	4.246	−42.15	50.5
正丁烷	151.90	3.800	−0.50	49.6
正戊烷	196.46	3.374	36.05	49.1
正己烷	234.40	2.969	68.75	48.4

解：(1) 根据液化气候选成分 T_c、p_c 的范围画成 p-T 示意图，见［例 2-4］图。厨房室温一般为 10～40℃，压力为 0.1013MPa。

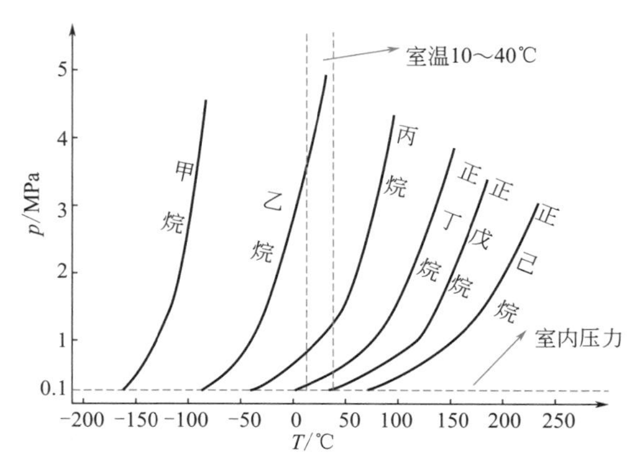

［例 2-4］图　液化气候选成分的 p-T 图

① 从［例 2-4］图中可以看出甲烷在室温下始终是气体，如果不把室温降到甲烷的 T_c 即－82.55℃以下，则无论施加多高压力都不能使其液化，因此不适合作为液化气成分。

② 乙烷的 T_c 为 32.18℃，因此在除夏天以外的季节里可以压缩成液体，但一旦室温超过 32.18℃，液体汽化将导致钢瓶压力升高，一旦超过钢瓶设计压力会引起爆炸，因此乙烷的储存是非常危险的，它不适合作为液化气成分。

③ 正己烷在室温下就是液体不需要压缩，但它的正常沸点 T_b 为 68.75℃（正常沸点是指当压力为 0.1013MPa 时的沸点），则无论春夏秋冬，打开减压阀至大气压力时它都不会汽化——不适合。

液化气成分选择的依据即是 p-V-T 关系

④ 正戊烷室温下能液化，但在大多季节不能汽化——不适合。

⑤ 只有丙烷和正丁烷符合家庭用液化气在室温、高压下能液化，在室温、大气压下能汽化的双重要求。

(2) 液化气成分各地都不相同，由原油产地、炼制工艺和操作条件所决定。多数液化气会含有少量戊烷等 C_5、C_6 成分，冬天室温较低，戊烷等高级烷烃不能汽化导致残液产生。

(3) 丙烯、丁烯符合家庭用液化气要求。

2.1.5.4　超临界流体萃取技术

超临界流体的性质非常特殊，多种物理化学性质介于气体和液体之间并兼具两者的优点。它具有近似液体的密度、溶解能力和传热系数，近似气体一样的低黏度和高扩散系数，见表 2-1。物质的溶解度对 T、p 的变化很敏感，特别是临界状态附近，T、p 微小的变化会导致溶质的溶解度发生几个数量级的突变，正是利用了超临界流体这一特性，通过对 T、p 的调控来进行物质的分离。

应用超临界流体萃取技术从葡萄籽中提取葡萄籽油

表 2-1　超临界流体与气体、液体在物理化学性质上的比较

性　质	气体 (0.1013MPa, 15～30℃)	超临界流体 (p_c, T_c)	液体 (0.1013MPa, 15～30℃)
密度/$g \cdot mL^{-1}$	$(0.6\sim2)\times10^{-3}$	0.2～0.9	0.6～1.6
黏度/$g \cdot cm^{-1} \cdot s^{-1}$	$(1\sim3)\times10^{-4}$	$(1\sim9)\times10^{-4}$	$(0.2\sim3)\times10^{-2}$
扩散系数/$cm^2 \cdot s^{-1}$	0.1～0.4	$(2\sim7)\times10^{-4}$	$(0.2\sim3)\times10^{-5}$

研究较多的超临界流体包括 CO_2、H_2O、NH_3、甲醇、戊烷等，但只有 CO_2 应用最为广泛，除了它价廉易得、无色无味无毒、易制得高纯气体以及扩散系数为液体的100倍并具有惊人的溶解能力外，更重要的是其临界条件温和（$T_c=31.1$℃；$p_c=7.376$MPa），萃取温度在接近室温（35～40℃）就能将物质分离出来，且能保持药用植物的有效成分。对于高沸点、低挥发性、易热解的物质也能轻而易举在远低于其沸点温度下萃取出来，这是传统分离方法做不到的；提取完成后，改变体系温度或压力，使超临界流体变成普通气体逸散出去，由于 T、p 改变，溶解度急剧下降，物料中已提取的成分基本上可以完全析出，达到提取和分离的目的。

最初，用超临界 CO_2 成功地从咖啡中提取咖啡因，现在用于提取天然香料、色素、酶的有效成分等，特别是在中药提取领域，超临界流体萃取技术的应用更是方兴未艾，如从红豆杉树皮叶中获得紫杉醇抗癌药物，从鱼内脏和骨头提取的鱼油、从银杏叶中提取的银杏黄酮、从蛋黄中提取的卵磷脂等都是治疗心脑血管疾病的药物。

超临界流体萃取过程及其在 p-T 图上的对应关系见图2-9。

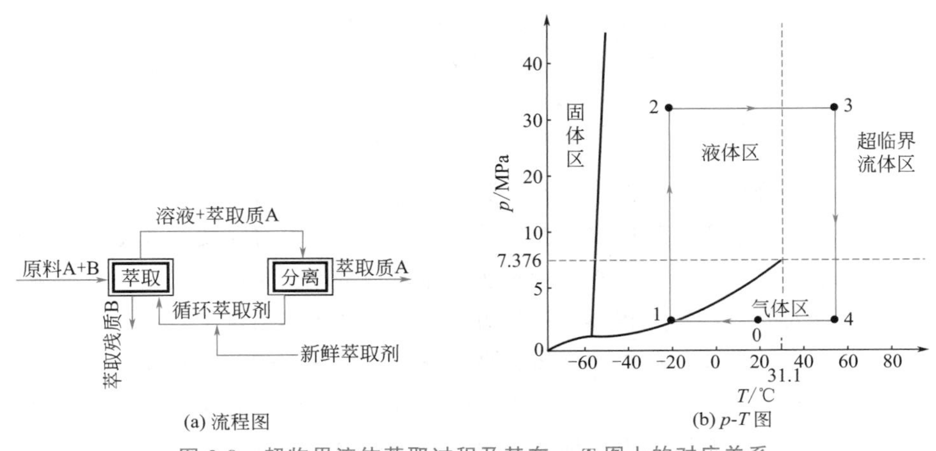

图2-9　超临界流体萃取过程及其在 p-T 图上的对应关系

将萃取原料装入萃取釜。采用 CO_2 为超临界溶剂。CO_2 气体（0点）经热交换器冷凝成液体（1点），用加压泵把压力提升到工艺过程所需的压力（应高于 CO_2 的 p_c）（2点），同时调节温度，使其成为超临界 CO_2 流体（3点）。CO_2 流体作为溶剂从萃取釜底部进入，与被萃取物料充分接触，选择性溶解出所需的化学成分。含溶解萃取物的高压 CO_2 流体经节流阀降压到低于 CO_2 的 p_c 以下进入分离釜（又称解析釜）（4点），由于溶质在 CO_2 中的溶解度急剧下降而析出溶质，自动分离成溶质和 CO_2 气体两部分，前者为过程产品，定期从分离釜底部放出，后者为循环 CO_2 气体（4点），经过热交换器冷凝成 CO_2 液体再循环使用（1点）。整个分离过程是利用 CO_2 流体在超临界状态下对有机物有极高的溶解度，而低于临界状态下对有机物基本不溶解的特性，将 CO_2 流体不断在萃取釜和分离釜间循环，从而有效地将需要分离提取的组分从原料中分离出来。

目前，利用超临界流体特殊性质开发的超临界分离技术和反应技术已越来越成为人们注目的热点。当然超临界流体萃取技术也存在设备属于高压设备、一次性投资较大、运行成本高的问题。

2.2　流体的状态方程

从本章引言以及2.1节可知纯流体 p-V-T 关系的重要性，而状态方程是该关系的解析式，有了可靠的状态方程加上理想流体的 C_p^{id}，可以解决热力学上大多数问题。

一方面状态方程有非常高的功效；另一方面，一个优秀的状态方程应是形式简单、计算方便、适用于不同极性及分子形状的化合物，计算各种热力学性质均有较高的准确度。然而已发表的数百个状态方程中，能完全符合这些要求的为数不多。因此，迄今人们仍在不懈地探索着。

描述流体 p-V-T 关系的函数式可表达为

$$f(p,V,T)=0 \tag{2-3}$$

式(2-3) 被称为状态方程 (Equation of State，简称 EOS)，用来关联在平衡状态下流体的压力、摩尔体积、温度之间的关系。习惯上，状态方程可写成压力的显函数形式，即

$$p=F(V,T) \tag{2-4}$$

目前，已开发出的状态方程有些比较简单，有些比较复杂，有些有一定的理论基础，有些则是经验或半经验性的。本书将介绍几个化学工业中常见的状态方程，由于没有一个状态方程是普遍适用的，因此，在选择方程时一定要注意它的特点、适用范围（见 2.6 节）。

2.2.1 理想气体状态方程

理想气体 p-V-T 性质与气体的种类有没有关系？

关于理想气体特征的思考

19 世纪初，人们通过对气体 p-V-T 行为的研究，提出了最简单的状态方程——理想气体状态方程，见式(2-5)，该方程奠定了研究流体 p-V-T 关系的基础。

$$pV=RT \tag{2-5}$$

理想气体有两个假设：分子间不存在相互作用力，分子本身的体积可忽略，这意味着无论温度多么低，压力多么高，都不可能使其液化，故理想气体是一种永久气体。显然没有一种真实气体能满足以上条件。但这并不影响理想气体的概念对开发状态方程和各种热力学性质计算的实用意义。

首先，任何真实气体，当 $p\to 0$ 或 $V\to\infty$ 时都表现出理想气体行为，因此，一个真实气体状态方程是否正确，可以用在低压时能否还原为理想气体状态方程来检验。其次，由于描述简易，理想气体状态常被作为真实流体的参考态或初值，使问题大为简化（这是热力学经常采用的方法）。另外，在低压或常压时，精度要求不高的场合下，可以按此式进行近似计算。

2.2.2 气体的非理想性

显然真实气体是不符合理想气体行为的。因为真实气体的分子有体积和相互作用力，这是造成气体非理想性的原因。引力使分子彼此靠近，体积变小；斥力使分子分开，体积变大。引力在分子距离较大时起作用，斥力在分子距离较小时起作用。

真实气体对理想气体的偏离程度可以用压缩因子 Z 来表达

$$\boxed{Z\equiv\frac{pV}{RT}} \tag{2-6}$$

也可以写为更加直观的形式

$$Z\equiv\frac{V}{V(\text{理想气体})} \tag{2-7}$$

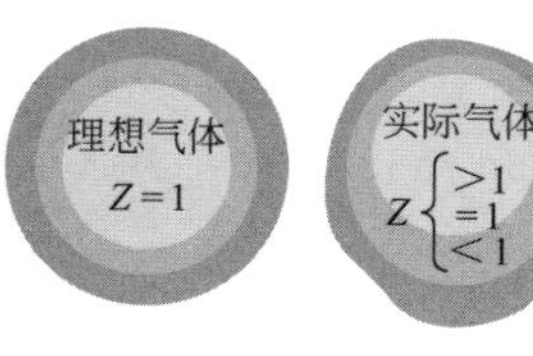

压缩因子 Z 表达了真实气体的非理想性

理想气体的 Z 等于 1，而真实气体的 Z 可能大于 1（分子间斥力大于引力），也可能小于 1（分子间引力大于斥力），也可能等于 1（引力与斥力正好相等，理想气体是它的一个特例，既没有吸引力，也没有排斥力）。

真实气体偏离理想气体的程度不仅与 T、p 有关，而且与每个气体的临界特性有关。对于同一气体，T 越低、p 越高越偏离理想气体，但在相同 T、p 下不同气体偏离理想气体的程度也是不同的。对于临界温度低、难以液化气体如 N_2、

H_2、CO、CH_4，在几兆帕下，仍可按理想气体状态方程计算；而对于临界温度高、较易液化的气体，如 NH_3、SO_2 等，在较低压力下，早已偏离理想气体行为了。因此，不能以压力、温度的绝对高低来衡量真实气体偏离理想气体的程度，应该以该气体离开临界状态的远近即对比温度、对比压力来衡量，见图 2-11。这一概念将在 2.3.1～2.3.3 节中详细讨论。

2.2.3 立方型状态方程

作为一种描述流体 p-V-T 行为的模型，状态方程既需要能同时计算液相与汽相的性质，又必须能包含宽广的温度和压力范围。然而，它的形式还不能太复杂以免引起数值计算上的困难。

范德瓦耳斯因提出著名的 vdW 方程而获得 1910 年诺贝尔物理学奖

以摩尔体积 V 的三次方表示的多项式状态方程被称为立方型状态方程（参见表 2-3），它可以满足形式简单、计算方便、精度较高以及适用性广泛的要求。事实上，这类方程是能同时计算液相与汽相行为的最简单的方程，很受工程界的欢迎。

2.2.3.1 van der Waals (vdW) 方程

第一个实用的立方型状态方程是由荷兰莱顿大学范德瓦耳斯（van der Waals）于 1873 年提出的 van der Waals 方程（简称 vdW 方程）

$$p=\frac{RT}{V-b}-\frac{a}{V^2} \tag{2-8}$$

式中，p 为气体压力，Pa；T 为绝对温度，K；R 为通用气体常数；V 为摩尔体积，$m^3\cdot mol^{-1}$。请注意，V 不是总体积 m^3。要特别注意 R 的单位必须与 p 和 V 的单位相适应。请将各物理量换算为 SI 制单位后再代入方程式中进行计算，以避免计算错误。

R=
8.314J $\cdot mol^{-1}\cdot K^{-1}$
8.314N·m $\cdot mol^{-1}\cdot K^{-1}$
8.314Pa$\cdot m^3\cdot mol^{-1}\cdot K^{-1}$
8.314×10^{-3}kPa$\cdot m^3\cdot mol^{-1}\cdot K^{-1}$
8.314×10^{-6}MPa$\cdot m^3\cdot mol^{-1}\cdot K^{-1}$
8.314×10^{-5}bar$\cdot m^3\cdot mol^{-1}\cdot K^{-1}$
1.987cal$\cdot mol^{-1}\cdot K^{-1}$
82.06atm$\cdot cm^3\cdot mol^{-1}\cdot K^{-1}$

通用气体常数 R 的单位换算

vdW 方程实际上是通过对理想气体模型的修正得到的。它考虑了分子本身的体积和分子间的吸引力，即它将气体分子视为有相互吸引力的硬球。由于分子间的吸引力会使气体分子撞击器壁时的动量减小，因此压力变小，故理想状态的压力应等于实际压力 p 加上因吸引力而引起的压力减少，式(2-8) 中的 a/V^2 正是由此引起的压力减少，称为气体的内压力，其中 a 是物性常数，称为引力参数。分子本身的体积则会使气体分子的运动空间小于理想状态，故实际气体的自由体积应为容器体积 V 减去分子的已占体积或排斥体积 b，因此 b 是方程中的另一物性常数，称为斥力参数。a、b 只与物性有关，与 p、V、T 无关。当 a、b 为 0 时，方程则还原为理想气体状态方程。

a、b 既可以从流体的 p-V-T 实验数据拟合得到，也可以由反映物质特性的临界参数 T_c、p_c、V_c 来确定。具体方法是利用临界等温线在临界点出现水平拐点的特征：即 $(\partial p/\partial V)_{T=T_c}=0$ 和 $(\partial^2 p/\partial V^2)_{T=T_c}=0$，对式(2-8) 求关于摩尔体积 V 的一阶和二阶偏导数，并在 $T=T_c$、$p=p_c$、$V=V_c$ 的条件下令其为 0，这样便可得到以能够准确测量的 T_c 和 p_c 来表达的 a、b 两个参数了。

$$a=\frac{27}{64}\frac{R^2T_c^2}{p_c},\quad b=\frac{1}{8}\frac{RT_c}{p_c} \tag{2-9a,b}$$

vdW 方程在数值计算上有较大的偏差，但它的贡献在于首次提出的分子引力、斥力、分子体积等因素对流体 p-V-T 性质影响的推理，给后来者提供了十分重要的启示，许多后继方程都是由此衍生出来的。

2.2.3.2 Redlich-Kwong（RK）方程

在 vdW 方程之后，又出现了上百个在它基础上改进的立方型状态方程。其中 1949 年由 Redlich 和 Kwong（邝）提出的 Redlich-Kwong 方程（简称 RK 方程）是目前公认的最准确的双参数气体状态方程，其形式为

$$p=\frac{RT}{V-b}-\frac{a}{T^{1/2}V(V+b)} \tag{2-10}$$

a、b 两个参数同样采用类似 vdW 方程的方法得到

$$a=0.42748\frac{R^2T_c^{2.5}}{p_c}, \quad b=0.08664\frac{RT_c}{p_c} \tag{2-11a,b}$$

RK 方程的计算准确度比 vdW 方程有较大的提高，能成功地用于气相 p-V-T 的计算，对非极性、弱极性物质误差在 2%左右，满足工程需要，但对于强极性物质及液相误差在 10%～20%。

2.2.3.3 Soave-Redlich-Kwong（SRK）方程

为了提高精度，不少研究者对 RK 方程进行了修正，而 Soave 于 1972 年对 RK 方程的修正最为成功，简称为 SRK（或 RKS）方程。Soave 认为 RK 方程之所以在计算多元汽液平衡时遇到困难，其根本原因在于“表达温度影响”方面缺乏准确度，于是提出采用 $a(T)$ 替代 $a/T^{1/2}$，其形式为

van der Waals(vdW)
Redlich-Kwong(RK)
Soave-Redlich-Kwong(SRK)
Peng-Robinson (PR)
四个著名的立方型状态方程

$$p=\frac{RT}{V-b}-\frac{a(T)}{V(V+b)} \tag{2-12}$$

$$a(T)=a_c\alpha(T_r)=0.42748\frac{R^2T_c^2}{p_c}\alpha(T_r), \quad b=0.08664\frac{RT_c}{p_c} \tag{2-13a,b}$$

$$\alpha(T_r)=[1+m(1-T_r^{0.5})]^2 \tag{2-14}$$

$$m=0.48+1.574\omega-0.176\omega^2 \tag{2-15}$$

式中，ω 为偏心因子，其定义见 2.3.3 节。

SRK 方程中 a 不仅是物性（临界性质）而且还是温度的函数，由于引入了较为精细的温度函数使得 SRK 方程大大提高了计算精度和应用范围（能较准确地计算极性物质及含有氢键物质的 p-V-T 数据和饱和液体密度），成为第一个被工程界广泛接受和使用的立方型方程。该方程甚至被用作为相平衡计算的标准方法。正是在 Soave 的工作之后，现代的状态方程才像洪水被打开了闸门一样纷纷涌现。可以说 SRK 是状态方程发展史中一个重要的里程碑。

2.2.3.4 Peng-Robinson（PR）方程

Peng（彭）和 Robinson 发现，SRK 方程在计算饱和液体密度仍不够准确，于 1976 年提出了 Peng-Robinson 方程，简称 PR 方程。形式为

$$p=\frac{RT}{V-b}-\frac{a(T)}{V(V+b)+b(V-b)} \tag{2-16}$$

$$a(T)=a_c\alpha(T_r)=0.45724\frac{R^2T_c^2}{p_c}\alpha(T_r), \quad b=0.07780\frac{RT_c}{p_c} \tag{2-17a,b}$$

$$\alpha(T_r)=[1+m(1-T_r^{0.5})]^2 \tag{2-18}$$

$$m=0.37464+1.54226\omega-0.26992\omega^2 \tag{2-19}$$

PR方程中 a 仍是温度的函数，对体积的表达更精细，使得其预测液体摩尔体积的准确度较SRK方程有明显改善，而且也可用于极性物质。能同时适用于汽、液两相；它是工程相平衡计算中最常用的方程之一。

2.2.3.5 立方型状态方程的各种表达形式和应用

立方型状态方程的表达形式很多，其目的主要是为了满足手动计算方便的需求。

(1) 立方型状态方程的通用形式

以上给出的4个立方型状态方程，看上去形式各异，但归纳起来可以是如下形式

$$p=\frac{RT}{V-b}-\frac{a(T)}{(V+\varepsilon b)(V+\sigma b)} \tag{2-20}$$

$$a(T)=\Omega_a\frac{\alpha(T_r)R^2T_c^2}{p_c},\quad b=\Omega_b\frac{RT_c}{p_c} \tag{2-21a,b}$$

式中的参数见表2-2。

表2-2 立方型状态方程通用形式的参数表

状态方程	$\alpha(T_r)$	σ	ε	Ω_a	Ω_b	Z_c
vdW(1873)	1	0	0	27/64	1/8	3/8
RK(1949)	$T_r^{-1/2}$	1	0	0.42748	0.08664	1/3
SRK(1972)	$\alpha_{SRK}(T_r,\omega)$①	1	0	0.42748	0.08664	1/3
PR(1976)	$\alpha_{PR}(T_r,\omega)$②	$1+\sqrt{2}$	$1-\sqrt{2}$	0.45742	0.07780	0.30740

① $\alpha_{SRK}(T_r,\omega)=[1+(0.480+1.574\omega-0.176\omega^2)(1-T_r^{1/2})]^2$

② $\alpha_{PR}(T_r,\omega)=[1+(0.37464+1.54226\omega-0.26992\omega^2)(1-T_r^{1/2})]^2$

(2) 立方型状态方程的三次方形式

立方型状态方程因可以表达成摩尔体积 V 的三次方而得名，由于压缩因子 $Z=\frac{pV}{RT}$，因此，也可以表达成压缩因子 Z 的三次方。各方程的表达式如表2-3所示。

表2-3 立方型状态方程的三次方表达式

名称	方程式	序号
摩尔体积 V 的三次方表达式		
vdW	$V^3-\left(b+\frac{RT}{P}\right)V^2+\frac{a}{P}V-\frac{ab}{P}=0$	(1)
RK	$V^3-\frac{RT}{p}V^2+\frac{1}{p}\left(\frac{a}{T^{0.5}}-bRT-pb^2\right)V-\frac{ab}{pT^{0.5}}=0$	(2)
SRK	$V^3-\frac{RT}{p}V^2+\frac{1}{p}(a-bRT-pb^2)V-\frac{ab}{p}=0$	(3)
PR	$V^3-\left(\frac{RT}{p}-b\right)V^2+\frac{1}{p}(a-2bRT-3pb^2)V-\frac{ab}{p}+\frac{RTb^2}{p}+b^3=0$	(4)
压缩因子 Z 的三次方表达式		
vdW	$Z^3-(B+1)Z^2+AZ-AB=0$	(5)
RK	$Z^3-Z^2+(A-B-B^2)Z-AB=0$	(6)
SRK	$Z^3-Z^2+(A-B-B^2)Z-AB=0$	(7)
PR	$Z^3-(1-B)Z^2+(A-2B-3B^2)Z-(AB-B^2-B^3)=0$	(8)

注：RK方程中 $A=\frac{ap}{R^2T^{2.5}}$；其他方程中 $A=\frac{ap}{R^2T^2}$；$B=\frac{bp}{RT}$。

立方型状态方程形式不太复杂，方程中一般只有两个参数，且参数可用纯物质临界性质和偏心因子计算，精度也较高，因此很受工程界欢迎。

2.2.3.6 立方型状态方程的解题方法

由于立方型状态方程是摩尔体积的三次方，故解方程可以得到三个体积根（图 2-10）。

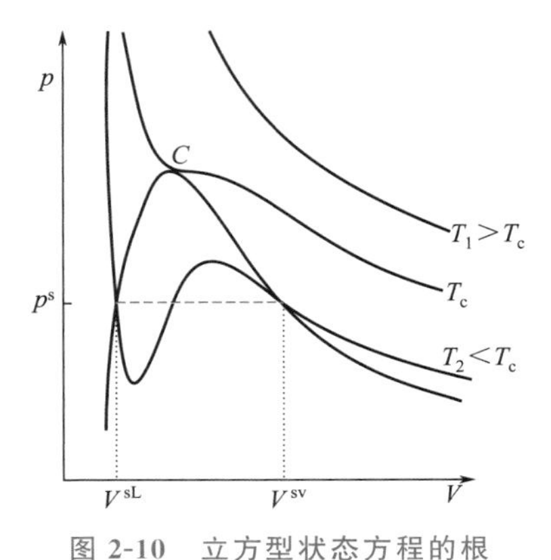

图 2-10 立方型状态方程的根

① 当 $T>T_c$时，立方型状态方程有一个实根，两个虚根，实根为气体的摩尔体积 V。

② 当 $T=T_c$ 时 $\begin{cases} p\neq p_c \text{ 时，仅有一个实根，两个虚根，实根为气体的摩尔体积 } V。\\ p=p_c \text{ 时，有三重实根，} V=V_c。\end{cases}$

③ 当 $T<T_c$ 时，方程可能有一个或三个实根，这取决于压力。当等温线位于两相区内且 p 为饱和蒸气压 p^s 时，方程的最大根是饱和蒸气摩尔体积 V^{sv}，最小根是饱和液体摩尔体积 V^{sL}，第三个介于这两根之间的根无物理意义。

在方程的使用中，准确地求取其体积根是一个重要环节。对于所有的立方型状态方程，虽然均可以用解析法求得（该法速度快且没有初始值的选取问题），但工程上大多采用简便的迭代法，如直接迭代法、牛顿迭代法。

以 RK 方程为例：

① 直接迭代法 考虑到迭代法的收敛问题，需要改变方程的形式，以求方程的特解。

汽相摩尔体积：
$$V_{n+1}=\frac{RT}{p}+b-\frac{a(V_n-b)}{pT^{1/2}V_n(V_n+b)} \tag{2-22}$$

液相摩尔体积：
$$V_{n+1}=\frac{pV_n^3-RTV_n^2-ab/T^{1/2}}{pb^2+bRT-a/T^{1/2}} \tag{2-23}$$

② 牛顿迭代法（参见《高等数学》）

$$V_{n+1}=V_n-\frac{F(V_n)}{F'(V_n)} \tag{2-24}$$

其中
$$F(V)=p-\frac{RT}{V-b}+\frac{a}{T^{1/2}V(V+b)} \tag{2-25}$$

$F'(V_n)$ 为 $F(V_n)$ 的一阶导数：

$$F'(V)=\frac{RT}{(V-b)^2}-\frac{a(2V+b)}{T^{1/2}V^2(V+b)^2} \tag{2-26}$$

汽相摩尔体积的求取通常以理想气体体积 $V_0=RT/p$ 为初始值，而液相摩尔体积以$V_0=b$ 为初始值，代入式(2-22)、式(2-23) 或式(2-24)，得到 V 值后再代到等式的右边，一直迭代下去，直到 V 值的变化很小，令 $Z_{n+1}=pV_{n+1}/(RT)$，用 $|Z_{n+1}-Z_n|\leqslant 10^{-4}$ 作为达到要求的判据更为合理（因为 Z 为无量纲的量，没有单位的问题）。牛顿迭代法比直接迭代法收敛更快。以上迭代法同样适用于温度的求取。

但是，用手工计算来完成迭代比较烦琐，可利用诸如 Mathcad 或 Maple 的软件包求解。更简单的方法是利用 Excel 的“单变量求解”工具，它已将牛顿迭代法固化在 Excel 中，能大大简化计算；最简单的是利用网上免费状态方程计算软件[1]或者与本教材配套的计算软件[2]来求解。需要指出的是，无论 Excel 还是免费软件仅能作为辅助工具，不能代替每一位个体对概念的思考。具体解法见［例 2-6］。

[1] 如 http://pjb10.user.srcf.net//thermo/pure.html

[2] 可登录 www.cipedu.com.cn 注册会员（网页首行），搜索“化工热力学”或“作者姓名”查找下载。

【例 2-5】 希望将 5mol、285K 的 CO_2 气体通过压缩机压缩成中压气体，然后灌装到体积为 $3005.5cm^3$ 的钢瓶中，以便食品行业使用，请问压缩机需要加多大的压力才能达到这样的目的。试用 RK 方程计算。

$$\left.\begin{matrix} n=5mol \\ T=285K \\ V=3005.5cm^3 \end{matrix}\right\} \rightarrow p$$

解：CO_2 气体的摩尔体积为

$V=V_{总}/n=3005.5/5=601.1cm^3 \cdot mol^{-1}=6.011\times10^{-4}m^3 \cdot mol^{-1}$

从附录 2 查得 CO_2 的临界参数为：$T_c=304.2K$、$p_c=7.376MPa$，代入式(2-11a)、式(2-11b) 得

$$a=0.42748\frac{R^2T_c^{2.5}}{p_c}=0.42748\times\frac{8.314^2\times304.2^{2.5}}{7.376\times10^6}=6.4657Pa \cdot m^6 \cdot K^{0.5} \cdot mol^{-2}$$

$$b=0.08664\frac{RT_c}{p_c}=0.08664\times\frac{8.314\times304.2}{7.376\times10^6}=2.97075\times10^{-5}m^3 \cdot mol^{-1}$$

再代入式(2-10) 得

$$p=\frac{RT}{V-b}-\frac{a}{T^{1/2}V(V+b)}$$

$$=\frac{8.314\times285}{(6.011-0.297075)\times10^{-4}}-\frac{6.4657}{285^{0.5}\times6.011\times10^{-4}\times(6.011+0.297075)\times10^{-4}}$$

$$=4.14687\times10^6-1.0101\times10^6=3.137\times10^6Pa$$

因此压缩机需要 3.137MPa 的压力。

【例 2-6】 异丁烷是取代氟利昂的环保制冷剂，用于冰箱、冰柜、冷饮机。现需要将 3kmol、300K、0.3704MPa 的异丁烷装入容器，请问需设计多大的容器？试用理想气体方程、RK、SRK 和 PR 方程分别计算，并与实际值进行比较（实际值为 $V_{总}=18.243m^3$）。

$$\left.\begin{matrix} n=3kmol \\ T=300K \\ p=0.3704MPa \end{matrix}\right\} \rightarrow V$$

解：从附录 2 查得异丁烷的临界参数为：$T_c=408.1K$，$p_c=3.648MPa$，$\omega=0.176$。

（1）理想气体方程

$$V=\frac{RT}{p}=\frac{8.314\times300}{0.3704\times10^6}=0.006734m^3 \cdot mol^{-1}$$

$$V_{总}=3000\times0.006734=20.201m^3$$

（2）RK 方程

解法 1：直接迭代法

将数据代入式(2-11a)、式(2-11b) 得

$$a=0.42748\frac{R^2T_c^{2.5}}{p_c}=27.25Pa \cdot m^6 \cdot K^{0.5} \cdot mol^{-2}$$

$$b=0.08664\frac{RT_c}{p_c}=8.058\times10^{-5}m^3 \cdot mol^{-1}$$

已知 p、T 求 V，需要用式(2-22) 迭代求解，且体积的单位使用 $m^3 \cdot mol^{-1}$。

$$V_{n+1}=\frac{RT}{p}+b-\frac{a\ (V_n-b)}{pT^{1/2}V_n\ (V_n+b)}$$

$$V_{n+1}=\frac{8.314\times300}{0.3704\times10^6}+8.058\times10^{-5}-\frac{27.25(V_n-8.058\times10^{-5})}{0.3704\times10^6\times300^{1/2}\times V_n(V_n+8.058\times10^{-5})}$$

$$=6.814\times10^{-3}-\frac{4.248\times10^{-6}(V_n-8.058\times10^{-5})}{V_n(V_n+8.058\times10^{-5})} \quad (A)$$

以 $V_0=\frac{RT}{p}=\frac{8.314\times300}{0.3704\times10^6}=0.006734m^3 \cdot mol^{-1}$ 为初始值代入式(A) 得

$$V_1=0.006198\text{m}^3\cdot\text{mol}^{-1}$$

再将其代入式(A) 得 $V_2=0.006146\text{m}^3\cdot\text{mol}^{-1}$

依此类推得 $V_3=0.0061411\text{m}^3\cdot\text{mol}^{-1}$

$$V_4=0.0061408\text{m}^3\cdot\text{mol}^{-1}$$

$$Z_4=\frac{pV_4}{RT}=\frac{0.3704\times10^6\times6.1408\times10^{-3}}{8.314\times300}=0.9119$$

$$V_5=0.006140\text{m}^3\cdot\text{mol}^{-1}$$

$$Z_5=\frac{pV_5}{RT}=\frac{0.3704\times10^6\times6.140\times10^{-3}}{8.314\times300}=0.91182$$

$$|Z_5-Z_4|=8.2\times10^{-5}\leqslant10^{-4}$$

最后得 $V=0.006140\text{m}^3\cdot\text{mol}^{-1}$

解法 2：应用 Excel“单变量求解”工具

按照［例 2-6］图 1 中①②③④的顺序计算，为了更好理解 Excel“单变量求解”工具，将单元格所用公式与对应公式列出如下：

a：E3＝0.42748 * POWER(C3,2) * POWER(A3,2.5)/B3(对应式(2-11a))；

b：F3＝0.08664 * C3 * A3/B3(对应式(2-11b))；

其中目标单元格“I3＝D3－C3 * H3/(G3－F3)＋E3/(POWER(H3,0.5) * G3 * (G3＋F3))”即目标函数为式(2-25)

$$F(V)=p-\frac{RT}{V-b}+\frac{a}{T^{1/2}V(V+b)}$$

目标单元格最重要，由牛顿迭代法知，为了求根，希望此项为 0，因此目标值选 0；但求数值解时往往不可能完全为 0，因此以小于 10^{-4} 为目标。

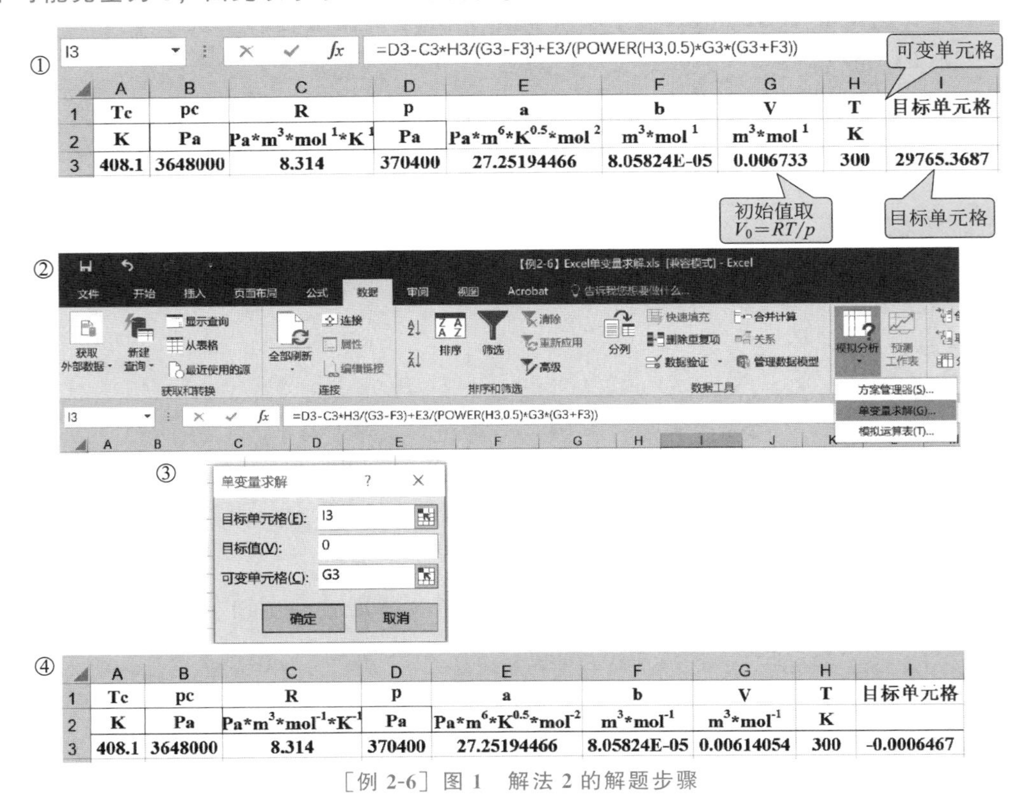

［例 2-6］图 1　解法 2 的解题步骤

可变单元格 G3 为所需求解的参数 V，原则上刚开始可以任意输入一个值，但会出现不收敛现象，初始值以理想气体体积 $V_0=RT/p$ 为佳，待迭代后，目标单元格的目标值趋于 0 时得到的 G3 值即为计算结果。

最后得 $V=0.0061405\text{m}^3\cdot\text{mol}^{-1}$

用 Excel“变量求解”的方法，［例 2-15］有更详细的解答。

解法 3：利用网上免费状态方程计算软件计算

［例 2-6］图 2 即为利用英国剑桥大学的免费计算软件计算的结果（https://pjb10.user.srcf.net/thermo/pure.html）。

Patrick Barrie's program for solving cubic equations of state

Select cubic equation of state:
Van der Waals info
Redlich-Kwong info
Soave-Redlich-Kwong info
Peng-Robinson info
Peng-Robinson-Gasem info

Specify critical parameters or select chemical from list: info
specify critical parameters
T_c = 408.1 K
P_c = 36.48 bar
ω = 0.176 (acentric factor)

Select conditions of interest:
T = 300 K
P = 3.704 bar
Click this button to calculate: Calculate

Solutions to the cubic equation are: info
Z = 0.9119 state = vapour (stable) V = 0.006141 m³/mol
Z = 0.01738 state = liquid (metastable) V = 0.0001170 m³/mol
Z = 0.07072 state = no meaning

［例 2-6］图 2　免费状态方程计算软件的计算结果

最后得
$$V=0.006141\text{m}^3\cdot\text{mol}^{-1}$$

以上三个用 RK 方程的方法得
$$V_{总}=3000\times0.006141=18.42\text{m}^3$$

（3）SRK 方程

与 RK 方程同样的方法可得
$$V=0.006102\text{m}^3\cdot\text{mol}^{-1}$$
即
$$V_{总}=3000\times0.006102=18.31\text{m}^3$$

（4）PR 方程

与 RK 方程同样的方法可得
$$V=0.006068\text{m}^3\cdot\text{mol}^{-1}$$
即
$$V_{总}=3000\times0.006068=18.20\text{m}^3$$

（5）各种状态方程误差比较

容器的实际体积为 18.24m^3，各种状态方程的误差比较如［例 2-6］表所示。

［例 2-6］表　［例 2-6］中各种状态方程的误差比较

（实际体积为 18.24m^3）

EOS	设计的容器体积/m^3	误差/%
理想气体方程	20.20	10.74
RK 方程	18.42	0.99
SRK 方程	18.31	0.38
PR 方程	18.20	−0.16

上述计算表明：理想气体方程的误差非常大，而 PR、SRK 方程的精度非常高，这是 PR、SRK 方程为何能在工业中得到广泛应用的原因。

汽车天然气加气站

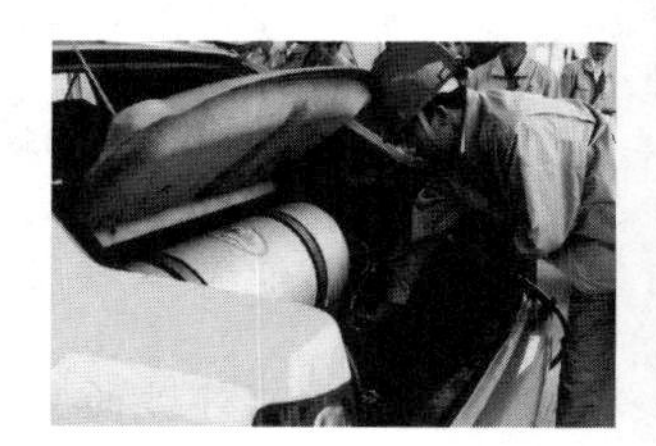

汽车天然气储气罐

【例 2-7】 随着汽油不断涨价，既经济又环保的天然气已成为汽车发动机的新燃料，越来越多的公交车和出租车改用天然气（主要成分为甲烷）。为了使单位气量能行驶更长的里程，天然气加气站需要将管道输送来的 0.2MPa、10℃的天然气压缩灌装到储气罐中，制成压缩天然气（CNG），其压力为 20MPa，由于压缩机冷却效果在夏天较差，所以气体的温度假设在冬天为 15℃，夏天为 45℃。已知储气罐体积为 70L，每千克甲烷可行驶 17km。问：

（1）如果将 20MPa、15℃压缩天然气当作理想气体，则与 RK 状态方程相比，它计算出来的一罐压缩天然气的行驶里程多了还是少了，相差多少公里（按冬天算）？试问：此时的压缩天然气能否当作理想气体？

(2) 如果将管道输送来的0.2MPa、10℃的天然气不经压缩直接装入储气罐中，一罐天然气能行驶多少公里？说明什么？

(3) 为了行驶更长的里程，在其他条件均不变的情况下，是否可以通过再提高压力使压缩天然气变成液化天然气来实现？你有什么好的建议？

(4) 天然气储气罐用体积计量。据出租车司机说“同样一罐压缩天然气，夏天跑的里程比冬天要短”，为什么？请说出理由，并估算出同样每天行驶300km，夏天比冬天要多花多少钱（一罐压缩天然气约50元。必要的数据可以自己假设）？

解：(1) ① 理想气体方程

$$V=\frac{RT}{p}=\frac{8.314\times 288.15}{20\times 10^{6}}=1.198\times 10^{-4}\,\mathrm{m^3\cdot mol^{-1}}$$

$$n=\frac{V_{总}}{V}=\frac{70\times 10^{-3}}{1.198\times 10^{-4}}=584.31\,\mathrm{mol}$$

行驶里程 $l_{理想}=584.31\times 16\times 10^{-3}\times 17=158.9\,\mathrm{km}$

② RK 方程

参照如［例 2-6］的方法得到

$$V=9.8\times 10^{-5}\,\mathrm{m^3\cdot mol^{-1}},\quad n=\frac{V_{总}}{V}=\frac{70\times 10^{-3}}{9.8\times 10^{-5}}=714.29\,\mathrm{mol}$$

行驶里程为

$$l_{\mathrm{RK}}=714.29\times 16\times 10^{-3}\times 17=194.3\,\mathrm{km}$$

$$\Delta l=l_{\mathrm{RK}}-l_{理想}=194.3-158.9=35.4\,\mathrm{km}$$

即 RK 方程与理想气体方程算出的每罐压缩天然气行驶的里程数相差35.4km。

由此可见，如此高压下的压缩天然气不能当作理想气体。

(2) 用 RK 方程计算。

参照［例 2-6］得到

$$V=0.011719\,\mathrm{m^3\cdot mol^{-1}},\quad n=\frac{V_{总}}{V}=\frac{70\times 10^{-3}}{0.011719}=5.97\,\mathrm{mol}$$

$$l=5.97\times 16\times 10^{-3}\times 17=1.62\,\mathrm{km}$$

由此可见，作为汽车燃料，管道输送来的天然气必须经压缩机压缩成高压天然气才有实际意义；压缩天然气的压力越高，行驶的里程越长，但压力越高对储气罐材质的要求也就越高。因此，压缩天然气的压力国内外一般定为20MPa。

(3) 不可以。因为，“其他条件均不变”意味着温度也不变，即温度在10℃左右，而天然气主要成分为甲烷，其 T_c 为−82.55℃，由2.1.2节可知，若气体温度在 T_c 以上，则无论施加多大的压力都不可能使之液化。因此，只有将其温度降低至−82.55℃以下，再加压才行。

理论上，温度降至−82.55℃，即有可能通过加压使其液化，但压力较高，为4.60MPa，由流体的 p-V-T 关系可知，温度越低，对应的压力越低，因此实际上液化天然气的温度常降至−162℃，在此温度下天然气在常压下即能变成液体。

(4) ① 由 (1) 可知，冬天气体温度为15℃时、压力为20MPa下，每罐压缩天然气行驶194.29km，那么每公里花费为 $\frac{50}{194.29}=0.257$ 元。

② 同样方法可以计算夏天气体温度为45℃时、压力为20MPa下，$V=0.0001161\,\mathrm{m^3\cdot mol^{-1}}$。

每罐压缩天然气的物质的量为：$n=\frac{V_{总}}{V}=\frac{70\times 10^{-3}}{1.161\times 10^{-4}}=602.929\,\mathrm{mol}$

可行驶的里程为：$l=602.929\times 16\times 10^{-3}\times 17=164\,\mathrm{km}$

每公里花费 $\frac{50}{164}=0.305$ 元

因此，同样每天行驶 300km，夏天比冬天要多花的钱为 $300\times(0.305-0.257)=14.4$ 元/天；一个季度要多花 1300 元。

这是因为 $V\propto T$，当夏天温度升高后气体的摩尔体积 V 增大，由于储气罐的总体积是一定的，因此装入的压缩天然气物质的量 $n=\dfrac{V_{总}}{V}$ 变小，随之行驶的里程数减小。所以同样一罐气夏天跑的里程比冬天要短。

希望该例题能让同学们体会到，生活中时时处处都伴随着化工热力学原理；各种眼花缭乱的现象背后其实都隐藏着深刻的原理。

2.2.4 virial（维里）方程

以上介绍的立方型状态方程属于半经验半理论的状态方程，而在状态方程中有严格理论基础的当属 virial 方程。

1901 年，荷兰莱顿大学昂尼斯（H. K. Onnes）提出了以幂级数形式表达的状态方程——virial 方程，它有两种形式

密度型
$$Z=\frac{pV}{RT}=1+\frac{B}{V}+\frac{C}{V^2}+\frac{D}{V^3}\cdots \tag{2-27}$$

压力型
$$Z=\frac{pV}{RT}=1+B'p+C'p^2+D'p^3\cdots \tag{2-28}$$

在取无穷项的情况下，两者是等价的。不同 virial 系数存在以下关系

$$B'=\frac{B}{RT},\quad C'=\frac{C-B^2}{R^2T^2},\quad D'=\frac{D-3BC+2B^3}{R^3T^3} \tag{2-29a,b,c}$$

微观上，virial 系数反映了分子间的相互作用，如第二 virial 系数（B 或 B'）反映了两分子间的相互作用，第三 virial 系数（C 或 C'）反映了三分子间的相互作用等。宏观上，纯物质的 virial 系数仅是温度的函数。通常 virial 系数由实验测定，第二 virial 系数的数据不但有较为丰富的实测值，还可以通过对比温度 T_r 估算得到，见 2.3.5 节。但对第三 virial 系数以后的 virial 系数知道得很少，因此，实际应用中常采用 virial 截断式

两项 virial 截断式
$$Z=\frac{pV}{RT}=1+\frac{B}{V}=1+B'p \tag{2-30}$$

三项 virial 截断式
$$Z=\frac{pV}{RT}=1+\frac{B}{V}+\frac{C}{V^2}=1+B'p+C'p^2 \tag{2-31}$$

截取的项数越少，精度也就越低，适用的压力越低。式(2-30) 只适用于 $T<T_c$，$p<1.5$MPa 的气体；式(2-31) 适用于 $p<5$MPa 的气体。对于 p 大于 5MPa 的气体，通常要采用其他状态方程，如 SRK、PR 方程等。

将式(2-29a) 代入式(2-30) 可得到最常用的两项 virial 截断式

$$\boxed{Z=1+\frac{Bp}{RT}} \tag{2-32}$$

virial 方程的缺点有二：①只能用于气体计算，不能像立方型状态方程那样可以用于计算液体；②virial 截断式不适合高压。

virial 方程的理论意义大于实际应用价值，它不仅可以用于 p-V-T 关系的计算，而且可以基于分子热力学利用 virial 系数联系气体的黏度、声速、热容等性质。而其他多参数状态方程如 BWR 方程、MH 方程都是在它的基础上改进得到的。

*2.2.5 多参数状态方程

与简单的状态方程相比，多参数状态方程可以在更宽的 T、p 范围内准确地描述不同物质的 p-V-T 关系；但其缺点是方程形式复杂，计算难度和工作量都较大。

2.2.5.1 Benedict-Webb-Rubin（BWR）方程

BWR 方程（1940 年）是第一个能在高密度区表示流体 p-V-T 关系和计算汽液平衡的多参数方程，在工业上得到了一定的应用。其表达式为

$$p=RT\rho+\left(B_0RT-A_0-\frac{C_0}{T^2}\right)\rho^2+(bRT-a)\rho^3+$$

$$a\alpha\rho^6+\frac{c}{T^2}\rho^3(1+\gamma\rho^2)\exp(-\gamma\rho^2) \tag{2-33}$$

式中，ρ 为密度；A_0、B_0、C_0、a、b、c、α 和 γ 8 个常数由纯物质的 p-V-T 数据和蒸气压数据确定。在烃类热力学性质计算中，BWR 方程计算精度很高，但该方程不能用于含水体系。以提高 BWR 方程在低温区域的计算精度为目的，Starling 等提出了 11 个常数的 Starling 式（或称 BWRS 式），扩大了方程的应用范围，对比温度可以低到 0.3，对轻烃气体、CO_2、H_2S 和 N_2 的广度性质计算精度较高。

2.2.5.2 Martin-Hou（MH）方程

MH 方程是 1955 年 Martin 教授和我国学者侯虞钧提出的。为了提高该方程在高密度区的精确度，Martin 于 1959 年对该方程进一步改进，1981 年侯虞钧教授等又将该方程的适用范围扩展到液相区，改进后的方程称为 MH-81 型方程。

MH 方程的通式为

$$p=\sum_{i=1}^{5}\frac{f_i(T)}{(V-b)^i} \tag{2-34}$$

式中

$$f_i(T)=RT \qquad (i=1) \tag{2-35a}$$

$$f_i(T)=A_i+B_iT+C_i\exp(-5.475T/T_c) \qquad (2\leqslant i\leqslant 5) \tag{2-35b}$$

式中，A_i、B_i、C_i、b 皆为方程的常数，可从纯物质临界参数及饱和蒸气压曲线上的一点数据求得。其中，MH-55 方程中，常数 $B_4=C_4=A_5=C_5=0$，MH-81 型方程中，常数 $C_4=A_5=C_5=0$。

MH-81 型状态方程能同时用于汽、液两相，方程准确度高，适用范围广，能用于包括非极性至强极性的物质（如 NH_3、H_2O），对量子气体 H_2、He 等也可应用，在合成氨等工程设计中得到广泛使用。

2.3 对应态原理和普遍化关联式

以上真实气体状态方程都含有与气体性质相关的常数项，如 a、b 或第二 virial 系数 B 等，计算比较烦琐和复杂，因此研究者希望能寻找到一种像理想气体方程那样——仅与 T、p 相关、不含有反映气体特征的待定常数、对于任何气体均适用的普遍化状态方程。

人们发现，同温度、压力下，不同真实气体的压缩因子 Z 并不相等，这预示着真实气体偏离理想气体的程度不仅仅取决于温度、压力。通过大量实验发现，对于不同的流体，当具有相同的对比温度和对比压力时，则具有大致相同的压缩因子，即其偏离理想气体的程度是大体相同的。这就是著名的对应态原理，它为具有不同特性的各种物质找到了共性，找到了一把开启普遍化状态方程的钥匙。

2.3.1 对应态原理

对比温度 T_r、对比压力 p_r、对比摩尔体积 V_r 的定义为

$$\boxed{T_r=\frac{T}{T_c}},\quad \boxed{p_r=\frac{p}{p_c}},\quad \boxed{V_r=\frac{V}{V_c}} \tag{2-36}$$

对应态原理（或对比态原理，the principle of corresponding states）认为：在相同对比温度 T_r、对比压力 p_r 下，不同气体的对比摩尔体积 V_r（或压缩因子 Z）是近似相等的。这从图 2-11 也不难看出。

对应态原理的数学表达式为

$$f(p_r,T_r,V_r)=0 \tag{2-37}$$

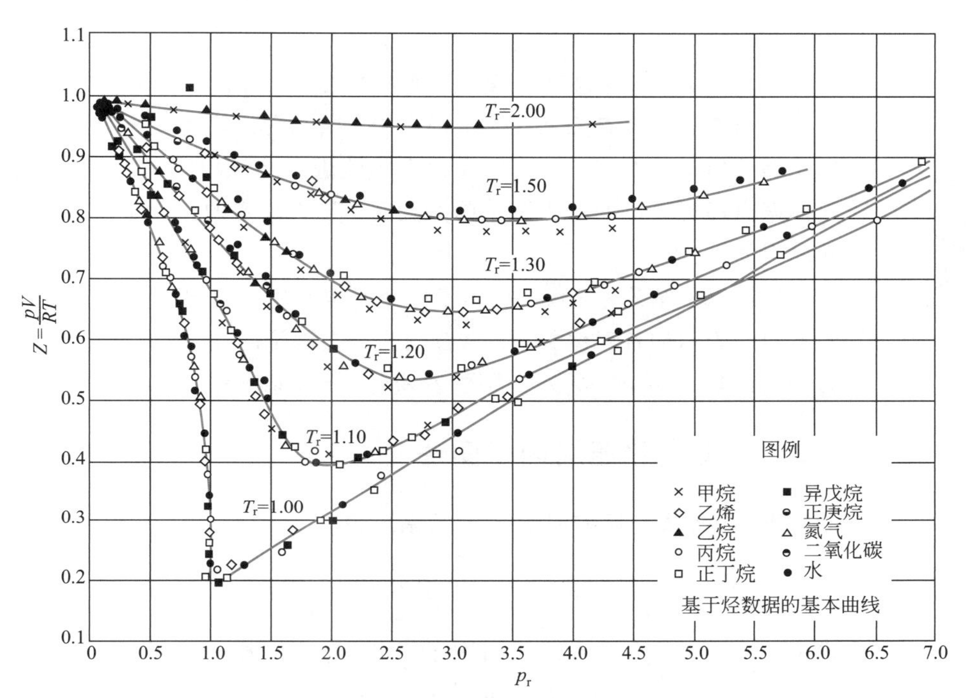

图 2-11 真实气体压缩因子 Z 与 T_r、p_r 之间的关系

2.3.2 两参数对应态原理

借助对应态原理可以使真实气体状态方程变成普遍化形式。

将 $T_r=\frac{T}{T_c}$，$p_r=\frac{p}{p_c}$，$V_r=\frac{V}{V_c}$代入 vdW 方程式(2-8) 后可得

$$(p_r+3/V_r^2)(3V_r-1)=8T_r \tag{2-38}$$

式(2-38) 就是范德瓦耳斯第一个提出的两参数对应态原理。

实验表明，两参数对应态原理并非严格正确，式(2-38) 在计算球形非极性的简单分子（如氩、氪、氙）时非常准确，对非球形弱极性分子一般误差也不大。但有时误差也颇为可观，对一些非球形强极性分子的复杂气体则有明显的偏离，当引入反映分子结构特性的第三参数后，这种情况有了明显的改进。

2.3.3 三参数对应态原理

为了提高计算复杂分子压缩因子的准确度，需引入第三参数。方法一般有两种：①临界压缩因子 Z_c，$Z=f(T_r,p_r,Z_c)$；②偏心因子 ω，$Z=f(T_r,p_r,\omega)$。

目前被普遍认可的是 K. S. Pitzer 等提出来的偏心因子 ω，其定义式为

$$\omega=-\lg(p_r^s)_{T_r=0.7}-1.0 \tag{2-39}$$

(Pitzer发现：$[\lg p_r^s(\text{简单流体})]_{T_r=0.7}=-1.0$)

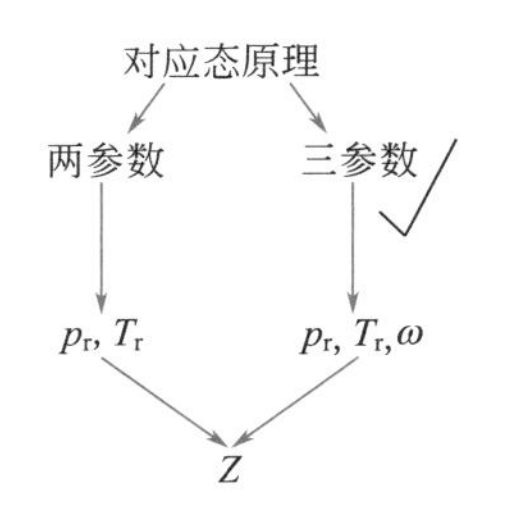

三参数与两参数对应态原理的区别

式(2-39) 是基于 Pitzer 观测到的实验现象，他发现当许多简单流体（如氩、氪、氙）在对比温度 T_r 为 0.7 时，其对比饱和蒸气压以 10 为底的对数值（常用对数）均为 -1 左右，因此可用式(2-39) 即偏心因子 ω 来表达一般流体与简单流体分子间相互作用的差异。

ω 的物理意义为：一般流体与球形非极性简单流体（氩、氪、氙）在形状和极性方面的偏心度。$0<\omega<1$，ω 愈大，偏离程度愈大。由 ω 的定义知：氩、氪、氙这类简单球形流体的 $\omega=0$，由附录 2 可知，极性分子乙醇的 ω 较大为 0.635。

Pitzer 提出三参数对应态原理可以表述为：在相同的 T_r 和 p_r 下，具有相同 ω 值的所有流体具有相同的压缩因子 Z，因此它们偏离理想气体的程度相同。这比原始的两参数对应态原理又有很大的改进。从该原理可以得到这样一个概念：气体偏离理想气体的行为不是单由温度、压力决定的，而是由 T_r、p_r 以及 ω 共同决定的。

对应态原理的重要性

1.指出了气体偏离理想气体行为的本质因素；
2.其思想已广泛应用于其他热力学性质计算中。

根据以上结论，Pitzer 提出了两个非常有用的普遍化关系式：①以压缩因子的多项式表示的普遍化关系式（普遍化压缩因子图法）；②以两项 virial 方程表示的普遍化第二 virial 系数关系式(普遍化 virial 系数法)。

2.3.4 普遍化压缩因子图法

Pitzer 提出，压缩因子 Z 的关系式为

$$Z=Z^0+\omega Z^1 \tag{2-40}$$

式中，Z^0 为简单流体的压缩因子；Z^1 为流体相对于简单流体的偏差。它们都是 p_r、T_r 的复杂函数，很难用简单方程来精确描述。为便于手算，前人将这些复杂的函数制成了图表，如图 2-12、图 2-13 所示，这为工程应用提供了方便。

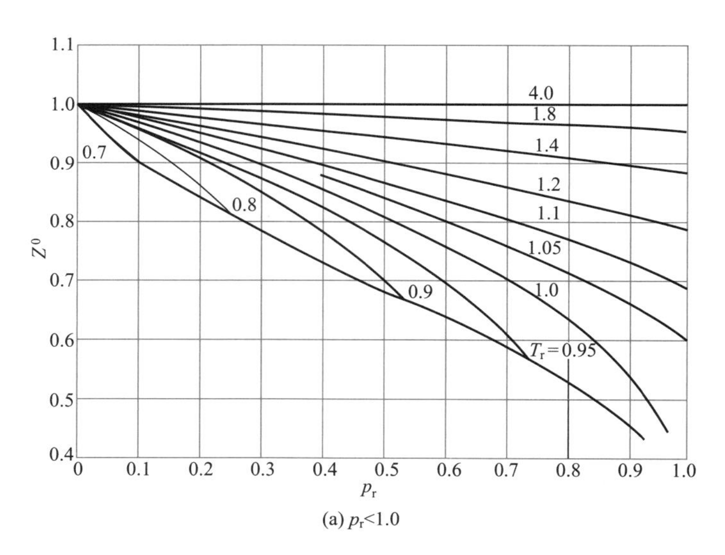

图 2-12 Z^0 普遍化关系

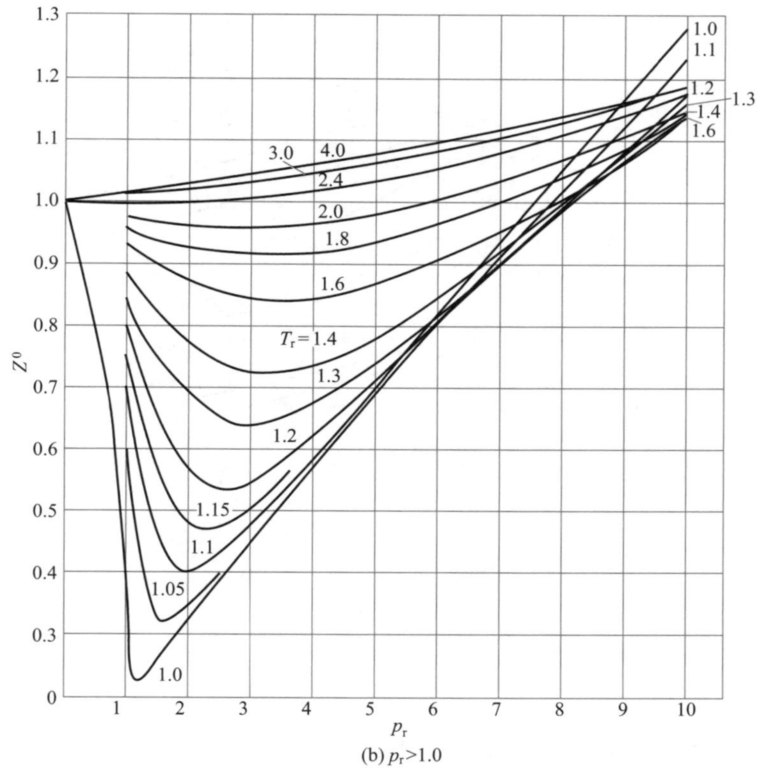

(b) p_r>1.0

图 2-12 Z^0 普遍化关系

Pitzer关系式对于非极性或弱极性的气体能够提供可靠的结果；应用于极性气体时，误差增大到5%～10%；而对于缔合气体，其误差更是大得多；对于量子气体如氢、氦等，几乎不能使用。

当然随着计算机技术的高度发展，这些不便于连续计算的手工图表已逐渐被替代。但是式(2-40)表达的思想方法一直被应用着。

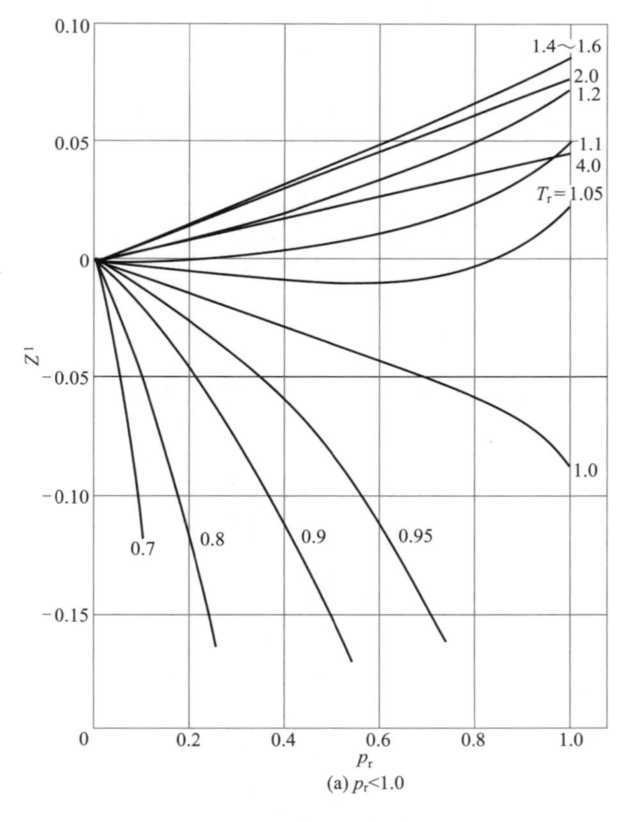

(a) p_r<1.0

图 2-13 Z^1 普遍化关系

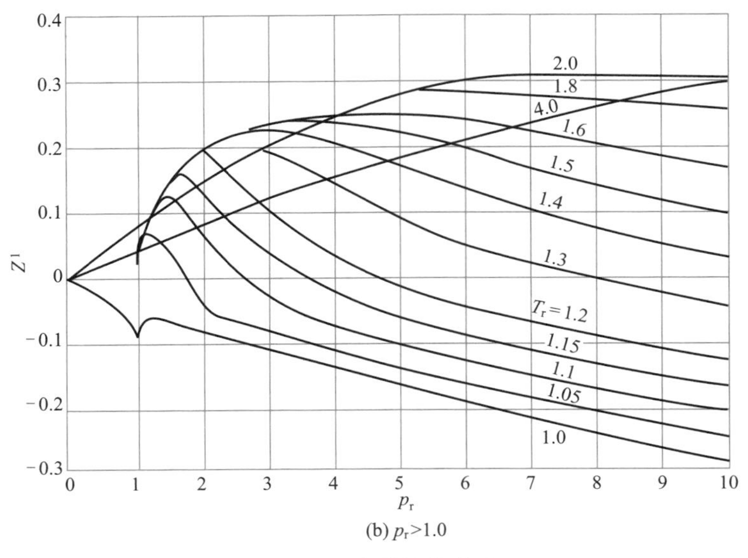

(b) p_r>1.0

图 2-13 Z^1 普遍化关系

2.3.5 普遍化第二 virial 系数法

virial 方程也可以表达成普遍化状态方程，将 $T_r=\dfrac{T}{T_c}$、$p_r=\dfrac{p}{p_c}$代入式(2-32) 得

$$Z=1+\frac{Bp}{RT}=1+\frac{Bp_c}{RT_c}\times\frac{p_r}{T_r}=1+\hat{B}\frac{p_r}{T_r} \tag{2-41}$$

式中，$\hat{B}$ 是对比第二 virial 系数，为无量纲变量。可写为

$$\hat{B}=\frac{Bp_c}{RT_c} \tag{2-42}$$

对于 $\hat{B}$ 的值 Pitzer 给出了类似式(2-40) 的形式

$$\hat{B}=\frac{Bp_c}{RT_c}=B^0+\omega B^1 \tag{2-43}$$

合并式(2-41) 和式(2-43) 可得

$$Z=1+B^0\frac{p_r}{T_r}+\omega B^1\frac{p_r}{T_r} \tag{2-44}$$

与式(2-40) 比较可得

$$Z^0=1+B^0\frac{p_r}{T_r} \quad 且 \quad Z^1=B^1\frac{p_r}{T_r} \tag{2-45}$$

第二 virial 系数仅是温度的函数。同样，B^0 和 B^1 也仅是对比温度的函数。它们可用下面的式子来合理地表示

$$B^0=0.083-\frac{0.422}{T_r^{1.6}} \tag{2-46}$$

$$B^1=0.139-\frac{0.172}{T_r^{4.2}} \tag{2-47}$$

Tsonopoulos 对普遍化第二 virial 系数进行了改进，精度更高

$$B^0=0.1445-\frac{0.33}{T_r}-\frac{0.1385}{T_r^2}-\frac{0.0121}{T_r^3}-\frac{0.000607}{T_r^8} \tag{2-48}$$

$$B^1=0.0637+\frac{0.331}{T_r^2}-\frac{0.423}{T_r^3}-\frac{0.008}{T_r^8} \tag{2-49}$$

最初第二 virial 系数需要通过实验测定才能得到，现在通过 T_r 和 ω 即可估算，这就是普遍化的好处。当然，普遍化第二 virial 系数方程在计算流体 p-V-T 时与两项 virial 截断式(2-30) 有相同的局限性，即只适合低压的非极性气体，适用范围较窄，大型化工设计软件一般不会采用它（通常采用 PR、SRK 方程）。但由于普遍化第二 virial 系数方程比较适合手算，便于例题示范和习题的计算，因此在教科书中有较大篇幅介绍（包括用普遍化第二 virial 系数方程进行剩余性质和逸度系数的计算，见 3.4.2.3 节和 4.4.2.3、4.4.2.4 节）。

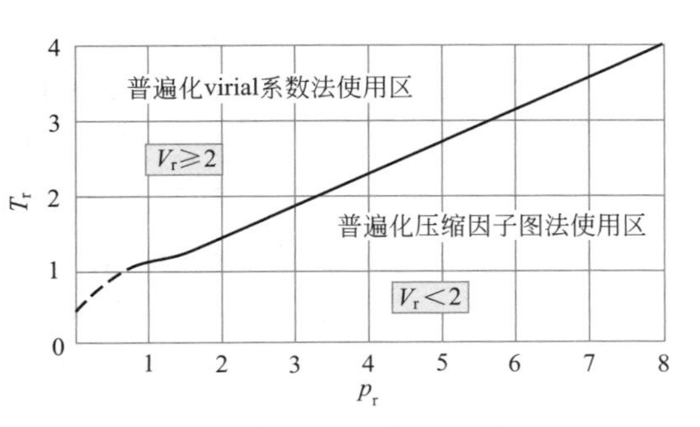

图 2-14　普遍化关系式适用区域

Pitzer 提出的普遍化压缩因子图法和普遍化第二 virial 系数法建立的普遍化状态方程均将压缩因子 Z 表示成 T_r、p_r 和 ω 的函数，但是这两种方程的适用范围是不同的，如图 2-14 所示。若 T_r，p_r 位于斜线上方适用普遍化 virial 系数法，否则使用普遍化压缩因子图法；另外，若已知 V，求 p 则可以用 V_r 来判断。当 $p_r>8$，不宜使用普遍化压缩因子图法或普遍化 virial 系数法。

【例 2-8】 计算 1kmol 乙烷在 382K、21.5MPa 时的体积。

解：查附录 2 得乙烷的 $T_c=305.4\text{K}$，$p_c=4.884\text{MPa}$，$\omega=0.098$，计算得

$$T_r=\frac{382}{305.4}=1.25,\quad p_r=\frac{21.5}{4.884}=4.40$$

根据图 2-14 判断，采用普遍化压缩因子图法进行计算。查图 2-12、图 2-13 得 $Z^0=0.67$，$Z^1=0.06$，所以

$$Z=Z^0+\omega Z^1=0.67+0.098\times0.06=0.675$$

$$V=\frac{ZRT}{p}=\frac{0.675\times8.314\times382}{21.5\times10^6}=0.0000998\text{m}^3\cdot\text{mol}^{-1}$$

$$V_{总}=1000\times0.0000998=0.0998\text{m}^3$$

因此，1kmol 乙烷在 382K、21.5MPa 时的体积为 0.0998m^3。

【例 2-9】 将 1kmol 甲烷压缩储存于容积为 0.125m^3，温度为 323.16K 的钢瓶内。问此时甲烷产生的压力多大？其实验值为 $1.875\times10^7\text{Pa}$。

解：(1) 查附录 2，可得甲烷的物性数据为：$T_c=190.6\text{K}$；$p_c=4.60\text{MPa}$；$V_c=99\text{cm}^3\cdot\text{mol}^{-1}$；$\omega=0.008$。因为 $V_r=\dfrac{V}{V_c}=1.263<2$，根据图 2-14 判断，该题应该采用普遍化压缩因子图法。

(2) 但 p_r 未知，需用迭代法求解。

$$p=\frac{ZRT}{V}=\frac{Z\times8.314\times10^3\times323.16}{0.125}=21.49\times10^6Z \tag{A}$$

同时

$$p=p_cp_r=4.6\times10^6p_r \tag{B}$$

将式(B) 代入式(A) 得

$$Z=\frac{4.6\times10^6p_r}{21.49\times10^6}=0.214p_r \tag{C}$$

(3) $Z=Z^0+\omega Z^1$ (D)

计算步骤：假设 $Z_0\xrightarrow{(C)}p_r\xrightarrow{由p_r和T_r查图}Z^0，Z^1\xrightarrow{(D)}Z_1\longrightarrow|Z_1-Z_0|\leqslant\varepsilon\xrightarrow{否}Z_1\xrightarrow{(C)}p_r$ 直到 $|Z_1-Z_0|\leqslant\varepsilon$。

(4) 迭代结果：当 $p_r=4.06$ 时，$Z=0.877$

$$p=21.49\times10^6Z=21.49\times10^6\times0.877=1.885\times10^7\text{Pa}$$

(5) 计算误差 $=\dfrac{(1.875-1.885)\times10^7}{1.875\times10^7}=-0.53\%$

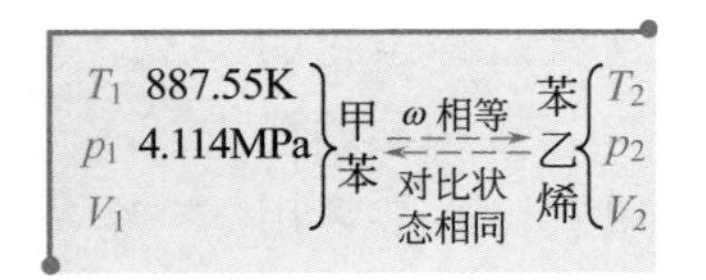

【例 2-10】 甲苯和苯乙烯两种流体的偏心因子 ω 相同为 0.257。已知甲苯的压力为 4.114MPa，温度为 887.55K，且苯乙烯与甲苯具有相同的对比状态，试问此时苯乙烯所处的温度、压力、体积应为多少？甲苯的体积为多少？（请用普遍化关系式计算）

解：由附录 2 查得甲苯、苯乙烯的临界参数为：

甲苯 $T_{c1}=591.7\text{K}$，$p_{c1}=4.114\text{MPa}$，$\omega_1=0.257$。

苯乙烯 $T_{c2}=647\text{K}$，$p_{c2}=3.992\text{MPa}$，$\omega_2=0.257$。

（1）已知甲苯 $T_1=887.55\text{K}$，$p_1=4.114\text{MPa}$，所以其 $T_{r1}=T_1/T_{c1}=887.55/591.7=1.5$，$p_r=p_1/p_{c1}=4.114/4.114=1$。

因为苯乙烯与甲苯具有相同的对比状态，所以苯乙烯的 $T_{r2}=1.5$，$p_{r2}=1$，$T_2=T_{r2}T_{c2}=1.5\times647=970.5\text{K}$，$p_2=p_{r2}p_c=3.992\text{MPa}$。

（2）苯乙烯体积：根据图 2-14 判断，当 $T_{r2}=1.5$、$p_{r2}=1$ 时应该使用普遍化第二 virial 系数法。

由式(2-46)、式(2-47) 得

$$B_2^0=0.083-\frac{0.422}{T_{r2}^{1.6}}=0.083-\frac{0.422}{1.5^{1.6}}=-0.13758$$

$$B_2^1=0.139-\frac{0.172}{T_{r2}^{4.2}}=0.139-\frac{0.172}{1.5^{4.2}}=0.10767$$

由式(2-43) 得

$$\hat{B}_2=B_2^0+\omega B_2^1=-0.13758+0.257\times0.10767=-0.1099$$

由式(2-41) 得

$$Z_2=1+\hat{B}_2\frac{p_{r2}}{T_{r2}}=1-0.1099\times\frac{1}{1.5}=0.9267$$

$$V_2=\frac{Z_2RT_2}{p_2}=\frac{0.9267\times8.314\times970.5}{3.992\times10^6}=1.873\times10^{-3}\text{m}^3\cdot\text{mol}^{-1}$$

（3）甲苯体积：由三参数对应态原理知，在相同的 T_r 和 p_r 下，具有相同 ω 值的所有流体都具有相同的压缩因子 Z，因此，不用计算即可知甲苯的 $Z_1=0.9267$。

$$V_1=\frac{Z_1RT_1}{p_1}=\frac{0.9267\times8.314\times887.55}{4.114\times10^6}=1.662\times10^{-3}\text{m}^3\cdot\text{mol}^{-1}$$

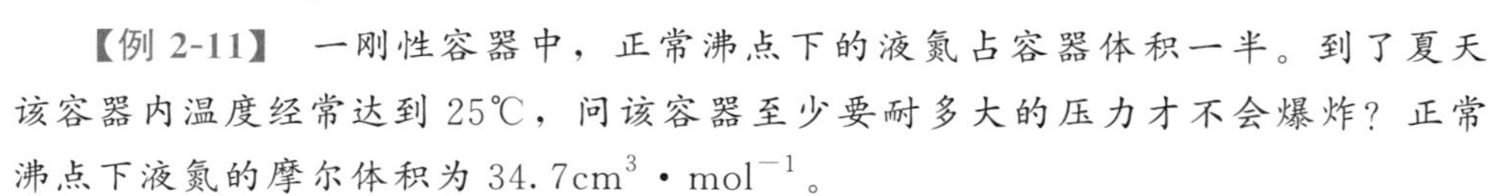

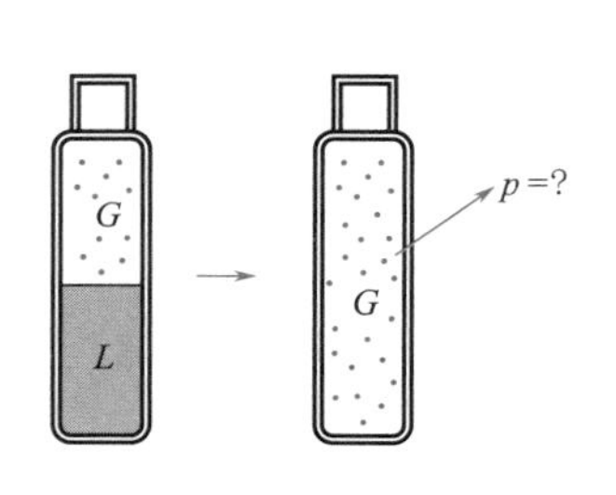

【例 2-11】 一刚性容器中，正常沸点下的液氮占容器体积一半。到了夏天该容器内温度经常达到 25℃，问该容器至少要耐多大的压力才不会爆炸？正常沸点下液氮的摩尔体积为 $34.7\text{cm}^3\cdot\text{mol}^{-1}$。

解：以 1mol 液氮为计算基准。

（1）正常沸点 T_b 是指 101.3kPa 下的沸点，查附录 2 可知氮 $T_b=77.4\text{K}$，$T_c=126.2\text{K}$，$p_c=3.394\text{MPa}$，$V_c=89.5\text{cm}^3\cdot\text{mol}^{-1}$，$\omega=0.040$，则 $T_r=T/T_c=0.613$；$p_r=p/p_c=0.03$。

根据图 2-14 判断，当 $T_r=0.613$、$p_r=0.03$ 时应该使用普遍化第二 virial 系数法。

可以用［例 2-10］相同的方法求得：$B^0=-0.8403$、$B^1=-1.204$；最后得 $Z=0.957$。

由于“占容器体积一半的是液氮”，那么另一半则是与液相氮处于汽液平衡状态的汽相氮，所以 $V_{汽总}=V_{液总}=34.7\text{cm}^3$。

$$n_{汽}=\frac{pV_{汽总}}{ZRT}=\frac{pV_{液总}}{ZRT_b}=\frac{101.325\times10^3\times34.7\times10^{-6}}{0.957\times8.314\times77.4}=5.709\times10^{-3}\text{mol}$$

容器中氮的物质的量

$$n_{总}=n_{液总}+n_{汽总}=1\text{mol}+5.709\times10^{-3}\text{mol}=1.005709\text{mol}$$

容器的总体积

$$V_{总}=V_{液总}+V_{汽总}=2V_{液总}=2\times34.7=69.4\text{cm}^3$$

(2) 由于容器是刚性的，温度升高氮的总体积和总物质的量不变，变化的是汽相氮与液相氮的比例以及压力。因为 $T_c=126.2\text{K}$，所以液氮在 25℃ 即 298.15K 时已全部汽化，因此，$V_{汽总}=V_{总}=69.4\text{cm}^3$，$n_{总}=1.005709\text{mol}$，则汽相氮摩尔体积为

$$V_{汽}=V_{汽总}/n_{总}=69.4\times10^{-6}/1.005709=6.9006\times10^{-5}\text{m}^3/\text{mol}$$

$$V_r=\frac{V_{汽}}{V_c}=\frac{6.9006\times10^{-5}}{89.5\times10^{-6}}=0.771<2$$

故不宜采用普遍化第二 virial 系数法。那么是否应采用普遍化压缩因子图法呢?

用理想气体状态方程初步计算表明：$p_r>10$，已超出图 2-14 的使用范围，因此两种普遍化方法均不适用。

本题拟采用 RK 方程计算，由式(2-11a,b)、式(2-10) 得

$$a=0.42748\frac{R^2T_c^{2.5}}{p_c}=0.42748\times\frac{8.314^2\times126.2^{2.5}}{3.394\times10^6}=1.5576\text{Pa}\cdot\text{m}^6\cdot\text{K}^{0.5}\cdot\text{mol}^{-2}$$

$$b=0.08664\frac{RT_c}{p_c}=0.08664\times\frac{8.314\times126.2}{3.394\times10^6}=2.6784\times10^{-5}\text{m}^3\cdot\text{mol}^{-1}$$

$$\begin{aligned}p&=\frac{RT}{V-b}-\frac{a}{T^{1/2}V(V+b)}\\&=\frac{8.314\times298.15}{(6.9005-2.6784)\times10^{-5}}-\frac{1.5576}{298.15^{0.5}\times6.9005\times10^{-5}\times(6.9005+2.6784)\times10^{-5}}\\&=5.871\times10^7-1.365\times10^7=4.506\times10^7\text{Pa}=45.06\text{MPa}\end{aligned}$$

因此，该容器至少要耐 45.06MPa 的压力才不会爆炸，属于高压容器。

此题告诉我们：对于特别高的压力不宜采用普遍化压缩因子图法或普遍化 virial 系数法，而是应采用立方型状态方程。

从对应态原理得到的启发是：

(1) 对应态原理中不以温度、压力的值而是以对比温度、对比压力的值来评判气体的非理想性，更接近事物的本质；

(2) 起源于计算压缩因子 Z 的对应态原理思想已广泛应用于焓、熵、热容、逸度系数的计算中(见 3.4.2.3 节、4.4.2.4 节)，当然 Z 是最基本的，它是推算其他性质最重要的模型之一；

(3) 随着科学技术的发展，对应态原理法已成为化工计算中一种重要的估算方法。

2.4 液体 p-V-T 关系

一般立方型状态方程尤其是 SRK 方程、PR 方程可用来计算液体的摩尔体积（在汽液共存区，三个体积根中最小值便是饱和液体摩尔体积），但得到的结果准确度并不高。虽然液体 p-V-T 关系复杂，对其的研究远不如气体深入，但幸运的是，除临界区外，p 和 T（特别是 p）对液体摩尔体积的影响不大，也较易测定。所以液体的 p-V-T 关系形成了另一套经验关系式或普遍化关系式，与状态方程相比，这些关系式简单且精度高，常被工程应用。

2.4.1 饱和液体摩尔体积 V^{sL}

普遍化方法同样适用于饱和液体摩尔体积的估算。Rackett 在 1970 年提出了一个最简单的方程，它仅与对比温度有关

$$V^{sL}=\frac{RT_c}{p_c}Z_c^{[1+(1-T_r)^{2/7}]} \tag{2-50}$$

Rackett 式对于多数物质相当精确，但不适于 $Z_c<0.22$ 的体系和缔合液体，所以有修正的 Rackett 方程

$$V^{sL}=\frac{RT_c}{p_c}Z_{RA}^{[1+(1-T_r)^{2/7}]} \tag{2-51}$$

V^{sL} 是饱和液体的摩尔体积；Z_{RA} 值可查阅文献，或用下式估算

$$Z_{RA}=0.29056-0.08775\omega \tag{2-52}$$

以上公式只需临界常数和偏心因子，而计算结果的误差通常只有 1%或 2%，最大为 7%。

【例 2-12】 计算异丁烷在 273.15K 时饱和蒸气压、饱和液体摩尔体积（实验值分别为 152561Pa 和 100.1$cm^3 \cdot mol^{-1}$）及饱和汽相摩尔体积。已知异丁烷的 Antoine 方程$\left(\ln p^s=A-\dfrac{B}{T+C}\right)$常数为 $A=6.5253$，$B=1989.35$，$C=-36.31$。

解：(1) 饱和蒸气压 p^s

由 Antoine 方程 $\ln p^s=A-\dfrac{B}{T+C}$计算得 $p^s=0.15347MPa=153470Pa$，与实验值的相对偏差为 0.60%，精度相当高。

(2) 饱和液相摩尔体积 V^{sL}

① 用修正的 Rackett 方程计算　查得 $T_c=408.10K$，$p_c=3.648MPa$，$\omega=0.176$，由式(2-52) 得

$$Z_{RA}=0.29056-0.08775\omega=0.2751$$

$$T_r=\frac{T}{T_c}=\frac{273.15}{408.1}=0.6693$$

由式(2-51) 得

$$V^{sL}=\frac{RT_c}{p_c}Z_{RA}^{[1+(1-T_r)^{2/7}]}=\frac{8.314\times 408.1}{3.648}\times 0.2751^{[1+(1-0.6693)^{2/7}]}=99.87cm^3\cdot mol^{-1}$$

② 用 PR 方程计算　PR 方程是状态方程中计算饱和液相摩尔体积精度较高的方程，用与［例 2-6］中相同的方法得到，$V^{sL}=94.18cm^3\cdot mol^{-1}$。值得注意的是，若同时有两个解，则值小的解为饱和液相摩尔体积。若用迭代法，则在计算液相摩尔体积时，初始值取 $V_0=b$。

由计算可知，修正的 Rackett 方程与实验值的相对偏差仅为 −0.17%，而 PR 方程的相对偏差为 −5.91%，由此可见，修正 Rackett 方程的精度大大高于 PR 方程。

(3) 饱和汽相摩尔体积 V^{sV}

由于压力不高，饱和汽相摩尔体积可用普遍化第二 virial 系数法计算。用改进式(2-48)、式(2-49)、式(2-43) 得

$$B^0=0.1445-\frac{0.33}{T_r}-\frac{0.1385}{T_r^2}-\frac{0.0121}{T_r^3}-\frac{0.000607}{T_r^8}=-0.7011$$

$$B^1=0.0637+\frac{0.331}{T_r^2}-\frac{0.423}{T_r^3}-\frac{0.008}{T_r^8}=-0.8069$$

$$\frac{Bp_c}{RT_c}=B^0+\omega B^1=-0.84312$$

因此

$$B=-784.172cm^3\cdot mol^{-1}$$

由式(2-32) 得

$$Z=\frac{pV}{RT}=1+\frac{Bp}{RT}$$

最终计算的体积为

$$V=\frac{RT}{p}+B=\frac{8.314\times 273.15}{0.15347}-784.172=1.40\times 10^4\text{cm}^3\cdot\text{mol}^{-1}$$

2.4.2 液体摩尔体积

利用对应状态原理，可以从已知状态 1 的液体体积 V_1 得到需要计算的状态 2 的液体体积 V_2。

$$V_2=V_1\frac{\rho_{r_1}}{\rho_{r_2}} \tag{2-53}$$

式中，ρ_{r_1} 和 ρ_{r_2} 是对比温度和对比压力的函数，可由图 2-15 读取。因此，此方法是一较为实用的方法，因为一个实验数据通常是很容易得到的，可以将一饱和液体作为已知状态。但图 2-15 显示，随着临界点的趋近，温度和压力对液体密度的影响将增大。

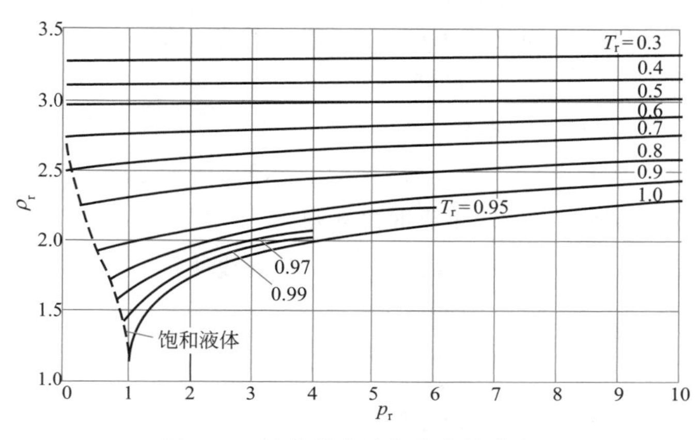

图 2-15 液体的普遍化密度关联式

2.5 真实气体混合物的 p-V-T 关系

前面讨论的都是纯物质，然而在生活中、在工程中绝大多数是混合物，如 R12 和 R22 组成的等摩尔混合工质作为制冷介质，在化工生产过程中产物夹杂着副产物以及没有反应完的原料，等待着分离。应该说，我们生活在一个混合物的世界里——我们呼吸的空气、吃的食物以及汽车里的汽油都是混合物。当该混合物处于气体状态则是气体混合物。

由于气体混合物种类繁多，实验数据难测，导致热力学数据严重缺乏。为了满足实际工程的需要，人们提出了从研究的相对较成熟的纯物质 p-V-T 信息出发，利用混合规则求取混合物的 p-V-T 信息的思路。

2.5.1 混合规则

对于理想气体的混合物，其压力和体积与组成的关系分别表示成 Dalton 分压定律 $p_i=py_i$ 和 Amagat 分体积定律 $V_i=(nV)y_i$。但对于真实气体，由于气体纯组分的非理想性及混合引起的非理想性，使得分压定律和分体积定律无法准确地描述真实气体混合物的 p-V-T 关系。

研究真实气体混合物 p-V-T 关系采用的思路为：

(1) 状态方程是针对纯物质提出的；

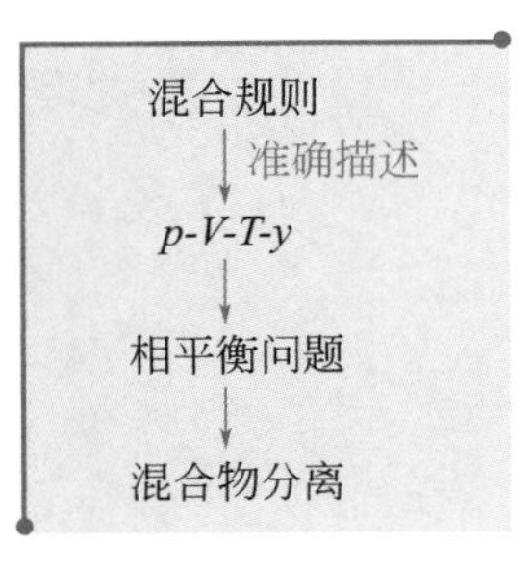

（2）只要把混合物看成一个虚拟的纯物质，算出虚拟的特征参数，如虚拟临界参数 T_{cm}、p_{cm}，或者气体混合物的第二 virial 系数 B_m 或者混合物立方型状态方程参数 a_m、b_m 等，并将其代入纯物质的状态方程中，就可以计算混合物性质了；

（3）因此，计算混合物虚拟特征参数的方法是计算混合物性质中最关键的一步，该方法被称为混合规则；

（4）目前广泛采用的混合规则绝大多数是经验的，是从大量实际应用中总结出来的。其中，典型的混合规则是将混合物虚拟特征参数 M_m 表示成组成 y_i（y_j）以及纯物质参数项 M_{ii}（M_{jj}）的函数，即

$$M_m=\sum_{i=1}^{N}\sum_{j=1}^{N}y_iy_jM_{ij} \tag{2-54a}$$

M_m 可以是 T_{cm}、p_{cm}、ω_m，也可以是 B_m 或者 a_m、b_m 等。当 $i=j$ 时，M_{ij} 表示纯组分的性质（M_{ii} 或 M_{jj}）；当 $i\neq j$ 时，M_{ij} 为交叉参数，表示 i 与 j 的相互作用，代表了混合过程引起的非理想性。

如何求取交叉参数 M_{ij} 对混合规则影响很大，通常采用算术平均或几何平均。

① 若 M_{ij} 取算术平均

$$M_{ij}=(M_{ii}+M_{jj})/2$$

则式(2-54a) 表达的相应混合规则应为

$$M_m=\sum_i y_iM_i\text{（线性）}\quad\text{（Kay 规则）} \tag{2-54b}$$

② 若 M_{ij} 取几何平均

$$M_{ij}=(M_{ii}M_{jj})^{1/2}$$

则用式(2-54a) 表达相应混合规则

$$M_m=\sum_{i=1}^{N}\sum_{j=1}^{N}y_iy_jM_{ij}\text{（二次型）}$$

一般来说，算术平均用于表示分子大小的参数，几何平均用于表示相互作用能或临界温度参数。

借助于混合规则，纯气体的状态方程关系式便可推广到气体混合物。

混合规则的研究在化工热力学研究中具有相当高的地位，原因是：若混合规则能准确描述混合物 p-V-T-y 之间的关系，实际上也就解决了混合物的相平衡问题——它是化工生产中最为关键的一环——混合物分离的关键。混合规则的不断发展，使得状态方程可以在高度非极性体系中使用，而且计算精度和使用范围在逐渐提高。

每一种状态方程都有自己的混合规则，即采用不同状态方程时，要用不同的混合规则，如 virial 方程、立方型状态方程、BWR 方程和 MH 方程在应用于气体混合物时都有自己的混合规则。本节介绍较常见的虚拟临界参数、气体混合物的第二 virial 系数和立方型状态方程参数所用混合规则。

2.5.2 虚拟临界参数法和 Kay 规则

由 2.3 节可知，当采用普遍化关联式求压缩因子时，临界参数最为重要。虚拟临界参数法就是将混合物视为假想的纯物质，从而可将纯物质的对比态计算方法应用到混合物上。Kay 提出了一个最简单的虚拟临界参数法（Kay 规则），他用线性方程式(2-54b) 表达混合物的虚拟临界参数

$$T_{cm}=\sum_i y_i T_{ci} \tag{2-55a}$$

$$p_{cm}=\sum_i y_i p_{ci} \tag{2-55b}$$

式中，T_{cm} 为虚拟临界温度；p_{cm} 为虚拟临界压力；y_i 为组分 i 的摩尔分数；T_{ci} 为组分 i 的临界温度；p_{ci} 为组分 i 的临界压力。

混合物的偏心因子

$$\omega_m=\sum_i y_i\omega_i \tag{2-56}$$

式中，ω_m，ω_i 分别为混合物、纯物质的偏心因子。

用式(2-55)、式(2-56) 计算好混合物虚拟的 T_{cm}、p_{cm}、ω_m 后，就可以计算出混合物虚拟的对比温度 T_{rm}、对比压力 p_{rm}。这样用于纯物质 p-V-T 计算的普遍化关系式均可用于混合物 p-V-T 关系的计算，具体使用普遍化压缩因子图法还是普遍化第二 virial 系数法（见 2.3.4 节及 2.3.5 节），仍用图 2-14 判断。

Kay 规则虽然简单，但它只能在 $0.5<\frac{T_{ci}}{T_{cj}}<2$ 和 $0.5<\frac{p_{ci}}{p_{cj}}<2$ 条件下取得令人满意的结果（此时与复杂规则相比，所得结果差别不到 2%），这意味着混合物各组分之间的临界温度和压力不能相差太大。Kay 规则最大的缺陷在于它没有考虑组分之间的相互作用，因此，对组分结构差异较大尤其是有极性和缔合作用的体系会产生较大的误差，需要使用其他混合规则。

2.5.3 气体混合物的第二 virial 系数

virial 方程是一个理论型方程，其中 virial 系数反映分子间的交互作用。对于混合物而言，第二 virial 系数 B_m 不仅要反映相同分子之间的相互作用，同时还要反映不同类型的两个分子交互作用的影响。由统计力学可以导出气体混合物的第二 virial 系数为

$$B_m=\sum_{i=1}^{n}\sum_{j=1}^{n} y_i y_j B_{ij} \quad (\text{二次型}) \tag{2-57}$$

$i\neq j$ 时，B_{ij} 为交叉第二 virial 系数，且 $B_{ij}=B_{ji}$；$i=j$ 时为纯组分 i 的第二 virial 系数。对二元混合物

$$B_m=y_1^2B_{11}+2y_1y_2B_{12}+y_2^2B_{22} \tag{2-58}$$

借助与纯流体第二 virial 系数相同的关系式，可求得交叉第二 virial 系数 B_{ij} 为

$$B_{ij}=\frac{RT_{cij}}{p_{cij}}(B_{ij}^0+\omega_{ij}B_{ij}^1) \tag{2-59}$$

式中

$$B_{ij}^0=0.083-\frac{0.422}{T_{rij}^{1.6}},\quad B_{ij}^1=0.139-\frac{0.172}{T_{rij}^{4.2}} \tag{2-60a,b}$$

式(2-60) 中的 T_{rij} 为虚拟 ij 组分的对比温度，即 $T_{rij}=\frac{T}{T_{cij}}$。它为虚拟参数，并没有明确的物理意义。

Prausnitz 提出了如下的混合规则

$$T_{cij}=(T_{ci}T_{cj})^{0.5}(1-k_{ij}) \tag{2-61}$$

$$p_{cij}=\frac{Z_{cij}RT_{cij}}{V_{cij}} \tag{2-62}$$

$$V_{cij}=\left(\frac{V_{ci}^{1/3}+V_{cj}^{1/3}}{2}\right)^3 \tag{2-63}$$

$$Z_{cij}=\frac{Z_{ci}+Z_{cj}}{2} \tag{2-64}$$

$$\omega_{ij}=\frac{\omega_i+\omega_j}{2} \tag{2-65}$$

式(2-61)中，k_{ij} 为二元相互作用参数，不同分子的交互作用肯定会影响混合物的性质。尤其是其中之一为极性分子时，影响更大。k_{ij} 一般通过实验的 p-V-T 数据或相平衡数据拟合得到。k_{ij} 的数值与组成混合物的物质有关，一般在 0～0.2 之间，特殊的也有 0.9 以上的。在近似计算中，$k_{ij}=0$。

最后，混合物的压缩因子为

$$Z_m=1+\frac{B_m p}{RT}$$

2.5.4 气体混合物的立方型状态方程

立方型状态方程（vdW、RK、SRK、PR）用于气体混合物，由 2.5.1 节知，算术平均用于表示分子大小的参数，几何平均用于表示分子能量的参数，因此，方程中参数 a_m 和 b_m 分别采用二次型和线性的混合规则

$$a_m=\sum_{i=1}^{n}\sum_{j=1}^{n}y_i y_j a_{ij} \quad （二次型） \tag{2-66}$$

$$b_m=\sum_{i=1}^{n}y_i b_i \quad （线性） \tag{2-67}$$

交叉项 a_{ij} 可按下式计算

$$a_{ij}=(a_i a_j)^{0.5}(1-k_{ij}) \tag{2-68}$$

二元相互作用参数 k_{ij} 的处理与 2.5.3 节相同。

只用一个可调参数 k_{ij} 对 a_m 进行修正，是因为状态方程的计算结果对 a_m 非常敏感，a_m 偏差 1%，状态方程计算结果可能偏差 10%；而对 b_m 参数的敏感性则小得多。在比较难拟合的情况下，对 b_m 参数也使用式(2-66) 形式的混合规则，同时增加另外一个可调参数往往是有效的。

通过计算得到混合物参数 a_m、b_m 后，就可以利用立方型状态方程计算混合物的 p-V-T 关系和其他热力学性质了。不同的学者针对不同的性质及不同的方程提出了许多其他的立方型状态方程的混合规则，不同的混合规则有不同的精度和适用范围。

需要指出的是：①原则上讲状态方程混合规则是气液两相均适用，但用于液相可靠性较差；②当计算混合物性质时，使用不同的状态方程，应该采用不同的混合规则，即计算不同的虚拟特征参数，见表 2-4。

表 2-4　使用状态方程的类型与待计算虚拟特征参数的关系

使用的状态方程类型		计算的虚拟特征参数
普遍化关系式	普遍化压缩因子图法	式(2-55)、式(2-56)计算虚拟临界参数 T_{cm}、p_{cm} 及 ω_m
	普遍化 virial 系数法	
virial 方程：$Z_m=1+\frac{B_m p}{RT}$		式(2-57)～式(2-65)计算气体混合物的第二 virial 系数 B_m
立方型状态方程		式(2-66)～式(2-68) 计算气体混合物立方型状态方程参数 a_m、b_m

【例 2-13】 一台压缩机，每小时处理 440kg 二氧化碳和丙烷的混合物，二氧化碳（1）与丙烷（2）的摩尔比为 3∶7，气体在 311K、1.5MPa 下离开压缩机。试问离开压缩机的气体体积流率为多少？试用下列两种方法求：(1) Kay 规则；(2) 混合物的第二 virial 系数法。

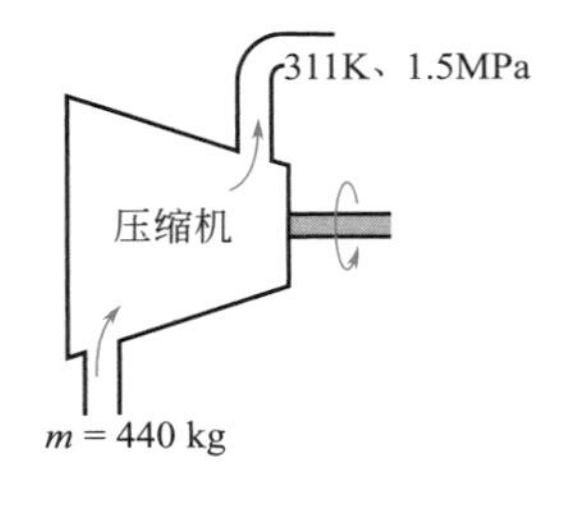

解：设混合物的相对分子质量为 M

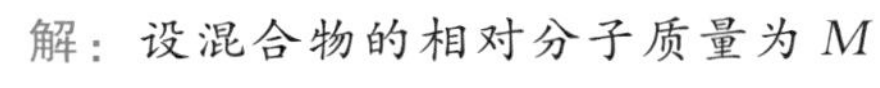

$$M=0.3\times M_{CO_2}+0.7\times M_{C_3H_8}=0.3\times 44+0.7\times 44=44$$

$m=440\text{kg}$, $T=311\text{K}$, $p_1=1.5\text{MPa}$, $\frac{n_1}{n_2}=\frac{3}{7}$ → V

混合物流率为 $n=\frac{440}{44}=10\text{kmol}\cdot\text{h}^{-1}$

由附录 2 查得 CO_2 和 C_3H_8 的临界数据为

CO_2：$T_{c1}=304.2\text{K}$；$p_{c1}=7.376\text{MPa}$；$\omega_1=0.225$；

$Z_{c1}=0.274$；$V_{c1}=0.0940\text{m}^3\cdot\text{kmol}^{-1}$

C_3H_8：$T_{c2}=369.8\text{K}$；$p_{c2}=4.246\text{MPa}$；$\omega_2=0.152$；

$Z_{c2}=0.281$；$V_{c2}=0.2030\text{m}^3\cdot\text{kmol}^{-1}$

（1）Kay 规则

将混合物看成一个虚拟的纯物质，其他均根据纯物质的状态方程求解。

根据式(2-55)、式(2-56)

$$T_{cm}=\sum_i y_i T_{ci}=0.3\times304.2+0.7\times369.8=350.12\text{K}$$

$$p_{cm}=\sum_i y_i p_{ci}=0.3\times7.376+0.7\times4.246=5.185\text{MPa}$$

$$T_{rm}=\frac{311}{350.12}=0.8883,\quad p_{rm}=\frac{1.5}{5.185}=0.2893$$

$$\omega_m=\sum_i y_i\omega_i=0.3\times0.225+0.7\times0.152=0.1739$$

由图 2-14 判断，应采用普遍化第二 virial 系数法。

根据式(2-46)、式(2-47) 得虚拟纯物质普遍化第二 virial 系数为

$$B^0=0.083-\frac{0.422}{0.8883^{1.6}}=-0.42705,\quad B^1=0.139-\frac{0.172}{0.8883^{4.2}}=-0.1439$$

$$B_m=\frac{RT_{cm}}{p_{cm}}(B^0+\omega_m B^1)=\frac{8.314\times350.12}{5.185\times10^6}\times(-0.42705-0.1739\times0.1439)$$

$$=-2.538\times10^{-4}\text{m}^3\cdot\text{mol}^{-1}=-0.2538\text{m}^3\cdot\text{kmol}^{-1}$$

由式(2-41) 得

$$Z_m=1+\frac{B_m p}{RT}=1+\left(\frac{-2.538\times10^{-4}\times1.5\times10^6}{8.314\times311}\right)=0.8528$$

所以 $$V_m=\frac{Z_m RT}{p}=\frac{0.8528\times8.314\times311}{1.5\times10^6}=1.4700\times10^{-3}\text{m}^3\cdot\text{mol}^{-1}$$

$$=1.4700\text{m}^3\cdot\text{kmol}^{-1}$$

即离开压缩机的气体体积流率为

$$nV_m=10\times1.4700=14.700\text{m}^3\cdot\text{h}^{-1}$$

（2）气体混合物的第二 virial 系数的计算

CO_2 的第二 virial 系数

$$B^0=0.083-\frac{0.422}{1.0223^{1.6}}=-0.32437,\quad B^1=0.139-\frac{0.172}{1.0223^{4.2}}=-0.01778$$

$$B_{11}=\frac{RT_c}{p_c}(B^0+\omega B^1)=\frac{8.314\times304.2}{7.376\times10^6}\times(-0.32437-0.225\times0.01778)$$

$$=-1.126\times10^{-4}\text{m}^3\cdot\text{mol}^{-1}=-0.1126\text{m}^3\cdot\text{kmol}^{-1}$$

C_3H_8 的第二 virial 系数

$$B^0=0.083-\frac{0.422}{0.841^{1.6}}=-0.4737,\quad B^1=0.139-\frac{0.172}{0.841^{4.2}}=-0.2170$$

$$B_{22}=\frac{RT_c}{p_c}(B^0+\omega B^1)=\frac{8.314\times369.8}{4.246\times10^6}\times(-0.4737-0.152\times0.2170)$$

$$=-3.669\times10^{-4}\mathrm{m^3\cdot mol^{-1}}=-0.3669\mathrm{m^3\cdot kmol^{-1}}$$

交叉第二 virial 系数 B_{ij} 根据式(2-57)～式(2-65) 求得，取 $k_{ij}=0$；则

$$T_{c12}=(T_{c1}T_{c2})^{1/2}(1-k_{ij})=(304.2\times369.8)^{1/2}=335.4\mathrm{K}$$

$$Z_{c12}=\frac{Z_{c1}+Z_{c2}}{2}=\frac{0.274+0.281}{2}=0.278$$

$$V_{c12}=\left(\frac{V_{c1}^{1/3}+V_{c2}^{1/3}}{2}\right)^3=\left[\frac{(0.0940)^{1/3}+(0.2030)^{1/3}}{2}\right]^3=0.1416\mathrm{m^3\cdot kmol^{-1}}$$

$$p_{c12}=\frac{Z_{c12}RT_{c12}}{V_{c12}}=\frac{0.278\times8.314\times335.4}{0.1416\times10^{-3}}=5.475\times10^6\mathrm{Pa}=5.475\mathrm{MPa}$$

$$\omega_{12}=\frac{\omega_1+\omega_2}{2}=\frac{0.225+0.152}{2}=0.189$$

所以 $\quad T_{r12}=\frac{311}{335.4}=0.92725,\quad p_{r12}=\frac{1.5}{5.474}=0.274$

交叉第二 virial 系数 B_{ij} 为

$$B_{12}=\frac{RT_{c12}}{p_{c12}}(B_{12}^0+\omega_{12}B_{12}^1)$$

$$=\frac{8.314\times335.4}{5.475\times10^6}\times\left[0.083-\frac{0.422}{0.92725^{1.6}}+0.189\times\left(0.139-\frac{0.172}{0.92725^{4.2}}\right)\right]$$

$$=-2.096\times10^{-4}\mathrm{m^3\cdot mol^{-1}}=-0.2096\mathrm{m^3\cdot kmol^{-1}}$$

则气体混合物的第二 virial 系数为

$$B_m=y_1^2B_{11}+2y_1y_2B_{12}+y_2^2B_{22}$$

$$=0.3^2\times(-0.1126)+2\times0.3\times0.7\times(-0.2096)+0.7^2\times(-0.3669)$$

$$=-2.779\times10^{-4}\mathrm{m^3\cdot mol^{-1}}=-0.2779\mathrm{m^3\cdot kmol^{-1}}$$

$$Z_m=1+\frac{B_mp}{RT}=1+\left(\frac{-2.779\times10^{-4}\times1.5\times10^6}{8.314\times311}\right)=0.8388$$

$$V_m=\frac{Z_mRT}{p}=\frac{0.8388\times8.314\times311}{1.5\times10^6}=1.446\times10^{-3}\mathrm{m^3\cdot mol^{-1}}=1.446\mathrm{m^3\cdot kmol^{-1}}$$

离开压缩机的气体体积流率为

$$nV_m=10\times1.446=14.46\mathrm{m^3\cdot h^{-1}}$$

比较 Kay 规则和混合物的第二 virial 系数法可以看出：由于二氧化碳和丙烷这两种物质处于 $0.5<\frac{T_{ci}}{T_{cj}}<2$ 和 $0.5<\frac{p_{ci}}{p_{cj}}<2$ 范围内，所以 Kay 规则与混合物的第二 virial 系数法所得结果差别不到 1.7%，印证了前人“结果差别小于 2%”的结论（见 2.5.2 节）。

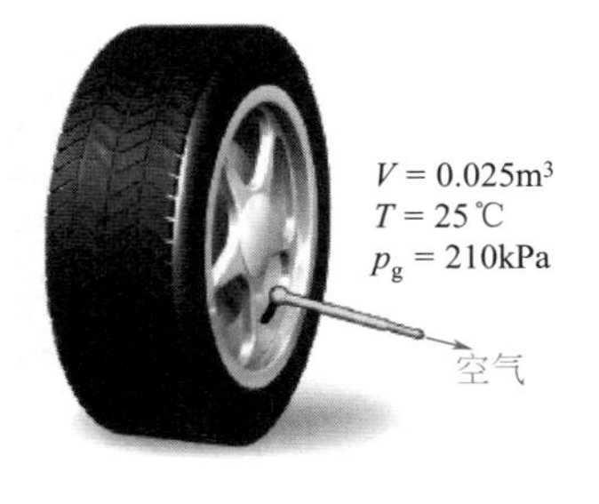

【例 2-14】 汽车轮胎里的压力与胎内空气的温度相关。当胎内空气温度为 25℃时，压力表显示 210kPa。如果轮胎的体积为 0.025$\mathrm{m^3}$，当夏天胎内空气升至 50℃时，压力表应显示为多少？为了轮胎的安全使用，需要轮胎恢复到原来的压力，此时轮胎内应该放掉多少空气？假定大气压为 100kPa，空气的成分 21%O_2：79%N_2。请给出解题思路。

解：解题思路见［例 2-14］图。

需要注意的是：压力表显示 210kPa，实际压力应为 210＋100（当地大气压）＝310kPa。

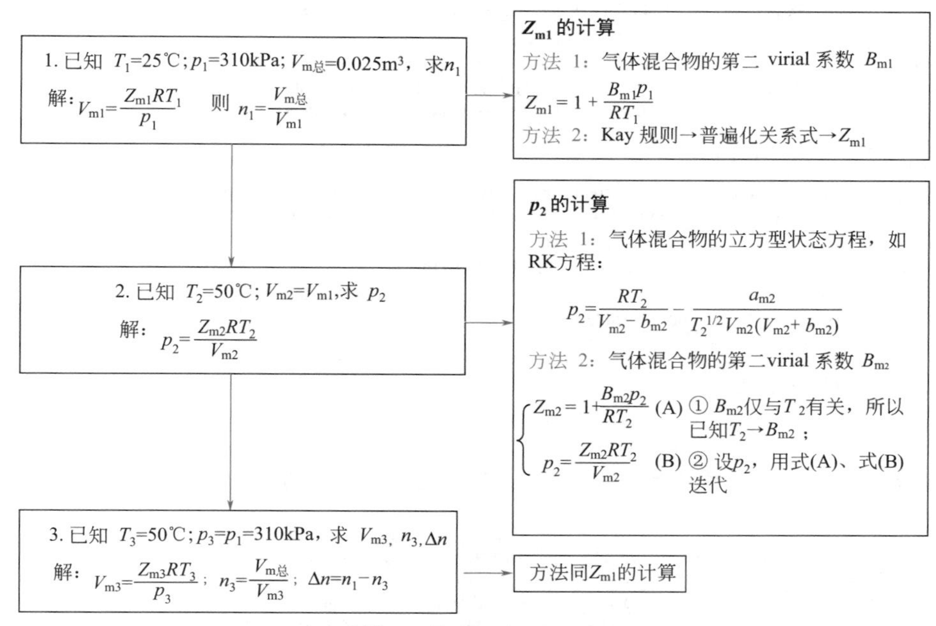

［例 2-14］图 解题思路

（1）25℃，V_{m1}＝0.0079854m³·mol⁻¹，n_1＝0.025/0.0079854＝3.130mol。

（2）当夏天胎内空气升至 50℃时，压力表应显示为 336.15－100＝236.15kPa。

（3）50℃，V_{m3}＝0.00866m³·mol⁻¹，n_3＝0.025/0.00866＝2.887mol，所以放掉 3.13－2.887＝0.243mol 的空气。

【例 2-15】 某厂每天至少需要 10MPa 的压缩空气 100m³，用于生产。因此，要将室温（取 20℃）的空气从常压的 0.1MPa 压缩至 10MPa，要求技术人员通过计算，选择、确定所需要的空气压缩机的技术参数，以便购买时参考。请计算进出口平均压缩因子［假设空气的成分：21mol％O_2（组分 1）：79mol％N_2（组分 2），k_{ij}＝0］。

解：本题用 RK 方程求解，混合物的 RK 参数 a_m 和 b_m 采用式(2-66)～式(2-68) 计算。

将空气从 0.1MPa 压缩至 10MPa 可以采用三种方法完成：（1）可逆等温压缩；（2）可逆绝热压缩；（3）可逆多变压缩。不同的压缩过程，其终温不同，最终压缩因子 Z 也不相同。

本题应用 Excel“单变量求解”工具，参见［例 2-6］解法 2。

（1）压缩前（见［例 2-15］图 1）

为了更好理解 Excel“单变量求解”工具，将单元格所用公式与对应公式列出如下：

a_1:D3＝0.42748 * (H3^2) * (B3^(5/2))/C3(对应式(2-11a))；

b_1:E3＝0.08664 * H3 * B3/C3(对应式(2-11b))；

a_2:D7＝0.42748 * (H3^2) * (B7^(5/2))/C7(对应式(2-11a))；

b_2:E7＝0.08664 * H3 * B7/C7(对应式(2-11b))；

a_m:E11＝(F3^2) * C11＋2 * F3 * G3 * B11＋(G3^2) * D11(对应式(2-66))；

b_m:F11＝F3 * E3＋G3 * E7(对应式(2-67))；

a_{12}:B11＝((D3 * D7)^(1/2)) * (1-0)(对应式(2-68))

目标单元格：A15＝(H3 * F7/(B15-F11))-(E11/((F7^0.5) * B15 * (B15＋F11)))-G7［对应式(2-25)］

Z_m:C15＝G7 * B15/(H3 * F7)［对应式(2-6)］

	A	B	C	D	E	F	G	H
1	variable	T_{c1}	p_{c1}	a_1	b_1	y_1	y_2	R
2	unit	K	Pa	Pa*m^6*K$^{0.5}$*mol^{-2}	m^3*mol^{-1}			Pa*m^3*mol^{-1}*K^{-1}
3		154.6	5046000	1.74025271	2.20694E-05	0.21	0.79	8.314
4								
5	variable	T_{c2}	p_{c2}	a_2	b_2	T	p	
6	unit	K	Pa	Pa*m^6*K$^{0.5}$*mol^{-2}	m^3*mol^{-1}	K	Pa	
7		126.2	3394000	1.557659006	2.6784E-05	293.15	100000	
8								
9	variable	a_{12}	$a_{11}=a_1$	$a_{22}=a_2$	a_m	b_m		
10	unit	Pa*m^6*K$^{0.5}$*mol^{-2}	Pa*m^6*K$^{0.5}$*mol^{-2}	Pa*m^6*K$^{0.5}$*mol^{-2}	Pa*m^6*K$^{0.5}$*mol^{-2}	m^3*mol^{-1}		
11		1.646426526	1.74025271	1.557659006	1.595164451	2.58E-05		
12								
13	目标单元格	V_m	Z_m	RK Equation				
14		m^3*mol^{-1}			压缩前			
15	-2.50002E-08	0.02436012	0.999492432					

目标单元格　可变单元格

［例 2-15］图 1

（2）压缩后　可逆等温压缩过程，$T_{2,\text{等温}}=T_1=293.15\text{K}$（见［例 2-15］图 2）

	A	B	C	D	E	F	G	H
1	variable	T_{c1}	p_{c1}	a_1	b_1	y_1	y_2	R
2	unit	K	Pa	Pa*m^6*K$^{0.5}$*mol^{-2}	m^3*mol^{-1}			Pa*m^3*mol^{-1}*K^{-1}
3		154.6	5046000	1.74025271	2.20694E-05	0.21	0.79	8.314
4								
5	variable	T_{c2}	p_{c2}	a_2	b_2	T	p	
6	unit	K	Pa	Pa*m^6*K$^{0.5}$*mol^{-2}	m^3*mol^{-1}	K	Pa	
7		126.2	3394000	1.557659006	2.6784E-05	293.15	10000000	
8								
9	variable	a_{12}	$a_{11}=a_1$	$a_{22}=a_2$	a_m	b_m		
10	unit	Pa*m^6*K$^{0.5}$*mol^{-2}	Pa*m^6*K$^{0.5}$*mol^{-2}	Pa*m^6*K$^{0.5}$*mol^{-2}	Pa*m^6*K$^{0.5}$*mol^{-2}	m^3*mol^{-1}		
11		1.646426526	1.74025271	1.557659006	1.595164451	2.58E-05		
12								
13	目标单元格	V_m	Z_m	RK Equation				
14		m^3*mol^{-1}			等温压缩后			
15	-9.146E-07	0.000238032	0.976641625					

目标单元格　可变单元格

［例 2-15］图 2

（3）压缩后　可逆绝热压缩，$T_{2,\text{绝热}}=T_1\left(\dfrac{p_1}{p_2}\right)^{\frac{1-k}{k}}=293.15\times\left(\dfrac{0.1}{10}\right)^{\frac{1-1.4}{1.4}}=1092.67\text{K}$（［例 2-15］图 3，参见［例 7-1］）

	A	B	C	D	E	F	G	H
1	variable	T_{c1}	p_{c1}	a_1	b_1	y_1	y_2	R
2	unit	K	Pa	Pa*m^6*K$^{0.5}$*mol^{-2}	m^3*mol^{-1}			Pa*m^3*mol^{-1}*K^{-1}
3		154.6	5046000	1.74025271	2.20694E-05	0.21	0.79	8.314
4								
5	variable	T_{c2}	p_{c2}	a_2	b_2	T	p	
6	unit	K	Pa	Pa*m^6*K$^{0.5}$*mol^{-2}	m^3*mol^{-1}	K	Pa	
7		126.2	3394000	1.557659006	2.6784E-05	1092.67	10000000	
8								
9	variable	a_{12}	$a_{11}=a_1$	$a_{22}=a_2$	a_m	b_m		
10	unit	Pa*m^6*K$^{0.5}$*mol^{-2}	Pa*m^6*K$^{0.5}$*mol^{-2}	Pa*m^6*K$^{0.5}$*mol^{-2}	Pa*m^6*K$^{0.5}$*mol^{-2}	m^3*mol^{-1}		
11		1.646426526	1.74025271	1.557659006	1.595164451	2.5794E-05		
12								
13	目标单元格	V_m	Z_m	RK Equation				
14		m^3*mol^{-1}			可逆绝热压缩后			
15	0	0.000929328	1.022986227					

目标单元格　可变单元格

［例 2-15］图 3

（4）压缩后　可逆多变压缩，$T_{2,\text{多变}}=T_1\left(\dfrac{p_1}{p_2}\right)^{\frac{1-m}{m}}=293.15\times\left(\dfrac{0.1}{10}\right)^{\frac{1-1.2}{1.2}}=631.57\text{K}$（见［例 2-15］图

4，参见［例 7-1］)

	A	B	C	D	E	F	G	H
1	variable	T_{c1}	p_{c1}	a_1	b_1	y_1	y_2	R
2	unit	K	Pa	$Pa*m^6*K^{0.5}*mol^{-2}$	m^3*mol^{-1}			$Pa*m^3*mol^{-1}*K^{-1}$
3		154.6	5046000	1.74025271	2.20694E-05	0.21	0.79	8.314
4								
5	variable	T_{c2}	p_{c2}	a_2	b_2	T	p	
6	unit	K	Pa	$Pa*m^6*K^{0.5}*mol^{-2}$	m^3*mol^{-1}	K	Pa	
7		126.2	3394000	1.557659006	2.6784E-05	631.57	10000000	
8								
9	variable	a_{12}	$a_{11}=a_1$	$a_{22}=a_2$	a_m	b_m		
10	unit	$Pa*m^6*K^{0.5}*mol^{-2}$	$Pa*m^6*K^{0.5}*mol^{-2}$	$Pa*m^6*K^{0.5}*mol^{-2}$	$Pa*m^6*K^{0.5}*mol^{-2}$	m^3*mol^{-1}		
11		1.646426526	1.74025271	1.557659006	1.595164451	2.58E-05		
12								
13	目标单元格	V_m	Z_m	RK Equation				
14		m^3*mol^{-1}			可逆多变压缩			
15	1.2556E-05	0.000540202	1.028785515					

目标单元格　可变单元格

［例 2-15］图 4

［例 2-15］表　进出口状态和平均压缩因子

序号	状态及压缩过程	温度 T/K	压力 p/MPa	压缩因子 Z_m	进出口平均压缩因子 $Z_{m平}$
1	进口(压缩前)	293.15	0.1	0.999	
2	出口(可逆等温压缩)	293.15	10	0.977	0.988
3	出口(可逆绝热压缩)	1092.67	10	1.023	1.011
4	出口(可逆多变压缩)	631.57	10	1.029	1.014

分析：由［例 2-15］表可知，压缩因子可大于 1、也可小于 1；同温下，压力越高，压缩因子越远离 1；同压下，温度越低，压缩因子越远离 1。

2.6 状态方程的比较、选用和应用

2.6.1 状态方程的比较和选用

尽管经过一百四十多年的努力，已开发出数百个状态方程，但是企图用一个完美的状态方程来同时适应各种不同物质——不同极性及分子形状，满足不同温度、压力范围，同时形式简单、计算方便，这是很困难的。但随着计算机的发展，烦琐复杂的计算已不再阻碍人们对高精度状态方程的应用，特别是化工流程模拟软件的日趋成熟，如 Aspen Plus 等专门有“物性方法和模型”的模块，但如果没有正确的热力学模型选择，Aspen Plus 提供的答案可能是毫无意义的，甚至是荒谬的（参见 5.5 热力学模型选择与 Aspen Plus）。为了防止“垃圾进，垃圾出”（Garbage in，garbage out），作为工程师和设计人员要正确理解热力学、正确选择热力学模型，要根据对精度的要求来选择状态方程。在选择方程时一定要注意每一个方程的特点和适用范围，见表 2-5。

表 2-5　状态方程的适用范围和优缺点

状态方程	适用范围			优　点	缺　点
	温度	压力	极性及形状		
理想气体	任意	相当低	简单流体	简单，只与 T，p 相关。用于精度要求不高、半定量的近似估算	不适合高压低温的真实气体
vdW(包括普遍化形式)	任意	任意	任意	同时能计算汽、液两相	精度非常低，特别是液相

续表

状态方程	适用范围			优　点	缺　点
	温度	压力	极性及形状		
RK(包括普遍化形式)	任意	任意	任意	计算气相体积准确性高,很实用;对非极性、弱极性物质误差小	对于强极性物质及液相误差在10%~20%。不能同时用于汽、液两相计算
SRK(包括普遍化形式)	任意	任意	任意	能计算液相体积;能同时用于汽液两相平衡,精度高于RK,工程上广泛应用	计算液相体积精度不够高
PR(包括普遍化形式)	任意	任意	任意	能计算液相体积;能同时用于汽液两相平衡,工程上广泛应用,大多数情况精度高于SRK	计算液相体积精度不够高
两项截断virial方程	$T<T_c$	$p<1.5\mathrm{MPa}$	非极性	计算非常简单;理论上有重要价值;对非极性物质比较精确	只适用较低压力,不能同时用于汽液两相;对强极性物质误差较大
普遍化第二virial系数法	$T<T_c$	$p<1.5\mathrm{MPa}$	非极性	计算非常简单;对非极性物质比较精确;virial系数可以估算得到	只适用较低压力,不能同时用于汽液两相;对强极性物质误差较大
普遍化压缩因子法	任意	任意	任意	工程计算简便;对非极性、弱极性物质误差在3%以内	对强极性物质及液相误差在5%~10%;不能计算氢、氦、氖等量子气体
多参数状态方程	任意	任意	任意	T,p适用范围广,能同时用于汽、液两相;能用于强极性物质甚至量子气体;精度高	形式复杂,计算难度和工作量大;某些状态方程由于参数过多导致无法用于混合物计算

要对各个状态方程的精度作一非常精确的排序是比较困难的事，因为对有些体系来说存在例外，但可以给出比较粗略的、符合大多数事实的评价：对纯物质而言，精度从高到低的排序是：多参数状态方程>立方型状态方程>两项截断 virial 方程>理想气体状态方程。

立方型状态方程中：PR>SRK>RK>vdW。

从工程角度，可以遵循以下原则：因为实验数据最为可靠，所以如果有实验数据，就用实验数据；若没有则根据求解目标和对精度的要求选用状态方程，在计算的精度与复杂性上找一个平衡。

① 若计算液体体积，则直接使用修正的 Rackett 方程式(2-50)～式(2-53)，既简单精度又高，不需要用立方型状态方程来计算。

② 若计算气体体积，SRK、PR 是大多数流体的首选，无论压力、温度、极性如何，它们能基本满足计算简单、精度较高的要求，因此在工业上已广泛使用。对于个别流体或精度要求特别高的，则需要使用对应的专用状态方程或多参数状态方程，如对于 CO_2、H_2S 和 N_2 首选 BWRS 方程；在没有计算软件又需要快速估算的情况下，精度要求非常低的可用理想气体状态方程，精度要求稍高可以使用普遍化方法。

2.6.2 状态方程的应用

流体的 p-V-T 关系是整个化工热力学的起点和基石，有了可靠的描述 p-V-T 关系的状态方程和理想流体的 C_p^{id}，原则上可解决大多数热力学问题。

① 用一个状态方程即可精确地代表相当广泛范围的实验数据，这样就能精确计算所需的数据。

② 状态方程具有多功能性，除了 p-V-T 性质外，还可用最少量的数据计算流体的焓、熵等其他热力学函数、纯物质的饱和蒸气压、混合物的汽-液相平衡、液-液相平衡，尤其是高压下的相平衡计算。

③ 在相平衡计算中用一个状态方程可进行两相、三相的平衡数据计算，状态方程中的混合规则与相互作用参数对各相使用同一形式或同一数值，计算过程简捷、方便。

因此，状态方程的意义远不止于 p-V-T 关系的计算，更大意义在于计算那些无法通过测定得到的性质如第 3 章剩余焓熵、第 4 章逸度系数以及第 5 章相平衡的计算。

此外，状态方程不仅用于化工，也大量用于地质状态的研究，地质流体是地球的“血液”，它含有 H_2O，CO_2，CH_4，N_2，H_2S，H_2，O_2，Ar，HCl，C_2H_6，SO_2，Cl_2，Na^+，K^+，Ca^{2+}，Mg^{2+}，Cl^-，…，这些流体所处的温度压力有时高达 2000K、20～30GPa，而不同温度压力下，流体可能是岩石、可能是熔融成岩浆、可能已火山喷发，但如此高的温度压力，实验无法进行，必须依靠状态方程的预测才能进行地质研究。

还有新能源页岩气、可燃冰（甲烷水合物）的开采与输送，二氧化碳的地下封存，炸药爆轰等涉及极端温度压力的状态都离不开更精确的状态方程的研究。

知识拓展

SAFT 状态方程

流体热力学性质的精确计算在化工过程模拟、工业设备设计中具有重要的作用。尽管根源于 vdW 理论的传统状态方程已有广泛的应用和研究，但这类方程往往局限于一些简单的流体热物性的计算，且多是一种经验或半经验性的热力计算模型，对于实验数据具有较强的依赖性；对于多元复杂体系的计算，通常需要借助于复杂的混合法则。

近年来，基于统计力学原理发展而来的高阶状态方程受到越来越多的关注，也为流体热物性的预测提供了一种新的理论模型。其中由 Chapman 等（1990）开发的 SAFT 状态方程（statistical associating fluid theory，统计缔合流体理论）是最为成功的状态方程之一。此后各种改进的版本相继提出，其中最典型的有 soft-SAFT 、PC-SAFT、SAFT-VR 等状态方程。这些状态方程统称为 SAFT 类状态方程，它们的不同之处主要在于分子间的相互作用势能及分子构型设计：即选择不同类型的流体基本单元（单体），选用不同的方法计算单体自由能和结构。其表达式为

$$z=\frac{p}{\rho RT}=z_{理想}+z_{硬球}+z_{链}+z_{色散}+z_{缔合}$$

相比于经典的立方型状态方程，这些分子基础的状态方程的参数具有更明确的物理意义，更可靠的外推和预测能力，对于实际流体的分子特性具有更真实的反映。尽管这类方程的构型通常较为复杂，但对应地具有更灵活的结构形式，更广泛的适用范围及更大的改进空间。

迄今为止，SAFT 方程已成功地应用于各种纯流体或流体混合物的热力学性质和相平衡计算。这些流体类型包括小分子、大分子、多分子体系，缔合和非缔合流体，超临界和近临界高聚物溶液。

创新的轨迹

状态方程—低温技术—超导—磁悬浮列车之间的关系

历史上，每当出现一项重大的发现和发明时，都会对科技、生产力乃至思想认识产生深远的影响。van der Waals 状态方程的建立就是这样一项重大创新，它对低温技术的发展有举足轻重的作用，而低温极限——氦的液化又导致了超导现象的发现，高温超导材料的发现最终催生了磁悬浮列车。

1873 年，荷兰莱顿大学的范德瓦耳斯（van der Waals）在他的博士论文“气态和液态的连续性”中，提出了包括气态和液态的“状态方程”，即 van der Waals 方程。1880 年，范德瓦耳斯又提出了“对比态定律”，进一步得到状态方程的普遍形式。范德瓦耳斯为此获 1910 年诺贝尔物理学奖。

由于范德瓦耳斯的努力，在荷兰形成了以他为中心的研究气液性质的低温物理的学派，对低温物理领域和相变领域做出了重大贡献。正是在范德瓦耳斯理论的指导下，英国皇家研究所的杜瓦（J. Dewar）于1898年实现了氢的液化和固化，1908年荷兰莱顿大学的昂尼斯（H. K. Onnes）实现了低温的极限——氦的液化，从而消除了最后一种“永久气体”。

然而，昂尼斯的目标更注意探讨在极低温条件下物质的各种特性。昂尼斯液化氦气成功后，将各种金属浸在液氦中测量其电阻，他的助手在测量浸在液氦中的水银时，发现水银完全无电阻。这一发现宣告了超导的诞生（1911年），为世界作出了杰出的贡献（所谓超导是指当温度下降到物质的临界温度 T_c 时，突然失去电阻的现象），昂尼斯为此获得1913年的诺贝尔物理学奖。

值得一提的是，昂尼斯本人就是著名virial方程的提出者。正如昂尼斯所说“我们一直把van der Waals的研究看成是实验取得成功的关键，莱顿低温实验室就是在他的理论影响下发展起来的”。因此，可以说是状态方程使低温技术得以实现，继而导致了超导的发现。

金属超导体的临界温度都很低，只有在液氦中才能达到。由于制备液氦的成本很高，这大大限制了超导体的应用。因此人们一直在努力寻找新的具有较高临界温度的超导材料，这就是高温超导。目前，高温超导已成功应用于磁悬浮列车、超导磁铁、超导发电机等方面。

这个例子充分体现了创新的轨迹与科学技术的继承性。状态方程→低温技术→氦气液化→发现超导现象→寻求高温超导材料→磁悬浮列车。正是100多年前看不见摸不着的van der Waals状态方程，才一步一步最终有了与我们生活密切相关的磁悬浮列车。

谁会想到磁悬浮列车与状态方程居然会有着千丝万缕的联系呢？

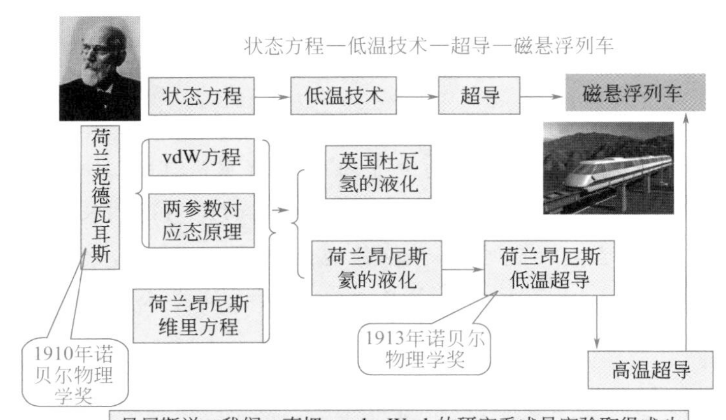

从状态方程到超导到磁悬浮列车的历程

本章小结

1. 流体的 p-V-T 关系是整个化工热力学的起点和基石。p-V-T 相图是实际生活和生产的依据，也是状态方程的基础，需要理解和掌握相图上的点（临界点）、线（饱和液相线、饱和汽相线）、面（气、固、液、汽单相区；超临界流体区；两相共存区）等概念。

2. 本章主要介绍了立方型状态方程（vdW、RK、SRK、PR）、virial方程、普遍化状态方程（普遍化压缩因子图法、普遍化第二virial系数法）、多参数状态方程以及计算液相的Rackett方程。每个方程都有其局限性，使用者应根据需要来选用。由于SRK方程和PR方程兼具简单性和精确性，因此在工业上已得到广泛应用，可作为首选。

3. 三参数对应态原理认为：在相同的 T_r 和 p_r 下，具有相同 ω 值的所有流体都具有相同的 Z 或 V_r，$Z=f(T_r, p_r, \omega)$。这指出了气体偏离理想气体行为的本质因素是 T_r 和 p_r 及 ω，而不是纯粹的 T、p；偏心因子 ω 的定义为 $\omega=-\lg(p_r^s)_{T_r=0.7}-1.000$。

最初起源于 Z 计算的对应态原理思想已广泛应用于其他热力学性质计算中，如第 3 章剩余焓熵、第 4 章逸度系数，对应态原理在化工热力学中占有重要的位置。

4. 混合规则是计算混合物性质中最关键的一步。有了它，实际上也就解决了混合物的相平衡问题，这是混合物分离的关键。将混合物看成一个虚拟纯物质，根据所用状态方程，算出所需的虚拟特征参数，若采用普遍化状态方程则计算虚拟临界参数 T_{cm}、p_{cm}，若采用 virial 方程则计算气体混合物的第二 virial 系数 B_m，若采用立方型状态方程则计算气体混合物的 a_m、b_m 等，然后纯物质的状态方程就可以用于气体混合物的 p-V-T 性质计算了。

本章符号说明

符号	说明
a	立方型状态方程参数
a_m	混合物立方型状态方程参数
b	立方型状态方程参数
b_m	混合物立方型状态方程参数
B	体积展开 virial 方程的第二 virial 参数
B'	压力展开 virial 方程的第二 virial 系数
$\hat{B}$	对比第二 virial 系数
B^0、B^1	普遍化第二 virial 系数关联式中的函数
B_{ij}	交叉第二 virial 系数
C	体积展开 virial 方程的第三 virial 参数，组分数
C'	压力展开 virial 方程的第三 virial 系数
C_p^{id}	理想流体定压热容
F	自由度
k_{ij}	组分 i、j 间相互作用参数
p_i	组分 i 的压力
p_c	临界压力
p_r	对比压力
p_{ci}	组分 i 的临界压力
p_{cm}	混合物虚拟临界压力
p^s	饱和蒸气压
p_i^s	组分 i 的饱和蒸气压
R	通用气体常数
T_b	正常沸点
T_c	临界温度
T_r	对比温度
T_{ci}	组分 i 的临界温度
T_{cm}	混合物虚拟临界温度
V_c	临界体积
V_r	对比体积
V^{sL}	饱和液体摩尔体积
V^{sV}	饱和蒸气摩尔体积
x	干度
Z	压缩因子
Z_i	混合物中组分 i 的摩尔压缩因子
Z_c	临界压缩因子
Z^0、Z^1	普遍化压缩因子关联式中的函数
π	相数
ρ_r	对比密度
ω	偏心因子

习　题

一、问答题

2-1　为什么要研究流体的 p-V-T 关系？

2-2　在 p-V 图上指出超临界萃取技术所处的区域，以及该区域的特征；同时指出其他重要的点、线、面以及它们的特征。

2-3　要满足什么条件，气体才能液化？

2-4　夏天汽车里能否放香水、打火机和杀虫剂？为什么？

2-5　纯物质由蒸气变为固体，是否必须经过液体？为什么？

2-6 一密闭容器内有水的汽液混合物，对其加热，是否都能变成蒸汽？

2-7 如储存于球罐中的乙烯泄漏，请估计乙烯球罐所能达到的最低温度是多少？给出思路。

2-8 不同气体在相同温度压力下，偏离理想气体的程度是否相同？你认为哪些是决定偏离理想气体程度的最本质因素？

2-9 偏心因子的概念是什么？为什么要提出这个概念？它可以直接测量吗？

2-10 什么是状态方程的普遍化方法？普遍化方法有哪些类型？

2-11 简述三参数对应状态原理与两参数对应状态原理的区别。

2-12 总结纯气体和纯液体 p-V-T 计算的异同。

2-13 如何理解混合规则？为什么要提出这个概念？有哪些类型的混合规则？

2-14 状态方程主要有哪些类型？如何选择使用？请给学过的状态方程之精度排个序。

2-15 传统状态方程的局限是什么？

2-16 生活中很多现象与热力学的原理息息相关，学过本章后，请你列举出一些教材中没有展示的例子。

二、计算题

（说明：凡是题目中没有特别注明使用什么状态方程的，你可以选择你认为最适宜的方程，并给出理由）

2-17 将 van der Waals 方程化成 virial 方程式；并导出 van der Waals 方程常数 a、b 表示的第二 virial 系数 B 的函数表达式。

2-18 virial 方程可以表达成以下两种形式。

$$Z=\frac{pV}{RT}=1+\frac{B}{V}+\frac{C}{V^2}+\cdots \tag{1}$$

$$Z=\frac{pV}{RT}=1+B'p+C'p^2+\cdots \tag{2}$$

请证明：$B'=\dfrac{B}{RT}$，$C'=\dfrac{C-B^2}{(RT)^2}$。

2-19 某反应器容积为 1.213m^3，内装有温度为 227℃ 的乙醇 45.40kg。现请你试用以下三种方法求取该反应器的压力，并与实验值（2.75MPa）比较误差。（1）用理想气体方程；（2）用 RK 方程；（3）用普遍化状态方程。

2-20 容积 1m^3 的贮气罐，其安全工作压力为 100atm，内装甲烷 100kg，问：

（1）当夏天来临，如果当地最高温度为 40℃ 时，贮气罐是否会爆炸？（本题用 RK 方程计算）

（2）上问中若有危险，则罐内最高温度不得超过多少度？（本题用 SRK 方程，可用 Excel 计算）

（3）为了保障安全，夏天适宜装料量为多少 kg？（本题用普遍化状态方程计算）

（4）如果希望甲烷以液体形式储存运输，问其压缩、运输的温度必须低于多少度？

2-21 液化气的充装量、操作压力和温度是液化气罐安全操作的重要依据。我国规定液化气罐在最高使用温度 60℃ 下必须留有不少于 3% 的气相空间，即充装量最多为 97% 才能安全。假设液化气以丙烷为代表物，液化气罐的体积为 35L，装有 12kg 丙烷。已知 60℃ 时丙烷的饱和气体摩尔体积 $V_g=0.008842\text{m}^3\cdot\text{mol}^{-1}$，饱和液体摩尔体积 $V_l=0.0001283\text{m}^3\cdot\text{mol}^{-1}$。问在此条件下，液化气罐是否安全？若不安全，应采取什么具体的措施？若要求操作压力不超过液化气罐设计压力的一半，请问液化气罐的设计压力为多少？（用 SRK 方程计算）

2-22 乙烷是重要的化工原料，也可以作为冷冻剂。现装满 290K、2.48MPa 乙烷蒸气的钢瓶，不小心接近火源被加热至 478K，而钢瓶的安全工作压力为 4.5MPa，问钢瓶是否会发生爆炸？（用 RK 方程计算）

2-23 试用 PR 方程计算合成气（H_2 ∶ N_2 = 1 ∶ 3 摩尔比）在 40.5MPa 和 573.15K 时的摩尔体积（请绘出详细的计算逻辑框图，且在相应的方框中列出与该题热力学原理相关的公式）。

2-24 作为汽车发动机的燃料，如果 15℃、0.1013MPa 的甲烷气体 40m^3 与

3.7854L 汽油相当，那么要多大容积的容器来承载 20MPa、15℃的甲烷才能与 37.854L 的汽油相当？

2-25 试用下列三种方法计算 250℃、2000kPa 水蒸气的 Z 与 V。

（1）截取至三项的 virial 方程，其中的 virial 系数是实验值：$B=-152.5\text{cm}^3\cdot\text{mol}^{-1}$，$C=-5800\text{cm}^6\cdot\text{mol}^{-2}$

（2）用普遍化第二 virial 系数关系式。

（3）用水蒸气表。

2-26 用下列方程求 200℃，0.10133MPa 时异丙醇的压缩因子与体积：

（1）取至第三 virial 系数的 virial 方程，已知

$$B=-388\text{cm}^3\cdot\text{mol}^{-1},\ C=-26000\text{cm}^6\cdot\text{mol}^{-2}$$

（2）用普遍化第二 virial 系数关系式。（$T_c=508.2$ K，$p_c=4.762$MPa，$\omega=0.7$）

2-27 一个体积为 0.283m^3 的封闭槽罐，内含乙烷气体，温度 290K，压力 2.48×10^3kPa，试问将乙烷加热到 478K 时，其压力是多少？

2-28 一个 0.5m^3 压力容器，其极限压力为 2.75MPa，若许用压力为极限压力的一半，试用普遍化第二 virial 系数法计算该容器在 130℃时，最多能装入多少丙烷？已知：丙烷 $T_c=369.85$K，$p_c=4.246$MPa，$\omega=0.152$。

2-29 某企业要求以某种形式存储 10℃、1atm（atm 为标准大气压）的丙烷 35000kg。有两种方案争论不休：

（1）在 10℃、1atm 下以气体的形式存储。

（2）在 10℃、6.294atm 下以汽液平衡的形式存储。对于这种模式的存储，容器有 90%的体积由液体占据。

你作为企业的工程师将采用何种方案，请比较这两种方案各自的优缺点。必要时采用定量的方法。

2-30 工程设计中需要乙烷在 3446kPa 和 93.33℃下的体积数据，已查到的文献值为 $0.02527\text{m}^3\cdot\text{kg}^{-1}$，试应用下列诸方法进行核算：（1）三参数普遍化压缩因子图法；（2）SRK 方程法；（3）PR 方程法。

2-31 估算 150℃时乙硫醇的饱和液体摩尔体积。已知实验值为 $0.095\text{m}^3\cdot\text{kmol}^{-1}$。乙硫醇的物性为 $T_c=499$K、$p_c=5.49$MPa、$V_c=0.207\text{m}^3\cdot\text{kmol}^{-1}$、$\omega=0.190$。

2-32 估算 20℃氨蒸发时的体积变化。此温度下氨的蒸气压为 857kPa。

2-33 某企业需要等物质的量（摩尔）氮气和甲烷的混合气体 4.5kg，为了减少运输成本，需要将该气体在等温下从 0.10133MPa，−17.78℃压缩到 5.0665MPa。现在等温下将压力提高 50 倍，问体积能缩小多少倍？（试用普遍化第二 virial 系数的关系）

2-34 一台压缩机每小时处理 454kg 甲烷及乙烷的等物质的量混合物。气体在 50×10^5Pa、422K 下离开压缩机，试问离开压缩机的气体体积流率为多少 $\text{cm}^3\cdot\text{h}^{-1}$？

2-35 混合工质的性质是人们有兴趣的研究课题。试用 RK 状态方程计算由 R12（CCl_2F_2）和 R22（$CHClF_2$）组成的等物质的量混合工质气体在 400K，5.0MPa 时的摩尔体积和压缩因子。可以认为该二元混合物的相互作用参数 $k_{12}=0$。计算中所使用的临界参数如下表：

组元(i)	T_c/K	p_c/MPa	ω
R22(1)	369.2	4.975	0.215
R12(2)	385	4.224	0.176

第3章

纯流体的热力学性质计算

本章框架

3.1　预备知识——点函数间的数学关系

3.2　热力学性质间的关系

3.3　热力学性质 H、S、G 的计算关系式

3.4　剩余性质

3.5　真实气体的焓变和熵变的计算

3.6　真实气体热容的普遍式

3.7　流体的饱和热力学性质

3.8　纯流体的热力学性质图和表

导　言

化工过程的主要目的是解决物质间的转化问题，及其物质状态变化必然导致热力学性质（H、S、U、G）的变化（即能量转化），如何合理利用该能量，是化工热力学的两大任务之一，而 H、S、U、G 的计算是其重要基础（见图1-7），这正是本章的主要内容。

热力学基本方程是 H、S、U、G 计算的出发点，而 Maxwell 关系式、剩余性质的引入，其目的是使真实气体 H、S、U、G 仅与 C_p^{ig}（理想气体热容）及 p-V-T 有关（第2章已解决）。

实际使用中，工程人员希望更方便地获取 H、S、U、G，因此常用物质（水、空气、氨）的 H、S、U、G 被计算出来制成了图表。其中水蒸气表、温-熵图（T-S 图）尤其重要，它是第6章、第7章的基础。

本章基本要求

重点掌握： 热力学基本方程（3.2）；Maxwell 关系式（3.2）；剩余性质定义和目的，剩余焓 H^R、剩余熵 S^R 的计算方法（3.4）；热力学性质图表的使用，尤其是水蒸气表、温-熵图（T-S 图）（3.8）。

掌握： H、S、U、G 随 T，p 变化的普遍关系式（3.3）；干度的概念（3.8）。

理解： Maxwell 关系式的目的（3.2）。

了解： 热容的计算（3.2、3.6）；饱和蒸气压、蒸发焓和蒸发熵的计算（3.7）。

生活和生产中处处都离不开能量的转换和利用，无论是发电厂蒸汽动力循环为我们带来的光明，还是冰箱、空调的制冷循环为我们带来的凉爽。

化工过程更是一个以能量为源泉和动力将原料加工成为产品的过程，能量的转换、利用、回收、排放，构成了化工过程用能的特点和规律。化工热力学的两大任务之一就是过程的热力学分析，即从有效利用能量的角度研究实际生产过程的效率。它有两个层次：一是能量衡算，计算过程实际消耗的热、机械功、电功等；二是分析能量品位的变化，指明过程中引起能量品位产生不合理降低的薄弱环节，提供改进方向。

以上种种过程都离不开最基础的热力学性质，特别是焓、熵的计算。如等压过程的热效应 $Q_p = \Delta H$；绝热过程的功 $W_s = \Delta H$ 等；所谓能量品位降低方向就是熵增方向，可用总熵变 ΔS_t 来揭示能量损耗的大小和部位；用体系的 Gibbs 自由能变化 ΔG 判断相平衡（见 5.1）和化学平衡等。由物理化学知，$G = H - TS$，因此，当焓、熵知道后，就可以得到在热力学中具有极其重要作用的 Gibbs 自由能 G。

流体热力学性质分为可直接测量和不可直接测量两类。可直接测量的有：温度、体积、压力、热容等；不能直接测量的有：热力学能 U（内能）、焓 H、熵 S、Helmholtz 自由能 A、Gibbs 自由能 G 等。而不能直接测量的热力学性质可以通过与可测量的热力学性质之间建立关系后计算得到，这就是热力学的伟大和巧妙之处。而起桥梁作用的这两类热力学性质的函数关系式的建立显得尤为重要。

本章主要目的：详细地介绍各热力学性质之间的关系；如何将不能直接测量的热力学性质（主要是熵）表示成可直接测得的温度、压力、体积的函数；并介绍通过 p、V、T 及热容来计算过程焓变、熵变的方法，为化工过程的热力学分析奠定基础。

3.1 预备知识——点函数间的数学关系

3.1.1 基本关系式

用显函数表示点函数，$z = f(x, y)$，对它进行全微分，得

$$dz = \left(\frac{\partial z}{\partial x}\right)_y dx + \left(\frac{\partial z}{\partial y}\right)_x dy$$

令 $\left(\frac{\partial z}{\partial x}\right)_y = M, \left(\frac{\partial z}{\partial y}\right)_x = N$，则

$$dz = M dx + N dy \tag{3-1}$$

对式(3-1)，求偏微分：

在 x 不变时，M 对 y 求偏微分 $\left(\frac{\partial M}{\partial y}\right)_x = \left[\frac{\partial}{\partial y}\left(\frac{\partial z}{\partial x}\right)_y\right]_x = \frac{\partial^2 z}{\partial x \partial y}$

在 y 不变时，N 对 x 求偏微分 $\left(\frac{\partial N}{\partial x}\right)_y = \left[\frac{\partial}{\partial x}\left(\frac{\partial z}{\partial y}\right)_x\right]_y = \frac{\partial^2 z}{\partial y \partial x}$

对于连续函数：$\frac{\partial^2 z}{\partial x \partial y} = \frac{\partial^2 z}{\partial y \partial x}$

$$\left(\frac{\partial M}{\partial y}\right)_x = \left(\frac{\partial N}{\partial x}\right)_y = \frac{\partial^2 z}{\partial x \partial y} \tag{3-2}$$

式(3-2) 就是点函数最基本的数学关系式，称为全微分的必要充分条件。

3.1.2 变量关系式

点函数间的变量关系式，可以通过点函数的隐函数形式推出

$$\varphi(x,y,z)=0$$

$$\mathrm{d}\varphi=\left(\frac{\partial\varphi}{\partial x}\right)\mathrm{d}x+\left(\frac{\partial\varphi}{\partial y}\right)\mathrm{d}y+\left(\frac{\partial\varphi}{\partial z}\right)\mathrm{d}z=0$$

若 x 不变，则 $\mathrm{d}x=0$

$$\left(\frac{\partial\varphi}{\partial y}\right)(\mathrm{d}y)_x+\left(\frac{\partial\varphi}{\partial z}\right)(\mathrm{d}z)_x=0$$

$$\left(\frac{\partial y}{\partial z}\right)_x=-\frac{\frac{\partial\varphi}{\partial z}}{\frac{\partial\varphi}{\partial y}}$$

同理可得

$$\left(\frac{\partial z}{\partial x}\right)_y=-\frac{\frac{\partial\varphi}{\partial x}}{\frac{\partial\varphi}{\partial z}},\quad \left(\frac{\partial x}{\partial y}\right)_z=-\frac{\frac{\partial\varphi}{\partial y}}{\frac{\partial\varphi}{\partial x}}$$

亦即

$$\boxed{\left(\frac{\partial x}{\partial y}\right)_z\left(\frac{\partial y}{\partial z}\right)_x\left(\frac{\partial z}{\partial x}\right)_y=-1} \tag{3-3}$$

式(3-3) 也称为循环关系式，这一方程非常有用，任一简单变量可用其他两个变量来表示。

3.2 热力学性质间的关系

要用可测量性质去计算那些不可测量性质，必须搞清两者间的关系。讨论流体热力学性质间的关系即可达到此目的。热力学性质都是状态函数，而状态函数的特点是其数值上仅与状态有关，与到达这个状态的过程无关，相当于数学上的点函数。状态函数 H、S、U、A、G 以及第 2 章讨论过的 p、V、T，在数学上都属于点函数。

3.2.1 热力学基本方程

在物理化学中，曾讨论过封闭体系中 1mol 恒组成的均匀流体热力学性质之间的关系式，它们的形式如下：

$$\mathrm{d}U=T\mathrm{d}S-p\mathrm{d}V \tag{3-4}$$

$$\mathrm{d}H=T\mathrm{d}S+V\mathrm{d}p \tag{3-5}$$

$$\mathrm{d}A=-p\mathrm{d}V-S\mathrm{d}T \tag{3-6}$$

$$\mathrm{d}G=V\mathrm{d}p-S\mathrm{d}T \tag{3-7}$$

式(3-4)～式(3-7) 称为热力学基本方程，非常重要，几乎所有其他的函数关系式均由此导出。它们既可用于单相，也可用于多相系统。因为式中各项均为系统的性质，是状态参数，与过程无关，故以上各式既可用于可逆过程，也可以用于不可逆过程。

热力学基本方程是将热力学第一定律、热力学第二定律与 H、A、G 热力学性质的基本定义式相结合推导出来的。

如式(3-4)，由热力学第一定律知：$\mathrm{d}U=\delta Q+\delta W$

可逆过程中 $\delta Q = T\mathrm{d}S$，$\delta W = -p\mathrm{d}V$

所以可得

$$\mathrm{d}U = T\mathrm{d}S - p\mathrm{d}V \tag{3-4}$$

由 $H = U + pV$ 知

$$\mathrm{d}H = \mathrm{d}U + \mathrm{d}(pV) = T\mathrm{d}S - p\mathrm{d}V + V\mathrm{d}p + p\mathrm{d}V = T\mathrm{d}S + V\mathrm{d}p \tag{3-5}$$

用同样的方法可以得到余下的两个式子式(3-6) 和式(3-7)。

将不可测量性质S与可测量性质p、V、T建立联系是计算U、H、A、G的关键

在热力学基本方程中，U、H、A、G 的变化量，均与 p、V、T、S 有关，似乎有了后者，一切都迎刃而解了。其实不然，尽管 p、V、T 是可测量，但 S 是不可测量的，要解决这个问题，必须建立不可测量性质 S 与可测量性质 p、V、T 间的关系，Maxwell 关系式就是这一桥梁，把不可测量性质与可测量性质联系起来。

Maxwell 关系式是把不可测量性质与可测量性质联系起来的桥梁。

3.2.2 Maxwell 关系式

将点函数基本数学关系式(3-2) 应用于式(3-4)～式(3-7)，可得到下列一组方程

$$\left(\frac{\partial T}{\partial V}\right)_S = -\left(\frac{\partial p}{\partial S}\right)_V \tag{3-8}$$

$$\left(\frac{\partial T}{\partial p}\right)_S = \left(\frac{\partial V}{\partial S}\right)_p \tag{3-9}$$

$$\boxed{\left(\frac{\partial S}{\partial V}\right)_T = \left(\frac{\partial p}{\partial T}\right)_V} \tag{3-10}$$

$$\boxed{\left(\frac{\partial S}{\partial p}\right)_T = -\left(\frac{\partial V}{\partial T}\right)_p} \tag{3-11}$$

式(3-10)和式(3-11)是两个最重要的Maxwell关系式，它们把S与p-V-T联系起来。

式(3-8)～式(3-11) 是极其重要的 Maxwell 关系式，也称为 Maxwell 第一关系式，其中式(3-10) 和式(3-11) 最有用。它的重要意义在于将不可测定的 S 与可以测定的 p-V-T 联系了起来。如式(3-10) 用 $(\partial p/\partial T)_V$ 代替了 $(\partial S/\partial V)_T$。

利用式(3-4)～式(3-7) 热力学基本方程，还可以很容易推导出下列有用的公式。如

$$\mathrm{d}U = T\mathrm{d}S - p\mathrm{d}V$$

当 $\mathrm{d}V = 0$ 时

$$\left(\frac{\partial U}{\partial S}\right)_V = T \tag{3-12a}$$

当 $\mathrm{d}S = 0$ 时

$$\left(\frac{\partial U}{\partial V}\right)_S = -p \tag{3-12b}$$

同理，可以得到其余偏导数关系式

$$\left(\frac{\partial H}{\partial p}\right)_S = V，\quad \left(\frac{\partial H}{\partial S}\right)_p = T \tag{3-13a,b}$$

$$\left(\frac{\partial A}{\partial V}\right)_T = -p，\quad \left(\frac{\partial A}{\partial T}\right)_V = -S \tag{3-14a,b}$$

$$\left(\frac{\partial G}{\partial p}\right)_T = V，\quad \left(\frac{\partial G}{\partial T}\right)_p = -S \tag{3-15a,b}$$

式(3-12)～式(3-15) 称为 Maxwell 第二关系式。

3.2.3 热力学基本关系式、偏导数关系式和 Maxwell 方程的意义

式(3-4)～式(3-15) 看上去非常纷繁、复杂，但它抽象复杂的背后是为了多快好省。描述单组分体系的 8 个热力学量 p、V、T、U、H、S、A、G 每 3 个均可构成一个偏导数，总共可构成 336 个偏导数。

$$A_8^3=8\times7\times(8-3+1)=336$$

但独立的一阶偏导数共 112 个，其中只有两类共 6 个可以通过实验直接测定。一类是由 p-V-T 实验测定的偏导数；另一类就是由量热实验测定的偏导数。也就是说 106 个不可测偏导数必须借助与 6 个可测偏导数的联系才能使用。它们联系的桥梁是式(3-4)～式(3-15) 的热力学基本方程、偏导数关系式和 Maxwell 方程。这就是"似至晦，实至明；似至繁，实至简；似至难，实至易"在热力学中的演绎妙用。

3.2.4 热容

在化工计算中，焓和熵的计算占有极其重要的地位。在本节后续的推导中会发现，焓和熵的计算最终仅与气体的热容以及 p-V-T 关系有关，因此，气体热容的求取相当重要。p-V-T 关系已在第 2 章有详细讲述，如果解决了气体的热容问题，真实气体的焓变和熵变的计算将迎刃而解。

3.2.4.1 理想气体的热容 C_p^{ig}

根据定义，定压热容和定容热容分别为

$$C_p=\left(\frac{\partial H}{\partial T}\right)_p \tag{3-16}$$

$$C_V=\left(\frac{\partial U}{\partial T}\right)_V \tag{3-17}$$

对于理想气体，其热容本身只是温度的函数，但函数的形式目前在理论上尚无法求出，一般均系根据实验数据归纳的经验公式，通常形式为

$$C_p^{ig}=A+BT+CT^2+DT^3 \tag{3-18}$$

或

$$C_p^{ig}=A+BT+C'T^{-2} \tag{3-19}$$

对理想气体的热容，要注意以下几点：

① A、B、C、D、C'——物性常数，可以通过实验求取。本书附录 3 中列出了一些物质的值。

② 理想气体的 C_p^{ig}-T 关联式，可用于低压下的真实气体，不能用于压力较高的真实气体。

③ 要注意单位和温度范围。一般情况下，式(3-18) 温度适应范围小，式(3-19) 温度适应范围大。

④ 当缺乏实验数据时，可以用基团贡献法进行估算。详见附录 15。

3.2.4.2 真实气体的热容 C_p

真实气体的热容是一个重要的性质。在高压下的加热、冷却等工艺计算中常常要用到。但高压下气体的热容不再仅是温度的函数，压力的影响也不能忽略，$C_p=f(T,p)$。真实气体热容 C_p 的实验数据很少，也缺少数据的关联。

工程上常常借助于普遍化热容差图来计算高压下真实气体的热容。有关定压热容的热力学关系式和普遍化热容差图，在本章 3.6 节有较详细的讨论。

3.3 热力学性质 H、S、G 的计算关系式

反映物系状态的热力学性质有许多，但最主要也是最基础的应该是焓和熵。因此，下面主要讨论热力学性质焓 H 和熵 S 的计算。

3.3.1 H、S 随 T、p 的变化关系式

对于单相、定组成体系，根据相律 $F=C-\pi+2$ 知，其自由度 $F=1-1+2=2$，这就是说，对于热力学性质可以用任意两个其他的热力学变量来表示，如：$H=f(T,p)$，$H=f(T,V)$，$H=f(p,V)$，工程上一般选择容易用仪器或仪表测量的温度 T 和压力 p 作为变量。在推导 H、S 基本计算式之前，首先提醒大家注意，下面推导的 H、S 的基本计算式，前提条件基于：

① 均相，单组分体系；

② 以 Maxwell 关系式为基础；

③ 最终结果是以可测量性质 p、V、T 和 C_p 或 C_V 表示的。

若选用 T、p 作为变量，则有 $H=f(T,p)$，对此式求全微分

$$\mathrm{d}H=\left(\frac{\partial H}{\partial T}\right)_p \mathrm{d}T+\left(\frac{\partial H}{\partial p}\right)_T \mathrm{d}p \tag{3-20}$$

因为

$$C_p=\left(\frac{\partial H}{\partial T}\right)_p \quad (C_p \text{ 的定义}) \tag{3-21}$$

另外，在等温条件下，将式(3-5) $\mathrm{d}H=T\mathrm{d}S+V\mathrm{d}p$ 两边同除以 $\mathrm{d}p$ 可得

$$\left(\frac{\partial H}{\partial p}\right)_T=T\left(\frac{\partial S}{\partial p}\right)_T+V$$

又因为

$$\left(\frac{\partial S}{\partial p}\right)_T=-\left(\frac{\partial V}{\partial T}\right)_p \tag{3-11}$$

所以

$$\mathrm{d}H=C_p\mathrm{d}T+\left[V-T\left(\frac{\partial V}{\partial T}\right)_p\right]\mathrm{d}p \tag{3-22}$$

C_p有实验值

与p-V-T状态方程有关

> 理想气体的定压热容C_p^{ig}实验值极少，一般得自光谱数据结合统计力学求得。液体定压热容一般通过焓的测量得到。

H 通过式(3-22) 与可测量的 C_p 和 p-V-T 联系起来。

式(3-22) 即为 H 的基本关系式，在特定条件下，可以将此式进行简化，简化式见表 3-1。

表 3-1 不同条件下焓 H、熵 S 计算关系式

H	S	使用条件
$\mathrm{d}H=C_p\mathrm{d}T+\left[V-T\left(\frac{\partial V}{\partial T}\right)_p\right]\mathrm{d}p$	$\mathrm{d}S=\frac{C_p}{T}\mathrm{d}T-\left(\frac{\partial V}{\partial T}\right)_p\mathrm{d}p$	任何流体，定组成，均相
$\mathrm{d}H=C_p^{\mathrm{ig}}\mathrm{d}T$	$\mathrm{d}S=\frac{C_p^{\mathrm{ig}}}{T}\mathrm{d}T-\frac{R}{p}\mathrm{d}p$	理想气体，定组成
$\mathrm{d}H=C_p^{\mathrm{L}}\mathrm{d}T+(1-\beta T)V\mathrm{d}p$	$\mathrm{d}S=\frac{C_p^{\mathrm{L}}}{T}\mathrm{d}T-\beta V\mathrm{d}p$	液体，定组成，$\beta=\frac{1}{V}\left(\frac{\partial V}{\partial T}\right)_p$ 为液体物质的膨胀系数。 对液体而言，β 及 V 是压力的弱函数，一般可视为常数而以适当的平均值表示

> H、S随T、p的变化：
> $\mathrm{d}H=C_p\mathrm{d}T+\left[V-T\left(\frac{\partial V}{\partial T}\right)_p\right]\mathrm{d}p$
> $\mathrm{d}S=\frac{C_p}{T}\mathrm{d}T-\left(\frac{\partial V}{\partial T}\right)_p\mathrm{d}p$

同样，对于熵可以写出 $S=f(T,p)$

$$dS=\left(\frac{\partial S}{\partial T}\right)_p dT+\left(\frac{\partial S}{\partial p}\right)_T dp \tag{3-23}$$

因为 $\left(\frac{\partial S}{\partial T}\right)_p=\left(\frac{\partial S}{\partial H}\frac{\partial H}{\partial T}\right)_p=\left(\frac{\partial S}{\partial H}\right)_p\left(\frac{\partial H}{\partial T}\right)_p$

由 C_p 的定义 $C_p=\left(\frac{\partial H}{\partial T}\right)_p$

由 Maxwell 关系式(3-13b) $\left(\frac{\partial S}{\partial H}\right)_p=\frac{1}{T}$

和式(3-11) $\left(\frac{\partial S}{\partial p}\right)_T=-\left(\frac{\partial V}{\partial T}\right)_p$，得到

$$dS=\frac{C_p}{T}dT-\left(\frac{\partial V}{\partial T}\right)_p dp \tag{3-24}$$

不可测的 S 通过式(3-24) 与可测的 C_p 和 p-V-T 联系起来。

式(3-24) 即为 S 的基本关系式，在特定条件下，可以对此进行相应的简化，简化式见表 3-1。

同理，若把 S 表示成 T 和 V 的函数，于是得到

$$dS=\frac{C_V}{T}dT+\left(\frac{\partial p}{\partial T}\right)_V dV \tag{3-25}$$

3.3.2 G 随 T、p 的变化关系式

对于定组成均相流体而言，基本热力学性质之间的关系，如式(3-4)～式(3-7) 所示，显示了每一个热力学性质（如 U、H、A、G）都可以表示为一对变量的函数，如 $dG=Vdp-SdT$ 表示了下述的函数关系

$$G=G(p,T)$$

通常情况下，温度和压力是可以直接测量及控制的物理量，因此，Gibbs 自由能（G）也就成为最为有用价值的热力学性质。

由 Maxwell 关系式

$$\left(\frac{\partial G}{\partial p}\right)_T=V,\quad \left(\frac{\partial G}{\partial T}\right)_p=-S \tag{3-15a,b}$$

由式(3-15b) 可知，在定压力下，G 随 T 的变化量可用 S 来体现，由于 $G=H-TS$，即

$$S=\frac{H-G}{T}$$

那么

$$\left(\frac{\partial G}{\partial T}\right)_p=\frac{G-H}{T} \tag{3-26}$$

考虑下面的恒等式，可以得到 Gibbs-Helmholtz 公式

$$d\left(\frac{G}{T}\right)\equiv\frac{1}{T}dG-\frac{G}{T^2}dT \tag{3-27}$$

将式(3-7) 及 $G=H-TS$ 代入式(3-27)，经代数化简后得到

$$d\left(\frac{G}{T}\right)=\frac{V}{T}dp-\frac{H}{T^2}dT \tag{3-28}$$

当压力一定时

$$d\left(\frac{G}{T}\right)=-\frac{H}{T^2}dT$$

或

$$\left[\frac{\partial(G/T)}{\partial T}\right]_p=-\frac{H}{T^2} \tag{3-29}$$

式(3-29)就是 Gibbs-Helmholtz 公式。它表明如果知道系统的焓值，就可以知道 G/T 是如何随温度 T 变化的。

若在式(3-28)两边同除以 R，可得到无量纲方程为

$$d\left(\frac{G}{RT}\right)=\frac{V}{RT}dp-\frac{H}{RT^2}dT \tag{3-30}$$

由此可得到

$$\frac{V}{RT}=\left[\partial\left(\frac{G}{RT}\right)/\partial p\right]_T,\quad \frac{H}{RT}=-T\left[\partial\left(\frac{G}{RT}\right)/\partial T\right]_p \tag{3-30a,b}$$

当已知 $G/(RT)$ 为 T 和 p 的函数时，$V/(RT)$ 和 $H/(RT)$ 就可以由简单微分求出。其他的物性就可以根据它们的定义式求出，如

$$\frac{S}{R}=\frac{H}{RT}-\frac{G}{RT}$$

当知道 $G/(RT)$（或 G）与变量 T 和 p 的关系时，就可以由简单的数学运算求得其他热力学性质。

实质上，有了 H、S 的基本计算式就可以解决热力学其他函数的计算问题。如

$$U=H-pV \tag{3-31}$$

$$A=U-TS=H-pV-TS \tag{3-32}$$

$$G=H-TS \tag{3-33}$$

因为热力学能 U、Helmholtz 自由能 A、Gibbs 自由能 G 都与 H、S 有关系，所以只要知道 H、S，就可以利用热力学关系计算出 U、A、G。

在计算热力学内能时，用 T 和 V 作为自变量比较方便。已知式(3-4)

$$dU=TdS-pdV$$

将式(3-25)代入式(3-4)得

$$\boxed{dU=C_VdT+\left[T\left(\frac{\partial p}{\partial T}\right)_V-p\right]dV} \tag{3-34}$$

另外，已知

$$dU=\left(\frac{\partial U}{\partial T}\right)_V dT+\left(\frac{\partial U}{\partial V}\right)_T dV=C_VdT+\left(\frac{\partial U}{\partial V}\right)_T dV$$

将上式与式(3-34)比较，可得

$$\left(\frac{\partial U}{\partial V}\right)_T=T\left(\frac{\partial p}{\partial T}\right)_V-p \tag{3-35}$$

上述方程中每一项皆有明确的物理意义，左边一项称为内压力，$p_i=\left(\frac{\partial U}{\partial V}\right)_T$；右边第一项称为热压力 $p_t=T\left(\frac{\partial p}{\partial T}\right)_V$。其中$\left(\frac{\partial p}{\partial T}\right)_V$ 称为热压力系数，它是恒容下压力随温度的变化率。

【例 3-1】 试导出以 T、V 为参数时 dS、dH 的表达式。

解：当认为 S 是 T、V 的函数时，则有

$$dS=\left(\frac{\partial S}{\partial T}\right)_V dT+\left(\frac{\partial S}{\partial V}\right)_T dV$$

$$T\mathrm{d}S=T\left(\frac{\partial S}{\partial T}\right)_V\mathrm{d}T+T\left(\frac{\partial S}{\partial V}\right)_T\mathrm{d}V$$

因为 $C_V=\left(\frac{\partial Q}{\partial T}\right)_V=\left(\frac{T\mathrm{d}S}{\mathrm{d}T}\right)_V=T\left(\frac{\partial S}{\partial T}\right)_V$，由 Maxwell 关系式知

$$\left(\frac{\partial S}{\partial V}\right)_T=\left(\frac{\partial p}{\partial T}\right)_V$$

所以

$$T\mathrm{d}S=C_V\mathrm{d}T+T\left(\frac{\partial p}{\partial T}\right)_V\mathrm{d}V$$

或

$$\mathrm{d}S=\frac{C_V}{T}\mathrm{d}T+\left(\frac{\partial p}{\partial T}\right)_V\mathrm{d}V \tag{A}$$

将式(A) 代入 $\mathrm{d}H=T\mathrm{d}S+V\mathrm{d}p$，且 $\mathrm{d}p=\left(\frac{\partial p}{\partial T}\right)_V\mathrm{d}T+\left(\frac{\partial p}{\partial V}\right)_T\mathrm{d}V$，则

$$\mathrm{d}H=T\left[C_V\frac{\mathrm{d}T}{T}+\left(\frac{\partial p}{\partial T}\right)_V\mathrm{d}V\right]+V\left[\left(\frac{\partial p}{\partial T}\right)_V\mathrm{d}T+\left(\frac{\partial p}{\partial V}\right)_T\mathrm{d}V\right]$$

$$\mathrm{d}H=\left[C_V+V\left(\frac{\partial p}{\partial T}\right)_V\right]\mathrm{d}T+\left[T\left(\frac{\partial p}{\partial T}\right)_V+V\left(\frac{\partial p}{\partial V}\right)_T\right]\mathrm{d}V$$

纵观公式(3-22)、式(3-24)、式(3-25)、式(3-34) 发现，无论是 $\mathrm{d}H$、$\mathrm{d}S$ 还是 $\mathrm{d}U$，无论它们原先是什么样的表达式，经过 Maxwell 关系式的应用，最终它们仅与气体的热容 C_p、C_V 以及流体的 p-V-T 关系有关，使得这些性质的计算变得可能与简单。

需要指出的是，以上计算的均是某过程的熵变和焓变，但是在工程中为了应用方便，需要 H、S 的值。计算 H、S 值的方法为：选定参考态并给定该状态下、该热力学性质的一个方便的值（可以是零，也可以是某一具体值）；参考态选定后，H、S 的值就等于参考态的数值再加上自参考态到该状态时过程的焓变或熵变。

习惯上，参考态的选择有一般的规则。通常以物质在熔点时的饱和液体或以正常沸点时的饱和液体作为参考态。不管温度如何选择，参考态的压力 p_0 应足够的低。这是因为，只有在这样的压力下，才可能将理想气体的热容 C_p^{ig} 用于气体热力学性质的计算中。

需要说明的是在工程计算中，一旦参考态确定下来，在整个工程计算中就不能改变。在应用不同来源的数据时，首先要注意它们的参考态是否相同，若不同，则数据之间不能相加减。

如水是选择水的三相点作为参考态；对于气体，大多选取 101.325kPa、25℃（298K）为参考态。实际上，无论参考态的温度选取多少，其压力应该足够低，这样才可视为理想气体。

3.3.3 理想气体的 *H*、*S* 计算关系式

由式(3-22) 和表 3-1 可知

$$\mathrm{d}H^{\mathrm{ig}}=C_p^{\mathrm{ig}}\mathrm{d}T \tag{3-36}$$

积分上式得

$$\int_{H_0^{\mathrm{ig}}}^{H^{\mathrm{ig}}}\mathrm{d}H^{\mathrm{ig}}=\int_{T_0}^{T}C_p^{\mathrm{ig}}\mathrm{d}T$$

$$H^{\mathrm{ig}}-H_0^{\mathrm{ig}}=\int_{T_0}^{T}C_p^{\mathrm{ig}}\mathrm{d}T \tag{3-37}$$

式中，H^{ig} 为所求状态（T,p）的焓值，理想气体；H_0^{ig} 为任意选择的参考态（T_0,p_0）所对应的焓值，理想气体。

由于理想气体的热容本身只是温度的函数，由式(3-36) 可知理想气体的 H 仅随温度变化，与压力无关。利用式(3-37)，只要知道理想气体的定压热容 C_p^{ig} 与温度间的函数关系，即可计算任意两个状态之间的焓差。同时可以看到，参考态选取的不同，则终态的焓值数据不同。

同理，由式(3-24) 和表 3-1 可知

$$dS^{ig}=\frac{C_p^{ig}}{T}dT-\frac{R}{p}dp \tag{3-38}$$

积分得

$$\int_{S_0^{ig}}^{S^{ig}} dS^{ig}=\int_{T_0}^{T}\frac{C_p^{ig}}{T}dT-\int_{p_0}^{p}\frac{R}{p}dp$$

$$S^{ig}-S_0^{ig}=\int_{T_0}^{T}\frac{C_p^{ig}}{T}dT-R\ln\frac{p}{p_0} \tag{3-39}$$

式中，S^{ig} 为所求状态（T,p）的熵值，理想气体；S_0^{ig} 为任意选择的参考态（T_0,p_0）所对应的熵值，理想气体。由式(3-39) 可知，理想气体的 S 随温度和压力发生变化。

由式(3-37) 和式(3-39) 可以看出，理想气体的 H 和 S 还与参考态有关，选取的参考态不同，在相同的温度和压力下，焓熵值也不同。

在工程上，计算低压下的气体的焓变和熵变比较方便，因为可以将低压下的气体视为理想气体，而理想气体的 C_p^{ig} 仅是温度的函数，故焓变和熵变易求，但实际过程中涉及的体系往往都是非理想的气体，解决真实气体的 H 和 S 计算，才是热力学性质计算的关键。

3.3.4 真实气体的 *H*、*S* 计算关系式

在工程上常常要解决的问题并不是理想气体而是真实气体，对于真实气体可以直接利用 H、S 的基本关系式(3-22) 和式(3-24) 进行计算。

$$dH=C_p dT+\left[V-T\left(\frac{\partial V}{\partial T}\right)_p\right]dp \tag{3-22}$$

$$dS=\frac{C_p}{T}dT-\left(\frac{\partial V}{\partial T}\right)_p dp \tag{3-24}$$

但必须解决真实气体与定压热容间的关系。由 3.2.4 节讨论可知：

理想气体　　$C_p^{ig}=f(T)$

真实气体　　$C_p=f(T,p)$

若已知真实气体的 C_p，则相应的 H、S 都可以计算。但由于真实气体的 C_p 实验数据缺乏，经验方程也不多见。因此式(3-22) 和式(3-24) 在实际应用上受到一定的局限性。

由于 H、S 均为热力学状态函数，因此可以考虑选择其他的途径进行计算，因状态函数只要最初和最终状态相同，采用不同途径计算的结果是一致的。新途径的设计原则是：该途径仅涉及容易获得的理想气体热容 C_p^{ig} 数据，而没有难以获取的真实气体热容 C_p 数据。假如计算真实气体在始态 1 与终态 2 之间的焓变和熵变，具体设计的计算途径如下：

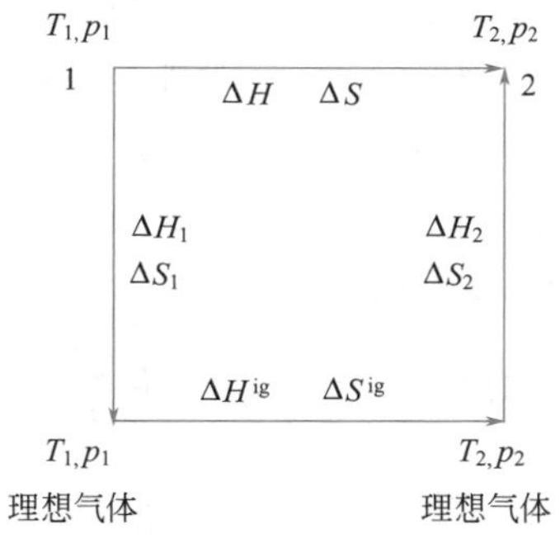

首先从始态 1（T_1,p_1）到达同温同压下的理想气体状态（T_1,p_1）点，然后在理想气体状态下进行温度与压力的变化达到理想气体状态（T_2,p_2）点，最后达到真实气体的终态点 2(T_2,p_2)。整个过程中的焓变和熵变分别为

$$\Delta H=\Delta H_1+\Delta H_p^{ig}+\Delta H_T^{ig}+\Delta H_2 \tag{3-40}$$

$$\Delta S=\Delta S_1+\Delta S_p^{ig}+\Delta S_T^{ig}+\Delta S_2 \tag{3-41}$$

对于理想气体的焓变 ΔH_p^{ig}、ΔH_T^{ig} 和熵变 ΔS_p^{ig}、ΔS_T^{ig} 在 3.3.3 节中已经解决。而式中的 ΔH_1、ΔS_1 表示同温同压下的理想气体与真实气体间的焓差和熵差，ΔH_2、ΔS_2 表示同温同压下的真实气体与理想气体间的焓差和熵差，即

$$\Delta H_1 = H_1^{ig} - H_1 \qquad (T_1, p_1)$$

$$\Delta S_1 = S_1^{ig} - S_1 \qquad (T_1, p_1)$$

$$\Delta H_2 = H_2 - H_2^{ig} \qquad (T_2, p_2)$$

$$\Delta S_2 = S_2 - S_2^{ig} \qquad (T_2, p_2)$$

为了计算上述焓差和熵差，需要定义一个非常重要的热力学函数，即剩余性质。

3.4 剩余性质

剩余性质是指气体真实状态下的热力学性质 $M(T,p)$ 与同一 T 和 p 下当气体处于理想状态下热力学性质 $M^{ig}(T,p)$ 之间的差额。此处须注意：既然气体在真实状态下，那么在同一 T 和 p 下，气体状态不可能处于理想状态。所以剩余性质是一个假想的概念，而用这个概念可以找出真实状态 M 与假想的理想状态 M^{ig} 之间热力学性质的差额，从而计算出真实状态下气体的热力学性质。这是热力学处理问题的方法。

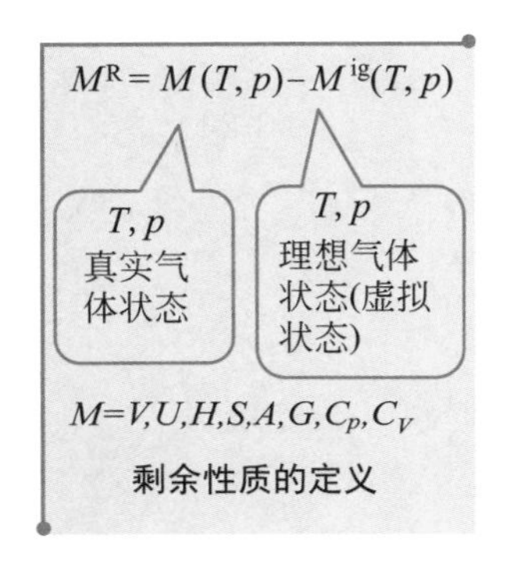

剩余性质的定义

剩余性质用符号 M^R 表示，其定义式为

$$\boxed{M^R = M(T,p) - M^{ig}(T,p)} \tag{3-42}$$

式中，M 代表物质的任何广度热力学性质的量，如 V、U、H、S、G 等。

$$\text{剩余焓}\ H^R = H - H^{ig} \tag{3-43}$$

$$\text{剩余熵}\ S^R = S - S^{ig} \tag{3-44}$$

3.4.1 剩余焓 H^R 和剩余熵 S^R

为了计算真实气体的热力学性质 M（如 H、S）值，可将式(3-42) 写成：

$$M = M^{ig} + M^R$$

该式表明，要求取真实气体的热力学性质，需要计算两部分。第一部分是理想气体的热力学性质 M^{ig} 之值，它可以用适合于理想气体的简单方程进行计算。第二部分是剩余性质 M^R，它具有对理想气体热力学函数校正的性质，其值取决于真实气体的 p-V-T 数据［见式(3-45)、式(3-46)］。由此看出，提出剩余性质并解决其求取办法，是人们为解决一定 p、T 下真实气体热力学性质的一种方法。

如何计算 M^R 呢？以 H^R 为例，将式(3-43) 在一定温度下对压力求偏导数

$$\mathrm{d}H^R = \left[\left(\frac{\partial H}{\partial p}\right)_T - \left(\frac{\partial H^{ig}}{\partial p}\right)_T\right]\mathrm{d}p \quad \text{（温度一定）}$$

积分上式得

$$\int_{H_0^R}^{H^R} \mathrm{d}H^R = \int_{p_0}^{p} \left[\left(\frac{\partial H}{\partial p}\right)_T - \left(\frac{\partial H^{ig}}{\partial p}\right)_T\right]\mathrm{d}p$$

当 $p_0 \to 0$ 时，真实气体行为逼近于理想气体的行为，对应状态下的剩余焓 $H_0^R = 0$，故有

$$H^R = \int_0^p \left[\left(\frac{\partial H}{\partial p}\right)_T - \left(\frac{\partial H^{ig}}{\partial p}\right)_T\right]\mathrm{d}p$$

因为理想气体的焓值仅与温度有关 $\left[\left(\frac{\partial H^{ig}}{\partial p}\right)_T\right]=0$

所以 $$H^{R}=\int_0^p\left(\frac{\partial H}{\partial p}\right)_T \mathrm{d}p$$

由式(3-22) 知 $$\left(\frac{\partial H}{\partial p}\right)_T=V-T\left(\frac{\partial V}{\partial T}\right)_p$$

所以 $$\boxed{H^{R}=\int_0^p\left[V-T\left(\frac{\partial V}{\partial T}\right)_p\right]\mathrm{d}p} \quad (恒\ T) \tag{3-45}$$

将式(3-44) 在一定温度下对压力求偏导数，积分整理后，同理可得

$$\boxed{S^{R}=\int_0^p\left[\frac{R}{p}-\left(\frac{\partial V}{\partial T}\right)_p\right]\mathrm{d}p} \quad (恒\ T) \tag{3-46}$$

将式(3-45) 和式(3-46) 分别代入式(3-43) 和式(3-44) 可得到

$$H=H^{ig}+H^{R}=H_0^{ig}+\int_{T_0}^{T}C_p^{ig}\mathrm{d}T+\int_0^p\left[V-T\left(\frac{\partial V}{\partial T}\right)_p\right]\mathrm{d}p \tag{3-47}$$

$$S=S^{ig}+S^{R}=S_0^{ig}+\int_{T_0}^{T}\frac{C_p^{ig}}{T}\mathrm{d}T-R\ln\frac{p}{p_0}+\int_0^p\left[\frac{R}{p}-\left(\frac{\partial V}{\partial T}\right)_p\right]\mathrm{d}p \tag{3-48}$$

由上述式子知，要计算一定状态（T，p）下，真实气体的 H、S 值，需要有：

① 参考态的焓、熵值，即确定 H_0^{ig}、S_0^{ig} 的数值（以下用 H_0^*、S_0^* 表达）；

② 理想气体定压热容与温度的函数关系 $C_p^{ig}=f(T)$；

③ 真实气体 p-V-T 关系，以解决 H^R、S^R 的计算。

值得特别指出的是式(3-47)、式(3-48) 真实气体 H、S 的求取最后只需要理想气体 C_p^{ig}，避开了难求的真实气体 C_p，这就是提出剩余性质的目的，这是热力学处理问题的方法，可见热力学方法的巧妙。

真实气体的 H、S 计算可用下述途径表示。

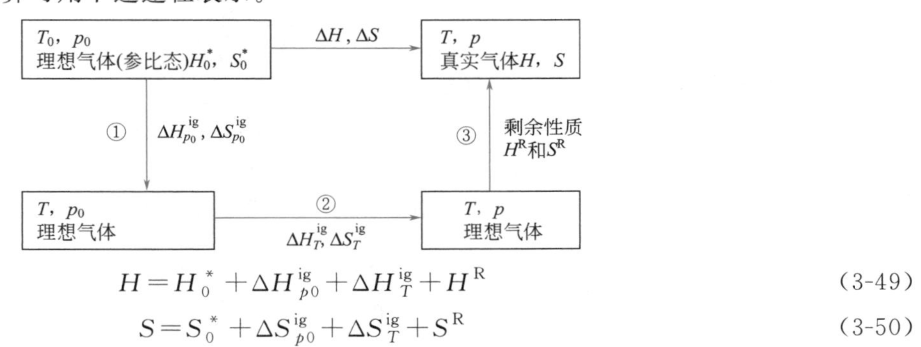

$$H=H_0^*+\Delta H_{p0}^{ig}+\Delta H_T^{ig}+H^R \tag{3-49}$$

$$S=S_0^*+\Delta S_{p0}^{ig}+\Delta S_T^{ig}+S^R \tag{3-50}$$

3.4.2 剩余焓 H^R 和剩余熵 S^R 的计算方法

显然，真实气体热力学性质的计算，关键是求取 H^R 和 S^R。由第 2 章知，真实气体 p-V-T 关系有三种表示方法：①p-V-T 的实验数据；②状态方程；③普遍化压缩因子 Z。因此真实气体 H^R 和 S^R 的计算也分为三种方法。

3.4.2.1 由气体 p-V-T 实验数据计算 H^R 和 S^R

根据所用参数不同，可以有三种类型的图解积分。

(1) 直接利用式(3-45) 或式(3-46) 图解积分

如用式(3-45) $H^{R}=\int_0^p\left[V-T\left(\frac{\partial V}{\partial T}\right)_p\right]\mathrm{d}p$（温度一定）图解积分。

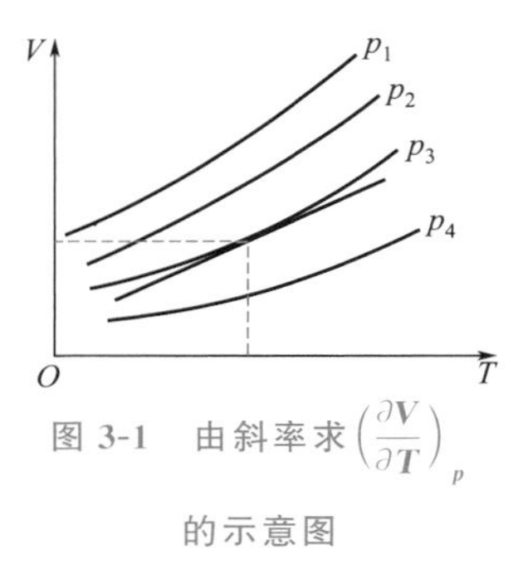

图 3-1　由斜率求$\left(\frac{\partial V}{\partial T}\right)_p$的示意图

① 根据实验数据，以 T 为横坐标，V 为纵坐标，做一组 T-V 的曲线，每一条曲线均为等压线（见图 3-1）。再对某一等压线，在温度 T 处做一切线，其斜率为$\left(\frac{\partial V}{\partial T}\right)_p$。

② 从切点画一平行横轴的直线，并在纵坐标上找到相应的 V 值，就求得在不同压力 p 时的$\left[V-T\left(\frac{\partial V}{\partial T}\right)_p\right]$值。

③ 以 p 为横坐标，$\left[V-T\left(\frac{\partial V}{\partial T}\right)_p\right]$为纵坐标，做 $p\sim\left[V-T\left(\frac{\partial V}{\partial T}\right)_p\right]$的曲线，自 $p_0\to 0$ 图解积分到所求状态对应压力 p，曲线下所得的面积就是式(3-45) 的积分值，即为 H^R 的数值。

(2) 利用剩余体积 V^R 图解积分

由剩余性质定义，给出剩余体积的关系式

$$V^R=V-V^{ig} \tag{3-51}$$

$$V=V^{ig}+V^R=\frac{RT}{p}+V^R$$

在一定压力下微分上式得
$$\left(\frac{\partial V}{\partial T}\right)_p=\frac{R}{p}+\left(\frac{\partial V^R}{\partial T}\right)_p$$

将上式代入式(3-45) 或式(3-46) 得

$$H^R=\int_0^p V^R\mathrm{d}p-T\int_0^p\left(\frac{\partial V^R}{\partial T}\right)_p\mathrm{d}p\quad(\text{恒 T}) \tag{3-52}$$

$$S^R=-\int_0^p\left(\frac{\partial V^R}{\partial T}\right)_p\mathrm{d}p\quad(\text{恒 }T) \tag{3-53}$$

(3) 利用 Z 图解积分

Z 图解积分的基础仍然是前边推导出的式(3-45) 和式(3-46)。根据压缩因子的定义式 $Z=\frac{pV}{RT}$，得到

$$V=\frac{ZRT}{p}$$

p 一定时，将体积 V 对温度 T 求偏导数

$$\left(\frac{\partial V}{\partial T}\right)_p=\frac{R}{p}\left[\frac{\partial(ZT)}{\partial T}\right]_p=\frac{R}{p}\left[Z+T\left(\frac{\partial Z}{\partial T}\right)_p\right]$$

将上式代入式(3-45) 和式(3-46)，得到用 Z 表示的 H^R 和 S^R 关系式

$$H^R=RT^2\int_0^p-\left(\frac{\partial Z}{\partial T}\right)_p\frac{\mathrm{d}p}{p}\quad(\text{恒 }T) \tag{3-54}$$

$$S^R=R\int_0^p\left[-(Z-1)-T\left(\frac{\partial Z}{\partial T}\right)_p\right]\frac{\mathrm{d}p}{p}\quad(\text{恒 }T) \tag{3-55}$$

以上这种利用实测的 p-V-T 数据计算焓变与熵变的方法相当烦琐，还必须有实测的 p-V-T 实验数据才能计算，因此其应用受到一定的限制。

3.4.2.2　利用状态方程计算 H^R 和 S^R

由于实际情况下往往不易得到真实气体的 p-V-T 实验数据，因而常常用真实气体的状态方程式进行推算 H^R 和 S^R。但是真实气体的状态方程一般表示为 V 或 p 的多项式，在推算热力学性质时，首先需要将有关热力学性质转化成$\left(\frac{\partial p}{\partial T}\right)_V$、$\left(\frac{\partial^2 p}{\partial T^2}\right)_V$、$\left(\frac{\partial p}{\partial V}\right)_T$、$\left(\frac{\partial^2 p}{\partial V^2}\right)_T$等偏微分函数的形式，然后将

有关的状态方程求导，把上述偏微分代入求解即可。

由 $f(p,V,T)=0$，则有

$$\left(\frac{\partial p}{\partial T}\right)_V\left(\frac{\partial V}{\partial p}\right)_T\left(\frac{\partial T}{\partial V}\right)_p=-1$$

$$\left(\frac{\partial V}{\partial T}\right)_p=-\left(\frac{\partial p}{\partial T}\right)_V\left(\frac{\partial V}{\partial p}\right)_T$$

或

$$\left[\left(\frac{\partial V}{\partial T}\right)_p \mathrm{d}p\right]_T=-\left[\left(\frac{\partial p}{\partial T}\right)_V \mathrm{d}V\right]_T$$

因为 $\mathrm{d}(pV)=p\mathrm{d}V+V\mathrm{d}p$，得到

$$\int_{p_0V_0}^{pV}\mathrm{d}(pV)=pV-p_0V_0=\int_{p_0}^{p}V\mathrm{d}p+\int_{V_0}^{V}p\mathrm{d}V$$

式中 $p_0V_0=RT$，将以上关系式代入式(3-45) 中，得

$$H^{\mathrm{R}}=pV-RT-\int_{V_0}^{V}p\mathrm{d}V+T\int_{V_0}^{V}\left(\frac{\partial p}{\partial T}\right)_V\mathrm{d}V \tag{3-56}$$

如果将 RK 方程代入式(3-56) 则

$$\frac{H^{\mathrm{R}}}{RT}=Z-1-\frac{3}{2}\frac{a}{bRT^{1.5}}\ln\left(1+\frac{b}{V}\right) \tag{3-57}$$

Redlich 和 Kwong 令 $A=\frac{ap}{R^2T^{2.5}}$、$B=\frac{bp}{RT}$，代入式(3-57) 可得

$$\frac{H^{\mathrm{R}}}{RT}=Z-1-\frac{3}{2}\frac{A}{B}\ln\left(1+\frac{B}{Z}\right) \tag{3-58}$$

同样可以得到

$$\frac{S^{\mathrm{R}}}{R}=-\frac{1}{2}\frac{A}{B}\ln\left(1+\frac{B}{Z}\right)+\ln(Z-B) \tag{3-59}$$

用 RK 方程计算 H^{R} 和 S^{R} 关键在于 Z、A、B 的计算。这类方法是一种分析计算法，只要有合适的状态方程，就可以利用上述类似的方法进行计算。状态方程式的计算结果比其他方法准确。

【例 3-2】 已知在 633.15K，98.06kPa 时水的焓为 $5.75\times10^4\mathrm{J\cdot mol^{-1}}$，熵为 $151.756\mathrm{J\cdot mol^{-1}\cdot K^{-1}}$。试应用 RK 方程计算在 633.15K，9806kPa 下水的焓和熵（文献值焓和熵分别为 $5.345\times10^4\mathrm{J\cdot mol^{-1}}$，$108.35\mathrm{J\cdot mol^{-1}\cdot K^{-1}}$）。

解：(1) 确认水的物质状态，并设计出计算途径。

由附录 5.1 水的饱和性质表知，状态 1（$T_1=633.15\mathrm{K}$，$p_1=98.06\mathrm{kPa}$）和状态 2（$T_2=633.15\mathrm{K}$，$p_2=9806\mathrm{kPa}$）皆是气体状态。计算途径设计如［例 3-2］图所示。

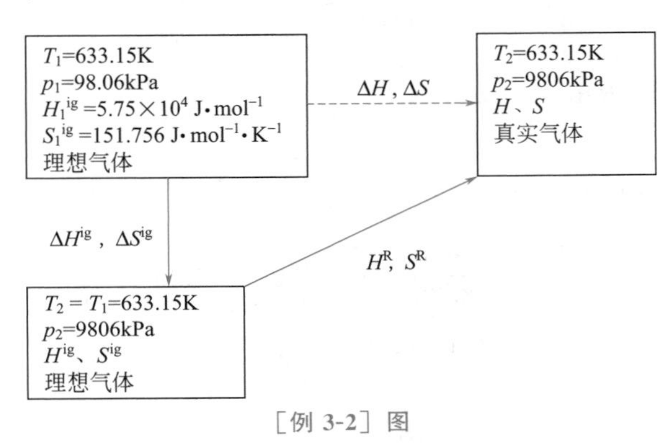

［例 3-2］图

(2) 从附录 2 查得 $T_c=647.3\mathrm{K}$、$p_c=22050\mathrm{kPa}$。根据式 (2-11a) 和式(2-11b)，得：

$$a=0.42748\frac{R^2T_c^{2.5}}{p_c}=0.42748\times\frac{8314.73^2\times647.3^{2.5}}{22050}=1.429\times10^{10}\mathrm{kPa\cdot cm^6\cdot K^{0.5}\cdot mol^{-2}}$$

$$b=0.08664\frac{RT_c}{p_c}=0.08664\times\frac{8314.73\times647.3}{22050}=21.148\mathrm{cm^3\cdot mol^{-1}}$$

代入式(2-10)的RK方程

$$p=9806.0\text{kPa}=\frac{633.15\times8314.73}{V-21.148}-\frac{1.429\times10^{10}}{633.15^{0.5}V(V+21.148)}$$

解得 $V=437.88\text{cm}^3\cdot\text{mol}^{-1}$

压缩因子为 $Z=\frac{pV}{RT}=\frac{9806.0\times437.88}{8314.73\times633.15}=0.8156$

(3) 计算633.15K、9806kPa下水的焓。

$$\frac{b}{V}=\frac{B}{Z}=\frac{bp}{ZRT}=\frac{21.148\times9806}{0.8156\times8314.73\times633.15}=0.0483$$

$$\frac{A}{B}=\frac{a}{bRT^{1.5}}=\frac{1.429\times10^{10}}{21.148\times8314.73\times633.15^{1.5}}=5.101$$

代入式(3-58)得

$$\frac{H^R}{RT}=Z-1-\frac{3}{2}\frac{A}{B}\ln\left(1+\frac{B}{Z}\right)=0.8156-1-\frac{3}{2}\times5.101\times\ln(1+0.0483)=-0.5453$$

$$H^R=H-H^{ig}=-0.5453\times8.314\times633.15=-2870.46\text{J}\cdot\text{mol}^{-1}$$

因为 $H^R=H-H^{ig}$ 而 $\Delta H=H-H_1^{ig}$ $\Delta H=\Delta H^{ig}+H^R$

所以 $H=H_1^{ig}+\Delta H^{ig}+H^R$

又因为 $T_2=T_1$，所以 $\Delta H^{ig}=0$，已知 $H^{ig}=57500\text{J}\cdot\text{mol}^{-1}$，则

$$H=H^R+H^{ig}=-2870.46+57500=5.463\times10^4\text{J}\cdot\text{mol}^{-1}$$

误差为

$$\frac{5.463\times10^4-5.345\times10^4}{5.345\times10^4}\times100\%=2.21\%$$

(4) 计算633.15K、9806kPa下水的熵。

$$B=0.0483\times0.8156=0.0394$$

代入式(3-59)得

$$\frac{S^R}{R}=-\frac{1}{2}\frac{A}{B}\ln\left(1+\frac{B}{Z}\right)+\ln(Z-B)$$

$$=-\frac{1}{2}\times5.101\times\ln(1+0.0483)+\ln(0.8156-0.0394)$$

$$=-0.1203-0.2533=-0.3736$$

$$S^R=-0.3736\times8.314=-3.106\text{J}\cdot\text{mol}^{-1}\cdot\text{K}^{-1}$$

因为

$$S^R=S-S^{ig}\quad S=S^{ig}+S^R=S_1^{ig}+\Delta S^{ig}+S^R$$

已知

$$S_1^{ig}=151.756\text{J}\cdot\text{mol}^{-1}\cdot\text{K}^{-1}\text{，则}$$

$$S=S_1^{ig}-R\ln\frac{p_2}{p_1}+S^R$$

$$=151.756-8.314\times\ln\frac{9806}{98.06}-3.106=110.36\text{J}\cdot\text{mol}^{-1}\cdot\text{K}^{-1}$$

误差为

$$\frac{110.36-108.35}{108.35}\times100\%=1.86\%$$

若用理想气体状态方程式计算，对于 H 误差为

$$\frac{5.75\times10^4-5.345\times10^4}{5.345\times10^4}\times100\%=7.58\%$$

对于 S 误差为

$$\frac{113.466-108.35}{108.35}\times100\%=4.72\%$$

由此可见，用真实气体状态方程式计算其结果更接近于实际情况。

3.4.2.3 利用普遍化关联式计算 H^R 和 S^R

由 2.3.4 节可知，缺少可应用的 p-V-T 实验数据和合适的真实气体状态方程时，常用普遍化的压缩因子法来解决真实气体的热力学性质的计算，即可由 $Z=f(T_r,p_r,\omega)$ 扩展到计算 H^R 和 S^R，使 H^R 和 S^R 变成 T_r、p_r、ω 的函数，从而使热力学性质的计算大大简化，在工程设计中常用此方法。其基础是前边推导出的式(3-54) 和式(3-55)。

$$H^R=RT^2\int_0^p-\left(\frac{\partial Z}{\partial T}\right)_p\frac{dp}{p}\qquad (恒\ T) \tag{3-54}$$

$$S^R=R\int_0^p\left[-(Z-1)-T\left(\frac{\partial Z}{\partial T}\right)_p\right]\frac{dp}{p}\qquad (恒\ T) \tag{3-55}$$

把压缩因子的普遍化式子代入 H^R 和 S^R 普遍化后的式子，就可得到

$$H^R=f(T_r,p_r,\omega)$$

$$S^R=f(T_r,p_r,\omega)$$

这就是 H^R 和 S^R 的理论计算式。

两参数普遍化计算式有一定的局限性。实际过程中仅考虑用三参数普遍化关系式来计算 p-V-T 性质。由 2.3.4 节和 2.3.5 节知道，在计算 p-V-T 性质时，普遍化关系式法有普遍化第二 virial 系数法和普遍化压缩因子法两种，因而对应于 H^R 和 S^R 的计算，也有两种方法。

(1) 普遍化第二 virial 系数法

当体系 $V_r\geqslant 2$ 或物系状态点 p_r、T_r 落在图 2-14 直线的上方时，用此方法。取两项 virial 截断式

$$Z=1+\frac{Bp}{RT} \tag{2-32}$$

上式在恒压下对 T 求导，有

$$\left(\frac{\partial Z}{\partial T}\right)_p=\frac{p}{R}\left[\frac{\partial\left(\frac{B}{T}\right)}{\partial T}\right]_p=\frac{p}{R}\left[\frac{1}{T}\left(\frac{\partial B}{\partial T}\right)_p-\frac{B}{T^2}\right]\xlongequal{B=f(T)}\frac{p}{R}\left[\frac{1}{T}\left(\frac{dB}{dT}\right)-\frac{B}{T^2}\right]$$

将上式代入式(3-54) 和式(3-55)，并在恒 T 下积分，整理得

$$H^R=Tp\left(\frac{B}{T}-\frac{dB}{dT}\right)$$

为了便于处理，将上式同除以 RT 得

$$\frac{H^R}{RT}=\frac{p}{R}\left(\frac{B}{T}-\frac{dB}{dT}\right) \tag{3-60}$$

同理

$$\frac{S^R}{R}=-\frac{p}{R}\frac{dB}{dT} \tag{3-61}$$

从这两个式子来看，欲求 H^R 和 S^R，则必须知道 $\frac{dB}{dT}=$？现在问题的关键集中在如何求 $\frac{dB}{dT}$。那么如何来求解 $\frac{dB}{dT}$ 呢，可通过第 2 章 Pitzer 提出的关系式(2-43) 来解决。

$$\frac{Bp_c}{RT_c}=B^0+\omega B^1 \tag{2-43}$$

$$B=\frac{RT_c}{p_c}(B^0+\omega B^1)$$

对式(2-43) 求导，得

$$\frac{dB}{dT}=\frac{RT_c}{p_c}\left(\frac{dB^0}{dT}+\omega\frac{dB^1}{dT}\right)$$

将上式代入式(3-60)、式(3-61)，得

$$\boxed{\frac{H^R}{RT}=-\frac{pT_c}{p_c}\left[\left(\frac{dB^0}{dT}-\frac{B^0}{T}\right)+\omega\left(\frac{dB^1}{dT}-\frac{B^1}{T}\right)\right]} \tag{3-62}$$

$$\frac{S^R}{R}=-\frac{pT_c}{p_c}\left(\frac{dB^0}{dT}+\omega\frac{dB^1}{dT}\right) \tag{3-63}$$

利用对比参数定义式 $T=T_cT_r$，则 $dT=T_cdT_r$，代入式(3-62)、式(3-63)，得到

$$\frac{H^R}{RT_c}=-p_rT_r\left[\left(\frac{dB^0}{dT_r}-\frac{B^0}{T_r}\right)+\omega\left(\frac{dB^1}{dT_r}-\frac{B^1}{T_r}\right)\right] \tag{3-64}$$

$$\frac{S^R}{R}=-p_r\left(\frac{dB^0}{dT_r}+\omega\frac{dB^1}{dT_r}\right) \tag{3-65}$$

式中

$$B^0=0.083-\frac{0.422}{T_r^{1.6}},\quad B^1=0.139-\frac{0.172}{T_r^{4.2}} \tag{3-66,3-67}$$

$$\frac{dB^0}{dT_r}=\frac{0.675}{T_r^{2.6}},\quad \frac{dB^1}{dT_r}=\frac{0.722}{T_r^{5.2}} \tag{3-68,3-69}$$

以上各式的应用条件为系统的 p_r、T_r 落在图 2-14 中曲线的上方。

注意：①高极性物质及缔合物质不能用；②若状态点落在图 2-14 中曲线的下方，则要用普遍化压缩因子法。

(2) 普遍化压缩因子法

当体系 $V_r<2$ 或物系 p_r、T_r 落在图 2-14 中曲线的下方时，用此方法。此法要点是将式(3-54)、式(3-55) 变化成普遍化形式。因 $T=T_cT_r$，$p=p_cp_r$，$Z=Z^0+\omega Z^1$，经普遍化，整理得到

$$\frac{H^R}{RT_c}=\frac{(H^R)^0}{RT_c}+\omega\frac{(H^R)^1}{RT_c} \tag{3-70}$$

$$\frac{S^R}{R}=\frac{(S^R)^0}{R}+\omega\frac{(S^R)^1}{R} \tag{3-71}$$

与解决真实气体 p-V-T 性质的计算方法一样，普遍化压缩因子法用于解决 H^R 和 S^R 时也要用到查图表的方法。

式(3-70)、式(3-71) 中的 $\frac{(H^R)^0}{RT_c}$、$\frac{(H^R)^1}{RT_c}$、$\frac{(S^R)^0}{R}$、$\frac{(S^R)^1}{R}$ 皆是 T_r、p_r 的函数，可通过查图 3-2～图 3-9 得到。将物质的偏心因子和查图得到的值代入式(3-70)、式(3-71) 计算，即可得到 H^R 和 S^R。

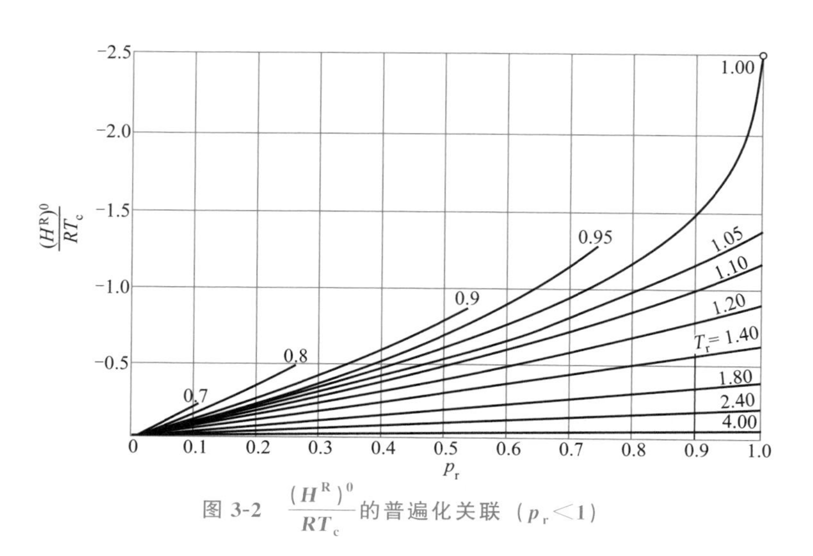

图 3-2 $\frac{(H^R)^0}{RT_c}$ 的普遍化关联 ($p_r<1$)

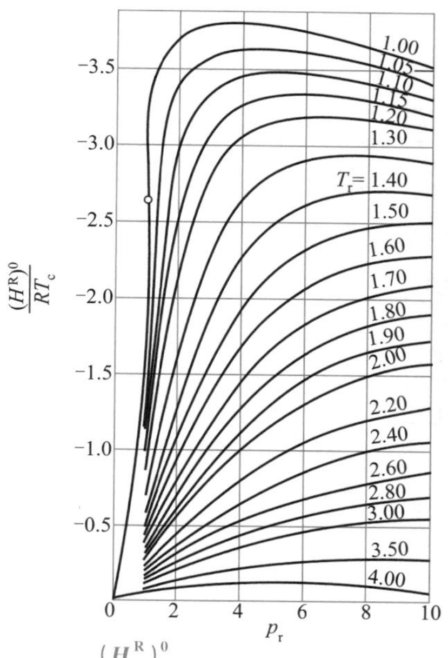

图 3-3 $\frac{(H^R)^0}{RT_c}$ 的普遍化关联（p_r>1）

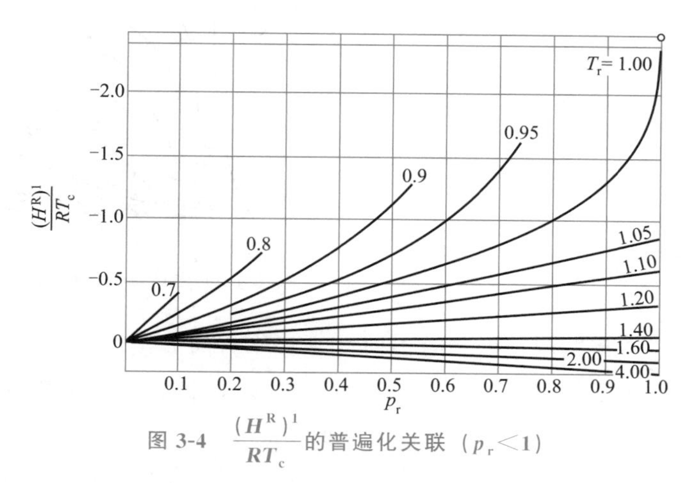

图 3-4 $\frac{(H^R)^1}{RT_c}$ 的普遍化关联（p_r<1）

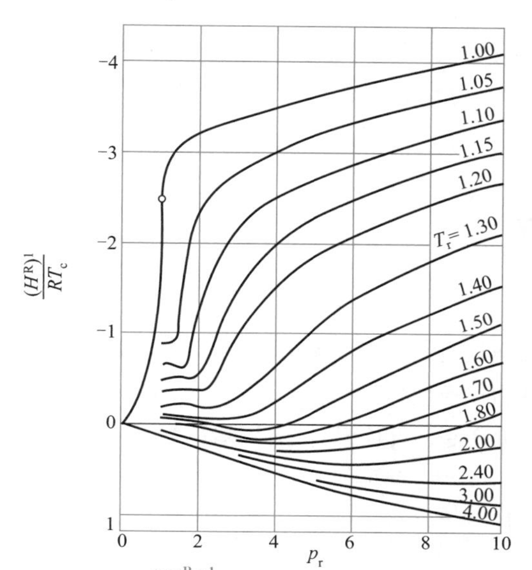

图 3-5 $\frac{(H^R)^1}{RT_c}$ 的普遍化关联（p_r>1）

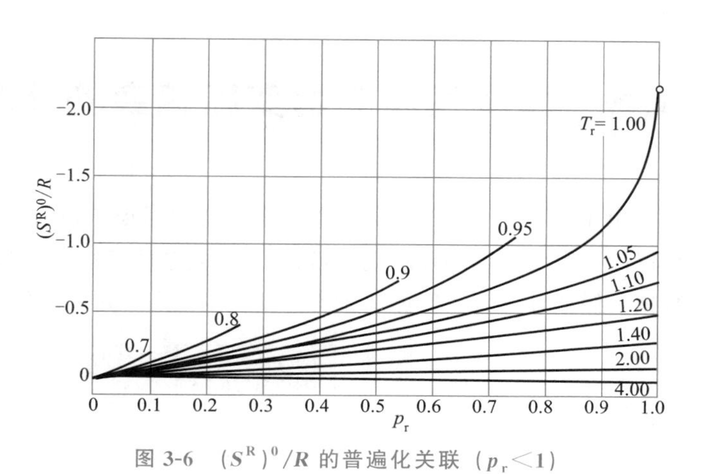

图 3-6 $(S^R)^0/R$ 的普遍化关联（p_r<1）

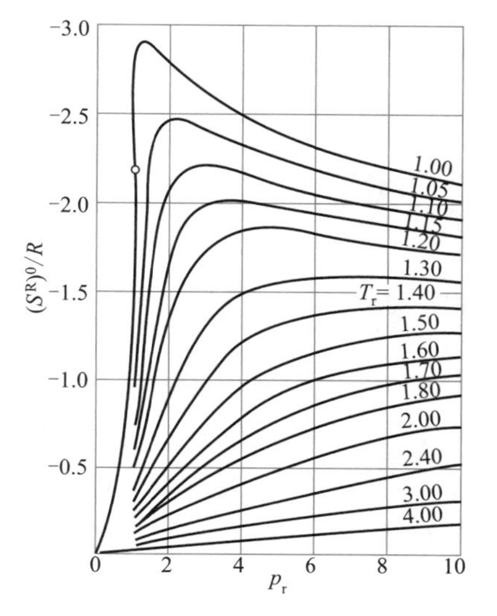

图 3-7 $(S^R)^0/R$ 的普遍化关联（p_r>1）

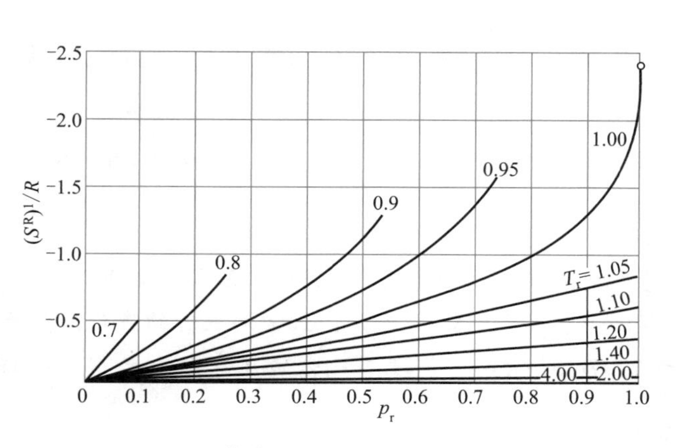

图 3-8 $(S^R)^1/R$ 的普遍化关联（p_r<1）

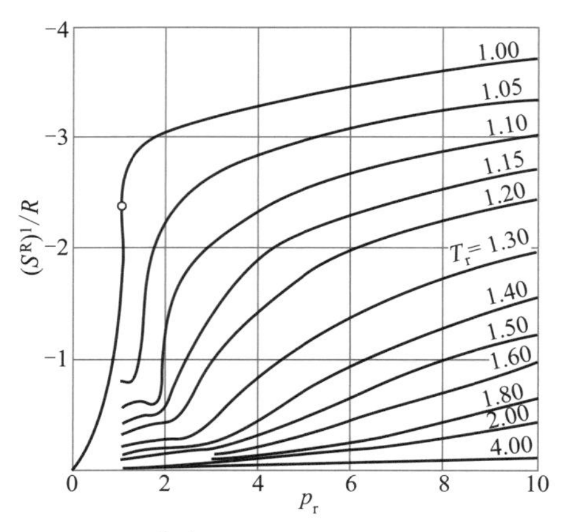

图 3-9　$(S^R)^1/R$ 的普遍化关联（$p_r>1$）

应用范围：用于图 **2-14** 中曲线下方的体系。

关于普遍化关系式法求 H^R 和 S^R，我们讨论了普遍化第二 virial 系数法和普遍化压缩因子法，在应用时，大家一定要注意下面两点：

① 普遍化关系式仅适用于极性较弱，非缔合物质，不适用于强极性和缔合性物质；

② 选择关系式之前，一定要根据（T_r，p_r）数据点或 V_r 进行判据，数据点处在图 2-14 中曲线上方或 $V_r \geqslant 2$ 时，用普遍化 virial 系数法；数据点处在图 2-14 中曲线下方或 $V_r<2$ 时，用普遍化压缩因子法。

3.5　真实气体的焓变和熵变的计算

由于 H、S 均为状态函数，因此，可以考虑选择其他的途径进行计算，新途径的设计原则是：该途径仅涉及容易获得的理想气体热容 C_p^{ig}、剩余焓和剩余熵的数据，而避开了难以获取的真实气体热容 C_p 数据。假如计算真实气体从始态 1 变化到终态 2 过程的焓变和熵变，具体设计的计算途径如下。

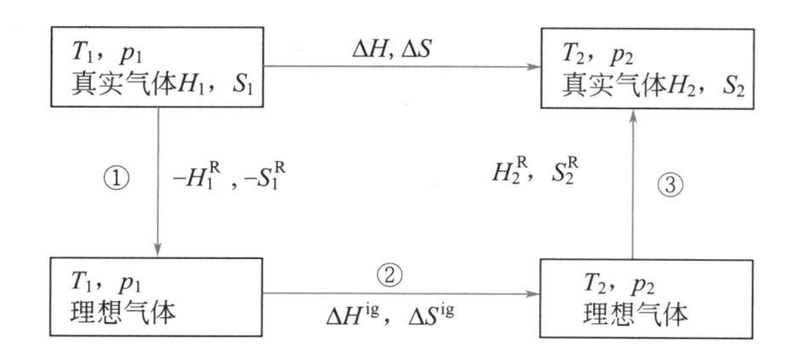

$$\Delta H=(-H_1^R)+\Delta H^{ig}+(H_2^R)=(-H_1^R)+\int_{T_1}^{T_2} C_p^{ig}\mathrm{d}T+(H_2^R)$$

$$\Delta S=(-S_1^R)+\Delta S^{ig}+(S_2^R)=(-S_1^R)+\int_{T_1}^{T_2} \frac{C_p^{ig}}{T}\mathrm{d}T-R\ln\frac{p_2}{p_1}+(S_2^R)$$

【例 3-3】 纯苯由 0.1013MPa、353K 的饱和液体变为 1.013MPa、453K 的饱和蒸气，试估算该过程的 ΔV、ΔH、ΔS。已知：正常沸点时的汽化潜热为 30733J·mol^{-1}，饱和液体在正常沸点下的体积为 95.7cm^3·mol^{-1}，理想气体定压摩尔热容 $C_p^{id}=(16.036+0.2357T)$J·mol^{-1}·K^{-1}，第二 virial 系数 $B=-78\left(\frac{1}{T}\times 10^3\right)^{2.4}$cm^3·mol^{-1}。

解：H、S 都是状态函数，只要始态和终态一定，状态函数的值也就一定，与其所经历的途径无关。有了这样的特性，就可以设计出方便于计算的过程，如［例 3-3］图所示。

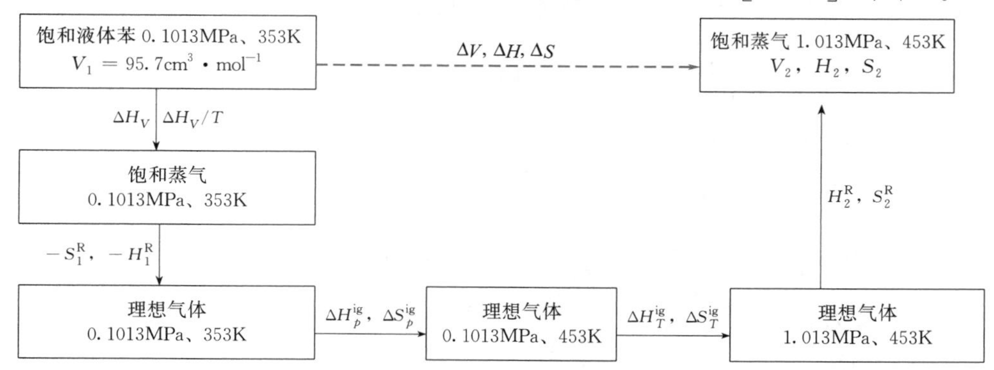

［例 3-3］图　焓、熵的计算途径

（1）查附录 2 苯的物性参数得：$T_c=562.1\mathrm{K}$，$p_c=4.894\mathrm{MPa}$，$\omega=0.212$。

（2）求 ΔV

由两项 virial 截断式

$$Z_2=\frac{pV_2}{RT}=1+\frac{B_2p}{RT}=1+\frac{1.013\times10^6}{8.314\times453}\times\left[-78\times\left(\frac{1}{453}\times10^3\right)^{2.4}\times10^{-6}\right]$$

$$=0.8597$$

注：式中“$\times10^{-6}$”为体积单位换算系数，即将 B_2 单位中的 $\mathrm{cm^3}$ 换算为 $\mathrm{m^3}$。

$$V_2=\frac{Z_2RT}{p}=\frac{0.8597\times8.314\times453}{1.013}=3196.29\mathrm{cm^3\cdot mol^{-1}}$$

$$\Delta V=V_2-V_1=3196.29-95.7=3100.59\mathrm{cm^3\cdot mol^{-1}}$$

（3）计算每一过程的焓变和熵变

① 求 ΔH_V 和 ΔS_V

$$\Delta H_V=30733\mathrm{kJ\cdot kmol^{-1}}$$

$$\Delta S_V=\frac{\Delta H_V}{T}=\frac{30733}{353}=87.1\mathrm{kJ\cdot kmol^{-1}\cdot K^{-1}}$$

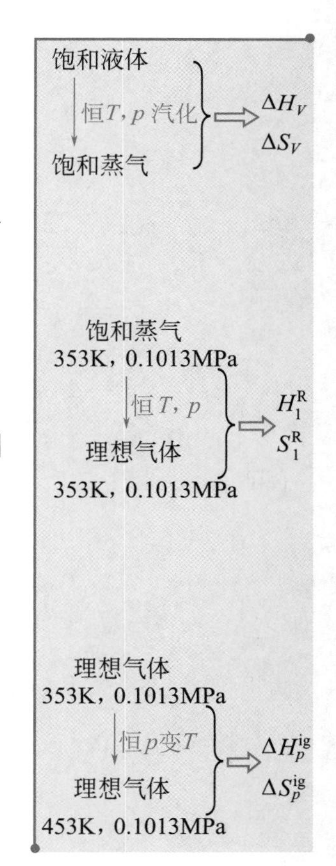

② 求 H_1^R 和 S_1^R

因为 $T_r=\dfrac{T}{T_c}=\dfrac{353}{562.1}=0.628$，　$p_r=\dfrac{p}{p_c}=\dfrac{0.1013}{4.894}=0.0207$，点（$T_r$、$p_r$）落在图 2-14 曲线上方，则用普遍化 virial 系数法计算。

由式(3-64)、式(3-65) 得

$$\frac{H_1^R}{RT_c}=-p_rT_r\left[\left(\frac{\mathrm{d}B^0}{\mathrm{d}T_r}-\frac{B^0}{T_r}\right)+\omega\left(\frac{\mathrm{d}B^1}{\mathrm{d}T_r}-\frac{B^1}{T_r}\right)\right]$$

$$=-0.0207\times0.628\times[(2.2626+1.2824)+0.212(8.1124+1.7112)]$$

$$=-0.07316$$

$$\frac{S_1^R}{R}=-p_r\left(\frac{\mathrm{d}B^0}{\mathrm{d}T_r}+\omega\frac{\mathrm{d}B^1}{\mathrm{d}T_r}\right)=-0.0207\times(2.2626+0.212\times8.1124)=-0.08244$$

所以

$$H_1^R=-0.07316\times8.314\times562.1=-341.899\mathrm{kJ\cdot kmol^{-1}}$$

$$S_1^R=-0.08244\times8.314=-0.6854\mathrm{kJ\cdot kmol^{-1}\cdot K^{-1}}$$

③ 求 ΔH_p^{ig} 和 ΔS_p^{ig}

$$\Delta H_p^{ig}=\int_{T_1}^{T_2}C_p^{ig}\mathrm{d}T=\int_{353}^{453}(16.036+0.2357T)\mathrm{d}T$$

$$=16.036\times(453-353)+\frac{0.2357}{2}\times(453^2-353^2)=11102.31\mathrm{kJ\cdot kmol^{-1}}$$

$$\Delta S_p^{ig}=\int_{T_1}^{T_2}\frac{C_p^{ig}}{T}dT=\int_{353}^{453}\left(\frac{16.036}{T}+0.2357\right)dT$$

$$=16.036\times\ln\frac{453}{353}+0.2357\times(453-353)=27.57\text{kJ}\cdot\text{kmol}^{-1}\cdot\text{K}^{-1}$$

④ 求 ΔH_T^{ig} 和 ΔS_T^{ig}

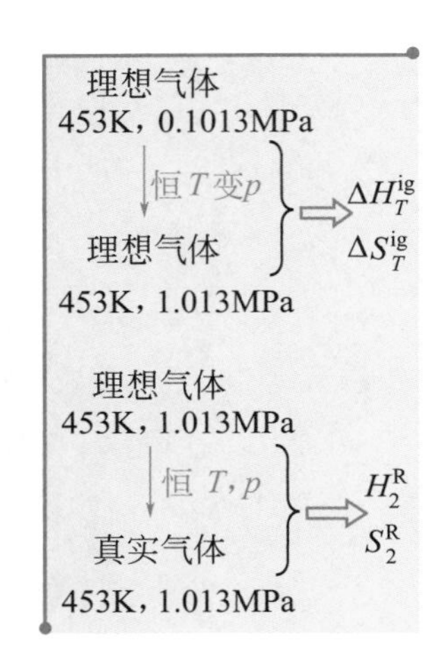

因为 $H^{ig}=f(T)$，所以 $\Delta H_T^{ig}=0$，则

$$\Delta S_T^{ig}=-R\ln\frac{p_2}{p_1}=-8.314\times\ln\frac{1.013}{0.1013}=-19.1\text{kJ}\cdot\text{kmol}^{-1}\cdot\text{K}^{-1}$$

⑤ 求 H_2^R 和 S_2^R

因 $T_r=\frac{453}{562.1}=0.806$，　$p_r=\frac{1.013}{4.894}=0.2070$，系统点落在图 2-14 中曲线的上方，则用普遍化 virial 系数法计算：

$$\frac{H^R}{RT_c}=-T_rp_r\left[\left(\frac{dB^0}{dT_r}-\frac{B^0}{T_r}\right)+\omega\left(\frac{dB^1}{dT_r}-\frac{B^1}{T_r}\right)\right]$$

$$=-0.806\times0.2070\times[1.1826+0.5129+0.212\times(2.2161+0.2863)]=-0.3714$$

$$\frac{S^R}{R}=-p_r\left(\frac{dB^0}{dT_r}+\omega\frac{dB^1}{dT_r}\right)=-0.2070\times(1.1826+0.212\times2.2161)=-0.3421$$

由此得：$(H_2^R)=-1735.66\text{kJ}\cdot\text{kmol}^{-1}$，　$(S_2^R)=-2.8442\text{kJ}\cdot\text{kmol}^{-1}\cdot\text{K}^{-1}$

(4) 求 ΔH 和 ΔS

$$\Delta H=\Delta H_V+(-H_1^R)+\Delta H_p^{ig}+\Delta H_T^{ig}+(H_2^R)=40441.55\text{kJ}\cdot\text{kmol}^{-1}$$

$$\Delta S=\Delta S_V+(-S_1^R)+\Delta S_p^{ig}+\Delta S_T^{ig}+(S_2^R)=93.412\text{kJ}\cdot\text{kmol}^{-1}\cdot\text{K}^{-1}$$

有关 H、S 计算常用的有以上讨论过的三种方法，具体选何种方法要视情况而定，有 p-V-T 实验数据时，就要用图解积分法，没有 p-V-T 实验数据再考虑用状态方程式法和普遍化关系式法，在选方法时，要注意每一种方法的应用条件、范围及精度，原则上与第 2 章一致。

3.6 真实气体热容的普遍式

利用热力学能和焓的计算，即式(3-34) 和式(3-22)，可进一步得到热容的计算式：

$$C_p-C_V=T\left(\frac{\partial V}{\partial T}\right)_p\left(\frac{\partial p}{\partial T}\right)_V \tag{3-72}$$

将全微分判据式(3-2) 应用于式(3-24) 和式(3-25)，即可得到只与 p-V-T 数据有关的热容偏导数：

$$\left(\frac{\partial C_V}{\partial V}\right)_T=T\left(\frac{\partial^2 p}{\partial T^2}\right)_V \tag{3-73}$$

$$\left(\frac{\partial C_p}{\partial p}\right)_T=-T\left(\frac{\partial^2 V}{\partial T^2}\right)_p \tag{3-74}$$

工程上常常借助于普遍化热容差图来计算高压下真实气体的热容。热容差 ΔC_p 的定义是：

$$\Delta C_p=C_p-C_p^{ig}\quad（热容差） \tag{3-75}$$

式中，C_p 为真实气体的热容；C_p^{ig} 为理想气体的热容。由该定义式可知，所谓热容差即在相同温度、压力下，真实气体热容与理想气体热容之差。根据 C_p 的定义：

$$\Delta C_p = \left(\frac{\partial H}{\partial T}\right)_p - \left(\frac{\partial H^{\text{ig}}}{\partial T}\right)_p \tag{3-76}$$

可以写成普遍化形式

$$\Delta C_p = \frac{\partial}{\partial T_r}\left(\frac{H - H^{\text{ig}}}{T_c}\right)_{p_r} \tag{3-77}$$

若已知$\left(\frac{H - H^{\text{ig}}}{T_c}\right)_{p_r}$之值，可以由上式求得 ΔC_p。理想气体之热容 C_p^{ig} 与压力无关，而与温度之关系为已知，因此，利用普遍化焓差的数据可解决真实气体的热容计算。

和普遍化焓差一样，ΔC_p 也可写为偏心因子的线性方程

$$\Delta C_p = \Delta C_p^0 + \omega \Delta C_p^1 \tag{3-78}$$

式中，ΔC_p^0 是简单流体（球形分子 $\omega=0$）的普遍化定压热容差，它是 T_r、p_r 的函数；ΔC_p^1 是普遍化定压热容差的校正函数，表达了标准流体对简单流体的偏离，同样也是 T_r、p_r 的函数。ΔC_p^0 和 ΔC_p^1 与 T_r、p_r 的关系见图 3-10 和图 3-11。

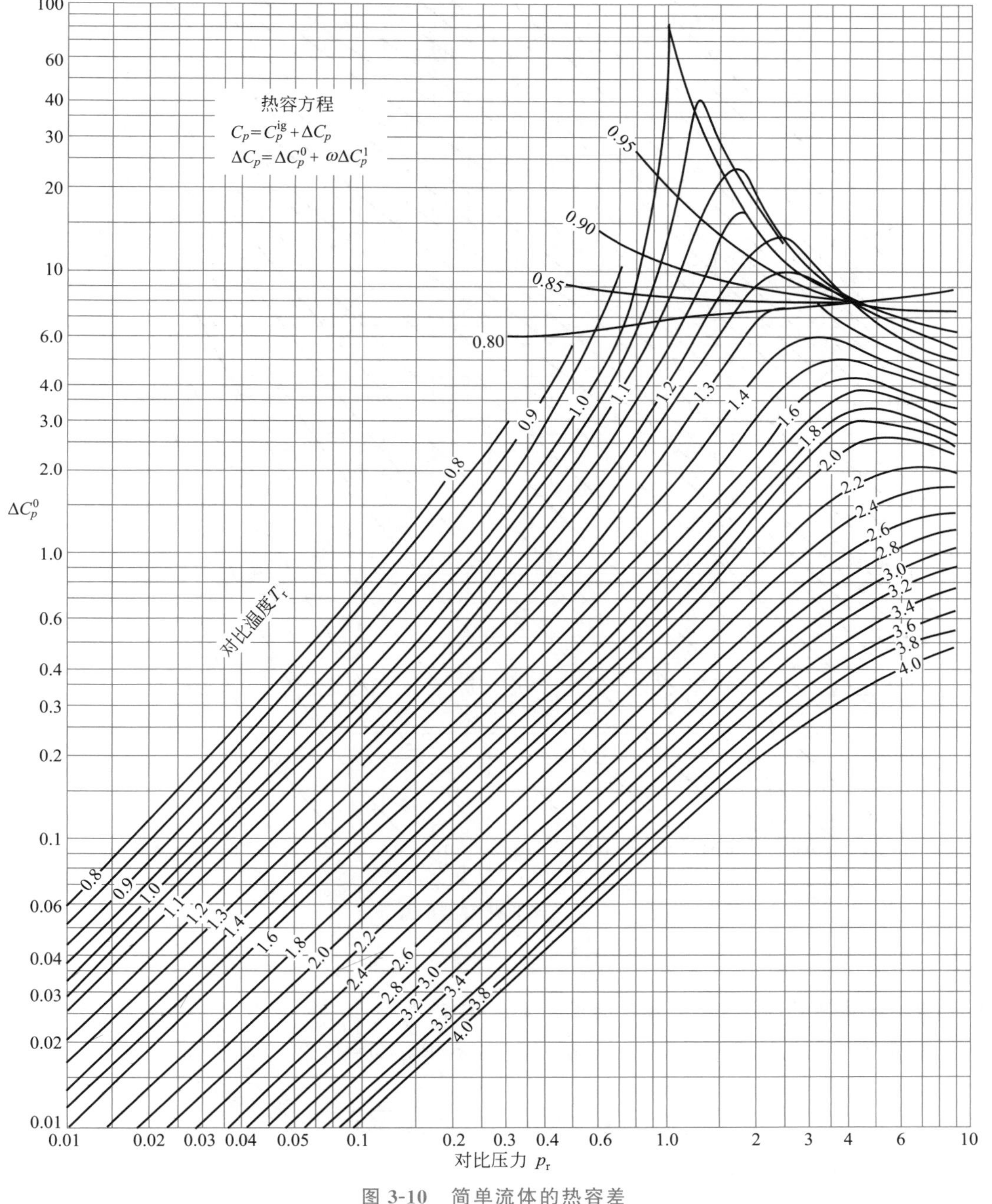

图 3-10 简单流体的热容差

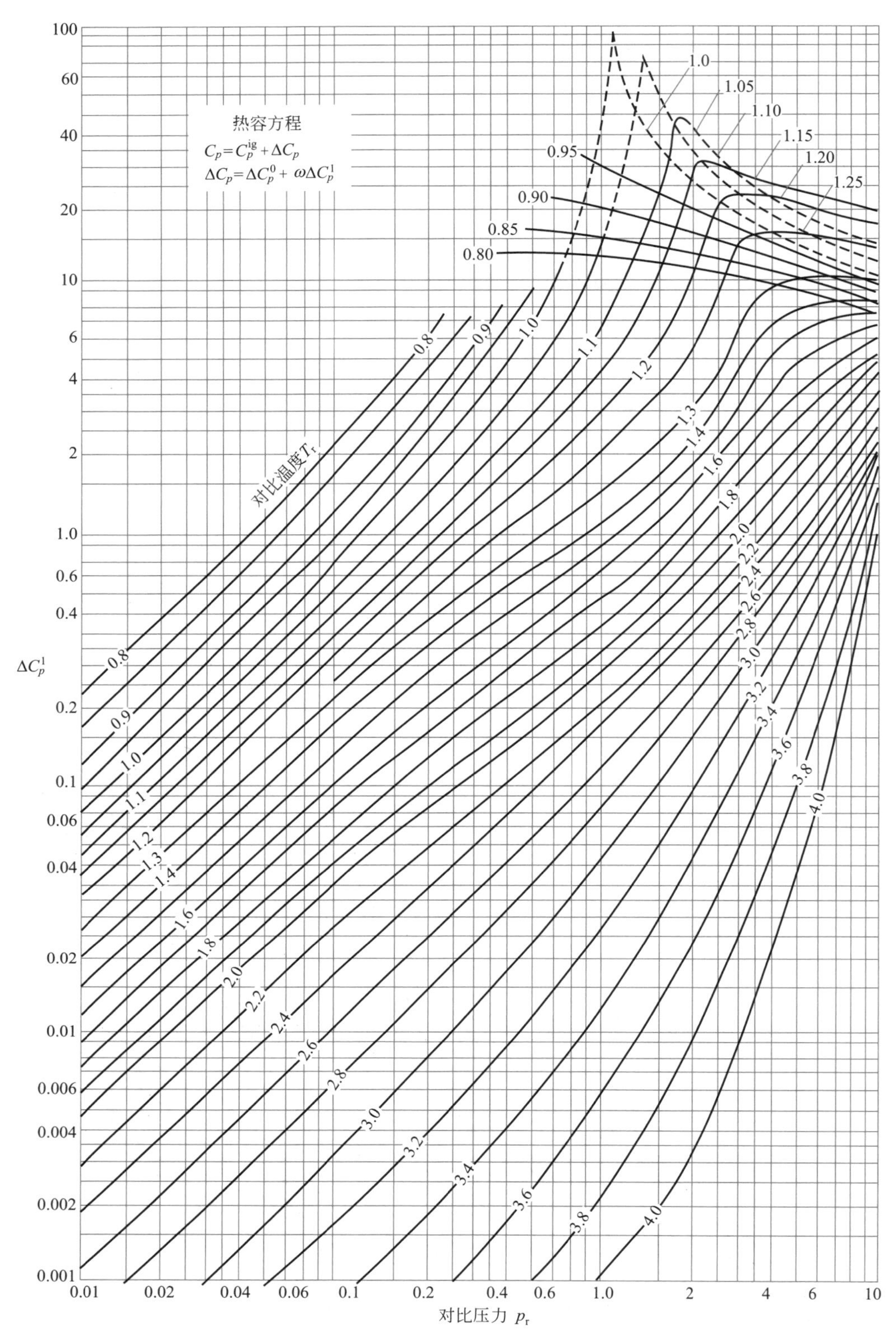

图 3-11　普遍化热容差的校正系数

【例 3-4】 计算 200bar、400K 氮气的摩尔定压热容 C_p。

解：查附录 2 得氮气的 $T_c=126.2\text{K}$，$p_c=3394387\text{Pa}$，$\omega=0.04$，则

$$T_r=\frac{400}{126.2}=3.17,\quad p_r=\frac{2\times10^7}{3394387}=5.87$$

由图 3-10、图 3-11 查得：

$$\Delta C_p^0 = 0.75\text{cal}\cdot\text{mol}^{-1}\cdot\text{K}^{-1} = 3.139\text{J}\cdot\text{mol}^{-1}\cdot\text{K}^{-1}$$

$$\Delta C_p^1 = 0.7\text{cal}\cdot\text{mol}^{-1}\cdot\text{K}^{-1} = 2.9302\text{J}\cdot\text{mol}^{-1}\cdot\text{K}^{-1}$$

$$\Delta C_p = \Delta C_p^0 + \omega \Delta C_p^1 = 3.1395 + 0.04 \times 2.9302 = 3.2567\text{J}\cdot\text{mol}^{-1}\cdot\text{K}^{-1}$$

查附录 3 计算得

$$C_p^{ig} = 29.2183\text{J}\cdot\text{mol}^{-1}\cdot\text{K}^{-1}$$

$$C_p = C_p^{ig} + \Delta C_p = 29.2183 + 3.2567 = 32.4750\text{J}\cdot\text{mol}^{-1}\cdot\text{K}^{-1}$$

3.7 流体的饱和热力学性质

纯物质在一定温度下（$<T_c$）下，能使汽液共存的压力为蒸气压。在 p-T 图上（见图 2-7），表达汽-液平衡的蒸气压曲线起始于三相点而中止于临界点。蒸气压是温度的一元函数，这种函数解析式即为蒸气压方程。Clapeyron 方程反映了蒸气压关系。

$$\frac{\mathrm{d}p^s}{\mathrm{d}T} = \frac{\Delta H^{vap}}{T\Delta V^{vap}} \tag{3-79}$$

其中，$\Delta H^{vap} = H^{sv} - H^{sL}$；$\Delta V^{vap} = V^{sv} - V^{sL}$。式中，$H^{sv}$、$H^{sL}$ 为温度 T 下的饱和汽、液相摩尔焓；V^{sv}、V^{sL} 为温度 T 下的饱和气、液相摩尔体积。

式(3-79) 可转化为

$$\frac{\mathrm{d}\ln p^s}{\mathrm{d}T} = \frac{\Delta H^{vap}}{R\Delta Z^{vap}} \times \frac{1}{T^2} \tag{3-80}$$

式(3-80) 中的$\dfrac{\Delta H^{vap}}{R\Delta Z^{vap}}$仅是温度的函数，若已知$\dfrac{\Delta H^{vap}}{R\Delta Z^{vap}}$与温度的函数关系，则蒸气压方程就可以通过积分式(3-80) 得到。

假若$\dfrac{\Delta H^{vap}}{R\Delta Z^{vap}}$是一个不随温度变化的常数（即 B）。积分式(3-80) 就可以得到下列简单的蒸气压方程

$$\ln p^s = A - \frac{B}{T} \tag{3-81}$$

式中，A 为积分常数。修正式(3-81) 就得到著名的 Antoine 方程

$$\boxed{\ln p^s = A - \frac{B}{T+C}} \tag{3-82}$$

大多数物质的 Antoine 常数可以通过查物性手册得到，使用 Antoine 方程时应注意适用的温度范围和单位，部分常见物质的 Antoine 常数见附录 4。需要注意的是，不同手册中，所描述的 A、B、C 值不同，相应的 p_i^s、T 的单位也不同，在使用中一定要注意不能混用；实际上由不同来源计算所得的饱和蒸气压 p^s 其值是比较接近的。

蒸发焓 ΔH^{vap} 是伴随着液相向气相平衡转化过程的潜热。它仅是温度的函数。蒸发焓是重要的物性数据，随着温度的升高而下降，当达到临界温度时，蒸发焓为零。蒸发焓可以用蒸气压方程代入式(3-79) 和式(3-80) 中来计算，但需要有饱和汽相和液相摩尔体积的数据。尽管蒸发焓随温度的变化可以从蒸气压方程得到，但工程中常用 Watson 所提出的经验式，从某一温度下的蒸发焓值来推算其他温度下的蒸发焓值。

$$\frac{\Delta H_{T_{1r}}^{vap}}{\Delta H_{T_{2r}}^{vap}} = \left(\frac{1-T_{1r}}{1-T_{2r}}\right)^{0.38} \tag{3-83}$$

蒸发熵 ΔS^{vap} 是平衡汽化过程的熵变化，由于是等温过程，蒸发熵等于蒸发焓除以汽化温度，即

$$\Delta S^{\text{vap}}=\frac{\Delta H^{\text{vap}}}{T^{\text{vap}}} \tag{3-84}$$

3.8 纯流体的热力学性质图和表

当同一物系选用不同的热力学性质图或表进行计算时，若参考态不同是否一定要换算成同一基准才可应用于工程计算？

热力学数据参考态的一致性问题

对化工过程进行热力学分析，对工程进行工艺与设备计算时，需要物质在各种状态下焓、熵、比容等热力学参数的数据，显然可以用前面介绍的方法进行计算。但工程技术人员在解决各种问题时，都希望能够迅速、简便地获得所研究物质的各种热力学性质参数。为此，人们将某些常用物质（如水蒸气、空气、氨、氟利昂等）的 H、S、V 与 T、p 的关系制成专用的图或表。这样可以在一张图上，已知两个参数（T、p）就可以查到某物质对应的其他参数，常用的有：水和水蒸气热力学性质表（附录 5）、温-熵图（T-S 图）、压-焓（$\ln p$-H）图、焓-熵（H-S）图等，这些热力学性质图表使用极为方便，一些基本的热力学过程，如等压加热或冷却、等温压缩或膨胀、节流膨胀或绝热可逆膨胀（等熵膨胀）等，都可在图上清晰地显示出来。那么这些图表是如何制作的？共性是什么？如何用？这就是本节主要内容。

3.8.1 水蒸气表

热力学性质表很简单，它是把热力学性质以一一对应的表格形式表示出来，其特点表现在：对确定点数据准确，但对非确定点需要用插值法计算，一般用直线插值法和抛物线插值法。常见的热力学性质表为水和水蒸气的热力学性质表。

3.8.1.1 饱和水和水蒸气表

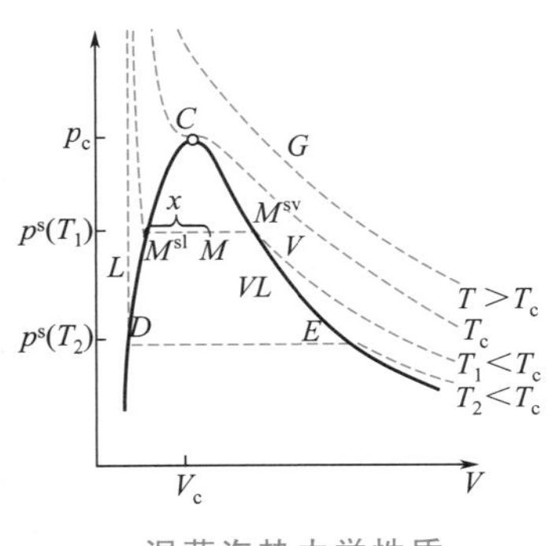

湿蒸汽热力学性质 M 与干度 x

由左图可知，随着压力的升高，汽化过程缩短，汽化热越小，饱和水与干饱和蒸汽参数差别越小，直至临界点时，两者的差别消失。在 p-V 图或 T-S 图上描述物质相变化规律，可概述为：一点（临界点）、二线（即饱和液体线和干饱和蒸汽线）、三区（即位于饱和液体线左侧的未饱和液体区和位于干饱和蒸汽线右侧的过热蒸汽区和两条线之间的湿蒸汽区）、五态（未饱和液态、饱和液态、湿蒸汽态、干饱和蒸汽态和过热蒸汽态）。

在湿蒸汽区，饱和水和饱和蒸汽共存，其自由度为 1，饱和压力和饱和温度是一一对应的，压力越高，饱和温度也越高。附录 5.1 中是以温度排列，附录 5.2 是以压力排列。无论是温度排列还是压力排列，其温度压力的变化都不可能是连续的。当所需状态点的数据在表中没有罗列出时，则需用插值法求取。

附录 5.1 和附录 5.2 表中给出的是两相平衡时的饱和水和饱和蒸汽的性质。若需要湿蒸汽（饱和蒸汽和饱和液体的混合物）的性质，湿蒸汽的压力和温度也是一一对应的，两者不再是相互独立的。因此，为了确定湿蒸汽的状态，常引用湿蒸汽的干度 x 作为补充参数，令

$$x=\frac{m_{\text{v}}}{m_{\text{v}}+m_{\text{L}}} \tag{3-85}$$

式中，m_{v} 为湿蒸汽中所含干饱和蒸汽的质量；m_{L} 为湿蒸汽中所含饱和液体的质量。饱和液体的干度 $x=0$，干饱和蒸汽的干度 $x=1$，湿蒸汽的干度 x 介于 0～1 之间。这样，湿蒸汽的状态参数就可以按饱和液体和干饱和蒸汽所占比例

组合，即杠杆规则来计算。

$$M=(1-x)M^{sL}+xM^{sv} \tag{3-86}$$

式中，M 为湿蒸汽的广度热力学性质；x 为湿蒸汽的干度；sL、sv 分别为饱和液体和干饱和蒸汽。

湿蒸汽中含有饱和蒸汽的质量分数称为干度。在饱和两相区内有关广度热力学性质 V、H、S 和干度之间的关系为：

$$V=(1-x)V^{sL}+xV^{sv} \tag{3-87}$$

$$H=(1-x)H^{sL}+xH^{sv} \tag{3-88}$$

$$S=(1-x)S^{sL}+xS^{sv} \tag{3-89}$$

【例 3-5】 冷凝器中水蒸气的压力为 0.0080MPa，干度为 0.935，试求此水蒸气的 v、h、s 值。

解：由附录 5-2 饱和水与饱和蒸汽表查出 $p=0.0080\text{MPa}$ 时：

$$v^{sL}=0.0010084\text{m}^3\cdot\text{kg}^{-1},\ v^{sv}=18.1\text{m}^3\cdot\text{kg}^{-1},\ h^{sL}=173.86\text{kJ}\cdot\text{kg}^{-1}$$

$$h^{sv}=2577.1\text{kJ}\cdot\text{kg}^{-1},\ s^{sL}=0.5925\text{kJ}\cdot\text{kg}^{-1}\cdot\text{K}^{-1},\ s^{sv}=8.2296\text{kJ}\cdot\text{kg}^{-1}\cdot\text{K}^{-1}$$

按式(3-86)

$$v=(1-0.935)\times0.0010084+0.935\times18.1=16.9235\text{m}^3\cdot\text{kg}^{-1}$$

$$h=(1-0.935)\times173.86+0.935\times2577.1=2420.89\text{kJ}\cdot\text{kg}^{-1}$$

$$s=(1-0.935)\times0.5925+0.935\times8.2296=7.7332\text{kJ}\cdot\text{kg}^{-1}\cdot\text{K}^{-1}$$

3.8.1.2 过冷水和过热蒸汽表

一定压力下的水，如果其温度小于该压力下所对应的饱和温度 t^s，则称为过冷水（在水 p-V 图上位于饱和液体线左侧的未饱和液体区的所有状态点）。如其温度大于该压力下所对应的饱和温度 t^s，则称为过热蒸汽（在水 p-V 图上位于干饱和蒸汽线右侧的蒸汽区的所有状态点）。过冷水和过热蒸汽的性质见附录 5.3。未饱和水和过热蒸汽，因相数是 1，故自由度为 2。需已知两个参数才能确定其状态。

思考：
1. 有没有500℃的水?
2. 有没有-3℃的蒸汽?
3. 一密闭容器内有水的汽液混合物，对其加热，是否一定能变成蒸汽?

【例 3-6】 试确定下列各点水或水蒸气的状态及其 u、h、s 值。(1) $p=1\text{MPa}$、$t=150℃$；(2) $p=0.5\text{MPa}$、$v=0.0011\text{m}^3\cdot\text{kg}^{-1}$；(3) $p=0.03\text{MPa}$、$v=4.183\text{m}^3\cdot\text{kg}^{-1}$；(4) $t=200℃$、$v=0.12714\ \text{m}^3\cdot\text{kg}^{-1}$；(5) $p=0.5\text{MPa}$、$v=0.425\text{m}^3\cdot\text{kg}^{-1}$。

解：(1) 查附录 5.1 得 $t=150℃$ 时饱和蒸气压 $p^s=0.476\text{MPa}$。由于 $p>p^s$，故该状态为未饱和水（也可由附录 5.2 查得与 $p=1\text{MPa}$ 对应的饱和温度 $t^s=179.88℃$，由于 $t<t^s$，故为未饱和水）。

未饱和水的性质由附录 5.3 查得，在 $p=1\text{MPa}$、$t=150℃$ 下：$v=0.0010904\text{m}^3\cdot\text{kg}^{-1}$，$h=632.5\text{kJ}\cdot\text{kg}^{-1}$，$s=1.8410\text{kJ}\cdot\text{kg}^{-1}\cdot\text{K}^{-1}$

$$u=h-pv=632.5-1\times10^3\times0.0010904=631.41\text{kJ}\cdot\text{kg}^{-1}$$

(2) 查附录 5.2 得，$p=0.5\text{MPa}$ 时饱和水体积为 $v^{sL}=0.0010928\text{m}^3\cdot\text{kg}^{-1}\approx v=0.0011\text{m}^3\cdot\text{kg}^{-1}$，故该状态为饱和水，则

$h=h^{sL}=640.12\text{kJ}\cdot\text{kg}^{-1}$，$s=s^{sL}=1.8604\text{kJ}\cdot\text{kg}^{-1}\cdot\text{K}^{-1}$

$u=h-pv=640.12-0.5\times10^3\times0.0011=639.57\text{kJ}\cdot\text{kg}^{-1}$

(3) 查附录 5.2 得，$p=0.03\text{MPa}$ 时：$v^{\text{sL}}=0.0010223\text{m}^3\cdot\text{kg}^{-1}$，$v^{\text{sv}}=5.229\text{m}^3\cdot\text{kg}^{-1}$，$h^{\text{sL}}=289.30\text{kJ}\cdot\text{kg}^{-1}$，$h^{\text{sv}}=2625.4\text{kJ}\cdot\text{kg}^{-1}$，$s^{\text{sL}}=0.9441\text{kJ}\cdot\text{kg}^{-1}\cdot\text{K}^{-1}$，$s^{\text{sv}}=7.7695\text{kJ}\cdot\text{kg}^{-1}\cdot\text{K}^{-1}$。

因为 $v=4.183\text{m}^3\cdot\text{kg}^{-1}$，$v^{\text{sL}}<v<v^{\text{sv}}$，故该状态为湿蒸汽

$$v=(1-x)v^{\text{sL}}+xv^{\text{sv}}=4.183\text{m}^3\cdot\text{kg}^{-1}$$

所以

$$x=\frac{v-v^{\text{sL}}}{v^{\text{sv}}-v^{\text{sL}}}=\frac{4.183-0.0010223}{5.229-0.0010223}=0.8$$

$$h=(1-x)h^{\text{sL}}+xh^{\text{sv}}=(1-0.8)\times289.30+0.8\times2625.4=2158.18\text{kJ}\cdot\text{kg}^{-1}$$

$$s=(1-x)s^{\text{sL}}+xs^{\text{sv}}=(1-0.8)\times0.9441+0.8\times7.7695=6.4044\text{kJ}\cdot\text{kg}^{-1}\cdot\text{K}^{-1}$$

$$u=h-pv=2158.18-0.03\times10^3\times4.183=2032.69\text{kJ}\cdot\text{kg}^{-1}$$

(4) 查附录 5.1 得，$t=200℃$ 时 $v^{\text{sv}}=0.1272\text{m}^3/\text{kg}\approx v$，故该状态为干饱和蒸汽。由该附录查得：$p^{\text{s}}=1.5549\text{MPa}$，$h=h^{\text{sv}}=2790.9\text{kJ}\cdot\text{kg}^{-1}$，$s=s^{\text{sv}}=6.4278\text{kJ}\cdot\text{kg}^{-1}\cdot\text{K}^{-1}$

$u=h-p^{\text{s}}v=2790.9-1.5549\times10^3\times0.1272=2593.1\text{kJ}\cdot\text{kg}^{-1}$

(5) 查附录 5.2 得，$p=0.5\text{MPa}$ 时 $v^{\text{sv}}=0.3747\text{m}^3\cdot\text{kg}^{-1}<v$，故该状态为过热蒸汽。查附录 5.3 查得：$t=200℃$，$h=2855.1\text{kJ}\cdot\text{kg}^{-1}$，$s=7.0592\text{kJ}\cdot\text{kg}^{-1}\cdot\text{K}^{-1}$

$u=h-pv=2855.1-0.5\times10^3\times0.425=2642.6\text{kJ}\cdot\text{kg}^{-1}$

3.8.2 热力学性质图的类型

热力学性质图在工程当中经常用到，如空气、氨、氟利昂等常用物质的热力学性质都制作成图，以便工程计算需要。热力学性质图其特点表现在：使用方便，易看出变化趋势，易分析问题，但读数不如表格准确。

热力学性质图的类型很多，最通用的热力学图是：温-熵（T-S）图、压-焓（常用 $\ln p$-H）图和焓-熵（H-S）图（常称 Mollier 图）。图 3-12～图 3-14 表明了上述三种图的一般形式。给出了水的热力学性质示意图，其他物质的热力学性质图也具有相类似的情况。

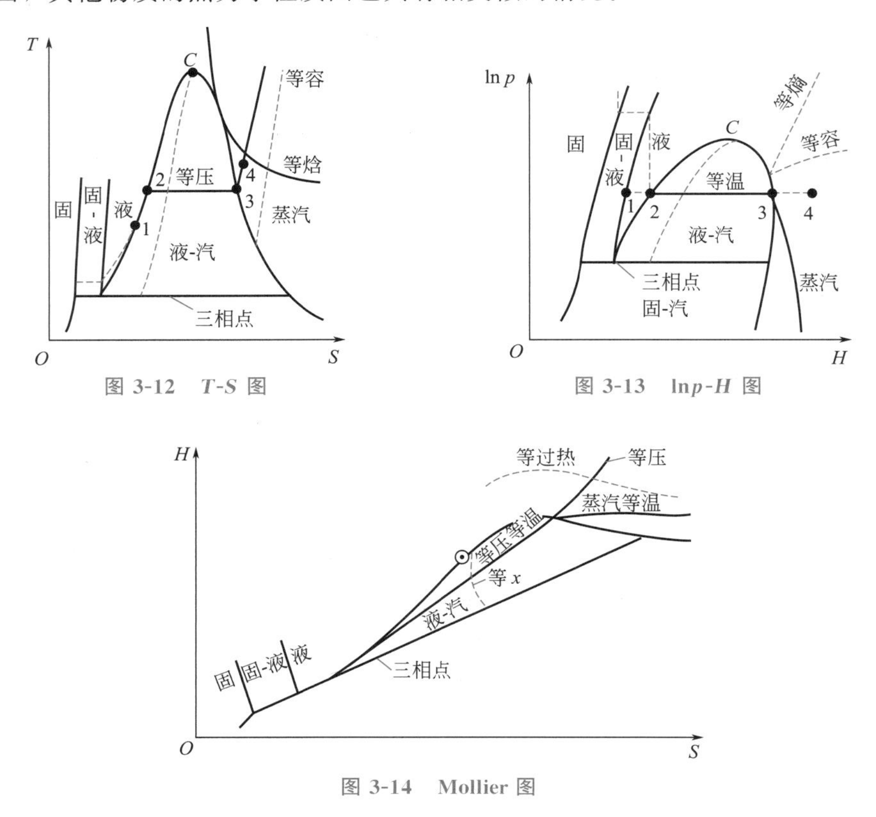

图 3-12　T-S 图

图 3-13　$\ln p$-H 图

图 3-14　Mollier 图

3.8.2.1 *T-S* 图

温-熵图纵坐标为温度，横坐标是熵。完整的温-熵图除了等 T 线（平行于横坐标）和等 S 线（平行于纵坐标）外。还包括：饱和曲线（饱和液体线，饱和蒸汽线）；等压线；等 H 线；等容线；等干度线（干度即汽相的质量分数或摩尔分数）等。如已知两个参数（若为饱和状态，已知一个参数），就可以在图中找到对应状态的位置，并可以读出该状态下其他热力学参数之值。

等压线（1-2-3-4）在两相区为一水平线段（2-3），这是由于两相区内自由度为 1，当压力一定时，温度也一定的缘故。但空气的 T-S 在两相区的等压线不是水平线，是向右上方倾斜的。原因在于空气是多元混合物，在两相区，随着低沸点组成的蒸发，液体空气的沸点不断升高所致。在液相区和气相区，等压线均是向右倾斜上升的。这是因为 $\left(\frac{\partial S}{\partial T}\right)_p=\frac{C_p}{T}>0$。即在一定压力下，熵随温度的升高而增加。随着压力升高，图中显示出汽化过程中水平线段不断缩短。达到 p_c 时，水平线段缩短为一点 C，即临界点。将不同压力下水平线段的端点连接就形成了包络线，即为饱和线。在饱和蒸汽线右侧的区域为气相区，在此区域的蒸汽为过热蒸汽。在饱和液相线左侧的区域为液相区，在此区域的液体为过冷液体。包络线之内为汽液共存区，该区域内蒸汽为湿蒸汽。湿蒸汽中含有饱和蒸汽的质量分数称为干度。在湿蒸汽区域内，标有一系列的等 x 线，在等 x 线上的湿蒸汽具有相同的干度。在饱和两相区内有关广度热力学性质和质量的关系满足式(3-86)，亦即式(3-87)～式(3-89)。

在 T-S 图中，还有一系列的等焓线，它们是各个等压线上焓值相等的状态点的连线。因为 $\left(\frac{\partial H}{\partial T}\right)_p=C_p>0$，故在压力一定时，焓值随温度的升高而增加。等焓线在低压区都接近水平线。这是因为压力低时，真实气体的性质接近于理想气体，表现出压力对焓值的影响很小。

应用 T-S 图可直接查到物质处于某一温度、压力下的焓熵值，而且可以把许多热力过程在图上表示出来，因而能够很方便地知道这些热力过程中体系与环境所交换的热和功，以及发生的其他变化。附录 8 和附录 13 分别为氨和空气的 T-S 图。

3.8.2.2 ln*p-H* 图

压力-焓图纵坐标为压力，横坐标是焓。此图对于制冷循环很有用，因为制冷循环中各个理想过程均可以用线段表示。两相区内水平线（2-3）的长度表示蒸发热（汽化热）的数据。由于汽化热随着压力增高而变小，所以当趋近临界点时，这些水平线变得越来越短。

在液相区内等温线几乎是垂直的，这是因为压力对焓的影响很小。在过热蒸汽区等温线陡峭下降，在低压区又接近于垂直，这同样是由于压力对稀薄蒸汽焓的影响很小的缘故。附录 9 为氨的 $\ln p$-H 图，附录 10 和附录 11 分别为 R12(CCl_2F_2) 和 R22($CHClF_2$) 的 $\ln p$-H 图。

3.8.2.3 *H-S* 图

焓-熵图纵坐标为焓值，横坐标为熵值。图 3-14 为 H-S 示意图。构成 H-S 图和构成 T-S 图所使用的数据是相同的。等温线和等压线在两相区是倾斜的，而在 T-S 图上是水平的。这是因为 H-S 图纵坐标是焓，饱和蒸汽的焓大于饱和液体的焓；H-S 图和 T-S 图相似，它包含的数据也是工程计算、分析最常用的。从它查得的焓的数据较 T-S 图更为准确。尤其等焓过程和等熵过程，应用 H-S 图最为方便。因而广泛应用于喷管、扩压管、压缩机、汽轮机以及换热器等设备的计算分析过程中。附录 12 为水的 H-S 图。

【例 3-7】 请将下列纯物质经历的过程表示在 T-S，$\ln p$-H 图上：(1) 过热蒸气等温冷凝为过冷液体；(2) 过冷液体等压加热成过热蒸气；(3) 饱和蒸气可逆绝热膨胀；(4) 饱和液体恒容加热；(5) 在临界点进行的恒温膨胀。

解：(1) 过热蒸气等温冷凝为过冷液体的过程，在［例 3-7］图的 T-S 图、$\ln p$-H 图上表示为 1→2，即等温压缩过程，并经历了等温等压的相变化过程；

(2) 过冷液体等压加热成过热蒸气的过程在［例 3-7］图的 T-S 图、$\ln p$-H 图上表示为 2→3→4→5，即等压膨胀过程，并经历了等压等温的相变化过程；

(3) 饱和蒸气可逆绝热膨胀为等熵过程在 T-S 图、$\ln p$-H 图上表示为 4→6；

(4) 饱和液体恒容加热过程在 T-S 图、$\ln p$-H 图上表示为 3→7；

(5) 在临界点进行的恒温膨胀在 T-S 图、$\ln p$-H 图上表示为 C→8。

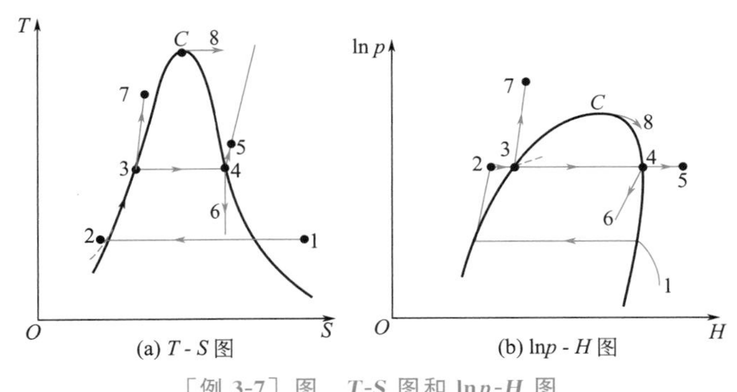

［例 3-7］图　T-S 图和 $\ln p$-H 图

在使用热力学图表时，要注意温度、压力、焓、熵和物质数量所用的单位。

注意：由不同来源的热力学图表查得的数据在计算中不能轻率地混用，因为这些图表所选的基准可能是不同的。

3.8.3　热力学性质图的应用

热力学性质图概括了物质性质的变化规律。当物质状态确定后，其热力学性质均可以在热力学性质图上查得。对于单组分物系，依据相律，给定两个参数后，其性质就完全确定，因此，该状态在热力学性质图中的位置亦就确定。对于单组分两相共存区，自由度是 1，确定状态只需确定一个参数，它是饱和曲线上的一点，若还要确定两相共存物系中汽液相对量，还需要规定一个容量性质的独立参数。因为在两相区，强度性质 T 和 p 二者之间只有一个为独立参数。若已知某物系在两相区的位置，则该物系在热力学性质图中的位置随之确定。反之，若已知某物系在两相区的位置，则可以利用 T-S 图求出汽液相对量。

既然热力学性质图给出了物质热力学性质的变化规律，状态一旦确定，则 p、T、H 和 S 等均为定值。因此无论过程可逆与否，只要已知物系的变化途径、初始状态和终态状态，其过程均可用热力学性质图来描述，同时这些状态函数的变化值也可直接从热力学性质图上求得。利用热力学性质图还可进行热力学过程的功热计算，将在后面章节中进行详细讨论。

【例 3-8】 1kg、20MPa 的高压空气在等压下流经换热器，温度由 27℃冷却到－133℃，试求冷却介质需要移走的热量是多少？

解：应用附录 13 直接读出 $T_1=300\text{K}$、$p_1=20\text{MPa}$ 时，$h_1=114\text{kcal}\cdot\text{kg}^{-1}=476.976\text{kJ}\cdot\text{kg}^{-1}$，$s_1=0.52\text{kcal}\cdot\text{kg}^{-1}\cdot\text{K}=2.176\text{kJ}\cdot\text{kg}^{-1}\cdot\text{K}^{-1}$；$T_2=140\text{K}$，$p_2=p_1=20\text{MPa}$ 时，$h_2=51.5\text{kcal}\cdot\text{kg}^{-1}=215.476\text{kJ}\cdot\text{kg}^{-1}$，$s_2=0.23\text{kcal}\cdot\text{kg}^{-1}\cdot\text{K}^{-1}=0.9623\text{kJ}\cdot\text{kg}^{-1}\cdot\text{K}^{-1}$，故需移去热量：

$$q_p=\Delta h=h_2-h_1=215.476-476.976=-261.500\text{kJ}\cdot\text{kg}^{-1}$$

【例 3-9】 一刚性容器中盛有 0.014m^3 饱和蒸汽并与 0.021m^3 饱和液体水在 100℃时处于平衡状态。将容器加热直到一个相消失，只剩下一个相。问哪一个相（液体或蒸汽）留下来，且此相的温度和压力是多少？过程中传递的热是多少？

$\left.\begin{array}{l}\Delta U=Q+W\\ W=0\end{array}\right\}\rightarrow Q=\Delta U$

解：查附录2可知，水的临界体积为 $V_c=56cm^3\cdot mol^{-1}=3.11cm^3\cdot g^{-1}$。查附录5.1得，100℃时水的饱和参数为：$v^{sL}=1.0435cm^3\cdot g^{-1}$，$v^{sv}=1673.0cm^3\cdot g^{-1}$，则

$$m=\frac{0.014\times10^6}{1673}+\frac{0.021\times10^6}{1.043}=20132.95g$$

$$v=\frac{(0.014+0.021)\ \times10^6}{20132.95}=1.738cm^3\cdot g^{-1}$$

$V<V_c$，根据 T-V 图，T 增加，最终剩下的是液相。

查饱和水蒸气表［陈钟秀《化工热力学》（第3版）］知，$T=340$℃时，$v_1=1.6379cm^3\cdot g^{-1}$，$p_1=146.05\times10^5Pa$，$u_1=1570.3kJ\cdot kg^{-1}$；$T=360$℃时，$v_2=1.8925cm^3\cdot g^{-1}$，$p_2=165.35\times10^5Pa$，$u_2=1725.2kJ\cdot kg^{-1}$。因终态 $v=1.738cm^3\cdot g^{-1}$，所以终态温度介于340～350℃之间。用插值法计算得到液相的温度为：

$$t=340+\frac{v-v_1}{v_2-v_1}\times\ (t_2-t_1)\ =340+\frac{1.738-1.6379}{1.8925-1.6379}\times\ (360-340)\ =347.86℃$$

同理可得到，$p=161.86\times10^5Pa$，$u_2=1631.18kJ\cdot kg$。查饱和水蒸气表，100℃时，$u^{sL}=418.94kJ\cdot kg^{-1}$，$u^{sv}=2506.5kJ\cdot kg^{-1}$，则

$$U_1=\frac{0.014\times10^6}{1673.0}\times10^{-3}\times2506.5+\frac{0.021\times10^6}{1.0455}\times10^{-3}\times418.94=8435.84kJ$$

347.86℃时

$$U=20132.95\times10^{-3}\times1631.18=32840.47kJ$$

$$Q=\Delta U=U-U_1=32840.47-8451.97=24388.5kJ$$

【例3-10】 试用普遍化关系式法计算水在下列状态点时的 H 和 S，并与附录5.3水的热力学性质表中查得的数据进行比较。(1) 273℃、0.1MPa的水蒸气；(2) 273℃、0.5MPa的水蒸气；(3) 400℃、25MPa的水蒸气。

解：由附录2查得水的 $T_c=647.3K$，$p_c=22.05MPa$；由附录3查得水的 C_p^{ig} 为

$$C_p^{ig}=32.41502+0.000342214T+1.285147\times10^{-5}T^2-0.4408350\times10^{-8}T^3 J\cdot mol^{-1}$$

选取水的三相点（0.01℃、0.612kPa）作为参比点，该状态点处 $H_0^*=0$，$S_0^*=0$。在此状态点处汽化潜热和汽化熵为

$$\Delta H_V^*=2501.6kJ\cdot kg^{-1},\ \Delta S_V^*=9.1577kJ\cdot kg^{-1}\cdot K^{-1}$$

由于附录5.1没有三相点（0.01℃、0.612kPa）的气相数据，因此采用（0℃、0.6108kPa）的气相数据近似替代。

设计途径如［例3-10］图所示。

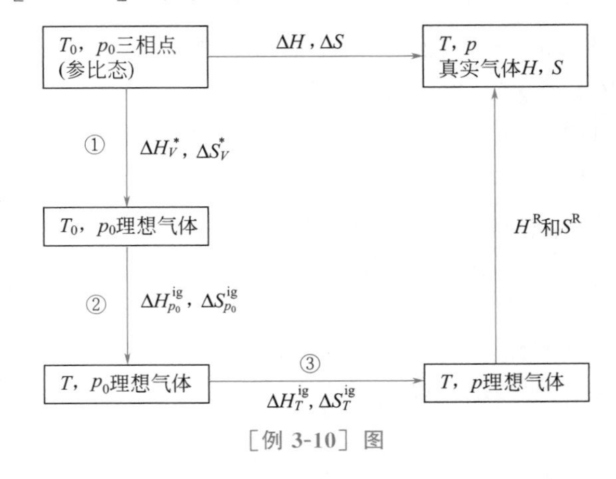

［例3-10］图

各个状态点的 H 和 S 按下式计算得到。

$$H=H_0^*+\Delta H_V^*+\Delta H_{p_0}^{ig}+\Delta H_T^{ig}+H^R \tag{A}$$

$$S=S_0^*+\Delta S_V^*+\Delta S_{p_0}^{ig}+\Delta S_T^{ig}+S^R \tag{B}$$

(1) 计算各个状态点的 T_r 和 p_r，并查图 2-14，选取合适的方法进行计算，方法选取结果和计算结果见［例 3-10］表。

(2) 计算 ΔH^{ig}、ΔS^{ig}：根据选取的计算方法，用 Excel 软件。将已知数据代入相应的以下各式中进行计算，然后将计算所得数据和已知数据代入式（A）和式（B）中，即可得到各个状态点的 H 和 S。

$$\Delta H^{ig}=\Delta H_{p_0}^{ig}+\Delta H_T^{ig}=\int_{T_0}^{T} C_p^{ig}\mathrm{d}T$$

$$\Delta S^{ig}=\Delta S_{p_0}^{ig}+\Delta S_T^{ig}=\int_{T_0}^{T} \frac{C_p^{ig}}{T}\mathrm{d}T-R\ln\frac{p}{p_0}$$

(3) 计算 H^R 和 S^R：普遍化 virial 系数法（法 1）用式(3-64)～式(3-69) 计算得到 H^R 和 S^R，普遍化压缩因子法（法 2）用式(3-70) 和式(3-71) 查图、计算得到。值得注意的是，须要用图 2-14 作为判据，选择出其中一种方法进行计算，不能任意选择。计算结果列于［例 3-10］表中。

［例 3-10］表

状态点	t/℃	p/kPa	T_r	p_r	计算方法	H			S		
						计算值/kJ·kg^{-1}	查附录值/kJ·kg^{-1}	相对误差/%	计算值/kJ·kg^{-1}·K^{-1}	查附录值/kJ·kg^{-1}·K^{-1}	相对误差/%
1	270	500	0.8391	0.02268	法 1	2971.34	3002.7	1.044	7.2824	7.3501	0.921
2	270	100	0.8391	0.004535	法 1	2981.91	3014.4	1.078	8.0398	8.1089	0.852
3	400	2500	1.0399	1.1338	法 2	2631.24	2582.0	1.907	5.3316	5.1455	3.617

注：相对误差$=\left|\dfrac{\text{计算值}-\text{附录 5.3 的值}}{\text{附录 5.3 的值}}\right|\times 100\%$。

由计算结果可知，计算值与附录值误差很小。实质上，一些常用物质的热力学性质图或表中 H 和 S 的数据，就是利用这种方法获得的。通过大量的计算获得相应的数据，做成热力学性质的图或表以便于大家随时使用。当然，随着计算机的普遍使用，计算也变得越来越容易了，相应软件的开发，为热力学性质的计算开辟了方便之门，为科技工作者节省了大量的时间。

本章小结

本章主要讨论了流体的热力学性质的计算问题，在工程实际中有重要的应用价值。均相封闭系统的自由度是 2，常见的 8 个变量（p、V、T、U、H、S、A、G）中的任何两个都可以作为独立变量。给定变量后，其余的变量都可将被确定下来。但由于 p-V-T 状态方程非常有用，U、H、S、A、G 等性质的测定较 p-V-T 困难，故以（p，T）和（V，T）为独立变量，来推算其他变量。欲推导出 U、H、S、A 和 G 等热力学性质与 p-V-T 的关系，需要借助于一定的数学方程——Maxwell 关系式。最为有用的是

$$\left(\frac{\partial S}{\partial V}\right)_T=\left(\frac{\partial p}{\partial T}\right)_V,\quad \left(\frac{\partial S}{\partial p}\right)_T=-\left(\frac{\partial V}{\partial T}\right)_p$$

这两个公式是关键，因为是它们把 S 与 p-V-T 联系了起来。

通过 Maxwell 关系式将纯物质和均相定组成系统的一些有用的热力学性质表达成为容易测定的 p-V-T 及 C_p 的关系式，特别有用的是焓和熵的表达式

$$\mathrm{d}H=C_p\mathrm{d}T+\left[V-T\left(\frac{\partial V}{\partial T}\right)_p\right]\mathrm{d}p$$

$$dS=\frac{C_p}{T}dT-\left(\frac{\partial V}{\partial T}\right)_p dp$$

除直接从热力学函数的关系式计算热力学性质外，还有剩余性质法、气体状态方程式法和普遍化关系热力学图表法进行计算。

剩余性质是研究态相对于同温度的理想气体参考态的热力学性质的差值。对于摩尔性质 M（V、U、H、S、A、G、C_p、C_V 等），其剩余性质定义为

$$M^{\mathrm{R}}=M-M^{\mathrm{ig}}$$

式中，M^{ig}、M 分别为理想气体状态及真实气体状态下任何广度性质的物质的量。当 $M^{\mathrm{R}}\equiv H^{\mathrm{R}}$ 时

$$H^{\mathrm{R}}=H-H^{\mathrm{ig}}$$

式中，H^{ig} 为理想气体状态的焓值，H 为同温同压下实际气体的焓值，将有关值代入后得

$$H^{\mathrm{R}}=\int_0^p\left[V-T\left(\frac{\partial V}{\partial T}\right)_p\right]dp \quad（定温）$$

$$S^{\mathrm{R}}=\int_0^p\left[\frac{R}{p}-\left(\frac{\partial V}{\partial T}\right)_p\right]dp \quad（定温）$$

得实际气体的焓、熵值为

$$H=H^{\mathrm{ig}}+H^{\mathrm{R}}=H_0^{\mathrm{ig}}+\int_{T_0}^{T}C_p^{\mathrm{ig}}dT+\int_0^p\left[V-T\left(\frac{\partial V}{\partial T}\right)_p\right]dp$$

$$S=S^{\mathrm{ig}}+S^{\mathrm{R}}=S_0^{\mathrm{ig}}+\int_{T_0}^{T}\frac{C_p^{\mathrm{ig}}}{T}dT-R\ln\frac{p}{p_0}+\int_0^p\left[\frac{R}{p}-\left(\frac{\partial V}{\partial T}\right)_p\right]dp$$

计算出焓、熵值后，根据其他热力学性质的定义式：$U=H-pV$，$A=U-TS$，$G=H-TS$，就可以求得实际气体的 U、A、G。

状态方程法一般表示为 V 或 p 的多项式，推算热力学性质时，首先将有关热力学性质转化成 $\left(\frac{\partial p}{\partial T}\right)_V$、$\left(\frac{\partial^2 p}{\partial T^2}\right)_V$、$\left(\frac{\partial p}{\partial V}\right)_T$、$\left(\frac{\partial^2 p}{\partial V^2}\right)_T$ 等偏微分函数的形式，然后将有关的状态方程求导，把上述偏微分代入求解。

利用气体热力学性质的普遍化关系计算焓、熵值，其方法分为普遍化 virial 系数法和普遍化压缩因子关系式法，普遍化 virial 系数法适用于图 2-14 所示曲线以上范围内的 T_r 和 p_r 值。

$$\frac{H^{\mathrm{R}}}{RT}=-\frac{pT_c}{p_c}\left[\left(\frac{dB^0}{dT}-\frac{B^0}{T}\right)+\omega\left(\frac{dB^1}{dT}-\frac{B^1}{T}\right)\right]$$

$$\frac{S^{\mathrm{R}}}{R}=-\frac{pT_c}{p_c}\left(\frac{dB^0}{dT}+\omega\frac{dB^1}{dT}\right)$$

用 pitzer 关系式计算式中有关数值。

普遍化压缩因子关系式法适用于图 2-14 所示曲线以下范围内的 T_r 和 p_r 值。

$$\frac{H^{\mathrm{R}}}{RT_c}=\frac{(H^{\mathrm{R}})^0}{RT_c}+\omega\frac{(H^{\mathrm{R}})^1}{RT_c}$$

$$\frac{S^{\mathrm{R}}}{R}=\frac{(S^{\mathrm{R}})^0}{R}+\omega\frac{(S^{\mathrm{R}})^1}{R}$$

查图表得到式中的 $\frac{(H^{\mathrm{R}})^0}{RT_c}$、$\frac{(H^{\mathrm{R}})^1}{RT_c}$、$\frac{(S^{\mathrm{R}})^0}{R}$、$\frac{(S^{\mathrm{R}})^1}{R}$。

普遍化方法仅对非极性、非缔合分子或弱极性分子较为精确。三种方法相比较，虽然普遍化热力学图表最为简单，但精确度最差；由实验数据直接计算最可靠，但相当复杂。可根据不同的具体条件和目的要求灵活应用。

真实气体在始态 1 与终态 2 之间的焓变和熵变可归结为

$$H=(-H_1^{\mathrm{R}})+\Delta H^{\mathrm{ig}}+(H_2^{\mathrm{R}})=(-H_1^{\mathrm{R}})+\int_{T_1}^{T_2}C_p^{\mathrm{ig}}\mathrm{d}T+(H_2^{\mathrm{R}})$$

$$\Delta S=(-S_1^{\mathrm{R}})+\Delta S^{\mathrm{ig}}+(S_2^{\mathrm{R}})=(-S_1^{\mathrm{R}})+\int_{T_1}^{T_2}\frac{C_p^{\mathrm{ig}}}{T}\mathrm{d}T-R\ln\frac{p_2}{p_1}+(S_2^{\mathrm{R}})$$

物质的热力学性质可以用三种形式来表示：方程式、图和表。最常用的热力学性质图是温-熵图，压力-焓图（常用 $\ln p$-H）和焓-熵图（常称 Mollier 图）。在热力学性质图上常常画有等容线、等压线、等温线、等干度线。只要已知该物质任意两个参变量，就可以很快读出其余各参变量。在汽液共存区内的任一点可以视为是该点所对应的饱和蒸气与饱和液体的混合物（也称为湿蒸气），其摩尔性质 M(V、U、H、S、A、C_p、C_V 等）可以从相应的饱和蒸气的性质 M^{sv} 与饱和液体的性质 M^{sL} 计算得到，即

$$M=(1-x)M^{\mathrm{sL}}+xM^{\mathrm{sv}}$$

式中，x 是饱和蒸气在湿蒸气中所占的分数，称为干度（或品质）。若 M 分别是摩尔性质或质量广度性质，则 x 分别是摩尔干度或质量干度。

本章符号说明

A	摩尔 Helmholtz 自由能，J·mol^{-1}；Antoine 方程中常数
a	RK 方程参数，MPa·m^6·mol^{-2}·K$^{1/2}$
B	第二 virial 系数，m^3·mol^{-1}；Antoine 方程中常数
b	RK 方程参数，m^3·mol^{-1}
C_p	摩尔定压热容，J·mol^{-1}·K^{-1}
C_V	摩尔定容热容，J·mol^{-1}·K^{-1}
G	摩尔 Gibbs 自由能，J·mol^{-1}
H	摩尔焓，J·mol^{-1}
h	比焓，J·kg^{-1}
M	泛指热力学函数
m	质量
p	压力，MPa
p^{s}	饱和蒸气压，MPa
Q	热量，J
q	单位质量传热量，J·kg^{-1}
R	通用气体常数，8.314 J·mol^{-1}·K^{-1}
S	摩尔熵，J·mol^{-1}·K^{-1}
s	比熵，J·kg^{-1}·K^{-1}
T	绝对温度，K
T_0	环境温度，K
t	摄氏温度，K
U	摩尔热力学能（内能），J·mol^{-1}
V	摩尔体积，m^3·mol^{-1}
v	比容，m^3·kg^{-1}
x	干度
Z	压缩因子
希文	
Δ	过程始终态性质的差值
η	效率
π	相数（相律）
ρ	密度，kg·m^{-3}
ω	偏心因子
上标	
id	理想状态
ig	理想气体
L	液相
R	剩余性质
s	饱和状态
v	气相
vap	汽化
下标	
c	临界性质
L	液相
p	等压
r	对比性质
V	等容
v	气相
0	参考态

习　题

一、问答题

3-1　气体热容、热力学能和焓与哪些因素有关？由热力学能和温度两个状态参数能否确定气体的状态？

3-2　理想气体的内能的基准点是以压力还是温度或是两者同时为基准规定的？

3-3　理想气体热容差 $C_p - C_V = R$ 是否也适用于理想气体混合物？

3-4　热力学基本关系式 $dH = TdS + Vdp$ 是否只适用于可逆过程？

3-5　有人说“由于剩余函数是两个等温状态的性质之差，故不能用剩余函数来计算性质随着温度的变化”，这种说法是否正确？

3-6　水蒸气定温过程中，热力学内能和焓的变化是否为零？

3-7　用不同来源的某纯物质的蒸气表或图查得的焓值或熵值有时相差很多，为什么？能否交叉使用这些图表求解蒸气的热力过程？

3-8　氨蒸气在进入绝热透平膨胀机前，压力为 2.0MPa，温度为 150℃，今要求绝热透平膨胀机出口液氨不得大于 5%，某人提出只要控制出口压力就可以了。你认为这意见对吗？为什么？请画出 T-S 图示意说明。

3-9　很纯的液态水，在大气压力下，可以过冷到比 0℃ 低得多的温度。假设 1kg 已被冷至 −5℃ 的液体。现在，把一很小的冰晶（质量可以忽略）投入此过冷液体内作为晶种。如果其后在 1.013×10^5 Pa 下绝热地发生变化，试问：（1）系统的终态怎样？（2）过程是否可逆？

3-10　A 和 B 两个容器，A 容器充满饱和液态水，B 容器充满饱和蒸气。二个容器的容积均为 1000cm^3，压力都为 1MPa。如果这两个容器爆炸，试问哪一个容器被破坏得更严重？

3-11　当 p 一定时，在 G-T 图上给出某物质气态、液态及固态的 Gibbs 自由能 G 随 T 的变化趋势，并给出理由。

二、计算题

3-12　试推导方程 $\left(\frac{\partial U}{\partial V}\right)_T = T\left(\frac{\partial p}{\partial T}\right)_V - p$ 式中 T、V 为独立变量。

3-13　证明状态方程 $p(V-b)=RT$ 表达的流体：（1）C_p 与压力无关；（2）在等焓变化过程中，温度是随压力的下降而上升。

3-14　某类气体的状态方程式为 $p(V-b)=RT$，试推导这类气体计算的 H^R 和 S^R 的表达式。

3-15　应用图解微分积分法计算由 $p_1=0.1013$MPa，$T_1=273.2$K 压缩到 $p_2=20.265$MPa，$T_2=473.2$K 时 31mol 甲烷的焓变。已知甲烷的 p-V-T 数据及低压下质量定压热容与温度关联式为 $C_p=(1.1889+0.00381T)$ J·g^{-1}·K^{-1}。

$p/\times0.1013$MPa	10	40	60	100	140	160	180	200
V/ cm^3·mol^{-1}	3879	968	644.7	388.0	279.2	245.2	219.2	198.6
$\frac{1}{V}\left(\frac{\partial V}{\partial T}\right)_p$	1.016	1.016	1.088	1.135	1.171	1.182	1.191	1.176

3-16　使用合适的普遍化关联式计算 1kmol 的 1,3-丁二烯从 127℃，2.53MPa 压缩至 277℃，12.67MPa 时的 ΔH、ΔS、ΔV、ΔU。已知 1,3-丁二烯在理想状态时的摩尔定压热容为：

$$C_p=(22.738+222.798\times10^{-3}T-73.879\times10^{-6}T^2)\text{kJ·kmol}^{-1}\text{·K}^{-1}$$

3-17　计算氨的热力学性质时，通常把 0℃饱和液氨的焓规定为 418.6kJ·kg^{-1}，此时的饱和蒸气压为 0.43MPa，汽化热为 21432kJ·kmol^{-1}，饱和液氨的熵为 4.186kJ·kg^{-1}·K^{-1}，试由此基准态数据求：（1）1.013MPa，300K 气氨的焓和熵；（2）30.4MPa，500K 气氨的焓和熵。

3-18　求 1-丁烯在 477.4K 和 6.89MPa 的条件下的 V、U、H、S 及 G。设饱和液态的 1-丁烯在 273K 时的 H、S 为零。已知：$T_c=420$K，$p_c=4.02$MPa，$\omega=0.187$，$T_b=267$K，273K 下，1-丁烯的 $\Delta H_v=21754$kJ·kmol^{-1}，理想气体状态时：$C_p=(16.363+263.082\times10^{-3}T-82.117\times10^{-6}T^2)$kJ·kmol^{-1}·K^{-1}

3-19　某 CO_2 压缩机四段入口温度为 42℃，压力为 8.053MPa，出口温度为 124℃，压力为 15.792MPa，求此压缩过程的 ΔH、ΔS、ΔV、ΔU 及 ΔG。

3-20　估算正丁烷在其正常沸点（−0.5℃）时的蒸发热。用所得结果，估计在 137.78℃时的蒸发热；并与用下面的实验数据计算出在 411K 时的蒸发热进行比较。

t/℃	p/MPa	$V^{sL}/\times10^{-3}cm^3\cdot g^{-1}$	$V^{sv}/\times10^{-3}cm^3\cdot g^{-1}$
126.67	2.492	2.453	13.859
132.22	2.741	2.547	11.986
137.78	3.009	2.764	10.301
143.33	3.296	2.859	8.615
151.98（临界点）	3.786	4.445	4.445

3-21 查水蒸气表回答下列问题：（1）70℃，干度为95%的湿蒸汽的 H、S 值；（2）4.0MPa，$s=6.4kJ\cdot kg^{-1}\cdot K^{-1}$ 的水蒸气是什么状态？温度和焓各是多少？（3）4.0MPa，$s=5.8kJ\cdot kg^{-1}\cdot K^{-1}$ 的水蒸气是什么状态？温度和焓各是多少？

3-22 0.304MPa 时饱和氨气经绝热可逆膨胀到 0.1013MPa 时的干度是多少？

3-23 压力为 1.906MPa（绝）的湿蒸气经节流阀膨胀到压力为 0.0985MPa（表）的饱和蒸气。假设环境压力为 0.1MPa，试求原始蒸气的干度是多少？

3-24 温度为 230℃的饱和蒸汽和水的混合物处于平衡，如果混合相的比容是 $0.04166m^3\cdot kg^{-1}$，试用蒸汽表中的数据计算：（1）混合相中蒸汽的含量；（2）混合相的焓；（3）混合相的熵；（4）混合相的 Gibbs 自由能。

3-25 A 和 B 两股水蒸气，A 股是压力为 0.5MPa，流量为 $1kg\cdot s^{-1}$，干度为 0.98 的湿蒸汽，B 股是压力为 0.5MPa，温度是 473.15K 的过热蒸汽，两股物料混合后其状态为同压力下的饱和蒸汽，试求 B 股过热蒸汽的流量该为多少？

3-26 有温度为 423.15K，压力为 0.1MPa 的蒸汽 8kg，经过活塞-汽缸设备等温可逆压缩到正好处于饱和气体状态的终态，试求过程的热效应 Q 和功 W。

3-27 将 4MPa，过热度 150℃的蒸汽，经绝热可逆膨胀降压到 50kPa。将过程定性地表示在 T-S 图上。若该过程在封闭体系中进行，试计算体系对外所做功是多少？

第4章

溶液热力学性质的计算

本章框架

导 言

本章是第5章相平衡的基础（见图1-7），其任务是描述真实溶液的热力学性质，其思路是找出真实溶液偏离理想溶液的程度，而描述该偏差的热力学函数中，活度系数 γ_i 最为经典和重要。组分逸度 $\hat{f}_i$ 是另一重要的热力学性质，它是发生传递的推动力，又是相平衡的判据（第5章），也是定义活度系数 γ_i 的基础。

本章概念众多，但主要是为获得逸度 $\hat{f}_i$、活度系数 γ_i 服务的，Gibbs 自由能 G 是本章主线，$\mathrm{d}G=-S\mathrm{d}T+V\mathrm{d}p$，$\mathrm{d}\overline{G}_i=RT\mathrm{d}\ln\hat{f}_i$，$\ln\gamma_i=\left[\partial\left(\dfrac{nG^{\mathrm{E}}}{RT}\right)/\partial n_i\right]_{T,P,n_{j(\neq i)}}$，最终逸度 $\hat{f}_i$、活度系数 γ_i 均与 G 建立了联系，而 G 可以通过 p-V-T 性质获得（参见3.3.2）；本章用较大篇幅介绍了逸度系数 $\hat{\varphi}_i$ 和活度系数 γ_i 的计算。

Wilson 方程、NRTL 方程是众多活度系数模型的典范，由于其准确度高而得到工业上广泛应用。

本章基本要求

重点掌握：诸多定义（偏摩尔性质 $\overline{M}_i$、化学位 μ_i、逸度 $\hat{f}_i$、逸度系数 $\hat{\varphi}_i$、活度 a_i、活度系数 γ_i、混合变量 ΔM、超额性质 M^{E}）；$\overline{M}_i$ 的计算及与溶液性质 M 间的关系（4.2），尤其是 γ_i 与 G^{E} 的关系（4.6）；用 virial 和 RK 方程计算 $\hat{\varphi}_i$（4.4）；用 van Laar 和 Wilson 方程计算 γ_i（4.7）。

掌握：Gibbs-Duhem 方程（4.2）；混合体积变化 ΔV 的计算（4.3）；分清楚三种不同的逸度和逸度系数（4.4）；理想溶液的特征与标准态（4.5）。

理解：局部组成概念。

了解：NRTL 方程；基团贡献模型。

清洁能源天然气在冬季输送中要加入甲醇溶液作为防冻剂。在20℃时，如何配制$3\times10^{-3}m^3$ 20%甲醇水溶液？分别需要多少体积的甲醇与水？两者的总和正好是$3\times10^{-3}m^3$吗？如果酿造技师在20℃时将$50cm^3$乙醇与$50cm^3$水相混合，发现所配制的酒是$96cm^3$，而不是$100cm^3$，那么是什么原因使得体积减少了$4cm^3$，如何从理论上计算这些变量呢？溶液热力学可以解决这些问题。

溶液热力学在工程上的应用十分广泛。如天然气和石油开采、石油产品的炼制与分离、煤和固体燃料的化学加工、气体的净化与提纯、复杂矿物的化学处理、湿法冶金过程的开发、聚合物的合成与加工以及生物技术等，都与溶液的热力学性质密切相关。

广义地说，溶液是一种均相系统，由两种或两种以上物质彼此以分子或离子状态均匀混合而形成。因此，溶液的性质必然与构成此溶液的组分的性质有关。本章引入偏摩尔性质、混合变量、理想溶液和超额性质等重要概念来描述溶液和组分的热力学性质之间的关系，并进一步研究真实溶液性质的计算问题，其中最重要的热力学性质是逸度系数和活度系数。

本章目的是通过讨论溶液热力学性质的概念和计算，为第5章研究相平衡（即溶液热力学理论的应用）尤其是汽液平衡打下基础。

气体溶液的热力学性质计算在第2章、第3章中作过介绍，固态溶液多见于冶金工业，在化学工业中相对少见，因此本章主要讨论液体溶液的热力学性质。

4.1 均相敞开系统的热力学基本关系与化学位

4.1.1 均相敞开系统的热力学基本关系

在讨论溶液热力学关系时，常涉及纯组分的摩尔性质、混合溶液的摩尔性质以及溶液的总性质。为了便于区别，规定用M_i表示纯组分的摩尔性质，用M表示混合溶液的摩尔性质，用M_t表示溶液的总性质（下标“t”意为“total”），且M代表V、U、H、S、A、G等，两者之间的数量关系为

$$M_t = nM \tag{4-1}$$

对于均相封闭系统，它们在公式中可以相互统一转换。以Gibbs自由能为例来加以说明。由式(3-4)可知：

$$dG = -SdT + Vdp$$

对于含有$n$mol物质的溶液，n是一常数，式(3-4)可写为

$$d(nG) = -(nS)dT + (nV)dp \tag{4-2}$$

由式(4-1)得

$$dG_t = -S_t dT + V_t dp \tag{4-3}$$

由此可见，式(4-3)与式(3-4)形式一致。

但是对于含有N个组分的均相敞开系统，这种互换性是不成立的。因这时$M_t/M=n$已不是一个常数。此时系统的G_t表示为

$$G_t = G_t(T,p,n_1,n_2,\cdots,n_N)$$

写成全微分形式

$$dG_t = -S_t dT + V_t dp + \sum_{i=1}^{N}\left(\frac{\partial G_t}{\partial n_i}\right)_{T,p,n_{j(\neq i)}} dn_i \tag{4-4a}$$

这里 n 是指所有组分的物质的量 $n_1, n_2, \cdots, n_N$，而 $n_{j(\neq i)}$ 系指除 i 组分之外的所有组分 j 的物质的量。其他均相敞开系统三个热力学基本关系式为

$$dU_t = TdS_t - pdV_t + \sum_{i=1}^{N}\left(\frac{\partial U_t}{\partial n_i}\right)_{S_t, V_t, n_{j(\neq i)}} dn_i \tag{4-5a}$$

$$dH_t = TdS_t + V_t dp + \sum_{i=1}^{N}\left(\frac{\partial H_t}{\partial n_i}\right)_{S_t, p, n_{j(\neq i)}} dn_i \tag{4-6a}$$

$$dA_t = -S_t dT - pdV_t + \sum_{i=1}^{N}\left(\frac{\partial A_t}{\partial n_i}\right)_{T, V_t, n_{j(\neq i)}} dn_i \tag{4-7a}$$

式(4-4a)～式(4-7a) 都是均相敞开系统的热力学基本关系式。它们揭示了温度、压力、组成与 Gibbs 自由能、焓等能量函数之间的关系。

4.1.2 化学位

在式（4-4a）～式（4-7a）中，$\left(\frac{\partial G_t}{\partial n_i}\right)_{T, p, n_{j(\neq i)}}$、$\left(\frac{\partial U_t}{\partial n_i}\right)_{S_t, V_t, n_{j(\neq i)}}$、$\left(\frac{\partial H_t}{\partial n_i}\right)_{S_t, p, n_{j(\neq i)}}$、$\left(\frac{\partial A_t}{\partial n_i}\right)_{T, V_t, n_{j(\neq i)}}$ 实际上都相等，都称为化学位 μ_i，于是有广义的化学位定义式

$$\mu_i = \left(\frac{\partial U_t}{\partial n_i}\right)_{S_t, V_t, n_{j(\neq i)}} = \left(\frac{\partial H_t}{\partial n_i}\right)_{S_t, p, n_{j(\neq i)}} = \left(\frac{\partial A_t}{\partial n_i}\right)_{T, V_t, n_{j(\neq i)}} = \left(\frac{\partial G_t}{\partial n_i}\right)_{T, p, n_{j(\neq i)}} \tag{4-8a}$$

式(4-8a) 表达了不同条件下，热力学性质（U、H、A、G）随组成（n_i）的变化率。其物理意义为：化学位是物质在相间传递和化学反应中的推动力。

关于化学位，需注意以下几点：①化学位是系统的状态函数，是强度性质，单位为 $J \cdot mol^{-1}$；②化学位与温度、压力有关；③化学位的绝对值不能确定，所以不同物质的化学位不能作比较；④化学位总是指某种物质的化学位，没有整个物系的化学位这种概念。

表示化学位的四个偏导数的下角标是不同的，不能混淆，但它们是彼此相等的。

所以式(4-4a)～式(4-7a) 又可表达为

$$dG_t = -S_t dT + V_t dp + \sum_{i=1}^{N}\mu_i dn_i \tag{4-4b}$$

$$dU_t = TdS_t - pdV_t + \sum_{i=1}^{N}\mu_i dn_i \tag{4-5b}$$

$$dH_t = TdS_t + V_t dp + \sum_{i=1}^{N}\mu_i dn_i \tag{4-6b}$$

$$dA_t = -S_t dT - pdV_t + \sum_{i=1}^{N}\mu_i dn_i \tag{4-7b}$$

均相敞开系统的热力学基本关系式表达了均相敞开系统与环境之间的能量和物质传递规律。温度差 dT 是热量传递过程的推动力，式(4-4b)～式(4-7b) 等式右边第一项是以温度为推动力对溶液能量变化的贡献；压力差 dp 是流体膨胀做功的推动力，等式右边第二项是以压力为推动力对溶液能量变化的贡献；$\sum_{i}^{N}\mu_i dn_i$ 是以化学位差为推动力对溶液能量变化的贡献。对于封闭系统，$dn_i = 0$，上式

可还原成封闭系统的热力学基本关系式。

对于1mol的溶液，由于 $dn_i = dx_i$（$n_i = x_i n$、$n=1$），将式(4-1)、式(4-8a)代入式(4-4)～式(4-7)，可得四个均相敞开系统的热力学基本关系式的另一种表达式

$$dU = TdS - pdV + \sum_i^N \mu_i dx_i \tag{4-9}$$

$$dH = TdS + Vdp + \sum_i^N \mu_i dx_i \tag{4-10}$$

$$dA = -SdT - pdV + \sum_i^N \mu_i dx_i \tag{4-11}$$

$$dG = -SdT + Vdp + \sum_i^N \mu_i dx_i \tag{4-12}$$

再利用变量间的偏导数关系式，便可得到与式(3-15)和式(3-11)相类似的关系式如

$$\left(\frac{\partial G}{\partial p}\right)_{T,n} = V, \qquad \left(\frac{\partial G}{\partial T}\right)_{p,n} = -S \tag{4-13a,b}$$

$$\left(\frac{\partial V}{\partial T}\right)_{p,n} = -\left(\frac{\partial S}{\partial p}\right)_{T,n} \tag{4-14}$$

对于二元溶液，有关的热力学偏导数就达3024个。若对三元、四元溶液，所涉及的偏导数更多，换言之，复杂性随着系统中组分数的增加而激增。其中最重要的两个方程式为

$$\left(\frac{\partial \mu_i}{\partial p}\right)_{T,n} = \left[\frac{\partial (nV)}{\partial n_i}\right]_{T,p,n_{j(\neq i)}} \tag{4-15}$$

$$\left(\frac{\partial \mu_i}{\partial T}\right)_{p,n} = -\left[\frac{\partial (nS)}{\partial n_i}\right]_{T,p,n_{j(\neq i)}} \tag{4-16}$$

这些溶液的热力学关系式特别是Gibbs自由能、化学位在解决相平衡和化学平衡问题中起着重要作用。

4.2 偏摩尔性质

对于定组成溶液来说，当系统状态的外界参数一定时，它的热力学性质也将一定。但对于内部发生组成变化，或与环境之间有物质交换的系统，其热力学性质不仅决定于温度、压力，而且随溶液中各种物质的相对含量而变化。

4.2.1 偏摩尔性质的引入及定义

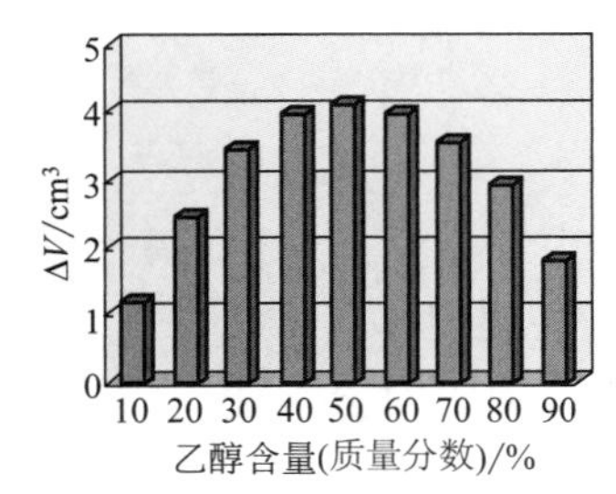

溶液的混合体积变化随乙醇含量不同而不同

在化工生产中，乙醇与水混合形成溶液时，常伴随着体积减少的现象。乙醇-水二元溶液的总体积在 $p=1.013\times10^5$Pa、$T=293$K、乙醇和水总质量为100g时的实验值如表4-1所示。纯乙醇的摩尔体积为 $V_1=58.28\text{cm}^3\cdot\text{mol}^{-1}$，纯水的摩尔体积 $V_2=18.04\text{cm}^3\cdot\text{mol}^{-1}$。

表 4-1　乙醇（1)-水（2）二元溶液的体积与乙醇组成的关系

乙醇含量/%	V^{cal}/cm^3	V^{exp}/cm^3	$\Delta V/cm^3$
10	103.03	101.84	1.19
20	105.66	103.24	2.42
30	108.29	104.84	3.45
40	110.92	106.93	3.99
50	113.55	109.43	4.12
60	116.18	112.22	3.96
70	118.81	115.25	3.56
80	121.44	118.56	2.88
90	124.07	122.25	1.82

注：V^{cal}—按 Amaget 体积定律进行线性加和所得的值；V^{exp}—实验测得的溶液体积；ΔV—计算值与实验值之差，即 $V^{cal}-V^{exp}$。

由表 4-1 数据可知，溶液的总体积（V^{exp}）与各纯物质体积的简单加和（V^{cal}）不相等，两者相差程度随系统的组成而变化。这一事实说明，用来描述理想混合物的 Amaget 体积定律并不适用于描述真实溶液。不同的物质在液体状态时，分子之间的作用力并不相同。酒精和水都是弱极性分子，混合后由于两种分子相互作用，使分子之间空隙减小，缩短了酒精分子与水分子之间的距离，溶液的密度增大了，总体积就减小了。

分子间力是导致某个组分处于溶液中时的性质与纯组分的性质不同的根本原因。

叔丁醇和四氯化碳混合后，四氯化碳减弱了叔丁醇分子之间的作用力，从而加大了分子之间的距离，溶液的密度减小，总体积就增大了。如果用等体积的酒精和汽油混合，总体积也会变大。因此，溶液性质不能简单用纯物质摩尔性质 M_i 线性加和来表达。

既然纯物质摩尔性质M_i不能代表它对溶液性质的贡献，则非常有必要引入一个新的性质来代表组分对溶液性质的贡献；这个新的性质就是偏摩尔性质（partial molar property）。

对于一个各组成物质的量分别为 $n_1, n_2, \cdots, n_N$ 的 N 元均相系统，其任一容量性质 M 可表示为：$nM=nM(T,p,n_1,n_2,\cdots,n_N)$。对 nM 的全微分形式为

$$\mathrm{d}(nM)=\left[\frac{\partial(nM)}{\partial T}\right]_{p,n}\mathrm{d}T+\left[\frac{\partial(nM)}{\partial p}\right]_{T,n}\mathrm{d}p+\sum_{i=1}^{N}\left[\frac{\partial(nM)}{\partial n_i}\right]_{T,p,n_{j(\neq i)}}\mathrm{d}n_i \tag{4-17}$$

式中　$\left[\frac{\partial(nM)}{\partial T}\right]_{p,n}$——恒压恒组成时溶液的总性质（$nM$）随温度的变化率；

$\left[\frac{\partial(nM)}{\partial p}\right]_{T,n}$——恒温恒组成时溶液的总性质（$nM$）随压力的变化率；

$\left[\frac{\partial(nM)}{\partial n_i}\right]_{T,p,n_{j(\neq i)}}$——恒温恒压时溶液的总性质（$nM$）随组成的变化率。

当系统的 T、p 一定时（$\mathrm{d}T=0$、$\mathrm{d}p=0$），有

$$\mathrm{d}(nM)=\sum_{i=1}^{N}\left[\frac{\partial(nM)}{\partial n_i}\right]_{T,p,n_{j(\neq i)}}\mathrm{d}n_i$$

令

$$\overline{M}_i=\left[\frac{\partial(nM)}{\partial n_i}\right]_{T,p,n_{j(\neq i)}} \tag{4-18}$$

式中，$\overline{M}_i$ 为溶液中组分 i（component）的偏摩尔性质（partial molar property）。其物理意义是在给定的 T、p 和组成下，向含有组分 i 的无限多的溶液中加入 1mol 的组分 i 所引起系统的某一热力学性质的增量。这样，就可以将偏摩尔性质完全理解为组分 i 在溶液中的摩尔性质。

$$\overline{M}_i=\left[\frac{\partial(nM)}{\partial n_i}\right]_{T,p,n_{j(\neq i)}}\neq\left[\frac{\partial(M)}{\partial x_i}\right]_{T,p,x_{j(\neq i)}}$$

偏摩尔性质$\overline{M}_i$ 是研究多元系统容量性质时重要的热力学函数，它对分析一定温度和压力下的溶液的混合变量与组成的关系十分有用，同时也是推导许多热力学关系式的基础。需要强调的是，$\overline{M}_i$ 只有在同一个相内才有偏摩尔量的概念，且只

有容量性质的状态函数在 T、p 一定的条件下，对某组分的偏微分才是偏摩尔量。显然，它是强度性质，是温度、压力和组成的函数，与系统的量无关。$\overline{M}_i$ 泛指溶液中组分 i 的热力学性质，它不仅可以代表如 $\overline{H}_i$、$\overline{G}_i$、$\overline{V}_i$、$\overline{S}_i$ 等，还可以代表如偏压缩因子 $\overline{Z}_i$、偏密度 $\overline{\rho}_i$ 等。纯物质的偏摩尔性质就是摩尔性质，即 $\lim\limits_{x_i \to 1} \overline{M}_i = M_i$。溶液热力学中的三类性质与符号汇于表 4-2。

表 4-2 溶液热力学中的三类性质与符号

溶液的摩尔性质 M	$M = H, U, V, S, A, G, C_p \cdots$
溶液中组分 i 的偏摩尔性质 $\overline{M}_i$	$\overline{M}_i = \overline{H}_i, \overline{U}_i, \overline{V}_i, \overline{S}_i, \overline{A}_i, \overline{G}_i, \overline{C}_{p_i} \cdots$
纯组分 i 的摩尔性质 M_i	$M_i = H_i, U_i, V_i, S_i, A_i, G_i, C_{pi} \cdots$

只有偏摩尔Gibbs自由能 $\overline{G}_i$ 才等于化学位 μ_i。
$\overline{G}_i = \mu_i = \overline{H}_i - T\overline{S}_i$
$= \overline{U}_i + p\overline{V}_i - T\overline{S}_i$
$\overline{G}_i = \mu_i \neq \overline{H}_i \neq \overline{U}_i$

将 G 代入式(4-18) 并与式(4-8a) 比较后，会发现：在诸多的偏摩尔性质中，只有偏摩尔 Gibbs 自由能 $\overline{G}_i$ 才等于化学位 μ_i。

$$\overline{G}_i = \mu_i \tag{4-8b}$$

由于讨论相平衡和化学平衡问题时，通常处于恒温、恒压条件下，故 Gibbs 自由能函数是成为研究热力学平衡问题的主线。

化学位与其他偏摩尔性质的关系为：

$$\overline{G}_i = \overline{H}_i - T\overline{S}_i = \overline{U}_i + p\overline{V}_i - T\overline{S}_i$$

偏摩尔性质是一个比较抽象的概念，很难举例。美国总统奖获得者、美国三院院士、加州大学伯克利分校化工系 **J. M. Prausnitz** 教授在他的著作《流体相平衡的分子热力学》中是用人与人之间的相互作用来比喻的：

分子之间的力通常是十分特殊的，在这种情况下，遗憾的是不可能用纯组分的性质来预测（即使是近似地预测）混合物的性质。如果我们考虑下面一个牵强的类比，这一点就确实并不奇怪了。设想一个在俄罗斯的社会学家，仔细地研究俄罗斯人的行为，观察了若干年之后知道了关于他们的一切。然后他到中国对中国人进行了相似的透彻的研究。那么凭借这些知识他能否预言由俄罗斯人和中国人任意混合所形成社会的行为呢？大概是不可能的。

这种类比是高度极端的，但它能提醒我们，分子不是盲目地在空间移动的惰性粒子，相反，它们是复杂的“个人”，其“个性”对它们的环境是敏感的。

4.2.2 偏摩尔性质与溶液性质的关系

在数学上，混合物性质 nM 是各组成物质的量的一次齐次函数，Euler 定律对于这类函数给出的普遍关系是

$$nM = \sum_i n_i \overline{M}_i \tag{4-19}$$

两边同时除以 n 后，得到另一种形式

$$M = \sum_i x_i \overline{M}_i \tag{4-20}$$

式中，x_i 是混合物中组分 i 的摩尔分数。对于二元溶液，式(4-20) 展开为：

$$M = x_1 \overline{M}_1 + x_2 \overline{M}_2 \tag{4-21}$$

式(4-20)表明了溶液的性质与各组分的偏摩尔性质之间呈线性加和关系，是计算溶液摩尔性质的关系式之一。

4.2.3 偏摩尔性质之间的关系

偏摩尔性质之间的函数关系与纯物质性质的函数关系相似，只需把函数关系中纯物质的容量性质换成组分的偏摩尔性质即可。表4-3列出了部分摩尔性质间的关系式和与之相对应的偏摩尔性质间的关系式。

表4-3 摩尔性质间的关系式和与之相对应的偏摩尔性质间的关系式

纯组分 i 摩尔性质间的关系式	溶液中组分 i 偏摩尔性质间的关系式	
$H=U+pV$	$\overline{H}_i=\overline{U}_i+p\overline{V}_i$	$\mathrm{d}\overline{H}_i=T\mathrm{d}\overline{S}_i+\overline{V}_i\mathrm{d}p$
$A=U-TS$	$\overline{A}_i=\overline{U}_i-T\overline{S}_i$	$\mathrm{d}\overline{A}_i=-\overline{S}_i\mathrm{d}T-p\mathrm{d}\overline{V}_i$
$G=H-TS$	$\overline{G}_i=\overline{H}_i-T\overline{S}_i$	$\mathrm{d}\overline{G}_i=-\overline{S}_i\mathrm{d}T+\overline{V}_i\mathrm{d}p$
$\left(\frac{\partial H}{\partial p}\right)_T=V-T\left(\frac{\partial V}{\partial T}\right)_p$	$\left(\frac{\partial \overline{H}_i}{\partial p}\right)_{T,n}=\overline{V}_i-T\left(\frac{\partial \overline{V}_i}{\partial T}\right)_{p,n}$	…

【例4-1】 已知定压热容的定义方程为 $C_p=(\partial H/\partial T)_p$，试证明 $\overline{C}_{p,i}=\left(\frac{\partial \overline{H}_i}{\partial T}\right)_{p,x}$。

证：已知定压热容的定义方程为

$$C_p=\left(\frac{\partial H}{\partial T}\right)_p \tag{A}$$

式(A)的含义是压力不变，且组成不变。对于 n mol

$$nC_p=\left[\frac{\partial (nH)}{\partial T}\right]_{p,x}$$

在 T、p、$n_{j(\neq i)}$ 一定的条件下，对 n_i 求偏导，得

$$\left[\frac{\partial (nC_p)}{\partial n_i}\right]_{T,p,n_{j(\neq i)}}=\left\{\frac{\partial\left[\frac{\partial (nH)}{\partial T}\right]_{p,x}}{\partial n_i}\right\}_{T,p,n_{j(\neq i)}}$$

因为求偏导的顺序不影响其结果，所以可将上式改写为

$$\left[\frac{\partial (nC_p)}{\partial n_i}\right]_{T,p,n_{j(\neq i)}}=\left\{\frac{\partial\left[\frac{\partial (nH)}{\partial n_i}\right]_{T,p,n_{j(\neq i)}}}{\partial T}\right\}_{p,x}$$

根据偏摩尔性质的定义式(4-18)，上式变成

$$\left[\frac{\partial (nC_p)}{\partial n_i}\right]_{T,p,n_{j(\neq i)}}=\overline{C}_{p,i},\quad \left[\frac{\partial (nH)}{\partial n_i}\right]_{T,p,n_{j(\neq i)}}=\overline{H}_i$$

$$\left\{\frac{\partial\left[\frac{\partial (nH)}{\partial n_i}\right]_{T,p,n_{j(\neq i)}}}{\partial T}\right\}_{p,x}=\left(\frac{\partial \overline{H}_i}{\partial T}\right)_{p,x}$$

所以

$$\overline{C}_{p,i}=\left(\frac{\partial \overline{H}_i}{\partial T}\right)_{p,x}$$

4.2.4 偏摩尔性质的计算

偏摩尔性质的计算方法有三种。第一种是由实验数据计算；第二种是由溶液性质与组成的模型来计算；第三种是由广义的截距法公式计算。

一般来说，在热力学性质测定实验中，先测定出溶液的摩尔性质和组成的数据（$M-x_1$），然后利用这些数据按偏摩尔性质定义式计算之。

如果已知溶液摩尔性质与组成的关系式，则根据偏摩尔性质的定义式，通过求偏导数，可得到偏摩尔性质。

截距法计算公式揭示了偏摩尔性质$\overline{M}_i$ 在 M-x_1 直角坐标系中的截距位置，推导过程如下。将式(4-18) 的偏导数展开，得：

$$\overline{M}_i=\left[\frac{\partial(nM)}{\partial n_i}\right]_{T,p,n_{j(\neq i)}}=M\left(\frac{\partial n}{\partial n_i}\right)_{T,p,n_{j(\neq i)}}+n\left(\frac{\partial M}{\partial n_i}\right)_{T,p,n_{j(\neq i)}}$$

由于$\left(\frac{\partial n}{\partial n_i}\right)_{T,p,n_{j(\neq i)}}=1$，故

$$\overline{M}_i=M+n\left(\frac{\partial M}{\partial n_i}\right)_{T,p,n_{j(\neq i)}} \tag{4-22a}$$

对于有 N 个组分的溶液，其热力学性质 M 是 T、p 以及 $N-1$ 个独立的摩尔分数的函数，即

$$M=M(T,p,x_1,x_2,\cdots,x_{i-1},x_{i+1},\cdots,x_N) \qquad (x_i\text{ 被选作因变量而扣除})$$

在等温等压下，上式的全微分为：

$$\mathrm{d}M=\sum_{\substack{k=1\\(k\neq i)}}^{N}\left[\left(\frac{\partial M}{\partial x_k}\right)_{T,p,x_{j(\neq i,k)}}\mathrm{d}x_k\right]$$

式中，加和项不包括组分 i，x_i 被选作为因变量而扣除；下标 $x_{j(\neq i,k)}$ 表示在所有的摩尔分数中除去 x_i 和 x_k 之外保持不变。

以 $\mathrm{d}n_i$ 除上面方程式并限定 $n_{j(\neq i,k)}$ 为常数，则

$$\left(\frac{\partial M}{\partial n_i}\right)_{T,p,n_{j(\neq i)}}=\sum_{\substack{k=1\\(k\neq i)}}^{N}\left[\left(\frac{\partial M}{\partial x_k}\right)_{T,p,x_{j(\neq i,k)}}\left(\frac{\partial x_k}{\partial n_i}\right)_{T,p,n_{j(\neq i)}}\right] \tag{4-22b}$$

由于 $x_k=n_k/n(k\neq i)$，那么

$$\left(\frac{\partial x_k}{\partial n_i}\right)_{n_{j(\neq i)}}=\frac{1}{n}\left(\frac{\partial n_k}{\partial n_i}\right)_{n_{j(\neq i)}}-\frac{n_k}{n^2}\left(\frac{\partial n}{\partial n_i}\right)_{n_{j(\neq i)}}$$

等式右边的第一项中的偏导数为零，第二项偏导数为 1，所以

$$\left(\frac{\partial x_k}{\partial n_i}\right)_{n_{j(\neq i)}}=-\frac{n_k}{n^2}=-\frac{x_k}{n} \quad (k\neq i)$$

将此偏导数代入方程（4-22b），有

$$\left(\frac{\partial M}{\partial n_i}\right)_{T,p,n_{j(\neq i)}}=\sum_{\substack{k=1\\(k\neq i)}}^{N}\left(\frac{\partial M}{\partial x_k}\right)_{T,p,x_{j(\neq i,k)}}\left(-\frac{n_k}{n^2}\right)$$

$$\left(\frac{\partial M}{\partial n_i}\right)_{T,p,n_{j(\neq i)}}=-\frac{1}{n}\sum_{\substack{k=1\\(k\neq i)}}^{N}x_k\left(\frac{\partial M}{\partial x_k}\right)_{T,p,x_{j(\neq i,k)}}$$

将此式代入方程（4-22a），整理得

$$\overline{M}_i=M-\sum_{\substack{k=1\\(k\neq i)}}^{N}x_k\left(\frac{\partial M}{\partial x_k}\right)_{T,p,x_{j(\neq i,k)}} \tag{4-23}$$

式(4-23) 是溶液性质和组分偏摩尔性质之间的普遍关系式，它不仅适用于一般的热力学性质，如 V、H 等，同样也适用于溶液的混合性质与组分的偏摩尔混合性质间的关系，如 ΔV、ΔH 等（这一点将在下一节讨论）。式(4-23) 中的 i 为所讨论的组分；k 为不包括 i 在内的其他组分；j 指不包括 i 及 k 的组分。若已知溶液性质 M 时，由式(4-23) 可以求算多元系统的偏摩尔性质。

对于二元溶液，运用式(4-23) 可得

$$\overline{M}_1 = M - x_2\left(\frac{\partial M}{\partial x_2}\right)_{T,p,x_{j(\neq 1,2)}}, \quad \overline{M}_2 = M - x_1\left(\frac{\partial M}{\partial x_1}\right)_{T,p,x_{j(\neq 1,2)}}$$

在恒定的 T、p 下，因两个变量 x_1、x_2 满足关系式 $x_1+x_2=1$，则偏导数函数可写成导数函数

$$\left(\frac{\partial M}{\partial x_2}\right)_{x_{j(\neq 1,2)}} = \left(\frac{\mathrm{d}M}{\mathrm{d}x_2}\right) = -\frac{\mathrm{d}M}{\mathrm{d}x_1}, \quad \left(\frac{\partial M}{\partial x_1}\right)_{x_{j(\neq 1,2)}} = \left(\frac{\mathrm{d}M}{\mathrm{d}x_1}\right)$$

因此有

$$\boxed{\overline{M}_1 = M - x_2\left(\frac{\mathrm{d}M}{\mathrm{d}x_2}\right), \quad \overline{M}_2 = M - x_1\left(\frac{\mathrm{d}M}{\mathrm{d}x_1}\right)} \tag{4-24a}$$

$$\boxed{\overline{M}_1 = M + (1-x_1)\left(\frac{\mathrm{d}M}{\mathrm{d}x_1}\right)} \quad 或 \quad \boxed{\overline{M}_2 = M + (1-x_2)\left(\frac{\mathrm{d}M}{\mathrm{d}x_2}\right)} \tag{4-24b}$$

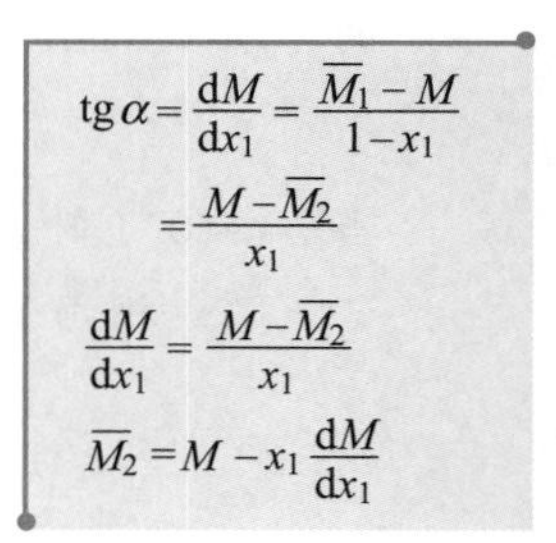

通过实验测得在指定 T、p 下不同组成 x_1 时的 M 值，并将实验数据关联成 M-x_1 的解析式，则可按定义式(4-18) 或式(4-24) 用解析法求出导数值来计算偏摩尔性质。

图 4-1 为二元溶液中偏摩尔性质$\overline{M}_i$ 在 M-x_1 直角坐标系中的截距位置。

由图 4-1 可见，在 M-x_1 图中，在某一浓度 x_1 下，左边坐标上的截距为组分 2 的偏摩尔性质$\overline{M}_2$，右边坐标上的截距为组分 1 的偏摩尔性质$\overline{M}_1$。对于纯物质，$\lim\limits_{x_1\to 1}\overline{M}_1 = M_1$，$\lim\limits_{x_1\to 0}\overline{M}_2 = M_2$。

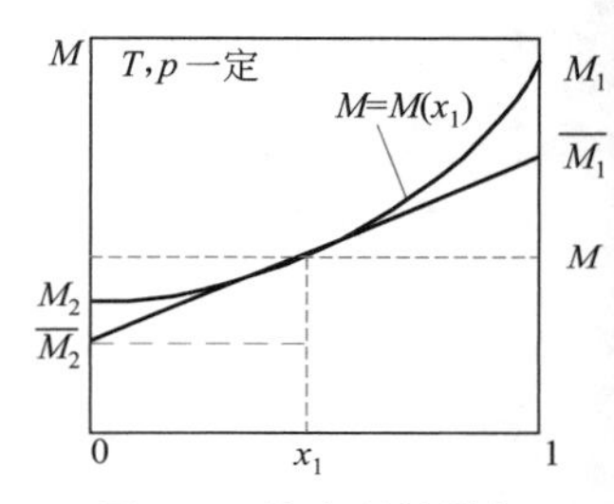

图 4-1 偏摩尔性质与组成的关系$\overline{M}_1$-x_1

现在我们来求解本章开头提出的问题。

【例 4-2】 实验室需配制含有 20%（质量分数）甲醇的水溶液 $3\times10^{-3}\ \mathrm{m}^3$ 作为防冻剂。20℃时需要多少体积的甲醇（1）与水（2）混合。

已知：20℃时 20%甲醇溶液中甲醇和水的偏摩尔体积分别为：$\overline{V}_1 = 37.8\mathrm{cm}^3\cdot\mathrm{mol}^{-1}$，$\overline{V}_2 = 18.0\mathrm{cm}^3\cdot\mathrm{mol}^{-1}$。20℃时纯甲醇的摩尔体积和纯水的摩尔体积分别为：$V_1 = 40.46\mathrm{cm}^3\cdot\mathrm{mol}^{-1}$，$V_2 = 18.04\mathrm{cm}^3\cdot\mathrm{mol}^{-1}$。

解：将组分的质量分数换算成摩尔分数

$$x_1 = \frac{20/32}{20/32+80/18} = 0.1233, \quad x_2 = 0.8767$$

溶液的摩尔体积为

$$V = x_1\overline{V}_1 + x_2\overline{V}_2 = 0.1233\times37.8 + 0.8767\times18.0 = 20.44\mathrm{cm}^3\cdot\mathrm{mol}^{-1}$$

配制防冻剂所需物质的物质的量

$$n = \frac{3000}{20.44} = 146.77\mathrm{mol}$$

所需甲醇和水的物质的量为

$$n_1 = 0.1233\times146.77 = 18.10\mathrm{mol}, \quad n_2 = 0.8767\times146.77 = 128.67\mathrm{mol}$$

所需甲醇的体积为

$$V_{1\mathrm{t}} = n_1V_1 = 18.10\times40.46 = 732\mathrm{cm}^3$$

所需水的体积为

$$V_{2t}=n_2V_2=128.67\times18.04=2321\text{cm}^3$$

配制前的总体积为两种组分简单加和

$$\sum n_iV_i=n_1V_1+n_2V_2=V_{1t}+V_{2t}=732+2321=3053\text{cm}^3$$

配制后的总体积为

$$nV=n_1\overline{V}_1+n_2\overline{V}_2=0.1233\times146.77\times37.8+0.8767\times146.77\times18.0=3000\text{cm}^3$$

计算结果表明，在甲醇和水混合过程中，溶液体积缩小。20%的甲醇水溶液的总体积较配制前的总体积减少了 53cm^3。由此可见，只有偏摩尔性质才能构成溶液的性质。

【例 4-3】 已知25℃、0.1013MPa 下，n_B mol 的 NaCl(B) 溶于 55.5mol H_2O(A) 中形成的溶液的体积 $V_t(\text{cm}^3)$ 与 n_B 的关系为

$$V_t=1001.38+16.6253n_B+1.7738n_B^{1.5}+0.1194n_B^2 \tag{A}$$

当 $n_B=0.4$ 时，求 H_2O 和 NaCl 的偏摩尔体积 $\overline{V}_A$ 和 $\overline{V}_B$。

解：根据偏摩尔性质的定义式(4-18) 和式(A)，有

$$\overline{V}_B=\left[\frac{\partial(nV)}{\partial n_B}\right]_{T,p,n_A}=16.6253+1.5\times1.7738n_B^{0.5}+2\times0.1194n_B$$
$$=16.6253+2.6607n_B^{0.5}+0.2388n_B$$

当 $n_B=0.4$ 时，有

$$\overline{V}_B=16.6253+2.6607\times0.4^{0.5}+0.2388\times0.4=18.4036\text{cm}^3\cdot\text{mol}^{-1}$$

根据偏摩尔性质与溶液性质的关系式(4-19)，对体积有 $nV=n_1\overline{V}_1+n_2\overline{V}_2$，因此

$$\overline{V}_A=\frac{(nV)\ -n_B\overline{V}_B}{n_A}$$

$$\overline{V}_A=\frac{1001.38+16.6253n_B+1.7738n_B^{1.5}+0.1194n_B^2}{n_A}-\frac{n_B\times\ (16.6253+2.6607n_B^{0.5}+0.2388n_B)}{n_A}$$

整理得到

$$\overline{V}_A=18.043-0.01598n_B^{1.5}-0.002151n_B^2$$

当 $n_B=0.4$ 时，有

$$\overline{V}_A=18.043-0.01598\times0.4^{1.5}-0.002151\times0.4^2=18.039\text{cm}^3\cdot\text{mol}^{-1}$$

【例 4-4】 某二元液体混合物在 293K 和 0.10133MPa 下的焓可用下式表示

$$H=100x_1+150x_2+x_1x_2(10x_1+5x_2)\text{J}\cdot\text{mol}^{-1} \tag{A}$$

确定在该温度、压力状态下：(1) 用 x_1 表示的 $\overline{H}_1$ 和 $\overline{H}_2$；(2) 纯组分的焓 H_1、H_2 的数值；(3) 无限稀溶液的偏摩尔焓 $\overline{H}_1^\infty$ 和 $\overline{H}_2^\infty$ 的数值。

解：依题意，求取偏摩尔性质可采用截距法公式及其定义式。

(1) 用 $x_2=1-x_1$ 代入式(A)，并化简得

$$H=100x_1+150(1-x_1)+x_1(1-x_1)[10x_1+5(1-x_1)]$$
$$=150-45x_1-5x_1^3\text{J}\cdot\text{mol}^{-1} \tag{B}$$

方法 1：用截距法公式计算

$$\frac{\text{d}H}{\text{d}x_1}=-45-15x_1^2$$

组分 1 的偏摩尔焓为

$$\overline{H}_1=H+x_2\frac{dH}{dx_1}=H+(1-x_1)\frac{dH}{dx_1}$$

$$\overline{H}_1=150-45x_1-5x_1^3+(1-x_1)(-45-15x_1^2)$$

$$\overline{H}_1=105-15x_1^2+10x_1^3 \text{J·mol}^{-1} \tag{C}$$

组分 2 的偏摩尔焓为

$$\overline{H}_2=H-x_1\frac{dH}{dx_1}$$

$$\overline{H}_2=150-45x_1-5x_1^3-x_1(-45-15x_1^2)$$

$$\overline{H}_2=150+10x_1^3 \text{J·mol}^{-1} \tag{D}$$

二元溶液中，组分的偏摩尔性质求取方法有
- 截距法
- 定义式
- 实验数据

方法 2：用偏摩尔性质的定义式计算

$$H=150-45x_1-5x_1^3$$

等式两边同时乘以 n，得

$$nH=150n-45x_1n-5x_1^3n=150(n_1+n_2)-45n_1-5\frac{n_1^3}{(n_1+n_2)^2}$$

组分 1 的偏摩尔焓为

$$\overline{H}_1=\left[\frac{\partial(nH)}{\partial n_1}\right]_{T,p,n_2}=150\frac{\partial n}{\partial n_1}-45-5\times3n_1^2\frac{1}{n^2}-5n_1^3\frac{-2}{n^3}\frac{\partial n}{\partial n_1}$$

由于 $n=n_1+n_2$，$\frac{\partial n}{\partial n_1}=1$，$\frac{\partial n}{\partial n_2}=1$，因此

$$\overline{H}_1=105-5\times3x_1^2+10x_1^3$$

组分 2 的偏摩尔焓为

$$\overline{H}_2=\left[\frac{\partial(nH)}{\partial n_2}\right]_{T,p,n_1}=\left\{\frac{\partial}{\partial n_2}\left[150(n_1+n_2)-45n_1-5\frac{n_1^3}{(n_1+n_2)^2}\right]\right\}_{T,p,n_1}$$

$$=150+10x_1^3$$

（2）根据溶液焓与组成的关系式 $H=150-45x_1-5x_1^3$，在 $x_1\to1$ 求极限，可得纯组分 1 的焓值

$$H_1=\lim_{x_1\to1}H=150-45\times1-5\times1^3=100\text{J·mol}^{-1}$$

或

$$H_1=\lim_{x_1\to1}\overline{H}_1=105-5\times3+10\times1=100\text{J·mol}^{-1}$$

同理，得纯组分 2 的焓值

$$H_2=150-45\times0-5\times0^3=150\text{J·mol}^{-1}$$

（3）根据 $\overline{H}_1=105-15x_1+10x_1^3$，在 $x_1\to0$ 时取极限，可得纯组分 1 的在无限稀释时的焓值

$$\overline{H}_1^{\infty}=\lim_{x_1\to0}\overline{H}_1=105\text{J·mol}^{-1}$$

同理，在 $x_2\to0$ 或 $x_1\to1$ 时取极限，可得纯组分 2 的在无限稀释时的焓值

$$\overline{H}_2^{\infty}=\lim_{x_2\to0}\overline{H}_2=\lim_{x_1\to1}\overline{H}_2=150+10=160\text{J·mol}^{-1}$$

值得注意的是，一般情形下

$$\overline{H}_2^{\infty}(x_2\to0)\neq H_1(x_1\to1),\quad \overline{H}_1^{\infty}(x_1\to0)\neq H_2(x_2\to1)。$$

值得指出的是，对于二元来说，从式(4-24a）出发的截距法与从偏摩尔性质的定义出发的式(4-18）是等价，而前者更方便，但对于二元以上的系统，式(4-24a）已不适用，但式(4-18）是适合任意系统的，无论是三元还是四元。

4.2.5 偏摩尔性质间的依赖关系 Gibbs-Duhem 方程

溶液中各个组分间的偏摩尔性质不是相互独立，而是相互联系的。它们之间的依赖关系，无论是理论上还是实际应用上都具有重要的意义。

溶液的总性质是温度、压力和各组分物质的量的函数。由式(4-17）知

$$\mathrm{d}(nM)=n\left(\frac{\partial M}{\partial T}\right)_{p,x}\mathrm{d}T+n\left(\frac{\partial M}{\partial p}\right)_{T,x}\mathrm{d}p+\sum_{i=1}^{N}\overline{M}_i\mathrm{d}n_i \tag{4-25}$$

式中，下标 x 表示所有物质的摩尔分数都保持不变。

另外，将式(4-19）微分，得

$$\mathrm{d}(nM)=\sum_{i=1}^{N}n_i\mathrm{d}\overline{M}_i+\sum_{i=1}^{N}\overline{M}_i\mathrm{d}n_i \tag{4-26}$$

式中，全微分 $\mathrm{d}(nM)$ 代表由于 T、p 或 n_i 的变化而产生的 nM 的变化，比较式(4-25）可得

$$\sum_{i=1}^{N}n_i\mathrm{d}\overline{M}_i=n\left(\frac{\partial M}{\partial T}\right)_{p,x}\mathrm{d}T+n\left(\frac{\partial M}{\partial p}\right)_{T,x}\mathrm{d}p$$

方程两边同除以 n，即得 Gibbs-Duhem 方程的一般形式

$$\sum_{i=1}^{N}x_i\mathrm{d}\overline{M}_i=\left(\frac{\partial M}{\partial T}\right)_{p,x}\mathrm{d}T+\left(\frac{\partial M}{\partial p}\right)_{T,x}\mathrm{d}p \tag{4-27}$$

式(4-27）描述了均相敞开系统中强度性质 T、p 和各组分偏摩尔性质之间的依赖关系，它适用于均相系统中任何热力学函数 M。

在恒定 T、p 下，Gibbs-Duhem 方程的形式变为

$$\sum_{i=1}^{N}x_i\mathrm{d}\overline{M}_i=0 \tag{4-28}$$

对于二元溶液，式(4-28）写为

$$x_1\mathrm{d}\overline{M}_1+x_2\mathrm{d}\overline{M}_2=0 \tag{4-29}$$

等式两边同时除以 $\mathrm{d}x_1$，整理得

$$x_1\frac{\mathrm{d}\overline{M}_1}{\mathrm{d}x_1}=x_2\frac{\mathrm{d}\overline{M}_2}{\mathrm{d}x_2}$$

$$x_1\frac{\mathrm{d}\overline{M}_1}{\mathrm{d}x_1}+x_2\frac{\mathrm{d}\overline{M}_2}{\mathrm{d}x_1}=0$$

注意：这是 $\mathrm{d}x_1$，不是 $\mathrm{d}x_2$

$$x_1\frac{\mathrm{d}\overline{M}_1}{\mathrm{d}x_1}+x_2\frac{\mathrm{d}\overline{M}_2}{\mathrm{d}x_1}=0 \tag{4-30}$$

$$x_1\frac{\mathrm{d}\overline{M}_1}{\mathrm{d}x_1}+(1-x_1)\frac{\mathrm{d}\overline{M}_2}{\mathrm{d}x_1}=0$$

$$x_1\frac{\mathrm{d}\overline{M}_1}{\mathrm{d}x_1}=-(1-x_1)\frac{\mathrm{d}\overline{M}_2}{\mathrm{d}x_1} \tag{4-31}$$

对于低压下的液体混合物，在温度一定时也近似满足式(4-31）的条件，因为此时压力对液相的影响可以不考虑。

对于二元系统，恒温恒压下常见的 Gibbs-Duhem 方程列于表 4-4。

表 4-4 常见的 Gibbs-Duhem 方程的几种形式

偏摩尔性质	Gibbs-Duhem 方程(恒 T、p)	偏摩尔性质	Gibbs-Duhem 方程(恒 T、p)
$\overline{V}_i$	$x_1 d\overline{V}_1 + x_2 d\overline{V}_2 = 0$	μ_i	$x_1 d\mu_1 + x_2 d\mu_2 = 0$
$\overline{H}_i$	$x_1 d\overline{H}_1 + x_2 d\overline{H}_2 = 0$	$\ln\frac{\hat{f}_i}{x_i}$	$x_1 d\ln\frac{\hat{f}_1}{x_1} + x_2 d\ln\frac{\hat{f}_2}{x_2} = 0$
$\overline{G}_i$	$x_1 d\overline{G}_1 + x_2 d\overline{G}_2 = 0$		
	$x_1 d\left(\frac{\overline{G}_1}{RT}\right) + x_2 d\left(\frac{\overline{G}_2}{RT}\right) = 0$	$\ln\gamma_i$	$x_1 d\ln\gamma_1 + x_2 d\ln\gamma_2 = 0$

注：$\ln\frac{\hat{f}_i}{x_i}$和 $\ln\gamma_i$ 这两个热力学性质将在 4.4 节、4.6 节中介绍。

Gibbs-Duhem 方程应用在于：

① 检验实验测得的混合物热力学性质数据的正确性。这一点将在第 5 章中详细讨论。

② 从一个组元的偏摩尔量推算另一组元的偏摩尔量。

Gibbs-Duhem方程就像是热力学的测谎仪，还可以用来检验建立的模型是否合理。

对于二元系统，求解式(4-31)，先分离变量

$$d\overline{M}_1 = -\frac{x_2}{1-x_2}\frac{d\overline{M}_2}{dx_2}dx_2$$

积分求解，当积分下限 $x_2=0$ 时，$\overline{M}_1 = M_1$，得

$$\overline{M}_1 = M_1 - \int_0^{x_2}\frac{x_2}{1-x_2}\frac{d\overline{M}_2}{dx_2}dx_2$$

只要已知从 $x_2=0$ 到 $x_2=x_2$ 范围内的 $\overline{M}_2 - x_2$ 的函数关系或实验数据和纯物质的摩尔性质，就可以根据上式求另一组元的偏摩尔量。

【例 4-5】 有人建议采用下述模型来表示恒温、恒压下简单二元系的偏摩尔体积与组成的关系

$$\overline{V}_1 - V_1 = a + (b-a)x_1 - bx_1^2$$

$$\overline{V}_2 - V_2 = a + (b-a)x_2 - bx_2^2$$

式中，V_1 和 V_2 分别是纯组分 1 和 2 的摩尔体积；a、b 是模型参数，只是 T、p 的函数。试从热力学的角度检验这个模型是否正确？

解：根据 Gibbs-Duhem 方程，该二元系统的偏摩尔体积应满足

$$x_1 d\overline{V}_1 + x_2 d\overline{V}_2 = 0$$

等式两边同时除以 dx_1，并整理

$$x_1\frac{d\overline{V}_1}{dx_1} + x_2\frac{d\overline{V}_2}{dx_1} = 0,\quad x_1\frac{d\overline{V}_1}{dx_1} - x_2\frac{d\overline{V}_2}{dx_2} = 0 \quad (dx_1 = -dx_2)$$

$$x_1\frac{d\overline{V}_1}{dx_1} = x_2\frac{d\overline{V}_2}{dx_2}$$

将题中给定的方程分别对 x_1 和 x_2 求导

$$\frac{d(\overline{V}_1 - V_1)}{dx_1} = \frac{d\overline{V}_1}{dx_1} = (b-a) - 2bx_1$$

$$\frac{d(\overline{V}_2 - V_2)}{dx_2} = \frac{d\overline{V}_2}{dx_2} = (b-a) - 2bx_2$$

则
$$x_1\frac{d\bar{V}_1}{dx_1}=x_1(b-a-2bx_1)=(b-a)x_1-2bx_1^2$$

$$x_2\frac{d\bar{V}_2}{dx_2}=x_2(b-a-2bx_2)=-b-a+(3b+a)x_1-2bx_1^2$$

由此可见 $x_1\frac{d\bar{V}_1}{dx_1}\neq x_2\frac{d\bar{V}_2}{dx_2}$，故本题所给出的偏摩尔体积的模型不合理。仅且当 $a=-b$ 时才正确。

【例 4-6】 在 25℃和 0.1MPa 时，测得甲醇（1）-水（2）二元系统的组分 2 的偏摩尔体积近似为
$$\bar{V}_2=18.1-3.2x_1^2\,cm^3\cdot mol^{-1}$$
已知纯甲醇的摩尔体积为 $V_1=40.7cm^3\cdot mol^{-1}$，试求该条件下的甲醇的偏摩尔体积和混合物的摩尔体积。

解：在保持 T、p 不变的情况下，由 Gibbs-Duhem 方程，有
$$x_1d\bar{V}_1+x_2d\bar{V}_2=0$$
移项、整理得
$$d\bar{V}_1=-\frac{x_2}{x_1}d\bar{V}_2=-\frac{x_2}{x_1}(-2\times3.2x_1dx_1)=6.4x_2dx_1=-6.4x_2dx_2$$
积分之
$$\int_{V_1}^{\bar{V}_1}d\bar{V}_1=\int_1^{x_1}6.4(1-x_1)dx_1=6.4(x_1-1)-3.2(x_1^2-1)=-3.2(x_1-1)^2=-3.2x_2^2$$

$$\bar{V}_1-V_1=-3.2x_2^2$$
$$\bar{V}_1=V_1-3.2x_2^2=40.7-3.2x_2^2$$
混合物的摩尔体积为
$$V=x_1\bar{V}_1+x_2\bar{V}_2=x_1(40.7-3.2x_2^2)+x_2(18.1-3.2x_1^2)=40.7x_1+18.1(1-x_1)-3.2(1-x_1)^2$$

4.3 混合变量

在 T、p 不变的条件下，混合过程也会引起摩尔性质的变化。如前已述及的由纯甲醇与水混合为溶液时，出现的收缩现象；又如由纯硫酸用水来稀释形成溶液时，出现的放热现象等。这都说明混合过程中溶液的体积或焓发生了变化。在化工设计和化工生产中，需要知道混合性质的变化，以断定混合过程中溶液的体积是否膨胀，容器是否留有余地，是否需供热或冷却等。

归根到底溶液的性质来源于实验测定。在缺少实验数据时，可以用模型来估算溶液的性质。但在某些情况下，特别是液体溶液的摩尔性质，与同温、同压的纯组分的摩尔性质具有更直接的关系。为了表达这种关系，引入一个新的热力学性质——混合变量 ΔM。

4.3.1 混合变量的定义

在 T、p 不变的条件下，由 N 个纯物质混合为 1mol 溶液时混合过程性质变化如图 4-2 所示。

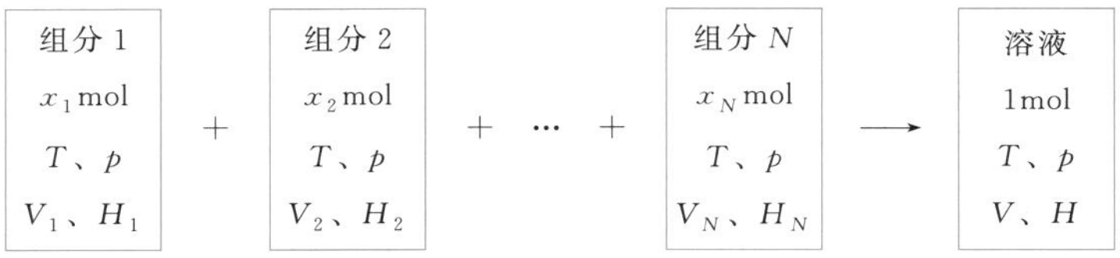

组分 1		组分 2		组分 N		溶液
$x_1$mol	+	$x_2$mol	+ … +	$x_N$mol	⟶	1mol
T、p		T、p		T、p		T、p
V_1、H_1		V_2、H_2		V_N、H_N		V、H

图 4-2　混合过程示意图

因此，混合变量被定义为恒温、恒压条件下，由各纯组分混合形成 1mol 溶液时热力学性质的变化，即

$$\Delta M = M - \sum x_i M_i \tag{4-32}$$

式中，M 可以代表 V、H、U、S、G、A、C_p 等。将式(4-20) 代入式(4-32) 中，变为

$$\Delta M = M - \sum x_i M_i = \sum x_i \overline{M}_i - \sum x_i M_i = \sum x_i (\overline{M}_i - M_i)$$

$$\Delta M = \sum x_i \Delta \overline{M}_i \tag{4-33}$$

式中，$\Delta \overline{M}_i = \overline{M}_i - M_i$ 为组分 i 偏摩尔混合变量。它与溶液的混合变量 ΔM 的关系符合偏摩尔性质的定义式、偏摩尔性质的截距法公式和恒温恒压下的 Gibbs-Duhem 方程。对于二元溶液，有

$$\Delta \overline{M}_1 = \left[\frac{\partial(n\Delta M)}{\partial n_1}\right]_{T,p,n_2}, \quad \Delta \overline{M}_2 = \left[\frac{\partial(n\Delta M)}{\partial n_2}\right]_{T,p,n_1} \tag{4-34a,b}$$

$$\Delta \overline{M}_1 = \Delta M - x_2 \frac{\mathrm{d}\Delta M}{\mathrm{d}x_2}, \quad \Delta \overline{M}_2 = \Delta M - x_1 \frac{\mathrm{d}\Delta M}{\mathrm{d}x_1} \tag{4-35a,b}$$

$$x_1 \mathrm{d}\Delta \overline{M}_1 + x_2 \mathrm{d}\Delta \overline{M}_2 = 0 \tag{4-36}$$

4.3.2 混合体积变化

对于二元溶液，在 T、p 不变的条件下，由 N 个纯物质混合为 1mol 溶液时混合过程的体积变化为

$$\Delta V = V - \sum x_i V_i = (x_1 \overline{V}_1 + x_2 \overline{V}_2) - (x_1 V_1 + x_2 V_2)$$

$$= x_1(\overline{V}_1 - V_1) + x_2(\overline{V}_2 - V_2)$$

$$\boxed{\Delta V = x_1 \Delta \overline{V}_1 + x_2 \Delta \overline{V}_2} \tag{4-37}$$

式中，$\Delta \overline{V}_1$ 为组分 1 的偏摩尔混合体积变化，$cm^3 \cdot mol^{-1}$；$\Delta \overline{V}_2$ 为组分 2 的偏摩尔混合体积变化，$cm^3 \cdot mol^{-1}$；ΔV 为溶液的混合体积变化，$cm^3 \cdot mol^{-1}$。

ΔV、$\Delta \overline{V}_1$ 和 $\Delta \overline{V}_2$ 三者之间的关系如图 4-3 所示，此外，还满足式(4-38)、式(4-39)。

$$\Delta \overline{V}_1 = \left[\frac{\partial(n\Delta V)}{\partial n_1}\right]_{T,p,n_2} \tag{4-38a}$$

$$\Delta \overline{V}_2 = \left[\frac{\partial(n\Delta V)}{\partial n_2}\right]_{T,p,n_1} \tag{4-38b}$$

$$\boxed{\Delta \overline{V}_1 = \Delta V - x_2 \frac{\mathrm{d}\Delta V}{\mathrm{d}x_2}} \tag{4-39a}$$

$$\boxed{\Delta \overline{V}_2 = \Delta V - x_1 \frac{\mathrm{d}\Delta V}{\mathrm{d}x_1}} \tag{4-39b}$$

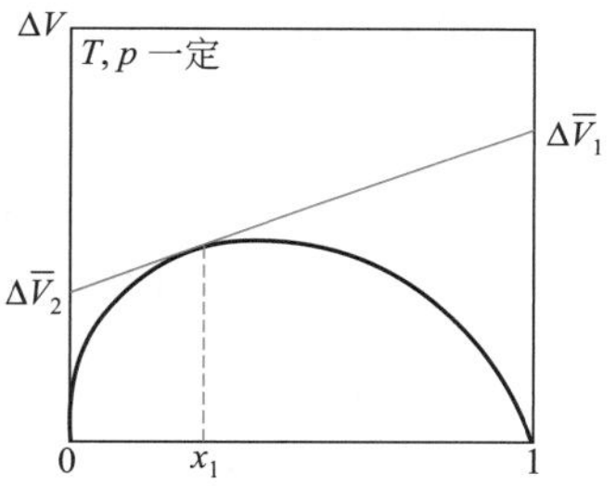

图 4-3 混合体积变量间的关系

【例 4-7】 303K 和 0.10133MPa 下，苯（1）和环己烷（2）的液体混合物的体积可用下式表示：$V = 109.4 - 16.8x_1 - 2.64x_1^2 \, cm^3 \cdot mol^{-1}$。确定在该温度、压力状态下 $\overline{V}_1$、$\overline{V}_2$ 和 ΔV 的表达式（以 Lewis-Randall 规则为标准态，参见 4.5.1.2 节）。

解：(1) 依题意，已知溶液的摩尔性质与组分 1 的摩尔分数的关系即 $V - x_1$，按照偏摩尔性质的定义式来求取 $\overline{V}_1$、$\overline{V}_2$。首先，将 V 的表达式两边同时乘以 n，有

$$nV = 109.4n - 16.8n_1 - 2.64 \frac{n_1^2}{n}$$

由式(4-18) 得

$$\overline{V}_1 = \left[\frac{\partial(nV)}{\partial n_1}\right]_{T,p,n_2} = 109.4 \frac{\partial n}{\partial n_1} - 16.8 - 2.64 \times 2n_1 \frac{1}{n} - 2.64n_1^2 \frac{-1}{n^2} \frac{\partial n}{\partial n_1}$$

$$\overline{V}_1 = 92.6 - 5.28x_1 + 2.64x_1^2 \, cm^3 \cdot mol^{-1}$$

偏摩尔体积的计算也可用截距公式求解。对于某些二元溶液，截距法公式更方便一些。请同学们自行练习。

在 $x_1 \to 1$ 对 $\overline{V}_1$ 取极限，得到纯组分 1 的摩尔体积

$$V_1 = 89.96 \text{cm}^3 \cdot \text{mol}^{-1}$$

（2）对于组分 2，同理可得

$$\overline{V}_2 = \left[\frac{\partial(nV)}{\partial n_2}\right]_{T,p,n_1} = 109.4\frac{\partial n}{\partial n_2} - 2.64 n_1^2 \frac{-1}{n^2}\frac{\partial n}{\partial n_2}$$

$$\overline{V}_2 = 109.4 + 2.64 x_1^2 \text{cm}^3 \cdot \text{mol}^{-1}$$

在 $x_1 \to 0$ 对 $\overline{V}_2$ 取极限，得到纯组分 2 的摩尔体积 $V_2 = 109.4 \text{cm}^3 \cdot \text{mol}^{-1}$。

（3）根据溶液混合变量的定义，有

$$\Delta V = V - \sum x_i V_i = V - x_1 V_1 - x_2 V_2$$

$$\begin{aligned}\Delta V &= (109.4 - 16.8x_1 - 2.64x_1^2) - 89.96x_1 - 109.4x_2 \\ &= 109.4(1 - x_2) - 106.76x_1 - 2.64x_1^2 = 2.64x_1 - 2.64x_1^2 \\ &= 2.64x_1(1 - x_1) = 2.64x_1 x_2 \text{cm}^3 \cdot \text{mol}^{-1}\end{aligned}$$

4.3.3 混合焓变

除形成溶液时混合过程有体积变化外，有时系统还需要与环境交换热量，才能维持混合后系统的 T、p 不变。由于等压条件下交换的热量等于混合过程的焓变化，对于二元溶液有

$$\begin{aligned}\Delta H = Q = H - \sum x_i H_i &= (x_1 \overline{H}_1 + x_2 \overline{H}_2) - (x_1 H_1 + x_2 H_2) \\ &= x_1(\overline{H}_1 - H_1) + x_2(\overline{H}_2 - H_2)\end{aligned}$$

$$\Delta H = x_1 \Delta\overline{H}_1 + x_2 \Delta\overline{H}_2 \tag{4-40}$$

式中，$\Delta\overline{H}_1$ 为组分 1 的偏摩尔混合焓变，$\text{J} \cdot \text{mol}^{-1}$；$\Delta\overline{H}_2$ 为组分 2 的偏摩尔混合焓变，$\text{J} \cdot \text{mol}^{-1}$；$\Delta H$ 为溶液的混合焓变，$\text{J} \cdot \text{mol}^{-1}$。

同样地，组分 i 偏摩尔混合焓变与溶液的热效应之间的关系，亦符合偏摩尔性质的定义式和截距法公式等关系式。正如式(4-41)和式(4-42) 所述。

$$\Delta\overline{H}_1 = \left[\frac{\partial(n\Delta H)}{\partial n_1}\right]_{T,p,n_2}, \quad \Delta\overline{H}_2 = \left[\frac{\partial(n\Delta H)}{\partial n_2}\right]_{T,p,n_1} \tag{4-41a,b}$$

$$\Delta\overline{H}_1 = \Delta H - x_2\frac{\text{d}\Delta H}{\text{d}x_2}, \quad \Delta\overline{H}_2 = \Delta H - x_1\frac{\text{d}\Delta H}{\text{d}x_1} \tag{4-42}$$

【例 4-8】 在 298K、1×10^5 Pa 下，组分 1 和组分 2 的混合热与混合物的组成间的关系式如下：$\Delta H = x_1 x_2(10x_1 + 5x_2) \text{J} \cdot \text{mol}^{-1}$。在相同的温度和压力下，纯液体的摩尔焓分别为：$H_1 = 418 \text{J} \cdot \text{mol}^{-1}$，$H_2 = 628 \text{J} \cdot \text{mol}^{-1}$。求 298 K、$1 \times 10^5$ Pa 下无限稀释偏摩尔焓 $\overline{H}_1^\infty$ 和 $\overline{H}_2^\infty$。

解：已知溶液的摩尔性质与浓度的关系式，可按式(4-42) 来求解。

（1）将 ΔH 的表达式整理为 x_1 的单值函数关系，即

$$\Delta H = x_1(1 - x_1)(10x_1 + 5 - 5x_1) = 5(x_1 - x_1^3) \tag{A}$$

（2）将上式对 x_1 进行求导，有

$$\frac{\text{d}\Delta H}{\text{d}x_1} = 5 - 15x_1^2 \tag{B}$$

(3) 将式(A) 和式(B) 代入式(4-42) 中，整理得到

$$\Delta\overline{H}_1=\Delta H+(1-x_1)\frac{\mathrm{d}\Delta H}{\mathrm{d}x_1}=5(x_1-x_1^3)+(1-x_1)(5-15x_1^2)=5(1-3x_1^2+2x_1^3) \tag{C}$$

$$\Delta\overline{H}_2=\Delta H-x_1\frac{\mathrm{d}\Delta H}{\mathrm{d}x_1}=5(x_1-x_1^3)-x_1(5-15x_1^2)=10x_1^3 \tag{D}$$

由式(C) 和式(D) 得组分 1 和组分 2 的偏摩尔焓为

$$\overline{H}_1=H_1+5(1-3x_1^2+2x_1^3)=418+5(1-3x_1^2+2x_1^3)$$

$$\overline{H}_2=H_2+10x_1^3=628+10x_1^3$$

则组分 1 和组分 2 无限稀释的偏摩尔焓为

$$\overline{H}_1^{\infty}=\lim_{x_1\to 0}\overline{H}_1=423\mathrm{J\cdot mol^{-1}},\quad \overline{H}_2^{\infty}=\lim_{x_1\to 1}\overline{H}_2=638\mathrm{J\cdot mol^{-1}}$$

4.3.4 焓浓图及其应用

焓浓图，顾名思义，为溶液的焓与浓度之间的关系曲线，即 H-x 图。对于混合和分离过程的工程计算来说，它是最有用的热力学性质图。

图 4-4 为 NH_3-H_2O 系统的 H-x 图，其中的参考态选择 0℃时的液态 H_2O 和−77℃时的纯液态

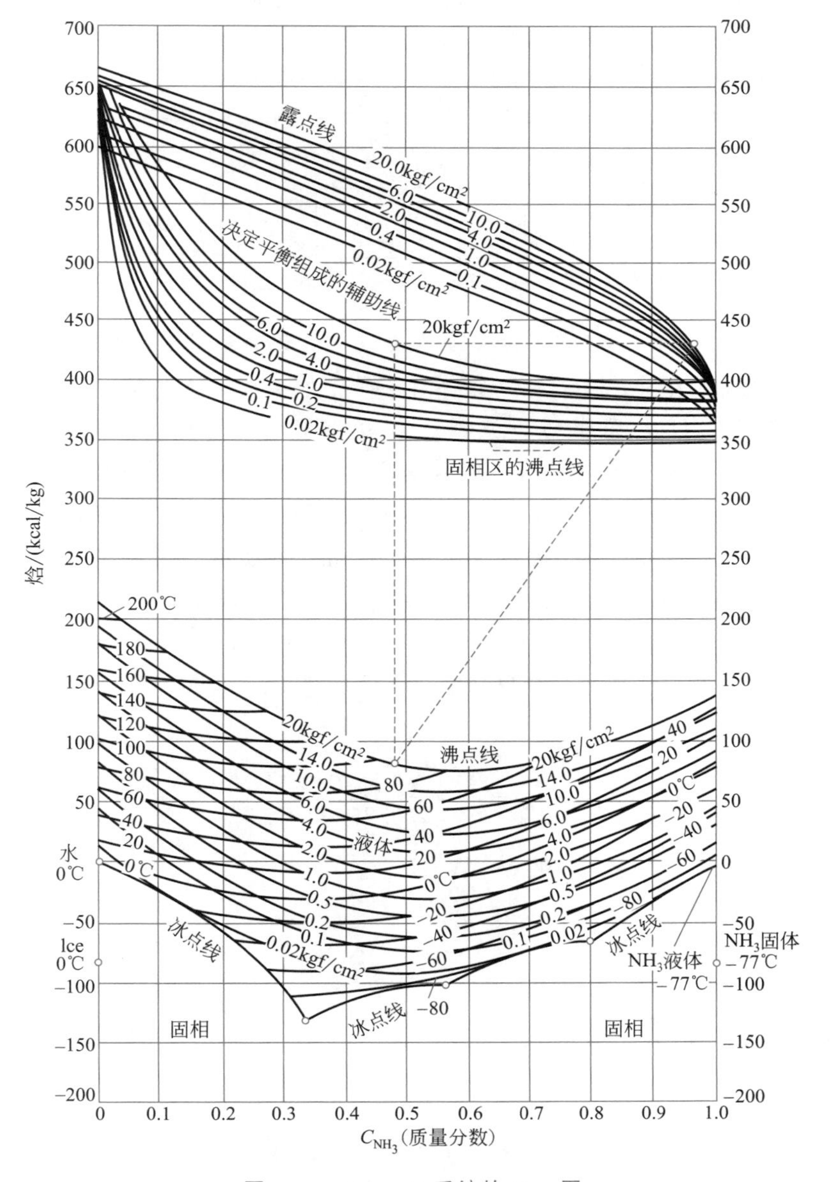

图 4-4 NH_3-H_2O 系统的 H-x 图

NH_3。需要指出的是，这些参考态的选择是任意的，对任何系统，都需指定每一组分的参考态，有关内容可参阅第3.3节。

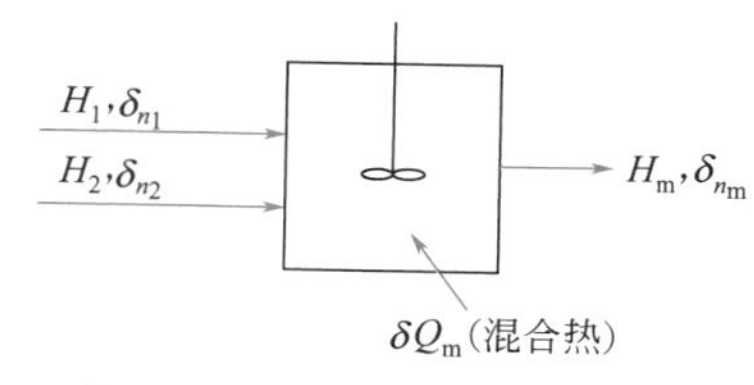

图4-5　流动态量热计示意图

制作 H-x 图所需要的数据通常通过测量热量的方法得到。例如，NH_3 和 H_2O 在压力保持不变的情况下在流动态量热计中混合，如图4-5所示，为了保持混合物温度与初态纯物质混合前的温度一致而需要向系统提供或移出热量，这个热量称为混合热。因此在流动态量热计中测得的热效应正好等于混合过程的焓变。于是对于二元溶液，其焓值与浓度的关系为

$$H=\Delta H+(x_1H_1^0+x_2H_2^0)=x_1H_1^0+(1-x_1)H_2^0+Q \quad (4\text{-}43)$$

$$\boxed{H=x_1(H_1^0-H_2^0)+H_2^0+Q} \quad (4\text{-}44)$$

式中，H_1^0 为组分1在参考态下的焓值，$J\cdot mol^{-1}$；H_2^0 为组分2在参考态下的焓值，$J\cdot mol^{-1}$；H 为溶液的焓值，$J\cdot mol^{-1}$；Q 为混合热效应，$J\cdot mol^{-1}$。

由此可见，只要规定了参考态下的焓值 H_1^0、H_2^0，且已知 Q，就可以作出焓浓图了。

【例4-9】　为制得在 1.013×10^5Pa、35℃稳定存在的浓氨水，当用30℃的5%稀氨水与20℃的液氨混合时，试求：(1) 所得氨水的最高浓度；(2) 如在绝热下混合，其混合后的温度与压力；(3) 每制得1kg浓氨水，在混合时取走的热量；(4) 液氨与稀氨水的用量。

解：(1) 30℃的5%稀氨水与20℃的液氨混合过程如［例4-9］图所示。

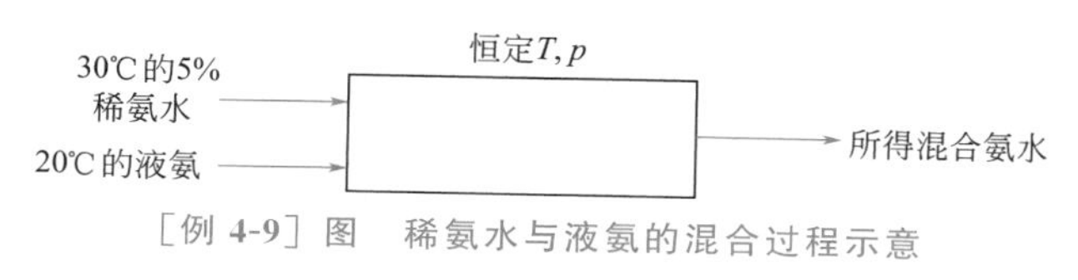

［例4-9］图　稀氨水与液氨的混合过程示意

查图4-4，在 1.013×10^5Pa、35℃下饱和液体曲线（汽化曲线）上稳定氨水溶液组成为 $x_{NH_3}=0.25$，即35℃等温线与 1.013×10^5Pa（$0.9934kgf/cm^2$）下等压线的交点。

(2) 绝热混合过程在 H-x 图上为一直线。它由30℃的5%稀氨水的状态点与20℃的液氨（$x_{NH_3}=1.0$）所构成，则混合物必在这两点的连接线上。已知混合后溶液的浓度为 $x_{NH_3}=0.25$，故可得出混合后的状态为：$x_{NH_3}=0.25$，$T=60℃$，$p=2.88kgf/cm^2=2.825\times10^5$Pa。

(3) 要最终得到 $x_{NH_3}=0.25$、35℃、$0.9934kgf/cm^2$ 的氨水，需要将状态点为 $x_{NH_3}=0.25$、$T=60℃$、$p=2.88kgf/cm^2$ 的溶液做减压、冷却操作，即从中移走热量。

$$q=h_2-h_1=12.5-42.5=-30kcal\cdot kg^{-1}\text{溶液}$$

(4) 所需的液氨与稀氨水量可按杠杆规则求出。设制得1kg浓氨水需稀氨水量为 W_1，需液氨量为 W_2，则

$$\frac{W_1}{W_2}=\frac{\Delta x_2}{\Delta x_1}=\frac{1-0.25}{0.25-0.05}$$

且

$$W_1+W_2=1$$

联立上两式解得 $W_1=0.79$kg，$W_2=0.21$kg。

4.4　逸度和逸度系数

当一定组分的溶液各相处于平衡时，在物理化学中常常用化学位来描述之。但是在处理相平衡问题时，直接使用化学位是不方便的，因而人们广泛采用了一个与化学位有关的新的热力学函数——

“逸度”来取而代之。组分逸度 $\hat{f}_i$ 是另一重要的热力学性质，它是发生传递的推动力，又是相平衡的判据（第5章），也是定义活度系数 γ_i 的基础。一般来说，有三种不同情况的逸度：第一种是纯组分 i 的逸度；第二种是混合物的逸度；第三种是溶液中组分 i 的逸度。

4.4.1 纯物质逸度和逸度系数的定义

大家知道，对于1mol纯流体，Gibbs自由能与温度和压力的基本关系式为

$$dG=-SdT+Vdp$$

若记纯流体为 i，恒温时有

$$dG_i=V_i dp \tag{4-45}$$

当流体 i 为理想气体时，则

$$dG_i=\frac{RT}{p}dp$$

$$dG_i=RT d\ln p \tag{4-46}$$

当流体 i 为真实气体时，式(4-45)中的 V_i 需要用真实气体的状态方程来描述。可以想象，这时得到的 dG_i 公式将不会像式(4-46)那样简单，且积分也较困难。为了方便，Lewis等采用一个新的热力学函数 f_i 来代替式(4-46)中的纯组分压力 p_i（亦就是系统压力 p），以保持式(4-46)的简单形式而适用于真实气体的计算。于是有

$$dG_i=RT d\ln f_i \tag{4-47a}$$

式中，f_i 为纯组分 i 的逸度，其单位与压力的单位相同，其物理意义是物质发生迁移（传递或溶解时）的一种推动力。式(4-47a)可用来计算逸度的变化值，但不能确定它的绝对值。于是，Lewis等根据符合实际和简单性的原则，补充了下列条件

物质在任何状态下都有逃逸该状态的趋势，逸度 f_i 表示分子的逃逸趋势，相间的传递推动力。

$$\lim_{p\to 0}\frac{f_i}{p}=1 \tag{4-47b}$$

这样就完整了逸度的定义。式(4-47b)表达的是理想气体的特定情况，即对于理想气体，$f_i=p$。

逸度系数定义为物质的逸度与其压力之比，记为 φ_i，且

$$\varphi_i=\frac{f_i}{p} \tag{4-47c}$$

显然，对于理想气体，$\varphi_i=1$。真实气体的逸度系数可以大于1，也可以小于1，它是温度、压力的函数，当压力 $p^*\to 0$ 时，表现为理想气体行为。

4.4.2 纯物质逸度系数的计算

4.4.2.1 计算逸度的关系式

恒温时将式(4-45)和式(4-47a)合并，得

$$RT d\ln f_i=V_i dp$$

等式两边同时减去 $RT d\ln p$ 得

$$RT d\ln\frac{f_i}{p}=\left(V_i-\frac{RT}{p}\right)dp$$

整理得
$$\mathrm{d}\ln\varphi_i=\left(\frac{V_i}{RT}-\frac{1}{p}\right)\mathrm{d}p$$

在恒温下，将上式从压力为零的状态积分到压力为 p 的状态，并考虑到当 $p\to 0$ 时，$\varphi_i\to 1$，便可得到纯物质逸度系数的计算式

$$\ln\varphi_i=\frac{1}{RT}\int_{p^*\to 0}^{p}\left(V_i-\frac{RT}{p}\right)\mathrm{d}p \tag{4-48}$$

根据 $Z_i=\frac{pV_i}{RT}$，逸度系数的计算式又可写为

$$\ln\varphi_i=\int_{p^*\to 0}^{p}(Z_i-1)\mathrm{d}\ln p \tag{4-49}$$

或
$$\ln\varphi_i=\frac{1}{RT}\int_{p^*\to 0}^{p}V_i^{\mathrm{R}}\mathrm{d}p \tag{4-50}$$

式中，V_i 为纯流体 i 的摩尔体积，$\mathrm{m^3\cdot mol^{-1}}$；$Z_i$ 为纯流体 i 的压缩因子，无量纲；V_i^{R} 为纯流体 i 的剩余体积，$\mathrm{m^3\cdot mol^{-1}}$。

据此，我们把物质的 p-V-T 关系与逸度系数的计算联系起来。因而，在前面第 2 章讨论的流体 p-V-T 关系的计算方法，都可以用来计算逸度系数。式(4-48)～式(4-50) 都是计算纯组分逸度系数的计算式。

4.4.2.2 利用状态方程计算逸度的关系式

当用状态方程来求解逸度系数时，只需要把状态方程所描述的 p-V-T 关系代入式(4-48)～式(4-50)，积分运算就可得到。

首先，以一个简单的状态方程为例来说明逸度系数的计算过程。若某纯物质的 p-V-T 关系可以用 $p=\frac{RT}{V-b}$来表示，逸度系数的计算如下。

根据逸度系数的计算公式(4-48)

$$\ln\varphi_i=\frac{1}{RT}\int_{p^*\to 0}^{p}\left(V_i-\frac{RT}{p}\right)\mathrm{d}p$$

由方程可知，$\frac{RT}{p}=V_i-b_i$ 或 $V_i-\frac{RT}{p}=b_i$，代入逸度系数的计算式中，积分得

$$\ln\varphi_i=\frac{1}{RT}\int_{p^*\to 0}^{p}b_i\mathrm{d}p=\frac{b_ip}{RT}$$

再以 RK 方程为例来看看用复杂的状态方程计算逸度系数的过程。根据逸度系数的计算公式，有

$$\ln\varphi_i=\frac{1}{RT}\int_{p^*\to 0}^{p}V_i\mathrm{d}p-\frac{1}{RT}\int_{p^*\to 0}^{p}\left(\frac{RT}{p}\right)\mathrm{d}p$$

分析 RK 方程的特点，它是一个关于体积 V 的立方型方程，因而 $\int_{p^*\to 0}^{p}V_i\mathrm{d}p$ 这一项的积分较为困难。为此，将它进行一下数学处理。为书写方便起见，对于纯组分，先去掉下标 i，在适当的时候再把它考虑进去。

根据全微分的原理，$\mathrm{d}(pV)=p\mathrm{d}V+V\mathrm{d}p$。将此公式移项后积分，有

$$\int_{p^*\to 0}^{p}V\mathrm{d}p=\int_{(pV)^*\to RT}^{pV}\mathrm{d}(pV)-\int_{V^*\to\infty}^{V}p\mathrm{d}V$$

其中右边的第一项积分为

$$\int_{(pV)^*\to RT}^{pV} \mathrm{d}(pV) = pV - RT \tag{4-51}$$

第二项积分为

$$\int_{V^*\to\infty}^{V} p\,\mathrm{d}V = \int_{V^*\to\infty}^{V} \left[\frac{RT}{V-b} - \frac{a}{T^{0.5}V(V+b)}\right]\mathrm{d}V \tag{4-52}$$

将式(4-51）和式(4-52）代入式(4-48）中，有

$$\begin{aligned}
\ln\varphi &= \frac{1}{RT}\int_{p^*\to 0}^{p} V\mathrm{d}p - \frac{1}{RT}\int_{p^*\to 0}^{p} \frac{RT}{p}\mathrm{d}p \\
&= \frac{1}{RT}\left[\int_{(pV)^*\to RT}^{pV} \mathrm{d}(pV) - \int_{V^*\to\infty}^{V} p\,\mathrm{d}V\right] - \frac{1}{RT}\int_{p^*\to 0}^{p} \frac{RT}{p}\mathrm{d}p \\
&= \underbrace{\frac{1}{RT}\int_{(pV)^*\to RT}^{pV} \mathrm{d}(pV)}_{\frac{1}{RT}(pV-RT)} - \frac{1}{RT}\int_{V^*\to\infty}^{V} p\,\mathrm{d}V \underbrace{- \frac{1}{RT}\int_{p^*\to 0}^{p} \frac{RT}{p}\mathrm{d}p}_{-\ln p + \ln p^*}
\end{aligned}$$

第二项积分为

$$\begin{aligned}
-\frac{1}{RT}\int_{V^*\to\infty}^{V} p\,\mathrm{d}V &= -\frac{1}{RT}\int_{V^*\to\infty}^{V} \left[\frac{RT}{V-b} - \frac{a}{T^{0.5}V(V+b)}\right]\mathrm{d}V \\
&= -\ln\frac{V-b}{V^*-b} + \frac{1}{RT}\times\frac{a}{T^{0.5}b}\left(\ln\frac{V}{V+b} - \ln\frac{V^*}{V^*+b}\right)
\end{aligned}$$

因为 $V^* \gg b$，所以 $V^* - b \approx V^* = \dfrac{RT}{p^*}$，$\ln\dfrac{V^*}{V^*+b} \approx \ln\dfrac{V^*}{V^*} \approx \ln 1 = 0$，故逸度系数的计算式为：

$$\begin{aligned}
\ln\varphi &= \frac{1}{RT}(pV-RT) - \ln\frac{(V-b)}{V^*} + \frac{1}{RT}\times\frac{a}{T^{0.5}b}\ln\frac{V}{V+b} - \ln p + \ln p^* \\
&= (Z-1) - \ln\frac{p(V-b)}{RT} + \frac{a}{bRT^{1.5}}\ln\frac{V}{V+b}
\end{aligned}$$

整理并加入原先推导公式时省略的下标 i，得到利用 RK 方程计算逸度的公式

$$\ln\varphi_i = (Z_i - 1) - \ln\left(Z_i - \frac{b_i p}{RT}\right) - \frac{a_i}{b_i RT^{1.5}}\ln\left(1 + \frac{b_i}{V_i}\right) \tag{4-53}$$

4.4.2.3 利用普遍化关系式计算逸度的关系式

在前面章节中，已经介绍过普遍化关系式求解流体的 p-V-T 关系。现在大家可以回想一下，普遍化关系式实际上包括两种：即普遍化热力学图表（如第 2.3.4 节中的普遍化压缩因子图）和普遍化第二 virial 系数法。一般来说，普遍化热力学图表用于高压系统，通过查图来推算 p-V-T 关系，而普遍化第二 virial 关系式用于低压系统，且采用公式计算。同样地，逸度系数的计算也有相应的方法。

(1) 普遍化第二 virial 系数法

当状态点在图 2-14 曲线上方或 $V_r \geqslant 2$ 时，用这种方法。它的基本方程是取 virial 方程截至前两项的形式，即

$$Z = 1 + \frac{Bp}{RT}$$

因此

$$Z - 1 = \frac{Bp}{RT}$$

利用普遍化第二 virial 系数法求解逸度系数的基本思路，仍然是把 virial 方程描述的 p-V-T 关系与逸度系数的计算式联系起来。于是将 virial 方程代入式(4-49）中。在恒温的条件下有

$$\ln\varphi = \int_{p^* \to 0}^{p} (Z-1)\mathrm{d}\ln p = \int_{p^* \to 0}^{p} \frac{Bp}{RT}\mathrm{d}\ln p$$

因为对于特定的物质，B 仅是温度的函数，与压力无关。故 B 可以作为常数，移到积分符号之外，有

$$\ln\varphi = \int_{p^* \to 0}^{p} \frac{Bp}{RT}\frac{\mathrm{d}p}{p} = \frac{B}{RT}\int_{p^* \to 0}^{p} \mathrm{d}p = \frac{Bp}{RT}$$

$$\ln\varphi = \frac{Bp}{RT} = \frac{Bp_c}{RT_c}\frac{p_r}{T_r}$$

或

$$\ln\varphi_i = \frac{p_{r,i}}{T_{r,i}}[B^0 + \omega B^1]_i \tag{4-54}$$

由式(4-54) 可知，逸度系数的计算关键，是求出第二 virial 系数。B 的计算方法在前面已经介绍过，具体见式(2-46)～式(2-49)，此处不再赘述。

(2) 普遍化逸度系数图

普遍化逸度系数图的计算思路是把普遍化压缩因子关系图与 $\ln\varphi$ 的相关联。根据 Pitzer 关系式，有

$$Z = Z^0 + \omega Z^1$$

等式两边同时减去 1，可得

$$Z - 1 = Z^0 + \omega Z^1 - 1$$

将这个表达式代入式(4-49)

$$\ln\varphi = \int_{p^* \to 0}^{p} (Z-1)\mathrm{d}\ln p = \int_{p^* \to 0}^{p} (Z^0 - 1)\mathrm{d}\ln p_c p_r + \omega\int_{p^* \to 0}^{p} Z^1 \mathrm{d}\ln p_c p_r$$

令

$$\ln\varphi^0 = \int_{p^* \to 0}^{p} (Z^0 - 1)\mathrm{d}\ln p_r, \quad \ln\varphi^1 = \int_{p^* \to 0}^{p} Z^1 \mathrm{d}\ln p_r$$

则

$$\ln\varphi = \ln\varphi^0 + \omega \ln\varphi^1 \tag{4-55a}$$

或

$$\varphi_i = \varphi_i^0 (\varphi_i^1)^{\omega} \tag{4-55b}$$

式中，φ^0、φ^1 是温度、压力的函数，$\varphi^0 = f(T_r, p_r)$、$\varphi^1 = f(T_r, p_r)$。根据逸度系数图 4-6～图 4-9，在一定的对比温度 T_r、对比压力 p_r 下，查取 φ^0、φ^1，就可方便地计算出逸度系数了。

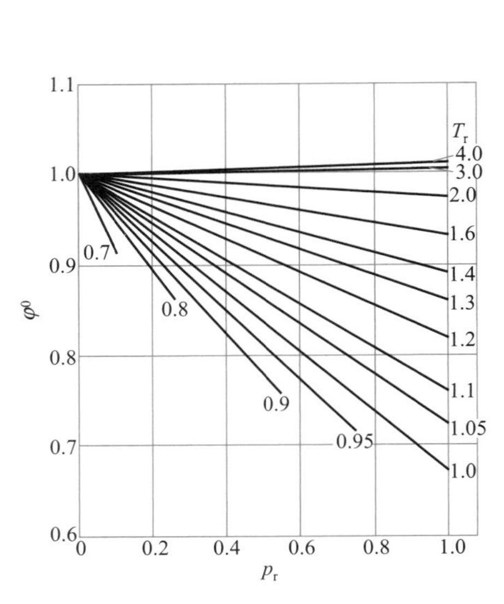

图 4-6　φ^0 的普遍化关联（$p_r<1$）

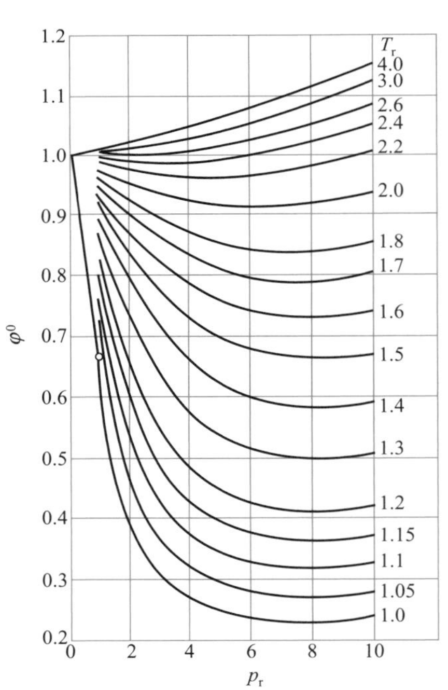

图 4-7　φ^0 的普遍化关联（$p_r>1$）

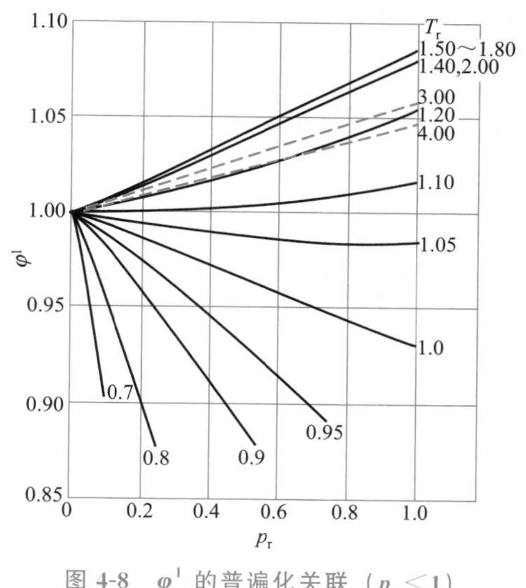

图 4-8 φ^1 的普遍化关联（$p_r<1$）

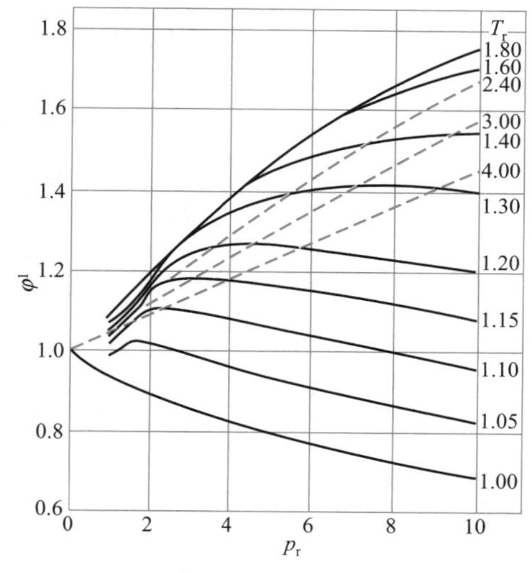

图 4-9 φ^1 的普遍化关联（$p_r>1$）

【例 4-10】用 RK 方程和普遍化方法计算正丁烷在 460K、1.520MPa 下的逸度系数和逸度。

解：(1) 从附录 2 中查出正丁烷的物性参数：$T_c=425.2\text{K}$，$p_c=3.8\text{MPa}$，$\omega=0.193$。其对比参数为：$T_r=\dfrac{T}{T_c}=\dfrac{460}{425.2}=1.082$，$p_r=\dfrac{p}{p_c}=\dfrac{1.520}{3.8}=0.400$。将有关数据代入式(2-11a, b)，可得

$$a_i=0.42748\frac{R^2T_c^{2.5}}{p_c}=0.42748\frac{8.314^2\times425.2^{2.5}}{3800000}=29.00\text{Pa}\cdot\text{m}^6\cdot\text{K}^{0.5}\cdot\text{mol}^{-2}$$

$$b_i=0.08664\frac{RT_c}{p_c}=0.08664\times\frac{8.314\times425.2}{3800000}=8.060\times10^{-5}\ \text{m}^3\cdot\text{mol}^{-1}$$

利用与［例 2-6］相同的方法求得 V_i，继而得到 $Z_i=0.8854$，再将 V_i、Z_i 和 a_i、b_i 代入式(4-53) 得

$$\varphi_i=0.8942$$

纯正丁烷的逸度为 $$f_i=p\varphi_i=1.52\times0.8942=1.359\text{MPa}$$

(2) 因为 $T_r=1.082$，$p_r=0.400$ 落在第二 virial 系数法的计算范围内，故选用式(4-54) 计算纯组分的逸度系数。根据式(2-46)和式(2-47) 可得

$$B^0=0.083-\frac{0.422}{T_r^{1.6}}=0.083-\frac{0.422}{(1.0820)^{1.6}}=-0.2890$$

$$B^1=0.139-\frac{0.172}{T_r^{4.2}}=0.139-\frac{0.172}{(1.0820)^{4.2}}=0.0155$$

由式(4-54) 可得

$$\ln\varphi_i=\frac{0.4004}{1.0820}\times(-0.289+0.199\times0.0155)=-0.1058$$

$$\varphi_i=0.8996$$

纯正丁烷的逸度为

$$f_i=p\varphi_i=1.52\times0.8996=1.367\text{MPa}$$

4.4.2.4 利用剩余性质关系式计算逸度的关系式

当系统在恒温条件下，从理想气体（压力为 p^*）变化到真实气体（压力为 p）时

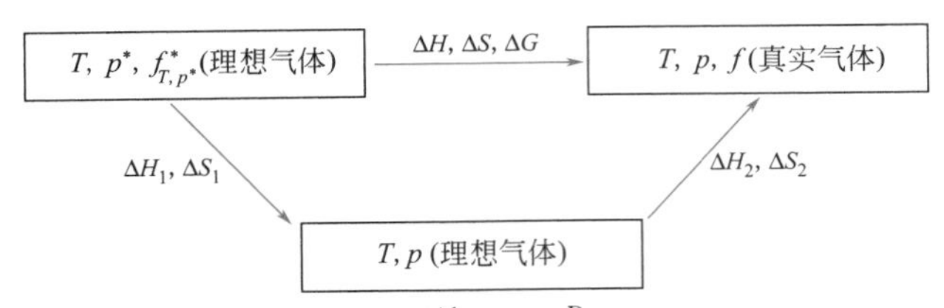

显然 $$\Delta H=\Delta H_1+\Delta H_2=0+(H-H^{id})=H^R$$

$$\Delta S=\Delta S_1+\Delta S_2=-R\ln\frac{p}{p^*}+(S-S^{id})=-R\ln\frac{p}{p^*}+S^R$$

故此过程的 Gibbs 自由能为

$$\Delta G=\Delta H-T\Delta S=H^R-TS^R+RT\ln\frac{p}{p^*}$$

另外，由式(4-47a) 可得

$$\Delta G=RT\ln\frac{f_{T,p}}{f^*_{T,p^*}} \tag{4-56}$$

于是有 $$RT\ln\frac{f}{f^*_{T,p^*}}=H^R-TS^R+RT\ln\frac{p}{p^*}$$

进一步整理得

$$RT\ln\frac{f}{p}+RT\ln\frac{p^*}{f^*_{T,p^*}}=H^R-TS^R \qquad \left(\ln\frac{p^*}{f^*_{T,p^*}}=0\right)$$

所以，对于任意纯物质 i，在一定 T、p 下的逸度系数为

$$\ln\frac{f_i}{p}=\ln\varphi_i=\frac{H_i^R}{RT}-\frac{S_i^R}{R} \tag{4-57}$$

这就是由剩余焓和剩余熵来计算逸度系数的基本公式。前面 3.2.3 节中介绍的计算剩余性质的方法，都可以用来计算 H^R、S^R，从而计算出纯物质的逸度系数。

相应地，逸度系数也可按式(4-55) 进行计算。

$$\boxed{\ln\varphi_i=(\ln\varphi_i)^0+\omega(\ln\varphi_i)^1} \tag{4-58}$$

其中 $$(\ln\varphi_i)^0=\frac{1}{T_r}\left(\frac{H^R}{RT_c}\right)^0-\left(\frac{S^R}{R}\right)^0,\quad (\ln\varphi_i)^1=\frac{1}{T_r}\left(\frac{H^R}{RT_c}\right)^1-\left(\frac{S^R}{R}\right)^1 \tag{4-59a,b}$$

用普遍化关系式法计算剩余焓、剩余熵的方法与 3.4.2 节所介绍的方法一样。

4.4.3 混合物的逸度 f_m 及其逸度系数 φ_m 的定义

工程上遇到的系统并非都是纯物质，更多的系统是混合物。因此，研究溶液和溶液中组分 i 的逸度，就显得特别重要。如果把溶液作为一个整体来考虑，则混合物逸度的定义 f_m 与纯物质相类似。则第二种逸度的定义为

$$\boxed{dG_m=RT\,d\ln f_m \quad (恒温)} \tag{4-60a}$$

$$\boxed{\lim_{p\to 0}\frac{f_m}{p}=1} \tag{4-60b}$$

$$\boxed{\varphi_m=\frac{f_m}{p}} \tag{4-60c}$$

4.4.4 混合物逸度系数 φ_m 的计算

若把混合物作为一个整体来看待，则计算纯物质逸度系数的计算公式，都可以用来计算混合物的

逸度系数。所不同的是，当用状态方程来计算逸度系数时，状态方程的参数，如 RK 方程的 a、b，不再单纯代表纯物质的特征参数，而是与混合物的组分 i 和组成 y_i 密切相关。此时，逸度系数的计算方法应该由相应的计算公式和混合规则所构成。

下面以 RK 方程为例，加以介绍。混合物的逸度计算公式形式与式(4-53) 完全相同，但所有广度性质如 φ、Z、a 和 b 都必须加上下标 m，即 φ_m、Z_m、a_m 和 b_m。其具体表达式为

$$\ln\varphi_m=(Z_m-1)-\ln\left(Z_m-\frac{b_m p}{RT}\right)-\frac{a_m}{b_m RT^{1.5}}\ln\left(1+\frac{b_m}{V_m}\right) \tag{4-61}$$

式中，a_m、b_m 的计算方式依据混合规则的不同而各异。除了式(2-66)～式(2-68) 所采用的传统二次型混合规则 (classical quadratic form mixing rules) 外，根据所讨论系统的不同，还可使用 Huron-Vidal 混合规则、Wong-Sandler 混合规则等。

对于混合物，RK 方程的另一种多项式为

$$Z_m^3-Z_m^2+(A_m-B_m-B_m^2)Z_m-A_mB_m=0 \tag{4-62}$$

其中
$$A_m=\frac{a_m p}{R^2T^{2.5}},\quad B_m=\frac{b_m p}{RT}$$

在习惯上，将 Z_m、V_m、A_m、B_m、a_m 和 b_m 分别简记为 Z、V、A、B、a 和 b，因此上式可写为

$$Z^3-Z^2+(A-B-B^2)Z-AB=0 \tag{4-63}$$

于是式(4-61) 经过整理变为

$$\ln\varphi_m=(Z_m-1)-\ln(Z_m-B_m)-\frac{A_m}{B_m}\ln\left(1+\frac{B_m}{Z_m}\right) \tag{4-64a}$$

或
$$\ln\varphi_m=(Z_m-1)-\ln(Z_m-B_m)-\frac{A_m}{B_m}\ln\left(1+\frac{b_m}{V}\right) \tag{4-64b}$$

几种常见的混合规则列于表 4-5。

表 4-5 几种常见的混合规则

二次型混合规则	$a_m=\sum_i\sum_j x_ix_ja_{ij}$ $a_{ij}=(a_ia_j)^{1/2}(1-k_{ij})$ $b_m=\sum_i x_ib_i$
MHV1 混合规则	$a_m=b_mRT\left(\sum x_i\frac{a_i}{b_iRT}+\frac{G_\infty^E}{A_0RT}\right)$ $b_m=\sum_i x_ib_i$
Wong-Sandler 混合规则	$\left(b-\frac{a}{RT}\right)_{ij}=\frac{\left(b-\frac{a}{RT}\right)_{ii}+\left(b-\frac{a}{RT}\right)_{jj}}{2}(1-k_{ij})$ $b_m-\frac{a_m}{RT}=\sum_j\sum_i x_ix_j\left(b-\frac{a}{RT}\right)_{ij}$

4.4.5 混合物中组分 i 的逸度 $\hat{f}_i$ 及其逸度系数 $\hat{\varphi}_i$ 的定义

对于第三种逸度的定义，即溶液中组分 i 的逸度，记为 $\hat{f}_i$，以便与纯物质的逸度加以区别。

由于混合物中组分 i 在溶液中所表现出的摩尔 Gibbs 自由能与纯物质的摩尔 Gibbs 自由能不同，前者为偏摩尔性质 Gibbs 自由能 $\overline{G}_i$。因此恒温时溶液中组分 i 的自由能与逸度的关系式为

$$\boxed{\mathrm{d}\overline{G}_i=RT\,\mathrm{d}\ln\hat{f}_i} \tag{4-65a}$$

相应地，溶液中组分 i 逸度的补充定义有

$$\lim_{p\to 0}\frac{\hat{f}_i}{py_i}=1 \tag{4-65b}$$

溶液中组分 i 的逸度系数为

$$\hat{\varphi}_i=\frac{\hat{f}_i}{py_i} \tag{4-65c}$$

式中，y_i 为组分 i 在溶液中的摩尔分数；p 为系统的压力。将这三种不同的逸度汇总于表 4-6。

表 4-6　三种不同的逸度定义

纯物质 i	混合物(或溶液)	任一组分 i 于混合物中	f_m 与 $\hat{f}_i$ 的关系
$dG_i=RT\,d\ln f_i$	$dG_m=RT\,d\ln f_m$	$d\bar{G}_i=RT\,d\ln\hat{f}_i$	$\ln f_m=\sum y_i\ln\frac{\hat{f}_i}{y_i}$
$\lim\limits_{p\to 0}\frac{f_i}{p}=1$	$\lim\limits_{p\to 0}\frac{f_m}{p}=1$	$\lim\limits_{p\to 0}\frac{\hat{f}_i}{py_i}=1$	
$\varphi_i=\frac{f_i}{p}$	$\varphi_m=\frac{f_m}{p}$	$\hat{\varphi}_i=\frac{\hat{f}_i}{py_i}$	φ_m 与 $\hat{\varphi}_i$ 的关系 $\ln\varphi_m=\sum y_i\ln\hat{\varphi}_i$

注：f_i—纯组分 i 的逸度；f_m—混合物的逸度；$\hat{f}_i$—混合物中组分 i 的逸度；$\hat{\varphi}_i$—混合物中组分 i 的逸度系数；φ_i—纯组分 i 的逸度系数；φ_m—混合物的逸度系数。

4.4.6　混合物中组分 i 的逸度 $\hat{f}_i$ 及其逸度系数 $\hat{\varphi}_i$ 的计算

对于溶液中的某一组分 i 而言，在恒温的条件下，把式(4-65a) 和 $d\bar{G}_i=\bar{V}_i\,dp$ 比较，可得

$$RT\,d\ln\hat{f}_i=\bar{V}_i\,dp \tag{4-66}$$

等式两边同时减去 $RT\,d\ln py_i$，则

$$RT\,d\ln\hat{f}_i-RT\,d\ln py_i=\bar{V}_i\,dp-RT\,d\ln py_i$$

根据逸度系数得定义，上式整理为

$$d\ln\hat{\varphi}_i=\frac{\bar{V}_i}{RT}dp-d\ln p-d\ln y_i=\frac{1}{RT}\left(\bar{V}_i-\frac{RT}{p}\right)dp-d\ln y_i=\left(\frac{\bar{Z}_i}{p}-\frac{1}{p}\right)dp-d\ln y_i$$

$$d\ln\hat{\varphi}_i=(\bar{Z}_i-1)\,d\ln p-d\ln y_i \tag{4-67}$$

在 T、y_i 不变时，积分得

$$\int_{p^*\to 0}^{\ln\hat{\varphi}_i}d\ln\hat{\varphi}_i=\int_{p^*\to 0}^{p}(\bar{Z}_i-1)\,d\ln p$$

$$\ln\hat{\varphi}_i=\int_{p\to 0}^{p}(\bar{Z}_i-1)\,d\ln p \tag{4-68}$$

或

$$\ln\hat{\varphi}_i=\frac{1}{RT}\int_0^p\left(\bar{V}_i-\frac{RT}{p}\right)dp \tag{4-69}$$

这两个式子是计算混合物中组分 i 的逸度系数的基本关系式。我们首先讨论用状态方程来计算混合物中组分 i 逸度的方法。

4.4.6.1 用 virial 方程计算

欲用 virial 方程来计算溶液组分的逸度，就必须把 virial 方程与逸度系数的计算公式联系起来。对二元系统，在一定的温度、压力下，当 $V_r \geqslant 2$ 时，virial 方程取前两项，有

$$Z_m = 1 + \frac{B_m p}{RT}$$

对于 n mol 气体混合物，等式两边同时乘以 n 得

$$nZ_m = n + \frac{nB_m p}{RT} \tag{4-70}$$

根据偏摩尔性质的定义，$\overline{M}_i = \left[\frac{\partial(nM)}{\partial n_i}\right]_{T,p,n_{j(\neq i)}}$，可得到 $\overline{Z}_i$ 的表达式

$$\overline{Z}_i = \left[\frac{\partial(nZ_m)}{\partial n_i}\right]_{T,p,n_{j(\neq i)}}$$

因此，式(4-70) 在恒 T、恒 p、恒组分 2（除 1 以外的其他组分）的条件下对组成 1 求偏导数得

$$\left[\frac{\partial(nZ_m)}{\partial n_1}\right]_{T,p,n_2} = \left[\frac{\partial(n)}{\partial n_1}\right]_{T,p,n_2} + \frac{p}{RT}\left[\frac{\partial(nB_m)}{\partial n_1}\right]_{T,p,n_2}$$

整理上式得

$$\overline{Z}_1 = 1 + \frac{p}{RT}\left[\frac{\partial(nB_m)}{\partial n_1}\right]_{T,p,n_2}$$

$$\overline{Z}_1 - 1 = \frac{p}{RT}\left[\frac{\partial(nB_m)}{\partial n_1}\right]_{T,p,n_2}$$

代入式(4-68) 得

$$\ln\hat{\varphi}_1 = \int_{p\to 0}^{p}(\overline{Z}_1 - 1)\mathrm{d}\ln p = \int_{p\to 0}^{p}\left\{\frac{p}{RT}\left[\frac{\partial(nB_m)}{\partial n_1}\right]_{T,p,n_2}\right\}\mathrm{d}\ln p$$

$$\ln\hat{\varphi}_1 = \frac{1}{RT}\int_{p\to 0}^{p}\left[\frac{\partial(nB_m)}{\partial n_1}\right]_{T,p,n_2}\mathrm{d}p$$

对于一定的物质而言，第二 virial 系数仅仅是温度的函数。积分上式得

$$\ln\hat{\varphi}_1 = \frac{p}{RT}\left[\frac{\partial(nB_m)}{\partial n_1}\right]_{T,p,n_2} \tag{4-71}$$

由第 2 章式(2-58) 知

$$\begin{aligned} B_m &= \sum_j^2 \sum_i^2 y_i y_j B_{ij} = y_1^2 B_{11} + 2y_1 y_2 B_{12} + y_2^2 B_{22} \\ &= y_1(1-y_2)B_{11} + 2y_1 y_2 B_{12} + y_2(1-y_1)B_{22} \\ &= y_1 B_{11} + y_2 B_{22} + y_1 y_2(2B_{12} - B_{11} - B_{22}) \end{aligned}$$

令

$$\delta_{12} = 2B_{12} - B_{11} - B_{22} \tag{4-72}$$

则

$$B_m = y_1 B_{11} + y_2 B_{22} + y_1 y_2 \delta_{12}$$

将 $y_1 = \frac{n_1}{n}$、$y_2 = \frac{n_2}{n}$ 代入式(4-72)，整理得

$$nB_m = n_1 B_{11} + n_2 B_{22} + n_1 \frac{n_2}{n}\delta_{12}$$

在恒 T、p、n_2 下，将上式对 n_1 求偏导

$$\left[\frac{\partial(nB_m)}{\partial n_1}\right]_{T,p,n_2}=\underbrace{\left[\frac{\partial(n_1B_{11})}{\partial n_1}\right]_{T,p,n_2}}_{B_{11}\left(\frac{\partial n_1}{\partial n_1}\right)_{T,p,n_2}}+\underbrace{\left[\frac{\partial(n_2B_{22})}{\partial n_1}\right]_{T,p,n_2}}_{0}+\underbrace{\left[\frac{\partial\left(n_1\frac{n_2}{n}\delta_{12}\right)}{\partial n_1}\right]_{T,p,n_2}}_{n_2\delta_{12}\left[\frac{\partial\left(\frac{n_1}{n}\right)}{\partial n_1}\right]_{T,p,n_2}}$$

将上式代入式(4-71) 中，积分得

$$\ln\hat{\varphi}_1=\frac{1}{RT}\int_{p\to0}^{p}(B_{11}+y_2^2\delta_{12})\mathrm{d}p$$

$$\boxed{\ln\hat{\varphi}_1=\frac{p}{RT}(B_{11}+y_2^2\delta_{12})}\tag{4-73a}$$

同理，可得

$$\boxed{\ln\hat{\varphi}_2=\frac{p}{RT}(B_{22}+y_1^2\delta_{12})}\tag{4-73b}$$

对于多元混合物，组分 i 的逸度系数计算式为

$$\ln\hat{\varphi}_i=\frac{p}{RT}\left[B_{ii}+\frac{1}{2}\sum_j\sum_k y_jy_k(2\delta_{ji}-\delta_{kj})\right]$$

$$\delta_{ji}=2B_{ji}-B_{jj}-B_{ii},\qquad \delta_{kj}=2B_{kj}-B_{jj}-B_{kk}$$

式中，B_{ji}、B_{kj} 为交叉的第二 virial 系数。相应的其他计算公式见式(2-59)～式(2-65)。

【例 4-11】 计算在 323K、25kPa 下甲乙酮(1)-甲苯(2)等摩尔二元混合物中甲乙酮和甲苯的逸度系数。设气体混合物服从两项 virial 截断式。设二元交互作用参数 $k_{ij}=0$。

解：(1) 首先，查取甲乙酮(1)-甲苯(2)系统的临界参数，并按线性均值法计算交叉临界参数，分别列于［例 4-11］表 1。

［例 4-11］表 1　甲乙酮(1)-甲苯(2)系统的临界参数

ij	$T_{c,ij}$/K	$p_{c,ij}$/MPa	$V_{c,ij}$/cm^3·mol^{-1}	$Z_{c,ij}$	ω_{ij}
11	535.6	4.15	267	0.249	0.329
22	591.7	4.11	316	0.264	0.257
12	563.0	4.13	291	0.256	0.293

按线性均值法计算交叉临界参数

$$T_{c,12}=\frac{T_{c,11}+T_{c,22}}{2}$$

$$p_{c,12}=\frac{p_{c,11}+p_{c,22}}{2}$$

$$\omega_{12}=\frac{\omega_{11}+\omega_{22}}{2}$$

(2) 按对比参数的定义计算 $T_{r,11}=T/T_{c,1}$、$T_{r,22}=T/T_{c,2}$、$T_{r,12}=T/T_{c,12}$，根据普遍化第二 virial 关系式(2-46)、式(2-47) 计算纯物质的 B_{11}^0、B_{22}^0、B_{11}^1、B_{22}^1，根据交叉临界参数和普遍化第二 virial 关系式(2-60)～式(2-67) 计算交叉项的 B_{12}^0、B_{12}^1、B_{12}，计算结果分别列于［例 4-11］表 2。

［例 4-11］表 2　交叉的第二 virial 系数计算值

ij	$T_{r,ij}$	B_{ij}^0	B_{ij}^1	B_{ij}/cm^3·mol^{-1}
11	0.603	−0.865	−1.300	−1387
22	0.546	−0.1028	−2.045	−1860
12	0.574	−0.943	−1.632	−1611

由式(4-72)计算混合的第二 virial 系数

$$\delta_{12}=2B_{12}-B_{11}-B_{22}=2\times(-1611)+1387+1860=25\mathrm{cm}^3\cdot\mathrm{mol}^{-1}$$

(3) 计算组分 1 和 2 的逸度系数

由式(4-73)得

$$\ln\hat{\varphi}_1=\frac{p}{RT}(B_{11}+y_2^2\delta_{12})=\frac{25}{8314\times323}\times(-1387+0.5^2\times25)=-0.0129,\quad \hat{\varphi}_1=0.987$$

$$\ln\hat{\varphi}_2=\frac{p}{RT}(B_{22}+y_1^2\delta_{12})=\frac{25}{8314\times323}\times(-1860+0.5^2\times25)=-0.0173,\quad \hat{\varphi}_2=0.983$$

4.4.6.2 用 RK 方程计算

通常情况下，溶液和溶液中组分的逸度系数的计算是状态方程和混合规则的结合。若状态方程为体积 V 的显函数形式时，根据逸度系数的计算式(4-69)，结合偏摩尔体积的定义，溶液中组分 i 的逸度系数的计算式为

$$\ln\hat{\varphi}_i=\frac{1}{RT}\int_{p\to0}^{p}\left\{\left[\frac{\partial(nV)}{\partial n_i}\right]_{T,p,n_{j(\neq i)}}-\frac{RT}{p}\right\}\mathrm{d}p \tag{4-74a}$$

若状态方程为压力 p 的显函数形式时，其计算式为（推导从略）

$$\ln\hat{\varphi}_i=\frac{1}{RT}\int_{nV}^{nV\to\infty}\left[\left(\frac{\partial p}{\partial n_i}\right)_{T,nV,n_{j(\neq i)}}-\frac{RT}{nV}\right]\mathrm{d}(nV)-\ln Z_{\mathrm{m}} \tag{4-74b}$$

$$\ln\hat{\varphi}_i=\frac{1}{RT}\int_{nV\to\infty}^{nV}\left[\frac{RT}{nV}-\left(\frac{\partial p}{\partial n_i}\right)_{T,(nV),n_{j(\neq i)}}\right]\mathrm{d}(nV)-\ln Z_{\mathrm{m}} \tag{4-74c}$$

因为 RK 方程为压力 p 对体积 V 的立方型形式，恒 V 时的偏导数比较容易求取，故采用式(4-74c)计算组分的逸度系数较为方便。整理后的计算公式为

$$\ln\hat{\varphi}_i=\frac{b_i}{b_{\mathrm{m}}}(Z-1)-\ln\frac{p(V-b_{\mathrm{m}})}{RT}-\frac{a_{\mathrm{m}}}{b_{\mathrm{m}}RT^{1.5}}\left[\frac{2\sum_{j=1}^{N}y_ja_{ij}}{a_{\mathrm{m}}}-\frac{b_i}{b_{\mathrm{m}}}\right]\ln\left(1+\frac{b_{\mathrm{m}}}{V}\right) \tag{4-75a}$$

式(4-75a) 的推导过程见附录 14.1。引入对比的方程常数后，组分的逸度系数计算也可为

$$\ln\hat{\varphi}_i=\frac{B_i}{B_{\mathrm{m}}}(Z_{\mathrm{m}}-1)-\ln(Z_{\mathrm{m}}-B_{\mathrm{m}})-\frac{A_{\mathrm{m}}}{B_{\mathrm{m}}}\left(\frac{2\sum_{j=1}^{N}y_jA_{ij}}{A_{\mathrm{m}}}-\frac{B_i}{B_{\mathrm{m}}}\right)\ln\left(1+\frac{B_{\mathrm{m}}}{Z_{\mathrm{m}}}\right) \tag{4-75b}$$

【例 4-12】 已知二元系统 $H_2(1)$-$C_3H_8(2)$，$y_1=0.208$（摩尔分数），其系统压力和温度分别为 3197.26kPa、344.75K，试应用 SRK 方程计算混合物中氢和丙烷的逸度系数。

解：从附录 2 中查得 H_2、C_3H_8 的物性数据，列于［例 4-12］表。

［例 4-12］表 $H_2(1)$-$C_3H_8(2)$的物性数据

组分	T_c/K	p_c/kPa	V_c/$\mathrm{cm}^3\cdot\mathrm{mol}^{-1}$	Z_c	ω
H_2	33.2	1297.0	65.0	0.305	−0.220
C_3H_8	369.8	4246.0	203	0.281	0.152

从文献中查得该系统的交互作用参数 $k_{ij}=0.07$。按照二次型混合规则，并注意到对 H_2 的临界参数进行修正，应用 SRK 计算逸度系数的软件计算，得 $V=724\mathrm{cm}^3\cdot\mathrm{mol}^{-1}$，$Z=0.8078$，$\hat{\varphi}_{H_2}=$

1.2174，$\hat{\varphi}_{C_3H_8}=0.7142$。

以上主要讨论了三种逸度的计算。此外，逸度还受温度、压力的影响，这部分内容在下一节中作介绍。鉴于 $\hat{\varphi}_i$ 的计算公式繁杂，现将几种常用的状态方程计算混合物中组分 i 逸度系数 $\hat{\varphi}_i$ 的公式列于表 4-7。

表 4-7 常用的状态方程法计算 $\hat{\varphi}_i$ 的公式

状态方程		$\hat{\varphi}_i$ 的计算式
Redlich-Kwong	$p=\frac{RT}{V-b}-\frac{a}{T^{1/2}V(V+b)}$ $Z^3-Z^2+(A-B-B^2)Z-AB=0$	$\ln\hat{\varphi}_i=\frac{B_i}{B_m}(Z_m-1)-\ln(Z_m-B_m)-\frac{A_m}{B_m}\left(\frac{2\sum_{j=1}^{N}y_jA_{ij}}{A_m}-\frac{B_i}{B_m}\right)\ln\left(1+\frac{B_m}{Z_m}\right)$ $a=0.42748\frac{R^2T_c^{2.5}}{p_c}, b=0.08664\frac{RT_c}{p_c}$
Soave-RK	$p=\frac{RT}{V-b}-\frac{a(T)}{V(V+b)}$ $Z^3-Z^2+(A-B-B^2)Z-AB=0$	$\ln\hat{\varphi}_i=\frac{B_i}{B_m}(Z_m-1)-\ln(Z_m-B_m)-\frac{A_m}{B_m}\left(\frac{2\sum_{j=1}^{N}y_jA_{ij}}{A_m}-\frac{B_i}{B_m}\right)\ln\left(1+\frac{B_m}{Z_m}\right)$ $a(T)=a_c\alpha(T_r)=0.42748\frac{R^2T_c^2}{p_c}\alpha(T_r), b=0.08664\frac{RT_c}{p_c}$
Peng-Robinson	$p=\frac{RT}{V-b}-\frac{a(T)}{V(V+b)+b(V-b)}$ $Z^3-(1-B)Z^2+(A-2B-3B^2)Z-(AB-B^2-B^3)=0$	$\ln\hat{\varphi}_i=\frac{B_i}{B_m}(Z_m-1)-\ln(Z_m-B_m)-$ $\frac{A_m}{2\sqrt{2}B_m}\left(\frac{2\sum_{j=1}^{N}y_jA_{ij}}{A_m}-\frac{B_i}{B_m}\right)\ln\left[\frac{Z_m+(\sqrt{2}+1)B_m}{Z_m-(\sqrt{2}-1)B_m}\right]$
virial	$Z=1+\frac{B_mp}{RT}$	$\ln\hat{\varphi}_i=\frac{2\sum_{j=1}^{N}y_jB_{ij}}{V}(Z_m-1)-\ln Z_m$ 或 $\ln\hat{\varphi}_i=\frac{p}{RT}\left(2\sum_{j=1}^{N}y_jB_{ij}-B_m\right)$

4.4.7 液体的逸度

由于液体的逸度直接用公式难以计算，只有找到了饱和液体和饱和蒸气之间的相等关系，才能由对应于液体状态的饱和蒸气的逸度 f_i^s 解决其计算问题。

根据纯流体逸度的定义，可得恒温时纯液体的定义

$$dG_i^L=RT\,d\ln f_i^L \tag{4-76a}$$

对于纯液体补充定义，有

$$\lim_{p\to 0}\frac{f_i^L}{p}=1 \tag{4-76b}$$

其逸度系数的定义为

$$\varphi_i^L=\frac{f_i^L}{p} \tag{4-76c}$$

由于纯流体逸度系数的计算是以理想气体为基础的，为此，纯液体逸度系数的计算同样以理想气体为基础。

对式(4-76a) 进行积分时，由于在积分区间内存在着从蒸气到液体的相变化，使得流体的摩尔体积不连续，因此需采用分段积分的方法（注意到 $dG_i^L=RT\,d\ln f_i^L=Vdp$）。

理想蒸气	→	饱和蒸气	→	饱和液体	→	任意态液体
T，$p\to 0$	dG_1	T，p_i^s	dG_2	T，p_i^s	dG_3	T，p

$$\ln\varphi_i^L=\ln\frac{f_i^L}{p}=\underbrace{\frac{1}{RT}\int_0^{p_i^s}\left(V_i-\frac{RT}{p}\right)dp}_{p\text{ 从 }0\to p_i^s\text{ 变化过程的 Gibbs 自由能变化}}+\underbrace{\Delta\left(\ln\frac{f_i^s}{p_i^s}\right)_{\text{相变化}}}_{\text{相转变时 Gibbs 自由能的变化}}+\underbrace{\frac{1}{RT}\int_{p_i^s}^{p}\left(V_i-\frac{RT}{p}\right)dp}_{p\text{ 从 }p_i^s\to p\text{ 变化过程的 Gibbs 自由能变化}} \tag{4-77}$$

根据式(4-48)，第一项的积分为

$$\int_0^{p_i^s}\left(V_i-\frac{RT}{p}\right)\mathrm{d}p=RT\ln\varphi_i^s=RT\ln\frac{f_i^s}{p_i^s}$$

根据恒温恒压相变化过程的 $(\Delta G)_{T,p}=0$，第二项积分为

$$\Delta\left(\ln\frac{f_i}{p}\right)_{\text{相变化}}=\left(\frac{\Delta G}{RT}\right)_{\text{相变化}}=0$$

第三项的积分与第一项的积分相似，但这里的体积不再是气体的体积，而应该为纯液体的体积

$$\int_{p_i^s}^{p}\left(V_i^L-\frac{RT}{p}\right)\mathrm{d}p$$

将以上三个积分式代入式(4-77) 中，整理得到纯液体逸度的计算式

$$\ln f_i^L-\ln p=\ln\frac{f_i^s}{p_i^s}+0+\frac{1}{RT}\int_{p_i^s}^{p}\left(V_i^L-\frac{RT}{p}\right)\mathrm{d}p$$

$$\ln f_i^L=\ln\frac{f_i^s}{p_i^s}+\int_{p_i^s}^{p}\frac{V_i^L}{RT}\mathrm{d}p+\ln p_i^s$$

$$f_i^L=f_i^s\exp\int_{p_i^s}^{p}\frac{V_i^L}{RT}\mathrm{d}p \tag{4-78a}$$

式中，V_i^L 为纯液体的摩尔体积；f_i^s 为处于系统温度 T 和饱和蒸气压 p_i^s 下的逸度。

虽然液体的摩尔体积是温度、压力的函数，但液体在远离临界点时可视为不可压缩流体，这种情况下，式(4-78a) 可简化为

$$f_i^L=f_i^s\exp\left[\frac{V_i^L(p-p_i^s)}{RT}\right]=p_i^s\varphi_i^s\exp\left[\frac{V_i^L(p-p_i^s)}{RT}\right] \tag{4-78b}$$

式中，$\exp\left[\frac{V_i^L\ (p-p_i^s)}{RT}\right]$ 常被称为 Poynting 因子，它反映了压力对液体逸度的影响。表 4-8 说明了 Poynting 因子随压力的变化关系。

表 4-8　Poynting 因子随压力的变化关系

$(p-p_i^s)$/MPa	0.1	1.0	10.0	100.0
Poynting 因子	1.0041	1.0409	1.4932	55.089

注：$T=300\text{K}$，$V_i^L=100\text{cm}^3\cdot\text{mol}^{-1}$。

当压力较低时，液体的摩尔体积比气体的小得多，$\exp\left[\frac{V_i^L\ (p-p_i^s)}{RT}\right]\approx1$，此时有

$$f_i^L=f_i^s \tag{4-79}$$

【例 4-13】 试求液态异丁烷在 360.96K、1.02×10^7Pa 下的逸度。已知 360.96K 液态异丁烷的平均摩尔体积 $V_{C_4H_{10}}=0.119\times10^{-3}\text{m}^3\cdot\text{mol}^{-1}$，饱和蒸气压 $p_{C_4H_{10}}^s=1.574\times10^6$Pa。

解：首先计算液态异丁烷的饱和态逸度即在 360.96K、$p_{C_4H_{10}}^s=1.574\times10^6$Pa 下的逸度。从附录 2 查得异丁烷的临界参数及偏心因子为：$T_c=408.1\text{K}$，$p_c=3.648\times10^6$Pa，$\omega=0.176$，$T_r=\frac{T}{T_c}=\frac{360.96}{408.1}=0.88$，$p_r^s=\frac{p_{C_4H_{10}}^s}{p_c}=\frac{1.574\times10^6}{3.648\times10^6}=0.44$。

由式(4-54) 计算逸度系数，得

$$\ln\varphi_{C_4H_{10}}^s=\frac{p_r^s}{T_r}\ (B^0+\omega B^1)$$

$$B^0=0.083-\frac{0.422}{T_r^{1.6}}=0.083-\frac{0.422}{0.88^{1.6}}=-0.435$$

$$B^1=0.139-\frac{0.172}{T_r^{4.2}}=0.139-\frac{0.172}{0.88^{4.2}}=-0.155$$

$$\ln\varphi_{C_4H_{10}}^s=\frac{0.44}{0.88}[-0.435+0.176\times(-0.155)]=-0.229,\quad \varphi_{C_4H_{10}}^s=0.795$$

液态异丁烷的饱和态逸度即在 360.96K、$p_{C_4H_{10}}^s=1.574\times10^6$Pa 下的逸度为

$$f_i^s=p_{C_4H_{10}}^s\varphi_{C_4H_{10}}^s=1.574\times10^6\times0.795=1.251\times10^6\text{Pa}$$

由于系统的压力较高，计算液态异丁烷的逸度时需考虑 Poynting 因子对其影响。

$$f_i^L=f_i^s\exp\left[\frac{V_i^L(p-p_i^s)}{RT}\right]=1.251\times10^6\exp\left[\frac{0.119\times10^{-3}(1.02-0.1574)\times10^7}{8.314\times360.96}\right]$$
$$=1.764\times10^6\text{Pa}$$

4.4.8 压力和温度对逸度的影响

4.4.8.1 压力对逸度的影响

根据逸度的定义式与 Gibbs 自由能的关系，若在恒温时对压力求偏导，可得压力对纯组分逸度的影响，即

$$\left(\frac{\partial\ln f_i}{\partial p}\right)_T=\frac{V_i}{RT} \tag{4-80}$$

同样，压力对混合物组分逸度的影响为

$$\left(\frac{\partial\ln\hat{f}_i}{\partial p}\right)_{T,x}=\frac{\overline{V}_i}{RT} \tag{4-81}$$

这样，就可以根据式(4-80)和式(4-81)研究恒温下逸度随着压力的变化关系了。由于 $V_i>0$，$\overline{V}_i>0$，故压力越大，逸度越大，物质逃逸该系统的能力就越强。

4.4.8.2 温度对逸度的影响

根据式(4-57)若在恒压时对温度求偏导，可得温度对纯组分逸度的影响，即

$$\ln\varphi_i=\ln\frac{f_i}{p}=\left[\frac{H_i-H_i^{ig}}{RT}-\frac{S_i-S_i^{ig}}{R}\right]$$

$$R\ln f_i=R\ln p+S_i^{ig}-S_i-\frac{H_i^{ig}-H_i}{T}$$

并注意到
$$\left(\frac{\partial H}{\partial T}\right)_p=C_p,\quad\left(\frac{\partial S}{\partial T}\right)_p=\frac{C_p}{T}$$

$$R\left(\frac{\partial\ln f_i}{\partial T}\right)_p=\frac{C_{pi}^{ig}}{T}-\frac{C_{pi}}{T}-\frac{1}{T}(C_{pi}^{ig}-C_{pi})-\frac{H^R}{T^2}$$

$$\left(\frac{\partial\ln f_i}{\partial T}\right)_p=-\frac{H^R}{RT^2} \tag{4-82}$$

同理可得温度对混合物中组分逸度的影响

$$\left(\frac{\partial \ln \hat{f}_i}{\partial T}\right)_{p,x}=\frac{H_i^{\mathrm{ig}}-\overline{H}_i}{RT^2} \tag{4-83}$$

同样，可根据式(4-82) 和式(4-83) 研究恒压下逸度随着温度的变化关系。若 $(H_i^{\mathrm{ig}}-H_i)>0$，$(H_i^{\mathrm{ig}}-\overline{H}_i)>0$，温度增加，则逸度增大，物质逃逸该系统的能力增强；反之，$(H_i^{\mathrm{ig}}-H_i)<0$，$(H_i^{\mathrm{ig}}-\overline{H}_i)<0$，温度增加，则逸度减小，物质逃逸该系统的能力就变弱。

4.5 理想溶液

在第 4.4 节中，讨论了由状态方程、对比态关系式计算逸度的方法，其中导出的许多关系式具有普适性的，特别是式(4-69) 和式(4-74)。它们既能用于汽相也能用于液相。可是，这样做并不实用，因为所需的积分要求提供在恒温和恒组成下从理想气体状态（零密度）到液相（包括两相区域）的全部密度范围内的体积数据。要获得液体混合物的这些数据是一件繁重的工作，迄今很少有这类数据的报道。因此，为了计算液体溶液的逸度，需要有另一种更实用的方法。这种方法是通过定义一种理想液体溶液，并用超额函数描述与理想行为的偏差建立起来的。由超额函数可得到活度系数，由此来研究溶液偏离理想的行为和溶液热力学性质的计算。

4.5.1 理想溶液的定义与标准态

4.5.1.1 理想溶液的定义

在同温同压下，组分 i 在溶液中的逸度系数和在纯态的逸度系数之间的关系由式(4-69) 和式(4-48) 相减得到：

$$\ln \frac{\hat{\varphi}_i}{\varphi_i}=\frac{1}{RT}\int_0^p (\overline{V}_i-V_i)\mathrm{d}p \tag{4-84}$$

将 φ_i、$\hat{\varphi}_i$ 的定义式代入上式，得

$$\ln \frac{\hat{f}_i^{\mathrm{id}}}{f_i x_i}=\frac{1}{RT}\int_0^p (\overline{V}_i-V_i)\mathrm{d}p \tag{4-85}$$

这是一个普遍适用的关系式，但使用中需知道溶液组分的偏摩尔体积数据，而该数据难以得到。

若溶液处于理想溶液（ideal solution）状态，混合前后体积不发生变化，则有 $\overline{V}_i=V_i$（组分 i 在溶液中的偏摩尔体积与在纯态时的摩尔体积相同），由式(4-85) 可得

$$\hat{f}_i^{\mathrm{id}}=f_i x_i \tag{4-86}$$

根据式(4-65c) 得 $\qquad \hat{f}_i^{\mathrm{id}}=\hat{\varphi}_i^{\mathrm{id}} p x_i$

根据式(4-47c) 得 $\qquad f_i=\varphi_i p$

由此可得

$$\hat{\varphi}_i^{\mathrm{id}}=\varphi_i \tag{4-87}$$

即理想溶液中组分 i 的逸度 $\hat{f}_i^{\mathrm{id}}$ 与其摩尔分数 x_i 成正比关系，式(4-86) 称为 Lewis-Randall 规则，也是 Raoult 定律的普遍化形式。只有理想溶液才完全服从 Lewis-Randall 规则。反之，全浓度范围服从 Lewis-Randall 规则的溶液必为理想溶液。

一个比式(4-86)更为普遍性的表达式是基于标准态的概念建立的，理想溶液中组分 i 的逸度一般定义为

$$\hat{f}_i^{id}=f_i^0 x_i \tag{4-88}$$

式中，比例系数 f_i^0 为组分 i 的标准态逸度。

4.5.1.2 理想溶液的模型与标准态

理想溶液又称理想混合物。气体混合物也可称为溶液，x_i 既可以是液体混合物的摩尔分数，又可以是气体混合物的摩尔分数。

标准态的选择是任意的，但通常情况下有两种。实际溶液在 $x_i \to 1$ 和 $x_i \to 0$ 的溶液组成曲线的两个端点处，具有理想溶液的特征。如果由这两个端点的溶液特征作标准态，便可达到对标准态的要求。

(1) 第一种标准态

第一种标准态是以与溶液相同的温度和压力下纯组分 $i(x_i \to 1)$ 作为标准态。在 $x_i \to 1$ 这个端点下，由式(4-88) $f_i^0=\dfrac{\hat{f}_i^{id}}{x_i}$，式(4-86) $f_i=\dfrac{\hat{f}_i^{id}}{x_i}$，因此

$$f_i^0=f_i$$

这样的标准态就是纯组分 i 的实际态。通常也称为以 Lewis-Randall 规则（缩写为 LR）为标准态。在数学上表示为

$$\lim_{x_i \to 1}\frac{\hat{f}_i}{x_i}=f_i^0(\mathrm{LR})=f_i \tag{4-89}$$

式中，$f_i^0(\mathrm{LR})$ 代表纯组分 i 真正存在时的逸度 f_i，其值只与组分 i 的性质有关。于是得出理想溶液的第一种模型

$$\boxed{\hat{f}_i^{id}=f_i x_i} \tag{4-86}$$

和

$$\boxed{\hat{\varphi}_i^{id}=\varphi_i} \tag{4-87}$$

(2) 第二种标准态

在有些情况下，溶液中组分的逸度 $\hat{f}_i$ 与 x_i 的简单关系仅适用于很小的组成范围。因此第二种标准态是根据 Henry 定律（缩写为 HL）提出的。它是选取与溶液相同的温度和压力下，组分 i 在溶液中的浓度趋于无限稀释时的逸度为标准态逸度。在 $x_i \to 0$ 这个端点下，标准态逸度的数学表达式为

$$\lim_{x_i \to 0}\frac{\hat{f}_i}{x_i}=f_i^0(\mathrm{HL})=H_{i,溶剂} \tag{4-90}$$

式中，$f_i^0(\mathrm{HL})$ 表示在溶液的温度和压力下纯组分 i 的假想状态的逸度，在 $x_i \to 0$ 的极限条件下等于 Henry 常数 $H_{i,溶剂}$。于是有理想溶液的第二种模型：

$$\boxed{\hat{f}_i^{id}=H_{i,溶剂}\,x_i} \tag{4-91}$$

几种理想溶液模型对压力的适用情况列于表 4-9。

表 4-9　几种理想溶液模型的适用压力

定　律	模　型	适用压力	说　明
Raoult 定律	$p_i=p_i^s x_i$	低压	稀溶液的溶剂近似遵守 Raoult 定律
Henry 定律	$\hat{f}_i^{id}=H_{i,溶剂}\,x_i$	任意压力	稀溶液的溶质近似遵守 Henry 定律
Lewis-Randall 规则	$\hat{f}_i^{id}=f_i x_i$	任意压力	溶液中的任一组分 i

如果在溶液 T、p 下，纯组分能以溶液相同的物态稳定存在，则取第一种标准态即物质的实际状态。

第二种标准态是溶液温度和压力下纯组分 i 的假想状态的逸度，其值与组分 i 所在的溶液性质有关，这种标准态常用于液体溶液中溶解度很小的溶质。如 298K、1×10^5 Pa 下，1mol/L HCl(1)-H_2O(2) 二元溶液，就 HCl(1) 而言，在 298K、1×10^5 Pa 下不能以纯液体 HCl 的形式存在（实际上为气体），所以只能取第二种标准态，即 298K、1×10^5 Pa 下无限稀释的溶液为标准态，这时 $f_1^0=H_{1,H_2O}$，H_{1,H_2O} 可按式(4-91) 计算或查阅文献值；而组分 (2)H_2O 则不然，由于它在该温度、压力下能以纯态水存在，因此它应取第一种标准态，即 298K、1×10^5 Pa 下纯水的逸度为标准态，这时 $f_2^0=f_2$，f_2 可按 4.4.2 节介绍的方法计算。对于常温常压下的 N_2、O_2、CO、SO_2、H_2S 等难溶气体在水中和其他溶剂中的溶质，则选取第二种标准态。

思考：

血中氧与水，雪碧中的CO_2与水，分别采用什么标准态？

4.5.2 理想溶液的特征及其关系式

对于理想溶液，除组分逸度与摩尔分数成正比外，其他偏摩尔性质表现出简单的关系。理想溶液的微观特征和宏观特征列于表 4-10。理想溶液的摩尔性质与组分的偏摩尔性质的关系列于表 4-11。

表 4-10 理想溶液的微观特征和宏观特征

微观特征	宏观特征
各组分由于结构、性质相近，分子间作用力相等，分子体积相同。如苯-甲苯二元溶液等	各组分混合形成溶液时，没有体积效应，没有热效应，即理想溶液的混合体积变化为零、理想溶液的混合焓变化为零。由于其分子间作用力相等，理想溶液的混合热力学能变化为零

表 4-11 理想溶液的部分重要关系式

理想溶液		组分 i 的	理想溶液		组分 i 的
混合变量	摩尔性质	偏摩尔性质	混合变量	摩尔性质	偏摩尔性质
$\Delta V^{id}=0$	$V^{id}=\sum x_i\overline{V}_i^{id}=\sum x_iV_i$	$\overline{V}_i^{id}=V_i$	$\Delta S^{id}=-R\sum(x_i\ln x_i)$	$S^{id}=\sum x_i\overline{S}_i^{id}$	$\overline{S}_i^{id}\neq S_i$ $\overline{S}_i^{id}=S_i-R\ln x_i$
$\Delta H^{id}=0$	$H^{id}=\sum x_i\overline{H}_i^{id}=\sum x_iH_i$	$\overline{H}_i^{id}=H_i$	$\Delta G^{id}=RT\sum(x_i\ln x_i)$	$G^{id}=\sum x_i\overline{G}_i^{id}$	$\overline{G}_i^{id}\neq G_i$ $\overline{G}_i^{id}=G_i+RT\ln x_i$
$\Delta U^{id}=0$	$U^{id}=\sum x_i\overline{U}_i^{id}=\sum x_iU_i$	$\overline{U}_i^{id}=U_i$		$\ln f_m^{id}=\sum x_i\ln\frac{\hat{f}_i^{id}}{x_i}$	$\hat{f}_i^{id}=f_i^0x_i$

4.5.3 理想溶液模型的用途

图 4-10 描述了二元真实溶液中组分 i 的逸度 $\hat{f}_i$ 与 x_i 的非线性关系（实线）和两种理想溶液中组分 i 的逸度 $\hat{f}_i^{id}$ 与 x_i 的线性关系（两条虚线），其中 i 可以表示组分 1，也可以是组分 2。第一种理想溶液模型中，$\hat{f}_i^{id}$ 与 x_i 线性关系的斜率为纯组分的逸度 f_i，第二种理想溶液模型中，$\hat{f}_i^{id}$ 与 x_i 的线性关系的斜率为纯组分的 Henry 常数 H_i。但是这个模型是以系统 T、p 下的 $x_i\rightarrow0$ 无限稀释溶液为标准态，在 $x_i\rightarrow1$ 时的斜率并不存在，因此它是一个虚拟的标准态。

由图 4-10 可见，在曲线的两个端点 $x_i\rightarrow0$ 和 $x_i\rightarrow1$ 的切线表示了 Henry 定律和 Lewis-Randall 规则两个理想化的模型。理想溶液的模型提供了两个用途：第

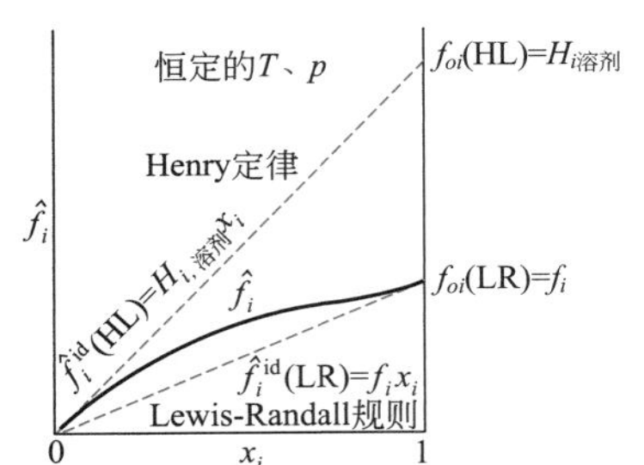

图4-10 真实溶液的逸度 $\hat{f}_i$与x_i之间的关系曲线

一，理想溶液的性质在一定条件下，能够近似地反映某些真实溶液的性质，使计算过程简化，在适当的浓度范围内，提供了应该近似的组分 i 的逸度 $\hat{f}_i$ 值；第二，提供了可与实际的 $\hat{f}_i$ 比较的标准值。

若一个实际溶液在全浓度范围内都是理想的，则图 4-10 中的三条线将完全重合，此时，式(4-86) 与式(4-91) 相同。在这种情况下，$\hat{f}_i^{\rm id}=\hat{f}_i$，$f_i=H_i$。

Gibbs-Duhem 方程提供了 Lewis-Randall 规则和 Henry 定律之间的关系。对于二元系统而言，当 Henry 定律在某浓度范围内对组分 1 来说正确时，则 Lewis-Randall 规则必定在相同的组成范围内对组分 2 也正确。

对液相溶液，组分逸度必只能有一部分组分符合 Henry 规则，而其余组分符合 Lewis-Randall 规则。但对于理想溶液而言，实际上 Lewis-Randall 规则和 Henry 定律是等价的，没有必要区分，不仅适用于稀溶液，而且适用于全浓度范围。所以，理想溶液模型或理想稀溶液模型能描述全浓度范围的理想溶液行为，也能描述真实稀溶液的溶剂和溶质的行为。

【例 4-14】 试从 Lewis-Randall 规则 $\hat{f}_i^{\rm id}=f_i x_i$ 推导出理想溶液的 $\dfrac{\Delta G^{\rm id}}{RT}$ 与组成 x_i 的关系式。

解：根据式(4-65)，对于理想溶液，恒温时有

$$d\bar{G}_i^{\rm id}=RT\,d\ln\hat{f}_i^{\rm id}$$

将上式从纯态积分至任意组成得

$$\Delta\bar{G}_i^{\rm id}=RT\ln\frac{\hat{f}_i^{\rm id}}{f_i}$$

根据混合变量的定义，$\Delta G=\sum x_i\Delta\bar{G}_i$，对于理想溶液有

$$\Delta G^{\rm id}=\sum x_i\Delta\bar{G}_i^{\rm id}=\sum x_i RT\ln\frac{\hat{f}_i^{\rm id}}{f_i}$$

整理得

$$\frac{\Delta G^{\rm id}}{RT}=\sum x_i\ln\frac{f_i x_i}{f_i}=\sum x_i\ln x_i$$

理想溶液的性质和理想溶液混合过程性质变化也能由此得到。

特别要注意的是，真实稀溶液的溶剂和溶质的逸度分别符合 Lewis-Randall规则和 Henry定律。

4.6 活度及活度系数

为什么采用理想混合物而不采用理想气体混合物作为真实溶液的参考模型？
这是由于理想混合物比理想气体混合物更接近于真实状态。同时，在对偏离作修正的计算上可获得更高的准确度。

人们在处理真实溶液时就像处理理想气体一样。在真实气体中，使用逸度来校正压力；在真实溶液中，使用活度来校正浓度，并用活度系数来表示与理想溶液的偏差程度。

4.6.1 活度和活度系数的定义

在相同的温度、压力条件下，对式(4-65a) 从标准态积分至任意组成，得到

$$\Delta\bar{G}_i=\bar{G}_i-G_i^0=RT\ln\frac{\hat{f}_i}{f_i^0}$$

若令

$$a_i=\frac{\hat{f}_i}{f_i^0} \tag{4-92}$$

则活度被定义为溶液中组分 i 的逸度 $\hat{f}_i$ 与该组分在标准态时的逸度 f_i^0 之比。于是有

$$\Delta\overline{G}_i=RT\ln a_i \tag{4-93}$$

式(4-93) 表达了组分的偏摩尔 Gibbs 自由能变化与活度之间的关系。

对于理想溶液，因为 $\hat{f}_i^{\mathrm{id}}=f_i^0x_i$，所以理想溶液中组分 i 的活度为

$$a_i=\frac{\hat{f}_i}{f_i^0}=\frac{\hat{f}_i^{\mathrm{id}}}{f_i^0}=\frac{f_i^0x_i}{f_i^0}=x_i$$

即理想溶液中组分 i 的活度等于其摩尔分数。

真实溶液对理想溶液的偏差归结为活度 a_i 与浓度 x_i 的偏差，这个偏差程度可用两者之比来描述，以 γ_i 表示之，即

活度的两个定义：
$a_i=\frac{\hat{f}_i}{f_i^0}=\gamma_i x_i$

$$\gamma_i=\frac{a_i}{x_i} \tag{4-94}$$

式中，γ_i 称为真实溶液中组分 i 的活度系数。由式(4-94) 可得活度的另一定义式

$$a_i=\gamma_i x_i \tag{4-95}$$

由式(4-95) 可见，活度为校正浓度，活度代表了真实溶液在相平衡或化学平衡中组分 i 真正浓度。将式(4-92) 代入式(4-94)，得

$$\gamma_i=\frac{a_i}{x_i}=\frac{\hat{f}_i}{f_i^0x_i}=\frac{\hat{f}_i}{\hat{f}_i^{\mathrm{id}}} \tag{4-96}$$

这样就可以把溶液中组分 i 的活度系数 γ_i 看成该组分 i 在真实溶液中逸度 $\hat{f}_i$ 与在同温、同压、同组成下理想溶液中的逸度 $\hat{f}_i^{\mathrm{id}}$ 之比。活度系数 γ_i 是溶液非理想性的度量。通常有三种情形：

① 理想溶液　在理想溶液中，组分 i 的活度等于其浓度，活度系数等于 1，即 $a_i=x_i$，$\gamma_i=1$。

活度系数的大小直接反映与理想溶液的偏离。

② 真实溶液　对于真实溶液，组分 i 的活度不等于其浓度，活度系数 γ_i 不等于 1，可能大于 1，但也可能小于 1，即 $a_i\neq x_i$，$\gamma_i\neq 1$（$\gamma_i<1$ 负偏差，$\gamma_i>1$ 正偏差）。

当 $\gamma_i>1$ 时，$\hat{f}_i>\hat{f}_i^{\mathrm{id}}$，真实溶液组分 i 的逸度大于理想溶液组分 i 的逸度，溶液对理想溶液具有正偏差。

理想溶液：
$a_i=x_i$, $\gamma_i=1$
真实溶液：
$a_i\neq x_i$, $\gamma_i\neq 1$
纯组分：
$x_i=1$, $a_i=1$, $\gamma_i=1$

当 $\gamma_i<1$ 时，$\hat{f}_i<\hat{f}_i^{\mathrm{id}}$，真实溶液组分 i 的逸度小于理想溶液组分 i 的逸度，溶液对理想溶液具有负偏差。

③ 纯组分　对于纯组分 i，活度等于其浓度，活度系数 γ_i 等于 1，即 $x_i=1$，$a_i=1$，$\gamma_i=1$。因为 $a_i=\frac{\hat{f}_i}{f_i^0}$，在 $x_i\to 1$，对溶液中组分的逸度取极限，有

$$f_i=\lim_{x_i\to 1}\hat{f}_i/x_i$$

若以 Lewis-Randall 规则为标准态，则 $f_i^0=f_i$，$a_i=1$，因此有 $\gamma_i=1$。

【例 4-15】 39℃、2MPa 下某二元溶液中组分 1 的逸度为 $\hat{f}_1=6x_1-9x_1^2+4x_1^3$。试确定在该温度、压力状态下：(1) 纯组分 1 的逸度与逸度系数；(2) 组分 1 的 Henry 系数 $H_{1,2}$；(3) γ_1 与 x_1 的关系式(若组分 1 以 Lewis-Randall 规则为标准态)。

解：(1) 当 $x_1=1$ 时，对组分 1 的逸度取极限，得纯组分 1 的逸度为

$$f_1=\lim_{x_1\to 1}\frac{\hat{f}_1}{x_1}=\lim_{x_1\to 1}\frac{6x_1-9x_1^2+4x_1^3}{x_1}=\lim_{x_1\to 1}(6-9x_1+4x_1^2)=1\text{MPa}$$

纯组分 1 的逸度系数为

$$\varphi_1=\frac{f_1}{p}=\frac{1}{2}=0.5$$

(2) 根据理想溶液的定义，组分 1 的 Henry 系数 $H_{1,2}=\lim\limits_{x_1\to 0}\frac{\hat{f}_1}{x_1}$，因此

$$H_{1,2}=\lim_{x_1\to 0}\frac{6x_1-9x_1^2+4x_1^3}{x_1}=6\text{MPa}$$

(3) 若组分 1 以 Lewis-Randall 规则为标准态，则标准态逸度等于纯态的逸度，即

$$f_1^0=f_1=1\text{MPa}$$

因此，γ_1 与 x_1 的关系式为

$$\gamma_1=\frac{\hat{f}_1}{x_1f_1^0}=\frac{\hat{f}_1}{x_1f_1}=\frac{6x_1-9x_1^2+4x_1^3}{x_1\times 1}=6-9x_1+4x_1^2$$

4.6.2 活度系数标准态的选择

活度和活度系数对研究真实溶液具有重要意义。由式(4-92) 和 式(4-96) 可知，活度和活度系数的值都与所选择的标准态有关。因此其值大小与所选择的标准态有关。如果不指明所选择的标准态，活度和活度系数就没有任何意义。

选择标准态的原则是既要简单又要明确，接近实际情况。只有这样，计算才能方便。在 4.5.1 节中已介绍的两种逸度的标准态都可以方便地用于活度和活度系数的计算。

对于溶液中的组分 i，如果它在整个组成范围内，都能以液相存在，选择 $f_i^0(LR)$ 作为标准态比较方便。但是，如果组分 i 在溶液的温度和压力下溶解度很小，无法达到 $x_i\to 1$ 的溶液状态，或溶液的温度已超过了组分 i 的临界温度，i 组分则无法以纯液体的形式存在。在这些情况下，就必须选择 $f_i^0(HL)$ 作为标准态。

标准态的选择不只局限于以上两种方法，例如在离子溶液中还有另外的标准态，在这里不作介绍。

注意：

对同一溶液中的同一组分，采用不同的活度系数标准态，所得的活度系数不相同，但组分的逸度只有一个，应是相同的。

下面看看两种标准态下活度系数的关系。溶液中同一组分，在不同的标准态下的逸度分别为

$$\hat{f}_i^{\text{L}}=f_ix_i\gamma_i \qquad f_i^0(LR)=f_i$$

$$\hat{f}_i^{\text{L}}=H_{i,溶剂}\,x_i\gamma_i^* \qquad f_i^0(HL)=H_{i,溶剂}$$

式中，γ_i^* 为组分 i 在溶液中的非对称活度系数（即在第二种标准态下的活度系数，以区别于第一种标准态下的活度系数）。二者逸度相等时有

$$f_i x_i \gamma_i = H_{i,溶剂} x_i \gamma_i^*$$

$$\frac{\gamma_i}{\gamma_i^*} = \frac{H_{i,溶剂}}{f_i} \tag{4-97}$$

对二元溶液，$H_{i,溶剂}/f_i$ 仅与温度、压力有关。利用组分 $x_i \to 0$ 时的无限稀释活度系数 γ_i^∞ 的含义 $\gamma_i^\infty = \lim\limits_{x_i \to 0} \gamma_i$ 和 $\lim\limits_{x_i \to 0} \gamma_i^* = 1$，可得

$$\gamma_i^\infty = \lim_{x_i \to 0} \gamma_i = \lim_{x_i \to 0} \left(\gamma_i^* \frac{H_{i,溶剂}}{f_i} \right) = \frac{H_{i,溶剂}}{f_i} \tag{4-98}$$

式(4-98) 说明了两种标准态逸度之间的关系，二者之比值等于对应组分的无限稀释活度系数。由式(4-97) 和式(4-98) 得

$$\frac{\gamma_i}{\gamma_i^*} = \gamma_i^\infty$$

等式两边同时取对数，整理得

$$\ln\gamma_i - \ln\gamma_i^* = \ln\gamma_i^\infty \tag{4-99}$$

这就是组分 i 不同的标准状态下活度系数之间的关系。

4.6.3 超额性质

在第 2 章中，为了计算真实气体的热力学性质，曾经引入了剩余性质的概念。同样地，为了方便研究真实溶液的热力学性质，引入“超额性质”这一重要的热力学函数。前面已经用真实溶液与理想溶液中组分 i 的逸度之比定义为活度系数，以描述组分 i 的偏离程度。如果将真实溶液与理想溶液的摩尔性质之差定义为超额性质，就可以将活度系数与超额性质联系起来，从而对研究活度系数模型产生重大作用。

4.6.3.1 超额性质的定义

超额性质（excess property）定义为真实溶液与在相同的温度、压力和组成条件下的理想溶液的摩尔性质之差，记为 M^E，即

$$M^E = M - M^{id} \tag{4-100a}$$

M^E在文献中有的也称为过量性质或过剩性质。超额性质 M^E 与剩余性质 M^R 虽然都描述了真实状态与理想状态之间的差别，但两者是有区别的。

M^E与M^R之间的区别
1.所描述的对象不同：
M^E主要用于液相体系，
M^R主要用于气相体系。
2.所讨论的溶液不同：
M^E主要讨论多组分溶液，
M^R主要用于纯组分气相。

4.6.3.2 超额性质变化

在超额性质定义式中引入纯态性质的加和值$\sum x_i M_i$，整理得

$$M^E = (M - \sum x_i M_i) - (M^{id} - \sum x_i M_i)$$

利用混合变量的定义有

$$M^E = \Delta M - \Delta M^{id}$$

根据超额性质的定义有

$$\Delta M^E = \Delta M - \Delta M^{id} \tag{4-100b}$$

故

$$\Delta M^E = M^E \tag{4-100c}$$

式中，ΔM^E 为混合过程的超额性质变化（the change of excess property）。

实际上 M^E 和 ΔM^E 是相同的。如同其他的热力学性质一样，超额性质也有其偏摩尔性质。偏摩尔超额性质的定义式为

$$\bar{M}_i^E=\left[\frac{\partial(nM^E)}{\partial n_i}\right]_{T,p,n_{j(j\neq i)}},\quad \Delta\bar{M}_i^E=\left[\frac{\partial(n\Delta M^E)}{\partial n_i}\right]_{T,p,n_{j(j\neq i)}} \tag{4-101a, b}$$

超额性质之间的关系如同纯物质的热力学性质。

由于超额 Gibbs 自由能 G^E 在相平衡问题中最重要，因此将超额 Gibbs 自由能 G^E 与其他相关性质的关系列于表 4-12（有关公式可自行推导）。

表 4-12 G^E 与其他相关性质的关系

G^E 与 M^E 的关系式	G^E 与 ΔM 的关系式
$G^E=H^E-TS^E$ $=U^E+pV^E-TS^E$	$G^E=\Delta G-\Delta G^{id}$ $G^E=\Delta G-RT\sum x_i\ln x_i$
$\left(\frac{\partial G^E}{\partial p}\right)_{T,x}=V^E$	$\left(\frac{\partial G^E}{\partial p}\right)_{T,x}=\Delta V$
$\left(\frac{\partial G^E}{\partial T}\right)_{p,x}=-S^E$	$\left(\frac{\partial G^E}{\partial T}\right)_{p,x}=-\Delta S-R\sum x_i\ln x_i$
$\left[\frac{\partial(G^E/T)}{\partial T}\right]_{p,x}=-\frac{H^E}{T^2}$	$\left[\frac{\partial(G^E/T)}{\partial T}\right]_{p,x}=-\frac{\Delta H}{T^2}$

从 G^E 与 ΔM 的关系式可以看出，对于体积和焓来说，系统的超额性质和其混合性质是一致的，而对于熵和与熵有关的热力学函数，它们的超额性质不等于混合性质。

4.6.3.3 超额 Gibbs 自由能 G^E 与活度系数 γ_i 的关系

超额 Gibbs 自由能的定义为真实溶液的 Gibbs 自由能与在相同的温度、压力和组成条件下的理想溶液的 Gibbs 自由能之差，记为 G^E。其定义式为

$$\boxed{G^E=G-G^{id}} \tag{4-102a}$$

同样地，超额 Gibbs 自由能变化为

$$\Delta G^E=\Delta G-\Delta G^{id}$$

$$\boxed{\Delta G^E=G^E} \tag{4-102b}$$

超额 Gibbs 自由能反映了真实溶液与理想溶液的在恒温、恒压、恒组成时的差别，因此在相平衡时得到了广泛的应用。其主要用途是将 G^E 与 γ_i 的相关联，解决活度系数的计算问题。

由式(4-32) 知，保持 T、p、x_i 不变时的混合 Gibbs 自由能变化为

$$\Delta G=G-\sum x_iG_i^0$$

若采用第一种标准态，$G_i^0=G_i$，那么

$$\Delta G=\sum x_i\bar{G}_i-\sum x_iG_i=\sum x_i\ (\bar{G}_i-G_i)$$

根据式(4-65a) 积分可得 $\bar{G}_i-G_i^0=RT\ln\frac{\hat{f}_i}{f_i^0}$，根据活度的定义有 $\bar{G}_i-G_i^0=RT\ln a_i$。因此，真实溶液的混合 Gibbs 自由能变化为

$$\Delta G=RT\sum x_i\ln a_i \tag{4-103}$$

这就是混合自由能变化与活度的关系。

对理想溶液，有 $\Delta G^{id}=RT\sum x_i\ln x_i$，于是

$$G^E=\Delta G^E=\Delta G-\Delta G^{id}=RT\sum x_i\ln a_i-RT\sum x_i\ln x_i$$

整理得
$$\frac{G^{\mathrm{E}}}{RT}=\sum x_i \ln \frac{a_i}{x_i}$$

根据活度系数的定义，有

$$\boxed{\frac{G^{\mathrm{E}}}{RT}=\sum x_i \ln\gamma_i} \qquad (4\text{-}104)$$

$\ln\gamma_i$具有偏摩尔性质的集合性。它与G^{E}的关系的本质为组分的偏摩尔性质与溶液的性质之间的关系，即 $\ln\gamma_i$ 相当于 $G^{\mathrm{E}}/(RT)$ 偏摩尔性质。

式(4-104) 描述了超额 Gibbs 自由能与活度系数的关系。$G^{\mathrm{E}}/(RT)$ 称为超额 Gibbs 自由能函数，是一个无量纲量。它描述了溶液的偏差 G^{E} 与组分的偏差 γ_i 之间的关系。若能解决 $G^{\mathrm{E}}/(RT)$ 函数的具体形式问题，就可以解决在溶液热力学中应用广泛的活度系数计算问题。

将式(4-18) 和式(4-104) 进行比较可知，$\ln\gamma_i$ 相当于 $G^{\mathrm{E}}/(RT)$ 的偏摩尔量，即 $\ln\gamma_i=\bar{G}_i^{\mathrm{E}}/(RT)$。因此，根据偏摩尔性质的定义，有

$$\boxed{\ln\gamma_i=\left[\partial\left(n\frac{G^{\mathrm{E}}}{RT}\right)/\partial n_i\right]_{T,p,n_{j(\neq i)}}} \qquad (4\text{-}105)$$

对于二元系统，$\ln\gamma_i$ 与 $G^{\mathrm{E}}/(RT)$ 的另一关系为

$$\ln\gamma_1=\frac{G^{\mathrm{E}}}{RT}-x_2\mathrm{d}\left(\frac{G^{\mathrm{E}}}{RT}\right)/\mathrm{d}x_2, \qquad \ln\gamma_2=\frac{G^{\mathrm{E}}}{RT}-x_1\mathrm{d}\left(\frac{G^{\mathrm{E}}}{RT}\right)/\mathrm{d}x_1 \qquad (4\text{-}106a, b)$$

对于多元系统，$\ln\gamma_i$ 与 $G^{\mathrm{E}}/(RT)$ 的这一关系为

$$\ln\gamma_i=\frac{G^{\mathrm{E}}}{RT}-\sum_{k\neq i}x_k\left[\partial\left(\frac{G^{\mathrm{E}}}{RT}\right)/\partial x_k\right]_{T,p,x_{j(\neq i,k)}}$$

式(4-103)～式(4-106) 很重要，它们将 G^{E}、γ_i、x_i 三者之间联系起来。于是研究活度系数 γ_i 的一种行之有效的方法，就是从溶液的超额 Gibbs 自由能 G^{E} 与组分的浓度关系式入手，根据 γ_i 与 G^{E} 的关系式(4-105) 即可求解。

不言而喻，从超额性质的定义可以看出，G^{E} 本身就是代表真实溶液与相同温度、相同压力和相同组成条件下的理想溶液性质的差别。差别愈大，则真实溶液的非理想性愈强。

此外，G^{E} 还是决定相稳定性和相分裂条件的重要物理量，在相平衡和化学平衡的计算中拥有突出的作用，这一点将在第 5 章中作介绍。

4.6.3.4 活度 a_i 与其他混合变量之间的关系

当系统的 T、p 不变时，混合过程的体积变化可表示为

$$\frac{p\Delta V}{RT}=\frac{p}{RT}\sum x_i\ (\bar{V}_i-V_i)$$

根据热力学基本关系式(4-13)，上式可写为

$$\frac{p\Delta V}{RT}=\frac{p}{RT}\sum x_i\left(\frac{\partial \bar{G}_i}{\partial p}-\frac{\partial G_i}{\partial p}\right)_{T,x}$$

根据式(4-65a)积分和活度的定义，有

$$\frac{p\Delta V}{RT}=\frac{p}{RT}\sum x_i RT\left(\frac{\partial \ln a_i}{\partial p}\right)_{T,x}$$

进一步整理得到

$$\frac{p\Delta V}{RT}=\sum x_i\left(\frac{\partial \ln a_i}{\partial \ln p}\right)_{T,x} \tag{4-107}$$

式(4-107)是活度与混合体积的关系式。

若在 T、p 不变时，考察混合焓变，则

$$\frac{\Delta H}{RT}=\frac{1}{RT}\sum x_i(\overline{H}_i-H_i)$$

由式(4-93)可知，$\Delta\overline{G}_i=\overline{G}_i-G_i^0=RT\ln a_i$，整理得

$$\frac{\Delta\overline{G}_i}{T}=R\ln a_i$$

等式两边同时在恒 p、恒 x 下对 T 求偏导，得

$$\left[\frac{\partial}{\partial T}\left(\frac{\Delta\overline{G}_i}{T}\right)\right]_{p,x}=R\left(\frac{\partial \ln a_i}{\partial T}\right)_{p,x}$$

另一方面，根据微商的基本公式可得

$$\left[\frac{\partial(\Delta\overline{G}_i/T)}{\partial T}\right]_{p,x}=\frac{\left(\frac{\partial\Delta\overline{G}_i}{\partial T}\right)_{p,x}T-\Delta\overline{G}_i\left(\frac{\partial T}{\partial T}\right)_{p,x}}{T^2}$$

$$=\frac{1}{T}\left(\frac{\partial\Delta\overline{G}_i}{\partial T}\right)_{p,x}-\frac{\Delta\overline{G}_i}{T^2}=-\frac{\Delta\overline{S}_i}{T}-\frac{\Delta\overline{G}_i}{T^2}=-\frac{\Delta\overline{H}_i}{T^2}$$

所以在相同的参考态下，有

$$\left[\frac{\partial}{\partial T}\left(\frac{\Delta\overline{G}_i}{T}\right)\right]_{p,x}=-\frac{\overline{H}_i-H_i^0}{T^2}$$

$$-\left(\frac{\overline{H}_i-H_i^0}{RT^2}\right)_{p,x}=\left(\frac{\partial \ln a_i}{\partial T}\right)_{p,x}$$

$$-\left(\frac{\overline{H}_i-H_i^0}{RT}\right)_{p,x}=T\left(\frac{\partial \ln a_i}{\partial T}\right)_{p,x}=\left(\frac{\partial \ln a_i}{\partial \ln T}\right)_{p,x}$$

于是得到组分的活度与溶液的混合焓变之间的关系式

$$\frac{\Delta H}{RT}=-\sum x_i\left(\frac{\partial \ln a_i}{\partial \ln T}\right)_{p,x} \tag{4-108}$$

T、p 不变时，考察混合熵变，则

$$\frac{\Delta S}{R}=\frac{1}{R}\sum x_i(\overline{S}_i-S_i)=\frac{1}{R}\sum x_i\left(\frac{\overline{H}_i-\overline{G}_i}{T}-\frac{H_i-G_i}{T}\right)=\frac{1}{R}\sum x_i\left(\frac{\overline{H}_i-H_i}{T}-\frac{\overline{G}_i-G_i}{T}\right)$$

$$=-\sum(x_i\ln a_i)-\sum x_i\left(\frac{\partial \ln a_i}{\partial \ln T}\right)_{p,x} \tag{4-109}$$

式(4-109) 表示了活度与混合熵变的关系。

【例 4-16】 试证明若二元溶液的组分 2 适合于 Henry 定律，则组分 1 就必然适合于 Lewis-Randall 规则。

证：由溶液中组分逸度的定义可得

$$d\overline{G}_i = RT d\ln \hat{f}_i$$

在相同的温度、压力下从标准态积分至真实溶液状态，得

$$\overline{G}_i - G_i^0 = RT\ln \hat{f}_i - RT\ln f_i^0 = RT\ln \frac{\hat{f}_i}{f_i^0} = RT\ln a_i \tag{A}$$

$$\Delta \overline{G}_i = RT\ln a_i$$

根据 Gibbs-Duhem 方程，在恒温恒压下有 $\sum x_i d\overline{M}_i = 0$。当取偏摩尔性质 $\overline{M}_i = \ln a_i$ 时，$\sum x_i d\ln a_i = 0$。将活度的定义式代入上式，对于二元溶液，有

$$x_1 d\ln \frac{\hat{f}_1}{f_1^0} + x_2 d\ln \frac{\hat{f}_2}{f_2^0} = 0$$

由于标准态逸度在恒温恒压下是常数，其微分为零，上式可写为

$$x_1 d\ln \hat{f}_1 + x_2 d\ln \hat{f}_2 = 0$$

若组分 2 适合于 Henry 定律，即

$$\hat{f}_2 = H_{2,1} x_2$$

$$d\ln \hat{f}_2 = d\ln (H_{2,1} x_2) = d\ln \underset{0}{H_{2,1}} + d\ln x_2 = d\ln x_2$$

因 $dx_1 = -dx_2$，所以有

$$d\ln \hat{f}_1 = -\frac{x_2}{x_1} d\ln \hat{f}_2 = -\frac{x_2}{x_1} d\ln x_2 = d\ln x_1$$

对于组分 1，将上式从纯组分积分到任意浓度

$$\int_{f_1}^{\hat{f}_1} d\ln \hat{f}_1 = \int_1^{x_1} d\ln x_1 \text{，} \quad \ln \frac{\hat{f}_1}{f_1} = \ln x_1$$

在溶液中组分 1 的逸度为 $\hat{f}_1 = f_1 x_1$，结论得证。

【例 4-17】 某二元特殊混合物的逸度可以表示为 $\ln f = A + Bx_1 - Cx_1^2$。式中，$A$、$B$、$C$ 仅为 T、p 的函数，试确定：

(1) 两组分均以 Lewis-Randall 规则为标准态时，$\frac{G^E}{RT}$、$\ln\gamma_1$、$\ln\gamma_2$ 的关系式；

(2) 组分 1 以 Henry 定律为标准态，组分 2 以 Lewis-Randall 规则为标准态时，$\frac{G^E}{RT}$、$\ln\gamma_1$、$\ln\gamma_2$ 的关系式。

解：(1) 二元溶液均以 Lewis-Randall 规则为标准态时，有

$$\frac{G^E}{RT} = x_1 \ln\gamma_1 + x_2 \ln\gamma_2$$

将 $\gamma_i = \frac{a_i}{x_i} = \frac{\hat{f}_i}{f_i x_i}$ 代入等式的右边中，则

$$\frac{G^E}{RT} = x_1 \ln \frac{\hat{f}_1}{f_1 x_1} + x_2 \ln \frac{\hat{f}_2}{f_2 x_2} = x_1 \ln \frac{\hat{f}_1}{x_1} + x_2 \ln \frac{\hat{f}_2}{x_2} - x_1 \ln f_1 - x_2 \ln f_2$$

根据混合物的逸度与组分的逸度之间的关系为

$$\ln f = x_1 \ln \frac{\hat{f}_1}{x_1} + x_2 \ln \frac{\hat{f}_2}{x_2}$$

因此
$$\frac{G^E}{RT} = \ln f - (x_1 \ln f_1 + x_2 \ln f_2)$$

将已知条件代入上式，并且纯组分 1 的逸度

$$\ln f_1 = \lim_{x_1 \to 1} \ln f = \lim_{x_1 \to 1} (A + Bx_1 - Cx_1^2) = A + B - C$$

纯组分 2 的逸度

$$\ln f_2 = \lim_{x_1 \to 0} \ln f = \lim_{x_1 \to 0} (A + Bx_1 - Cx_1^2) = A$$

溶液的超额 Gibbs 自由能

$$\frac{G^E}{RT} = A + Bx_1 - Cx_1^2 - [x_1(A + B - C) + x_2 A]$$

整理后，得到 $G^E/(RT)$ 与组成的关系为

$$\frac{G^E}{RT} = Cx_1 - Cx_1^2 = Cx_1(1 - x_1) = Cx_1 x_2 = C\frac{n_1 n_2}{n^2}$$

根据式(4-105) 有

$$\ln\gamma_1 = \left[\partial\left(\frac{nG^E}{RT}\right)/\partial n_1\right]_{T,p,n_2} = \left[\frac{\partial}{\partial n_1}\left(n\frac{Cn_1 n_2}{n^2}\right)\right]_{T,p,n_2} = Cn_2\frac{1\times n - n_1 \times 1}{n^2} = Cx_2^2$$

$$\ln\gamma_2 = \left[\partial\left(\frac{nG^E}{RT}\right)/\partial n_2\right]_{T,p,n_1} = Cx_1(1 - x_2) = Cx_1^2$$

(2) 若组分 1 以 Henry 定律为标准态时、组分 2 以 Lewis-Randall 规则为标准态时，有

$$\frac{G^E}{RT} = x_1 \ln\gamma_1^* + x_2 \ln\gamma_2$$

式中，γ_1^* 表示无限稀释的活度系数。于是组分 1 的标准态逸度 $f_1(HL) = H_{1,2}$。将 $\gamma_1^* = \frac{\hat{f}_1}{H_{1,2}x_1}$、$\gamma_2 = \frac{\hat{f}_2}{f_2 x_2}$代入等式的右边中，则

$$\frac{G^E}{RT} = x_1 \ln\frac{\hat{f}_1}{H_{1,2}x_1} + x_2 \ln\frac{\hat{f}_2}{f_2 x_2} = x_1 \ln\frac{\hat{f}_1}{x_1} + x_2 \ln\frac{\hat{f}_2}{x_2} - x_1 \ln H_{1,2} - x_2 \ln f_2$$
$$= \ln f - (x_1 \ln H_{1,2} + x_2 \ln f_2)$$

组分 1 的 Henry 常数为 $\ln H_{1,2} = \lim_{x_1 \to 0} \ln\frac{\hat{f}_1}{x_1}$，因为 $\ln\frac{\hat{f}_1}{x_1}$是 $\ln f$ 的偏摩尔量，故

$$\ln\frac{\hat{f}_1}{x_1} = \left[\frac{\partial(n\ln f)}{\partial n_1}\right]_{T,p,n_2} = \left[\frac{\partial}{\partial n_1}\left(An + Bn_1 - C\frac{n_1^2}{n}\right)\right]_{T,p,n_2} = A + B - Cx_1(2 - x_1)$$

$$\ln H_{1,2} = \lim_{x_1 \to 0} \ln\frac{\hat{f}_1}{x_1} = \lim_{x_1 \to 0}[A + B - Cx_1(2 - x_1)] = A + B$$

纯组分 2 的逸度 $\ln f_2 = A$，超额自由能与组成的关系为

$$\frac{G^E}{RT} = A + Bx_1 - Cx_1^2 - [x_1(A + B) + x_2 A] = -Cx_1^2$$

根据 $\gamma_1^* = \frac{\hat{f}_1}{H_{1,2}x_1}$，等式两边同时取对数，得到组分 1 的活度系数为

$$\ln\gamma_1^* = \ln\frac{\hat{f}_1}{H_{1,2}x_1} = \ln\frac{\hat{f}_1}{x_1} - \ln H_{1,2}$$

$$=A+B-Cx_1(2-x_1)-A-B$$
$$=-Cx_1(2-x_1)$$

组分 2 的活度系数与(1)的求取相同，解得

$$\ln\gamma_2=Cx_1^2$$

4.7 活度系数模型

对于多组分液态溶液，总是希望用分子间力和液体的基本结构表示溶液的性质。为了尽量减少描述溶液性质所需要的实验信息，又希望那些表示溶液性质的量都能完全由纯组分的性质加以计算。目前的理论水平虽然能使我们得到一些应用范围有限的结果，但还没有发展到具有任意普遍性的程度。溶液理论的最新工作是利用强有力的统计学方法，将宏观（整体）性质和微观（分子）现象联系起来。

活度系数模型一般由溶液的 $G^E/(RT)$ 所导出。一般来说可分成两大类型。

(1) 经验型 这类模型以 van Laar、Margules 方程为代表，早期被提出时是纯经验的，后来发展到与正规溶液理论相联系。它们对于较简单的系统能获得较理想的结果。

(2) 局部组成概念型 这类模型以 Wilson、NRTL 等方程为代表，多数是建立在无热溶液理论之上。

实验表明，后一类模型更为优秀，能从较少的特征参数关联和推算混合物的相平衡，特别是关联非理想性较高系统的汽液平衡获得了满意的结果。下面从应用的角度介绍几种最具代表性的活度系数模型。

4.7.1 Redlich-Kister 经验式

通常 $G^E/(RT)$ 是 T、p 和组成的函数，但对于中低压下的液体，p 对 $G^E/(RT)$ 的影响很小。所以，压力对活度系数的影响可以忽略。对于二元溶液，在恒 T 时，Redlich-Kister 模型是将 G^E 表示为关于 (x_1-x_2) 的幂级数关系

$$\frac{G^E}{RT}=x_1x_2[A+B(x_1-x_2)+C(x_1-x_2)^2+\cdots] \tag{4-110}$$

式中，A、B、C 等为经验常数，通过拟合活度系数的实验数据求出。若将上式截至二次项，则可导出如下活度系数方程

$$\ln\gamma_1=x_2^2[A+B(3x_1-x_2)+C(x_1-x_2)(5x_1-x_2)+\cdots] \tag{4-111a}$$

$$\ln\gamma_2=x_1^2[A+B(x_1-3x_2)+C(x_1-x_2)(x_1-5x_2)+\cdots] \tag{4-111b}$$

Redlich-Kister 模型是目前还在使用的经验式中的较好者。B、C、D 等经验常数取不同的符号和数值时，可以用来描述理想溶液、正规溶液等不同类型的系统。

所谓正规溶液，Hildebrand 定义为：“当极少量的一个组分从理想溶液迁移到有相同组成的真实溶液时，如果没有熵的变化，并且总的体积不变，此真实溶液称为正规溶液”。正规溶液与理想溶液相比，两者的超额体积为零（$V^E=0$），且混合熵变等于理想混合熵变（$\Delta S=\Delta S^{id}$，$S^E=0$）。但正规溶液的混合热不等于零（$H^E\neq0$），而理想溶液的混合热等于零（$H^E=0$）。所以正规溶液有别于理想溶液，它的非理想性原因在于混合热不等于零（$H^E\neq0$）。根据正规溶液的特点，超额 Gibbs 自由能可写为

$$G^E=H^E$$

因此正规溶液可理解为将极少量的一个组分从理想溶液迁移到具有相同组成的真实溶液时，没有熵变，总体积不变。

4.7.2 对称性方程

在应用式(4-110)时，如果 $B=C=\cdots=0$，则

$$\frac{G^{E}}{RT}=Ax_1x_2 \tag{4-112}$$

当温度一定时，A 就是确定的。根据式(4-105)，对式(4-112)求偏导，可得

$$\ln\gamma_1=Ax_2^2, \quad \ln\gamma_2=Ax_1^2 \tag{4-113}$$

这些性质表现在$\frac{G^{E}}{RT}$-x_1、$\ln\gamma_1(\ln\gamma_2)$-x_1 关系上，在 $x_1=0.5$ 时互成镜像，对称性非常显著，故称式(4-113)为对称性方程（又称单参数 Margules 方程）。

在这个模型中，常数 A 等于无限稀释活度系数的自然对数值，即

$$\ln\gamma_1^{\infty}=\ln\gamma_2^{\infty}=A \tag{4-114}$$

在应用式(4-110)时，当 $A=B=C=\cdots=0$，有

$$\frac{G^{E}}{RT}=0 \tag{4-115}$$

根据式(4-105)，对式(4-115)求偏微导

$$\ln\gamma_1=0, \quad \ln\gamma_2=0 \tag{4-116}$$

此时，$\gamma_1=\gamma_2=1$，溶液为理想溶液。

4.7.3 两参数 Margules 方程

在应用式(4-110)时，如果 $C=\cdots=0$，则

$$\frac{G^{E}}{x_1x_2RT}=A+B\ (x_1-x_2)\ =\ (A-B)\ +2Bx_1$$

此时 $G^{E}/(x_1x_2RT)$ 与 x_1 之间呈线性关系。如果定义 $A+B=A_{21}$ 和 $A-B=A_{12}$，上式成为

$$\frac{G^{E}}{x_1x_2RT}=A_{21}x_1+A_{12}x_2 \tag{4-117}$$

根据式(4-105)，对式(4-117)求偏导，可得到

$$\boxed{\ln\gamma_1=x_2^2[A_{12}+2(A_{21}-A_{12})x_1], \quad \ln\gamma_2=x_1^2[A_{21}+2(A_{12}-A_{21})x_2]} \tag{4-118}$$

式(4-118)就是著名的两参数 Margules 方程。

由式(4-118)可见，模型参数 A_{12}、A_{21} 与无限稀释活度系数的关系为

$$\boxed{A_{12}=\lim_{x_1\to 0}\ln\gamma_1=\ln\gamma_1^{\infty}, \quad A_{21}=\lim_{x_2\to 0}\ln\gamma_2=\ln\gamma_2^{\infty}} \tag{4-119}$$

另外，根据式(4-117)，可通过实验数据来回归 $G^{E}/(x_1x_2RT)$与 x_1 直线（如图 4-11 所示）的斜率和纵轴截距从而求得模型参数 A_{12}、A_{21}。

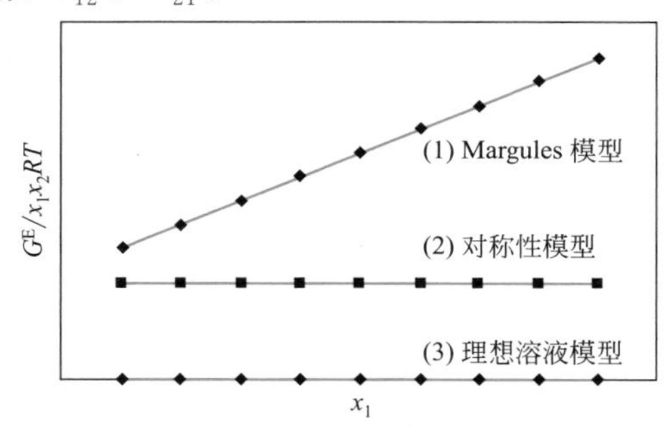

图 4-11 $G^{E}/(x_1x_2RT)$-x_1 的关系

4.7.4 van Laar 方程

按照 van Laar 理论，$G^E/(RT)$ 与 x_1 为

$$\frac{G^E}{RT}=\frac{x_1x_2A'_{12}A'_{21}}{A'_{12}x_1+A'_{21}x_2} \tag{4-120}$$

根据式(4-105)，对式(4-120) 求偏导，得到

$$\ln\gamma_1=A'_{12}\Big/\left(1+\frac{A'_{12}x_1}{A'_{21}x_2}\right)^2,\quad \ln\gamma_2=A'_{21}\Big/\left(1+\frac{A'_{21}x_2}{A'_{12}x_1}\right)^2 \tag{4-121}$$

与式(4-119) 相似，模型参数 A'_{12}、A'_{21}与无限稀释活度系数的关系为

$$A'_{12}=\lim_{x_1\to 0}\ln\gamma_1=\ln\gamma_1^\infty,\quad A'_{21}=\lim_{x_2\to 0}\ln\gamma_2=\ln\gamma_2^\infty \tag{4-122}$$

另外，根据式(4-120) 整理，得

$$\frac{x_1x_2}{G^E/(RT)}=\frac{A'_{12}x_1+A'_{21}x_2}{A'_{12}A'_{21}}=\frac{x_1}{A'_{21}}+\frac{x_2}{A'_{12}}=\frac{1}{A'_{12}}+\left(\frac{1}{A'_{21}}-\frac{1}{A'_{12}}\right)x_1 \tag{4-123}$$

由此可见，RTx_1x_2/G^E 与 x_1 之间呈线性关系（如图 4-12 所示）。这样可通过实验数据来回归直线的斜率（$1/A'_{21}-1/A'_{12}$）和截距 $1/A'_{12}$，从而求出模型参数 A'_{12}、A'_{21}。

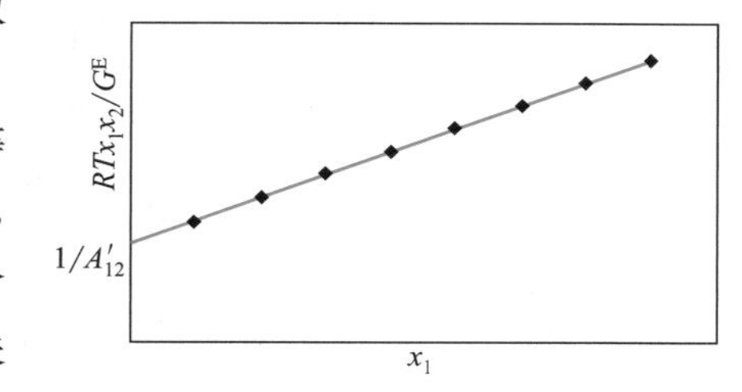

图 4-12 RTx_1x_2/G^E-x_1 的关系

Redlich-Kister 展开式，Margules 方程，van Laar 方程等在为二元系统拟合汽液平衡数据时提供了很大的弹性。然而，这些方程缺乏理论基础，所以在推广到多元系统时没有一个合理的基础。此外，他们并没有具体指出参数与温度的清晰关系，虽然通过一个特定的基础可以做到这一点。

4.7.5 局部组成概念与 Wilson 方程

4.7.5.1 无热溶液基础

对于某些由大小相差甚远的分子所构成的溶液，特别是聚合物溶液，前面介绍的正规溶液理论就不适用了。因为这类溶液的超额焓为零，即$H^E=0$，故我们把 $H^E=0$ 的溶液称为无热溶液。根据无热溶液的特点，超额 Gibbs 自由能 G^E 可写成

$$G^E=-TS^E \tag{4-124}$$

Flory 和 Huggins 在似晶格模型的基础上，采用统计力学的方法导出无热溶液超额熵的方程

$$S^E=-R\sum x_i\ln\frac{\varphi_i}{x_i}\qquad (i=1,2,\cdots,N) \tag{4-125}$$

式中，φ_i 为组分 i 的体积分数。对于二元溶液，超额 Gibbs 自由能函数可写为

$$\frac{G^E}{RT}=x_1\ln\frac{\varphi_1}{x_1}+x_2\ln\frac{\varphi_2}{x_2} \tag{4-126}$$

无热溶液模型适用于由分子大小相差甚远、而相互作用力很相近的物质构成的溶液，特别是高聚物溶液。由 Flory-Huggins 方程求得的活度系数往往小于 1。因此，无热溶液模型只能用来预测对 Raoult 定律呈现负偏差系统的性质，更不能用于极性相差大的系统。

现在用得最为广泛的 Wilson 方程及 NRTL 方程都是在无热溶液的基础上获得的。

4.7.5.2 局部组成概念

溶液的组成通常采用摩尔分数和体积分数等来表示。例如，在二元溶液中当物质的量相等的纯组分 1 和 2 混合后，认为溶液的组成为：$x_1=\frac{1}{2}$，$x_2=\frac{1}{2}$。

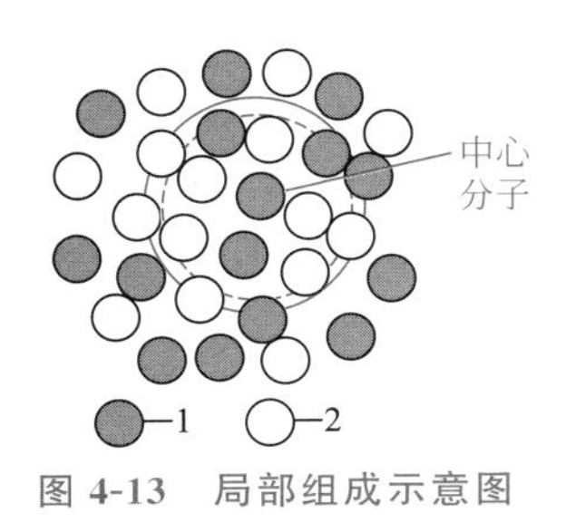

图 4-13　局部组成示意图

这是溶液组成的宏观量度。从微观上看，只有当所有分子间的作用力均相等，组分 1 和 2 作随机混合时才是如此。在实际系统中，由于构成溶液的各组分分子间的相互作用力一般并不相等，因此分子间的混合通常是非随机的，上述溶液的组成并非为 1/2。这种局部区域中组分的比率和溶液中组分的宏观比率不一定相同的情况被认为是一种局部组成现象。如图 4-13 所示。

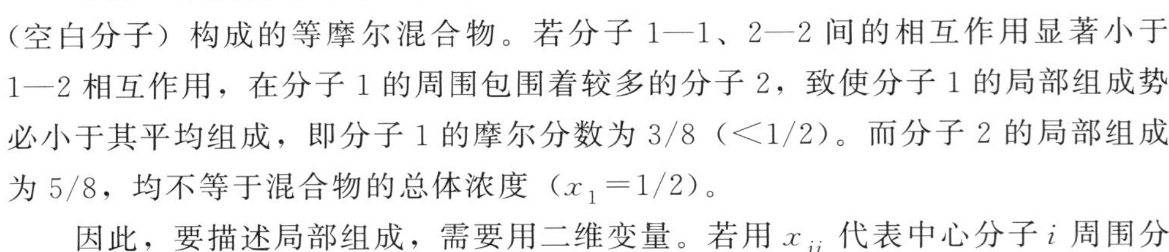

考虑一个微观的局部，设有 15 个组分 1（带阴影的分子）和 15 个组分 2（空白分子）构成的等摩尔混合物。若分子 1—1、2—2 间的相互作用显著小于 1—2 相互作用，在分子 1 的周围包围着较多的分子 2，致使分子 1 的局部组成势必小于其平均组成，即分子 1 的摩尔分数为 3/8（$<1/2$）。而分子 2 的局部组成为 5/8，均不等于混合物的总体浓度（$x_1=1/2$）。

因此，要描述局部组成，需要用二维变量。若用 x_{ji} 代表中心分子 i 周围分子 j 的局部摩尔分数，对二元溶液，它所存在的局部组成有四种，即以分子 1 为中心，出现分子 1 的概率为 x_{11}，出现分子 2 的概率为 x_{21}；以分子 2 为中心，出现分子 1 的概率为 x_{12}，出现分子 2 的概率 x_{22}。对于图 4-13 中的局部组成为 $x_{11}=\frac{3}{8}$，$x_{21}=\frac{5}{8}$，$x_{22}=\frac{5}{8}$，$x_{12}=\frac{3}{8}$，且 $x_{11}+x_{21}=1$，$x_{22}+x_{12}=1$。

4.7.5.3 Wilson 方程

1964 年 Wilson 将局部组成概念应用于 Flory-Huggins 模型，首先提出了基于局部组成概念的超额 Gibbs 自由能 G^E

$$\frac{G^E}{RT}=-\sum_{i=1}^{N}x_i\ln\left(\sum_{j=1}^{N}\Lambda_{ij}x_j\right) \tag{4-127}$$

式中，Λ_{ij} 称为 Wilson 参数。通常情况下，$\Lambda_{ij}\neq\Lambda_{ji}$，$\Lambda_{ij}>0$，$\Lambda_{ii}=\Lambda_{jj}=1$。对于二元溶液

$$\Lambda_{12}=\frac{V_2^L}{V_1^L}\exp\left(-\frac{g_{12}-g_{11}}{RT}\right),\quad \Lambda_{21}=\frac{V_1^L}{V_2^L}\exp\left(-\frac{g_{21}-g_{22}}{RT}\right) \tag{4-128a, b}$$

式中，$(g_{12}-g_{11})$、$(g_{21}-g_{22})$ 为二元交互作用能量参数，其值可正可负，需由二元汽液平衡的实验数据确定，且组分 i 与组分 j 交互作用能量参数中，$g_{ij}=g_{ji}$。通常采用多点组成下的实验数据，用非线性最小二乘法回归求取参数最佳值。

对于二元溶液

$$\frac{G^E}{RT}=x_1\ln\frac{\xi_{11}}{x_1}+x_2\ln\frac{\xi_{22}}{x_2}=-x_1\ln(x_1+\Lambda_{12}x_2)-x_2\ln(\Lambda_{21}x_1+x_2) \tag{4-129}$$

根据式(4-105)，对于式(4-129) 求偏导数，可得著名的 Wilson 方程

$$\ln\gamma_1=-\ln(x_1+\Lambda_{12}x_2)+x_2\left(\frac{\Lambda_{12}}{x_1+\Lambda_{12}x_2}-\frac{\Lambda_{21}}{x_2+\Lambda_{21}x_1}\right) \tag{4-130a}$$

$$\ln\gamma_2=-\ln(x_2+\Lambda_{21}x_1)-x_1\left(\frac{\Lambda_{12}}{x_1+\Lambda_{12}x_2}-\frac{\Lambda_{21}}{x_2+\Lambda_{21}x_1}\right) \tag{4-130b}$$

对于多元系统，Wilson 方程表示为

$$\ln\gamma_i = 1 - \ln\sum_j x_j \Lambda_{ij} - \sum_k \frac{x_k \Lambda_{ki}}{\sum_j x_j \Lambda_{kj}} \tag{4-131}$$

Wilson 方程的基本思想可归纳为以下三点：

① 由于分子间作用力不同提出了局部组成的概念；

② 引入 Boltzmann 因子描述不同分子间的作用能，将微观与宏观联系起来；

③ 将局部组成概念引入 Flory-Huggins 提出的无热溶液，用微观组成代替宏观组成。

Wilson 方程的突出优点在于：

① 对于二元溶液，Wilson 方程仅含有两个参数，故最少有一组数据就可以推算，且准确度较 Margules 方程和 van Laar 方程高；

② 二元交互作用能量参数 $g_{ji} - g_{ii}$ 受温度的影响较小，在不太宽的范围内，可视作为常数，而 Wilson 参数是随溶液温度变化而变化，因此该方程能反映温度对活度系数的影响，且具有半理论的物理意义；

③ 仅有二元系统的数据，可以预测多元系统的行为，而无需要多元参数，如四元系统，只需计算出 $\Lambda_{12}, \Lambda_{21}, \Lambda_{13}, \Lambda_{23}\cdots$ 两两组合成二元系统进行计算，其结果可运用到多元系统。

Wilson方程在工程上的广泛应用，对含烃、醇、醚、酮、腈、酯以及含水、硫、卤素的互溶体系均能获得较好的结果。

上述优点，才使得 Wilson 方程得到广泛的应用和研究。Wilson 方程在汽液平衡研究领域中曾独步一时，其后一段时间所发表的许多活度系数的计算方法均是对 Wilson 方程的修正和改进。

当然，Margules 方程和 van Laar 方程在关联二元数据方面是有用的，但在预测多元汽液平衡方面却显出粗略而无力。然而，Wilson 方程在应用方面也有它的局限性：①该方程不能用于部分互溶系统；②该方程不能用于活度系数具有极大值或极小值（$\ln\gamma_i - x_i$ 曲线上有极值）的溶液。

Wilson 方程在关联汽液平衡数据时的成功促进了局部组成改进模型的发展，最著名的是 Renon-Prausnitz 提出的 NRTL 方程和 Abrams-Prausnitz 提出的 UNIQUAC 方程。进一步的卓有成效的是在 UNIQUAC 方程基础上发展的 UNIFAC 方法，它通过组成溶液分子的各种基团贡献来计算活度系数。考虑到 Wilson 方程的局部性，人们对它进行了一系列的修正，拓宽了 Wilson 方程的应用范围。

4.7.6 NRTL（Non-Random Two Liquids）方程

该方程是在 1968 年由 Renon 和 Prausnitz 提出的。与 Wilson 方程相类似，它也是根据局部组成的概念，采用双液体理论所获得的一个半经验方程。

Renon 等考虑到由于局部组成的存在，混合过程是非随机的，在联系局部组成、总体组成和 Boltzmann 因子的关系式中，引入了一个能反映系统混合非随机特征的参数（Non-Random Parameter）α_{12}。于是，对于二元溶液，NRTL 方程为

$$\frac{G^E}{RT} = x_1 x_2 \left(\frac{\tau_{21} G_{21}}{x_1 + x_2 G_{21}} + \frac{\tau_{12} G_{12}}{x_2 + x_1 G_{12}} \right) \tag{4-132}$$

$$\ln\gamma_1 = x_2^2 \left[\frac{\tau_{21} G_{21}^2}{(x_1 + x_2 G_{21})^2} + \frac{\tau_{12} G_{12}}{(x_2 + x_1 G_{12})^2} \right] \tag{4-133a}$$

$$\ln\gamma_2 = x_1^2 \left[\frac{\tau_{12} G_{12}^2}{(x_2 + x_1 G_{12})^2} + \frac{\tau_{21} G_{21}}{(x_1 + x_2 G_{21})^2} \right] \tag{4-133b}$$

式中，$G_{21}=\exp(-\alpha_{21}\tau_{21})$；$G_{12}=\exp(-\alpha_{12}\tau_{12})$；$\tau_{21}=\dfrac{g_{21}-g_{11}}{RT}$；$\tau_{12}=\dfrac{g_{12}-g_{22}}{RT}$。

对于多元系统，NRTL 方程的通式为

$$\frac{G^{\mathrm{E}}}{RT}=\sum_j x_i\frac{\sum\limits_i \tau_{ji}G_{ji}x_j}{\sum\limits_k G_{ki}x_k} \tag{4-134}$$

$$\ln\gamma_i=\frac{\sum\limits_{j=1}^{N}\tau_{ji}G_{ji}x_j}{\sum\limits_{k=1}^{N}G_{ki}x_k}+\sum_{j=1}^{N}\frac{x_jG_{ij}}{\sum\limits_{k=1}^{N}G_{kj}x_k}\left(\tau_{ij}-\frac{\sum\limits_{i=1}^{N}x_i\tau_{ij}G_{ij}}{\sum\limits_{k=1}^{N}G_{kj}x_k}\right) \tag{4-135}$$

式中，$G_{ji}=\exp\ (-\alpha_{ji}\tau_{ji})$；$\tau_{ji}=\dfrac{g_{ji}-g_{ii}}{RT}$；$\alpha_{ji}=\alpha_{ij}$。

和 Wilson 方程一样，NRTL 方程也可以用二元溶液的数据推算多元溶液的性质，但它最突出的优点是能用于部分互溶系统，因而特别适用于液液分层物系的计算。NRTL 方程中的 α_{ij} 有一定的理论解释，但实际使用中只是作为一个参数回归，因此该方程是一个三参数方程即（$g_{21}-g_{11}$）、（$g_{12}-g_{22}$）、α_{12}。一般认为，α_{12} 与温度及溶液的组成无关，而决定于溶液的类型，是溶液的特征参数。

*4.7.7 UNIQUAC 方程

1975 年，Abrams 和 Prausnitz 以 Guggenheim 的似化学溶液理论为基础，应用 Wilson 的局部组成概念和统计力学方法建立了通用似化学模型（Universal Quasi-Chemical Model），简称为 UNIQUAC 模型。该模型可用于非极性和各类极性组分的多元混合物，预测汽液平衡和液液平衡数据。

UNIQUAC 模型中的超额 Gibbs 自由能 G^{E} 由两部分构成，即

$$G^{\mathrm{E}}=G_{\mathrm{C}}^{\mathrm{E}}+G_{\mathrm{R}}^{\mathrm{E}} \tag{4-136}$$

其中

$$\frac{G_{\mathrm{C}}^{\mathrm{E}}}{RT}=\sum_i x_i\ln\frac{\varphi_i}{x_i}+\frac{Z}{2}\sum_i q_ix_i\ln\frac{\theta_i}{\varphi_i}$$

$$\frac{G_{\mathrm{R}}^{\mathrm{E}}}{RT}=-\sum q_ix_i\ln\ (\theta_j\tau_{ji})$$

式中，$G_{\mathrm{C}}^{\mathrm{E}}$ 称为组合超额 Gibbs 自由能；$G_{\mathrm{R}}^{\mathrm{E}}$ 称为剩余超额 Gibbs 自由能。通用的活度系数表达式为

$$\ln\gamma_i=\ln\frac{\varphi_i}{x_i}+\left(\frac{Z}{2}\right)q_i\ln\frac{\theta_i}{\varphi_i}+l_i-\frac{\varphi_i}{x_i}\sum_j x_jl_j-q_i\ln\left(\sum_j\theta_j\tau_{ji}\right)+q_i-q_i\sum_j\frac{\theta_j\tau_{ij}}{\sum\limits_k\theta_k\tau_{kj}} \tag{4-137}$$

式中，$l_i=\dfrac{Z}{2}(r_i-q_i)-(r_i-1)$；$\theta_i=\dfrac{q_ix_i}{\sum\limits_j q_jx_j}$；$\varphi_i=\dfrac{r_ix_i}{\sum\limits_j r_jx_j}$；$\tau_{ji}=\exp\left(-\dfrac{u_{ij}-u_{ii}}{RT}\right)$。$\theta_i$，$\varphi_i$ 分别为组分 i 的平均面积分数和体积分数，它们是纯物质 i 的两个特征参数；r_i，q_i 分别为体积和表面积参数，根据分子的 van der Waals 体积和表面积计算；Z 为晶格配位数，其值取为 10；Zq_i 称为分子的接触数；u_{ij} 为分子对 i-j 的相互作用能量，$u_{ij}=u_{ji}$，其值由实验数据确定。

UNIQUAC 方程把活度系数分为组合项和剩余项两部分，分别反映分子大小和形状对 γ_i 的贡献和分子间交互作用对 γ_i 的贡献。此式精度高，通用性好。其缺点是要有微观参数 r_i、q_i，而这些参数对于某些化合物是无法提供的。

虽然 UNIQUAC 方程较 NRTL 方程和 Wilson 方程要复杂一些，但它具有其优点。

UNIQUAC 方程优点：

① 仅用两个可调参数便可应用于液-液体系（NRTL 方程则需要三个参数）；

② 其参数随温度的变化较小；

③ 由于其主要浓度变量是表面积分数（而非摩尔分数），因此该模型还可应用于大分子（聚合物）溶液。

除了上述基于局部组成概念的模型之外，在化工计算中比较广泛采用的还有 ASOG（Analytical Solution of Groups）和 UNIFAC（Universal Quasichemical Functional Group Activity Coefficient）两种基团贡献模型。

*4.7.8 基团溶液模型与 UNIFAC 方程

基团溶液模型是把溶液看成各种基团组成，基于各基团在溶液中的性质加和所描述的模型。在基团溶液模型的基础上，建立起了 ASOG 方程和 UNIFAC 方程。这些方程的要点在于：认为溶液中各组分的性质，可由其结构基团的性质采用叠加的方法来确定。基团贡献模型的优点是使物性的预测大为简化，在缺乏实验数据的情况下，通过利用含有同种基团的其他系统的实验数据来预测未知系统的活度系数。

世界上的物质很多，混合物就更多了，但就其组成这些物质的基团是有限的，常见的基团数目在 20～50 个，至多也不超过 100 个。如果能够找到组成溶液的各个基团的性质，并通过合适的模型加以处理的话，就可以使得一些通过前边介绍的分子模型无法计算的系统得到解决。目前，推算活度系数的基团贡献法已被较多地采用，下面以 UNIFAC 方程为例加以介绍。

UNIFAC 模型认为，活度系数由组合项活度系数和剩余项活度系数所构成，即

$$\ln\gamma_i=\ln\gamma_i^{\mathrm{C}}+\ln\gamma_i^{\mathrm{R}} \tag{4-138}$$

式中，$\ln\gamma_i^{\mathrm{C}}$ 为组分 i 的活度系数组合项，主要反映分子大小和形状的差别；$\ln\gamma_i^{\mathrm{R}}$ 为组分 i 的活度系数剩余相，表示基团之间相互作用的影响。

剩余项活度系数 $\ln\gamma_i^{\mathrm{R}}$ 由基团的活度系数所构成，即

$$\ln\gamma_i^{\mathrm{R}}=\sum_k^N \nu_k^{(i)}(\ln\Gamma_k-\ln\Gamma_k^{(i)}) \tag{4-139}$$

式中，Γ_k 为基团 k 的活度系数；$\Gamma_k^{(i)}$ 为在纯溶剂 i 中基团 k 的活度系数；$\nu_k^{(i)}$ 为组分 i 中基团 k 的数目；N 为组分 i 中基团种类的数目。

纯组分 i 的中基团 k 的活度系数 $\Gamma_k^{(i)}$ 可按式(4-140) 计算

$$\ln\Gamma_k^{(i)}=Q_k\left[1-\ln\left(\sum_{m=1}^N\theta_m^{(i)}\varphi_{mk}\right)-\sum_{m=1}^N\left(\frac{\theta_m^{(i)}\varphi_{km}}{\sum\limits_{n=1}^N\theta_n^{(i)}\varphi_{nm}}\right)\right] \tag{4-140}$$

式中，$\theta_m^{(i)}$、$\theta_n^{(i)}$ 分别是组分 i 中基团 m、n 的表面积分数，其计算公式为

$$\theta_m^{(i)}=\frac{Q_mX_m^{(i)}}{\sum\limits_{n=1}^N Q_nX_n^{(i)}}$$

式中，Q_m、Q_n 分别是基团 m、n 的表面积参数，它们是 UNIFAC 方程的重要参数之一；$X_m^{(i)}$ 是纯组分 i 中基团 m 的分数，其计算公式为

$$X_m^{(i)}=\nu_m^{(i)}\Bigg/\sum_{k=1}^N\nu_k^{(i)}$$

混合物中基团 k 的活度系数为 Γ_k，与 $\Gamma_k^{(i)}$ 的计算公式类似，由以下公式计算

$$\ln\Gamma_k=Q_k\left[1-\ln\left(\sum_{m=1}^N\theta_m\varphi_{mk}\right)-\sum_{m=1}^N\left(\frac{\theta_m\varphi_{km}}{\sum\limits_{n=1}^N\theta_n\varphi_{nm}}\right)\right] \tag{4-141}$$

$$\theta_m=\frac{Q_mX_m}{\sum\limits_{n=1}^{N}Q_nX_n},\quad X_m=\frac{\sum\limits_{j=1}^{M}\nu_m^{(j)}x_j}{\sum\limits_{j=1}^{M}\sum\limits_{n=1}^{N}\nu_n^{(j)}x_j},\quad \varphi_{n,m}=\exp[-(u_{nm}-u_{mm})/T]$$

式中，$\nu_m^{(j)}$ 为组分 j 中基团 m 的数目；X_m 为混合物中基团 m 的分数；θ_m 为混合物中基团 m 的表面积分数；$\varphi_{n,m}$ 为基团交互作用参数；u_{nm} 和 u_{mm} 为基团交互作用能量参数，亦是 UNIFAC 方程的重要参数；M 为组分数；N 为基团数。

计算 $\ln\gamma_i^{R,\infty}$ 时，只需对式(4-139) 求 $x_i\to0$ 的极限即可。

$$\ln\gamma_i^{R,\infty}=\lim_{x_i\to0}\ln\gamma_i^R=\lim_{x_i\to0}\sum_{k=1}^{N}\nu_k^{(i)}[\ln\Gamma_k-\ln\Gamma_k^{(i)}] \tag{4-142}$$

活度系数组合项，采用 Kikic 等提出的公式

$$\ln\gamma_i^C=\ln\frac{\Psi_i}{x_i}+1-\frac{\Psi_i}{x_i}-\frac{1}{2}Zq_i\left(\ln\frac{\varphi_i}{\theta_i}+1-\frac{\varphi_i}{\theta_i}\right) \tag{4-143}$$

式中，$\Psi_i=x_ir_i^{2/3}\Big/\sum\limits_{j=1}^{M}x_jr_j^{2/3}$；$\varphi_i=x_ir_i\Big/\sum\limits_{j=1}^{M}x_jr_j$；$\theta_i=x_iq_i\Big/\sum\limits_{j=1}^{M}x_jq_j$；$r_i=\sum\limits_{k=1}^{N}\nu_k^{(i)}R_k$；$q_i=\sum\limits_{k=1}^{N}\nu_k^{(i)}Q_k$；$Q_k$、$R_k$ 分别为基团 k 的表面积参数和体积参数。

计算无限稀释的活度系数组合项 $\ln\gamma_i^{C,\infty}$ 时，只需对式(4-143) 求 $x_i\to0$ 的极限即可。当 $x_i\to0$ 时，有

$$\ln\gamma_i^{C,\infty}=\lim_{x_i\to0}\ln\gamma_i^C=\ln\left(\frac{r_i^{2/3}}{\sum\limits_{j\neq i}^{M}x_jr_j^{2/3}}\right)+1-\frac{r_i^{2/3}}{\sum\limits_{j\neq i}^{M}x_jr_j^{2/3}}-\frac{1}{2}Zq_i\left(\ln\frac{r_i\sum\limits_{j\neq i}^{M}x_jq_j}{q_i\sum\limits_{j\neq i}^{M}x_jr_j}+1-\frac{r_i\sum\limits_{j\neq i}^{M}x_jq_j}{q_i\sum\limits_{j\neq i}^{M}x_jr_j}\right) \tag{4-144}$$

这样，有了 $\ln\gamma_i^C$ 和 $\ln\gamma_i^R$，便可以得到 i 组分的活度系数 γ_i。

【例 4-18】 已知丙酮(1)-苯(2)二元系统 45℃时无限稀释的活度系数分别为 $\gamma_1^\infty=1.65$、$\gamma_2^\infty=1.52$，假设该溶液服从 Margules 方程，试求出其 Margules 方程参数以及活度系数。

解：(1) 根据 Margules 方程参数的计算公式，得

$$A_{12}=\ln\gamma_1^\infty=\ln1.65=0.501,\quad A_{21}=\ln\gamma_2^\infty=\ln1.52=0.419$$

(2) 根据 Margules 方程计算活度系数

$$\begin{aligned}\ln\gamma_1&=x_2^2[A_{12}+2x_1(A_{21}-A_{12})]=x_2^2[0.501+2x_1(0.419-0.501)]\\&=0.501(1-x_1)^2-0.164x_1(1-x_1)^2\\&=0.501-1.166x_1+0.829x_1^2-0.164x_1^3\end{aligned}$$

$$\begin{aligned}\ln\gamma_2&=x_1^2[A_{21}+2x_2(A_{12}-A_{21})]=x_1^2[0.419+2x_2(0.501-0.419)]\\&=0.419x_1^2+0.164x_1^2(1-x_1)=0.578x_1^2-0.164x_1^3\end{aligned}$$

【例 4-19】 利用 Wilson 方程，计算下列甲醇(1)-水(2)系统组分的逸度：(1) $p=101325\text{Pa}$，$T=81.48$℃，$y_1=0.582$ 的汽相；(2) $p=101325\text{Pa}$，$T=81.48$℃，$x_1=0.2$ 的液相。

已知液相符合 Wilson 方程，其模型参数是 $\Lambda_{12}=0.43738$，$\Lambda_{21}=1.11598$。甲醇(1)和水(2)Antoine 常数如［例 4-19］表 1 所示。

[例 4-19] 表 1　甲醇和水的 Antoine 常数

组　分	A_i	B_i	C_i	单　位
甲醇(1)	9.4138	3477.90	−40.53	T/K
水(2)	9.3876	3826.36	−45.47	p_i^s/kPa

解：(1) 由于系统的压力较低，故汽相可以作理想气体处理，得

$$\hat{f}_1^v = py_1 = 101.325\times0.582 = 58.971\text{kPa}$$

$$\hat{f}_2^v = py_2 = 101.325\times(1-0.582) = 42.354\text{kPa}$$

理想气体混合物的逸度等于其总压，即

$$f^v = p = 101.325\text{kPa}$$

(2) 液相是非理想溶液，组分逸度可以从活度系数计算，根据式(4-96)，选系统温度下的纯物质为标准态，则

$$\hat{f}_i^L = p_i^s x_i \gamma_i$$

其中蒸气压 p_i^s 由 Antoine 方程计算，计算结果如［例 4-19］表 2 所列。

[例 4-19] 表 2　甲醇和水在 $T=81.48$℃ 下的蒸气压 p_i^s

组　分	A_i	B_i	C_i	$p_i^s=\exp\left(A_i-\dfrac{B_i}{81.48+273.15+C_i}\right)$/MPa
甲醇(1)	9.4138	3477.90	−40.53	0.190
水(2)	9.3876	3826.36	−45.47	0.0503

活度系数 γ_i 由 Wilson 模型计算，由于给定了 Wilson 模型参数

$$\Lambda_{12}=0.43738,\ \Lambda_{21}=1.11598$$

计算二元系统在 $T=354.63$K 和 $x_1=0.2$，$x_2=1-x_1=0.8$ 时两组分的活度系数分别是

$$\ln\gamma_1 = -\ln(x_1+\Lambda_{12}x_2) + x_2\left(\frac{\Lambda_{12}}{x_1+\Lambda_{12}x_2}-\frac{\Lambda_{21}}{x_2+\Lambda_{21}x_1}\right)$$

$$= -\ln(0.2+0.43738\times0.8) + 0.8\times\left(\frac{0.43738}{0.2+0.43738\times0.8}-\frac{1.11598}{0.8+1.11598\times0.2}\right) = 0.3618$$

$$\gamma_1 = 1.4358$$

$$\ln\gamma_2 = -\ln(x_2+\Lambda_{21}x_1) + x_1\left(\frac{\Lambda_{21}}{x_2+\Lambda_{21}x_1}-\frac{\Lambda_{12}}{x_1+\Lambda_{12}x_2}\right)$$

$$= -\ln(0.8+1.11598\times0.2) + 0.2\times\left(\frac{1.11598}{0.8+1.11598\times0.2}-\frac{0.43738}{0.2+0.43738\times0.8}\right) = 0.03614$$

$$\gamma_2 = 1.0368$$

所以，液相的组分逸度分别是

$$\hat{f}_1^L = p_1^s x_1 \gamma_1 = 0.19\times0.2\times1.4358 = 0.0546\text{MPa}$$

$$\hat{f}_2^L = p_2^s x_2 \gamma_2 = 0.0503\times0.8\times1.0368 = 0.0417\text{MPa}$$

由 Gibbs-Duhem 方程计算液相的总逸度为

$$\ln f_m = x_1\ln\frac{\hat{f}_1^L}{x_1} + x_2\ln\frac{\hat{f}_2^L}{x_2} = 0.2\ln\frac{0.0546}{0.2} + 0.8\ln\frac{0.0417}{0.8} = -2.62295$$

$$f_m = 0.07259\text{MPa}$$

【例 4-20】 在 65℃时正己烷(1)-二乙基酮(2)的无限稀释活度系数分别为 $\gamma_1^\infty=2.25$ 和 $\gamma_2^\infty=3.67$，饱和蒸气压的计算公式为：$\ln\left(p_1^s\dfrac{101.325}{760}\right)=15.8366-\dfrac{2607.55}{T-48.78}$ kPa，$\ln\left(p_2^s\dfrac{101.325}{760}\right)=16.8138-\dfrac{3410.51}{T-40.15}$kPa（其中，温度 T 的单位为 K）。求以下活度系数方程的参数，并求出全浓度范围的活度系数 $\ln\gamma_i$：(1) van Laar 方程；(2) Wilson 方程；(3) NRTL 方程，其 $\alpha_{12}=-1$。

解：(1) van Laar 方程

由式(4-122) 可知，该体系的 van Laar 方程为

$$A'_{12}=\ln(\gamma_1^{\infty})=0.8109,\ A'_{21}=\ln(\gamma_2^{\infty})=1.3002$$

再根据式(4-121) 计算 $\ln\gamma_i$，结果见［例 4-20］表 3；为了更直观地呈现 $\ln\gamma_i$ 与 x_1 的关系，将结果画图，见［例 4-20］图。

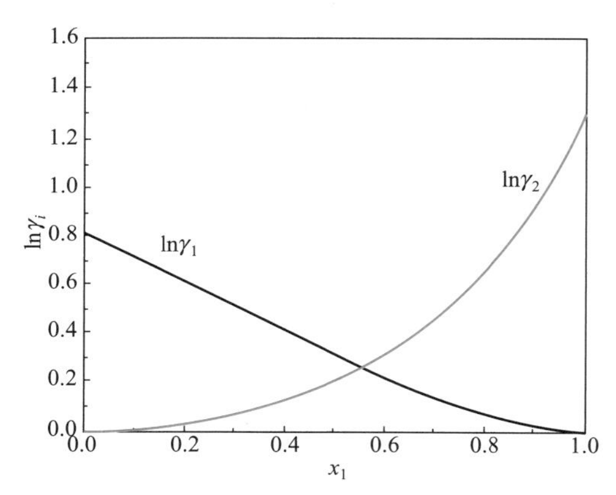

［例 4-20］图 van Laar 方程计算得到的 $\ln\gamma_1$、$\ln\gamma_2$ 与组成 x_1 的关系

(2) Wilson 方程

根据式(4-130)，分别在 $x_1\to0$、$x_2\to0$ 时取极限，可得

$$\ln(\gamma_1^{\infty})=-\ln(\Lambda_{12})+1-\Lambda_{21},\ \ln(\gamma_2^{\infty})=-\ln(\Lambda_{21})+1-\Lambda_{12}$$

将 $\ln(\gamma_1^{\infty})=0.8109$ 和 $\ln(\gamma_2^{\infty})=1.3002$ 代入式中，有

$$0.8109=-\ln(\Lambda_{12})+1-\Lambda_{21}$$

$$1.3002=-\ln(\Lambda_{21})+1-\Lambda_{12}$$

整理得 $\Lambda_{12}+\ln[-\ln(\Lambda_{12})+0.1891]+0.3002=0$

应用牛顿迭代法（见《高等数学》），令迭代变量 Λ_{12} 为 u，目标函数为

$$f(u)=u+\ln[-\ln(u)+0.1891]+0.3002=0$$

经过收敛性测试，以 $u=1.0$ 为初值，迭代结果见［例 4-20］表 1。

［例 4-20］表 1 Wilson 方程的迭代结果

n	u_n	$f(u_n)$	$f(u_{n+1})$	u_{n+1}	$\lvert u_n-u_{n+1}\rvert$
1	1.0000	−0.3652	−4.2882	0.9148	0.0852
2	0.9148	−0.0646	−2.9302	0.8928	0.0221
3	0.8928	−0.0026	−2.7024	0.8918	0.0010
4	0.8918	−0.0000	−2.6933	0.8918	0.0000

解得 $\Lambda_{12}=0.8918$，$\Lambda_{21}=0.3036$。

再根据式(4-130) 计算 $\ln\gamma_i$，结果见［例 4-20］表 3。

注：亦可用 excel 软件求解，方法同［例 2-6］解法 2，请读者自行完成。

(3) NRTL 方程

根据式(4-133)，分别在 $x_1\to0$、$x_2\to0$ 时取极限，可得

$$\ln(\gamma_1^{\infty})=\tau_{21}+\tau_{12}G_{12},\quad \ln(\gamma_2^{\infty})=\tau_{12}+\tau_{21}G_{21}$$

$$\tau_{21}=\ln(\gamma_1^{\infty})-\tau_{12}e^{-\alpha_{12}\tau_{12}},\quad \tau_{12}=\ln(\gamma_2^{\infty})-\tau_{21}e^{-\alpha_{21}\tau_{21}}$$

将 $\ln(\gamma_1^{\infty})=0.8109$ 和 $\ln(\gamma_2^{\infty})=1.3002$ 代入式中，有

$$\tau_{21}=0.8109-\tau_{12}e^{\tau_{12}},\quad \tau_{12}=1.3002-\tau_{21}e^{\tau_{21}}$$

整理得 $1.3002-(0.8109-\tau_{12}e^{\tau_{12}})e^{0.8109-\tau_{12}e^{\tau_{12}}}-\tau_{12}=0$

应用牛顿迭代法，令迭代变量 τ_{12} 为 u，目标函数为：

$$f(u)=1.3002-(0.8109-ue^{u})e^{0.8109-ue^{u}}-u=0$$

经过收敛性测试，以 $u=0.1$ 为初值，迭代结果见［例 4-20］表 2。

［例 4-20］表 2　NRTL 方程的迭代结果

n	u_n	$f(u_n)$	$f(u_{n+1})$	u_{n+1}	$\lvert u_n-u_{n+1}\rvert$
1	0.1	−0.2107	3.1643	0.1666	0.0666
2	0.1666	−0.0013	3.1106	0.1670	0.0004
3	0.1670	0.0000	3.1100	0.1670	0.0000

解得 $\tau_{12}=0.1670$，$\tau_{21}=0.6135$。

再根据(4-133) 计算 $\ln\gamma_i$，结果见［例 4-20］表 3。

［例 4-20］表 3　三种活度系数模型计算 $\ln\gamma_i$ 的比较

x_1	van Laar		Wilson		NRTL		x_1	van Laar		Wilson		NRTL	
	$\ln\gamma_1$	$\ln\gamma_2$	$\ln\gamma_1$	$\ln\gamma_2$	$\ln\gamma_1$	$\ln\gamma_2$		$\ln\gamma_1$	$\ln\gamma_2$	$\ln\gamma_1$	$\ln\gamma_2$	$\ln\gamma_1$	$\ln\gamma_2$
0.00	0.81090	0.00000	0.81091	0.00000	0.81085	0.00000	0.55	0.26111	0.24327	0.25033	0.23797	0.25519	0.23800
0.05	0.76018	0.00131	0.75391	0.00147	0.75489	0.00144	0.60	0.21646	0.30375	0.20850	0.29463	0.21249	0.29585
0.10	0.70920	0.00546	0.69797	0.00601	0.70005	0.00590	0.65	0.17409	0.37447	0.16888	0.36074	0.17186	0.36365
0.15	0.65807	0.01278	0.64312	0.01386	0.64627	0.01359	0.70	0.13452	0.45676	0.13180	0.43787	0.13373	0.44297
0.20	0.60689	0.02366	0.58940	0.02527	0.59353	0.02479	0.75	0.09838	0.55220	0.09768	0.52799	0.09863	0.53568
0.25	0.55579	0.03851	0.53685	0.04054	0.54182	0.03982	0.80	0.06640	0.66256	0.06708	0.63365	0.06723	0.64408
0.30	0.50491	0.05784	0.48553	0.06003	0.49112	0.05907	0.85	0.03944	0.78993	0.04074	0.75821	0.04040	0.77092
0.35	0.45443	0.08217	0.43551	0.08413	0.44149	0.08299	0.90	0.01854	0.93671	0.01969	0.90621	0.01924	0.91959
0.40	0.40455	0.11214	0.38686	0.11335	0.39296	0.11214	0.95	0.00491	1.10571	0.00540	1.08390	0.00517	1.09426
0.45	0.35551	0.14843	0.33969	0.14825	0.34564	0.14715	1.00	0.00000	1.30020	0.00000	1.30020	0.00000	1.30006
0.50	0.30759	0.19183	0.29413	0.18951	0.29966	0.18880							

由［例 4-20］表 3 可以看出，三种模型差别不是太大，对于该体系都是适用的。值得说明的是：①van Laar 方程具有简单，模型参数易求取的优点，但只能表达中等非理想的二元混合物系统；②Wilson 方程能很好地表达高度非理想的二元汽液平衡，对多元混合物具有预测功能，且形式较为简单，但不能用于部分互溶系统；③对于中等非理想系统，NRTL 方程并不优于较简单的 van Laar 方程，但对于高度非理想混合物特别是部分互溶系统，能提供很好的表达，特别是对多元混合物具有预测功能，但参数较多，第三参数 α_{ij}，往往需要从化学特性中估算。

科学史话

吉布斯的热力学“三部曲”

“为什么热水与冷水相遇就会成为两杯温水，而两杯温水就不会自己成为一杯热水、一杯冷水？”提出这个看似有些傻，但却是著名的“世纪之问”，提出这个问题的人是谁？就是伟大的美国物理化学家、数学物理学家吉布斯（Josiah Willard Gibbs，1839—1903），大家耳熟能详的吉布斯自由能、热力学基本方程、化学势、相律都是他提出的。

吉布斯在 1873—1878 年间发表了被称为吉布斯热力学三部曲的三篇论文《流体热力学中的图解法》《物质的热力学性质的几何曲面表示法》及《关于多相物质的平衡》，其中第三篇最为主要，它以详尽的数学形式和严密的逻辑推理探讨了卡诺、焦耳、亥姆霍兹及开尔文等创立的热力学原理。尽管这些原理是以研究热机而引出的，但吉布斯却将这些原理通过数学论述应用到化学反应及多相体系中，严格解决了非均匀物质的平衡及其稳定问题，并使热力学的领域扩大到化学、表面、电磁以及电化学，揭示了种种现象背后的本质。吉布斯在该论文中引进著名的 Helmholz 自由能函数 A、焓函数 H 与 Gibbs 自由能函数 G 而形成了普遍的化学位方法。吉布斯表明：只要找到化学位，通过简单的微分法，就可以找出体系的全部热力学性质。这已成为热力学的一个根本方法。由于吉布斯的工作，热力学从两个基本定律（热力学第一、第二定律）出发，演化成了一个严密、完整而庞大的理论体系，产生无数新成果，形成一整套研究方法，派生出许多边缘学科，对科学的影响至今不息。

吉布斯

(Josiah Willard Gibbs)

该论文提出的相律，是物理化学的重要基石之一，解决了化学反应系统平衡方面的众多问题。相律一经提出，立即引起了著名的荷兰物理学家、1910 年诺贝尔物理奖获得者范德瓦耳斯（J. D. van der Waals，1837—1923）高度重视，并立即将它用于自己从事的汽液平衡研究中；后来成为著名荷兰物理化学家的罗泽布姆（H. W. B. Roozeboom，1854—1907）在其导师范德瓦尔斯指引下，将相律应用于正在从事的盐水体系研究中，证明了相律与实验结果完全一致，并进一步应用于多相平衡体系中，其中"固体"及"三相点"的研究尤为重要，为后来研制合金及发展冶金学、地矿学等奠定了基础。可以毫不夸张地说，没有罗泽布姆对相律的实验证明和对各项细节的阐述，就不会有相律的发扬光大，也不会有现代化学热力学。后来德国化学家哈伯（F. Haber，1868—1934，1918 年诺贝尔化学奖获得者）发明人工制氨的方法，其成功的原因与吉布斯相律的帮助有很大关系。

吉布斯为化学热力学的发展做出了巨大的贡献。被奥斯特瓦尔德认为"无论从形式还是内容上，吉布斯赋予了物理化学整整一百年。"被朗道认为"吉布斯对统计力学给出了适用于任何宏观物体的最彻底、最完整的形式"。

大家不要以为吉布斯一路走来是一帆风顺的，事实上他历尽了艰辛！甚至在耶鲁大学任教职时有 9 年没拿到薪水。当年他把这三篇论文寄给世界各地 147 个物理、数学科学家，请他们提供意见时，可能是他纯数学推导式的写作风格，几乎没人能读懂他的理论；也许是他不擅交际，不参加任何学术活动，没人知道他是何许人！在经历了多年论文无人问津后，当时最杰出的科学家、电磁学大师麦克斯韦（Clark Maxwell，1831—1879，本书第 3 章 Maxwell 关系式提出者）站了出来，他深深地赞赏吉布斯的论文，于是向当时位居世界科学中心欧洲的科学家们登高一呼："这个人对于'热'的解释，已经超过所有德国科学家的研究了。"他曾向范德瓦耳斯介绍了吉布斯工作的重要意义，此时大家才恍然大悟。此后论文受到欧洲同行的重视，被译成德文和法文。1901 年吉布斯获得当时的科学界最高奖赏柯普利奖章。正应了那句老话"是金子总会发光的"。一切不畏艰难、为科学献身的人总会受到上天的眷顾！

对于那个"世纪之问"，吉布斯在黑板上写下"entropy"，"我想这个宇宙事物发生的方向，除了基本的能量（energy）、温度（temperature）、压力（pressure）、体积（volume）以外，还有这个熵（entropy），是解释反应进行方向的必要因子。"

吉布斯是不朽的，因为他是一个深刻的、无与伦比的分析家，他对于统计力学及热力学所做的工作，相当于拉普拉斯之对于天体力学，麦克斯韦之对于电动力学，那就是——他把自己的科学领域变成了一个几乎完善的理论结构。

本章小结

作为第5章相平衡的应用基础，本章通过引入化学位、偏摩尔性质、混合变量、理想溶液和超额性质等主要的热力学概念，来解决真实溶液性质、溶液中组分的逸度系数和活度系数的计算问题。第4章介绍的相关概念见下图。

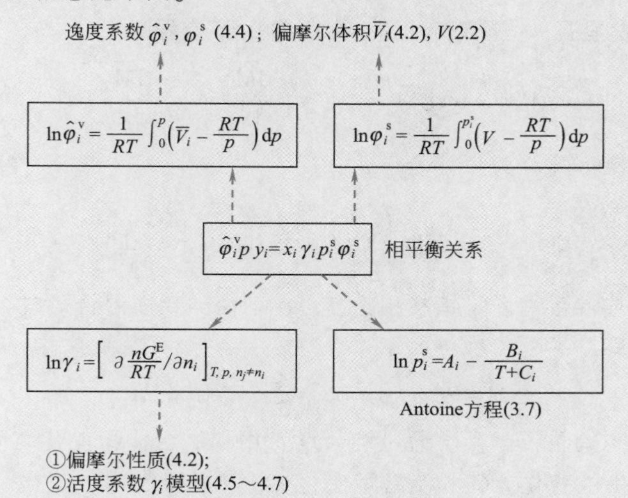

化学位是物质在相间传递和化学反应中的推动力，它表达了不同条件下，热力学性质（U、H、A、G）随组成（n_i）的变化率。其广义的定义式为

$$\mu_i=\left(\frac{\partial U_t}{\partial n_i}\right)_{S_t,V_t,n_{j(j\neq i)}}=\left(\frac{\partial H_t}{\partial n_i}\right)_{S_t,p,n_{j(j\neq i)}}=\left(\frac{\partial A_t}{\partial n_i}\right)_{T,V_t,n_{j(j\neq i)}}=\left(\frac{\partial G_t}{\partial n_i}\right)_{T,p,n_{j(j\neq i)}}$$

偏摩尔性质可以理解为组分 i 在溶液中的摩尔性质，它是组分 i 对溶液性质的贡献。也是研究相平衡（参见上述相关概念图示）的重要热力学性质之一。溶液的性质由各组分的偏摩尔性质的线性加和来求取。

组分的偏摩尔性质的计算方法有三种：

① 由实验测定溶液的摩尔性质和组成（M-x_1），然后根据偏摩尔性质定义式计算；

② 由溶液性质与组成的模型来计算；

③ 由截距法计算（作图和计算）。

对于二元系统，偏摩尔性质的通用计算公式如下。

根据定义式 $\overline{M}_1=\left[\frac{\partial(nM)}{\partial n_1}\right]_{T,p,n_2}$，$\overline{M}_2=\left[\frac{\partial(nM)}{\partial n_2}\right]_{T,p,n_1}$

按截距特性 $\overline{M}_1=M-x_2\left(\frac{\partial M}{\partial x_2}\right)$，$\overline{M}_2=M-x_1\left(\frac{\partial M}{\partial x_1}\right)$ 按加和特性 $\overline{M}_1=\frac{M-\overline{M}_2x_2}{x_1}$

无限稀释偏摩尔性质 $\overline{M}_i^{\infty}=\lim\limits_{x_i\to 0}\overline{M}_i$

纯组分摩尔性质 $M_i=\lim\limits_{x_i\to 1}\overline{M}_i$

偏摩尔性质 $\overline{M}_i$ 与溶液性质M 间的重要关系

$\overline{M}_i$	M	$M=\sum x_i\overline{M}_i$
$\ln(\hat{f}_i/x_i)$	$\ln f_m$	$\ln f_m=\sum x_i\ln(\hat{f}_i/x_i)$
$\ln\hat{\varphi}_i$	$\ln\varphi_m$	$\ln\varphi_m=\sum x_i\ln\hat{\varphi}_i$
$\ln\gamma_i$	$G^E/(RT)$	$G^E/(RT)=\sum x_i\ln\gamma_i$

注意：只有偏摩尔 Gibbs 自由能才等于化学位 $\overline{G}_i=\left[\dfrac{\partial G_t}{\partial n_i}\right]_{T,p,n_{j\neq i}}=\left[\dfrac{\partial(nG)}{\partial n_i}\right]_{T,p,n_{j\neq i}}=\mu_i$。

Gibbs-Duhem 方程描述了均相敞开系统中强度性质 T、p 和各组分偏摩尔性质之间的依赖关系，在相平衡研究中显得特别重要，如检验汽液平衡实验数据的正确性，从一个组元的偏摩尔量推算另一组元的偏摩尔量。二元系统恒温、恒压下常见的 Gibbs-Duhem 方程有

$$x_1\mathrm{d}\overline{M}_1+x_2\mathrm{d}\overline{M}_2=0,\quad x_1\frac{\mathrm{d}\overline{M}_1}{\mathrm{d}x_1}+x_2\frac{\mathrm{d}\overline{M}_2}{\mathrm{d}x_1}=0$$

其中最有用的 Gibbs-Duhem 方程为

$$x_1\mathrm{d}\ln\frac{\hat{f}_1}{x_1}+x_2\mathrm{d}\ln\frac{\hat{f}_2}{x_2}=0,\quad x_1\mathrm{d}\ln\gamma_1+x_2\mathrm{d}\ln\gamma_2=0$$

混合过程性质变化或混合性质是指在指定 T、p 下由纯物质混合形成 1mol 混合物过程中，系统某容量性质的变化，即

$$\Delta M=M-\sum x_iM_i=\sum x_i(\overline{M}_i-M_i)$$

它是工艺设计中需要考虑的重要因素。通过混合焓变化和混合体积变化之间的关系式，还可以进一步计算混合 Gibbs 自由能变化 ΔG 和混合熵变化 ΔS 等重要性质。

对于二元系统，溶液混合性质变化的主要计算公式有式(4-32)、式(4-33)、式(4-37)～式(4-42)

溶液混合 Gibbs 自由能变化 ΔG 与组分活度 a_i 的关系

$$\Delta G=RT\sum x_i\ln a_i$$

研究这些关系为研究活度系数打下基础，在化工设计、生产和科研中，具有十分重要的价值。

逸度是物质发生迁移（传递或溶解时）的一种推动力，它在处理相平衡问题时十分方便。本章中定义了纯组分 i 的逸度 f_i、纯组分 i 的逸度系数 φ_i、溶液的逸度 f_m、溶液的逸度系数 φ_m、溶液中组分 i 的逸度 $\hat{f}_i$、溶液中组分 i 的逸度系数 $\hat{\varphi}_i$，三种不同逸度的具体定义详见表 4-6。逸度系数可以通过实验数据积分、状态方程和图表等方法来计算。典型的计算公式有

对于纯组分 i

$$\ln\varphi_i=\frac{1}{RT}\int_{p^*\to 0}^{p}\left(V_i-\frac{RT}{p}\right)\mathrm{d}p,\quad \ln\varphi_i=\int_{p^*\to 0}^{p}(Z_i-1)\mathrm{d}\ln p$$

对于溶液中组分 i

$$\ln\hat{\varphi}_i=\frac{1}{RT}\int_0^p\left(\overline{V}_i-\frac{RT}{p}\right)\mathrm{d}p,\quad \ln\hat{\varphi}_i=\int_{p\to 0}^{p}(\overline{Z}_i-1)\mathrm{d}\ln p$$

通过这些公式，可以推导演绎出许多其他计算式。

在压力不太高的场合，二元系统可以利用 virial 系数关系来计算，比较方便

$$\ln\hat{\varphi}_1=\frac{p}{RT}(B_{11}+y_2^2\delta_{12}),\quad \ln\hat{\varphi}_2=\frac{p}{RT}(B_{22}+y_1^2\delta_{12})$$

理想溶液的定义为 $\hat{f}_i^{\mathrm{id}}=f_i^0x_i$，符合这个定义的理想溶液模型有两种

$\hat{f}_i^{\mathrm{id}}=f_ix_i$　　　　（第一种标准态，或称 Lewis-Randall 规则）

$\hat{f}_i^{\mathrm{id}}=H_{i,溶剂}\,x_i$　　（第二种标准态，或称 Henry 定律）

如果对于溶液中的组分 i，在整个组成范围内都能以液相存在，则选择第一种标准态。如果组分 i 在溶液的温度和压力下溶解度很小，无法达到 $x_i\to 1$ 的溶液状态，则选择第二种标准态。

对于二元系统，当 Lewis-Randall 规则在某范围内对组分 1 适用时，则 Henry 定律必定在相同组成范围内对组分 2 适用；反之亦然。

理想溶液的混合过程特征为无体积变化 $\Delta V^{id}=0$、没有热效应产生 $\Delta H^{id}=0$、混合过程内能变化为零 $\Delta U^{id}=0$；但混合过程是一个熵增的过程，所以 $\Delta S^{id}=-R\sum(x_i\ln x_i)>0$，混合过程也是一个自发过程，所以 $\Delta G^{id}=RT\sum(x_i\ln x_i)<0$。

超额性质定义为真实溶液与在相同的温度、压力和组成条件下的理想溶液的摩尔性质之差，即 $M^E=M-M^{id}$，$M^E=\Delta M^E=M-M^{id}=\Delta M-\Delta M^{id}$。它与剩余性质 M^R、混合过程的性质变化 ΔM 虽然都描述了真实状态与理想状态之间的差别，但三者之间是有区别的。

混合过程的性质变化与超额性质有时是相同的，有时是不同的，如对称归一化的超额性质，当 M 代表 U、H、V、C_p、C_V 时，因为 $\overline{M}_i^{id}=M_i$ 或 $\Delta M^{id}=0$，故 $M^E=\Delta M$。但是当 M 代表 S、A、G 时，因为 $\overline{M}_i^{id}\neq M_i$，故 $M^E\neq\Delta M$。剩余性质 M^R 仅仅讨论真实气体与理想气体之间同一热力学性质之间的差异，不针对真实液体溶液。

超额性质中，超额 Gibbs 自由能 G^E 是研究溶液热力学问题中最重要的性质，它反映了真实溶液与理想溶液的在恒温、恒压、恒组成时的差别，主要用途是将 G^E 与 γ_i 相关联，解决活度系数的计算问题。超额 Gibbs 自由能 G^E 与混合 Gibbs 自由能的关系为

$$G^E=\Delta G^E=\Delta G-\Delta G^{id}$$

超额 Gibbs 自由能 G^E 与活度系数的一个重要关系式为

$$\frac{G^E}{RT}=\sum x_i\ln\frac{\hat{f}_i}{\hat{f}_i^{id}}=\sum x_i\ln\gamma_i$$

活度表示了溶液中组分 i 的逸度 $\hat{f}_i$ 与该组分在标准态时的逸度 f_i^0 之比，即 $a_i=\frac{\hat{f}_i}{f_i^0}=\gamma_i x_i$。活度代表了真实溶液中相平衡或化学平衡中组分 i 的真正浓度。活度系数 γ_i 是溶液非理想性的度量。

$\ln\gamma_i$ 是 $G^E/(RT)$ 的偏摩尔量，于是研究活度系数 γ_i——真实溶液对理想溶液的一切偏差的修正项——的一种行之有效的方法，就是从溶液的超额 Gibbs 自由能 G^E 与组分的浓度关系式入手，根据偏摩尔性质的定义 $\ln\gamma_i=\left[\partial\left(\frac{nG^E}{RT}\right)/\partial n_i\right]_{T,p,n_{j(\neq i)}}$ 来求活度系数 γ_i。具有代表性的几个计算模型有：对称性方程式(4-113)、两参数 Margules 方程式(4-118)、van Laar 方程式(4-121)、**Wilson 方程式**(4-130)、NRTL 方程式(4-133)。

活度系数模型各有优缺点，其比较情况如下。

模　型	Margules	van Laar	Wilson	NRTL
优　点	数学形式简单，模型参数拟合容易	数学形式简单，模型参数拟合容易	数学形式较复杂，模型参数不能简单拟合	数学形式复杂，模型参数不能简单拟合
	能很好关联二元溶液，包括偏离理想状态很大的部分互溶的体系	能很好关联二元溶液，包括偏离理想状态很大的部分互溶的体系	仅用二元参数就能很好预测二元以上体系的汽液平衡	仅用二元参数就能很好预测二元以上体系的汽液平衡和液液平衡，且对水溶液体系常常比其他方程更好
缺　点	只能拟合，无法预测二元以上的体系	只能拟合，无法预测二元以上的体系	不能用于部分互溶体系或液液平衡	每一对组分包含3个参数，而第三参数 α_{ij} 往往需要估算和拟合。存在多根情况

本章符号说明

符号	说明
f_i	纯组分 i 的逸度
$\hat{f}_i$	混合物中组分 i 的逸度
f_m	混合物的逸度
φ_i	纯组分 i 的逸度系数
$\hat{\varphi}_i$	溶液中组分 i 的逸度系数
φ_m	混合物的逸度系数
μ_i	化学位，或为 $\overline{G}_i$
f_i^0	组分 i 标准态的逸度
M	摩尔性质
ΔM	混合变量
$\Delta\overline{M}_i$	偏摩尔混合变量
$\overline{M}_i$	溶液中组分 i 偏摩尔性质，如 $\overline{G}_i$
$g_{ij}-g_{ii}$	Wilson 交互作用能量参数
Λ_{ij}	Wilson 方程参数
a_i	组分 i 的活度
M^E	溶液的超额性质，如 G^E
γ_i	组分 i 的活度系数
α_{12}	NRTL 方程参数
$H_{i,溶剂}$	溶质 i 在溶剂中的 Henry 常数
上下标	
t	总
∞	无限稀释
cal	计算值
exp	实验值
m	混合物或溶液

习　题

一、是非题

4-1　对于理想溶液的某一容量性质 M，则 $M_i=\overline{M}_i$。

4-2　在常温、常压下，将 $10cm^3$ 的液体水与 $20cm^3$ 的液体甲醇混合后，其总体积为 $30cm^3$。

4-3　温度和压力相同的两种纯物质混合成理想溶液，则混合过程的温度、压力、焓、Gibbs 自由能的值不变。

4-4　对于二元混合物系统，当在某浓度范围内组分 2 符合 Henry 规则，则在相同的浓度范围内组分 1 符合 Lewis-Randall 规则。

4-5　在一定温度和压力下的理想溶液的组分逸度与其摩尔分数成正比。

4-6　理想气体混合物就是一种理想溶液。

4-7　对于理想溶液，所有的混合过程性质变化均为零。

4-8　对于理想溶液所有的超额性质均为零。

4-9　理想溶液中所有组分的活度系数为零。

4-10　系统混合过程的性质变化与该系统相应的超额性质是相同的。

4-11　理想溶液在全浓度范围内，每个组分均遵守 Lewis-Randall 定则。

4-12　对理想溶液具有负偏差的系统中，各组分活度系数 γ_i 均大于 1。

4-13　Wilson 方程是工程设计中应用最广泛的描述活度系数的方程。但它不适用于液液部分互溶系统。

二、计算题

4-14　在一定 T，p 下，二元混合物的焓为 $H=ax_1+bx_2+cx_1x_2$　其中，$a=15000$，$b=20000$，$c=-20000$ 单位均为 $J\cdot mol^{-1}$，求：(1) 组分 1 与组分 2 在纯态时的焓值 H_1、H_2；(2) 组分 1 与组分 2 在溶液中的偏摩尔焓 $\overline{H}_1$，$\overline{H}_2$，和无限稀释时的偏摩尔焓 $\overline{H}_1^\infty$、$\overline{H}_2^\infty$。

4-15　在 25℃，1atm 以下，含组分 1 与组分 2 的二元溶液的焓可以由下式表示

$$H=90x_1+50x_2+x_1x_2\cdot(6x_1+9x_2)$$

式中，H 的单位为 $cal\cdot mol^{-1}$；x_1、x_2 分别为组分 1、2 的摩尔分数，求：(1) 用 x_1 表示的偏摩尔焓 $\overline{H}_1$ 和 $\overline{H}_2$ 的表达式；(2) 组分 1 与 2 在纯状态时的 H_1、H_2；(3) 组分 1 与 2 在无限稀释溶液的偏摩尔焓 $\overline{H}_1^\infty$、$\overline{H}_2^\infty$；(4) ΔH 的表达式；(5) $x_1=0.5$ 的溶液中的 $\overline{H}_1$ 和 $\overline{H}_2$ 值及溶液的 ΔH 值。

4-16 溶液的体积 V_t 是浓度 m_2 的函数，若 $V_t=a+bm_2+cm_2^2$，试列出 $\bar{V}_1$，$\bar{V}_2$ 的表达式，并说明 a、b 的物理意义（m_2 为溶质的物质的量/1000g 溶剂）；若已知 $\bar{V}_2=a_2+2a_3m_2+3a_4m_2^2$，式中，$a_2$、$a_3$、$a_4$ 均为常数。试把 V（溶液的体积）表示 m_2 的函数。

4-17 酒窖中装有 $10m^3$ 的 96%（质量分数，下同）的酒精溶液，欲将其配成 65%的浓度，问需加水多少？能得到多少体积的 65%的酒精？设大气的温度保持恒定，并已知下列数据。

酒精浓度/%	$\bar{V}_水/cm^3 \cdot mol^{-1}$	$\bar{V}_{乙醇}/cm^3 \cdot mol^{-1}$
96	14.61	58.01
65	17.11	56.58

4-18 如果在 T、p 恒定时，某二元系统中组分(1)的偏摩尔自由焓符合 $\bar{G}_1=G_1+RT\ln x_1$，则组分(2)应符合方程式 $\bar{G}_2=G_2+RT\ln x_2$。其中，G_1、G_2 是 T、p 下纯组分摩尔 Gibbs 自由能，x_1、x_2 是摩尔分数。

4-19 对于二元气体混合物的 virial 方程和 virial 系数分别是 $Z=1+\dfrac{Bp}{RT}$和 $B=\sum\limits_{i=1}^{2}\sum\limits_{j=1}^{2}y_iy_jB_{ij}$，(1) 试导出 $\ln\hat{\varphi}_1$、$\ln\hat{\varphi}_2$ 的表达式；(2) 计算 20kPa 和 50℃下，甲烷 (1) -正己烷 (2) 气体混合物在 $y_1=0.5$ 时的 $\hat{\varphi}_1^v$，$\hat{\varphi}_2^v$，φ_m，f_m。已知 virial 系数 $B_{11}=-33$，$B_{22}=-1538$，$B_{12}=-234cm^3 \cdot mol^{-1}$。

4-20 在一固定 T、p 下，测得某二元系统的活度系数值可用下列方程表示：

$$\ln\gamma_1=\alpha x_2^2+\beta x_2^2(3x_1-x_2) \tag{a}$$

$$\ln\gamma_2=\alpha x_1^2+\beta x_1^2(x_1-3x_2) \tag{b}$$

试求出$\dfrac{G^E}{RT}$的表达式。式(a)、(b) 是否满足 Gibbs-Duhem 方程？若用式(c)、(d)：

$$\ln\gamma_1=x_2(a+bx_2) \tag{c}$$

$$\ln\gamma_2=x_1(a+bx_1) \tag{d}$$

表示该二元系统的活度系数，则是否也满足 Gibbs-Duhem 方程？

4-21 由实验测得在 101.33kPa 下，0.582(摩尔分数)甲醇(1)和 0.418 水(2)的混合物的露点为 354.68K，查得第二 virial 系数数据如下表所示，试求混合蒸气中甲醇和水的逸度系数。

y_1	露点/K	$B_{11}/cm^3 \cdot mol^{-1}$	$B_{22}/cm^3 \cdot mol^{-1}$	$B_{12}/cm^3 \cdot mol^{-1}$
0.582	354.68	−981	−559	−784

4-22 用 PR 方程计算 2026.5kPa 和 344.05K 的下列丙烯(1)-异丁烷(2)系统的摩尔体积、组分逸度和总逸度。(1) $x_1=0.5$ 的液相；(2) $y_1=0.6553$ 的气相（设 $k_{12}=0$）。

4-23 常压下的三元气体混合物的 $\ln\varphi_m=0.2y_1y_2-0.3y_1y_3+0.15y_2y_3$，求等摩尔混合物的 $\hat{f}_1$、$\hat{f}_2$、$\hat{f}_3$。

4-24 三元混合物的各组分摩尔分数分别 0.25、0.3 和 0.45，在 6.585MPa 和 348K 下的各组分的逸度系数分别是 0.72、0.65 和 0.91，求混合物的逸度。

4-25 液态氩(1)-甲烷(2)系统的超额 Gibbs 自由能函数表达式为$\dfrac{G^E}{RT}=x_1x_2\left[A+B(1-2x_1)\right]$

其中系数 A、B 如下：

T/K	A	B
109.0	0.3036	−0.0169
112.0	0.2944	0.0118
115.74	0.2804	0.0546

试计算等摩尔混合物的：(1) 112.0K的两组分的活度系数，并描述$\frac{G^E}{RTx_1x_2}$-x_1的关系；(2) 混合热；(3) 超额熵；(4) $x_1 \to 0$及$x_1 \to 1$时，$\bar{G}_1^E$和$\bar{G}_2^E$的极限值。

4-26 利用Wilson方程，计算下列甲醇(1)-水(2)系统的组分逸度：(1) $p=101325\text{Pa}$，$T=76.1℃$，$y_1=0.52$的气相；(2) $p=101325\text{Pa}$，$T=76.1℃$，$x_1=0.4$的液相。

已知液相符合Wilson方程，其模型参数是$\Lambda_{12}=0.43738$，$\Lambda_{21}=1.11598$。

4-27 已知40℃和7.09MPa下，二元混合物的$\ln f=1.96-0.235x_1$ (MPa)，求：(1) $x_1=0.2$时的$\hat{f}_1$、$\hat{f}_2$；(2) f_1、f_2。

4-28 由沸点仪测得40℃时正戊烷(1)-正丙醛(2)系统的$\gamma_1^\infty=3.848$、$\gamma_2^\infty=3.979$，由此求取van Laar方程参数。

4-29 二元混合物某一摩尔容量性质M，试用图和公式表示下列性质M、M_1、M_2、$\bar{M}_1$、$\bar{M}_2$、$\bar{M}_1^\infty$、$\bar{M}_2^\infty$、ΔM、$\Delta\bar{M}_1$、$\Delta\bar{M}_2$、$\Delta\bar{M}_1^\infty$、$\Delta\bar{M}_2^\infty$间的关系。

4-30 用图和公式表示下列性质$\ln f_m$、$\ln f_1$、$\ln f_2$、$\Delta\ln f_m$、$\ln\frac{\hat{f}_1}{x_1}$、$\ln\frac{\hat{f}_2}{x_2}$、$\ln\gamma_1$、$\ln\gamma_2$、$\ln\gamma_1^\infty$、$\ln\gamma_2^\infty$之间的关系。

4-31 设已知乙醇(1)-甲苯(2)二元系统在某一汽液平衡状态下的实测数据为$t=45℃$，$p=24.4\text{kPa}$，$x_1=0.300$，$y_1=0.634$，并已知组分1和组分2在45℃下的饱和蒸气压为$p_1^s=23.06\text{kPa}$，$p_2^s=10.05\text{kPa}$。试采用低压下汽液平衡所常用的假设，求：(1) 液相活度系数γ_1和γ_2；(2) 液相的$G^E/(RT)$；(3) 液相的$\Delta G/(RT)$；(4) 与理想溶液相比，该溶液具有正偏差还是负偏差？

4-32 对于一个二组分系统，组分1的活度系数为$\ln\gamma_1=a/(1+bx_1/x_2)^2$。试求该二元系统的超额Gibbs自由能。

4-33 根据甲醇(1)-水(2)系统在0.1013MPa下的汽液平衡数据，试计算该系统的超额Gibbs自由能。低压下的平衡计算式为$py_i=p_i^s\gamma_ix_i$。

平衡组成	平衡温度	纯组分的蒸气压/MPa
$x_1=0.400, y_1=0.726$	75.36℃	$p_1^s=0.153, p_2^s=0.0391$

4-34 25℃、20atm下，二元溶液中组分1的分逸度$\hat{f}_1$可表示为$\hat{f}_1=50x_1-80x_1^2+40x_1^3$ (atm)。试求：(1) 纯组分1的逸度f_1，逸度系数φ_1；(2) 组分1的亨利系数$H_{1,2}$；(3) 组分1的活度系数γ_1（以x_1为变量，以Lewis-Randall定则为标准态）；(4) 在给定T、p下，如何由$\hat{f}_1$的表达式确定$\hat{f}_2$；(5) 已知$\hat{f}_1$和$\hat{f}_2$的表达式，如何计算在给定T、p下二元混合物的f_m？

4-35 333K、10^5Pa下，环己烷(1)和四氯化碳(2)液体混合物的摩尔体积V ($\text{cm}^3\cdot\text{mol}^{-1}$)如下表所示。

习题4-35表 环己烷(1)和四氯化碳(2)二元溶液的V-x_1实验数据

x_1	0.00	0.02	0.04	0.06	0.08	0.10	0.15	0.20	0.30	0.40	0.50
V	101.460	101.717	101.973	102.228	102.483	102.737	103.371	104.002	105.253	106.490	107.715
x_1	0.60	0.70	0.80	0.85	0.90	0.92	0.94	0.96	0.98	1.00	
V	108.926	110.125	111.310	111.897	112.481	112.714	112.946	113.178	113.409	113.640	

试计算：(1) 纯物质摩尔体积V_1和V_2；(2) $x_2=0.2$、0.5和0.8的混合物的混合体积$\bar{V}_1$和$\bar{V}_2$；(3) $x_2=0.2$、0.5和0.8的混合物的ΔV；(4) 无限稀释混合物中偏摩尔体积$\bar{V}_1^\infty$和$\bar{V}_2^\infty$的数值。再由以上数据，分别用下列四个标准状态，求出ΔV，并画出ΔV对x_1的曲线：(5) 组分1、2均用Lewis-Randall规则标准状态；(6) 组分1、2均用Henry定律标准态；(7) 组分1用Lewis-Randall规则标准状态；组分2用Henry定律标准态；(8) 组分1用Henry定律标准态；组分2用Lewis-Randall规则标准状态。

上述四个标准状态，意指不同类型的理想溶液。试问对组分 1 的稀溶液来说，哪一种能更好地表达实际的体积变化？对组分 1 的浓溶液呢？

4-36 利用化工热力学计算软件，采用 NRTL 方程，重复计算例题［例 4-19］。

4-37 根据［例 4-20］的内容，选用一种关联方程以及对理想混合物求出分离一个等物质的量的混合物所需的理论塔板数。塔顶组成为 $y_1=0.95$、塔釜组成 $x_1=0.02$，所采用的回流比为最小回流比的 1.2 倍。对于精馏过程，可假设等摩尔溢流，饱和液体进料，压力为 101.3kPa。

第5章 相平衡

本章框架

导 言

分离是化工厂最重要的环节，如果说反应是龙头，则分离是巨大的龙身，它承担着目标产物从混合物中分离和精制之重任，其设备投资和能耗几乎占全厂50%～90%；而相平衡是分离的依据，可以说，没有汽液平衡数据就没有精馏塔的设计。本章是全书的重点，也是化工热力学有别于工程热力学的地方，第4章是本章的基础，见图1-7。

相平衡讲的就是物质的汽、液相组成（x_i、y_i）与平衡操作条件温度、压力（T、p）间的关系，因此 T、p、x_i、y_i 间相互推算为本章的主要内容。相平衡种类很多，本章着重于汽液平衡计算，其中中低压下泡点露点计算最为重要。

本章基本要求

重点掌握：相平衡判据与相律（5.1）；活度系数法计算汽液平衡的通式及简化(5.2)；尤其是中低压下用 $py_i=p_i^s\gamma_i x_i$ 计算泡点压力和组成(5.3)。

掌握：热力学模型选用的重要性及原则（5.5）；露点温度求解的迭代方法，闪蒸计算（5.3）。

理解：二元汽液平衡相图中各点、线、面的意义（5.3）；烃类系统的汽液平衡计算（5.3）。

了解：二元汽液平衡体系偏差的种类和特征（5.3）；汽液平衡数据的热力学一致性检验（5.4）；Aspen Plus 模拟（5.5）；各种相平衡在化工生产中的应用（5.6）。

人们生活在一个混合物的世界里，所做的许多事都涉及相平衡问题。如在肺部，空气中的氧气溶入血液中，而二氧化碳则离开血液进入空气；在咖啡壶里，水溶性的成分从咖啡颗粒中浸出进入水中；当西装被溅上油渍后，用清洁剂溶解并除去油渍。在这些普通的日常经历、生理学、家庭生活以及工业等方面的例子中，都有物质从一相到另一相的转化。这是因为当两相相互接触时，它们倾向于交换其中的成分直到各相组成恒定。这时，我们就说这些相处于平衡状态。显然，相平衡热力学在许多科学领域中扮演了十分重要的角色，无论是以煤、石油、天然气、无机盐为原料的传统化学工艺，还是现代涌现出来的新材料制备、新型分离技术，都渗透着相平衡原理的应用。

全球气候变暖是人类面临的生存挑战，温室气体 CO_2 的捕集、埋存和资源化利用等课题密切地与相平衡问题相关。石油化工厂的节能减排更是与热力学相平衡原理分不开。一个科学的设计可以使一个精馏塔的理论塔板数降低十多块甚至数十块，能量节约 50%以上。

相平衡是多种多样的。最为典型的、也是研究得最为透彻的是汽液平衡（vapor liquid equilibrium，简写为 VLE)，在化工过程中用来指导精馏操作；其次是气液平衡（gas liquid equilibrium，简写为 GLE)，多用于吸收分离；此外还有液液平衡（liquid liquid equilibrium，简写为 LLE)、固液平衡（solid liquid equilibrium，简写为 SLE)，它们常用于萃取，结晶等技术。由此可见，对于一个典型的化工生产车间，无论是原料（混合物）的预处理、物料的反应，还是产物与副产物的分离，都需要用平衡性质来确定分离方法及其设备的结构尺寸。

本章的主要内容为研究平衡性质与判据，混合物的相平衡及其表达、混合物相平衡关系即 T、p、x_i、y_i 的相互推算、相平衡计算类型与方法。

本章的目的是根据相平衡的理论，由二元系统的相图和汽液平衡计算公式，确定不同相间组成的关系、解决系统组分的组成与温度、压力之间的关系，同时给出物质有效利用的极限。

5.1 相平衡基础

何谓相平衡呢？相平衡指的是溶液中形成若干相，这些相之间保持着物理平衡而处于多相共存状态（如图 5-1 所示）。在热力学上，它意味着整个系统 Gibbs 自由能为极小的状态，即

$$(dG)_{T,p}=0 \tag{5-1}$$

5.1.1 相平衡判据

根据式(5-1)，平衡系统相平衡的条件为：“各相的温度相等，压力相等、各组分在各相的化学位相等”。数学表达式为

$$T^{\alpha}=T^{\beta},\ p^{\alpha}=p^{\beta},\ \mu_i^{\alpha}=\mu_i^{\beta} \qquad (i=1,2,3,\cdots,N) \tag{5-2}$$

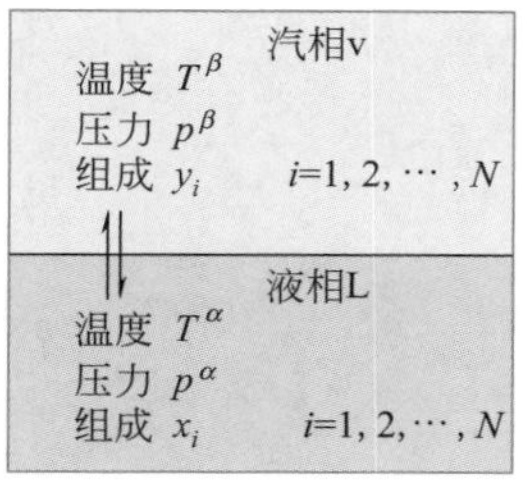

汽相v
温度 T^{β}
压力 p^{β}
组成 y_i $i=1,2,\cdots,N$
液相L
温度 T^{α}
压力 p^{α}
组成 x_i $i=1,2,\cdots,N$

图 5-1 两相平衡示意图

由于化学位在计算上不方便，故在解决相平衡问题时用组分的逸度来代替化学位。

根据式(4-65a)，$d\bar{G}_i=d\mu_i=RT\,d\ln\hat{f}_i$，有

$$\boxed{\hat{f}_i^{\alpha}=\hat{f}_i^{\beta}} \tag{5-3}$$

式(5-3) 说明相平衡判据最实用的公式为在一定温度 T、压力 p 下处于平衡状态的多相多组分系统中，任一组分 i 在各相中的分逸度必定相等。

对于多元系统，汽液相平衡判据为恒 T、p 条件下，混合物中组分 i 在各相的逸度相等，即

$$\hat{f}_i^{v}=\hat{f}_i^{L} \quad (i=1,2,3,\cdots,N) \tag{5-4}$$

相平衡判据是衡量系统是否达到平衡状态所必需满足的热力学条件。实际上，相平衡是一种动态的平衡，在相界面处，时刻存在着物质分子的流入和流出，只不过在相平衡时，流入流出的物质在种类和

数量上，时刻保持相等。

5.1.2 相律

所谓相律，就是在相平衡状态下，系统的变量之间存在一定互相依赖的关系。这种关系，是多组分多相平衡系统都必须遵循的规律。描述一个相平衡系统，需要多个参数如温度 T、压力 p、各相组成 x_i 和（或）y_i 等。在这些变量中，有些是相互牵制的。1875 年，J. W. Gibbs 首次提出相律的表达式为

$$F=C-\pi+2 \tag{5-5}$$

式中，F 为系统的自由度，表示平衡系统中的强度性质中独立变量的数目；C 为独立组分数目；π 为平衡系统的相的数目。

处于相平衡状态下，各相的温度 T、压力 p 以及各相组分的组成（x_i，y_i）均已被确定，但描述系统的平衡状态无须使用全部的变量，只要由相律求得的自由度数的变量即可。

【例 5-1】 试确定下述系统到达相平衡时的自由度：

（1）水的三相点；

（2）水-水蒸气平衡；

（3）水-水蒸气-惰性气体；

（4）乙醇-水汽液平衡；

（5）戊醇-水汽液平衡（液相分层）。

解：根据相律的表达式，分别计算各个特定相平衡条件下的自由度

（1）对于水的三相点系统：$C=1$（水），$\pi=3$（三相：汽、液、固），则自由度为 $F=1-3+2=0$。

这说明水的三相点是一个无变量平衡状态。所以，任何系统的三相点都是唯一的。

（2）对于水-水蒸气平衡系统：$C=1$（水），$\pi=2$（两相：汽、液），则自由度为 $F=1-2+2=1$。

这说明只需要指定一个变量就可以确定其平衡状态。若温度一定，则压力也随之定下来了。

（3）对于水-水蒸气-惰性气体二元系统：$C=2$（水、惰性气体），$\pi=2$（两相：汽、液），则自由度为 $F=2-2+2=2$。

这说明只需要指定两个变量就可以确定其平衡状态。

（4）对于乙醇-水二元系统的汽液平衡：$C=2$（乙醇、水），$\pi=2$（两相：汽、液），则自由度为 $F=2-2+2=2$。

（5）对于戊醇-水汽液平衡，依题意属于三相平衡系统，于是：$C=2$（戊醇、水），$\pi=3$（三相：汽、液、液），其自由度为 $F=2-3+2=1$。

5.2 互溶系统的汽液平衡计算通式

清晰地描述汽液平衡，需要提供平衡系统的温度 T、压力 p、液相组成 x_i 和汽相组成 y_i。这些参数可以实验测定，但大多数情况下，需要建立模型以便得到更多的 T、p、x_i、y_i 数据，才能满足工程实践的需要。

根据式(4-65a)～式(4-65c) 和式(4-95)、式(4-96)，组分 i 的逸度既可以由逸度系数表示，又可以由活度系数表示。对于汽液平衡，由式(5-4) 得

对于汽相 $$\hat{f}_i^{\text{v}}=py_i\hat{\varphi}_i^{\text{v}} \qquad (i=1,2,3,\cdots,N) \tag{5-6}$$

$$\hat{f}_i^{\text{v}}=f_i^0\gamma_i^{\text{v}}y_i \qquad (i=1,2,3,\cdots,N) \tag{5-7}$$

对于液相 $$\hat{f}_i^{\text{L}}=px_i\hat{\varphi}_i^{\text{L}} \qquad (i=1,2,3,\cdots,N) \tag{5-8}$$

$$\hat{f}_i^{\text{L}}=f_i^0\gamma_i^{\text{L}}x_i \qquad (i=1,2,3,\cdots,N) \tag{5-9}$$

式(5-7) 实际上并不常用。主要原因在于计算逸度时所需的积分要求提供在恒温和恒组成下从理想气体状态（零密度）到液相（包括两相区域）的全部密度范围内的体积数据。要获得液体混合物的这些数据是一件繁重的工作，迄今很少有这类数据的报道。因此对于汽相而言，基本上没有适合的方法计算 γ_i^{v}。本章仅考虑液相的活度系数 γ_i^{L} 的计算问题，并将它简写为 γ_i。这样，常用的汽液平衡计算式根据液相的逸度的表达方法而分为两种：状态方程法和活度系数法。

5.2.1 状态方程法（EOS 法）

当二元溶液达汽液平衡时，组分 1 和组分 2 的相平衡关系根据式(5-4)，有

$$\hat{f}_1^{\text{v}}=\hat{f}_1^{\text{L}}, \quad \hat{f}_2^{\text{v}}=\hat{f}_2^{\text{L}} \tag{5-10a,b}$$

根据式(5-6)，组分 1、2 在汽相的逸度为

$$\hat{f}_1^{\text{v}}=py_1\hat{\varphi}_1^{\text{v}}, \quad \hat{f}_2^{\text{v}}=py_2\hat{\varphi}_2^{\text{v}}$$

组分 1、2 在液相的逸度为

$$\hat{f}_1^{\text{L}}=px_1\hat{\varphi}_1^{\text{L}}, \quad \hat{f}_2^{\text{L}}=px_2\hat{\varphi}_2^{\text{L}}$$

因此，汽液平衡计算通式为

$$\text{组分 1} \quad y_1\hat{\varphi}_1^{\text{v}}=x_1\hat{\varphi}_1^{\text{L}}, \quad \text{组分 2} \quad y_2\hat{\varphi}_2^{\text{v}}=x_2\hat{\varphi}_2^{\text{L}} \tag{5-11a,b}$$

对于多元系统，相平衡计算通式为

$$y_i\hat{\varphi}_i^{\text{v}}=x_i\hat{\varphi}_i^{\text{L}} \qquad (i=1,2,3,\cdots,N) \tag{5-12}$$

式中，$\hat{\varphi}_i^{\text{v}}$、$\hat{\varphi}_i^{L}$ 分别为汽、液相中组分 i 的逸度系数，其计算均需要依赖状态方程（EOS）和混合规则（见 4.4）。使用式(5-12) 计算汽液平衡时，$\hat{\varphi}_i^{\text{v}}$、$\hat{\varphi}_i^{\text{L}}$ 需要采用同一个状态方程。

5.2.2 活度系数（γ_i 法）

当二元溶液达汽液平衡时，组分 1、2 在汽相、液相的逸度分别按式(5-6)、式(5-9) 考虑。因此，汽液平衡计算通式为

$$\text{组分 1} \quad py_1\hat{\varphi}_1^{\text{v}}=f_1^0\gamma_1x_1, \text{组分 2} \quad py_2\hat{\varphi}_2^{\text{v}}=f_2^0\gamma_2x_2 \tag{5-13a, b}$$

对于多元系统，相平衡计算通式为

$$\boxed{py_i\hat{\varphi}_i^{v}=f_i^0\gamma_ix_i} \qquad (i=1,2,3,\cdots,N,\text{下同}) \tag{5-14}$$

式中，f_i^0 是纯组分 i 在标准态下的逸度。当取 Lewis-Randall 规则为标准态时，f_i^0 等于相平衡温度 T 和压力 p 下纯液体 i 的逸度，即

$$f_i^0(LR)=f_i$$

通常情况下，纯态的逸度为

$$f_i=p_i^{\text{s}}\varphi_i^{\text{s}}\exp\int_{p_i^{\text{s}}}^{p}\frac{V_i^{\text{L}}}{RT}\text{d}p$$

于是，相平衡计算通式可具体描述为

$$py_i\hat{\varphi}_i^{\mathrm{v}}=p_i^{\mathrm{s}}\varphi_i^{\mathrm{s}}\gamma_i x_i \exp\int_{p_i^{\mathrm{s}}}^{p}\frac{V_i^{\mathrm{L}}}{RT}\mathrm{d}p \tag{5-15}$$

这就是中低压下常用的汽液平衡计算通式。式中，p 为相平衡时的压力；y_i 为 i 组分在汽相中的摩尔分数；$\hat{\varphi}_i^{\mathrm{v}}$ 为 i 组分在汽相混合物中的逸度系数；p_i^{s} 为相平衡温度 T 下，纯物质 i 的饱和蒸气压；φ_i^{s} 为 i 组分作为纯气体时，在相平衡温度 T 和饱和蒸气压 p_i^{s} 下的逸度系数；γ_i 为 i 组分的活度系数；x_i 为 i 组分在液相中的摩尔分数；$\exp\int_{p_i^{\mathrm{s}}}^{p}\frac{V_i^{\mathrm{L}}}{RT}\mathrm{d}p$ 为 Poynting 因子，对标准态逸度在压力 p 下的修正项，在 4.4.7 节中已作过介绍；V_i^{L} 为纯组分 i 的液相摩尔体积。

由于基于溶液理论推导的活度系数方程中没有考虑压力 p 对于 γ_i 的影响，因此活度系数法不适用高压汽液平衡的计算。

通常，针对具体的汽液平衡系统，可以根据不同的具体条件对式(5-15) 做相应的化简。

① 压力远离临界区和近临界区　中低压范围内，Poynting 因子近似为 1，即压力不大时，$\exp\int_{p_i^{\mathrm{s}}}^{p}\frac{V_i^{\mathrm{L}}}{RT}\mathrm{d}p\approx 1$。由式(5-15) 得汽液平衡计算式为

$$py_i\hat{\varphi}_i^{\mathrm{v}}=p_i^{\mathrm{s}}\varphi_i^{\mathrm{s}}\gamma_i x_i \tag{5-16}$$

② 中低压下体系中各组分性质相似　若系统中各组分是同分异构体、顺反异构体、光学异构体或碳数相近的同系物，那么，汽液两相均可视为理想的混合物。对于汽相，根据式(4-87) 有 $\hat{\varphi}_i^{\mathrm{v}}=\varphi_i$；对于液相，$\gamma_i=1$。由式(5-15) 得汽液平衡计算式为

$$py_i\varphi_i=p_i^{\mathrm{s}}\varphi_i^{\mathrm{s}}x_i \tag{5-17}$$

③ 低压下的汽液平衡　低压下，汽相可视为理想气体，于是有 $\hat{\varphi}_i^{\mathrm{v}}=1$，$\varphi_i^{\mathrm{s}}=1$；液相为非理想溶液，$\gamma_i\neq1$；Poynting 因子可忽略。则式(5-15) 变为

$$py_i=p_i^{\mathrm{s}}\gamma_i x_i \tag{5-18}$$

④ 当汽相为理想气体，液相为理想溶液，则

$$py_i=p_i^{\mathrm{s}}x_i$$

将以上几种汽液平衡方程的特点及关联误差列于表 5-1。

表 5-1　几种汽液平衡方程的特点及关联的误差

项目	完全理想系统	半理想系统	真实系统	
特点	$\hat{\varphi}_i^{\mathrm{v}}=1$ $\varphi_i^{\mathrm{s}}=1$ $\gamma_i=1$	$\hat{\varphi}_i^{\mathrm{v}}=1$ $\varphi_i^{\mathrm{s}}=1$ $\gamma_i\neq1$	$\hat{\varphi}_i\neq1$ $\varphi_i^{\mathrm{s}}\neq1$ $\gamma_i\neq1$	
条件	低压下，汽相为理想气体，液相为理想溶液	中、低压力下，汽相为理想气体混合物，液相为真实溶液	中、低压力下，汽相为真实气体，液相为真实溶液	中高压下，汽相为真实气体，液相为真实溶液
汽液平衡公式	$py_i=p_i^{\mathrm{s}}x_i$	$py_i=p_i^{\mathrm{s}}\gamma_i x_i$	$py_i\hat{\varphi}_i^{\mathrm{v}}=p_i^{\mathrm{s}}\varphi_i^{\mathrm{s}}\gamma_i x_i$	$py_i\hat{\varphi}_i^{\mathrm{v}}=p_i^{\mathrm{s}}\varphi_i^{\mathrm{s}}\gamma_i x_i\exp\int_{p_i^{\mathrm{s}}}^{p}\frac{V_i^{\mathrm{L}}\mathrm{d}p}{RT}$
常压下对乙醇-水系统关联的误差 $\Delta y\%$(mol)	13.53	3.44	0.81	0.77

从表 5-1 明显可见，不同的方程有不同的关联精度。汽液平衡计算公式中的偏差项修正得愈准确，汽相组成的计算误差就愈小，而它对精馏塔理论塔板数的影响是巨大的。例如，某塔的原料、馏出物和塔釜组成中低沸点组分的摩尔分数分别为 50%、99%、1.0%，进料状态是沸腾的液体（$q=1$），回流比采用最小回流比的 1.2 倍，当相对挥发度=1.6，若汽液平衡计算中汽相组成平均误差 Δy 为±1%时，用 Smokes 式可以计算出理论塔板数的变化为 9.2 块，当相对挥发度=1.06，理论塔板数的变化竟然可相差到 4644 块（见表 5-2），所以化工热力学对分离的重要作用在此可见一斑，这也是研究化工热力学的专家为何孜孜以求发展状态方程和活度系数模型的原因。

表 5-2　汽液平衡计算误差对理论塔板数变化的影响（Δy 为±1% mol）

相对挥发度 α_{ij}	2.5	1.6	1.08	1.06
理论塔板数变化	3.1	9.2	660.8	4644.6

5.2.3　方法比较

状态方程法（EOS 法）和活度系数法（γ_i 法）在描述汽液平衡时各有特点，适用于不同的场合，所遇到的难度也不同。表 5-3 是两种方法的比较。

表 5-3　状态方程法和活度系数法的优缺点

方　法	EOS　法	γ_i 法
汽液平衡计算公式	$y_i\hat{\varphi}_i^{\mathrm{v}}=x_i\hat{\varphi}_i^{\mathrm{L}}$	$py_i\hat{\varphi}_i^{\mathrm{v}}=p_i^{\mathrm{s}}\varphi_i^{\mathrm{s}}\gamma_i x_i\exp\int_{p_i^{\mathrm{s}}}^{p}\frac{V_i^{\mathrm{L}}}{RT}\mathrm{d}p$
优点	1. 不需要标准态 2. 只需要选择 EOS,不需要相平衡数据 3. 易采用对比态原理 4. 可用于临界区和近临界区	1. 活度系数方程和相应的系数较全 2. 温度的影响主要反映在对 f_i^{L} 上,对 γ_i 的影响不大 3. 适用于多种类型的溶液,包括聚合物、电解质系统
缺点	1. EOS 需要同时适用于汽液两相,难度大 2. 需要搭配使用混合规则,且其影响较大 3. 对极性物系,大分子化合物和电解质系统难以应用 4. 基本上需要二元交互作用参数 k_{ij},且 k_{ij} 也需要用实验数据回归	1. 需要其他方法求取偏摩尔体积,进而求算摩尔体积 2. 需要确定标准态 3. 对含有超临界组分的系统应用不便,在临界区使用困难
适用范围	原则上可适用于各种压力下的汽液平衡,但更常用于中、高压汽液平衡	中、低压下的汽液平衡,当缺乏中压汽液平衡数据时,中压下使用很困难

5.3　汽液平衡

研究汽液平衡的目的是能够给出各种系统的平衡数据。工程上，考察相变化过程时，需要解决的问题可归纳为温度 T、压力 p、液相组成 x_i 和汽相组成 y_i 的相互推算。具体计算类型见表 5-4。

表 5-4　汽液平衡计算类型

计算类型	独立变量	待定变量
泡点压力计算(bubble point pressure)	已知系统温度 T 和液相组成 $x_1,x_2,\cdots,x_{N-1}$	求泡点压力 p 和汽相组成 $y_1,y_2,\cdots,y_N$
泡点温度计算(bubble point temperature)	已知系统压力 p 和液相组成 $x_1,x_2,\cdots,x_{N-1}$	求泡点温度 T 和汽相组成 $y_1,y_2,\cdots,y_N$

续表

计算类型	独立变量	待定变量
露点压力计算(dew point pressure)	已知系统温度 T 和汽相组成 $y_1, y_2, \cdots, y_{N-1}$	求露点压力 p 和液相组成 $x_1, x_2, \cdots, x_N$
露点温度计算(dew point temperature)	已知系统压力 p 和汽相组成 $y_1, y_2, \cdots, y_{N-1}$	求露点温度 T 和液相组成 $x_1, x_2, \cdots, x_N$
闪蒸计算(flash)	已知 T、p 和进料组成 $z_1, z_2, \cdots, z_{N-1}$	计算汽相组成 $y_1, y_2, \cdots, y_N$ 和液相组成 $x_1, x_2, \cdots, x_N$

汽液平衡计算说到底就是建立系统 T、p、x_i、y_i 间的关系。描述这种关系的方法有两种：一种是相图；另一种是函数式。相图以直观的形式揭示了相平衡的规律，并能给相平衡关系以定性的指导，下面先了解相图。

5.3.1 二元汽液平衡相图

5.3.1.1 三维 *p-T-x-y* 相图与二维 *p-T* 相图

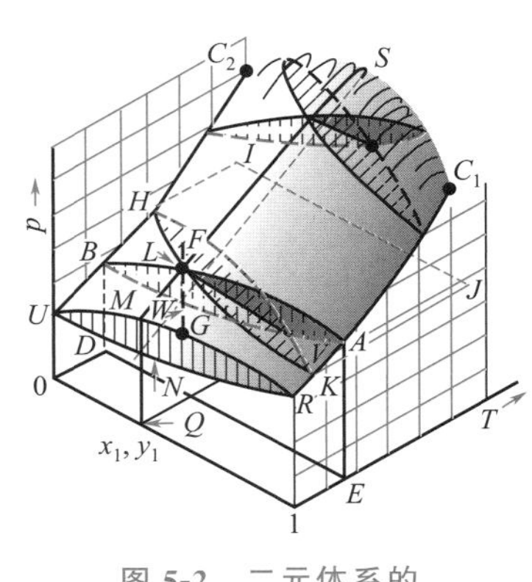

图 5-2 二元体系的三维 *p-T-x-y* 相图

考察系统相变化过程时，采用相图可直观表示体系的温度、压力及各相组成的关系。对于二元系统，若要完整描述其相行为，根据相律可知，最大自由度为 3（$C=2$，$\pi=1$ 即至少有 1 相存在时），即在三维空间上完全可以显示二元系统相图的全貌。如图 5-2 所示。这三个独立变量通常为压力、温度和组成。

图 5-2 为含有组分 1 和组分 2 的二元系统饱和汽相与饱和液相处于平衡时的 p-T-x-y 曲面。其中组分 1 是轻组分或易挥发组分。下方曲面代表饱和蒸汽状态，即 p-T-y_1 面；上方曲面代表饱和液体状态，即 p-T-x_1 面。这两个曲面在 $RKAC_1$ 和 $UBHC_2$ 线上相交，这两条线分别表示纯组分 1 和组分 2 的蒸气压随温度而变化的曲线。此外，上下两个曲面形成了一个连续平滑的曲面，并在图形上方连接纯组分 1 和组分 2 的临界点 C_1 和 C_2，各种不同组分的混合物的临界点位于连接 C_1 和 C_2 两点的曲线上。此曲线上的临界点轨迹是由汽相和液相共存平衡时变成相同性质的那点来确定的。

图 5-2 中，上方曲面以上为过冷液体区，下方曲面以下为过热蒸汽区，在 p-T-x 曲面和 p-T-y 曲面之间为汽液相共存区。如果从 F 点的液体开始，在恒温和恒定组成的情况下沿着垂线 FG 降低压力，在位于上方曲面上的 L 点出现一个蒸汽泡。因此，L 称为泡点，这个上方曲面则称为泡点面。与液体达成平衡的汽相，必须位于与液体同样温度及压力的下方曲面上，如 V 点所示的位置。V 与 L 的连线 LV 表示平衡相间的各点。

当压力沿着线 FG 进一步降低，更多的液体蒸发，直到 W 点液体全部汽化。W 点位于下方曲面上，并表示一个与混合物具有相同组成的饱和汽相。因为 W 是最后一滴液体（露滴）消失的状态，因此 W 点叫作露点，而下方曲面称为露点面。再继续减小压力将进入过热蒸汽区。

对测量和研究系统的相行为而言，压力和温度是两个最方便的独立变量。T、p 的不同会导致系统相行为的不同。若考虑等 T 或等 p 的条件，这时 $F=1$，则汽液平衡关系就变成了曲线，由此产生了等 T 相图和等 p 相图；若考虑组成不变，就产生了 p-T 相图。在实际应用中，通常用二维相图描述。

二维 p-T 相图是由组成一定的截面切下恒定的 T 或 p 面而形成，或把点、线投影到 p-T 坐标平面上形成的，如图 5-3 所示。因此二元系统的汽液平衡关系，不是用一条线来描述，而是用一个区域来描述的，即汽液共存区域为环形曲线 $MLCWN$ 所包围的面积。其中 UC_1、KC_2 分别为纯组分 1、

2 的汽液平衡线，C_1、C_2 分别为纯组分 1、2 的临界点。环形曲线 $MLCWN$ 为一定组成下的二元混合物的 p-T 关系。

由图 5-3 可见，纯组分的汽液共存的状态以一条曲线表示，泡点线与露点线重合。就是说，若纯组分最初处于液态，在恒压下升温到达沸点后，必定全部汽化后温度才能升高。实曲线 MLC 为泡点线，虚曲线 NWC 为露点线（对于单纯组分，则分别为泡点和露点）。

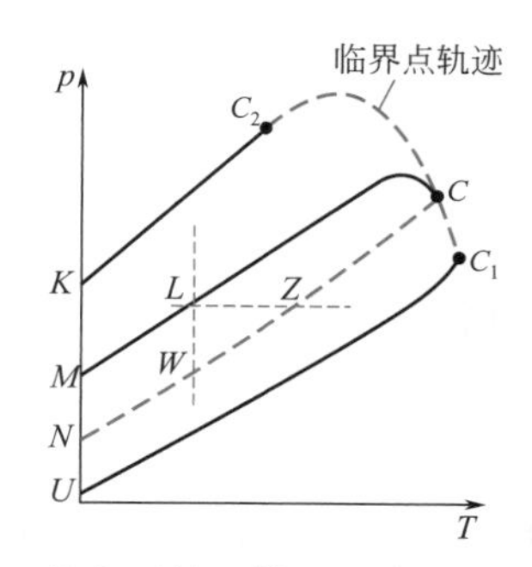

图 5-3　二元体系的二维 p-T 相图（定组成下）

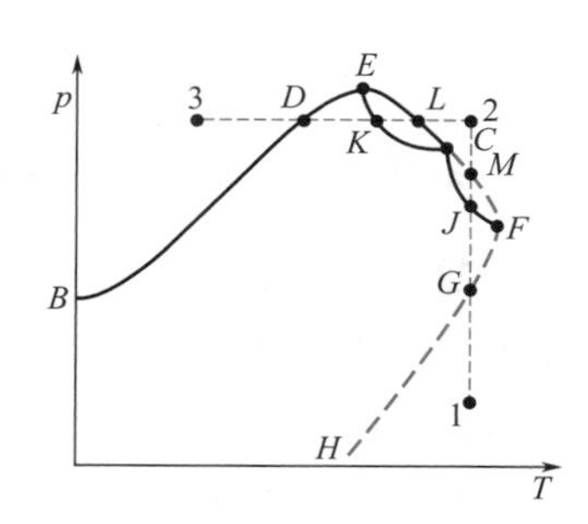

图 5-4　逆向蒸发和逆向凝聚示意图

5.3.1.2　逆向现象及其工程应用

如果组成的比例改变，则 p-T 曲线的位置形状将会改变。图 5-4 所示的是混合物的特殊临界情况。如果将临界区域相特征部分的 p-T 图放大，可以看到两种特殊的现象：即等温逆向凝聚现象和等压逆向凝聚现象。

(1) 等温逆向凝聚现象

如果系统的初始状态在 1 点，这时系统是单纯的汽相。若使系统等温增压，当系统的变化趋势线第一次与露点线相交于 G 点，此时出现第一滴液体，液体量很少，随后进入了汽液共存区，液体量增加。如果继续等温增压，系统会第二次与露点线相交于 M 点，在该点处仍然是液体量很少。

那么，在从 G 点到 M 点的过程中，液体量经历了由增到减的过程，其中必然存在液体量最大的点，即 J 点。从 J 点到 M 点，压力增加，但液体量减少，这与常规状况相反，于是称从 J 点到 M 点的过程为逆向蒸发。相反的，从 M 点到 J 点的过程为逆向冷凝。

若将趋势线 12 保持垂直左右移动，会得到一系列的液体量最大的点，将它们连成曲线，得到区域 $CJFMC$，该区域为发生逆向现象的区域。

如果系统的初始状态 3 点开始的等压增温过程，与从 1 点开始的过程类似。出现逆向凝聚现象，主要是由于混合物临界点不一定是汽液共存的最高温度和最高压力这一特点而造成的。

临界点若处在两种最高点之间如图 5-5(d) 所示，当等温线可以两次与露点线相交，或等压线可以两次与泡点线相交时，则有两种逆向凝聚现象存在；由于图 5-5(b) 中混合物的临界点 C 也不一定是最高压力点（$p_C < p_{max}$）、图 5-5(c) 中混合物的临界点 C 不一定是最高温度点（$T_C < T_{max}$），临界点仅处在一个最高点处，则有一种逆向凝聚。

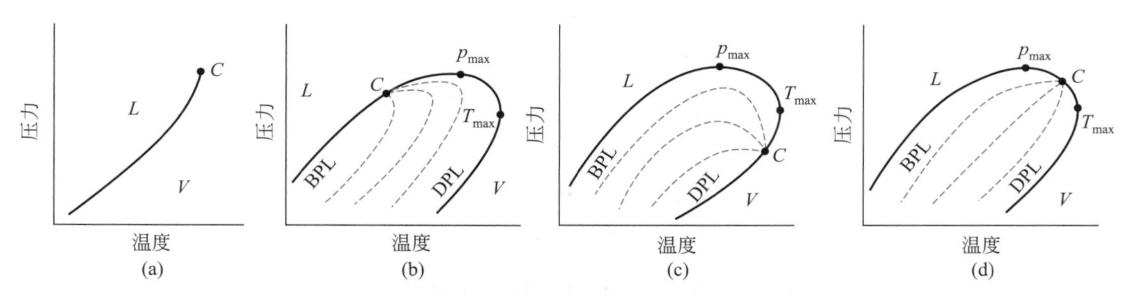

图 5-5　二元系统 p-T 相图的最高温度和最高压力示意图

BPL—泡点线；DPL—露点线

（2）逆向凝聚现象的意义

常规的化工生产中，很少遇到高压汽液平衡的情况。但在采油工程中，高压相平衡是常见的现象。充分利用它的特点可以帮助优化生产。

原油和天然气都是石油工程师最关心的物质。油品自地底层向地面举升的过程，可以近似看作是等温减压的过程。由于出油管的体积是一定的，为了单位时间油品的产量最大，油品以液相采出最为经济。根据图 5-4，在 1—2 线上，J 点的液相量最大。于是，控制出口压力为 J 点的压力，可以保证油品的举升产量最大。实际上，就是利用了高压汽液平衡的逆向现象。

5.3.1.3　二元系统 p-$x(y)/T$-$x(y)$ 的相图

在化工生产中，通常碰到是低压下蒸馏分离。低压下的汽相，一般是接近于理想气体性质的。对于液相来说，由于分子大小的差异及各组分间作用力的不同，对理想溶液产生偏差的情况有五种：①一般正偏差系统（如甲醇-水系统）；②一般负偏差系统（如氯仿-苯系统）；③最大正偏差系统（如乙醇-苯系统）；④最大负偏差系统（如氯仿-丙酮系统）；⑤液相为部分互溶系统（如氯仿-水系统）。这些系统的蒸馏、萃取等分离过程的设计是以 p-$x(y)$、T-$x(y)$ 关系为理论基础的。二维 p-$x(y)$ 相图是以等温 T 面定量地去切割三维 p-T-x-y 立体相图而得到，如图 5-7(a) 所示；类似地，二维 T-$x(y)$ 相图是以等压 p 面定量地去切割三维 p-T-x-y 立体相图而得到，如图 5-7(b) 所示。下面分别加以介绍。

（1）对于理想混合物

二元理想混合物符合拉乌尔（Raoult）定律，各组分的液相活度系数等于 1，即 $\gamma_1=\gamma_2=1$。汽液平衡时系统的压力可由式(5-17) 得出

$$p=py_1+py_2=p_1^s x_1+p_2^s x_2=p_2^s+(p_1^s-p_2^s)x_1$$

当系统温度一定时，p_1^s、p_2^s 为常数，上式表明 p-x_1 曲线为直线关系，如图 5-6(a) 所示。当系统压力一定时，由于饱和蒸气压 $\ln p^s \propto -\dfrac{1}{T}$，因此 T-x_1 关系就不为直线，如图 5-6(b) 所示。p-y_1、T-y_1 关系也是如此，如图 5-6 中的虚线所示。

（2）对于一般正偏差系统

此类系统的特点是当恒温时溶液中各组分的分压 p_i 均大于 Raoult 定律的计算值，且无恒沸物；或者说真实溶液总的相平衡压力 p 在全浓度范围内，高于理想线（Raoult 线），溶液的 p-x_1 曲线在 Raoult 的 p-x_1 直线关系之上，而溶液的蒸气总压介于两纯组分饱和蒸气压之间，此系统为正偏差系统，且 $\gamma_i>1$。其 p-$x_1(y_1)$ 相图如图 5-7(a)。T-$x_1(y_1)$ 相图如图 5-7(b) 所示。

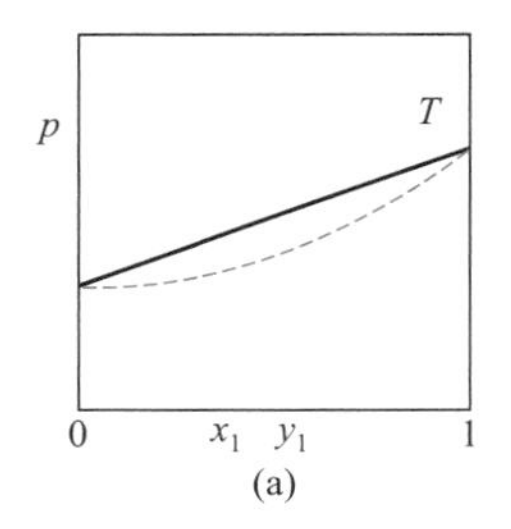

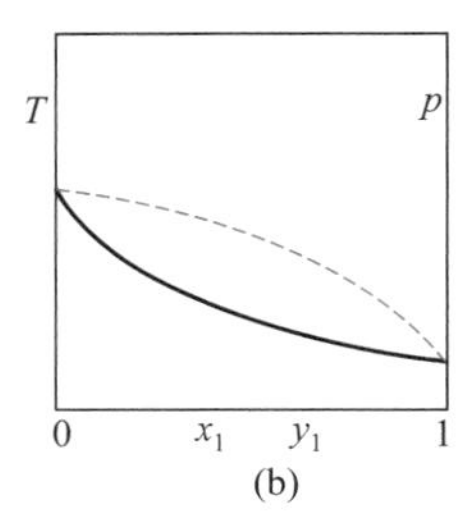

图 5-6　理想混合物系统汽液平衡相图

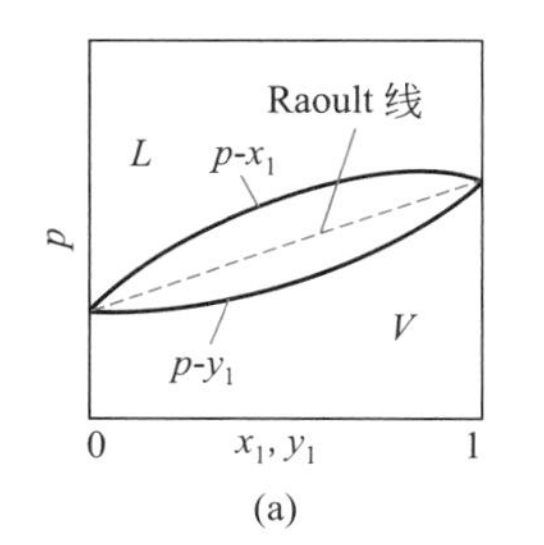

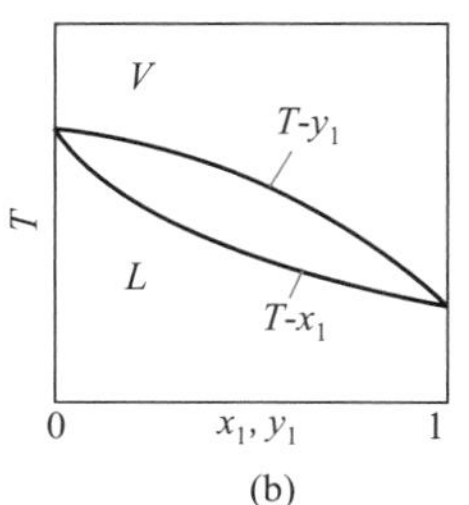

图 5-7　正偏差系统的汽液平衡相图

（3）对于一般负偏差系统

负偏差系统中，如氯仿-苯系统，当恒温时溶液中各组分的分压 p_i 均小于 Raoult 定律的计算值（也无恒沸物），于是总的相平衡压力 p 在全浓度范围内，处于理想线（Raoult 线）以下，溶液的 p-x_1 曲线在 Raoult 的 p-x_1 直线关系的下方，但溶液的蒸气总压 p 仍位于两纯组分饱和蒸气压之间，且 $\gamma_i<1$。典型的 p-$x_1(y_1)$ 相图见图 5-8(a)。T-$x_1(y_1)$ 相图见图 5-8(b)。

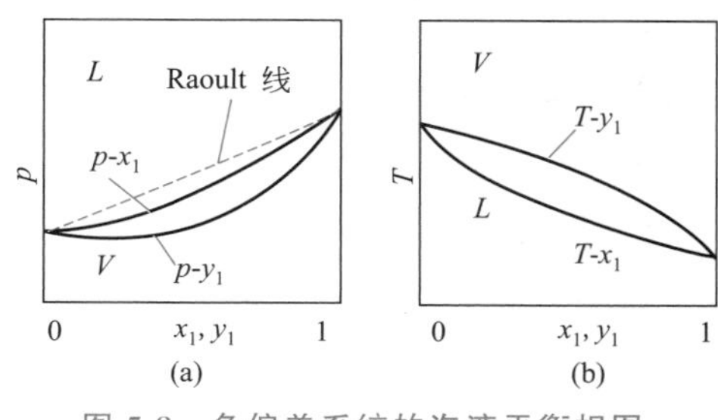

图 5-8　负偏差系统的汽液平衡相图

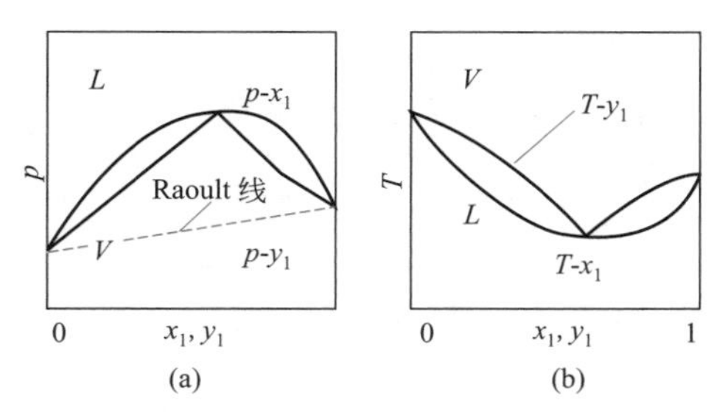

图 5-9　最大正偏差系统的汽液平衡相图

(4) 对于最大正偏差系统

有一类系统（乙醇-苯系统），正偏差达到一定程度，相图中的 p-x 泡点线就会出现一个最高点。该最高点称为共沸点。由于这一点压力最大，温度最低，所以称为最大压力（或最低温度）共沸点。相平衡压力 p 不再像正偏差物系一样，总是介于两纯组分饱和蒸气压之间，而会在某一段组成下高出饱和蒸气压，如图 5-9 所示。当正偏差较小时，在整个浓度范围内，不会出现总压高于轻组分处于同温下纯态时的蒸气压，但是当正偏差较大时，在 p-x 曲线上就可以出现极大值（在 T-x 曲线上就可以出现极小值）。在这一点处泡点线和露点线相交，即 $x_1=y_1$、$x_2=y_2$，且 $\gamma_1>1$ 和 $\gamma_2>1$，该最高点称为共沸点。由于这一点压力最大，温度最低，所以称为最大压力（或最低温度）共沸点。对于这种系统，不能用一个精馏塔同时在塔顶和塔底得到纯品，必须要采用特殊分离法。

(5) 对于最大负偏差系统

与最大正偏差相反的情况是最大负偏差系统，如氯仿-丙酮系统，这类溶液的总压在 p-x 曲线上出现最低点，该最低点称为共沸点。由于这一点压力最小，温度最高，所以称为最小压力（或最高温度）共沸点。在 T-x 曲线上就可以出现极大值，如图 5-10 所示，在共沸点处，同样有 $x_1=y_1$、$x_2=y_2$，$\gamma_1<1$ 和 $\gamma_2<1$。同最大压力共沸点系统一样，最小压力共沸点系统也不能用一般精馏分离法将此分离开，也要采用特殊分离法才能将此分离。

(6) 对于液相为部分互溶系统

如果溶液的正偏差较大，同分子间的吸引力大大超过异分子间的吸引力，此种情况下，溶液组成在某一定范围内会出现分层现象而产生两个液相，即液相为部分互溶系统。其相图如图 5-11 所示。此类系统需同时考虑汽液平衡与液液平衡的问题。

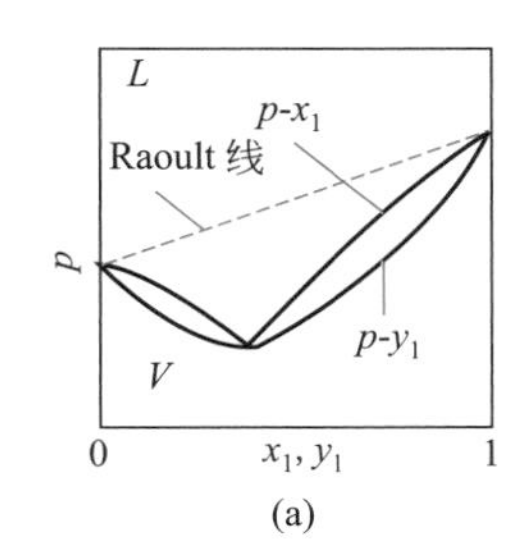

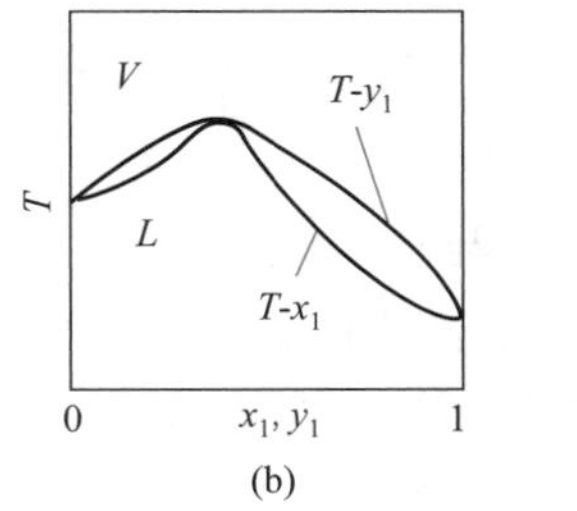

图 5-10　最大负偏差系统的汽液平衡相图

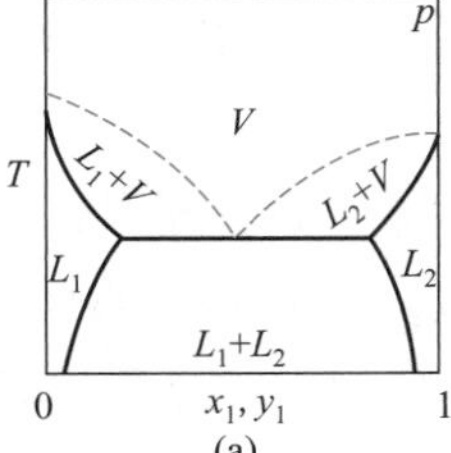

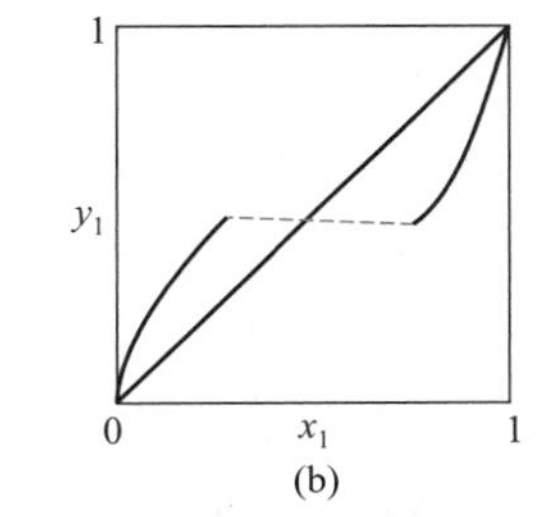

图 5-11　液相为部分互溶系统的汽液平衡相图

二元系统正偏差与负偏差系统的 $\ln\gamma_i$-x_1 关系见图 5-12。实线为真实溶液的活度系数，虚线为理

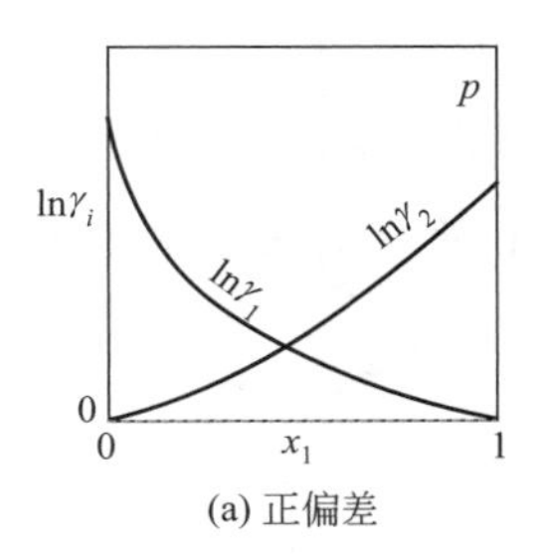

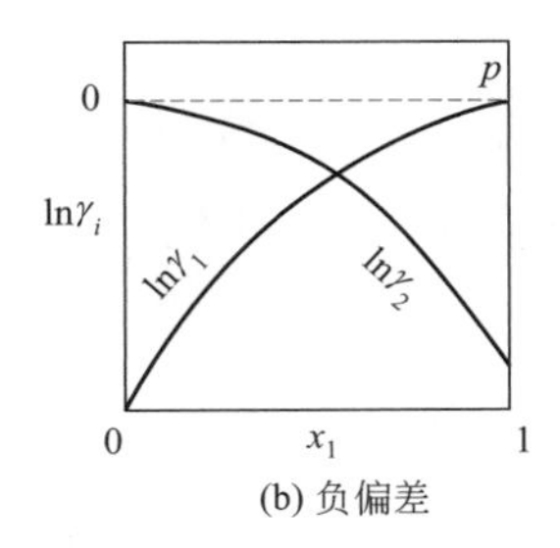

图 5-12　正、负偏差系统的 $\ln\gamma_i$-x_1 关系

想溶液的活度系数（$\ln\gamma_i=0$）。

二元溶液一般正、负偏差系统、具有最高压力共沸点系统和具有最低压力共沸点系统的 y_1-x_1 关系见图 5-13。

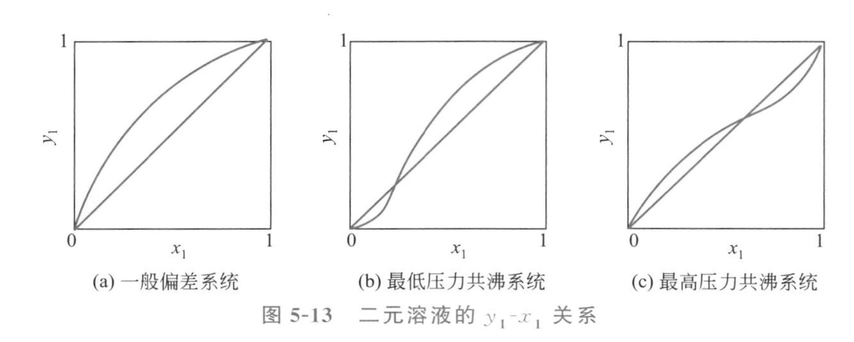

图 5-13　二元溶液的 y_1-x_1 关系

5.3.2　低压下泡、露点计算

前面已经指出，汽液平衡的计算是得出系统处于相平衡时的 T、p、x_i、y_i 之间的关系。典型的汽液平衡计算为泡点计算和露点计算，这是精馏过程逐板计算中需反复进行的基本运算内容。此外，在工程上吸收、蒸发等单元操作也要用到汽液相平衡计算。

由于汽液平衡关系式，包含复杂的隐函数关系，如果允许假设的话，则表 5-4 中所列的计算都需要借助于计算机进行迭代求解或采用相应的计算软件计算。即使如此，在实际计算中都需要进行适当的简化。

5.3.2.1　低压下的简化

生产实践中所遇到的精馏过程大多在常压或低压下操作，汽液平衡计算的简化在 5.2 节已作讨论。具体可考虑为：$\hat{\varphi}_i=1$；$\varphi_i^s=1$；$\exp\int_{p_i^s}^{p}\frac{V_i^L}{RT}dp=1$；若以 Lewis-Randall 规则为标准态，则组分 i 标准态逸度为 $f_i^0=f_i=p_i^s$。

5.3.2.2　低压下的计算公式

根据前面所讨论的，若采用活度系数法计算时，低压下的泡点计算公式归纳如下。

(1) 饱和蒸气压 p_i^s

最常用的公式是安托因（Antoine）方程，它的基本形式见式(3-82)，其中的 Antoine 常数，可从有关手册中查取，本书见附录 4。值得注意的是，不同的手册中，所描述的 A、B、C 值不同，相应的 p_i^s、T 的单位也不同，在使用中一定要注意。

(2) 活度系数

当液相的分子间作用力差异较小时，液相可视为理想溶液，这时，各组分 i 的活度系数 $\gamma_i=1$。当汽液平衡系统为完全理想系时，其汽液平衡计算式为

$$py_i=p_i^s x_i$$

当液相分子间的相互作用力差异较大时，就不能看作是理想溶液，也就是说，$\gamma_i\neq1$。这时，各组分 i 的活度系数要依据前面介绍的 γ_i 的计算模型来计算。其汽液平衡按式(5-18) 计算

$$py_i=p_i^s\gamma_i x_i$$

这正是本书的重点介绍内容。

(3) 泡点压力

对于二元溶液，由式(5-18) 得组分 1、2 的汽液平衡计算式为

$$py_1=p_1^s\gamma_1x_1,\quad py_2=p_2^s\gamma_2x_2 \tag{5-19a,b}$$

泡点压力按式(5-20)计算

$$p=py_1+py_2=p_1+p_2=p_1^s\gamma_1x_1+p_2^s\gamma_2x_2 \tag{5-20}$$

(4) 泡点组成

组分1的汽相摩尔分数按式(5-21)计算

$$y_1=\frac{py_1}{p}=\frac{p_1^s\gamma_1x_1}{p_1^s\gamma_1x_1+p_2^s\gamma_2x_2}=\frac{1}{1+\dfrac{p_2^s}{p_1^s}\dfrac{\gamma_2}{\gamma_1}\dfrac{x_2}{x_1}} \tag{5-21}$$

归一化条件

$$y_1+y_2=1 \tag{5-22}$$

若为多元系统，相平衡总压 $p=\sum p_i^s\gamma_ix_i$，组分 i 汽相的摩尔分数为

$$\boxed{y_i=\frac{p_i^s\gamma_ix_i}{\sum\limits_i^N p_i^s\gamma_ix_i}} \tag{5-23}$$

归一化条件

$$\sum_i y_i=1 \tag{5-24}$$

汽液平衡比 K_i

在工程设计中，常常引入汽液平衡比 K_i 进行计算。K_i 被定义为汽液平衡系统中组分 i 在汽相中的摩尔分数 y_i 与在液相中的摩尔分数 x_i 之比值，即

$$\boxed{K_i=\frac{y_i}{x_i}} \tag{5-25}$$

由式(5-18)得

$$K_i=\frac{\gamma_ip_i^s}{p} \tag{5-26}$$

对于二元溶液

$$K_1=\frac{y_1}{x_1},\quad K_2=\frac{y_2}{x_2}$$

或

$$K_1=\frac{\gamma_1p_1^s}{p},\quad K_2=\frac{\gamma_2p_2^s}{p}$$

相对挥发度 $\boldsymbol{\alpha}_{ij}$

在精馏计算中，习惯使用相对挥发度 α_{ij} 来表示汽液平衡关系。它被定义为汽液平衡时，i、j 两组分在两相的摩尔分数之比值，即

$$\boxed{\alpha_{ij}=\frac{K_i}{K_j}} \tag{5-27}$$

或

$$\alpha_{ij}=\frac{y_ix_j}{x_iy_j} \tag{5-28}$$

对于二元溶液 $\alpha_{12}=\dfrac{K_1}{K_2}$ 或 $\alpha_{12}=\dfrac{y_1x_2}{y_2x_1}$。由 α_{ij} 的定义式，直接可写出用 α_{ij} 表示的汽液平衡组成关系式

$$y_i=\frac{\alpha_{ij}x_i}{\sum\limits_i^N\alpha_{ij}x_i},\quad x_i=\frac{y_i/\alpha_{ij}}{\sum\limits_i^N y_i/\alpha_{ij}} \tag{5-29,30}$$

对于完全理想系统，$\alpha_{ij}=p_i^s/p_j^s$；由于组分 i、j 的饱和蒸气压 p_i^s、p_j^s 随温度的变化率相近，故 α_{ij} 受温度的影响较小。在恒压精馏计算中，如不需要十分精确的话，塔中每个塔板的 α_{ij} 可作常数处理，如化工原理中解决精馏理论塔板计算时就是如此。实际上，即便是在低压下的汽液平衡系统中，α_{ij}

也是一个随 T、x_i 而变化的参数。对于液相的非理想性

$$\alpha_{ij}=\frac{\gamma_i p_i^s}{\gamma_j p_j^s} \tag{5-31}$$

5.3.2.3 低压下泡点压力 p 与汽相组成 y_1 的计算

对于二元系统，若已知 T、x_1，求 p、y_1 的计算步骤如下：

① 已知 T，由附录 4 文献资料查取 Antoine 常数 A_1、B_1、C_1 和 A_2、B_2、C_2，用式(3-82) 计算组分的饱和蒸气压 p_1^s、p_2^s；

② 已知 T、x_1，选定一个活度系数模型（如 Wilson 方程）计算 γ_1、γ_2。若模型的常数未知时，先求出常数；

③ 由 $p=\sum\gamma_i p_i^s x_i$ 直接求出总压 p；

④ 由 $py_i=p_i^s\gamma_i x_i$ 求出 y_i。

5.3.2.4 低压下泡点温度 T 与汽相组成 y_1 的计算

对于二元系统，若已知 p、x_1，求 T、y_1，由于 p_i^s 是 T 的函数，通常需用试差求解。其计算框图见图 5-14。具体步骤如下：

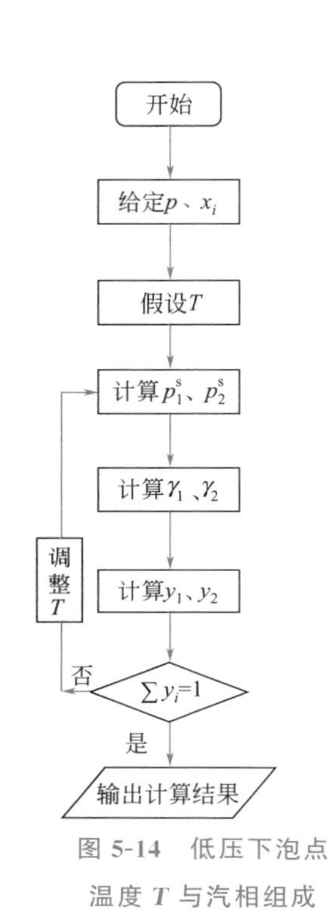

图 5-14 低压下泡点温度 T 与汽相组成 y_1 的计算框图

① T 为未知时，先假设温度 T，由附录 4 文献资料查取 Antoine 常数 A_1、B_1、C_1 和 A_2、B_2、C_2，用式(3-82) 计算组分的饱和蒸气压 p_1^s、p_2^s；

② 已知 T、x_1，选定一个活度系数模型计算 γ_1、γ_2，若模型的常数未知时，先求出常数；

③ 已知 p（低压），令 $\hat{\varphi}_1^v=1$、$\hat{\varphi}_2^v=1$；

④ 分别由计算式 $y_1=\dfrac{p_1^s\gamma_1 x_1}{p}$；$y_2=\dfrac{p_2^s\gamma_2 x_2}{p}$，求 y_1、y_2；

⑤ 计算 $\sum\limits_i y_i$；

⑥ 第一次判断：$\sum\limits_i y_i$ 是否满足归一化条件？其目的在于通过判断，对①中假设的温度 T 进行修正；

⑦ 第一次判断若为“是（Yes）”，则意味着温度 T 即为所求，计算的 y_i 亦为所要求的结果，计算值可打印输出；

⑧ 第一次判断若为“非（No）”，意味着计算的 y_i 不满足归一化条件，需要调整温度 T 值重新计算，重复①～⑦的计算步骤，直到计算的 $\sum\limits_i y_i$ 接近于 1 为止。

5.3.2.5 低压下露点温度 T 与液相组成 x_1 的计算

若已知 p、y_1，求 T、x_1，则为露点问题。露点的计算与泡点计算相似，其计算框图就不再描述了。所不同的是，图中的 x_1、x_2 由汽液平衡关系式 $x_1=py_1/p_1^s\gamma_1$ 和 $x_2=py_2/p_2^s\gamma_2$ 来计算，也可用汽液平衡比 K_i 计算 $x_1=y_1/K_1$、$x_2=y_2/K_2$。

【例 5-2】 试作环己烷（1)-苯（2）系统在 40℃时的 p-x-y 图。已知汽相符合理想气体，液相活度系数与组成的关联式为

$\ln\gamma_1=0.458x_2^2$，$\ln\gamma_2=0.458x_1^2$。40℃时，组分的饱和蒸气压为 $p_1^s=24.6\text{kPa}$、$p_2^s=24.4\text{kPa}$。

解：汽相为理想气体、液相为非理想溶液时，汽液平衡关系式为：组分1 $py_1=p_1^s\gamma_1x_1$，组分2 $py_2=p_2^s\gamma_2x_2$，二式相加，得总压为 $p=p_1^s\gamma_1x_1+p_2^s\gamma_2x_2$。

组分1的汽相组成 y_1 与压力 p、液相组成 x_1 的关系式

$$y_1=\frac{p_1^s\gamma_1x_1}{p}=\frac{p_1^s\gamma_1x_1}{p_1^s\gamma_1x_1+p_2^s\gamma_2x_2}=\frac{1}{1+\dfrac{p_2^s\gamma_2x_2}{p_1^s\gamma_1x_1}}$$

对不同的 x_1 值，求出 γ_1、γ_2 值，代入 $p=p_1^s\gamma_1x_1+p_2^s\gamma_2x_2$ 计算式中求 p，然后由计算式 $y_1=\dfrac{1}{1+\dfrac{p_2^s\gamma_2x_2}{p_1^s\gamma_1x_1}}$ 算出 y_1。将计算结果列于［例5-2］表。

［例5-2］表　40℃时，环己烷（1）-苯（2）系统的 p-x-y 关系

x_1	0.00	0.20	0.40	0.50	0.60	0.80	1.00
γ_1	1.581	1.341	1.179	1.121	1.076	1.018	1.000
γ_2	1.000	1.018	1.076	1.121	1.179	1.341	1.581
p/kPa	24.4	26.5	27.4	27.5	27.4	26.6	24.6
y_1	0.000	0.249	0.424	0.501	0.580	0.754	1.000

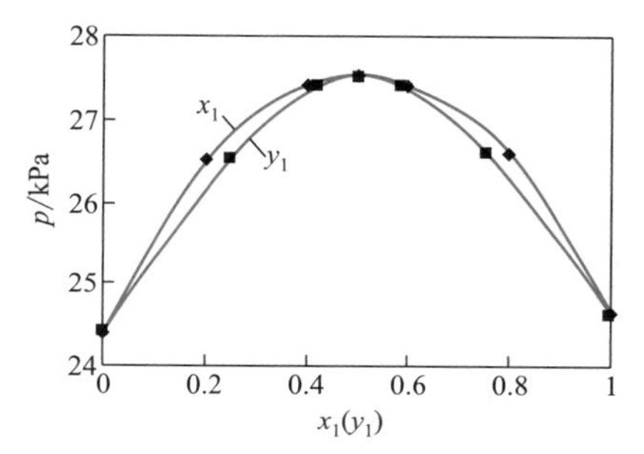

［例5-2］图　40℃时环己烷（1）-苯（2）系统的 p-x-y 图

将以上数据绘图于［例5-2］图。可见，该温度下，此系统形成最大压力共沸物。

【例5-3】 在常压下用精馏塔精馏分离己烷（1）和庚烷（2），塔顶和塔釜间的压力降为12.00kPa。试求塔釜液组成 $x_1=0.100$ 时的温度及从塔釜蒸出的蒸汽的组成。

已知纯物质的饱和蒸气压可用Antoine方程 $\ln p^s=A-\dfrac{B}{T+C}$ 表示，各物质的Antoine常数列于［例5-3］表。

［例5-3］表　己烷(1)和庚烷(2)的Antoine常数

组分	A_i	B_i	C_i	单位
己烷	13.8216	2697.55	−48.78	T/K
庚烷	13.8587	2911.32	−56.51	p_i^s/kPa

解：假定在塔釜的操作条件下釜内汽液相达平衡，由于己烷和庚烷为同系物，分子大小又相差很小，故己烷(1)-庚烷(2)系统可看作完全理想系统，故汽液平衡方程为

$$py_1=p_1^sx_1\quad(\text{A}),\qquad py_2=p_2^sx_2\quad(\text{B}),\qquad p=p_1^sx_1+p_2^sx_2\quad(\text{C})$$

由于精馏塔的塔柱有阻力，故塔釜的压力要大于塔顶的压力。根据题中所给条件，知 $p=101.32+12.00=113.32\text{kPa}$，将表示蒸气压的Antoine方程代入式(C)得

$$p=x_1\exp\left(A_1-\frac{B_1}{T+C_1}\right)+x_2\exp\left(A_2-\frac{B_2}{T+C_2}\right)\tag{D}$$

应用试差法可由式(D)解出塔釜温度，初次估值取庚烷的沸点 $T=371.60\text{K}$，得 $p=114.90\text{kPa}>113.32\text{kPa}$；试 $T=370.00\text{K}$，得 $p=109.73\text{kPa}<113.32\text{kPa}$；试 $T=371.11\text{K}$，得 $p=113.29\text{kPa}<113.32\text{kPa}$；试 $T=371.12\text{K}$，得 $p=113.32\text{kPa}$。

所以塔釜组成为 $x_1=0.100$ 时，温度为 $T=371.12\text{K}$，从塔釜蒸发的组成由式(A)求得

$$y_1=\frac{p_1^s x_1}{p}=0.206,\qquad y_2=1-y_1=0.794$$

【例 5-4】 试计算甲醇（1）-水（2）系统在 101.325kPa、$x_1=0.4$ 的泡点温度和汽相组成。已知该二元系统的 Wilson 交互作用能量参数为：$g_{12}-g_{11}=1085.13\text{J}\cdot\text{mol}^{-1}$，$g_{21}-g_{22}=1631.04\text{J}\cdot\text{mol}^{-1}$。查得纯甲醇、水的 Antoine 方程以及液相摩尔体积与温度的关系式为

$$\lg p_1^s=7.1339-\frac{1541.861}{t+236.154}\qquad (p_1^s/\text{kPa},\ t/℃)$$

$$\lg p_2^s=7.0641-\frac{1650.4}{t+226.27}\qquad (p_2^s/\text{kPa},\ t/℃)$$

纯甲醇、水的液相摩尔体积与温度的关系式为

$$V_1^L=64.509-0.19716T+3.8738\times10^{-4}T^2\qquad (\text{cm}^3\cdot\text{mol}^{-1},\ T/\text{K})$$

$$V_2^L=22.888-0.03642T+0.6857\times10^{-4}T^2\qquad (\text{cm}^3\cdot\text{mol}^{-1},\ T/\text{K})$$

解：由于低压，假设该系统的汽相可视为理想气体。但液相为非理想溶液。因此汽液平衡关系式为：组分 1 $py_1=p_1^s\gamma_1x_1$，组分 2 $py_2=p_2^s\gamma_2x_2$，总压与 x_1 的关系为

$$p=p_1^s\gamma_1x_1+p_2^s\gamma_2x_2$$

y_1 与 x_1 的关系为

$$y_1=\frac{p_1^s\gamma_1x_1}{p_1^s\gamma_1x_1+p_2^s\gamma_2x_2}=\frac{1}{1+\dfrac{p_2^s\gamma_2x_2}{p_1^s\gamma_1x_1}}$$

$$y_1+y_2=1\qquad 或\qquad \sum y_i=1$$

二元溶液的 Wilson 方程为

$$\ln\gamma_1=-\ln(x_1+x_2\Lambda_{12})+x_2\left(\frac{\Lambda_{12}}{x_1+x_2\Lambda_{12}}-\frac{\Lambda_{21}}{x_2+x_1\Lambda_{21}}\right)$$

$$\ln\gamma_2=-\ln(x_2+x_1\Lambda_{21})-x_1\left(\frac{\Lambda_{12}}{x_1+x_2\Lambda_{12}}-\frac{\Lambda_{21}}{x_2+x_1\Lambda_{21}}\right)$$

Wilson 参数为

$$\Lambda_{12}=\frac{V_2^L}{V_1^L}\exp\left(-\frac{g_{12}-g_{11}}{RT}\right),\ \Lambda_{21}=\frac{V_1^L}{V_2^L}\exp\left(-\frac{g_{21}-g_{22}}{RT}\right)$$

依题意，汽液平衡计算为已知 p、x 求 T、y 的泡点问题。根据图 5-14 的计算框图进行计算。

（1）假设 $t=76.1℃$ 或 $T=349.25\text{K}$

（2）计算 p_1^s、p_2^s

$$\lg p_1^s=7.1339-\frac{1541.861}{76.1+236.154}=2.1961,\qquad p_1^s=157.1\text{kPa}$$

$$\lg p_2^s=7.0641-\frac{1650.4}{76.1+226.27}=1.6059,\qquad p_2^s=40.4\text{kPa}$$

（3）计算活度系数 γ_1、γ_2

计算液相摩尔体积

$$\begin{aligned}V_1^L&=64.509-0.19716T+3.8738\times10^{-4}T^2\\&=64.509-0.19716\times349.25+3.8738\times10^{-4}\times349.25^2=42.902\text{cm}^3\cdot\text{mol}^{-1}\end{aligned}$$

$$\begin{aligned}V_2^L&=22.888-0.03642T+0.6857\times10^{-4}T^2\\&=22.888-0.03642\times349.25+0.6857\times10^{-4}\times349.25^2=18.532\text{cm}^3\cdot\text{mol}^{-1}\end{aligned}$$

计算 Wilson 参数

$$\Lambda_{12}=\frac{V_2^L}{V_1^L}\exp\left(-\frac{g_{12}-g_{11}}{RT}\right)=\frac{18.532}{42.902}\exp\left(-\frac{1085.13}{8.314\times349.25}\right)=0.2973$$

$$\Lambda_{21}=\frac{V_1^L}{V_2^L}\exp\left(-\frac{g_{21}-g_{22}}{RT}\right)=\frac{42.902}{18.532}\exp\left(-\frac{1631.04}{8.314\times349.25}\right)=1.3201$$

计算活度系数 γ_1、γ_2

$$\ln\gamma_1=-\ln(x_1+x_2\Lambda_{12})+x_2\left(\frac{\Lambda_{12}}{x_1+x_2\Lambda_{12}}-\frac{\Lambda_{21}}{x_2+x_1\Lambda_{21}}\right)$$

$$=-\ln(0.4+0.6\times0.2973)+0.6\times\left(\frac{0.2973}{0.4+0.6\times0.2973}-\frac{1.3201}{0.6+0.4\times1.3201}\right)=0.1538$$

$\gamma_1=1.166$

$$\ln\gamma_2=-\ln(0.6+0.4\times1.3201)-0.4\left(\frac{0.2973}{0.4+0.6\times0.2973}-\frac{1.3201}{0.6+0.4\times1.3201}\right)=0.1420$$

$\gamma_2=1.153$

(4) 计算汽相组成 y_1、y_2，求和 $\sum y_i$，判别 $\sum y_i$ 是否为 1。

将 p_1^s、p_2^s、γ_1、γ_2、x_1、$x_2=1-x_1$ 代入 $y_1=\dfrac{p_1^s\gamma_1x_1}{p}$ 中，得

$$y_1=\frac{p_1^s\gamma_1x_1}{p}=\frac{157.1\times1.166\times0.4}{101.325}=0.723$$

$$y_2=\frac{p_2^s\gamma_2x_2}{p}=\frac{40.4\times1.153\times0.6}{101.325}=0.272$$

计算 $\sum y_i$：$y_1+y_2=0.723+0.272=0.995$

(5) 判别 $\sum y_i$ 是否为 1。从计算结果看到：$\sum y_i$ 不为 1，而为 0.996。显然，$|\sum y_i-1|=0.004$，假设计算要求精度为 $\varepsilon=1.0\times10^{-3}$，则 $|\sum y_i-1|=0.004>0.001$，不满足 $\sum y_i=1$ 的要求，需继续计算。由于 $\sum y_i<1$，于是下一步计算将提高设定温度假设 $t=76.2$℃ 或 $T=349.35\text{K}$，重新计算。

(6) 新一轮的计算结果

$$y_1=0.725,\quad y_2=0.274$$
$$y_1+y_2=0.725+0.274=0.999$$

判别：$|\sum y_i-1|=0.001\leqslant0.001$。新的 $\sum y_i$ 与 1 的差别满足 $|\sum y_i-1|\leqslant\varepsilon$ 的要求，按归一化法计算 y_i。即为计算结果。所以 $t=76.2$℃ 时

$$y_1=\frac{y_1}{\sum y_i}=\frac{y_1}{y_1+y_2}=\frac{0.725}{0.999}=0.726$$

$$y_2=\frac{y_2}{\sum y_i}=\frac{y_2}{y_1+y_2}=\frac{0.274}{0.999}=0.274$$

同理，可计算其他 x_1 下的平衡温度和汽相组成 y_1，所得实验结果与实验值列于［例 5-4］表。

［例 5-4］表　甲醇(1)-水(2) 系统在 **101.325kPa** 下的 t-x_1-y_1 关系

x_1		0.05	0.20	0.40	0.60	0.80	0.90
t/℃	计算值	92.70	82.59	76.20	71.57	67.82	66.11
	实验值	92.39	81.48	75.38	71.29	67.83	66.14
y_1	计算值	0.269	0.564	0.726	0.832	0.920	0.961
	实验值	0.277	0.582	0.726	0.824	0.914	0.956

【例 5-5】 乙醇(1)-氯苯(2)二元汽液平衡系统在 80℃ 时有 $\dfrac{G^E}{RT}=2.2x_1x_2$。

试问该系统可否在 80℃ 下出现共沸 (azeotropy)？如果可以，试求共沸压力和相应的共沸组成。并确定该系统为最高压力共沸还是最低压力共沸？已知两组分的饱和蒸气压表达式分别为

$$\lg p_1^s=7.2371-\frac{1592.864}{t+226.184}\qquad(p_1^s/\text{kPa},\ t/℃)$$

$$\lg p_2^s=6.0796-\frac{1419.045}{t+216.633}\qquad(p_2^s/\text{kPa},\ t/℃)$$

解：(1) 依题意，首先计算80℃下两物质的饱和蒸气压：

$$\lg p_1^s = 7.2371 - \frac{1592.864}{80+226.184}, \quad p_1^s = 108.34\text{kPa}$$

$$\lg p_2^s = 6.0796 - \frac{1419.045}{80+216.633}, \quad p_2^s = 19.76\text{kPa}$$

根据$\frac{G^E}{RT}$与x_1的关系，可知该二元系统的活度系数模型符合对称性方程，因而有

$$\ln\gamma_1 = 2.2x_2^2, \quad \ln\gamma_2 = 2.2x_1^2$$

假设该系统汽液平衡属于低压汽液平衡范畴，则组分1 $py_1 = p_1^s\gamma_1 x_1$，组分2 $py_2 = p_2^s\gamma_2 x_2$。

关于"该系统可否在80℃下出现共沸"有两种解法。

解法1：若有恒沸现象，则在恒沸点处有$x_1 = y_1$，$x_2 = y_2$，同时有汽液平衡计算式$p = p_1^s\gamma_1$，$p = p_2^s\gamma_2$，即$p_1^s\gamma_1 = p_2^s\gamma_2$。等式两边同时取对数

$$\ln(p_1^s\gamma_1) = \ln(p_2^s\gamma_2)$$

进一步整理得

$$\ln p_1^s + \ln\gamma_1 = \ln p_2^s + \ln\gamma_2$$

$$\ln\gamma_2 - \ln\gamma_1 + \ln\frac{p_2^s}{p_1^s} = 0$$

将$\ln\gamma_1 = 2.2x_2^2$、$\ln\gamma_2 = 2.2x_1^2$和p_1^s、p_2^s的值代入上式，注意到$x_1 \to x_1^{az}$（共沸组成），得

$$2.2(x_1^{az})^2 - 2.2(1-x_1^{az})^2 + \ln\frac{19.76}{108.34} = 0$$

$$2.2(2x_1^{az} - 1) + \ln\frac{19.76}{108.34} = 0$$

解得

$$x_1^{az} = 0.887$$

则

$$x_2^{az} = 1 - 0.887 = 0.113$$

由此可见，求解出来的x在0～1，是合理的。所以原来"出现恒沸点"的假设是成立的。

解法2：$x_1 = 0, \gamma_1 = e^{2.2(1-x_1)^2} = 9.025, \gamma_2 = e^{2.2(x_1)^2} = 1, \alpha_{12} = \gamma_1 p_1^s/\gamma_2 p_2^s = 9.025 \times 108.34/1 \times 19.76 = 49.48$。

$x_1 = 1, \gamma_1 = e^{2.2(1-x_1)^2} = 1, \gamma_2 = e^{2.2(x_1)^2} = 9.025, \alpha_{12} = \gamma_1 p_1^s/\gamma_2 p_2^s = 1 \times 108.34/9.025 \times 19.76 = 0.61$。

由于α_{12}是x_1的连续函数，当x_1从0→1时，α_{12}则从49.48→0.61，中间必有$\alpha_{12} = 1$的点，故必存在恒沸点。

(2) 计算表明，该系统的确存在共沸现象，共沸组成出现在$x_1 = 0.887$处。

(3) 由于活度系数$\ln\gamma_1 > 0$，$\ln\gamma_2 > 0$或$\gamma_1 > 1$，于是该共沸系统属于最高压力共沸类型。

(4) 根据共沸系统得汽液平衡关系式的特点，总压可写为

$$p = p_1^s\gamma_1$$

将$x_1 = 0.887$和$\ln\gamma_1 = 2.2\ (1-x_1)^2$代入上式，得

$$p = p_1^s\gamma_1 = 108.34\exp[2.2 \times (1-0.887)^2] = 111.4\text{kPa}$$

从最高压力共沸物系的相图特征看，相平衡压力的范围为

$$p_2^s \quad < \quad p_1^s \quad < \quad p \quad \leqslant p^{az} \quad \text{（共沸压力）}$$

19.76　108.34　(相平衡压力)　111.4(相平衡最高压力)

由此可见，该压力范围的确属于低压范畴，故最初的假设成立，计算合理。

5.3.3 中压下泡点、露点计算

5.3.3.1 中压下泡点压力 p 与汽相组成 y_i 的计算

由 5.3.2 节的分析可知，在已知 T、x_i 求 p、y_i 时，由汽液平衡关系式(5-16) 可得组分的汽相摩尔分数为 $y_i=\dfrac{p_i^s\varphi_i^s x_i\gamma_i}{p\hat{\varphi}_i^v}$，其中的 p_i^s、γ_i、φ_i^s 都可选择相应的方法直接计算得到，而 $\hat{\varphi}_i^v$ 的计算与总压 p 和 $(y_1, y_2, \cdots, y_N)$ 有关。为此，需要假设，并进行迭代试差求解。其计算框图如图 5-15 所示。

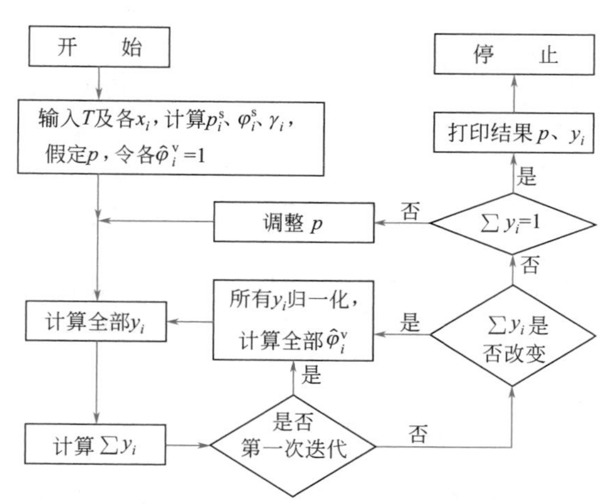

图 5-15 泡点压力 p 与汽相组成 y_i 的计算框图

具体计算步骤为：

① 输入 T、x_i，计算 p_i^s。

② 计算 γ_i——用活度系数模型如 Wilson 方程式(4-130)。

③ 假设 p。由于 $\hat{\varphi}_i^v$ 与 y_i 有关，第一次计算时，先令 $\hat{\varphi}_i^v=1$。计算 φ_i^s——用第二 virial 系数关系式：$\ln\varphi_1^s=\dfrac{B_{11}p_1^s}{RT}$、$\ln\varphi_2^s=\dfrac{B_{22}p_2^s}{RT}$。

④ 计算 y_i——用汽液平衡关系式 $y_i=\dfrac{p_i^s\varphi_i^s x_i\gamma_i}{p\hat{\varphi}_i^v}$，计算$\sum y_i$，第一次试算，需作归一化处理。

⑤ 计算 $\hat{\varphi}_i^v$——用合适的状态方程如 RK 方程式(4-75) 或 virial 方程式(4-73)。

⑥ 第一次判断——是否第一次迭代？若为“是”，则按归一化方法重新计算 y_i 和各组分的逸度系数 $\hat{\varphi}_i^v$；若为“否”，则进行第二次判断。

⑦ 第二次判断——$\sum y_i$ 是否改变？若为“是”，则按归一化方法重新计算 y_i、重新计算 $\hat{\varphi}_i^v$，开始第二次迭代，直到 $|(\sum y_i)^{(n+1)}-(\sum y_i)^{(n)}|\leqslant\varepsilon$ 为止。以此 y_i 与 T、p 共同计算 $\hat{\varphi}_i^v$。然后转到步骤⑨，若为“否”，需要进行第三次判断。

⑧ 第三次判断——$\sum\limits_i y_i$ 是否等于1？若为“是”，其最后一次计算时采用的压力 p 和最后一次计算的汽相组成 y_i 即为计算结果，于是转到步骤⑩。若为“否”，则意味着计算的 y_i 不满足归一化条件，需要调整压力 p 重新计算，此时返回到步骤③，再次循环计算。如果$\sum y_i>1$，重新假设压力 p 时，假设值应该有所增加；相反，假设值应该降低。整个迭代过程是在新的压力下进行，循环中 $\hat{\varphi}_i^v$ 采用上次迭代的计算值。依次循环，直到 $|\sum y_i-1|\leqslant\varepsilon$，达到预先设定的精度为止。

⑨ 计算所有的 y_i，计算$\sum\limits_i y_i$——用最新的 $\hat{\varphi}_i^v$、p_i^s、φ_i^s、γ_i 和已知的 p、x_i。

⑩ 输出计算结果。所求的相平衡压力 p 为最新的给定压力，所求的汽相组成 y_i 为最后一次归一化的计算值。

5.3.3.2 中压下泡点温度 T 与汽相组成 y_i 的计算

在已知 p、x_i 求 T、y_i 时，根据式(5-16)，同样有 $y_i=\dfrac{p_i^s\varphi_i^s x_i\gamma_i}{p\hat{\varphi}_i^v}$，其中 p_i^s、φ_i^s、γ_i 都需要在温度 T 确定后才可以选择相应的方法计算得到，而且 $\hat{\varphi}_i^v$ 的计算也需要温度 T。为此，需要首先假设温度 T，然后迭代。直到 $\sum\limits_i y_i=1$ 时，计算结束。其计算框图如图 5-16 所示。

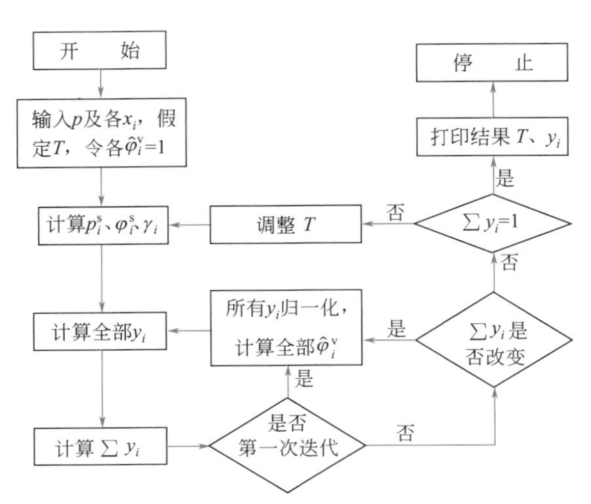

图 5-16　泡点温度 T 与汽相组成 y_i 的计算框图

具体的计算步骤如下：

① 输入压力 p，液相组成 x_i，Antoine 常数 A_i、B_i、C_i，所选择的活度系数模型等已知条件。

② 假设温度 T，给迭代赋初值。由于 $\hat{\varphi}_i^v$ 与 y_i 有关，第一次计算时，先令所有组分的 $\hat{\varphi}_i^v=1$。

③ 计算 p_i^s、γ_i、φ_i^s。

④～⑦ 与泡点压力的计算步骤相似。

⑧ 第三次判断——$\sum\limits_i y_i$ 是否等于 1？若为“是”，其最后一次计算时采用的温度 T 和最后一次计算的汽相组成 y_i 即为计算结果，于是转到步骤⑩。若为“否”，需要调整温度 T 重新计算，此时返回到步骤②，再次循环计算。如果 $\sum y_i>1$，重新假设温度 T 时，假设值应该有所降低；相反，假设值应该提高。整个迭代过程是在新的温度下进行，循环中 $\hat{\varphi}_i^v$ 采用上次迭代的计算值。依次循环，直到 $|\sum y_i-1|$ 之差达到预先设定的精度为止。

⑨ 与泡点的计算步骤相同。

⑩ 输出计算结果。所求的相平衡温度 T 为最新的给定温度，所求的汽相组成 y_i 为最后一次归一化的计算值。

5.3.3.3 中压下露点压力 p 与液相组成 x_i 的计算

在已知系统的温度 T 与汽相组成 y_i，计算露点压力 p 与液相组成 x_i 时，由汽液平衡关系式(5-16)可得 $x_i=\dfrac{py_i\hat{\varphi}_i^v}{p_i^s\varphi_i^s\gamma_i}$。在 T 已知的前提下，p_i^s、φ_i^s 可直接利用有关公式计算。但 γ_i 是 x_i 的函数、$\hat{\varphi}_i^v$ 是 p 的函数，因此，露点问题同样也需要迭代求解。直到 $\sum x_i=1$ 时，计算结束。其计算框图如图 5-17 所示。

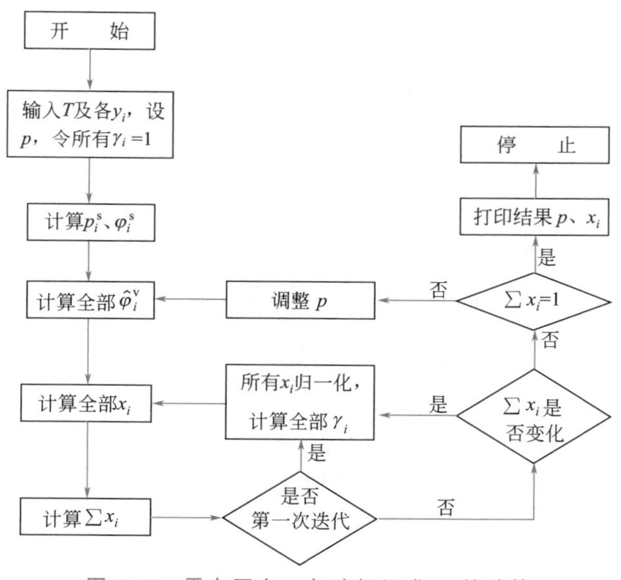

图 5-17 露点压力 p 与液相组成 x_i 的计算

5.3.3.4 中压下露点温度 T 与液相组成 x_i 的计算

这类计算是已知 p 与 y_i，求 T 与 x_i。它与5.3.3.1节的计算大同小异。对于温度 T 的调整，如果$\sum x_i>1$，说明露点偏低，重新假设 T 值应有所提高；相反，假设值应该降低。具体的计算步骤如图 5-18 所示。

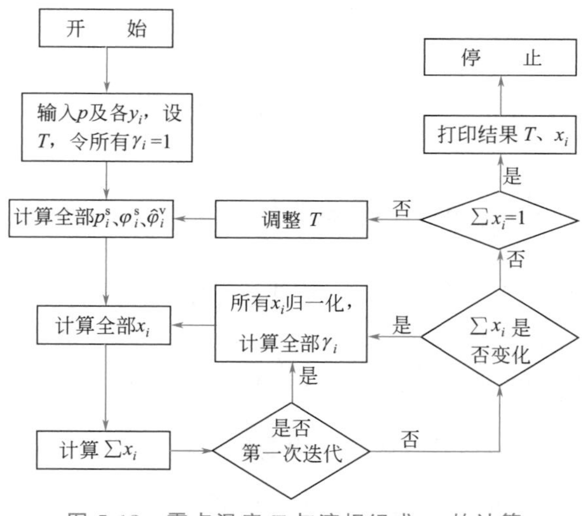

图 5-18 露点温度 T 与液相组成 x_i 的计算

【例 5-6】 试计算甲醇(1)-水(2)系统在0.9636MPa、$y_1=0.610$的露点温度和液相组成。该二元系统的 Wilson 交互作用能量参数、甲醇与水的 Antoine 常数、液相摩尔体积与温度的关系式、V_1^L、V_2^L 见［例 5-4］。已知在此条件下露点温度和液相组成的实验值为$T=423.15$K，$x_1=0.3740$。试比较将汽相分别视为真实气体以及理想气体，计算值与实验值的误差。

解：(1) 由于该系统所处压力已不是低压，需要考虑汽相的非理想性，同时液相为真实溶液。因此，其汽液平衡关系式为：组分1 $py_1\hat{\varphi}_1^v=p_1^s\varphi_1^s\gamma_1x_1$，组分2 $py_2\hat{\varphi}_2^v=p_2^s\varphi_2^s\gamma_2x_2$，归一化方程 $x_1+x_2=1$。

本题拟采用 PR 方程计算 $\hat{\varphi}_i^v$，采用普遍化第二 virial 系数法计算 φ_i^s，采用 Wilson 模型计算 γ_i。

① PR 方程与混合规则计算 $\hat{\varphi}_i^v$

$$p=\frac{RT}{V-b}-\frac{a(T)}{V(V+b)+b(V-b)}$$

$$Z^3-(1-B)Z^2+(A-2B-3B^2)Z-(AB-B^2-B^3)=0$$

对于 i 组分

$$a_i=\left(\frac{0.45724R^2T_c^2}{p_c}\right)_i\alpha(T_r)_i$$

$$\alpha(T_r)=[1+m(1-T_r^{0.5})]^2$$

$$m=f(\omega)=0.37464+1.54226\omega-0.26992\omega^2$$

$$b_i=\left(\frac{0.0778RT_c}{p_c}\right)_i$$

$$a_m=\sum_i\sum_j x_ix_j(a_ia_j)^{1/2}(1-k_{ij}),\quad b_m=\sum_i x_ib_i$$

$$k_{ij}=-0.07916$$

$$A=\frac{a_mp}{(RT)^2},\quad B=\frac{b_mp}{RT}$$

$$A_i=\frac{a_ip}{(RT)^2},\quad B_i=\frac{b_ip}{RT}$$

$$\ln\hat{\varphi}_i^v=\frac{B_i}{B}(Z-1)-\ln(Z-B)-\frac{A}{2\sqrt{2}B}\left(\frac{2\sum_j y_jA_{ij}}{A}-\frac{B_i}{B}\right)\ln\left[\frac{Z+(1+\sqrt{2})B}{Z+(1-\sqrt{2})B}\right]$$

② 普遍化第二 virial 系数计算 φ_i^s

$$\ln\varphi_1^s=\frac{B_1p_1^s}{RT},\quad \ln\varphi_2^s=\frac{B_2p_2^s}{RT}$$

$$B_i=\frac{RT_{c,i}}{p_{c,i}}(B^0+\omega B^1)_i$$

$$B_i^0=0.083-\frac{0.422}{T_{r,i}^{1.6}},\quad B_i^1=0.139-\frac{0.172}{T_{r,i}^{4.2}}$$

③ Wilson 模型计算 γ_i

$$\ln\gamma_1=-\ln(x_1+\Lambda_{12}x_2)+x_2\left(\frac{\Lambda_{12}}{x_1+\Lambda_{12}x_2}-\frac{\Lambda_{21}}{x_2+\Lambda_{21}x_1}\right)$$

$$\ln\gamma_2=-\ln(x_2+\Lambda_{21}x_1)-x_1\left(\frac{\Lambda_{12}}{x_1+\Lambda_{12}x_2}-\frac{\Lambda_{21}}{x_2+\Lambda_{21}x_1}\right)$$

其中 $$\Lambda_{12}=\frac{V_2^l}{V_1^l}\exp\left(-\frac{g_{12}-g_{11}}{RT}\right),\quad \Lambda_{21}=\frac{V_1^l}{V_2^l}\exp\left(-\frac{g_{21}-g_{22}}{RT}\right)$$

由附录 2 查得甲醇(1)-水(2)的物性数据如［例 5-6］表 1 所示。

［例 5-6］表 1　甲醇(1)-水(2)的物性数据

组分	T_c/K	p_c/MPa	ω
甲醇	512.6	8.096	0.559
水	647.3	22.05	0.344

依题意，汽液平衡计算为已知 p、y，求 T、x 的露点问题。根据图 5-18 的计算框图编程计算。计算结果如［例 5-6］表 2 所示。

［例 5-6］表 2　将汽相视为真实气体的露点温度和液相组成计算结果

露点温度迭代值 T/K	$\hat{\varphi}_1^v$	$\hat{\varphi}_2^v$	φ_1^s	φ_2^s	γ_1	γ_2	液相组成(摩尔分数)		$\sum x_i$
							x_1	x_2	
400.00	0.8965	0.9285	0.9138	0.9781	1.1641	1.0895	0.6435	1.3329	1.9764
410.00	0.9042	0.9331	0.8991	0.9732	1.1370	1.0912	0.5196	0.9994	1.5190
413.00	0.9064	0.9344	0.8945	0.9716	1.1297	1.0914	0.4884	0.9199	1.4083

续表

露点温度迭代值 T/K	$\hat{\varphi}_1^v$	$\hat{\varphi}_2^v$	φ_1^s	φ_2^s	γ_1	γ_2	液相组成(摩尔分数)		Σx_i
							x_1	x_2	
415.00	0.9078	0.9352	0.8913	0.9705	1.1250	1.0916	0.4689	0.8711	1.3400
417.00	0.9092	0.9361	0.8881	0.9694	1.1205	1.0916	0.4504	0.8255	1.2759
420.00	0.9112	0.9373	0.8833	0.9676	1.1139	1.0917	0.4243	0.7624	1.1867
423.00	0.9132	0.9385	0.8783	0.9658	1.1076	1.0916	0.4002	0.7052	1.1054
423.15	0.9133	0.9386	0.8781	0.9657	1.1073	1.0916	0.3990	0.7025	1.1015
425.00	0.9145	0.9393	0.8750	0.9646	1.1036	1.0915	0.3851	0.6700	1.0551
427.00	0.9158	0.9400	0.8716	0.9633	1.0997	1.0913	0.3707	0.6369	1.0076
427.33	0.9160	0.9402	0.8710	0.9631	1.0990	1.0913	0.3684	0.6316	1.0000

经过多次迭代，得到露点温度为427.33K，液相组成 $x_1=0.3684$。

(2) 假设汽相为理想气体，则 $\hat{\varphi}_i^v=1$、$\varphi_i^s=1$，计算结果如［例 5-6］表 3 所示。

［例 5-6］表 3　将汽相视为理想气体的露点温度和液相组成计算结果

露点温度迭代值 T/K	γ_1	γ_2	液相组成(摩尔分数)		Σx_i
			x_1	x_2	
400.00	1.1725	1.0858	0.6512	1.4089	2.0601
410.00	1.1475	1.0861	0.5119	1.0472	1.5591
413.00	1.1407	1.0861	0.4773	0.9612	1.4385
415.00	1.1363	1.0859	0.4558	0.9086	1.3644
417.00	1.1320	1.0858	0.4355	0.8594	1.2949
420.00	1.1257	1.0855	0.4070	0.7915	1.1985
423.00	1.1197	1.0852	0.3808	0.7300	1.1108
423.15	1.1194	1.0851	0.3795	0.7271	1.1066
425.00	1.1158	1.0849	0.3644	0.6922	1.0566
427.00	1.1120	1.0845	0.3489	0.6568	1.0057
427.23	1.1116	1.0845	0.3471	0.6529	1.0000

经过迭代计算，得到露点温度为427.23K，液相组成 $x_1=0.3471$。

(3) ① 将汽相视为真实气体，计算值与实验值的误差为

$$\text{error}\%=\frac{|0.3684-0.3740|}{0.3740}\times 100\%=1.50\%$$

② 将汽相视为理想气体，计算值与实验值的误差为

$$\text{error}\%=\frac{|0.3471-0.3740|}{0.3740}\times 100\%=7.19\%$$

由此可见，当压力为中高压时，用逸度系数来校正是何等的重要，它能使得计算精度得到大幅度提高。

5.3.4　烃类系统的 *K* 值法和闪蒸计算

5.3.4.1　烃类系统的 *K* 值法

K 值法就是用 $y_i=K_ix_i$ 描述汽液平衡关系的方法。与前面介绍的汽液平衡关系式(5-19) 相比较，y_i 的计算形式简单得多。但由于 K_i 并不是常数，而是与相平衡的 T、p、x_i、y_i 均有关的一个变量。因此，从这个角度上看，引进了 K_i 值并没有给汽液平衡的研究和计算带来任何方便。但是，在描述石油化工中的烃类系统的汽液平衡时，它简便的特点就表现出来了。

烃类系统的混合物，接近理想混合物，$\gamma_i=1$；同时根据 Lewis-Randall 规则，对于理想混合物，由式(4-87）知，因为 $\bar{V}_i=V_i$，所以有 $\hat{\varphi}_i^{\mathrm{v}}=\varphi_i$。另外，石油化工涉及的汽液平衡，绝大多数压力不大高，因此有

$$K_i=\frac{y_i}{x_i}=\frac{p_i^{\mathrm{s}}\varphi_i^{\mathrm{s}}}{p\varphi_i} \tag{5-32}$$

式中，K_i 值仅与 T、p 有关，而与组成 x_i、y_i 无关。这样，K_i 值可根据 T、p 在德-普列斯特（De-Priester）的 ***p*-*T*-*K*** 图上查出 K 的具体值，使得公式 $y_i=K_ix_i$ 真正简单地描述汽液平衡。p-T-K 图如图 5-19 和图 5-20 所示。由于图是早期所作，所用的单位为 atm（1atm$=1.013\times10^5$Pa)。

烃类系统的 K_i 值法实质上是简化的泡露点计算。由于 K_i 值仅与 T、p 有关，而与组成 x_i、y_i 无关，计算时就可以省去泡露点计算框图中计算组成 y_i 或 x_i 的内层嵌套，其他计算途径不变，仅需要在每一次改变 T 或 p 时，重新查取 K_i 值，计算大为简化。

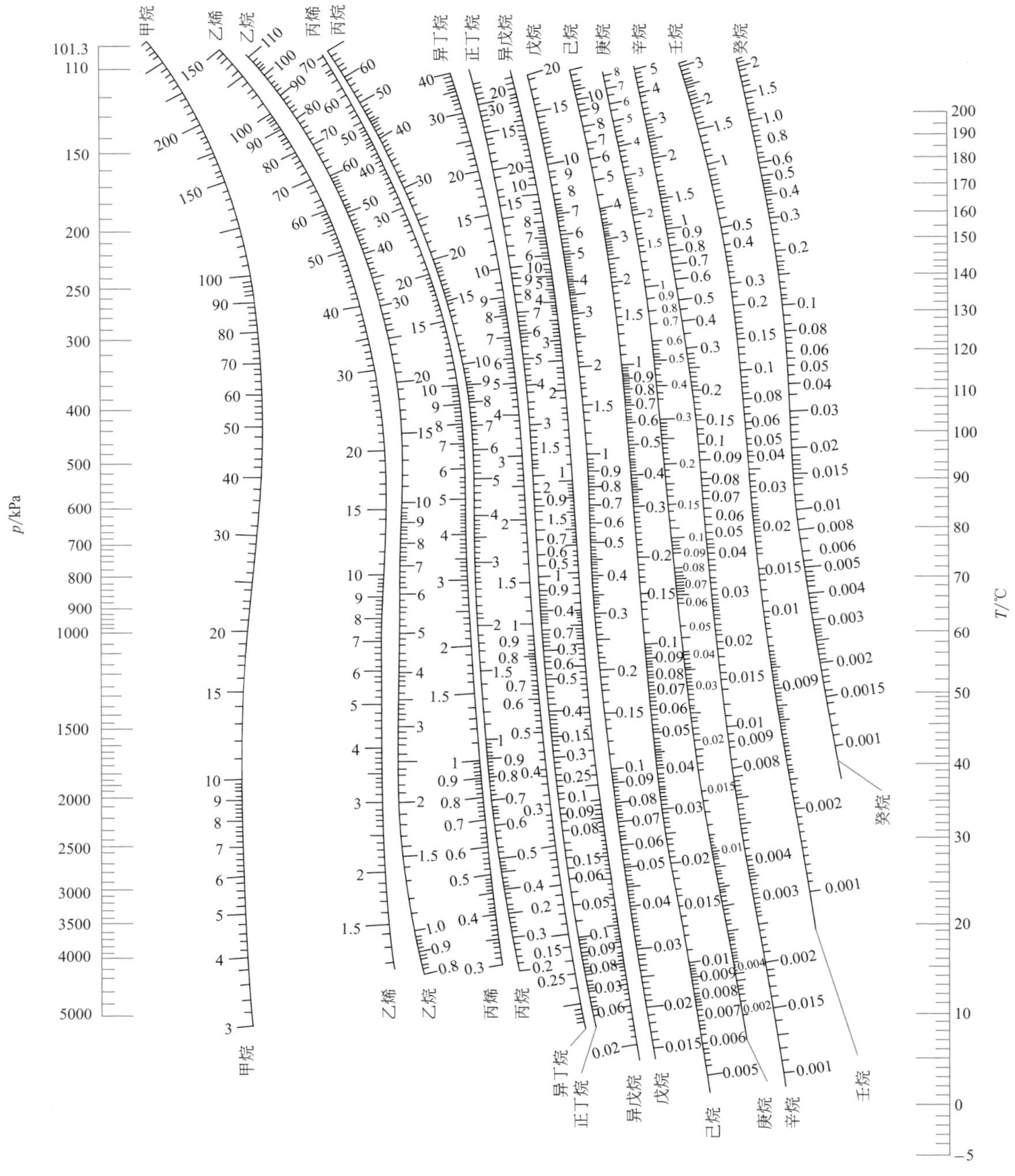

图 5-19　*p*-*T*-*K* 图（高温部分）

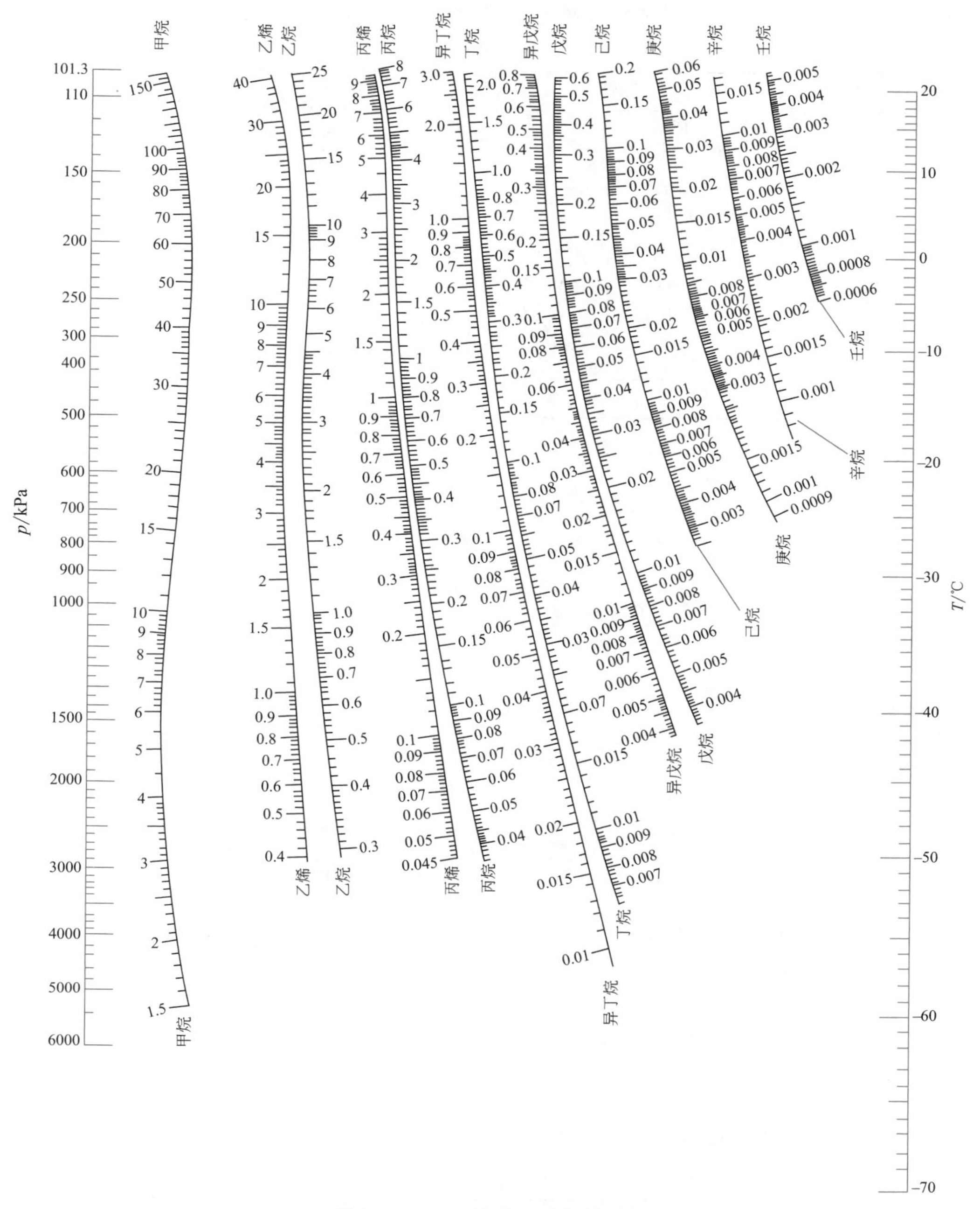

图 5-20 p-T-K 图（低温部分）

【例 5-7】 在石油的开采和加工中，准确预测烃类组分的泡露点，以便在实际工作中采取适宜的工艺路线和技术措施。已知某烃类混合物的组成如［例 5-7］表 1 所示，试计算压力为 2776kPa (27.4atm) 时，该混合物的泡点温度和汽相组成。

［例 5-7］表 1 某烃类混合物的组成

组分 i	CH_4	C_2H_6	C_3H_6	C_3H_8	i-C_4H_{10}	n-C_4H_{10}	总计
x_i	0.05	0.35	0.15	0.20	0.10	0.15	1.00

解：求解泡点温度时，题给的组成即为液相组成 x_i。计算过程如［例 5-7］图所示。

假定泡点温度，计算结果列于［例 5-7］表 2。

* 提示：初始温度可根据①经验值；②重组分的沸点（系统压力下，下同）；③各组分的沸点和含量设定，如取线性均值 $T=\sum x_i T_{b,i}$；④按 Antoine 方程，由饱和蒸气压估算 $T_i^s=\dfrac{B_i}{A_i-\ln p_i^s}-C_i$，

再取平均值 $T=\sum x_i T_i^s$ 等多种方法来赋初值。泡点温度 T 的调整，可参照5.3.3.2节的内容。

［例5-7］表2　某烃类混合物的 T-x_i-y_i 关系

假设温度 T/℃		24		26		归一化
组分 i	x_i	K_i	y_i	K_i	y_i	y_i
CH_4	0.05	6.00	0.3	6.2	0.306	0.3070
C_2H_6	0.35	1.30	0.455	1.37	0.480	0.4820
C_3H_6	0.15	0.47	0.0705	0.51	0.0765	0.0768
C_3H_8	0.20	0.43	0.086	0.45	0.090	0.0904
i-C_4H_{10}	0.10	0.20	0.02	0.212	0.0212	0.0213
n-C_4H_{10}	0.15	0.138	0.0207	0.147	0.022	0.0221
$\sum$	1	0.952		0.996		1

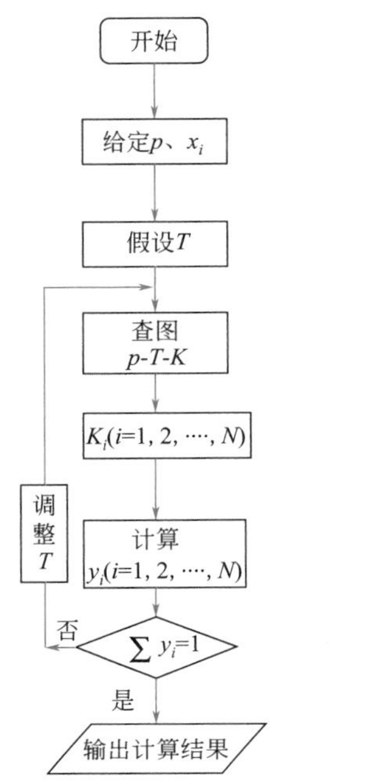

［例5-7］图　泡点温度的计算过程

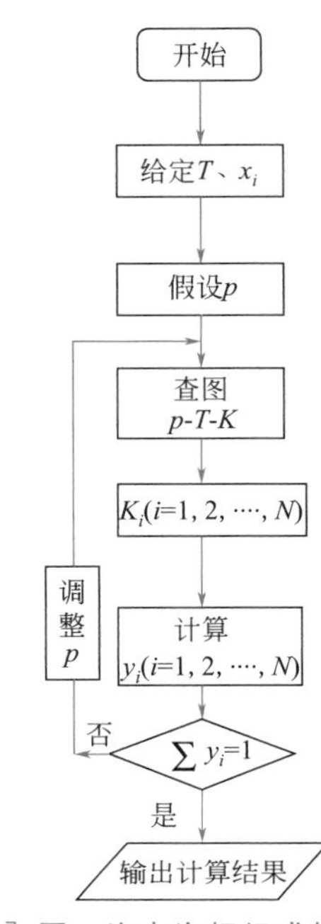

［例5-8］图　泡点汽相组成的计算过程

【例5-8】 已知混合物的组成如［例5-8］表1，试求温度为27℃时的平衡汽相组成。

［例5-8］表1　混合物的组成

组分 i	CH_4	C_2H_6	C_3H_8	i-C_4H_{10}	总计
组成 x_i	0.05	0.10	0.30	0.55	1.00

解：求解泡点组成的计算过程如［例5-8］图所示。

重新假定压力 p 时，应考虑到恒温下的 K_i 值，随压力增大而下降，计算结果列于［例5-8］表2。

［例5-8］表2　混合物的 p-x_i-y_i 关系

假设压力 p/atm		19		18.5		归一化
组分 i	x_i	K_i	y_i	K_i	y_i	y_i
CH_4	0.05	8.9	0.445	9.2	0.46	0.461
C_2H_6	0.1	1.9	0.19	1.92	0.192	0.1924
C_3H_8	0.3	0.62	0.186	0.63	0.189	0.1893
i-C_4H_{10}	0.55	0.277	0.152	0.285	0.157	0.1573
$\sum$	1	0.973		0.998		1

5.3.4.2　闪蒸计算

在前面介绍的汽液平衡计算中，只考虑汽液平衡的问题，没考虑物料平衡问题。对于闪蒸计算而言，既要考虑汽液平衡的问题，又要考虑物料平衡的问题。下面就具体地讨论一下有关闪蒸计算。

若有组成为 $z_1, z_2, \cdots, z_N$ 的 N 个组分单相混合物，当系统的温度 T、压力 p 进入泡露点之间时，自动产生了达到汽液平衡的两相，汽相组成为 $y_1, y_2, \cdots, y_N$，液相组成为 $x_1, x_2, \cdots, x_N$。

实际上，闪蒸是单级平衡分离过程。高于泡点压力的液体混合物，如果压力降低，达到泡点压力与露点压力之间，就会部分汽化，发生闪蒸，如图 5-21 所示。

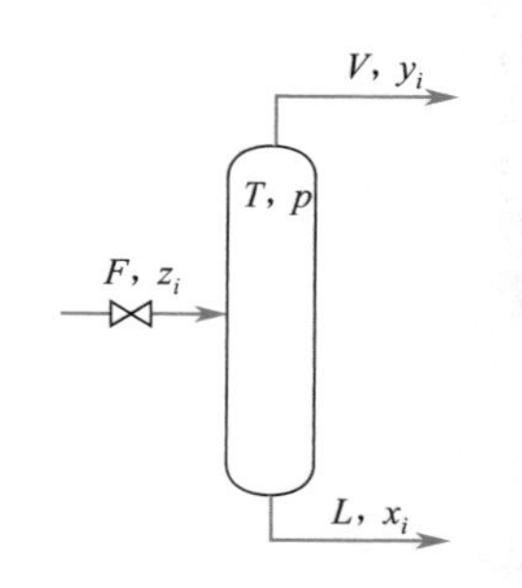

图 5-21　闪蒸计算示意

令闪蒸罐的进料量为 F，闪蒸后的汽相量为 V，液相量为 L，则

汽化率为

$$e=\frac{V}{F} \tag{5-33}$$

液化率为

$$l=\frac{L}{F} \tag{5-34}$$

且

$$e+l=1 \tag{5-35}$$

闪蒸过程同时符合质量守恒原理和热力学相平衡原理，即有总的物料平衡方程式

$$F=V+L \tag{5-36}$$

组分 i 物料平衡方程式

$$Fz_i=Vy_i+Lx_i \qquad (i=1,2,\cdots,N,\text{下同}) \tag{5-37}$$

汽液平衡方程式

$$y_i=K_i x_i$$

联立求解得

$$x_i=\frac{z_i}{e(K_i-1)+1} \tag{5-38}$$

或

$$x_i=\frac{z_i}{l+K_i(1-l)} \tag{5-39}$$

$$y_i=\frac{K_i z_i}{e(K_i-1)+1} \tag{5-40}$$

由于汽液两相组成 y_i 或 x_i 值不完全独立，需要同时满足 $\sum y_i=1$ 或 $\sum x_i=1$。利用以上关系式，即可进行闪蒸计算。

一般情况下，汽液平衡比 K_i 可表示为 $K_i=\frac{y_i}{x_i}=\frac{f_i^0\gamma_i}{p\hat{\varphi}_i^{\mathrm{v}}}$。因 γ_i 是 T、p、x_i 的函数，$\hat{\varphi}_i^{\mathrm{v}}$ 是 T、p、y_i 的函数，可见 K_i 本身应是 T、p、x_i、y_i 的复杂函数。如采用严格的汽液平衡模型进行计算，就必须借助于计算机进行。

如果所处理的系统是烃类系统的混合物，那么 K_i 值就可以从 p-T-K 图上查出。如果 T 或 p 未知，需用试差法求解。

假若闪蒸前的混合物的总组成 z_i 是已知的，根据不同的已知条件，闪蒸计算分为三类：

① 已知 T、p，求闪蒸后的液化率 l、汽相组成 y_i 和液相组成 x_i。其计算步骤见图 5-22；

② 已知 T，液化率 l，求闪蒸压力 p、汽相组成 y_i 和液相组成 x_i。其计算步骤见图 5-23；

③ 已知压力 p，液化率 l，求闪蒸温度 T、汽相组成 y_i 和液相组成 x_i。其计

算步骤见图 5-24。

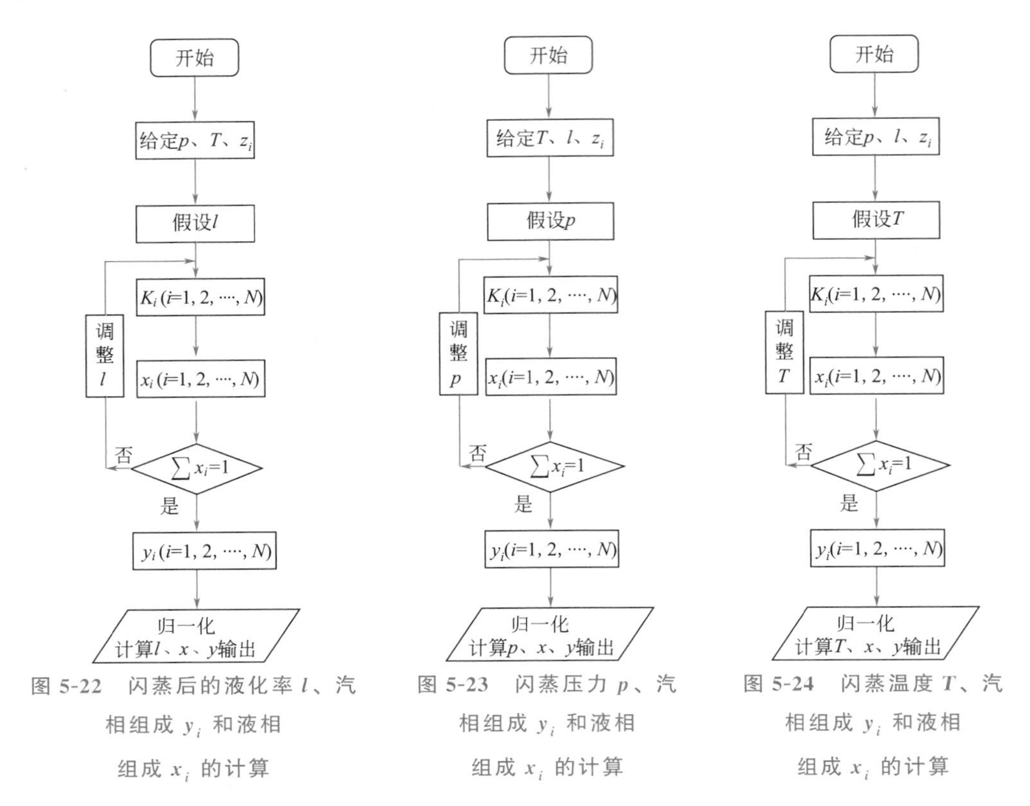

图 5-22　闪蒸后的液化率 l、汽相组成 y_i 和液相组成 x_i 的计算

图 5-23　闪蒸压力 p、汽相组成 y_i 和液相组成 x_i 的计算

图 5-24　闪蒸温度 T、汽相组成 y_i 和液相组成 x_i 的计算

【例 5-9】 在丙烷(1)-异丁烷(2)二元系统中，含有 $z_1=0.3$。当总压 $p=3445.05\text{kPa}$ 下，被冷却至 115℃。求混合物的液化率及汽液相组成。

解：本题是典型的闪蒸计算，属于第一种闪蒸计算类型。

解法 1：按图 5-22 计算如下。

(1) 假设液化率 $l=80\%$。

(2) 在 $T=115+273.15=388.15\text{K}$、$p=3445.05\text{kPa}$ 下，查取丙烷和异丁烷的 K_i 值分别为 $K_1=1.45$、$K_2=0.84$。

(3) 利用式(5-38)，计算液相组成。

当 $l=0.8$，$e=1-0.8=0.2$，$z_1=0.3$ 时

$$x_1=\frac{z_1}{e(K_1-1)+1}=\frac{0.3}{0.2(1.45-1)+1}=0.2752$$

$$x_2=\frac{z_2}{e(K_2-1)+1}=\frac{0.7}{0.2(0.84-1)+1}=0.7231$$

$$\sum x_i=0.2752+0.7231=0.9983$$

(4) 由于 $\sum x_i<1$，需要重新调整液化率 $l=68\%$，同理计算可以得到：$x_1=0.2622$，$x_2=0.7377$，$\sum x_i=0.2622+0.7377=0.9999$，$\sum x_i$ 基本满足等于 1 的要求。于是在系统的温度和压力下，液化率 $l=68\%$时，汽相组成为

$$y_1=\frac{K_1 z_1}{e(K_1-1)+1}=\frac{1.45\times 0.3}{(1-0.68)\times(1.45-1)+1}=0.3802$$

$$y_2=\frac{K_2 z_2}{e(K_2-1)+1}=\frac{0.84\times 0.7}{(1-0.68)\times(0.84-1)+1}=0.6198$$

$$\sum y_i=0.3802+0.6197=0.9999$$

按归一化处理 $y_1=\dfrac{0.3802}{0.9999}=0.3802$，$y_2=\dfrac{0.6198}{0.9999}=0.6198$。因此计算结果为：混合物的液化率

$l=68\%$；汽相组成 $y_1=0.3802$，$y_2=0.6198$；液相组成 $x_1=0.2622$，$x_2=0.7378$。

解法 2：可不用假设 l，直接由归一条件解出 e，进而求出液化率 l。因为 $\frac{y_1}{x_1}=K_1$，$\frac{y_2}{x_2}=K_2$，由归一化得

$$x_1+x_2=1$$

$$K_1x_1+K_2x_2=1$$

代入数据得

$$1.45x_1+0.84x_2=1$$

解得 $x_1=0.2623$，$x_2=0.7377$；$y_1=0.3803$，$y_2=0.6197$。

由物料平衡方程得

$$z_1=\frac{V}{F}y_1+\frac{L}{F}x_1=ey_1+lx_1$$

$$0.3=0.3803e+0.2623l$$

$$e+l=1$$

解得 $l=0.68=68\%$。

【例 5-10】 某烃类混合物的组成如［例 5-10］表 1 所示。

［例 5-10］表 1　混合物的组成

组分 i	CH_4	C_2H_6	C_3H_8	i-C_4H_{10}	n-C_4H_{10}	n-C_5H_{12}	总计
z_i	0.10	0.20	0.30	0.15	0.20	0.05	1.00

若将它从高压条件下放入的分离器中，分离器的操作压力为 1.013×10^6Pa 要求物料分离成 50% 的液相混合物体和 50% 的汽相混合物，求分离器应保持的温度。

解：由题意知，$V=0.5$，$L=0.5$，于是有 $e=\frac{V}{F}=\frac{0.5}{1}=0.5$，$l=1-e=0.5$，$x_i=\frac{z_i}{e(K_i-1)+1}$。按第三类闪蒸进行计算，将计算结果列于［例 5-10］表 2。

［例 5-10］表 2　闪蒸的温度的计算

假设温度℃		32		28		归一化
组分 i	z_i	K_i	x_i	K_i	x_i	x_i
CH_4	0.10	16.8	0.0112	16.25	0.0116	0.0116
C_2H_6	0.20	3.46	0.0899	3.28	0.0935	0.0936
C_3H_8	0.30	1.17	0.2765	1.05	0.2927	0.2931
i-C_4H_{10}	0.15	0.50	0.2000	0.45	0.2067	0.207
n-C_4H_{10}	0.20	0.355	0.2952	0.317	0.3037	0.3041
n-C_5H_{12}	0.05	0.134	0.0889	0.105	0.0905	0.0906
Σ	1.00		0.9617		0.9989	1.0000

由［例 5-10］表 2 看出，分离器应保持温度为 28℃。

*提示：如果要把混合物分离成汽液两相，则闪蒸温度应处于物料的泡露点之间。具体计算时取初始闪蒸温度为 32℃，低于重组分 n-C_5H_{12} 的沸点 309.22K 或 36.07℃。

5.4 汽液平衡数据的热力学一致性检验

实验测定完整的 T、p、x、y 汽液平衡数据时，产生的测定误差可能是多方面的，在一定程度上也是不可完全避免的，这就要求判断所测各组汽液平衡数据的可靠性。另外，所有汽液平衡关联

式，包括各种活度系数和组成间的关联式，均含有一些特定参数，而这些参数必须根据实测的汽液平衡数据加以确定，这就需要对汽液平衡数据的正确与否加以判断。

从热力学的角度分析，任一物系的 T、p、x、y 之间都不是完全独立的，它们受相律的制约。活度系数最便于联系 T、p、x、y 值，需要用 Gibbs-Duhem 方程的活度系数形式来检验实验数据的可靠性，这种方法称为汽液平衡数据的热力学一致性检验。在设计和科研工作中，常常可以从文献中查到几组所需的二元汽液平衡的数据，究竟如何选用、如何取舍，就要借助于热力学一致性检验。检验的基础是 Gibbs-Duhem 方程。

5.4.1 Gibbs-Duhem 方程的活度系数形式

对于二元系统，其相应的 Gibbs-Duhem 方程的形式为

$$x_1 \mathrm{d}\ln\gamma_1 + x_2 \mathrm{d}\ln\gamma_2 = -\frac{H^{\mathrm{E}}}{RT^2}\mathrm{d}T + \frac{V^{\mathrm{E}}}{RT}\mathrm{d}p \tag{5-41}$$

由于实验测定汽液平衡数据时，往往控制在等温或等压条件下，汽液平衡数据的一致性检验也可分为等温数据和等压数据检验两种情况。

在等温条件下，热力学一致性检验方程为

$$x_1 \mathrm{d}\ln\gamma_1 + x_2 \mathrm{d}\ln\gamma_2 = \frac{V^{\mathrm{E}}}{RT}\mathrm{d}p \tag{5-42}$$

式中，$V^{\mathrm{E}} = V - V^{\mathrm{id}} = \Delta V$。但是$\frac{V^{\mathrm{E}}}{RT}$数值很小，可以近似取为零。上式变为

$$x_1 \mathrm{d}\ln\gamma_1 + x_2 \mathrm{d}\ln\gamma_2 = 0 \tag{5-43}$$

等式两边同时除以 $\mathrm{d}x_1$，得

$$x_1 \frac{\mathrm{d}\ln\gamma_1}{\mathrm{d}x_1} + x_2 \frac{\mathrm{d}\ln\gamma_2}{\mathrm{d}x_1} = 0 \tag{5-44}$$

或

$$x_1 \frac{\mathrm{d}\ln\gamma_1}{\mathrm{d}x_1} - x_2 \frac{\mathrm{d}\ln\gamma_2}{\mathrm{d}x_2} = 0 \tag{5-45}$$

这就是等温汽液平衡数据的检验公式。

在等压条件下，热力学一致性检验方程为

$$x_1 \mathrm{d}\ln\gamma_1 + x_2 \mathrm{d}\ln\gamma_2 = -\frac{H^{\mathrm{E}}}{RT^2}\mathrm{d}T \tag{5-46}$$

这是等压汽液平衡数据的检验公式。式中，$H^{\mathrm{E}} = H - H^{\mathrm{id}} = \Delta H$，是温度和组成的函数。若为理想溶液（$\Delta H = 0$），或真实溶液的混合焓变化为零即 $\Delta H = 0$，则式(5-46) 可写为

$$x_1 \mathrm{d}\ln\gamma_1 + x_2 \mathrm{d}\ln\gamma_2 = 0 \tag{5-43}$$

若为恒温恒压（$\mathrm{d}T = 0$，$\mathrm{d}p = 0$）条件，多元溶液的 Gibbs-Duhem 方程为

$$\sum_{i=1}^{N} x_i \mathrm{d}\ln\gamma_i = 0 \tag{5-47}$$

5.4.2 积分检验法（面积检验法）

用 Gibbs-Duhem 方程来判断汽液平衡数据是否可靠时，原则上可使用式(5-47)。但由于导数式涉及不易测准的斜率，所以很难直接使用该式。赫林顿（Herington）在 1947 年提出了积分法。赫林顿将式(5-43) 由 $x_1 \to 0$ 积分到 $x_1 \to 1$，得

$$\int_{x_1=0}^{x_1=1} x_1 \mathrm{d}\ln\gamma_1 + \int_{x_1=0}^{x_1=1} x_2 \mathrm{d}\ln\gamma_2 = 0 \tag{5-48}$$

根据微分原理 $\mathrm{d}(xy) = x\mathrm{d}y + y\mathrm{d}x$，可得

$$\mathrm{d}(x_i \ln\gamma_i) = x_i \mathrm{d}\ln\gamma_i + \ln\gamma_i \mathrm{d}x_i \tag{5-49}$$

$$x_i \mathrm{d}\ln\gamma_i = \mathrm{d}(x_i \ln\gamma_i) - \ln\gamma_i \mathrm{d}x_i \tag{5-50}$$

于是式(5-48) 变为

$$\int_{x_1=0}^{x_1=1} \mathrm{d}(x_1\ln\gamma_1) - \int_{x_1=0}^{x_1=1} \ln\gamma_1 \mathrm{d}x_1 + \int_{x_1=0}^{x_1=1} \mathrm{d}(x_2\ln\gamma_2) - \int_{x_1=0}^{x_1=1} \ln\gamma_2 \mathrm{d}x_2 = 0$$

积分后，第一项

$$x_1\ln\gamma_1 \Bigg|_{x_1=0}^{x_1=1,\ \gamma_1=1} = 0$$

第三项

$$x_2\ln\gamma_2 \Bigg|_{x_1=0,\ x_2=1,\ \gamma_2=1}^{x_1=1,\ x_2=0} = 0$$

整理后得

$$\int_{x_1=0}^{x_1=1} \ln\gamma_1 \mathrm{d}x_1 + \int_{x_1=0}^{x_1=1} \ln\gamma_2 \mathrm{d}x_2 = 0$$

$$\int_{x_1=0}^{x_1=1} \ln\gamma_1 \mathrm{d}x_1 - \int_{x_1=0}^{x_1=1} \ln\gamma_2 \mathrm{d}x_1 = 0$$

$$\int_{x_1=0}^{x_1=1} (\ln\gamma_1 - \ln\gamma_2) \mathrm{d}x_1 = 0 \tag{5-51}$$

$$\int_{x_1=0}^{x_1=1} \ln\frac{\gamma_1}{\gamma_2} \mathrm{d}x_1 = 0$$

若以 $\ln\dfrac{\gamma_1}{\gamma_2}$ 为纵坐标，以 x_1 为横坐标，则在 x_1 为 0→1 范围内得曲面面积就是积分值，如图 5-25 所示。实际上，该曲线与横纵坐标所包含面积的代数和应该等于零，即横坐标以上的面积应该等于横坐标以下的面积。故此法又称为面积积分法。

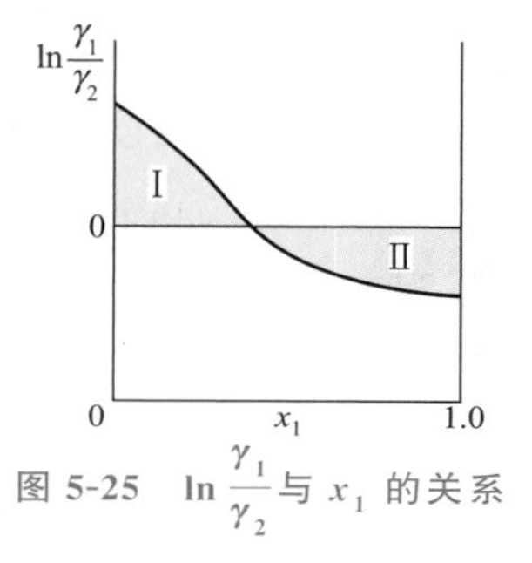

图 5-25 $\ln\dfrac{\gamma_1}{\gamma_2}$ 与 x_1 的关系

由于实验数据总难免有一定的误差，实验值的积分严格等于零是不可能的。允许误差常视混合物的非理想性和所要求的精度而定，其允许误差定义为

$$D = \frac{|面积Ⅰ - 面积Ⅱ|}{|面积Ⅰ + 面积Ⅱ|} \times 100$$

式中，|面积Ⅰ－面积Ⅱ|表示 $\ln\dfrac{\gamma_1}{\gamma_2}$-$x_1$ 曲线所包含的曲面面积之差；|面积Ⅰ＋面积Ⅱ|表示 $\ln\dfrac{\gamma_1}{\gamma_2}$-$x_1$ 曲线所包含的曲面总面积。

对于具有中等非理想性的系统，当 $D<2$ 时就可以认为恒温汽液平衡实验数据符合热力学一致性。

面积值的求取，可直接采用图解积分。也可利用 $\ln\dfrac{\gamma_1}{\gamma_2}$-$x_1$ 的函数关系，按数学积分求取面积的数值解。此法既迅速又准确。

5.4.3 等压汽液平衡数据的热力学一致性检验

在等压下 $\mathrm{d}p=0$，由式(5-49) 对二元系展开，得

$$x_1\mathrm{d}\ln\gamma_1 + x_2\mathrm{d}\ln\gamma_2 = -\frac{\Delta H}{RT^2}\mathrm{d}T \tag{5-46}$$

由 $x_1 \to 0$ 积分到 $x_1 \to 1$，得

$$\int_{x_1=0}^{x_1=1} \ln\frac{\gamma_1}{\gamma_2}\mathrm{d}x_1 = \int_{x_1=0}^{x_1=1} \frac{\Delta H}{RT^2}\mathrm{d}T$$

右边的项 $\int_{x_1=0}^{x_1=1}\frac{\Delta H}{RT^2}\mathrm{d}T$ 一般对极性-非极性、极性-极性系统不可忽略。由于混合热随组成变化的数据一般不具备，因此 $\int_{x_1=0}^{x_1=1}\frac{\Delta H}{RT^2}\mathrm{d}T$ 积分值实际上很难确定。

对恒压汽液平衡，Herington 曾推荐半经验方法对二元等压的汽液平衡数据的热力学一致性进行检验。

令
$$J=\frac{150(T_{\max}-T_{\min})}{T_{\min}} \tag{5-52}$$

式中，$T_{\min}$ 为系统的最低沸点；$T_{\max}$ 为系统的最高沸点；150 为经验常数，由 Herington 分析典型的有机溶液混合热数据后得出。

经验证明，如数据符合热力学一致性，则 $D<J$；如 $D-J<10$，仍然可认为数据具有一定的可靠性；否则，就不符合热力学一致性。

面积检验法简单易行，但该法是对实验数据进行整体检验而非逐点检验。这样，不同实验点的误差可能相互抵消而使面积法得以通过。因此，一般来说，通不过面积检验法的实验数据基本上是不可靠的，而通过了面积法的实验数据也不一定是完全可靠的。

若要剔除实验的"疵点"，显然还要对实验点进行逐点检验，这就要采用微分检验法。

5.4.4 微分检验法（点检验法）

微分检验法是以实验数据绘出的超额自由能与组成 $G^{\mathrm{E}}/(RT)$-x_1 的关系曲线为基础进行的逐点检验。1959 年 van Ness 等提出了微分检验法。对于二元系统，已知超额自由能与组成、活度系数的关系为

$$\frac{G^{\mathrm{E}}}{RT}=x_1\ln\gamma_1+x_2\ln\gamma_2$$

由实验的 T、p、x、y 数据，根据汽液平衡公式

$$py_i\hat{\varphi}_i^{\mathrm{v}}=p_i^{\mathrm{s}}\varphi_i^{\mathrm{s}}x_i\gamma_i\exp\left(\int_{p_i^{\mathrm{s}}}^{p}\frac{V_i^{\mathrm{L}}}{RT}\mathrm{d}p\right)$$

可计算 γ_1 和 γ_2，进而可以求得 $G^{\mathrm{E}}/(RT)$，然后绘制 $G^{\mathrm{E}}/(RT)$-x_1 曲线，如图 5-26 所示。在任一组成下，对该曲线作切线，此切线于 $x_1=1$ 和 $x_1=0$ 轴上的截距分别为

$$a=\frac{G^{\mathrm{E}}}{RT}+(1-x_1)\mathrm{d}\left(\frac{G^{\mathrm{E}}}{RT}\right)/\mathrm{d}x_1$$

$$b=\frac{G^{\mathrm{E}}}{RT}-x_1\mathrm{d}\left(\frac{G^{\mathrm{E}}}{RT}\right)/\mathrm{d}x_1$$

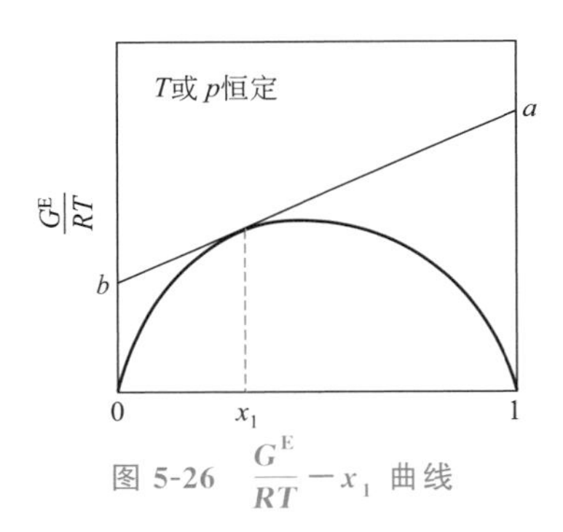

图 5-26 $\frac{G^{\mathrm{E}}}{RT}-x_1$ 曲线

另外，由 $\frac{G^{\mathrm{E}}}{RT}=x_1\ln\gamma_1+x_2\ln\gamma_2$（恒温恒压条件下）式对 x_1 进行求导，得

$$\mathrm{d}\left(\frac{G^{\mathrm{E}}}{RT}\right)/\mathrm{d}x_1=x_1\frac{\mathrm{d}\ln\gamma_1}{\mathrm{d}x_1}+1\times\ln\gamma_1+(1-x_1)\frac{\mathrm{d}\ln\gamma_2}{\mathrm{d}x_1}+(-1)\times\ln\gamma_2$$
$$=\ln\gamma_1-\ln\gamma_2+x_1\frac{\mathrm{d}\ln\gamma_1}{\mathrm{d}x_1}+x_2\frac{\mathrm{d}\ln\gamma_2}{\mathrm{d}x_1}$$

由等温或等压下得 Gibbs-Duhem 方程除以 $\mathrm{d}x_1$，得

$$x_1\frac{\mathrm{d}\ln\gamma_1}{\mathrm{d}x_1}+x_2\frac{\mathrm{d}\ln\gamma_2}{\mathrm{d}x_1}=\frac{\Delta V}{RT}\frac{\mathrm{d}p}{\mathrm{d}x_1}-\frac{\Delta H}{RT^2}\frac{\mathrm{d}T}{\mathrm{d}x_1}$$

对于等温数据，$\mathrm{d}T=0$，令

$$x_1\frac{\mathrm{d}\ln\gamma_1}{\mathrm{d}x_1}+x_2\frac{\mathrm{d}\ln\gamma_2}{\mathrm{d}x_1}=\beta \tag{5-53}$$

由此可见

$$\beta=\frac{\Delta V}{RT}\frac{\mathrm{d}p}{\mathrm{d}x_1} \tag{5-54}$$

在 $x_1=1$ 截距处，$x_2=0$，有

$$\begin{aligned}a&=\frac{G^E}{RT}+(1-x_1)\mathrm{d}\left(\frac{G^E}{RT}\right)/\mathrm{d}x_1\\&=x_1\ln\gamma_1+x_2\ln\gamma_2+(1-x_1)\left(\ln\gamma_1-\ln\gamma_2+x_1\frac{\mathrm{d}\ln\gamma_1}{\mathrm{d}x_1}+x_2\frac{\mathrm{d}\ln\gamma_2}{\mathrm{d}x_1}\right)\\&=x_1\ln\gamma_1+(1-x_1)\ln\gamma_2+(1-x_1)\left(\ln\gamma_1-\ln\gamma_2+\frac{\Delta V}{RT}\frac{\mathrm{d}p}{\mathrm{d}x_1}-\frac{\Delta H}{RT^2}\frac{\mathrm{d}T}{\mathrm{d}x_1}\right)\\&=\ln\gamma_1+(1-x_1)\left(\frac{\Delta V}{RT}\frac{\mathrm{d}p}{\mathrm{d}x_1}-\frac{\Delta H}{RT^2}\frac{\mathrm{d}T}{\mathrm{d}x_1}\right)\end{aligned}$$

于是

$$a=\ln\gamma_1+(1-x_1)\beta \tag{5-55}$$

同时，对于等压数据，$\mathrm{d}p=0$，令

$$\beta=-\frac{\Delta H}{RT^2}\frac{\mathrm{d}T}{\mathrm{d}x_1} \tag{5-56}$$

在 $x_1=0$ 得截距处，有

$$\begin{aligned}b&=\frac{G^E}{RT}-x_1\mathrm{d}\left(\frac{G^E}{RT}\right)/\mathrm{d}x_1=x_2\ln\gamma_2+x_1\ln\gamma_2-x_1\beta\\&=(1-x_1)\ln\gamma_2+x_1\ln\gamma_2-x_1\beta\end{aligned}$$

于是

$$b=\ln\gamma_2-x_1\beta \tag{5-57}$$

根据以上公式，由截距 a、b 和 β 值可以确定出 γ_1、γ_2。

使用微分法进行热力学一致性检验时，用式(5-55) 和式(5-57) 计算得到的 a、b、γ_1、γ_2 与由实验点求出的 a、b、γ_1、γ_2 进行比较，若相符合，则认为该点实验数据是可靠的，符合热力学一致性检验。否则，就认为不正确。对每一点实验数据均可按上述方法进行检验。

对于等温数据，若 Δp 变化小，则 $\Delta V\approx0$，$\beta=0$。对于等压数据，β 值需按式(5-56) 计算。但由于混合热 ΔH 的数据很少，β 值一般难于确定。若两组分沸点相近，核心结构类似，又未形成恒沸混合物，也可取 $\beta=0$ 进行检验。

为了提高微分检验法的准确度，van Ness 等后来建议用相对平直的 $\frac{G^E}{RTx_1x_2}$-x_1 曲线（如图 5-27 所示）来代替 $\frac{G^E}{RT}$-x_1 曲线如图 5-26 所示，同样对每个实验点作切线进行计算。

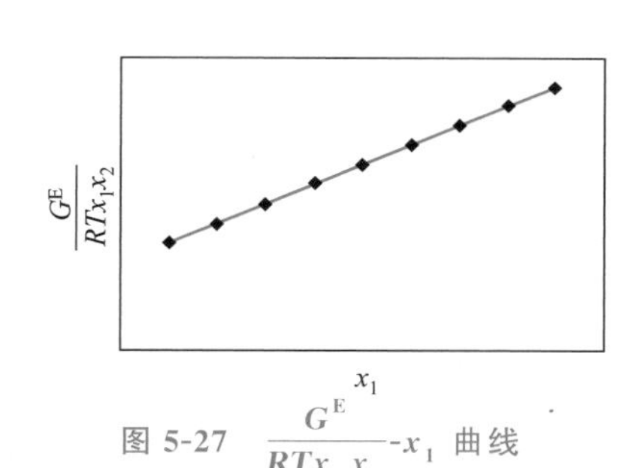

图 5-27 $\frac{G^E}{RTx_1x_2}$-x_1 曲线

本法的优点是可以剔除不可靠的实验点，缺点是要作切线，可靠性差。后来克服了这一缺点，并使之可以适用于计算机计算。上述的积分和微分检验法均没有涉及多元系统，多元系统的一致性检验很复杂，目前还缺乏可以普遍使用和广泛接受的方法。

【例 5-11】 已知在 $p=101.3\text{kPa}$ 下测定异丙醇 (1)-水 (2) 的汽液平衡数据如［例 5-11］表 1 所示，试检验此数据的热力学一致性。

［例 5-11］表 1 异丙醇 (1)-水 (2) 系统的等压汽液平衡数据

T/K	373.15	366.55	357.72	355.85	355.14	354.77	353.53	353.46	353.31
x_1	0.0000	0.0160	0.0570	0.1000	0.1665	0.2450	0.5415	0.5590	0.6605
y_1	0.0000	0.2115	0.4565	0.5015	0.5215	0.5390	0.6075	0.6255	0.6715

续表

T/K	354.43	354.05	353.82	353.26	353.38	353.52	353.85	354.63	355.40
x_1	0.2980	0.3835	0.4460	0.6955	0.7650	0.8090	0.8725	0.9535	1.0000
y_1	0.5510	0.5700	0.5920	0.6915	0.7370	0.7745	0.8340	0.9325	1.0000

解：该套数据为等压汽液平衡数据。由于混合热数据未知，采用 Herington 推荐的经验方法进行热力学一致性检验。于是，需要由汽液平衡关系式计算活度系数。根据汽液平衡关系式，有：组分 1 $\gamma_1=\dfrac{py_1}{p_1^s x_1}$，组分 2 $\gamma_2=\dfrac{py_2}{p_2^s x_2}$。

从附录 4 中查出异丙醇、水的 Antoine 常数，求得不同温度下的 p_1^s、p_2^s，然后计算 $\ln\gamma_1$、$\ln\gamma_2$，计算结果列于［例 5-11］表 2。

［例 5-11］表 2　异丙醇（1）-水（2）系统 $\ln\dfrac{\gamma_1}{\gamma_2}$-$x_1$ 关系

x_1	0.0160	0.0570	0.1000	0.1665	0.2450	0.2980	0.3835	0.4460
$\ln\dfrac{\gamma_1}{\gamma_2}$	2.134	1.965	1.538	1.031	0.617	0.397	0.092	−0.112
x_1	0.5145	0.5590	0.6605	0.6955	0.7650	0.8090	0.8725	0.9535
$\ln\dfrac{\gamma_1}{\gamma_2}$	−0.286	−0.389	−0.616	−0.684	−0.814	−0.874	−0.973	−1.060

为了方便计算积分值（即面积）如［例 5-11］图，将 $\ln\dfrac{\gamma_1}{\gamma_2}$拟合为 x_1 的二次多项式

$$\ln\frac{\gamma_1}{\gamma_2}=3.6308x_1^2-6.753x_1+2.1841$$

为了求得横坐标的上、下两个面积，先求解 $\ln\dfrac{\gamma_1}{\gamma_2}$与横轴的交点 x_1。令 $\ln\dfrac{\gamma_1}{\gamma_2}=0$，解上式得

$$x_1=0.4169$$

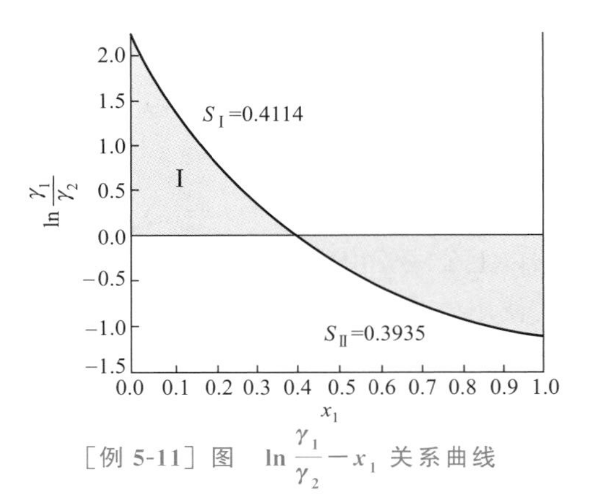

［例 5-11］图　$\ln\dfrac{\gamma_1}{\gamma_2}-x_1$ 关系曲线

积分计算面积Ⅰ-$S_{\rm I}$

$$S_{\rm I}=\left|\int_0^{0.4169}\ln\frac{\gamma_1}{\gamma_2}{\rm d}x_1\right|=\left|\int_0^{0.4169}(3.6308x_1^2-6.753x_1+2.1841){\rm d}x_1\right|$$

$$=\left|\left(\frac{3.6308x_1^3}{3}-\frac{6.753x_1^2}{2}+2.1841x_1\right)_0^{0.4169}\right|=0.4114$$

积分计算面积Ⅱ-$S_{\rm II}$：

$$S_{\rm II}=\left|\int_{0.4169}^1\ln\frac{\gamma_1}{\gamma_2}{\rm d}x_1\right|=\left|\int_{0.4169}^1(3.6308x_1^2-6.753x_1+2.1841){\rm d}x_1\right|$$

$$=\left|\left(\frac{3.6308x_1^3}{3}-\frac{6.753x_1^2}{2}+2.1841x_1\right)_{0.4169}^1\right|=0.3935$$

所以

$$D=\left|\frac{S_{\rm I}-S_{\rm II}}{S_{\rm I}+S_{\rm II}}\right|\times100=\left|\frac{0.4114-0.3935}{0.4114+0.3935}\right|\times100=2.22$$

$$J=\frac{150(T_{\max}-T_{\min})}{T_{\min}}=150\times\frac{373.15-353.26}{353.26}=8.4456\approx8.45$$

$$D-J=2.22-8.45=-6.23<10$$

因此认为这组汽液平衡实验数据满足 Herington 的热力学一致性要求。

值得注意的是，热力学一致性是判断数据可靠性的必要条件，但不是充分条件。就是说，符合热力学一致性的数据不一定是正确可靠的，但是不符合热力学一致性检验的数据则一定是不正确和不可靠的。

5.5 热力学模型选择与 Aspen Plus

大家已经感到，化工热力学所涉及的计算越来越复杂，除理想气体外，其他计算都需要多次迭代，很烦琐、很耗时。一个状态方程、一个相平衡的计算尚且如此复杂，那么一个完整的化工厂或炼油厂包含成千上万个过程循环和设备，其计算的困难和耗时是难以想象的！但，不必担心，因为计算对于 Aspen Plus 来说不是问题！

Aspen Plus 是一个功能极其强大的过程模拟系统。化工过程中，生产装置的设计、稳态模拟、过程分析和优化都离不开它，它的应用已经渗透到全球各个角落，大学、研究院、设计院和各种规模的化工、石化、炼油和制药厂……

那么有了 Aspen Plus，使用时是否只要一路“next”下去，最终得到一个“Result available”问题就解决了呢？结论是否定的！**Aspen Plus 能提供答案，但不能保证这个答案是有意义的！**如果没有正确的热力学模型选择，那就意味着“垃圾进，垃圾出”(**Garbage in，garbage out**)。假设要建模的过程包含液体，但告诉 Aspen Plus 使用理想气体方程来描述，将会发生什么？Aspen Plus 将会完全按照你的指示一步步计算，得出“Result available”，但该结果无疑是荒谬的！若根据这些错误的结果建造一个化工厂将是可怕的！因此理解热力学、正确选择热力学模型对于获得有意义的模拟结果是至关重要的！

那么谁来选择正确的热力学模型？你——亲爱的同学！你就是未来的化学工程师！

5.5.1 Aspen Plus 在化工过程模拟中的主要功能

Aspen Plus 是举世公认的大型通用稳态过程模拟软件，由麻省理工学院（MIT）开发，1982 年商品化，成立了 Aspen Tech 公司。Aspen Plus 可用于新装置的设计、新工艺流程的开发、生产调优、脱瓶颈分析与改造等，是“过程工程的先进系统”(Advanced System for Process Engineering，简称 ASPEN)。全球各大化工、石化生产厂家、著名的工程公司都是其用户。它拥有丰富的物性数据库，可以处理非理想、极性较高的复杂物系。流程模拟过程中，采用序贯模块法和联立方程法相结合的求算方法，求解热力学方程、单元操作方程、数学方程，有循环回路或设计规定的流程必须迭代收敛。对于化工过程的模拟，其主要功能有如下几种：①对工艺过程进行严格的物料衡算和能量衡算；②能够预测物流的流率、组成和性质；③能够预测操作条件、设备尺寸；④能够减少装置的设计时间并进行各种装置的设计方案的比较；⑤可以在线优化完整的工艺装置；⑥回归实验数据；⑦可以帮助改进当前工艺，在给定的约束条件下优化工艺，辅助确定一个工艺的约束部位，即消除瓶颈。

5.5.2 相平衡计算中的物性方法与模型选择

物性方法是指传递性质和热力学性质模拟计算中所需的方法与模型的集合，是决定模拟精确性的关键步骤。Aspen Plus 使用广泛的、已经验证了的物性模型、数据和估算方法，提供了几十种计算物质传递和热力学性质的模型方法，主要有计算理想混合物汽液平衡的拉乌尔定律、烃类混合物的 Chao-Seader、非极性和弱极性混合物的 Redlich-Kwong-Soave、BWR-Lee-Staring、Peng-Robinson，强的非理想液态混合物的活度系数模型 UNIFAC、Wilson、NTRL、UNIQUAC 等。由此可见，选择一个合适的模型和方法来模拟相平衡过程正是化工热力学所要讨论的重要内容。

物性方法的选择取决于物性的非理性程度和操作条件。一般来说，可采用以下两种方法进行选择：①根据经验选取，即根据体系特点和操作温度、压力进行选择；②根据 Aspen Plus 的帮助系统进行选择。常见化工体系计算物性所推荐的热力学模型列于表 5-5。

表 5-5　常见化工体系计算物性所推荐的热力学模型

过程	体系	推荐热力学模型
化工过程		PSRK(可预测 SRK 方程)、NRTL、UNIQUAC
气体加工	烃分离、脱甲烷塔、C_3 分离塔、低温气体处理、空气分离	PR、SRK(带 k_{ij})
	用乙二醇进行气体脱水、用甲醇或 *N*-甲基吡咯烷酮 NMP 进行酸性气体吸收	PSRK
石油化工	乙烯装置、初馏塔、轻烃分离塔	对于 VLE，PR、SRK、PSRK； 对于 LLE，NRTL、UNIQUAC
	芳烃抽提、BTX 抽提	NRTL、UNIQUAC 等，对参数很敏感
	取代烃、氯乙烯(VCM)、丙烯腈装置	PR、SRK、Chao-Seader
	低压的常压塔、减压塔；中压的焦化主分馏塔、催化裂化主分馏塔；富氢系统如重整装置、加氢精制；润滑油装置、脱沥青装置	PR、SRK、BK10、化验数据分析
电解质体系	水、氨水、胺、碱、石灰或热碳酸盐进行酸性气体吸收	ELECNRTL 模型
聚合物	如聚丙烯等	Polymer NRTL 模型
环境		UNIFAC+Henry 定律

在校正压力对汽相非理想性影响时，逸度系数计算所需的状态方程模型可参考表 5-6 进行选择。

表 5-6　逸度系数模型的选择

压力条件	适用模型	说明
低压	理想气体混合物	体系不含有羧基或 HF
低压	virial 方程(截至前两项)	体系含羧基或 HF
中低压	理想气体混合物 或 virial 方程(截至前两项)	如果体系不含有羧基或 HF
中高压	PR 方程、SRK 方程，且采用二次型混合规则	体系含有碳氢化合物、氮、氧、二氧化碳、其他的无机气体，但 HF 除外
中高压	PR 方程、SRK 方程，且采用带有 G^E 的混合规则(见表 4-5)。亦可选择适当的活度系数模型	体系含有一个或多个极性物质或含有羧基或 HF

在校正液相非理想性程度时，活度系数模型的选择可参考表 5-7。

表 5-7　活度系数模型的选择

体系	适用模型	说明
非极性+非极性	Margules、van Laar、Wilson、UNIQUAC、NRTL	
非极性+弱极性	Margules、van Laar、Wilson、UNIQUAC、NRTL	UNIQUAC 方程对于非理想体系的计算结果更好一些
非极性+强极性	Margules、van Laar、Wilson、UNIQUAC、NRTL	Wilson 方程关联的结果更好一些，但不适用部分互溶体系
弱极性+弱极性	Margules、van Laar、Wilson、UNIQUAC、NRTL	UNIQUAC 方程对于非理想体系的计算结果更好一些
弱极性+强极性	Margules、van Laar、Wilson、UNIQUAC、NRTL	UNIQUAC 方程对于非理想体系的计算结果更好一些
强极性+强极性	UNIQUAC	其他模型也可用
水+强极性	UNIQUAC	
含有羧酸的溶液	Wilson(对于完全互溶体系)	Margules、van Laar、UNIQUAC、NRTL 也可用

5.5.3 热力学模型选择对精馏塔设计的影响案例

对于学生和工程设计人员来说，正确的热力学模型（状态方程、活度系数模型）选择是一个难点，也是一个误区。不少使用者在工作中会习惯性地选择某一个热力学模型作为“万能模型”，这个观点是错误的。特别是在中高压、高压、高温、极性与非极性物质的混合体系，这些“万能模型”的错误使用或者选择不当，会导致产品分离纯度不达标、项目无法正常开车，从而给企业带来极大的经济损失。用以下工程实例来说明热力学模型选择的重要性。

[工程案例] R22（$CHClF_2$，二氟一氯甲烷）是一种应用范围极其广泛的制冷剂，可用于家用空调、中央空调、工业制冷和商业制冷等，生产过程会产生副产物 R23（CHF_3，三氟甲烷）、R32、R31、R115 等，若忽略微量 R32、R31、R115 等组成后，进料组成为：R22 85%、R23 15%（质量分数）。需要用精馏的方法提纯。现某企业已具有 8 万吨/年 R22 的精馏塔，但并不能满足塔釜 R22 中的 R23≤10μg/g、塔顶产品中 R23≤99.9%的要求，需要技术改造，重新设计精馏塔。

已知进料流量 10000kg/h，进料温度 15℃，进料压力 2.5MPa，精馏塔顶压力 2.24MPa。请利用 Aspen Plus 模拟软件，选用不同的热力学模型计算物性方法，考察不同热力学模型对精馏塔分离能力、制造成本及操作成本的影响，最好确定最优技改方案。

解：(1) 首先要获取 R22-R23 体系的汽液平衡数据，选用物性方法，回归所需的模型参数。

经查阅文献，发现 Roth 等[1]对 R22-R23 体系有详尽的实验数据，如[工程案例]表 1 所示。由 ASPEN 的偶极矩查询或者经验可知，R22 和 R32 均为极性物质，不是电解质，没有缔合现象，参照表 5-5、表 5-6，2.5MPa（>10bar）压力下，对于气相和液相，有很多适合的模型，本案例分别选用 ASPEN 内置模型中的 PR 方程和 NRTL 方程

[工程案例] 表 1 R22-R23 体系汽液平衡实验数据

t/℃	p/MPa	液相组成 x_i		汽相组成 y_i	
		R22	R23	R22	R23
20	1.110	0.9357	0.0643	0.7934	0.2066
	1.505	0.8045	0.1955	0.5451	0.4549
	2.000	0.6379	0.3621	0.3685	0.6315
	2.495	0.4693	0.5307	0.2556	0.7444
	2.995	0.3066	0.6934	0.1673	0.8327
	3.500	0.1594	0.8406	0.0901	0.9099
	3.850	0.0725	0.9275	0.0447	0.9553
30	1.525	0.9097	0.0903	0.7537	0.2463
	2.020	0.7721	0.2279	0.5332	0.4668
	2.510	0.6332	0.3668	0.3958	0.6042
	2.990	0.5038	0.4962	0.2998	0.7002
	3.515	0.3606	0.6394	0.2189	0.7811
30	4.000	0.2453	0.7547	0.1555	0.8445
	4.500	0.1392	0.8608	0.0964	0.9036
	4.805	0.0785	0.9215	0.0639	0.9361

根据这些数据，回归 NRTL 和 PR 方程参数中与温度相关的二元参数，其结果见[工程案例]表 2。

[1] Roth H, Peters-Gerth P, Lucas K. Experimental vapor-liquid equilibria in the systems R22-R23, R22-carbon dioxide, carbon disulfide-R22, R23-CO_2, CS_2-R23 and their correlation by equations of state, Fluid Phase Equilib, 1992, 73: 147-166.

[工程案例] 表 2　R22(i)-R23(j) 体系的 NRTL 和 PR 方程模型参数（t:℃）

NRTL 交互参数					PR 方程参数		
A_{ij}	A_{ji}	B_{ij}	B_{ji}	C_{ij}	K_{Aij}	K_{Bij}	K_{Cij}
1.44896	−0.06816	−433.9731	71.3942	−2.7000	−0.3154	0.00108	−7.4228

注：A_{ij}、B_{ij} 是 NRTL 模型参数 τ_{ij} 的温度修正因子；C_{ij} 是 α_{ij} 的温度修正因子；K_{Aij}、K_{Bij}、K_{Cij} 是 PR 方程参数 a 中的二元交互作用参数 k_{ij} 的温度修正因子。

（2）模型选择对汽液平衡计算的影响

由式(5-16) 可知，汽液平衡计算离不开对汽相逸度系数 $\hat{\varphi}_i^{\mathrm{v}}$ 和液相活度系数 γ_i 计算，而计算 $\hat{\varphi}_i^{\mathrm{v}}$ 涉及的状态方程有很多不同的模型如 SRK、PR，γ_i 也有不同的模型如 van Laar 方程、Wilson、NRTL，那么选择不同模型对精馏塔分离能力、制造成本及操作成本最终结果到底有多少影响，本案例为此选用了 8 种不同模型进行比较，主要考察汽相选择理想气体方程、PR 方程、SRK 方程，液相选择理想溶液、van Laar、Wilson、NRTL 模型的区别，见［工程案例］表 3。选用 $p=2.2$MPa（与体系操作压力相近）下的等压实际数据作参考，用 Aspen Plus 软件进行汽液平衡计算，其结果列于［工程案例］表 4～表 12。

[工程案例] 表 3　八种不同的热力学模型说明

方法	汽相-液相模型简称	模型说明	
		气相	液相
1	Ideal-Ideal	理想气体	理想溶液
2	Ideal-van Laar	理想气体	van Laar 方程
3	PR-van Laar	修正的 PR 方程	van Laar 方程
4	Ideal-NRTL	理想气体	修正的 NRTL 方程
5	PR-NRTL	修正的 PR 方程	修正 NRTL 方程
6	Ideal-Wilson	理想气体	Wilson 方程
7	PR-Wilson	修正的 PR 方程	Wilson 方程
8	SRK-Wilson	SRK 方程	Wilson 方程

[工程案例] 表 4　R22-R23 体系汽液平衡数据（实验值）

系统压力 p/MPa	温度 t/℃	汽相逸度系数 $\hat{\varphi}_i^{\mathrm{v}}$		液相活度系数 γ_i		汽相组成 y_i		液相组成 x_i	
		R22	R23	R22	R23	R22	R23	R22	R23
2.2	−6.57	0.58	0.76	1.093	1.000	0.0000	1.0000	0.0000	1.0000
2.2	−3.92	0.60	0.77	1.089	1.000	0.0253	0.9747	0.0714	0.9286
2.2	−1.10	0.61	0.78	1.085	1.001	0.0538	0.9462	0.1429	0.8571
2.2	1.90	0.62	0.78	1.081	1.003	0.0861	0.9139	0.2143	0.7857
2.2	5.09	0.64	0.79	1.076	1.006	0.1229	0.8771	0.2857	0.7143
2.2	8.48	0.65	0.80	1.071	1.011	0.1648	0.8352	0.3571	0.6429
2.2	12.09	0.66	0.81	1.065	1.019	0.2125	0.7875	0.4286	0.5714
2.2	15.94	0.67	0.82	1.057	1.031	0.2669	0.7331	0.5000	0.5000
2.2	20.12	0.69	0.83	1.048	1.050	0.3295	0.6705	0.5714	0.4286
2.2	25.01	0.70	0.84	1.037	1.077	0.4047	0.5953	0.6429	0.3571
2.2	30.52	0.72	0.85	1.027	1.116	0.4947	0.5053	0.7143	0.2857
2.2	35.71	0.73	0.86	1.016	1.166	0.5930	0.4070	0.7857	0.2143
2.2	41.04	0.74	0.87	1.008	1.230	0.7048	0.2952	0.8571	0.1429
2.2	46.90	0.75	0.89	1.002	1.312	0.8375	0.1625	0.9286	0.0714

续表

系统压力 p/MPa	温度 t /℃	汽相逸度系数 $\hat{\varphi}_i^v$		液相活度系数 γ_i		汽相组成 y_i		液相组成 x_i	
		R22	R23	R22	R23	R22	R23	R22	R23
2.2	53.68	0.77	0.92	1.000	1.414	1.0000	0.0000	1.0000	0.0000

［工程案例］表 5　R22-R23 体系汽液平衡数据计算值（方法 1——Ideal-Ideal 模型）

系统压力 /MPa	温度/℃	汽相逸度系数 $\hat{\varphi}_i^v$		液相活度系数 γ_i		汽相组成 y_i		液相组成 x_i	
		R22	R23	R22	R23	R22	R23	R22	R23
2.2	−4.84	1.00	1.00	1.00	1.00	0.0000	1.0000	0.0000	1.0000
2.2	−2.70	1.00	1.00	1.00	1.00	0.0148	0.9852	0.0714	0.9286
2.2	−0.41	1.00	1.00	1.00	1.00	0.0318	0.9682	0.1429	0.8571
2.2	2.05	1.00	1.00	1.00	1.00	0.0517	0.9483	0.2143	0.7857
2.2	4.72	1.00	1.00	1.00	1.00	0.0750	0.9250	0.2857	0.7143
2.2	7.62	1.00	1.00	1.00	1.00	0.1025	0.8975	0.3571	0.6429
2.2	10.78	1.00	1.00	1.00	1.00	0.1353	0.8647	0.4286	0.5714
2.2	14.26	1.00	1.00	1.00	1.00	0.1748	0.8252	0.5000	0.5000
2.2	18.10	1.00	1.00	1.00	1.00	0.2231	0.7769	0.5714	0.4286
2.2	22.40	1.00	1.00	1.00	1.00	0.2828	0.7172	0.6429	0.3571
2.2	27.23	1.00	1.00	1.00	1.00	0.3580	0.6420	0.7143	0.2857
2.2	32.76	1.00	1.00	1.00	1.00	0.4548	0.5452	0.7857	0.2143
2.2	39.17	1.00	1.00	1.00	1.00	0.5825	0.4175	0.8571	0.1429
2.2	46.70	1.00	1.00	1.00	1.00	0.7561	0.2439	0.9286	0.0714
2.2	55.68	1.00	1.00	1.00	1.00	1.0000	0.0000	1.0000	0.0000

［工程案例］表 6　R22-R23 体系汽液平衡数据计算值（方法 2——Ideal-van Laar 模型）

系统压力 /MPa	温度/℃	汽相逸度系数 $\hat{\varphi}_i^v$		液相活度系数 γ_i		汽相组成 y_i		液相组成 x_i	
		R22	R23	R22	R23	R22	R23	R22	R23
2.2	6.99	1.00	1.00	3.43	1.00	0.0000	1.0000	0.0000	1.0000
2.2	7.54	1.00	1.00	2.93	1.01	0.0570	0.9430	0.0714	0.9286
2.2	8.38	1.00	1.00	2.54	1.02	0.1010	0.8990	0.1429	0.8571
2.2	9.42	1.00	1.00	2.23	1.05	0.1367	0.8633	0.2143	0.7857
2.2	10.58	1.00	1.00	1.98	1.10	0.1671	0.8329	0.2857	0.7143
2.2	11.88	1.00	1.00	1.78	1.15	0.1945	0.8055	0.3571	0.6429
2.2	13.33	1.00	1.00	1.62	1.23	0.2206	0.7794	0.4286	0.5714
2.2	14.97	1.00	1.00	1.49	1.32	0.2469	0.7531	0.5000	0.5000
2.2	16.88	1.00	1.00	1.38	1.44	0.2745	0.7255	0.5714	0.4286
2.2	19.12	1.00	1.00	1.28	1.61	0.3048	0.6952	0.6429	0.3571
2.2	21.84	1.00	1.00	1.20	1.85	0.3394	0.6606	0.7143	0.2857
2.2	25.35	1.00	1.00	1.13	2.23	0.3818	0.6182	0.7857	0.2143
2.2	30.27	1.00	1.00	1.07	2.90	0.4405	0.5595	0.8571	0.1429
2.2	39.38	1.00	1.00	1.02	4.33	0.5536	0.4464	0.9286	0.0714
2.2	70.16	1.00	1.00	1.00	8.12	1.0000	0.0000	1.0000	0.0000

[工程案例] 表 7　R22-R23 体系汽液平衡数据计算值（方法 3——PR-van Laar）

系统压力/MPa	温度/℃	汽相逸度系数 $\hat{\varphi}_i^v$		液相活度系数 γ_i		汽相组成 y_i		液相组成 x_i	
		R22	R23	R22	R23	R22	R23	R22	R23
2.2	−6.57	0.62	0.76	0.84	1.00	0.0000	1.0000	0.0000	1.0000
2.2	−3.53	0.63	0.77	0.92	1.00	0.0206	0.9794	0.0714	0.9286
2.2	−0.35	0.64	0.78	0.95	1.00	0.0461	0.9539	0.1429	0.8571
2.2	2.94	0.65	0.79	0.97	1.00	0.0762	0.9238	0.2143	0.7857
2.2	6.31	0.66	0.80	0.99	1.00	0.1122	0.8878	0.2857	0.7143
2.2	9.80	0.67	0.80	1.02	1.00	0.1576	0.8424	0.3571	0.6429
2.2	13.32	0.68	0.81	1.04	1.01	0.2099	0.7901	0.4286	0.5714
2.2	16.86	0.69	0.82	1.05	1.02	0.2673	0.7327	0.5000	0.5000
2.2	20.55	0.69	0.83	1.05	1.05	0.3302	0.6698	0.5714	0.4286
2.2	24.76	0.70	0.84	1.04	1.08	0.4020	0.5980	0.6429	0.3571
2.2	29.63	0.72	0.85	1.03	1.14	0.4865	0.5135	0.7143	0.2857
2.2	34.55	0.73	0.86	1.02	1.21	0.5808	0.4192	0.7857	0.2143
2.2	39.90	0.74	0.87	1.01	1.30	0.6913	0.3087	0.8571	0.1429
2.2	46.10	0.75	0.89	1.00	1.40	0.8269	0.1731	0.9286	0.0714
2.2	53.68	0.77	0.91	1.00	1.53	1.0000	0.0000	1.0000	0.0000

[工程案例] 表 8　R22-R23 体系汽液平衡数据计算值（方法 4——Ideal-NRTL 模型）

系统压力/MPa	温度/℃	汽相逸度系数 $\hat{\varphi}_i^v$		液相活度系数 γ_i		汽相组成 y_i		液相组成 x_i	
		R22	R23	R22	R23	R22	R23	R22	R23
2.2	−4.84	1.00	1.00	1.345	1.000	0.0000	1.0000	0.0000	1.0000
2.2	−2.91	1.00	1.00	1.296	1.001	0.0190	0.9810	0.0714	0.9286
2.2	−0.89	1.00	1.00	1.252	1.005	0.0392	0.9608	0.1429	0.8571
2.2	1.23	1.00	1.00	1.212	1.012	0.0610	0.9390	0.2143	0.7857
2.2	3.49	1.00	1.00	1.175	1.022	0.0847	0.9153	0.2857	0.7143
2.2	5.91	1.00	1.00	1.141	1.035	0.1109	0.8891	0.3571	0.6429
2.2	8.54	1.00	1.00	1.112	1.052	0.1406	0.8594	0.4286	0.5714
2.2	11.44	1.00	1.00	1.086	1.073	0.1747	0.8253	0.5000	0.5000
2.2	14.71	1.00	1.00	1.063	1.097	0.2152	0.7848	0.5714	0.4286
2.2	18.46	1.00	1.00	1.044	1.126	0.2645	0.7355	0.6429	0.3571
2.2	22.87	1.00	1.00	1.028	1.160	0.3272	0.6728	0.7143	0.2857
2.2	28.21	1.00	1.00	1.016	1.197	0.4104	0.5896	0.7857	0.2143
2.2	34.92	1.00	1.00	1.007	1.239	0.5277	0.4723	0.8571	0.1429
2.2	43.69	1.00	1.00	1.002	1.285	0.7053	0.2947	0.9286	0.0714
2.2	55.68	1.00	1.00	1.000	1.331	1.0000	0.0000	1.0000	0.0000

[工程案例] 表 9　R22-R23 体系汽液平衡数据计算值（方法 5——PR-NRTL 模型）

系统压力/MPa	温度/℃	汽相逸度系数 $\hat{\varphi}_i^v$		液相活度系数 γ_i		汽相组成 y_i		液相组成 x_i	
		R22	R23	R22	R23	R22	R23	R22	R23
2.2	−6.57	0.62	0.76	1.347	1.000	0.0000	1.0000	0.0000	1.0000
2.2	−4.17	0.63	0.77	1.298	1.001	0.0286	0.9714	0.0714	0.9286
2.2	−1.65	0.63	0.78	1.253	1.005	0.0589	0.9411	0.1429	0.8571
2.2	1.02	0.64	0.78	1.212	1.012	0.0914	0.9086	0.2143	0.7857
2.2	3.85	0.65	0.79	1.174	1.022	0.1266	0.8734	0.2857	0.7143

续表

系统压力/MPa	温度/℃	汽相逸度系数 $\hat{\varphi}_i^v$		液相活度系数 γ_i		汽相组成 y_i		液相组成 x_i	
		R22	R23	R22	R23	R22	R23	R22	R23
2.2	6.90	0.66	0.80	1.141	1.035	0.1655	0.8345	0.3571	0.6429
2.2	10.22	0.67	0.81	1.111	1.052	0.2090	0.7910	0.4286	0.5714
2.2	13.88	0.68	0.81	1.085	1.072	0.2587	0.7413	0.5000	0.5000
2.2	18.01	0.69	0.82	1.062	1.096	0.3169	0.6831	0.5714	0.4286
2.2	22.85	0.70	0.83	1.043	1.124	0.3877	0.6123	0.6429	0.3571
2.2	29.11	0.71	0.85	1.027	1.156	0.4808	0.5192	0.7143	0.2857
2.2	35.10	0.73	0.86	1.015	1.193	0.5854	0.4146	0.7857	0.2143
2.2	41.01	0.74	0.87	1.007	1.235	0.7037	0.2963	0.8571	0.1429
2.2	47.14	0.75	0.89	1.002	1.281	0.8405	0.1595	0.9286	0.0714
2.2	53.68	0.77	0.91	1.000	1.333	1.0000	0.0000	1.0000	0.0000

[工程案例] **表 10 R22-R23 体系汽液平衡数据计算值**（方法 6——Ideal-Wilson 模型）

系统压力/MPa	温度/℃	汽相逸度系数 $\hat{\varphi}_i^v$		液相活度系数 γ_i		汽相组成 y_i		液相组成 x_i	
		R22	R23	R22	R23	R22	R23	R22	R23
2.2	−4.84	1.00	1.00	1.347	1.000	0.0000	1.0000	0.0000	1.0000
2.2	−2.91	1.00	1.00	1.298	1.001	0.0190	0.9810	0.0714	0.9286
2.2	−0.89	1.00	1.00	1.252	1.005	0.0392	0.9608	0.1429	0.8571
2.2	1.23	1.00	1.00	1.211	1.012	0.0610	0.9390	0.2143	0.7857
2.2	3.48	1.00	1.00	1.174	1.022	0.0847	0.9153	0.2857	0.7143
2.2	5.90	1.00	1.00	1.141	1.036	0.1109	0.8891	0.3571	0.6429
2.2	8.53	1.00	1.00	1.111	1.052	0.1405	0.8595	0.4286	0.5714
2.2	11.44	1.00	1.00	1.085	1.073	0.1747	0.8253	0.5000	0.5000
2.2	14.71	1.00	1.00	1.063	1.097	0.2151	0.7849	0.5714	0.4286
2.2	18.47	1.00	1.00	1.044	1.126	0.2646	0.7354	0.6429	0.3571
2.2	22.88	1.00	1.00	1.028	1.159	0.3273	0.6727	0.7143	0.2857
2.2	28.22	1.00	1.00	1.016	1.197	0.4105	0.5895	0.7857	0.2143
2.2	34.93	1.00	1.00	1.007	1.239	0.5278	0.4722	0.8571	0.1429
2.2	43.69	1.00	1.00	1.002	1.284	0.7054	0.2946	0.9286	0.0714
2.2	55.68	1.00	1.00	1.000	1.331	1.0000	0.0000	1.0000	0.0000

[工程案例] **表 11 R22-R23 体系汽液平衡数据计算值**（方法 7——PR-Wilson 模型）

系统压力/MPa	温度/℃	汽相逸度系数 $\hat{\varphi}_i^v$		液相活度系数 γ_i		汽相组成 y_i		液相组成 x_i	
		R22	R23	R22	R23	R22	R23	R22	R23
2.2	−6.57	0.62	0.76	1.349	1.000	0.0000	1.0000	0.0000	1.0000
2.2	−4.17	0.63	0.77	1.299	1.001	0.0286	0.9714	0.0714	0.9286
2.2	−1.65	0.63	0.78	1.253	1.005	0.0589	0.9411	0.1429	0.8571
2.2	1.01	0.64	0.78	1.212	1.012	0.0913	0.9087	0.2143	0.7857
2.2	3.84	0.65	0.79	1.174	1.022	0.1266	0.8734	0.2857	0.7143
2.2	6.89	0.66	0.80	1.141	1.035	0.1654	0.8346	0.3571	0.6429
2.2	10.21	0.67	0.81	1.111	1.052	0.2089	0.7911	0.4286	0.5714
2.2	13.88	0.68	0.81	1.085	1.072	0.2586	0.7414	0.5000	0.5000
2.2	18.01	0.69	0.82	1.062	1.096	0.3169	0.6831	0.5714	0.4286
2.2	22.86	0.70	0.83	1.043	1.124	0.3877	0.6123	0.6429	0.3571
2.2	29.12	0.71	0.85	1.027	1.156	0.4809	0.5191	0.7143	0.2857

续表

系统压力/MPa	温度/℃	汽相逸度系数 $\hat{\varphi}_i^v$		液相活度系数 γ_i		汽相组成 y_i		液相组成 x_i	
		R22	R23	R22	R23	R22	R23	R22	R23
2.2	35.12	0.73	0.86	1.015	1.192	0.5856	0.4144	0.7857	0.2143
2.2	41.02	0.74	0.87	1.007	1.234	0.7039	0.2961	0.8571	0.1429
2.2	47.15	0.75	0.89	1.002	1.281	0.8406	0.1594	0.9286	0.0714
2.2	53.68	0.77	0.91	1.000	1.333	1.0000	0.0000	1.0000	0.0000

［工程案例］表 12　R22-R23 体系汽液平衡数据计算值（方法 8——SRK-Wilson 模型）

系统压力/MPa	温度/℃	汽相逸度系数 $\hat{\varphi}_i^v$		液相活度系数 γ_i		汽相组成 y_i		液相组成 x_i	
		R22	R23	R22	R23	R22	R23	R22	R23
2.2	−5.54	0.64	0.78	1.348	1.000	0.0000	1.0000	0.0000	1.0000
2.2	−3.12	0.64	0.79	1.298	1.001	0.0287	0.9713	0.0714	0.9286
2.2	−0.58	0.65	0.79	1.252	1.005	0.0591	0.9409	0.1429	0.8571
2.2	2.10	0.66	0.80	1.211	1.012	0.0917	0.9083	0.2143	0.7857
2.2	4.96	0.67	0.81	1.173	1.022	0.1271	0.8729	0.2857	0.7143
2.2	8.04	0.68	0.81	1.140	1.035	0.1661	0.8339	0.3571	0.6429
2.2	11.40	0.69	0.82	1.110	1.052	0.2099	0.7901	0.4286	0.5714
2.2	15.12	0.70	0.83	1.084	1.072	0.2600	0.7400	0.5000	0.5000
2.2	19.33	0.71	0.84	1.062	1.096	0.3189	0.6811	0.5714	0.4286
2.2	24.45	0.72	0.85	1.043	1.124	0.3920	0.6080	0.6429	0.3571
2.2	30.71	0.73	0.86	1.027	1.155	0.4856	0.5144	0.7143	0.2857
2.2	36.53	0.75	0.88	1.015	1.192	0.5888	0.4112	0.7857	0.2143
2.2	42.35	0.76	0.89	1.007	1.233	0.7060	0.2940	0.8571	0.1429
2.2	48.43	0.77	0.91	1.002	1.280	0.8417	0.1583	0.9286	0.0714
2.2	54.93	0.78	0.92	1.000	1.332	1.0000	0.0000	1.0000	0.0000

为了便于比较，将［工程案例］表 4～表 12 实验值及八种方法的 R22 汽相组成汇总于［工程案例］表 13。

从［工程案例］表 13 中会强烈感受到：①汽相若采用 PR 方程或 SRK 方程校正，液相无论采用 van Laar、Wilson 还是 NRTL，计算出的 R22 汽相组成 y_1 与实验值的单点误差极小，仅 0.4%～1.26%，远低于方法 1 汽液两相均不校正的误差（9.72%）；②但若汽相不校正（即采用理想气体方程），那么液相无论采用哪种模型校正，其误差巨大（15.7%～33.3%），甚至远高于方法 1 汽液两相均不校正的误差！此结果令人费解，按照原理，若汽相不校正，液相校正了，其误差至少与汽液两相均不校正的结果一样。为何会出现此结果？**答案是模型选错了！**该系统 R22、R23 两个物质性能相近，液相的非理想性不大，［工程案例］表 4 的 R22、R23 活度系数 γ_i 在 1 附近也证明了这一点，但该系统的压力较高，由此导致的非理想性比较大，若汽相该校正却没校正，又把其非理想性的校正任务放在液相头上，这样的模型就是错的，就会出现不可思议的结果，验证了前面所言：**Aspen Plus 能提供答案，但不能保证这个答案是有意义的。如果没有正确的热力学模型选择，那就意味着“垃圾进，垃圾出”（Garbage in，garbage out），甚至出现非常荒谬的结果。**

［工程案例］表 13　八种方法 R22 汽相组成计算结果汇总

方法	实验值	Ideal-Ideal 方法 1	Ideal-van Laar 方法 2	PR-van Laar 方法 3	Ideal-NRTL 方法 4	PR-NRTL 方法 5	Ideal-Wilson 方法 6	PR-Wilson 方法 7	SRK-Wilson 方法 8
y_1	0.0000	0.0000	0.0000	0.0000	0.0000	0.0000	0.0000	0.0000	0.0000
	0.0253	0.0148	0.057	0.0206	0.019	0.0286	0.019	0.0286	0.0287
	0.0538	0.0318	0.1010	0.0461	0.0392	0.0589	0.0392	0.0589	0.0591
	0.0861	0.0517	0.1367	0.0762	0.0610	0.0914	0.0610	0.0913	0.0917

续表

方法	实验值	Ideal-Ideal 方法 1	Ideal-van Laar 方法 2	PR-van Laar 方法 3	Ideal-NRTL 方法 4	PR-NRTL 方法 5	Ideal-Wilson 方法 6	PR-Wilson 方法 7	SRK-Wilson 方法 8
y_1	0.1229	0.0750	0.1671	0.1122	0.0847	0.1266	0.0847	0.1266	0.1271
	0.1648	0.1025	0.1945	0.1576	0.1109	0.1655	0.1109	0.1654	0.1661
	0.2125	0.1353	0.2206	0.2099	0.1406	0.2090	0.1405	0.2089	0.2099
	0.2669	0.1748	0.2469	0.2673	0.1747	0.2587	0.1747	0.2586	0.2600
	0.3295	0.2231	0.2745	0.3302	0.2152	0.3169	0.2151	0.3169	0.3189
	0.4047	0.2828	0.3048	0.4020	0.2645	0.3877	0.2646	0.3877	0.3920
	0.4947	0.3580	0.3394	0.4865	0.3272	0.4808	0.3273	0.4809	0.4856
	0.5930	0.4548	0.3818	0.5808	0.4104	0.5854	0.4105	0.5856	0.5888
	0.7048	0.5825	0.4405	0.6913	0.5277	0.7037	0.5278	0.7039	0.7060
	0.8375	0.7561	0.5536	0.8269	0.7053	0.8405	0.7054	0.8406	0.8417
	1.0000	1.0000	1.0000	1.0000	1.0000	1.0000	1.0000	1.0000	1.0000
单点误差/%		9.72	33.9	1.26	15.7	0.4	15.7	0.4	0.5

(3) 不同模型对精馏塔设计的影响

八种不同模型选择对精馏塔设计有何种影响？案例计算了：①精馏塔设备数据（理论板数、进料位置、回流比、塔顶温度、塔釜温度、精馏段填料高度、精馏段高度、精馏段直径、提馏段填料高度、提馏段高度、提馏直径、全塔高度、精馏段/提馏段泛点率）；②精馏塔能耗（再沸器能耗、蒸汽消耗、冷凝器能耗、冷冻剂消耗、冷凝器面积、再沸器面积）；③精馏塔投资及操作费用（精馏塔造价、精馏系统设备造价、操作费用、精馏装置总投资、投资误差、投资误差百分比）；④开车情况。计算结果见［工程案例］表 14。

［工程案例］表 14　不同模型对精馏塔设计的影响

计算内容	单位	实际数据	Ideal-Ideal 方法 1	Ideal-van Laar 方法 2	PR-van Laar 方法 3	Ideal-NRTL 方法 4	PR-NRTL 方法 5	Ideal-Wilson 方法 6	PR-Wilson 方法 7	SRK-Wilson 方法 8
理论板数	块	37	25	205	32	23	38	24	38	38
进料位置	块	18	13	195	14	14	18	14	18	18
回流比		8.05	3.27	1.82	5.88	3.08	8.06	2.33	8.07	8.2
塔顶温度	℃	−5.92	−4.1	7.9	−5.9	−4.1	−5.9	−4.2	−5.9	−4.9
塔釜温度	℃	57	57.4	72	54.9	56.9	54.9	56.9	54.9	56.2
精馏段填料高度	m	4.8	3.36	接近共沸偏差大	3.64	3.64	4.76	3.64	4.76	4.76
精馏段高度	m	7.1	4.4		5	5	7.1	5	7.1	7.1
精馏段直径	mm	800	600		700	600	800	500	800	800
提馏段填料高度	m	6.3	3.85		5.95	2.8	6.65	3.15	6.65	6.65
提馏段高度	m	9.9	4.9		8.5	4.1	10.2	4.4	10.2	10.2
提馏直径	mm	900	800		800	800	900	700	900	900
全塔高度	m	22.5	14.8		19.0	14.6	22.8	14.9	22.8	22.8

续表

计算内容	单位	实际数据	Ideal-Ideal 方法 1	Ideal-van Laar 方法 2	PR-van Laar 方法 3	Ideal-NRTL 方法 4	PR-NRTL 方法 5	Ideal-Wilson 方法 6	PR-Wilson 方法 7	SRK-Wilson 方法 8
精馏段/提馏段泛点率	%	55.5/53.6	49.8/50.8		54/59.6	47.5/49.3	55.4/52.6	54.8/59.2	55.6/52.8	57.8/54.9
再沸器能耗	kW	667.8	417.4		567	401.7	652.8	355.7	653.5	666.6
蒸汽消耗	t/h	1.14	0.71		0.96	0.68	1.11	0.60	1.11	1.13
冷凝器能耗	kW	482.7	202.3		353	190.3	483	144.3	483	491.3
冷冻剂消耗	t/h	15.1	6.3		11.0	5.9	15.1	4.5	15.1	15.4
冷凝器面积	m^2	103	43		76	41	104	31	104	105
再沸器面积	m^2	25	16		21	15	24	13	24	25
精馏塔造价	万元	28.9	13		24	13	29.1	11	29.2	29.1
精馏系统设备造价	万元	44.2	25.0		41.0	25.1	44.2	36.5	44.4	44.8
操作费用	万元/年	219.8	133.0		185.4	130.0	215.2	114.6	215.4	219.7
精馏装置总投资	万元	330.2	195.5		287.9	192.7	325.7	205.7	326.4	331.7
投资误差	万元		−134.7		−42.3	−137.5	−4.6	−124.5	−3.84	1.4
投资误差百分比	%		−40.8		−12.8	−41.6	−1.4	−37.7	−1.2	0.4
开车情况		正常开车	无法开车	无法开车	无法开车	无法开车	正常开车	无法开车	正常开车	正常开车

从［工程案例］表 14 可以看出，若汽相选择理想气体方程，则液相无论选择理想溶液、van Laar、NRTL、Wilson 模型，即方法 1、2、4、6 设计出的精馏塔，其塔高、回流比、直径与实际误差极大，系统均不能正常开车。

最难以理解的是方法 2（Ideal-van Laar）描述出的原本并无共沸现象的汽液平衡，在低浓度范围居然出现了接近共沸的现象，使得理论塔板数高达 270 余块，在工程中单塔无法实现，与实际相差甚远。

那么在方法 2 基础上，汽相用 PR 校正过后，情况是否有好转呢？方法 3（PR-van Laar）显示设计出的理论塔板数、回流比偏小，为了达到预期纯度，必须增大回流比，按照现有直径设计的塔已经出现液泛，仍然不能正常开车。这也是令人费解的，为何液相用 van Laar 模型后，汽相无论用 PR 方程校正还是不校正，都会出现不能正常开车的情况？而液相用 NRTL 或 Wilson 模型校正及汽相用 PR 或 SRK 方程校正后（方法 5,7,8）都能正常开车？

这需要从模型的特点来剖析，van Laar 模型参数与温度无关，而该系统需要计算的是定压力下，温度变化的汽液平衡数据，而且温度变化较大，精馏塔从塔顶−5.7℃变化到塔底 57℃，因此，对如此宽温度变化范围的系统就不能精确描述了。而 NRTL 或 Wilson 模型参数是随溶液温度变化而变化（参见 4.7.5.3），因此用方法 5（PR-NRTL）、方法 7（PR-Wilson）、方法 8（SRK-Wilson）设计出来的精馏塔无论是精馏塔设备数据、精馏塔能耗还是精馏塔投资及操作费用，与实际情况非常吻合，精馏塔投资误差极小，最大误差为−1.4%，其中方法 8（SRK-Wilson）与实际偏差最小，仅为 0.4%，远小于工程允许的±5%，开车情况正常。

该工程案例告诉我们，热力学模型一定要正确选择，否则差之毫厘谬之千里！

该工程案例也再次充分反映了热力学模型正确选择对化工设计装置精确性、工程操作和生产有极其重要的影响！

Aspen Plus 化工流程模拟软件在石油、化工、天然气处理领域的应用十分广泛，如加氢装置高压换热器设计、空分设备设计、轻烃回收装置优化、C_8 芳烃分离工艺计算、丁醇精馏工艺设计、蒸汽减温减压系统计算、硫酸装置催化剂装填设计、氯碱工程设计、无机盐工艺与设计、正丁醇-异丁醇萃取精馏工艺设计与优化等。使得相平衡内容的手工计算工作量大大减少，提高了设计效率。

*5.6 其他类型的相平衡

5.6.1 液液平衡

液液平衡是液体组分相互到达饱和溶解度时液相和液相间的平衡，如互溶度很低的苯-环己烷二元系统的平衡。一般出现在与理想溶液有较大正偏差的溶液中。

> **思考：**
> 溶液在什么条件下能保持稳定的单一相，而在什么条件下要产生分层形成两个液相?

对于液液平衡系统，若有两个液相分别为 α 和 β 相，其平衡判据为：

① α 液相的温度与 β 液相的温度相等，即 $T^{\alpha}=T^{\beta}$；

② α 液相的压力与 β 液相的压力相等，即 $p^{\alpha}=p^{\beta}$；

③ 组分 i 在 α 液相的逸度等于它在 β 相中的逸度，即

组分 1 $\hat{f}_1^{\alpha}=\hat{f}_1^{\beta}$，组分 2 $\hat{f}_2^{\alpha}=\hat{f}_2^{\beta}$，任意组分 i $\hat{f}_i^{\alpha}=\hat{f}_i^{\beta}$ $(i=1,2,3,\cdots,N)$。

根据组分的逸度与活度的关系 $a_i=\gamma_i x_i=\dfrac{\hat{f}_i}{f_i^0}$，有 $\hat{f}_i=f_i^0\gamma_i x_i$。

可见液液平衡时有

$$\gamma_i^{\alpha}x_i^{\alpha}=\gamma_i^{\beta}x_i^{\beta} \qquad (i=1,2,3,\cdots,N) \tag{5-58}$$

对二元液液平衡系统，有

$$\boxed{x_1^{\alpha}\gamma_1^{\alpha}=x_1^{\beta}\gamma_1^{\beta},\quad x_2^{\alpha}\gamma_2^{\alpha}=x_2^{\beta}\gamma_2^{\beta}} \tag{5-59}$$

$$\boxed{x_1^{\alpha}+x_2^{\alpha}=1,\quad x_1^{\beta}+x_2^{\beta}=1} \tag{5-60}$$

或

$$\boxed{\begin{aligned} x_1^{\beta}&=x_1^{\alpha}\frac{\gamma_1^{\alpha}}{\gamma_1^{\beta}},\quad \ln\left(\frac{\gamma_1^{\alpha}}{\gamma_1^{\beta}}\right)=\ln\left(\frac{x_1^{\beta}}{x_1^{\alpha}}\right)\\ x_2^{\beta}&=(1-x_1^{\alpha})\frac{\gamma_2^{\alpha}}{\gamma_2^{\beta}},\quad \ln\left(\frac{\gamma_2^{\alpha}}{\gamma_2^{\beta}}\right)=\ln\left(\frac{1-x_1^{\beta}}{1-x_1^{\alpha}}\right)\end{aligned}} \tag{5-61}$$

由于在压力不是很高的条件下，压力对液相活度系数的影响可以不计，故有 $\ln\gamma_i^{\alpha}$ 是 T、x_1^{α} 的函数，$\ln\gamma_i^{\beta}$ 是 T、x_1^{β} 的函数。上式的两个方程关联了三个未知数（T、x_1^{α}、x_1^{β}），若给定其中一个（如取系统温度 T 为独立变量），其余两个从属变量（x_1^{α}、x_1^{β}）就能够从以上方程组求解。

液相活度系数的求取常采用 Margules 方程、van Laar 方程、NRTL 方程和 UNIQUAC 方程等计算。在二元系统计算中，用 Margules 方程、van Laar 方程时，可用解析法求解；而用 NRTL 方程和 UNIQUAC 方程时，需要用迭代法计算平衡组成。

值得注意的是，在汽液平衡计算中，活度系数的计算常常近似认为方程参数与

温度无关，而液液平衡中，溶解度常常受温度的影响很大。为此，提出了一些经验关系式以描述方程参数随温度的改变情况，如

$$A=a+\frac{b}{T}+cT$$

Aspen Plus 中 NRTL 方程参数的修正就采用了此类形式。

5.6.2 汽液液平衡

在烃类有机物的水蒸气精馏、恒沸精馏以及萃取精馏中，液液溶解度曲线有时会与汽液平衡的泡点线相交，此时便产生了汽液液平衡问题，如水-乙醇-正丁醇系统、水-乙醇-苯系统、水-丙醇-正丁醇系统、水-异丁醇-正丁醇系统等。

汽液液平衡的计算是汽液平衡计算的延伸，特别需要注意液相部分互溶意味着高度非理想性，组成计算时不能考虑任何液相理想性的一般假设。

【例 5-12】 在氨基甲酸酯类杀虫剂残杀威的生产过程中，中间体邻异丙氧基苯酚（A）与水（B）共沸物的萃取精馏分离中，精馏段存在汽液液三相。25℃时，A、B 二元溶液处于汽液液三相平衡，饱和液体的组成为：$x_A^\alpha=0.02$，$x_B^\alpha=0.98$，$x_A^\beta=0.98$，$x_B^\beta=0.02$。25℃时，A、B 物质的饱和蒸气压为：$p_A^s=0.01\text{MPa}$，$p_B^s=0.1013\text{MPa}$。

试作合理的假设，并说明理由，估算三相共存平衡时的压力与汽相组成。

解：取 Lewis-Randall 规则为标准态。在 α 相中组分 B 的含量高，$x_B^\alpha=0.98$，接近于 1，故 $\gamma_B^\alpha=1$；而在 β 相中组分 A 的含量高，$x_A^\beta=0.98$ 接近于 1，故 $\gamma_A^\beta=1$。

假设汽液平衡符合 $py_i=p_i^s\gamma_i x_i$ 的关系式，在液液平衡中

$$\gamma_A^\alpha x_A^\alpha=\gamma_A^\beta x_A^\beta,\quad \gamma_A^\alpha=\frac{\gamma_A^\beta x_A^\beta}{x_A^\alpha}=\frac{1\times0.98}{0.02}=49$$

同理

$$\gamma_B^\alpha x_B^\alpha=\gamma_B^\beta x_B^\beta,\quad \gamma_B^\beta=\frac{\gamma_B^\alpha x_B^\alpha}{x_B^\beta}=\frac{1\times0.98}{0.02}=49$$

汽液液三相平衡压力为

$$p=p_A^s\gamma_A^\alpha x_A^\alpha+p_B^s\gamma_B^\alpha x_B^\alpha=(0.01\times49\times0.02+0.1013\times1\times0.98)\times10^3=109.1\text{kPa}$$

汽液液三相平衡的汽相组成为

$$y_A=\frac{p_A^s\gamma_A^\alpha x_A^\alpha}{p}=\frac{0.01\times10^3\times49\times0.02}{109.1}=0.0898$$

5.6.3 气液平衡

气液平衡（GLE）是指在一定条件下，气态组分与液态组分间的平衡关系。与上述的汽液平衡（VLE）之间的区别是，在所定的条件下，VLE 的各组分都是可凝性组分；而在 GLE 中，至少有一种组分是非凝性的气体。常压下的 GLE 常被简单地称为气体溶解度，但考虑的出发点有所不同，气体溶解度主要讨论气体的溶解量。而 GLE 则需要兼顾气相和液相的组成。

在现代工业中，利用各种气体在液体中溶解能力的不同可以实现气体的分离、原料气的净化以及环境中废气的处理。因此，对 GLE 的理论研究有重要意义。

根据相平衡判据，气液平衡的基本关系式为

$$\hat{f}_i^G=\hat{f}_i^L \tag{5-62}$$

对于二元气液平衡，溶质和溶剂分别用组分 1 和组分 2 表示。组分 1 在液相中的浓度很低，使用不对称活度系数（第二种标准态）。因此有

$$\hat{f}_1^G = p y_1 \hat{\varphi}_1^G \tag{5-63}$$

$$\hat{f}_1^L = H_{1,2} \gamma_1^* x_1 \tag{5-64}$$

$$p y_1 \hat{\varphi}_1^G = H_{1,2} \gamma_1^* x_1 \tag{5-65}$$

式中，$H_{1,2}$ 为溶质1在溶剂2中的Henry常数，与溶质、溶剂的种类以及温度有关。而对于溶剂组分2，仍采用对称归一化的活度系数（第一种标准态）

$$\hat{f}_2^G = p y_2 \hat{\varphi}_2^G \tag{5-66}$$

$$\hat{f}_2^L = p_2^s \varphi_2^s \gamma_2 x_2 \tag{5-67}$$

$$p y_2 \hat{\varphi}_2^G = p_2^s \varphi_2^s \gamma_2 x_2 \tag{5-68}$$

当系统的压力较低时，$\hat{\varphi}_1^G = \hat{\varphi}_2^G = 1$，并且 $\varphi_2^s = 1$；又由于液相中 $x_1 \to 0$、$x_2 \to 1$，根据活度系数标准态选取的原则知：$\lim\limits_{x_1 \to 0} \gamma_1^* = 1$，$\lim\limits_{x_2 \to 1} \gamma_2 = 1$。则式(5-65)和式(5-68)分别简化为

$$\boxed{p y_1 = H_{1,2} x_1, \quad p y_2 = p_2^s x_2} \tag{5-69}$$

即溶质组分1符合Henry定律，而溶剂组分2符合Raoult定律。

类似地，多元的低压气液平衡，溶质和溶剂则同样分别符合Henry定律和Raoult定律。

【例5-13】 研究 CO_2 在水中的溶解度对开发高效无毒的 CO_2 溶剂，降低捕集和分离的成本是节能减排的一个重要课题，试计算75℃、总压为40MPa下 CO_2 在水中的溶解度 x_{CO_2}。

解：查得75℃时，CO_2 在水中Henry常数 $H_{CO_2,H_2O} = 409.57\text{MPa}$，$CO_2$ 在无限稀释水中的偏摩尔体积 $\bar{V}_i^\infty = 31.4\text{cm}^3 \cdot \text{mol}^{-1}$。

由式(4-81)和式(4-91)可得

$$\left(\frac{\partial \ln H_{i,溶剂}}{\partial p}\right)_{T,x} = \frac{\bar{V}_i^\infty}{RT}$$

在不是很高的压力范围内，溶质的活度系数没有明显的变化，可以作为常数处理，则由式(5-64)知溶质 i 的逸度 $\boxed{\hat{f}_i = H_{i,溶剂}\, x_i}$。移项、等式两边同时取对数，恒 T 时，对 p 求偏导，整理后代入数据得到

$$\ln \frac{\hat{f}_1}{x_1} = \ln H_{1,2}^{p_2^s} + \frac{\bar{V}_1^\infty}{RT}(p - p_2^s) = \ln 409.57 + \frac{31.4 \times (40 - 0.1013)}{8.314 \times (75 + 273.15)}$$
$$= 6.015 + 0.433 = 6.448$$

$$\frac{\hat{f}_{CO_2}}{x_1} = 632.1$$

求75℃、40MPa条件下 CO_2 的逸度 $\hat{f}_{CO_2}$。由于 CO_2 是纯气体，故 $\hat{f}_{CO_2} = f_{CO_2}$ 用RK方程进行计算求得

$$\hat{f}_{CO_2} = f_{CO_2} = 16.0\text{MPa}$$

因此溶解度为：
$$x_1 = \frac{\hat{f}_{CO_2}}{632.1} = \frac{16.0}{632.1} = 0.0253$$

【例5-14】 随着环保意识的加强和天然气汽车工业的发展，如何实现天然气经济、高效地贮存是一个亟待解决的问题。设溶解在轻油(2)中的 CH_4 (1)，其逸度可由Henry定律求得。在200K、3040kPa时 CH_4 在轻油（液态）中的Henry常数 $H_{1,轻油}$ 是20265kPa。在相同条件下，与轻油成平衡的气相中含有0.95（摩尔分数）的 CH_4。试进行合理假设后，求200K、3040kPa时 CH_4 在液相中的溶解度。（200K时纯 CH_4 的第二virial系数为 $B = -105\text{cm}^3 \cdot \text{mol}^{-1}$）。

解：假定与轻油成平衡的气相中的 CH_4 符合Lewis-Randall规则，于是有

$$\hat{f}_1^G = f_1^G y_1 = p \varphi_1 y_1 \tag{A}$$

其中纯 CH_4 气体的逸度系数可由 virial 方程求得。两项 virial 截断式为

$$Z=1+\frac{Bp}{RT} \tag{B}$$

由式(B) 可以得到逸度系数为

$$\ln \varphi_1=\int_0^p \frac{Z-1}{p}\mathrm{d}p=\frac{Bp}{RT}=-0.192$$

$$\varphi_1=0.825$$

因设溶解在轻油中的 CH_4 的逸度可用 Henry 定律求得，故

$$\hat{f}_1^{\mathrm{G}}=\hat{f}_1^{\mathrm{L}}=H_{1,轻油}\,x_1 \tag{C}$$

结合式(A) 和式(C)，可以得到 CH_4 在液相中的溶解度

$$x_1=\frac{p\varphi_1 y_1}{H_{1,轻油}}=\frac{3040\times 0.825\times 0.95}{20265}=0.1176$$

5.6.4 固液平衡

固液平衡是一类重要的相平衡，有两类：一类是溶解平衡；另一类是熔融平衡。前者是不同化学物质的液体和固体间的平衡，讨论的重点是固体在液体中的溶解度问题；后者则是相同化学物质的熔融和固体形式间的平衡。固液平衡是溶液结晶分离的基础，被广泛用于化学工业、冶金工业、医药工业等领域。

固液相行为远较汽液平衡和液液平衡系统复杂，比如固态溶解的有限溶解度、固态的多晶型、固态中所形成的共晶体以及或多或少稳定的分子间化合物等。本节主要介绍溶解平衡。

固液平衡与汽液平衡一样，符合相平衡的基本判据，即式(5-2)，液固两相具有均一的温度 T、压力 p，各组分在两相中的化学位和逸度相等。在恒温恒压条件下，有

$$\hat{f}_i^{\mathrm{L}}=\hat{f}_i^{\mathrm{S}} \tag{5-70}$$

式中，上标 L 和 S 分别代表液相、固相。若两相中的逸度均用活度系数表示，则有

$$f_i^{\mathrm{L}}x_i^{\mathrm{L}}\gamma_i^{\mathrm{L}}=f_i^{\mathrm{S}}z_i^{\mathrm{S}}\gamma_i^{\mathrm{S}} \tag{5-71}$$

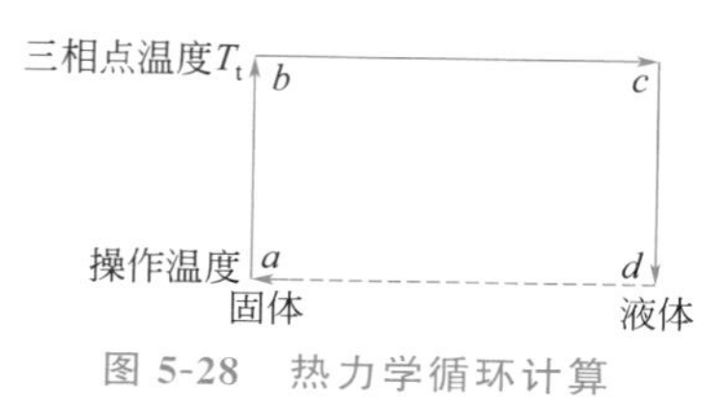

图 5-28　热力学循环计算

式中，f_i^{L} 为纯 i 液体的逸度；f_i^{S} 为纯 i 固体的逸度；z_i^{S} 为 i 组分在固相中的摩尔分数。令固液相标准态逸度之比为

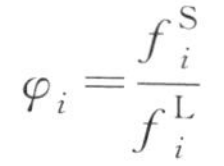

$$\varphi_i=\frac{f_i^{\mathrm{S}}}{f_i^{\mathrm{L}}}$$

这两个逸度只取决于溶质（组分 1）的性质，而与溶剂的本性无关。两个逸度的比值不难由图 5-28 所示的热力学循环计算。于是式(5-71) 变为

$$x_i^{\mathrm{L}}\gamma_i^{\mathrm{L}}=\varphi_i z_i^{\mathrm{S}}\gamma_i^{\mathrm{S}} \tag{5-72}$$

5.6.5 气固平衡和固体（或液体）在超临界流体中的溶解度

当温度低于三相点的温度时，纯固体可以蒸发。纯物质的气固平衡在 p-T 图上（图 2-7）用升华曲线表示。像这样在特殊温度下的平衡压力称作固体的饱和蒸气压。现考虑纯固体组分 1 与含有组分 1 和 2 的二元蒸气混合物（假设该二元蒸气不溶于固相）处于气固两相平衡状态。在蒸气相中，组分 2 为主要组分，通常被称为“溶剂”，组分 1 则被称为“溶质”。组分 1 在气相中的摩尔分数 y_1 便是其在溶剂中的溶解度。组分 1 的溶解度 y_1 是蒸气溶剂温度和压力的函数，这一部分的目的便是推导出计算 y_1 的方法。

根据上述假设，组分 2 不在两相中分布（仅存在于气相），所以系统只有一个相平衡方程，为

$$f_1^S = \hat{f}_1^G \tag{5-73}$$

由于组分 1 在固相中的逸度等于纯固体 1 的逸度，因此将适用于纯液体逸度的方程式(4-78b)，符号上略作改变，得到

$$f_1^S = \varphi_1^s p_1^s \exp\left[\frac{V_1^S(p-p_1^s)}{RT}\right] \tag{5-74}$$

式中，p_1^s 为在温度 T 下纯固体 1 的饱和蒸气压；φ_1^s 为纯固体 1 在温度 T 和压力 p_1^s 下的逸度系数；V_1^S 为纯固体 1 的摩尔体积。

组分 1 在气相中的逸度为

$$\hat{f}_1^G = p y_1 \hat{\varphi}_1^G \tag{5-6}$$

联立以上公式，可以解得 y_1 为

$$\boxed{y_1 = \frac{p_1^s}{p} E_1} \tag{5-75}$$

$$E_1 = \frac{\varphi_1^s}{\hat{\varphi}_1^G} \exp\left[\frac{V_1^S(p-p_1^s)}{RT}\right] \tag{5-76}$$

式中，E_1 为增强因子（Enhancement factor），通过固体组分的 φ_i^s 和气体组分的逸度系数 $\hat{\varphi}_i^G$ 反映出气相的非理想性；$\exp\left[\frac{V_1^S(p-p_1^s)}{RT}\right]$ 为组分 1 的 Poynting 因子。

压力对固体逸度的影响通过 Poynting 因子表现出来。在足够低的压力下，增强因子和 Poynting 因子的影响均可忽略，在这种情况下，$E_1 \approx 1$，$y_1 = \frac{p_1^s}{p}$；在中等压力或高压下，气相的非理想性变得非常重要，Poynting 因子也不能忽略。

$\hat{\varphi}_1^G$ 由适用于高压蒸气混合物的 p-V-T 关系计算出来。由于 $\hat{\varphi}_1^G$ 可达 10^{-11}，因此 E_1 可达 10^{11}，正因为 E_1 可以很大，使得 $y_1 = \frac{p_1^s}{p} E_1$ 迅速增大，萃取效率大大提高。超临界流体在液体中溶解度与在固体中溶解度的计算原理和方法基本相同，不再赘述。

工业上常常用超临界流体来提纯固体产物，如从咖啡豆中萃取咖啡碱、从重油组分中分离沥青烯等。

本章小结

相平衡是本课程的两大任务之一。本书很多内容都是围绕着相平衡关系式 $\hat{f}_i^\alpha = \hat{f}_i^\beta$ 来进行的，如第 2 章中 p-V-T 的关系，第 4 章中逸度系数$\hat{\varphi}_i^v$、$\hat{\varphi}_i^s$，活度系数 γ_i 的计算等。化工生产涉及许多物理和化学过程，为了认识某些过程的实质，需要测定或计算在给定条件下的平衡组成或达到一定分离要求下的操作条件。特别在分析和解决传质分离设备的设计、操作和控制过程中，在开发新的传质分离过程时，往往都离不开平衡数据的测定、关联和推算。据估计，在设计工作中，挑选物性数据的模型，推算和关联物性数据的工作量约占 30%。由此可见，相平衡在化学工程及其许多工程领域中起着十分重要的作用。

相平衡是溶液保持多相共存的平衡状态，平衡判据一个最实用的公式为

$$\hat{f}_i^\alpha = \hat{f}_i^\beta$$

相平衡状态下，系统变量之间的相互依赖关系称为相律。它是多组分多相平衡系统都必须遵循的规律，其表达式为

$$F = C - \pi + 2$$

处于相平衡状态下，各相的温度 T、压力 p 以及各相组分的组成 x_i、y_i 均已被确定，但描述系统的平衡状态无需使用全部的变量，只要由相律求得自由度数的变量即可。

在多种相平衡问题中，汽液平衡是本章的重点内容。若忽略 Poynting 因子的影响，中低压下最常用的计算通式为

$$py_i\hat{\varphi}_i^{\mathrm{v}}=p_i^{\mathrm{s}}\varphi_i^{\mathrm{s}}\gamma_i x_i$$

汽液平衡问题的研究可归纳为 T、p、x_i、y_i 的相互推算。大致分为三类：(1) 泡点问题，包括泡点压力和泡点温度计算；(2) 露点问题，包括露点压力和露点温度计算；(3) 闪蒸计算，围绕着汽液平衡计算通式，常涉及的计算问题还有：

① p_i^{s} 计算：$\ln p_i^{\mathrm{s}}=A_i-\dfrac{B_i}{T+C_i}$；

② 活度系数 γ_i 的计算：利用 van Laar 方程、Margules 方程、Wilson 方程等；

③ 逸度系数φ_i^{s}、$\hat{\varphi}_i$ 的计算：利用 virial 方程、RK 方程、PR 方程等；

④ 平衡系统总压的计算：$p=\sum\gamma_i p_i^{\mathrm{s}}x_i$；

⑤ 汽相摩尔分数的计算 $y_i=\dfrac{p_i^{\mathrm{s}}\gamma_i x_i}{\sum\limits_i^N p_i^{\mathrm{s}}\gamma_i x_i}$，或液相摩尔分数的计算 $x_i=\dfrac{py_i\hat{\varphi}_i^{\mathrm{v}}}{p_i^{\mathrm{s}}\varphi_i^{\mathrm{s}}\gamma_i}$；

⑥ 归一化计算$\sum y_i=1$。

由于汽液平衡关系式包含复杂的隐函数关系，计算中需要进行迭代求解。对于非理想溶液，无论是泡点问题，还是露点问题，由于计算中都含有与混合物性质有关的参数，如混合规则中的二元交互作用参数 k_{ij}、Wilson 方程中的二元交互作用能量参数（$g_{ij}-g_{ii}$）等，一般是通过实验数据拟合得到，通常要用程序或软件计算。

本章结合工程案例，较为详细地讨论了 Aspen Plus 软件的应用与化工热力学的关系，而热力学模型的选择正是化工设计和工艺改进应该特别注意的关键环节。

汽液平衡数据需要用 Gibbs-Duhem 方程来进行热力学一致性检验。用于等温或等压汽液平衡数据可靠性检验的 Gibbs-Duhem 方程形式为

$$-\frac{H^{\mathrm{E}}}{RT^2}\mathrm{d}T+\frac{V^{\mathrm{E}}}{RT}\mathrm{d}p-\sum x_i\mathrm{d}\ln\gamma_i=0$$

流体相平衡是个很大的课题，作为一个化学工程师，应掌握化工物性数据的收集、整理和选择，更要懂得在不同类型和要求的产品设计和过程开发中，选用适宜的相平衡模型。

值得强调的是，相平衡实验工作也是十分重要的。没有精确的实验数据，研究相平衡模型将成为无源之水、无本之木。

本章符号说明

符号	说明
K_i	汽液平衡比
α_{ij}	相对挥发度
α，β	相
e	汽化率
l	液化率
x_i	液相组成
y_i	汽相组成
z_i	进料组成
E_1	增强因子
f_i^{S}	固体的逸度
$\hat{f}_i^{\mathrm{G}}$	组分 i 在气相中的逸度
φ_i	固液相标准态逸度之比
上下标	
G	气相
v	汽相
L	液相

S	固相	E	超额
s	饱和状态	m	熔点
E，e	平衡（用于温度、浓度时）	t	三相点

习　题

一、是非题

5-1 汽液平衡关系 $\hat{f}_i^{v}=\hat{f}_i^{L}$ 的适用的条件是理想气体和理想溶液。

5-2 汽液平衡关系 $py_i=p_i^s\gamma_i x_i$ 的适用的条件是低压条件下的非理想液相。

5-3 在（1)-(2）二元系统的汽液平衡中，若（1）是轻组分，(2）是重组分，则 $y_1>x_1$，$y_2<x_2$。

5-4 混合物汽液相图中的泡点曲线表示的是饱和汽相，而露点曲线表示的是饱和液相。

5-5 对于负偏差系统，液相的活度系数总是小于1。

5-6 在一定压力下，组成相同的混合物的露点温度和泡点温度不可能相同。

5-7 在组分（1)-组分（2）二元系统的汽液平衡中，若（1）是轻组分，(2）是重组分，若温度一定，则系统的压力，随着 x_1 的增大而增大。

5-8 理想系统的汽液平衡 K_i 等于1。

5-9 对于理想系统，汽液平衡常数 K_i，只与 T、p 有关，而与组成无关。

5-10 能满足热力学一致性的汽液平衡数据就是高质量的数据。

5-11 当潜水员深海作业时，若以高压空气作为呼吸介质，由于氮气溶入血液的浓度过大，会给人体带来致命影响（类似氮气麻醉现象）。根据习题5-11表中25℃下溶解在水中的各种气体的Henry常数 H，认为以二氧化碳和氧气的混合气体为呼吸介质比较适合。

习题5-11表　几种气体的Henry常数

气体	乙炔	空气	二氧化碳	一氧化碳	乙烷	乙烯	氦气	氢气	硫化氢	甲烷	氮气	氧气
H/MPa	135	7295	167	540	3060	1155	12660	7160	55	4185	8765	4438

5-12 利用Gibbs-Duhem方程，可以从某一组分的偏摩尔性质求另一组分的偏摩尔性质；并可检验实验测得的混合物热力学数据及建立的模型的正确性。

二、计算题

5-13 二元气体混合物的摩尔分数 $y_1=0.3$，在一定的 T、p 下，$\hat{\varphi}_1=0.9381$，$\hat{\varphi}_2=0.8812$，试计算混合物的逸度系数。

5-14 氯仿（1)-乙醇（2）二元系统，55℃时其超额Gibbs自由能函数的表达式为

$$\frac{G^E}{RT}=(1.42x_1+0.59x_2)x_1x_2$$

查得55℃时，氯仿、乙醇的饱和蒸气压分别为 $p_1^s=82.37\text{kPa}$、$p_2^s=37.31\text{kPa}$，试求：(1）假定汽相为理想气体，计算该系统在的55℃下 p-x_1-y_1 数据。若有共沸点，并确定共沸压力和共沸组成；(2）假定汽相为非理想气体，已知该系统在55℃时第二virial系数 $B_{11}=-963\text{cm}^3\cdot\text{mol}^{-1}$，$B_{22}=-1523\text{cm}^3\cdot\text{mol}^{-1}$，$\delta_{12}=52\text{cm}^3\cdot\text{mol}^{-1}$，计算该系统在55℃下 p-x_1-y_1 数据。

5-15 一个由丙烷(1)-异丁烷(2)-正丁烷(3)的混合气体，$y_1=0.7$、$y_2=0.2$、$y_3=0.1$，若要求在一个30℃的冷凝器中完全冷凝后以液相流出，问冷凝器的最小操作压力为多少？(用软件计算)

5-16 在常压和25℃时，测得 $x_1=0.059$ 的异丙醇（1)-苯（2）溶液的汽相分压（异丙醇的）是1720Pa。已知25℃时异丙醇和苯的饱和蒸气压分别是5866和13252Pa。(1）求液相异丙醇的活度系数(第一种标准态)；(2）求该溶液的 G^E。

5-17 乙醇（1)-甲苯（2）系统的有关的平衡数据如下 $T=318\text{K}$、$p=24.4\text{kPa}$、$x_1=0.300$、$y_1=0.634$，已知318K的两组饱和蒸气压为 $p_1^s=23.06\text{kPa}$、$p_2^s=10.05\text{kPa}$，并测得液相的混合热是一个仅与温

度有关的常数$\frac{\Delta H}{RT}=0.437$，令气相是理想气体，求：(1) 液相各组分的活度系数；(2) 液相的 ΔG 和 G^E；(3) 估计 333K、$x_1=0.300$ 时的 G^E 值；(4) 由以上数据能计算出 333K、$x_1=0.300$ 时液相的活度系数吗？为什么？(5) 该溶液是正偏差还是负偏差？

5-18 在总压 101.33kPa、350.8K 下，苯 (1)-正己烷 (2) 形成 $x_1=0.525$ 的恒沸混合物。此温度下两组分的蒸气压分别是 99.4kPa 和 97.27kPa，液相活度系数模型选用 Margules 方程，汽相服从理想气体，求 350.8K 下的汽液平衡关系 p-x_1 和 y_1-x_1 的函数式。

5-19 A-B 混合物在 80℃的汽液平衡数据表明，在 $0<x_B\leqslant 0.02$ 的范围内，B 组分符合 Henry 定律，且 B 的分压可表示为 $p_B=66.66x_B$kPa。另已知两组分的饱和蒸气压为 $p_A^s=133.32$kPa、$p_B^s=33.33$kPa，求 80℃和 $x_B=0.01$ 时的平衡压力和汽相组成；若该液相是理想溶液，汽相是理想气体，再求 80℃和 $x_B=0.01$ 时的平衡压力和汽相组成。

5-20 某一碳氢化合物 (H) 与水 (W) 可以视为一个几乎互不相溶的系统，如在常压和 20℃时碳氢化合物中含水量只有 $x_W=0.00021$，已知该碳氢化合物在 20℃时的蒸气压 $p_H^s=202.65$kPa，试从相平衡关系得到汽相组成的表达式，并说明是否可以用蒸馏的方法使碳氢化合物进一步脱水？

5-21 在中低压下，苯-甲苯系统的汽液平衡可用 Raoult 定律描述。已知苯 (1) 和甲苯 (2) 的蒸气压数据见习题 5-21 表。

习题 5-21 表　苯 (1) 和甲苯 (2) 的蒸气压数据

t/℃	p_1^s/kPa	p_2^s/kPa	t/℃	p_1^s/kPa	p_2^s/kPa
80.1	101.3	38.9	98	170.5	69.8
84	114.1	44.5	100	180.1	74.2
88	128.5	50.8	104	200.4	83.6
90	136.1	54.2	108	222.5	94.0
94	152.6	61.6	110.6	237.8	101.3

试求：(1) 90℃、$x_1=0.30$ 时，体系的汽相组成和压力；(2) 90℃、1.013×10^5Pa 体系的汽相和液相的平衡组成；(3) 试确定在 $x_1=0.55$、$y_1=0.75$ 时该体系的 T、p；(4) 将含 $y_1=0.3$ 的汽相混合物冷却到 100℃、1.013×10^5Pa (总压)，求该混合物液化分数与液相组成 (液化分数即混合物冷却至 t℃时，蒸气的冷凝分数)；(5) 在上问中，如果混合物的开始组成为 $y_1=0.4$，结果如何？

5-22 设某二元系统，其汽液平衡关系为

$$py_i=p_i^s x_i\gamma_i$$

而活度系数为

$$\ln\gamma_1=Bx_2^2,\qquad \ln\gamma_2=Bx_1^2$$

式中，B 只是温度的函数，已知该系统形成共沸物。试求共沸物组成 x_1^{az} ($=y_1^{az}$) 与参数 B、饱和蒸气压 p_1^s、p_2^s 之间的函数关系。并求共沸压力 p^{az} 的表达式。

5-23 设在 25℃下含有组分 1 和组分 2 的某二元系统，处于气液液三相平衡状态，分析两个平衡的液相 (α 相和 β 相) 组成为：$x_2^\alpha=0.05$，$x_1^\beta=0.05$。已知两个纯组分的蒸气压为：$p_1^s=65.86$kPa，$p_2^s=75.99$kPa。试合理假设后确定下列各项数值：(1) 组分 1 和 2 在平衡的 β 和 α 相中的活度系数 γ_1^β 和 γ_2^α；(2) 平衡压力 p；(3) 平衡气相组成 y_1。

5-24 压力为 101.32kPa 和温度为 382.7K 时糠醛 (1) 和水 (2) 达到汽液平衡，气相中水的浓度为 $y_2=0.810$，液相中水的浓度为 $x_2=0.100$。现将系统在压力不变时降温到 373.8K。已知 382.7K 时糠醛的饱和蒸气压为 16.90kPa，水的饱和蒸气压为 140.87kPa；而在 373.8K 下糠醛的饱和蒸气压为 11.92kPa，水的饱和蒸气压为 103.52kPa。假定气相为理想气体，液相活度系数与温度无关，但与组成有关，试计算在 373.8K 时系统的气相和液相的组成。

5-25 已知正戊烷(1)-正己烷(2)-正庚烷(3)的混合溶液可看成是理想溶液，试求在 101.325kPa 下组成为 $y_1=0.25$，$y_2=0.45$ 的气体混合物的露点。纯物质的饱和蒸气压可用 Antoine 方程 $\ln p_i^s=A_i-B_i/(T+C_i)$ 表示，其中：正戊烷 $A_1=13.8131$，$B_1=2477.07$，$C_1=-39.94$；正己烷 $A_2=13.8216$，$B_2=2697.55$，$C_2=-48.78$；正庚烷 $A_3=13.8587$，$B_3=2911.32$，$C_3=-56.51$。

5-26 常压下乙酸乙酯（1）-乙醇（2）系统在 344.95K 时形成共沸物，其组成为 $x_1=0.539$。已知乙酸乙酯和乙醇在 344.95K 时的饱和蒸气压分别为 78.26kPa 和 84.79kPa；329.45K 时的饱和蒸气压分别为 39.73kPa 和 48.00kPa。（1）试计算 van Laar 活度系数方程的常数 A'_{12} 和 A'_{21}；（2）假定 A'_{12} 和 A'_{21} 不随温度、压力变化，求 329.45K 时该系统的共沸压力及组成。

5-27 乙酸甲酯（1）-甲醇（2）系统在 101.325kPa 时的 van Laar 方程参数 $A'_{12}=0.4262$，$A'_{21}=0.4394$，试计算在 101.325kPa 时的共沸组成，已知乙酸甲酯和甲醇的饱和蒸气压可用 Antoine 方程 $\ln p_i^s=A_i-B_i/(T+C_i)$ 表示，其 Antoine 方程中的常数分别为：乙酸甲酯 $A_1=14.5685$，$B_1=2838.70$，$C_1=-45.16$；甲醇 $A_2=16.1262$，$B_2=3391.96$，$C_2=-43.16$。

5-28 丙酮（1）-己烷（2）系统在 101.325kPa 下液相可用 Wilson 方程表示其非理想性，方程参数 $(g_{21}-g_{22})/R=582.075\text{K}$，$(g_{12}-g_{11})/R=132.219\text{K}$，试求液相组成 $x_1=0.25$ 时的沸点及气相组成。已知丙酮和己烷的摩尔体积分别为 $73.52\text{cm}^3\cdot\text{mol}^{-1}$ 和 $130.77\text{cm}^3\cdot\text{mol}^{-1}$，其饱和蒸气压可用 Antoine 方程 $\lg p_i^s=A_i-B_i/(T+C_i)$ 表示，Antoine 方程常数分别为：丙酮 $A_1=6.24204$，$B_1=1210.595$，$C_1=-43.486$；己烷 $A_2=6.03548$，$B_2=1189.640$，$C_2=-46.870$。

5-29 已知乙酸乙酯（1）-水（2）二元系统在 70℃时的互溶度数据为 $x_1^{\alpha}=0.0109$、$x_1^{\beta}=0.7756$，试确定 NRTL 方程中的参数。设 NRTL 方程的第三参数选定为，$\alpha_{12}=0.2$。

5-30 A-B 是一个形成简单最低共熔点的系统，液相是理想溶液，已知数据见习题 5-30 表。

习题 5-30 表　已知数据

组分	$T_{m,i}$/K	ΔH_i^{fus}(熔化热)/J·mol^{-1}
A	446.0	26150
B	420.7	21485

（1）确定最低共熔点；（2）$x_A=0.865$ 的液体混合物，冷却到多少温度开始有固体析出？析出为何物？1mol 这样的溶液，最多能析出多少该物质？此时的温度是多少？

5-31 完全互溶的二元系统苯（1）-三氯甲烷（2），在 70℃与 101.3kPa 下，其组成的汽液相平衡比 $K_1=0.719$，$K_2=1.31$。试计算对汽液相总组成苯含量（摩尔分数）为 0.4 时的汽液相平衡组成和汽化率：

5-32 求正戊烷（1）-正己烷（2）-正庚烷（3）组成的液体混合物，在 69℃时，常压的汽液平衡常数。已知它们饱和蒸气压分别为 $p_1^s=0.2721\text{MPa}$、$p_2^s=0.1024\text{MPa}$、$p_3^s=0.0389\text{MPa}$。

5-33 纯液体 A 与 B 在 90℃时蒸气压为 $p_A^s=1000\text{mmHg}$　$p_B^s=700\text{mmHg}$ 已知 A 与 B 形成的二元溶液超额自由焓 G^E 模型为 $\dfrac{G^E}{RT}=x_Ax_B$，汽相为理想气体，问：（1）$\ln\gamma_A$，$\ln\gamma_B$ 的组成函数表达式是什么？（2）液相组成为 50%（mol）A 和 50%（mol）B 混合物平衡的蒸气总压为多少？（3）能否生成共沸物？如生成的话，恒沸温度点是最高点还是最低点？为什么？（4）如已知 $\ln\gamma_A=8x_B^2$，导出 $\ln\gamma_B$ 的组成函数表达式。

5-34 完成相平衡系统求解过程框图。假设系统为部分理想系，已知总压及液相各组成，求该系统温度及汽相组成（ξ 为某一有限小数）。

5-35 二元系统的活度计算式 $\begin{cases}\ln\gamma_1=x_2^2(0.5+2x_1)\\ \ln\gamma_2=x_1^2(1.5-2x_2)\end{cases}$ 的模型是否有合理？请分析说明。

5-36 20℃时固体萘（2）在正己烷（1）中的溶解度为 $x_2=0.09$，试估 40℃时萘在正己烷中的溶解度为多大。已知萘的熔化热和熔点分别为 $1922.8\text{J}\cdot\text{mol}^{-1}$ 和 80.2℃。该溶液的活度系数模型为 $\ln\gamma_2=\dfrac{\alpha}{RT}x_1^2$。

5-37 证明二元共沸有：（1）$\dfrac{dx_1}{dp}=\dfrac{d(p_1^s/p_2^s)}{dT}\dfrac{dT}{dp}\Big/\dfrac{d(\gamma_1/\gamma_2)}{dx_1}$；（2）讨论该式在共沸系统的应用。

5-38 辛醇（1）-水（2）组成液液平衡系统。在 25C 时，测得水相中正辛醇的摩尔分数为 0.00007，而醇相中水的摩尔分数为 0.26。试估计水在两相中的活度系数。

5-39 25℃和101.33kPa时乙烷（E）在正庚醇（H）中的溶解度是 $x_E=0.0159$，且液相的活度系数可以表示为 $\ln\gamma_E=B(1-x_E^2)$，并已知25℃时的Henry常数：$H_{E,H}=27.0$（在 $p=101.32\text{kPa}$ 时）；$H_{E,H}=1.62$（在 $p=2026.4\text{kPa}$ 时）。计算25℃和2026.4kPa时乙烷在正庚醇中的溶解度（可以认为正庚醇为不挥发组分）。

5-40 某一碳氢化合物（H）与水（W）可以视为一个几乎互不相溶的系统，如在常压和20℃时碳氢化合物中含水量只有 $x_W=0.00021$，已知该碳氢化合物在20℃时的蒸气压 $p_H^s=202.65\text{kPa}$，试从相平衡关系得到汽相组成的表达式，并说明是否可以用蒸馏的方法使碳氢化合物进一步干燥？

5-41 测定了异丁醛（1）-水（2）系统在30℃时的液液平衡数据是 $x_1^\alpha=0.8931$，$x_1^\beta=0.0150$。（1）由此计算van Laar常数；（2）推算 $T=30$℃，$x_1=0.915$ 的液相互溶区的汽液平衡。已知30℃时，$p_1^s=28.58$，$p_2^s=4.22\text{kPa}$。

5-42 描述图中的相变化过程 $A\rightarrow B\rightarrow C\rightarrow D$。

5-43 某二元系统的 T-x-y 图和 p-x-y 图如下。请将相变化过程 $A\rightarrow B\rightarrow C\rightarrow D\rightarrow E$ 和 $F\rightarrow G\rightarrow H\rightarrow I\rightarrow J$ 表示在 p-T 图（组成=0.4）上。

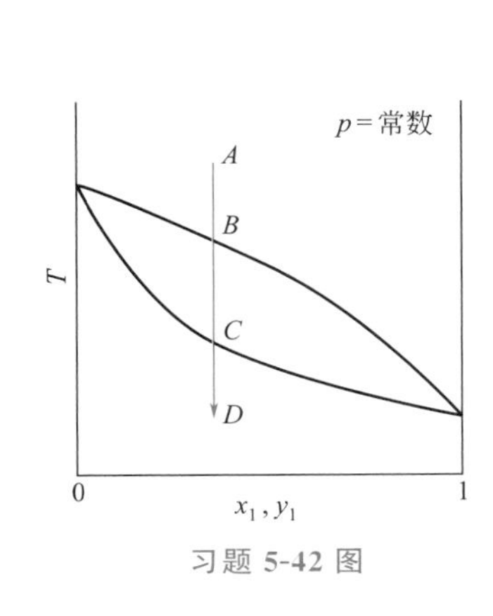

习题 5-42 图

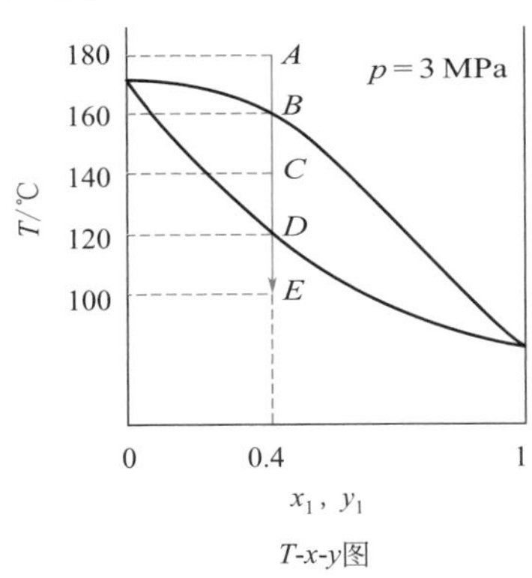

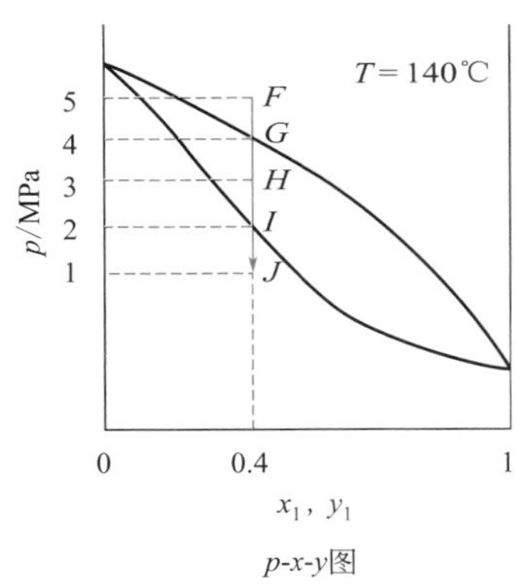

习题 5-43 图

5-44 证明：（1）Wilson方程不能应用表达液液平衡关系（以二元系统为例）；（2）若对Wilson方程进行一个小的改进，即 $\dfrac{G^E}{RT}=-C[x_1\ln(x_1+x_2\Lambda_{12})+x_2\ln(x_2+x_1\Lambda_{21})]$，$C$ 是常数，则该式可表达液液平衡。

5-45 有人说只有 $\dfrac{G^E}{RT}\geqslant 0.5$，才可能表达二元系统的液液相分裂。这种说法是否有道理？

5-46 由组分A、B组成的二元溶液，汽相可看作理想气体，液相为非理想溶液，液相活度系数与组成的关联式表示：$\ln\gamma_A=0.5x_B^2$，$\ln\gamma_B=0.5x_A^2$。80℃时，组分A、B的饱和蒸气压分别为：$p_A^s=1.2\times10^5\text{Pa}$，$p_B^s=0.8\times10^5\text{Pa}$。问此溶液在80℃时，汽液平衡是否有恒沸物？若有，恒沸压力及恒沸组成为多少？

5-47 对于某二元溶液，若已知组分1的活度系数可用下式表示

$$\ln\gamma_1=-\ln(x_1+2x_2)+x_2\left(\frac{2}{x_1+2x_2}-\frac{3}{x_2+3x_1}\right)$$

问：（1）组分1的标准态是Lewis-Randall规则下的标准态还是Henry定律下的标准态？

（2）如果组分1的亨利常数为0.2MPa，则纯组分1在系统当前温度、压力下的逸度是多少？

（3）推导组分2的活度系数表达式？

（4）求该二元系统的过量Gibbs自由能表达式？

（5）该二元混合物是否会出现液-液分层现象，为什么？

5-48 对于［例5-4］体系和条件，采用Excel工具，计算VLE泡点温度 T 及汽相组成 y。

5-49 请应用Aspen Plus，选用不同的物性方法，分别计算在25℃、35℃和45℃下不同质量浓度甲醇水溶液的密度，并与文献数据比较。

5-50 试确定1.5MPa操作压力下，正戊烷、正丙醇、水体系的汽液平衡所选用的热力学方程。

5-51 试问环境条件下，丙酮、水、二氧化碳体系选用什么热力学方程来进行汽液平衡计算？

5-52 通过国内外数据库查询苯和水的汽液平衡数据，并绘制 T-x-y 相图。

第 6 章

化工过程能量分析

本章框架

6.1 热力学第一定律及其应用

6.2 热力学第二定律及其应用

6.3 理想功、损失功和热力学效率

6.4 损失功分析

6.5 有效能

6.6 化工过程能量分析及合理用能

导 言

化工是高能耗行业，化工热力学肩负着如何合理利用能量的重任，这也是本章的主要内容（见图 1-7）。必须指出的是，能量的属性既有“量”还有“质（品位）”，后者是节能的重点。合理利用能量的基本原则是尽量避免能量由高品位降为低品位；高品位能量用于做功，低品位能量用于给热。

本章将热力学第一、二定律运用于化工常见的稳流系统，建立能量的三种分析方法——能量衡算法、熵分析法、有效能分析法，揭示能量“量与质”损失的大小、部位、原因和改进方法，为化工过程合理用能和节能指明方向，其中有效能分析法全面体现了能量“量与质”的变化，应用最为广泛。在进行能量分析时，需要明确熵流、熵产生、理想功、损失功、热力学效率、有效能等诸多概念及计算方法。本章也是第 7 章的基础。

本章基本要求

重点掌握：稳流系统热力学第一定律及简化式（6.1）；热力学第二定律、熵产生定义及熵衡算式（6.2）；理想功、损失功定义（6.3）；有效能定义及有效能衡算式（6.5）。

掌握：有效能与理想功的联系和区别，无效能与损失功的联系（6.5）；各种效率（热力学效率、热效率、可逆热机效率、等熵效率、有效能效率）的计算公式和区别。

理解：熵流（6.2）；流体流动、传热和传质过程的损失功分析（6.4）。

了解：能量的级别（品位）（6.5）；合理用能基本原则（6.6）。

能源是人类生存、社会进步和国家可持续发展的物质基础。在能源危机及能源过度消耗导致环境日益破坏的今天，如何合理利用能源，降低能耗，改善环境已成为全世界共同关注的话题。我国目前是世界第二大能源生产国和消费国，其石油消费对进口的依赖程度已达 50%，而单位 GDP 能耗是世界平均水平的 2 倍，是发达国家的 10 倍。因此，要保证可持续发展，节约能源、提高能源的利用率是唯一出路。

化学工业是人类发展的支柱产业。该过程始终伴随着能量的供应、转换、利用、回收、排放等环节。无论是流体的流动、传热和传质过程，或是化学反应过程都同时伴随着能量的变化。化工生产中涉及的能量形式主要包括热能、机械能、化学能等。各种形式的能量在一定条件下可以互相转化，如燃烧可以将化学能转化为热能；通过热机可以将热能转化为机械能等。这些都涉及能量转换效率及提高能量利用率的问题。化学工业是耗能大户，能量消耗在生产费用中占有很高的比例，因此，必须应用热力学第一、二定律及以此为基础建立的热力学分析方法来解决这些问题。化学工业又是耗能最大的工业之一，在化工产品中，一般产品能源成本占总成本的 20%～30%，高能耗产品的能源成本甚至达到产品成本的 70%～80%。因此，化工生产过程的节能降耗、减小生产成本就显得尤为重要。

热力学第一、第二定律是能量在量和质上遵循的客观规律。热力学第一定律阐明了其“量”的属性，而热力学第二定律从其“质”的属性揭示了能量转换中“质”要降低的特性。例如，电能可以全部转变成了热能，而热能中只有 25%，最多 40%左右会变为电能。因此，能量不仅有数量，而且还有品质。

化工过程的能量分析就是以热力学第一、二定律为基础。应用理想功、损失功和有效能等概念，对化工生产过程中能量转化、传递及使用进行分析。研究各种能量转换过程中能量的利用及品位的变化、有效利用程度以及造成能量损耗和损失的原因，揭示能量损耗的大小和部位，为有效地降低生产能量消耗、经济合理的利用能量、科学节能提供依据。

本章目的：①掌握稳流系统热力学第一、第二定律数学表达式及在化工过程中的应用；②掌握化工过程理想功、损失功、有效能计算及应用；③了解化工过程的热力学分析方法；熟悉化工单元过程的能量分析及能量合理利用的基本原则。

6.1 热力学第一定律及其应用

人体的能量平衡

热力学第一定律即为能量守恒定律，它阐明了能量“量”的属性。能量的转化和守恒是自然界的客观规律，也是自然科学的核心内容之一，广泛渗透在各门学科中，并和各种产业及日常生活息息相关，它从更深层次上反映了物质运动和相互作用的本质。

如当一个人长期摄入的热量高于输出的热量时，必然造成热量在体内的积累，最终导致身体发胖；对锅中的水加热，加入的热量就是水增加的能量，如果有散热损失，则水的净能量增加就是净传热量；空气被绝热压缩，则系统能量的增加即为压缩机消耗的功等。

在对化工过程进行能量分析时，同样需要以热力学第一定律为基础。化工生产往往需要严格控制温度、压力等条件，如何遵守能量守恒定律、利用能量传递和转化的规律、保证适宜的工艺条件，是化工生产成败的关键。为了解决这些问题，首先必须运用热力学第一定律，掌握有关能量的计算。能量有各种不同的形式，常见的能量形式除了热和功以外，还包括流体本身的内能及流体流动的动能、势能等，其中最主要的是进行热和功的计算。

热量平衡

本节着重讨论敞开系统稳定流动过程总能量平衡方程式及其在不同条件下的具体形式的应用。

6.1.1 稳流系统的热力学第一定律

化工生产中遇到的多为敞开系统（开系）。敞开系统的特点是：系统与环境有物质的交换，物质流入和流出量可相等也可不相等；系统与环境除有热功交换外，还包括物流输入和输出携带的能量。因此有

任意系统能量平衡：进入系统的能量－离开系统的能量＝系统内能量的积累

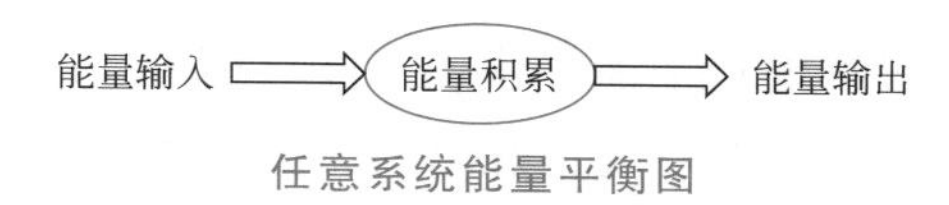

任意系统能量平衡图

但在化工生产过程中，除生产的开、停工外，多数正常生产过程都可视为稳定流动（稳流）过程或接近稳流过程。稳流过程是指系统的状态和流动都是稳定的，即在所讨论的时间内，沿流体流动的途径所有各点质量流量相等，并不随时间变化，能流速率也不随时间而变化。所有质量和能量的流率均为常量，系统内没有质量和能量积累的现象。因此有

稳流系统能量平衡：进入系统的能量－离开系统的能量＝0

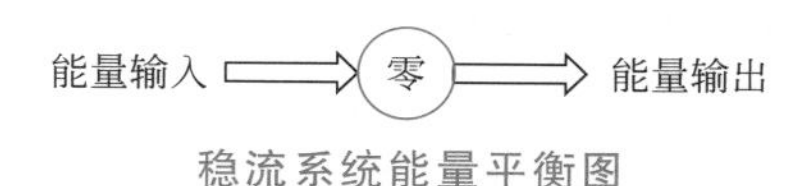

稳流系统能量平衡图

图 6-1 所示为一稳定流动过程，一股流体从截面 1-1 通过换热器和汽轮机流到截面 2-2，在截面 1 的位高、流速、比容、压力、热力学能分别为 z_1、u_1、v_1、p_1、U'_1；截面 2 的位高、流速、比容、压力、热力学能分别为 z_2、u_2、v_2、p_2、U'_2；m_1 和 m_2 分别表示进入和离开流体的质量流量，e_1 和 e_2 分别为进入和离开物质单位质量所携带的能量，$e=U'+gz+\frac{1}{2}u^2$；在流动过程中，系统从换热器中吸热或放热为 Q（系统吸热为正，放热为负），在汽轮机中对外做功为 W_s（得功为正，做功为负）。流体在进入截面 1 前受到左侧的流体的推动，单位质量流体流动功为 p_1v_1，由截面 2 离开的流体对下游流体所做的功为 $-p_2v_2$。由于流体稳定流动，没有能量的积累，能量变化为零；并进入和离开的只有一种流体，即：$m_1=m_2=m$，则

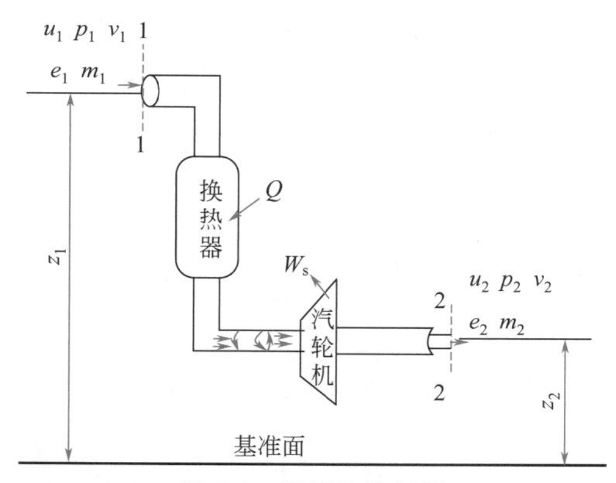

图 6-1　稳定流动过程

$$\Delta \overset{0}{E}=m\underbrace{(U_1'+gz_1+1/2u_1^2+p_1v_1)}_{\text{流体带入的能量}}-m\underbrace{(U_2'+gz_2+1/2u_2^2+p_2v_2)}_{\text{流体带出的能量}}+Q+W_s$$

由焓的定义：$h=U'+pv$，则上式可写成：

$$0=\underbrace{m(\underbrace{U_1'+p_1v_1}_{h_1}-\underbrace{U_2'-p_2v_2}_{h_2})}_{-\Delta H=-m\Delta h}+\underbrace{mg(z_1-z_2)}_{-mg\Delta z}+\underbrace{\frac{1}{2}m(u_1^2-u_2^2)}_{-\frac{1}{2}m\Delta u^2}+Q+W_s$$

则

$$\boxed{\Delta H+mg\Delta z+\frac{1}{2}m\Delta u^2=Q+W_s} \tag{6-1}$$

对于 1kg 流体，式(6-1) 可表达为：

$$\boxed{\Delta h+g\Delta z+\frac{1}{2}\Delta u^2=q+w_s} \tag{6-2}$$

上两式即为开系稳流系统热力学第一定律的表达式，在工程上应用较为广泛。关于开系非稳态过程能量平衡方程式的推导见附录 14.2。

值得指出的是，在使用时，请注意焓、热量、功等热力学性质大小写的不同含义。

【例 6-1】 换热器是化工生产中应用最广的传热设备，若有 50kg 的空气以 $5\text{m}\cdot\text{s}^{-1}$ 的速率流过一高度为 3m、垂直安装的换热器，空气在换热器中从 30℃ 被加热到 150℃（见图），试求空气从换热器中吸收的热量。空气可看成理想气体，并忽略进、出换热器的压力降，空气的平均质量定压热容 $C_p^{ig}=1.005\text{kJ}\cdot\text{kg}^{-1}\cdot\text{K}^{-1}$。

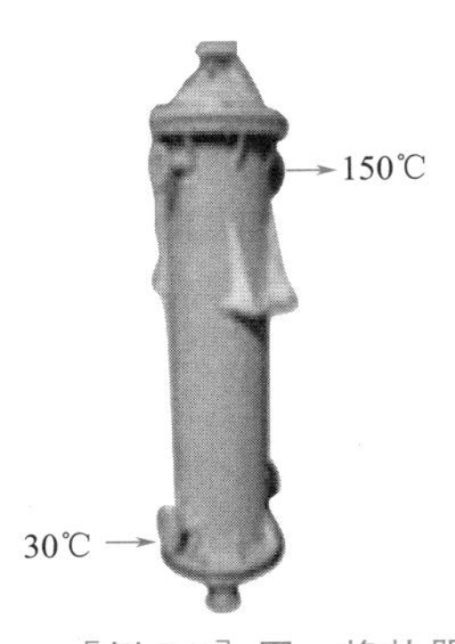

[例 6-1] 图　换热器

解：空气在换热器中与环境无功的交换，$W_s=0$

由式(6-1)

$$\Delta H+mg\Delta z+\frac{1}{2}m\Delta u^2=Q+W_s$$

$$\Delta H=mC_p^{ig}(T_2-T_1)=50\times1.005\times(423.15-303.15)=6.03\times10^3\text{kJ}$$

$$mg\Delta z=50\times9.81\times3\times10^{-3}=1.472\text{kJ}$$

由理想气体状态方程知

$$V_2=V_1\frac{T_2}{T_1}$$

因而有：

$$u_2=u_1\frac{T_2}{T_1}$$

V、u 分别为空气的体积和流速

$$u_2=u_1\frac{T_2}{T_1}=5\times\frac{423.15}{303.15}=6.98\text{m}\cdot\text{s}^{-1}$$

$$\frac{1}{2}m\Delta u^2=\frac{1}{2}\times50(u_2^2-u_1^2)=25\times(6.98^2-5^2)\times10^{-3}=0.593\text{kJ}$$

故空气从换热器中吸收的热量 Q 为

$$Q=\Delta H+mg\Delta z+\frac{1}{2}m\Delta u^2=6.03\times10^3+0.593+1.472=6.032\times10^3\text{kJ}$$

计算结果表明，空气流经换热器所吸收的热量，主要用于增加空气的焓值，动能与势能的变化很小可以忽略，可根据具体的实际过程对方程进行简化。

> **思考：**
> 换热器吸收的热量到哪里去了？
> 换热器吸收的热量主要用于增加流体的焓值，动能、位能变化可忽略。

6.1.2 稳流系统热力学第一定律的简化及应用

蒸汽透平(汽轮机)

化工生产中，在应用稳流系统热力学第一定律式(6-1)或式(6-2)时，可根据具体情况作进一步的简化。常见的简化形式有以下几种。

(1) 流体流经压缩机、汽轮机、鼓风机、泵等设备

此时动、势能项变化很小，可以忽略，即

$$\Delta H + \cancelto{0}{mg\Delta z} + \cancelto{0}{\frac{1}{2}m\Delta u^2} = Q + W_s$$

式(6-1)简化为

$$\Delta H = Q + W_s \tag{6-3}$$

这是能量衡算中很重要的一个公式。

若设备散热很小，可近似看成绝热过程，则

$$\Delta H = \cancelto{0}{Q} + W_s$$

式(6-3)简化为：

$$\Delta H = W_s \tag{6-4}$$

即系统与环境交换的轴功等于系统的焓变。若知道工作流体通过设备时进、出口状态下的焓值，即可求得该设备的轴功。

【例6-2】 已知蒸汽进入汽轮机时焓值 $h_1=3230\text{kJ}\cdot\text{kg}^{-1}$，流速 $u_1=50\text{m}\cdot\text{s}^{-1}$，离开汽轮机时焓值 $h_2=2300\text{kJ}\cdot\text{kg}^{-1}$，流速 $u_2=120\text{m}\cdot\text{s}^{-1}$（见图）。蒸汽出口管比进口管低3m，蒸汽流量为 $10^4\text{kg}\cdot\text{h}^{-1}$。忽略汽轮机的散热损失。

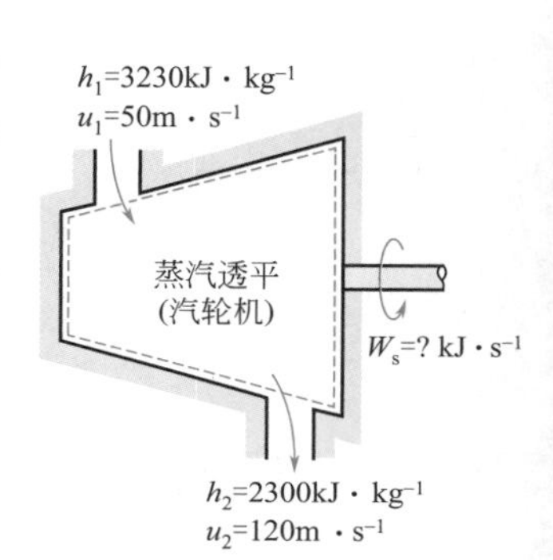

[例6-2] 图 汽轮机

试求：(1) 汽轮机输出功率；(2) 若忽略进、出口蒸汽的动能和位能变化，估计对输出功率计算值所产生的误差？

解：(1) 稳流过程：$Q+W_s=m\left(\Delta h+g\Delta z+\frac{1}{2}\Delta u^2\right)$

其中 $Q=0, m=\frac{10^4}{3600}=2.778\text{kg}\cdot\text{s}^{-1}, \Delta h=2300-3230=-930\text{kJ}\cdot\text{kg}^{-1}$,

$$g\Delta z=9.81\times(-3-0)\times10^{-3}=-29.43\times10^{-3}\text{kJ}\cdot\text{kg}^{-1}$$

$$\frac{1}{2}\Delta u^2=\frac{1}{2}\times(120^2-50^2)\times10^{-3}=5.950\text{kJ}\cdot\text{kg}^{-1}$$

$$W_s=m\left(\Delta h+g\Delta z+\frac{1}{2}\Delta u^2\right)=2.778\times(-930-0.02943+5.95)=-2567.09\text{kJ}\cdot\text{s}^{-1}$$

(2) 忽略动能变化

$$W_s=m(\Delta h+g\Delta z)=2.778\times(-930-0.02943)=-2583.62\text{kJ}\cdot\text{s}^{-1}$$

忽略位能变化

$$W_s=m\left(\Delta h+\frac{1}{2}\Delta u^2\right)=2.778\times(-930+5.95)=-2567.01\text{kJ}\cdot\text{s}^{-1}$$

忽略动、位能变化

$$W_s=m\Delta h=2.778\times(-930)=-2583.54\text{kJ}\cdot\text{s}^{-1}$$

计算结果及误差对比见表。

[例6-2] 表 计算结果及误差对比

计算式	$m\left(\Delta h+g\Delta z+\frac{1}{2}\Delta u^2\right)$	$m(\Delta h+g\Delta z)$	$m\left(\Delta h+\frac{1}{2}\Delta u^2\right)$	$m\Delta h$
$W_s/\text{kJ}\cdot\text{s}^{-1}$	−2567.09	−2583.62	−2567.01	−2583.54
$E_r/\%$	0	0.6439	0.0031	0.6441

计算表明，动、位能的变化对汽轮机做功能力的贡献很小，计算时完全可以忽略。

(2) 流体流经管道、换热器、吸收塔、精馏塔、混合器、反应器等设备

此时设备不做功，即

$$\Delta H = Q + \cancelto{0}{W_s}$$

式(6-3) 简化为

$$\Delta H = Q \tag{6-5}$$

此式表明系统的焓变等于系统与环境所交换的热量，这是对稳流系统做热量衡算的基本关系式。是冷凝器、蒸发器、冷却器等热负荷确定的依据，因此在进行设备设计中进行的热量衡算，严格地讲应称为焓衡算。

两种流体混合的混合器

① 对于两种或多种流体混合的混合器：若忽略与环境交换热量，则式(6-5)变为

$$\Delta H = \sum_j (m_j h_j)_{\text{out}} - \sum_i (m_i h_i)_{\text{in}} = 0 \tag{6-6}$$

式中，h_i、h_j 分别为单位质量第 i 股输入和第 j 股输出物流的焓值；m_i、m_j 分别为第 i 股输入和第 j 股输出物流的质量。

如左图混合器，则：$m_1h_1 + m_2h_2 = (m_1 + m_2)h_3$

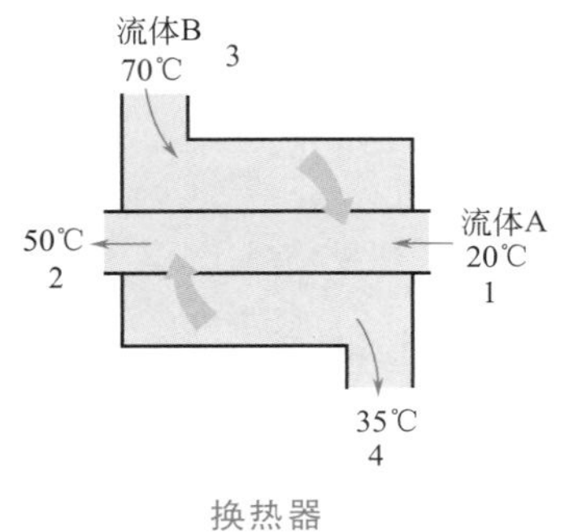

换热器

② 对于间接式换热器：若整个换热设备与环境交换的热量可以忽略不计，则换热设备的能量平衡方程同式(6-6)，但物流之间不发生混合。

如左图的换热器，则：$m_A h_1 + m_B h_3 = m_A h_2 + m_B h_4$

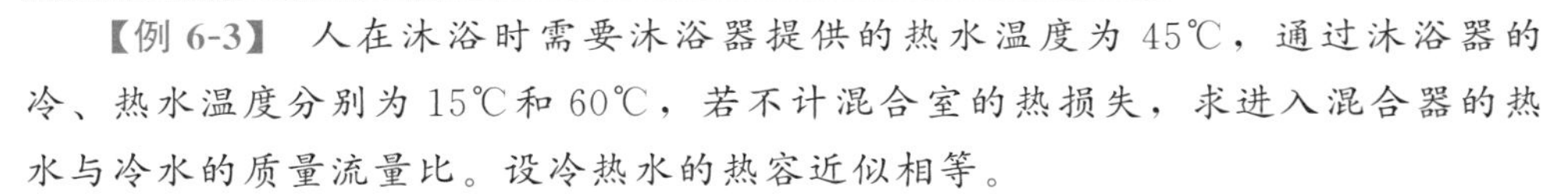

【例 6-3】 人在沐浴时需要沐浴器提供的热水温度为 45℃，通过沐浴器的冷、热水温度分别为 15℃和 60℃，若不计混合室的热损失，求进入混合器的热水与冷水的质量流量比。设冷热水的热容近似相等。

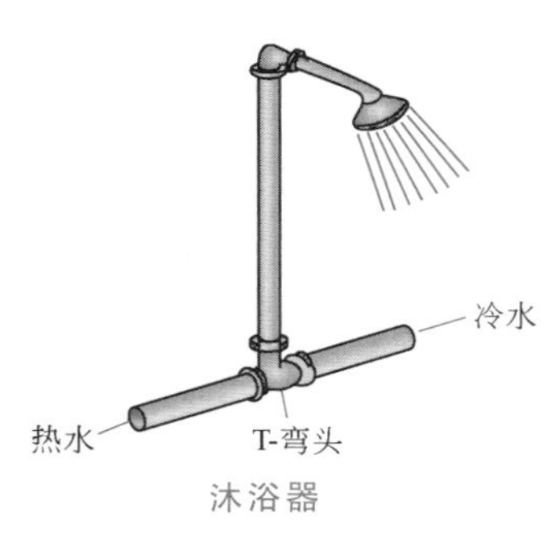

沐浴器

解：取混合器为系统，可看成稳定流动过程，设水的流速不变，$\frac{1}{2}m\Delta u^2 = 0$；$mg\Delta z \approx 0$，$W_s = 0$，混合室无热损失$Q = 0$。则由式(6-6) 得

$$\Delta H = m_{热} C_{p,热}(t_2 - t_1) + m_{冷} C_{p,冷}(t_2 - t_1') = 0$$

因为 $C_{p,热} \approx C_{p,冷}$，所以

$$\frac{m_{热}}{m_{冷}} = -\frac{t_2 - t_1'}{t_2 - t_1} = -\frac{45 - 15}{45 - 60} = 2$$

这时热水流量是冷水流量的两倍。

【例 6-4】 工厂中使用的热水可由饱和蒸汽和冷水混合而成。若锅炉提供的是 0.3MPa 的饱和蒸汽，冷水采用 30℃的循环回水。你现在的任务是设计一个带保温层的热水罐（见图），为某工段提供流量为 $10\text{m}^3 \cdot \text{h}^{-1}$、温度为 80℃的热水。

试确定：(1) 进入该热水罐的蒸汽和冷水流率各为多少？(2) 相应的蒸汽管和冷水管尺寸？

［例 6-4］图　热水罐

解：这是一个稳定流动系统，动能及势能变化很小，可以忽略不计。设热水罐保温很好热量损失可忽略，混合过程无轴功，由式(6-6) 知

$$\Delta H = \sum_{出} m_i h_i - \sum_{入} m_j h_j = 0$$

冷、热水近似为饱和液体。由附录 5.1（饱和水蒸气表）查得：30℃和 80℃时焓值分别为：$h_L = 125.66\text{kJ} \cdot \text{kg}^{-1}$，$h_H = 334.92\text{kJ} \cdot \text{kg}^{-1}$；比容分别为：$v_L = 1.0043 \times 10^{-3}\text{m}^3 \cdot \text{kg}^{-1}$、$v_H = 1.0292 \times 10^{-3}\text{m}^3 \cdot \text{kg}^{-1}$。

饱和蒸汽的热力学性质：0.3MPa，饱和温度为133.54℃，$h_{汽}=2724.70\text{kJ}\cdot\text{kg}^{-1}$，比容$v_{汽}=605.87\times10^{-3}\text{m}^3\cdot\text{kg}^{-1}$。设冷水的流量为$m_L$，蒸汽的质量流量为$m_{汽}$。

$$m_H=\frac{10}{1.0292\times10^{-3}}=9716.28\text{kg}\cdot\text{h}^{-1}$$

则

$$m_Hh_H-(m_Lh_L+m_{汽}h_{汽})=0$$

$$m_L\times125.66+(9716.28-m_L)\times2724.70=9716.28\times334.92$$

解得

$$m_L=8933.90\text{kg}\cdot\text{h}^{-1}$$

$$m_{汽}=9716.28-8933.90=782.38\text{kg}\cdot\text{h}^{-1}$$

查阅《化工工艺设计手册（第四版）》（化学工业出版社，2009）可知：一般工业用水在管中的流速要求在$1.0\text{m}\cdot\text{s}^{-1}$左右，低压蒸汽流速为$20\text{m}\cdot\text{s}^{-1}$左右，则

$$Au=mv,\ D=\left(\frac{4mv}{\pi u}\right)^{1/2}$$

式中，A为管道截面积；D为管径；u为流体流速；v为流体比容。

冷水管径：$D_L=\left(\dfrac{4m_Lv_L}{\pi u_L}\right)^{1/2}=\left(\dfrac{4\times8933.90\times1.0043\times10^{-3}}{3.14\times1.0\times3600}\right)^{1/2}=0.056\text{m}$

按照管道规格尺寸，选取$DN50$的冷水管道。

蒸汽管径：$D=\left(\dfrac{4\times782.38\times605.87\times10^{-3}}{3.14\times20\times3600}\right)^{1/2}=0.092\text{m}$

选取$DN100$的蒸汽管道。

（3）流体流经节流阀或多孔塞

当流体流经阀门或孔板等装置时，截面突然缩小，摩擦损失较大（压力损失大），而速度变化不大，动能变化可忽略，因流体速度足够快，可以假设为绝热，而且过程不做轴功，则

$$\Delta H+\cancelto{0}{mg\Delta z}+\cancelto{0}{\frac{1}{2}m\Delta u^2}=\cancelto{0}{Q}+\cancelto{0}{W_s}$$

式(6-1)简化成

$$\Delta H=0,\ H_1=H_2 \tag{6-7}$$

即流体通过阀门或孔板的节流过程为等焓流动。节流膨胀后能使某些流体的温度下降，因此在制冷过程中经常应用，见第7.4.2节。

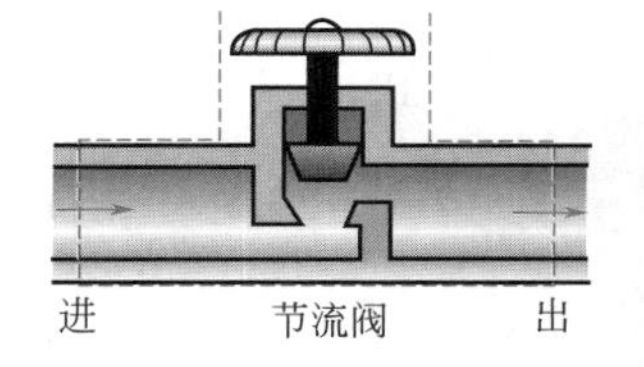

理想气体节流膨胀后温度如何变化？

【例6-5】稳态流动的丙烷气体从2MPa和400K节流至0.1MPa。试估算丙烷最终的温度和过程的熵变（提示：丙烷性质可用合适的普遍化关系式计算）。

解：根据题意，该过程为节流过程，根据式(6-7)可知该过程的焓变

$$\Delta H=C_p^{ig}(T_2-T_1)+H_2^R-H_1^R=0$$

若假定终态0.1MPa时的丙烷为理想气体，则$H_2^R=0$，由上述式解得T_2：

$$T_2=\frac{H_1^R}{C_p^{ig}}+T_1 \tag{A}$$

丙烷临界性质$T_c=369.8\text{K}$，$p_c=4.246\text{MPa}$，$\omega=0.152$。因此，初态时$T_{r1}=\dfrac{400}{369.8}=1.082$，$p_{r1}=\dfrac{2}{4.246}=0.471$。根据图2-14判断，满足第二virial系数普遍化

关系式，根据3.4.2小节描述的方法，由式(3-64)计算H_1^R

$$\frac{H_1^R}{RT_c}=-p_{r1}T_{r1}\left[\left(\frac{dB^0}{dT_{r1}}-\frac{B^0}{T_{r1}}\right)+\omega\left(\frac{dB^1}{dT_{r1}}-\frac{B^1}{T_{r_1}}\right)\right]$$
$$=-1.082\times0.471\times[(0.550+0.267)+0.152\times(0.479-0.014)]$$
$$=-0.452$$

因此 $$H_1^R=8.314\times369.8\times(-0.452)=-1390\text{J}\cdot\text{mol}^{-1}$$

式(A)中唯一留下需估算的值是C_p^{ig}。根据下式计算丙烷的热容

$$\frac{C_p^{ig}}{R}=1.213+28.875\times10^{-3}T-8.824\times10^{-6}T^2$$

首次计算，假定C_p^{ig}等于初始态400K时的C_p^{ig}值，即

$$C_p^{ig}=94.37\text{J}\cdot\text{mol}^{-1}\cdot\text{K}^{-1}$$

由式(A) $$T_2=\frac{-1390}{94.37}+400=385.27\text{K}$$

显然，温度变化是小的，用算术平均温度计算的C_p^{ig}值为极好的近似值

$$T_{am}=\frac{400+385.27}{2}=392.64\text{K}$$

重新估算得： $$C_p^{ig}=93.03\text{J}\cdot\text{mol}^{-1}\cdot\text{K}^{-1}$$

由式(A)再计算得最终结果$T_2=385.05\text{K}$

丙烷的熵变由下式计算

$$\Delta S=C_p^{ig}\ln\frac{T_2}{T_1}-R\ln\frac{p_2}{p_1}-S_1^R$$

由式(3-65)计算S_1^R得

$$\frac{S_1^R}{R}=-p_{r1}\left(\frac{dB^0}{dT_{r1}}+\omega\frac{dB^1}{dT_{r1}}\right)=-0.471\times(0.550+0.152\times0.479)=-0.2934$$

因此 $$S_1^R=8.314\times(-0.2934)=-2.439\text{J}\cdot\text{mol}^{-1}\cdot\text{K}^{-1}$$

且 $$\Delta S=93.03\times\ln\frac{385.05}{400}-8.314\ln\frac{1}{20}+2.439=23.80\text{J}\cdot\text{mol}^{-1}\cdot\text{K}^{-1}$$

熵变为正值表明了节流过程的不可逆性。

(4) 流体流经蒸气喷射泵及喷嘴

因流体流经设备的速度足够快，可看成绝热过程，且设备不做轴功；另外，流体通过这些设备装置时Δz很小可忽略（与焓变、动能变化比较很小）。

$$\Delta H+\cancelto{0}{mg\Delta z}+\frac{1}{2}m\Delta u^2=\cancelto{0}{Q}+\cancelto{0}{W_s}$$

则式(6-1)可简化成

$$\Delta H+\frac{1}{2}m\Delta u^2=0 \tag{6-8}$$

式(6-8)即为绝热稳定流动方程式。

由式(6-8)看出，流体流经喷射设备时，通过改变流动的截面积，将流体自身的焓转变为动能，从而获得较高的流速。由于$u_2\gg u_1$，$u_1\approx0$，所以有

$$u_2=\sqrt{2(h_1-h_2)} \tag{6-9}$$

① 喷管　喷管是指压力沿着流体流动的方向降低，而使流速增大的部件。流体通过喷管可获得高速流体（超声速），例如火箭、化工生产中的喷射器等。

喷管的结构型式与流速有关，当出口流速小于声速时，为渐缩喷管；当入口流速小于声速，出口流速大于声速时，是先为渐缩，后为渐扩喷管。因此，流体在流动过程中，音速是一个临界点，在流体速度低于声速时，可以通过逐渐缩小流通面积的方法来使流体加速，而当流体速度高于声速时，情况则相反，必须通过逐渐加大通流面积的方法才能使流体加速。如果要想获得超过声速的气流速度，必须用缩-扩喷管，称为拉法尔喷管，通过拉法尔喷管可获得超声速。

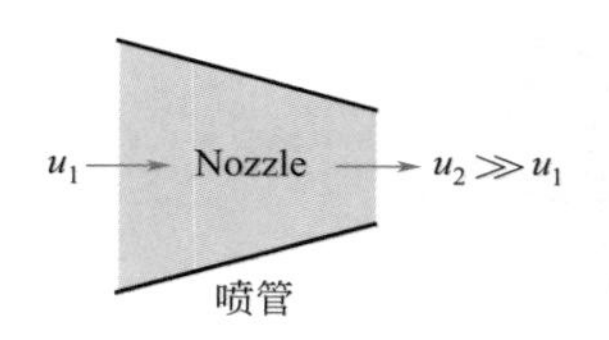

喷管

以上规律与可压缩流体的特性有关，化工原理中用缩小直径、扩大流速而使压力降低是对不可压缩流体而言。

② 扩压管　在流动方向上流速降低、压力增大的装置称为扩压管。扩压管的作用与喷管相反。当流速小于声速时，为渐扩管。

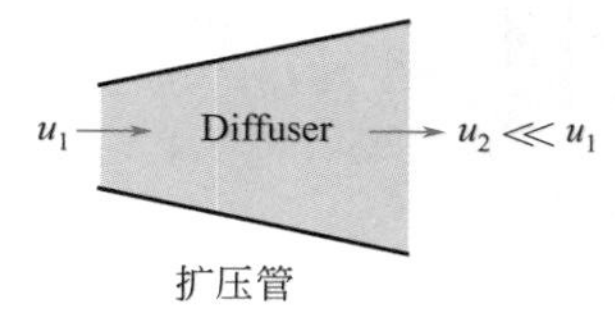

扩压管

根据式(6-8)、式(6-9) 可计算流体终温、质量流速、出口截面积等，因此它是喷管和扩压管的设计依据。

(5) 伯努利方程

对于不可压缩的流体在管道中的流动，若假设流体无黏性（无阻力，无摩擦），并且管道保温良好，流动过程中流体与环境无热、无轴功的交换。无摩擦损耗就意味着没有机械能转化为内能，即流体的温度和压力都不变，内能也不变。式(6-2) 为：

$$\Delta h + g\Delta z + \frac{1}{2}\Delta u^2 = \cancelto{0}{q} + \cancelto{0}{w_s}$$

因为

$$\Delta h = \Delta U' + \Delta(pv) = \Delta(pv)$$

不可压缩流体比容 v 不变，$\Delta(pv) = v\Delta p = \frac{\Delta p}{\rho}$，则式(6-2) 变成

$$\frac{\Delta p}{\rho} + g\Delta z + \frac{1}{2}\Delta u^2 = 0 \tag{6-10}$$

上式即为伯努利方程，它是稳流过程能量平衡在特定条件下的简化形式。

稳流系统热力学第一定律及其简化式见表 6-1。

表 6-1　稳流系统热力学第一定律及其简化式

系统	热力学第一定律
稳流系统	$\Delta H + mg\Delta z + \frac{1}{2}m\Delta u^2 = Q + W_s$
流体流经做功设备	$\Delta H = W_s$
流体流经传热设备	$\Delta H = Q$
流体流经喷射设备	$\Delta H = -\frac{1}{2}m\Delta u^2$
节流过程	$\Delta H = 0$
伯努利方程	$m\frac{\Delta p}{\rho} + mg\Delta z + \frac{1}{2}m\Delta u^2 = 0$

6.2 热力学第二定律及其应用

我们经常注意到生活、生产及大自然的一些现象，如瀑布的水会自动由高处流向低处而不会自发地向上；气体自动从高压向低压膨胀；冷热水会自动混合而反向是不可能的；治理环境污染总是比造成污染要困难得多；能否从海洋、湖泊和大气中吸收热量并使之完全变为功等。生活经验显示出过程都具有明确的方向和限度。一切自发过程都是不可逆的，虽然上述逆过程的发生并不违反热力学第一定律，但

满足热力学第一定律的过程，并不一定能够实现。热力学第二定律帮助我们确定一个具体过程的方向和限度问题。这是我们从《物理化学》中学到的最重要的原理。

热力学第二定律典型表述

克劳修斯说法：热不可能自动地从低温物体传给高温物体。

开尔文说法：不可能从单一热源吸热使之完全变为有用功而不引起其他变化。

孤立系统熵值永远不会减少——**熵增原理**

熵的表述：孤立系统的熵只能增加，或者达到极限时保持恒定。其数学表达式为

$$\Delta S_t \geqslant 0 \tag{6-11}$$

即孤立系统永远不会发生熵减少的过程，这就是熵增原理。

热力学第二定律的几种数学表达式如下

$$\oint \frac{\delta Q}{T} \leqslant 0 \quad (循环过程) \tag{6-12a}$$

$$\Delta S_{sys} \geqslant \int \frac{\delta Q}{T} \quad (封闭系统) \tag{6-12b}$$

$$\Delta S_t = \Delta S_{sys} + \Delta S_{sur} \geqslant 0 \quad (孤立系统) \tag{6-12c}$$

不可能把热从低温物体传到高温物体，而不引起其他变化

——克劳修斯

以上三式都是热力学第二定律的数学表达式，它们是等效的，但其形式不同，适用的对象不尽相同。式(6-12a) 适用循环过程；式(6-12b) 适用于任何封闭系统；式(6-12c) 只适用于孤立系统。三式的等号适用于可逆过程，不等号适用于不可逆过程。

热力学第二定律揭示了不同形式的能量在传递和转换能力上存在着“质”的差别，不同形式的能量不能无条件地互相转化。所以在能量传递及转换过程中，就呈现出一定的方向、条件及限度的特征。

热力学第二定律的各种表述实质就是“自发过程都是不可逆的”。在一些情况下可以直观判断过程的可行性，但是对于深入的研究更需要定量的描述。熵和熵增原理就是量化的热力学第二定律。

6.2.1 封闭系统的熵平衡式

由前可知，封闭系统热力学第二定律数学表达式为

$$\Delta S_{sys} \geqslant \int \frac{\delta Q}{T} \tag{6-12b}$$

若要将式(6-12b) 的不等式写成平衡式，则左右两边相差一个值，若该差值用 ΔS_g 表达，则可写成

$$\Delta S_{sys} = \Delta S_g + \int \frac{\delta Q}{T} \tag{6-13}$$

熵流：系统与环境的热量传递引起的熵变。
熵产：由于过程不可逆引起的熵增。

比较式(6-12b)、式(6-13) 可知

$$\Delta S_g \geqslant 0 \begin{cases} >0, 不可逆过程 \\ =0, 可逆过程 \end{cases}$$

由此可见，ΔS_g 是由于过程不可逆而引起的熵的增加，即为熵产生，简称为熵产。熵产生的原因是由于有序能量（如机械能、电能）耗散为无序能量（热能），并被系统吸收（混乱度增加），必然导致系统熵的增加。因此熵产生不是系统的性质，而是仅与过程的不可逆程度相联系。

另外，式(6-13) 中 $\int \frac{\delta Q}{T}$ 是系统与外界发生热交换而引起的熵的变化，称为熵流，用 ΔS_f 表达，即 $\Delta S_f = \int \frac{\delta Q}{T}$，则(6-13) 表达为

$$\Delta S_{sys} = \Delta S_g + \Delta S_f \tag{6-14}$$

式(6-14) 即为封闭系统的熵平衡式。由此可见，封闭系统经历不可逆过程引起的熵变包括两部分：①熵流 ΔS_f；②熵产 ΔS_g。前者可以为正（吸热）、为负（放热）或者为零（绝热），视热流的方向和情况而定。后者永远为正，且过程不可逆性越大，熵产越大；反之，不可逆性越小，熵产越小；若过程中熵产为零，则不可逆性消失，过程即为可逆过程。由此可见，熵产生不是系统的性质，而是作为过程不可逆性大小的度量。

6.2.2 孤立系统的熵平衡式

若将熵产 ΔS_g 的概念引入孤立系统，可将(6-12c) 不等式写成平衡式

$$\Delta S_t = (\Delta S_{sys} + \Delta S_{sur}) = \Delta S_g \tag{6-15}$$

显然，孤立系统的熵产等于体系的总熵变。式(6-15) 即为孤立系统的熵平衡式。

6.2.3 敞开体系的熵平衡式

由于过程的不可逆性造成的熵产生，减少了系统对外做功能力，熵产生越大，造成的能效降低越大。因此，熵产生不仅能指出能量传递方向的数据，而且是能量做功效率的量度。

敞开系统与外界不仅有能量交换还有物质交换，此时，敞开系统熵变除了热量的传递引起的熵流和过程的不可逆引起的熵产生外，还与进入和离开的物流熵有关。

图 6-2 表示一个从环境吸收热量 Q，并对外做功 W 的敞开系统。系统与环境既有质量交换，也有能量交换。

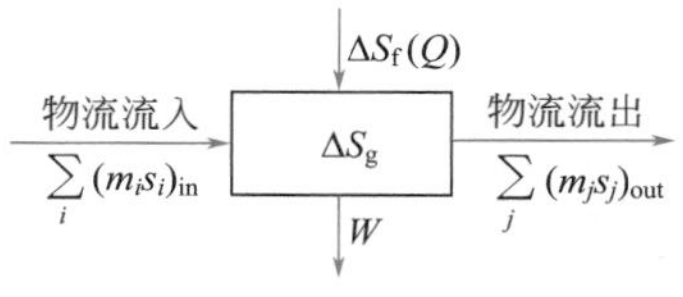

图 6-2 敞开系统熵平衡示意图

与质量流动有关的熵为随物料进、出系统而带入、带出的熵即 $\sum_i (m_i s_i)_{in}$、$\sum_j (m_j s_j)_{out}$；与能量交换有关的熵是由于热量交换 Q 而引起的熵流 $\Delta S_f = \int \frac{\delta Q}{T} = \frac{Q}{T}$，敞开系统放热则 $Q<0$，吸热则 $Q>0$，T 是敞开系统环境热源的绝对温度；需要指出的是，对外做功 W 并不会引起熵的变化，这是由熵的定义决定的，熵是可逆过程的热温商即系统与外界交换热量与温度的比值，因此，熵与热有关系，与功无关。

由于过程的不可逆性引起的熵产生为 ΔS_g，因此可以列出熵平衡的一般关系式：

熵入－熵出＋熵产生＝熵积累

图 6-2 中，熵入包括 $\sum_i (m_i s_i)_{in}$ 和 ΔS_f；熵出为 $\sum_j (m_j s_j)_{out}$；s_i、s_j 为比熵（单位质量流体的熵）。系统熵积累 $\left(\frac{dS_{opsys}}{dt}\right)$ 可以写成

$$\left(\frac{dS_{opsys}}{dt}\right) = \Delta S_f + \Delta S_g + \sum_i (m_i s_i)_{in} - \sum_j (m_j s_j)_{out} \tag{6-16}$$

式中，ΔS_f 为与环境热量交换引起的熵变；ΔS_g 为过程不可逆引起的熵变。

(1) 敞开系统稳定流动过程

对于稳定流动系统，系统的状态不随时间而变化，熵积累$\left(\frac{\mathrm{d}S_{\text{opsys}}}{\mathrm{d}t}=0\right)$，式(6-16) 变为

$$0=\Delta S_{\mathrm{f}}+\Delta S_{\mathrm{g}}+\sum_{i}(m_i s_i)_{\text{in}}-\sum_{j}(m_j s_j)_{\text{out}}$$

即

$$\boxed{\Delta S_{\mathrm{g}}=\sum_{j}(m_j s_j)_{\text{out}}-\sum_{i}(m_i s_i)_{\text{in}}-\Delta S_{\mathrm{f}}} \tag{6-17}$$

式(6-17) 为敞开系统稳流过程的熵平衡式，由此式可计算不可逆过程熵产生量 ΔS_{g}。

(2) 敞开系统稳定流动绝热过程

绝热过程，熵流为零。

$$\Delta S_{\mathrm{g}}=\sum_{j}(m_j s_j)_{\text{out}}-\sum_{i}(m_i s_i)_{\text{in}}-\cancelto{0}{\Delta S_{\mathrm{f}}}$$

则

$$\Delta S_{\mathrm{g}}=\sum_{j}(m_j s_j)_{\text{out}}-\sum_{i}(m_i s_i)_{\text{in}} \tag{6-18}$$

① 不可逆绝热过程：$\Delta S_{\mathrm{g}}>0$。则有

$$\sum_{j}(m_j s_j)_{\text{out}}>\sum_{i}(m_i s_i)_{\text{in}} \tag{6-19}$$

譬如，当要计算流体通过节流阀产生的熵 ΔS_{g}，可按上式计算。由于只有一股流体，所以 $m_i=m_j=m$

$$\Delta S_{\mathrm{g}}=m(s_j-s_i)=\Delta S$$

ΔS 为流体经过节流阀的熵的变化。由此可见，节流过程的 ΔS_{g} 是大于零的，而且压降越大，产生的熵越多，不可逆程度越大。压力差原来是做功的潜力，但流体经节流装置并没有做出机械功，而是耗散为热，此热是流体与阀门摩擦而产生的，并为流体本身所吸收，使流体熵增加。利用熵平衡可以分析不同化工过程中能耗情况，这方面内容将在化工过程热力学分析中介绍。

② 可逆绝热过程

$$\cancelto{0}{\Delta S_{\mathrm{g}}}=\sum_{j}(m_j s_j)_{\text{out}}-\sum_{i}(m_i s_i)_{\text{in}}-\cancelto{0}{\Delta S_{\mathrm{f}}}$$

则

$$\sum_{j}(m_j s_j)_{\text{out}}=\sum_{i}(m_i s_i)_{\text{in}} \tag{6-20}$$

即流出熵的总和等于流入熵的总和。若只有一股物流进出时：$m_i=m_j$，则有$S_i=S_j$，即进、出流体的熵不变。因此绝热可逆的稳流过程为等熵过程。

以上结论也可由基本热力学关系式证明，由式(3-5) 可知

$$\mathrm{d}H=T\mathrm{d}S+V\mathrm{d}p=\delta Q+V\mathrm{d}p \tag{3-5}$$

过程的 $\delta Q=0$，但 $T\neq 0$，所以 $\mathrm{d}S=0$，因此，可逆绝热稳流过程为等熵过程。

熵定律正在成为一种新的世界观，它告诉我们物质不灭，但质量在递减；能量守恒，但品位在下降；我们无法逆转熵的方向，就像无法逆转时间一样，但是可以减缓熵增加的速度和过程，通过我们对自身的生活方式和行为模式的调整和约束，通过科学技术与社会观念的进步，来减缓有效资源和有效能量的耗散速度。

【例 6-6】 如图所示，某工厂欲经冷凝器将 140℃的饱和水蒸气冷凝为 140℃的饱和水，冷凝器用 20℃的大气作为冷却介质，水蒸气的流率为 4kg·s^{-1}。试求此冷凝过程产生的熵。

解：取冷凝器为敞开系统。因为过程稳流，且 $W_{\mathrm{s}}=0$，忽略系统动能和势能的变化，由式(6-5) 得

$$\Delta H=Q=m(h_2-h_1) \tag{A}$$

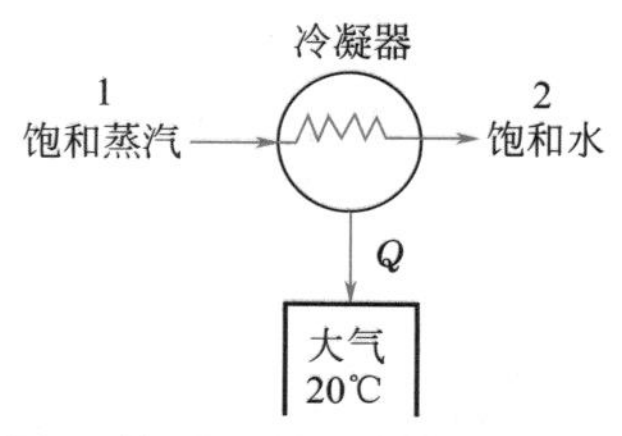

［例 6-6］图　饱和蒸汽冷凝过程

由式(6-17) 得

$$\Delta S_g = m(s_2 - s_1) - \Delta S_f = m(s_2 - s_1) - \frac{Q}{T} \tag{B}$$

由附录 5.1 查得 140℃的饱和水蒸气焓和熵值

$$h_1 = 2733.1\text{kJ}\cdot\text{kg}^{-1},\ s_1 = 6.9284\text{kJ}\cdot\text{kg}^{-1}\cdot\text{K}^{-1}$$

140℃的饱和水焓和熵值

$$h_2 = 589.1\text{kJ}\cdot\text{kg}^{-1},\ s_2 = 1.7390\text{kJ}\cdot\text{kg}^{-1}\cdot\text{K}^{-1}$$

将数据代入式（A）可得饱和蒸汽冷凝成饱和水放出的热量，即与空气交换的热量 Q

$$Q = m(h_2 - h_1) = 4\times(589.1 - 2733.1) = -8576\text{kJ}\cdot\text{s}^{-1}$$

再将有关数据代入式（B），得该传热过程的熵产生

$$\begin{aligned}\Delta S_g &= m(s_2 - s_1) - \frac{Q}{T}\\ &= 4\times(1.7390 - 6.9284) + \left(\frac{8576}{20 + 273.15}\right)\\ &= 8.50\text{kJ}\cdot\text{K}^{-1}\cdot\text{s}^{-1}\end{aligned}$$

计算结果熵产生大于零，说明冷凝放热过程为不可逆过程。

【例 6-7】 如图所示，设有温度 $T_1 = 500\text{K}$、压力 $p_1 = 0.1\text{MPa}$ 的空气，其质量流量为 $m_1 = 10\text{kg}\cdot\text{s}^{-1}$，与 $T_2 = 300\text{K}$　$p_2 = 0.1\text{MPa}$　$m_2 = 5\text{kg}\cdot\text{s}^{-1}$ 的空气流在绝热下相互混合，求混合过程的熵产生量。设在上述有关温度范围内，空气的平均质量定压热容都相等，而且 $C_p^{ig} = 1.01\text{kJ}\cdot\text{kg}^{-1}\cdot\text{K}^{-1}$。

m_1, T_1, p_1, S_1　m_2, T_2, p_2, S_2　混合室　m, T_3, p_3, S_3

［例 6-7］图　空气稳流混合过程

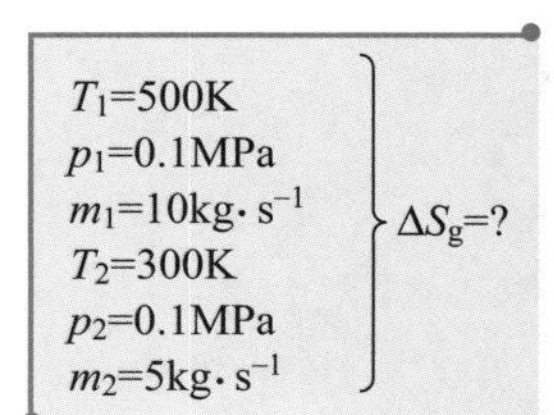

解：两股气流混合为绝热稳流过程，并且在此高温、低压下的空气可视为理想气体。从质量守恒原理可得混合后质量流量

$$m = m_1 + m_2 = 10 + 5 = 15\text{kg}\cdot\text{s}^{-1}$$

由式(6-3)，绝热混合过程 $Q = 0$，过程不做轴功，$W_s = 0$，则有 $\Delta H = 0$，因此 $mh_3 = m_1h_1 + m_2h_2$。

可求得混合后空气的温度

$$T_3 \approx \frac{m_1C_p^{ig}T_1 + m_2C_p^{ig}T_2}{mC_p^{ig}} = \frac{m_1T_1 + m_2T_2}{m} = \frac{10\times500 + 5\times300}{15} = 433.3\text{K}$$

对于绝热稳流过程，由式(6-17) 得

$$\Delta S_g = \sum_j (m_j s_j)_{out} - \sum_i (m_i s_i)_{in} - \Delta S_f = m s_3 - (m_1 s_1 + m_2 s_2)$$
$$= (m_1 + m_2) s_3 - (m_1 s_1 + m_2 s_2)$$
$$= m_1 (s_3 - s_1) + m_2 (s_3 - s_2) = m_1 C_p^{ig} \ln \frac{T_3}{T_1} + m_2 C_p^{ig} \ln \frac{T_3}{T_2}$$
$$= 10 \times 1.01 \times \ln \frac{433.3}{500} + 5 \times 1.01 \times \ln \frac{433.3}{300}$$
$$= -1.446 + 1.857 = 0.411 \text{kJ} \cdot \text{K}^{-1} \cdot \text{s}^{-1}$$

讨论：由上述结果可知，对于绝热稳流混合过程，虽然敞开体系的熵流为零，但由于混合过程是不可逆的，内部必然有熵产生，因此流出混合器物料熵的总和大于流入物料熵的总和。

6.3 理想功、损失功和热力学效率

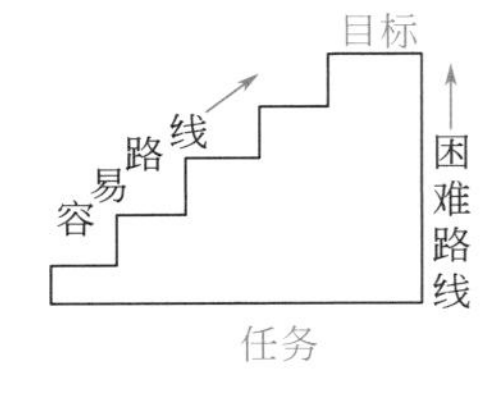

当人们在完成某项工作时，总是希望消耗的最少，而获得的尽量多。正如到达某一目标，可以选择不同的途径，但我们总可以选择一条最近的路线。同样，当系统从一个状态变到另一状态时，可以通过各种过程来实现，但采用的过程不同时所能产生的功（或消耗的功）是不一样的，人们总是希望获得更多的功和消耗更少的功，而且在实际过程尽量减少功的损失，提高能量的利用率。

6.3.1 理想功

根据热力学原理，系统发生状态变化时，产功过程存在一个最大功，而耗功过程存在一个最小功。并且此功在技术上可利用，故称为最大有用功或理想功，用 W_{id} 表示。

定义：系统在一定的环境条件下，沿完全可逆的途径从一个状态变到另一个状态所能产生的最大有用功或必须消耗的最小功。

过程完全可逆包括两个含义：①系统内部发生的所有变化都是可逆的；②系统与环境间有热交换时也是可逆的。环境通常是指大气温度 T_0 和压力 $p_0=$ 101.325kPa 的状态。

实际过程均为不可逆过程，因此理想功是一个理论的极限值，是用来作为实际功的比较标准。所以，计算理想功时所依据的过程，应与实际过程具有相同的始末态。

注意：理想功和可逆功并非同一概念。理想功是指可逆有用功，即可利用的功，但并不等于可逆功的全部，有些情况下可逆功不能利用，如：汽缸中活塞向大气做功及大气对活塞做功都不能利用，不能算有用功。

讨论理想功的目的：因为理想功产功和耗功都是理论上的极限值，通过将理想功 W_{id} 与实际功 W_s 比较，可以评价实际过程能量的利用程度，为提高能量利用率、改进化工过程及节能提供依据。

实际生产中经常遇到的是稳流过程，因而讨论稳流过程的理想功更为重要。为了更好地理解完全可逆的过程所规定的传热条件的意义，现结合稳流过程理想功计算式的推导，进一步加以说明。

如图 6-3 所示为一稳态流动（稳流）过程，状态为 T_1、p_1、H_1、S_1 的工质进入设备，在稳流可逆过程中（即无分子内摩擦损耗）膨胀做轴功 $W_{s,R}$，同时排放热量 Q，使流体的温度、压力都下降，最后以 T_2、p_2、H_2、S_2 的状态离开设备。为了对排出的热量 Q 充分利用，设置一卡诺热机以实现可逆传热，并可将部分热量转化为功 W_C（卡诺功），做功后有温度为 T_0 的热量 Q_0 排到自然环境中（即卡诺热机的低温热源）。若将所有工质、设备和卡诺热机看作一个系统，用图中虚线框表示。

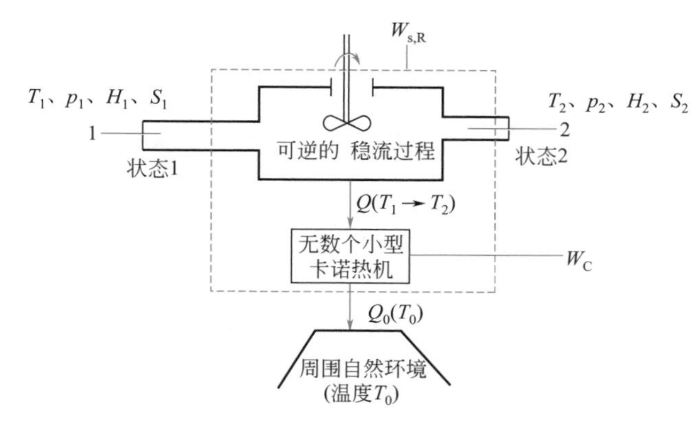

图 6-3　稳流过程 W_{id} 示意图

过程的功衡算：由理想功的定义，上述稳流过程的理想功应为可逆轴功和卡诺功之和，即

$$W_{id}=W_{s,R}+W_C$$

过程向环境排放的总热量为 Q_0，应用热力学第一定律

$$\Delta H+mg\Delta z+\frac{1}{2}m\Delta u^2=Q_0+(W_{s,R}+W_C)$$

或

$$\Delta H=Q_0+W_{id}-mg\Delta z-\frac{1}{2}m\Delta u^2$$

由稳流过程的熵衡算式

$$\Delta S_g=\sum_j(m_js_j)_{out}-\sum_i(m_is_i)_{in}-\Delta S_f \tag{6-17}$$

对于只有一股物流的可逆稳流过程：$\Delta S_g=0$，$\Delta S_f=S_2-S_1=\dfrac{Q_0}{T_0}$，$\Delta S=\dfrac{Q_0}{T_0}$，则 $Q_0=T_0\Delta S$，代入式(6-1) 得稳流过程的理想功

$$W_{id}=\Delta H-T_0\Delta S+mg\Delta z+\frac{1}{2}m\Delta u^2$$

稳流系统的敞开系统，忽略动、位能变化

$$\boxed{W_{id}=\Delta H-T_0\Delta S} \tag{6-21}$$

以上即为稳流过程理想功的计算式。

因为 ΔS、ΔH 是状态函数，因此稳流过程的理想功只与流体的始末有关，与具体过程无关，但与环境温度有关。

【例 6-8】　冬天室内外温度分别为 25℃和－15℃。欲将 298K、0.10133MPa 的水变成 273.15K、同压力下的冰，(1) 将水放入冰箱；(2) 直接放到室外，试用热力学知识定量说明哪种方法更合理？(已知 0℃冰的熔融焓为 334.7kJ · kg^{-1})

解：忽略压力对液体水的焓和熵的影响。由附录 5.1 查得 25℃水和 0℃水的焓和熵值。根据 0℃冰的熔融焓变可以推出 0℃冰的焓和熵值，$\Delta h_{熔}=334.7\text{kJ}\cdot\text{kg}^{-1}$。

$$h_2=-0.04-334.7=-334.74\text{kJ}\cdot\text{kg}^{-1}$$

$$s_2 = s_水 - \frac{\Delta h_{熔}}{T_{熔}} = 0 - \frac{334.7}{273.15} = -1.2253 \mathrm{kJ \cdot kg^{-1} \cdot K^{-1}}$$

以 1kg 水为计算基准：

(1) 在室内，环境温度 25℃（高于冰点）时，将水放入冰箱中消耗的理想功

$$\begin{aligned} W_{id} &= \Delta H - T_0 \Delta S \\ &= 1 \times (-334.74 - 104.77) - 298.15 \times 1 \times (-1.2253 - 0.3670) \\ &= 35.23 \mathrm{kJ} \end{aligned}$$

当环境温度高于冰点时，欲使 1kg 水变为冰，需要消耗的最小功为 35.23kJ。

(2) 在室外，环境温度 −15℃（低于冰点）时

$$\begin{aligned} W_{id} &= \Delta H - T_0 \Delta S \\ &= 1 \times (-334.74 - 104.77) - 258.15 \times 1 \times (-1.2253 - 0.3670) \\ &= -28.46 \mathrm{kJ} \end{aligned}$$

讨论：当环境温度低于冰点时，理想功为负值，说明当水变为冰时，不仅不需要消耗功，理论上还可以做功，很显然，第二种方法更合理。

25℃水
$h_1 = 104.77 \mathrm{kJ \cdot kg^{-1}}$
$s_1 = 0.3670 \mathrm{kJ \cdot kg^{-1} \cdot K^{-1}}$
0℃水
$h_水 = -0.04 \mathrm{kJ \cdot kg^{-1}}$
$s_水 \approx 0 \mathrm{kJ \cdot kg^{-1} \cdot K^{-1}}$

注意：
理想功不但与始末态有关，还取决于环境温度。

由此例可见，理想功的数值不仅与始末态有关，还与环境温度有关。

理想功是一个重要的基本概念，对理想功的理解，应注意以下几点。

① 从 $W_{id} = \Delta H - T_0 \Delta S$ 一式可看出，对于稳流过程，只要给定系统的始末态和环境的温度，理想功就是一个确定的数值。这是因为理想功的定义中规定过程必须完全可逆，实际上就是把系统状态变化的途径，明确的规定为一种理想的途径，因此理想功是一个理论的极限值。

② 理想功和可逆功并非同一概念，理想功是可逆有用功，并不等于可逆功的全部。

③ 理想功是完成给定状态变化所产生的最大功或所消耗的最小功，所以它可以作为评价实际过程的标准。通过比较实际过程的有用功和理想功，就可以判断实际过程的不可逆程度。

理想功的特点
1. 稳流系统理想功只与始末态及环境温度有关。
2. 理想功≤可逆功。
3. 实际功与理想功比较可以判断实际过程的不可逆程度。

6.3.2 损失功

完全的可逆过程是没有任何不可逆损失的过程。这样的过程实际是不能达到的。所有的实际过程都是不可逆的，因此必然有功的损失。即做功过程，其产生的实际功比理想功少，消耗功的过程，其消耗的实际功比理想功多。

当系统由相同的初始态经完全可逆和实际过程达到同一末态时，由于可逆程度的差别，导致两个不同过程功之间的差别。因此定义，在相同的始末态下，实际过程比完全可逆过程少产生的功或多消耗的功称为损失功。故损失功 W_L 等于实际功 W_s 与理想功 W_{id} 的差值。表示为

$$W_L = W_s - W_{id} \tag{6-22}$$

不可逆过程总会引起总熵变的增加，所以损失功与总熵变必有一定的联系。现设稳流过程体系由始态（T_1、p_1、H_1、S_1）变到末态（T_2、p_2、H_2、S_2），其理想功为

$$W_{id} = \Delta H_{sys} - T_0 \Delta S_{sys}$$

由热力学第一定律，稳流过程的实际功为

$$W_s = \Delta H_{sys} - Q$$

式中，Q 为体系在实际过程中与温度 T_0 的环境所交换的热量。故

$$W_L = W_s - W_{id} = \overset{0}{\cancel{\Delta H_{sys}}} - Q + T_0 \Delta S_{sys} - \overset{0}{\cancel{\Delta H_{sys}}} = T_0 \Delta S_{sys} - Q$$

Q 为实际不可逆过程中，体系与温度 T_0 的环境所交换的热。由于温度为 T_0 的环境可视为热容量极大的恒温热源，并不因为吸收或放出有限的热量而发生变化。所以 Q 对体系而言，在实际过程中所交换的热，为不可逆热。而对环境来说，可视为可逆热，因此 $\Delta S_{sur}=-\dfrac{Q}{T_0}$，即 $-Q=T_0\Delta S_{sur}$，代入上式得

$$\boxed{W_L=T_0\Delta S_{sys}+T_0\Delta S_{sur}=T_0(\Delta S_{sys}+\Delta S_{sur})=T_0\Delta S_t} \tag{6-23}$$

由式(6-23) 可知，损失功与孤立体系总熵变成正比。损失功的大小不仅取决于总熵变 ΔS_t，而且与环境温度有关。根据熵增原理：对于不可逆过程，$\Delta S_t>0$，$W_L>0$。而且当环境温度 T_0 一定时，ΔS_t 越大，损失功 W_L 也越大。可逆过程，$W_L=0$，所以，损失功 W_L 是反映实际过程的不可逆程度的另一个热力学量。

对于有物流进出的敞开体系，计算实际过程熵产生 ΔS_g 比计算熵增 ΔS_t 更容易。

由热力学第二定律

$$\Delta S_g=\sum_j(m_js_j)_{out}-\sum_i(m_is_i)_{in}-\Delta S_f$$

因为 $\Delta S_t=\Delta S_g$，则

$$\boxed{W_L=T_0\Delta S_g} \tag{6-24}$$

化工生产中，一切实际过程都是不可逆的。例如，各种传热、传质等过程，都存在流体阻力、热阻、扩散阻力等。为了使过程得以进行，必须保持一定的推动力，如传热的温度差、流体流动的压力差、扩散的浓度差等。这样，就使得系统内部产生内摩擦、混合、涡流等扰动现象，使一部分系统分子由有序的机械运动转变为无序的热运动，导致系统内混乱度增大，熵产生，总熵增加，因而实际过程不可避免地有损失功。应注意的是，损失的这部分功本来是可以做功的，但由于实际过程的不可逆而使其无偿地降解为热。所以实际过程必然伴随着能量的降级，因此，在实际生产中，应尽量减少功的损失。典型化工过程损失功分析将在 6.4 节中介绍。

【例 6-9】 在生产中流体经过管道进行输送，当与环境温度不相等时，管道将向环境散热（冷），据分析，不保温的蒸汽管道散热损失是保温管道的 9 倍。因此，设备和管道的保温，是十分重要的节能措施。

某厂有输送 90℃热水的管道，由于保温不良，到使用单位时，水温已降至 70℃。试求水温降低过程的热损失与损失功。大气温度为 25℃，水的质量定压热容为 $4.1868\text{kJ}\cdot\text{kg}^{-1}\cdot\text{K}^{-1}$。

解：以管道中的水为研究系统，并以 1kg 热水为基准，过程压力不变。水在输送过程的热损失为

$$Q=mC_p\Delta T=1\times4.1868\times(70-90)=-83.72\text{kJ}$$

过程的系统熵变

$$\Delta S_{sys}=mC_p\ln\frac{T_2}{T_1}=1\times4.1868\ln\frac{70+273}{90+273}=-0.237\text{kJ}\cdot\text{K}^{-1}$$

系统放的热等于环境吸的热，因此环境的熵变

$$\Delta S_{sur}=-\frac{Q}{T_0}=\frac{83.72}{298}=0.281\text{kJ}\cdot\text{K}^{-1}$$

思考：

若管道输送的是蒸汽，由于管道保温不良引起蒸汽的冷凝，造成的热损失和功损失是否更大？为什么？

过程的损失功

$$W_L=T_0(\Delta S_{sys}+\Delta S_{sur})=298\times(-0.237+0.281)=13.11\text{kJ}$$

由计算可知，在管道中每输送1kg热水，若保温不良，其热损失为83.72kJ，损失功为13.11kJ。因此，必须对管道加强保温措施。

6.3.3 热力学效率

理想功是确定的状态变化所提供的最大功。要获得理想功，过程就必须是在完全可逆的条件下进行。由于实际过程都是不可逆的，因此实际提供的功 W_s 必然小于理想功，两者之比称为热力学效率。

产功过程
$$\eta_a=\frac{W_s}{W_{id}} \tag{6-25}$$

耗功过程
$$\eta_a=\frac{W_{id}}{W_s} \tag{6-26}$$

当实际功无法求出时，可通过理想功和损失功求热力学效率 η_a，再求实际功。将式(6-22)代入上两式得

产功过程
$$\eta_a=\frac{W_{id}+W_L}{W_{id}} \tag{6-27}$$

耗功过程
$$\eta_a=\frac{W_{id}}{W_{id}+W_L} \tag{6-28}$$

η_a 反映过程可逆的程度，故又称为可逆度。可逆过程，$\eta_a=1$；不可逆过程，$\eta_a<1$；η_a 越接近于1，说明过程用能越合理。过程不可逆性增大，W_L 增加，η_a 减小。因此合理用能就要减少 W_L，增加 η_a。热力学效率是反应过程热力学完善性的尺度。

【例6-10】 高压水蒸气作为动力源，可驱动汽轮机做功。753K，1.520MPa的过热蒸汽进入汽轮机，在推动汽轮机做功的同时，每千克蒸汽向环境散热7.1kJ。环境温度293K，由于过程不可逆，实际输出的功等于可逆绝热膨胀时轴功的85%，[即等熵效率 η_s 为85%，定义见式(7-13)]。做功后，排出的乏气为71kPa。求此过程的理想功、损失功、热力学效率。

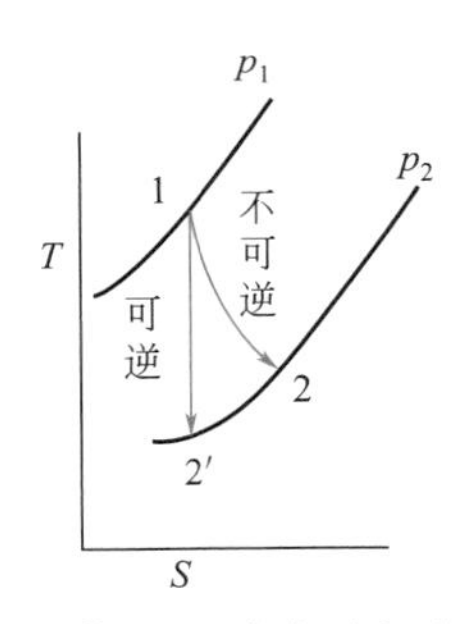

[例6-10]图 膨胀过程变化

解：以1kg蒸汽为基准。由附录5.3表中数据，经直线内插计算求得 $T_1=753\text{K}$，$p_1=1520\text{kPa}$ 时的过热蒸汽焓和熵值为：$h_1=3426.7\text{kJ}\cdot\text{kg}^{-1}$，$s_1=7.5182\text{kJ}\cdot\text{kg}^{-1}\cdot\text{K}^{-1}$。

如图所示，蒸汽在汽轮机中做绝热可逆膨胀后，熵值不变，$s_{2'}=7.5182\text{kJ}\cdot\text{kg}^{-1}\cdot\text{K}^{-1}$，由水蒸气表查得 $p_2=71\text{kPa}$ 时，$s_{2'}^{sv}=7.48\text{kJ}\cdot\text{kg}^{-1}\cdot\text{K}^{-1}$。因 $s'_{2'}>s_{2'}^{sv}$，说明状态点2′为过热蒸汽，查过热水蒸气表，经直线内插计算得 $h_{2'}=2663.1\text{kJ}\cdot\text{kg}^{-1}$，由此得到可逆绝热功，$Q=0$，则

$$W_{s,R}=\Delta H=m(h_{2'}-h_1)=1\times(2663.1-3426.7)=-763.6\text{kJ}$$

而汽轮机实际上既不绝热也不可逆，实际输出的轴功为

$$W_s = 0.85W_{s,R} = 0.85 \times (-763.6) = -649.1\text{kJ}$$

由热力学第一定律

$$\Delta H = Q + W_s = -7.1 - 649.1 = -656.2\text{kJ}$$

可得实际膨胀做功后的终态焓值

$$h_2 = h_1 + \Delta H/m = 3426.7 - 656.2/1 = 2770.5\text{kJ} \cdot \text{kg}^{-1}$$

由 h_2 及 p_2 查水蒸气的 H-S 图得实际膨胀后的熵，$s_2 = 7.7735\text{kJ} \cdot \text{kg}^{-1} \cdot \text{K}^{-1}$，因此蒸汽的实际终态为：$p_2 = 71\text{kPa} = 0.071\text{MPa}$，$h_2 = 2770.5\text{kJ} \cdot \text{kg}^{-1}$，$s_2 = 7.7735\text{kJ} \cdot \text{kg}^{-1} \cdot \text{K}^{-1}$。

过程的熵产生

$$\Delta S_g = m(s_2 - s_1) - \Delta S_f = (7.7735 - 7.5182) - \frac{-7.1}{293}$$

$$= 0.2553 + 0.0242 = 0.2795\text{kJ} \cdot \text{K}^{-1}$$

理想功：$W_{id} = \Delta H - T_0 \Delta S = -656.2 - 293 \times 0.2553 = -731.0\text{kJ}$

过程损失功：$W_L = T_0 \Delta S_g = 293 \times 0.2795 = 81.9\text{kJ}$

或 $W_L = W_s - W_{id} = -649.1 - (-731.0) = 81.9\text{kJ}$

过程热力学效率：$\eta_a = \dfrac{W_s}{W_{id}} = \dfrac{649.1}{731.0} \times 100\% = 88.8\%$

不可逆过程因有熵产生，因此实际做功小于理想功。

思考：

实际生产中，多为不可逆过程，如何才能最大限度地提高过程的热力学效率？

思考：

若等熵效率η_s由85%变为70%，此时S_2应该是变大还是变小？为什么？

6.4 损失功分析

对单元过程的热力学分析，就是利用热力学第一、第二定律分析过程中损失功的大小，以提高生产过程能量的利用率。因为功的损耗来源于过程的不可逆性。完全的可逆过程是推动力无限小、过程无限缓慢的理想过程，这在实际生产中是无法实现的，即使可以实现，对生产也无实际意义。因此，实际生产过程总是在一定的温度差、压力差、浓度差和化学位差等推动力作用下进行的。因为过程为不可逆，功的损耗也就不可避免。从热力学角度考虑的节能就是要尽量减少功的损失，避免不必要的损失。因此对单元过程进行热力学分析的目的，就是要找到能量利用不合理的薄弱环节，改进生产，提高过程热力学完善性程度，从而提高能量的利用率。

6.4.1 流体流动过程

流体的流动过程，包括单纯的流体经过管道及流体的压缩与膨胀节流等。流体流经管道和设备，由于克服沿程阻力和局部阻力，必然引起能量损失。化工厂消耗的动力大多直接用于弥补这项损耗，如泵、风机、压缩机等。能量的损失必然伴有熵产生，同时，流体流动的推动力为压力差。因此讨论流体流动过程的能量损失（即功损耗）应首先找出熵产生 ΔS_g 与压力降 Δp 之间的关系，根据式(6-24) 计算流体流动时的损失功

$$W_L = T_0 \Delta S_g \tag{6-24}$$

根据热力学第一、第二定律，对于只有一股流体的敞开系统

$$\Delta S_g = S_2 - S_1 - \Delta S_f$$

当系统与外界无热和功的交换时，$\Delta S_f = 0$

$$\Delta S_g = S_2 - S_1 = \Delta S$$

对于稳流系统

$$dH = TdS + Vdp = 0 \tag{3-5}$$

因为 $dH = \delta Q + \delta W_s = 0$，则 $$dS = -\frac{V}{T}dp$$

式中，dS 为物流的熵变，对于系统与外界无功和热的交换时，物流的熵变即为过程的熵产生。

$$\Delta S = \int_{p_1}^{p_2} -\frac{V}{T}dp = \Delta S_g$$

代入式(6-24)，得流动过程的损失功为

$$W_L = T_0 \int_{p_1}^{p_2} -\frac{V}{T}dp$$

式中，V 和 T 分别是流体的体积和温度。不论是气体还是液体，在流动过程中，温度及体积均无太大的变化，T、V 可看成常数，因此上式写成

$$\boxed{W_L = \frac{T_0}{T}V\ (p_1 - p_2)} \tag{6-29}$$

式中，T_0 为环境温度；T 为物系温度。用式(6-29) 对流体流动过程进行热力学分析，讨论流体过程的损失功的影响因素，以进行合理节能。

流动过程热力学分析：

① 由式(6-29) 可知，损失功正比于（$p_1 - p_2$），气体节流的功损失大于液体节流的功损失。根据伯努利方程式(6-10)，压力降低，气体流速增加，且（$p_1 - p_2$）近似与流速的平方成正比，因此损失功也与流速的平方成正比。要减小流体流动过程的不可逆造成的能量损失，就要求尽可能减少管道上的弯头和缩扩变化，减少阀门等管件的数量，同时不能使流速过大。但 $m = uA$，流量 m 往往是生产上所需要的，不能改变。如果降低流速，就势必加大管道和设备的直径，使设备投资费用增加，因此，应权衡能耗费和设备费的关系，选择一个经济合理的流速，求取最佳管径。

另外，近年来，为了减少流体流动过程的不可逆损耗，采用添加减阻剂的研究和应用，也受到人们的关注。

② 当压力差一定时，W_L 与 T_0/T，物系温度 T 愈低，能量损失愈大，温度低的流体损失功大，因此对深冷工业，应采用较低的流速，减小压力差或采取其他减小流体阻力的方法，以降低功的损耗。

③ 节流过程是流体流动过程的特例，流体节流过程焓值不变，但局部阻力增大，压力差加大

$$\Delta S = \Delta S_g = -\int_{p_1}^{p_2} \frac{V}{T}dp > 0$$

很明显，熵产生随压力差的增大而增加，损失功 W_L 也随之增加。因此，化工生产中应尽量少用节流，以便减少无谓的能量损失。此外，损失功正比于流体体积（即比容），由于气体比容远远大于液体比容，对气体更应该尽量少采用节流。目前，在现代化制冷装置中，气体节流都已用膨胀机（透平）代替，以回收一部分能量，而仍保留液体的节流阀。这一过程损失功的计算和化工原理中能量损失的计算相同。

6.4.2 传热过程的热力学分析

在化工生产中，换热过程是最重要的单元操作之一，而换热造成的功损失占石油化工生产总功损失的10%以上。

传热过程的不可逆损耗除了流体阻力引起的功损失外，还来自于传热的温差。在换热设备中，由于流体的温差分布不合理，冷热流体的传热温差过大等因素均会引起较大的功损耗。此外，设备保温不良而散热于大气中，或者低于常温的冷损失（漏热损失），也会加大能量的损失量。

设一逆流过程的换热器，若将其看成一控制体，没有外功，并忽略动、位能变化。由稳流系统的热力学第一定律知：$\sum \Delta H = Q_{损}$。若保温很好，换热器对环境散热可忽略，高温流体A在温度T_A时将热量Q传给温度为T_B的低温流体B，则$Q_{损}=0$，$\sum \Delta H = 0$。

$$\sum \Delta H = \Delta H_H + \Delta H_L = 0$$

若将热流体看成封闭的流体系统，由热力学第一定律，高温流体$\Delta H_H = Q_H + W_s = Q_H$，焓变等于热流体放出的热量。同理，冷流体$\Delta H_L = Q_L$，焓变等于冷流体吸收的热量。

高、低温流体的温度T_A和T_B可以是恒温，也可以是变温，忽略换热器对环境的热损失，则热流体放出的热量应等于冷流体吸收的热量，即$|Q_H| = |Q_L| = Q$。

(1) 流体温度为恒温

若热流体入口为饱和水蒸气，出口为饱和水$T_{进} = T_{出}$，即$T_{H1} = T_{H2} = T_H$，冷流体为某蒸气的饱和液体入口，出口为饱和蒸气，则$T_{L1} = T_{L2} = T_L$。

由《物理化学》可知

可逆热机效率：$$\eta_{T,R} = \frac{W_{s,R}}{Q_H} = \frac{Q_H + Q_L}{Q_H} = 1 + \frac{Q_L}{Q_H} = 1 - \frac{T_L}{T_H} \tag{6-30}$$

若在高、低温热源同与温度为T_0的恒温热源之间组成一个卡诺热机，则热源的理想功

$$W_{id} = |Q|\left(1 - \frac{T_0}{T}\right)$$

高温热源（高温流体）$W_{id}^{H} = |Q|\left(1 - \frac{T_0}{T_H}\right)$，低温热源（低温流体）$W_{id}^{L} = |Q|\left(1 - \frac{T_0}{T_L}\right)$。

若$T_H > T_L$，在Q相同的情况下，高温热源（流体）做功能力大于低温热源（流体），故传热过程的损失功

$$W_L = W_{id}^{H} - W_{id}^{L} = |Q|\left[\left(1 - \frac{T_0}{T_H}\right) - \left(1 - \frac{T_0}{T_L}\right)\right]$$

$$= |Q|\left(\frac{T_0}{T_L} - \frac{T_0}{T_H}\right) = \frac{T_0}{T_H T_L}(T_H - T_L)|Q| \tag{6-31}$$

(2) 流体的温度为变量

流体在换热器中为单纯的变温过程，此时，T_H、T_L用热力学平均温度代替。一般流体

$$T_m = \frac{T_2 - T_1}{\ln \dfrac{T_2}{T_1}} \tag{6-32}$$

即使热量在数量上全部回收，因为能级减小，仍有功损失。

式中，T_1、T_2分别为流体的初温和终温。则式(6-31)可写成

$$W_L = \frac{T_0}{T_{Hm} T_{Lm}}(T_{Hm} - T_{Lm})|Q| \tag{6-33}$$

传热过程热力学分析：

① 由推导公式过程可知，即使换热器无散热损失，$Q_{损}=0$，热量在数量上完全回收，即热流体放出的热全部用于冷流体的升温，仍有功损失，$W_L > 0$，因为$(T_{Hm} - T_{Lm}) > 0$，这是由于经过热交换后，高温热量变成低温热量，使有效能量

较少，做功能力下降，即有能量的贬质。

② W_L 正比于（$T_{Hm}-T_{Lm}$），即当环境温度 T_0、传热量 Q 及传热温度之积（$T_{Hm}T_{Lm}$）一定时，损失功与传热温差成正比，损失功随传热温差的减少而降低。但温差是传热的推动力，当传热量一定时，要减少传热温差，必须增加传热面积，损失功减小但设备的投资费用必然增加；加大传热温差，传热推动力增大，换热面积减少，设备投资减少，但损失功增加。因此，换热器应有一个最适宜的温差。

③ 由式(6-33)可知，W_L 与（$T_{Hm}T_{Lm}$）成反比，当传热量 Q 一定时，（$T_{Hm}T_{Lm}$）越小，损失功越大，由数学可证明。当（$T_{Hm}-T_{Lm}$）越接近于零时，（$T_{Hm}T_{Lm}$）最大。显然，低温传热比高温传热损失功要大。例如对于同样的传热量和同样传热温差，50K 级换热器的功损失将为 500K 级换热器的 100 倍。所以，高温换热时温差可以大一些，以减少换热面积。而在低温工程中，传热温差应尽量小，以减小功损失。如深冷工业换热设备的温差有时只有 1～2℃，就是这个缘故。

传热温差是导致化工生产功损失的一个重要原因。即使热能在数量上完全回收，但热能品位的降低最终仍导致能耗的增加。一些传统的提高设备传热能力的方法如加大温差，传统的调节温度的手段如冷热流混合（冷激）、部分流体旁路（冷副线），都会造成损失功的产生，因而有很大的改造余地。所以，传热过程节能的主要方向应是尽量减少传热温差，做到温差分布合理，尤其对低温换热器更为重要。

④ 换热过程的热力学效率（当 T_{Hm}、T_{Lm} 均大于 T_0）

$$\eta_a=\frac{W_{id}^L}{W_{id}^H}=\frac{W_{id}^H-W_L}{W_{id}^H} \tag{6-34}$$

式中，W_{id}^H、W_{id}^L 分别为高、低温流体的理想功；W_L 为冷热流体传热时的损失功。

对可逆无温差的传热过程，若无散热损失时，则 $W_L=0$，$|W_{id}^H|=|W_{id}^L|$，热力学效率 $\eta_a=1$。但实际生产中均为不可逆的有温差传热过程，$|W_{id}^H|>|W_{id}^L|$，$\eta_a<1$。

【例 6-11】 如图所示为一逆流式换热器，利用废气加热空气。0.1MPa 的空气由 293K 被加热到 398K，空气的流量为 1.5kg·s^{-1}，而 0.13MPa 的废气从 523K 冷却到 368K。空气的质量定压热容为 1.04kJ·kg^{-1}·K^{-1}，废气的质量定压热容为 0.84kJ·kg^{-1}·K^{-1}，假定空气与废气通过换热器的压力与动能变化可忽略不计，且不计换热器散热损失，环境状态为 0.1MPa 和 20℃。

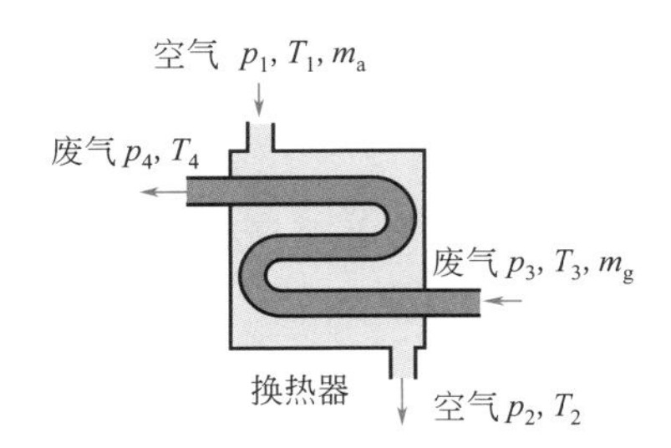

［例 6-11］图　逆流换热器传热示意

试求：(1) 传热过程的损失功；(2) 过程的热力学效率。

解：

(1) 计算损失功

$$传递的热量\ Q=mC_{pL}(T_2-T_1)=1.5\times1.04\times(398-293)=163.80\text{kJ}\cdot\text{s}^{-1}$$

$$废气的平均温度\ T_{Hm}=\frac{T_3-T_4}{\ln\frac{T_3}{T_4}}=\frac{523-368}{\ln\frac{523}{368}}=440.97\text{K}$$

$$空气的平均温度\ T_{Lm}=\frac{T_2-T_1}{\ln\frac{T_2}{T_1}}=\frac{398-293}{\ln\frac{398}{293}}=342.82\text{K}$$

根据式(6-33) 可得损失功

$$W_{\mathrm{L}}=\frac{T_0}{T_{\mathrm{Lm}}T_{\mathrm{Hm}}}(T_{\mathrm{Hm}}-T_{\mathrm{Lm}})|Q|=\frac{293}{440.97\times 342.82}\times(440.97-342.82)\times 163.80=31.16\mathrm{kJ\cdot s^{-1}}$$

$$W_{\mathrm{id}}^{\mathrm{H}}=|Q|\left(1-\frac{T_0}{T_{\mathrm{Hm}}}\right)=163.80\times\left(1-\frac{293}{440.97}\right)=54.96\mathrm{kJ\cdot s^{-1}}$$

(2) 过程的热力学效率

根据式(6-34) 计算过程的热力学效率

$$\eta_{\mathrm{a}}=\frac{W_{\mathrm{id}}^{\mathrm{L}}}{W_{\mathrm{id}}^{\mathrm{H}}}=\frac{W_{\mathrm{id}}^{\mathrm{H}}-W_{\mathrm{L}}}{W_{\mathrm{id}}^{\mathrm{H}}}=\frac{54.96-31.16}{54.96}=43.30\%$$

6.4.3 传质过程的热力学分析

化工生产中的提纯、净化、分离、萃取、精馏等分离操作，都涉及传质过程，均要消耗能量。从节能角度考虑传质的推动力并不是越大越好，因而对传质设备的选型和设计提出了新的课题。

(1) 混合过程

设两股理想气体在混合器中等温（T_0）混合（图 6-4)，混合前两股物流的流量各为 n_1 与 $n_2\mathrm{mol\cdot h^{-1}}$，压力各为 p。混合后压力仍为 p，混合后两种气体的摩尔分数分别为 $y_1=\frac{n_1}{n_1+n_2}$，$y_2=\frac{n_2}{n_1+n_2}$。根据热力学第一定律 $\Delta H=Q+W_s$，对于理想气体等温混合过程

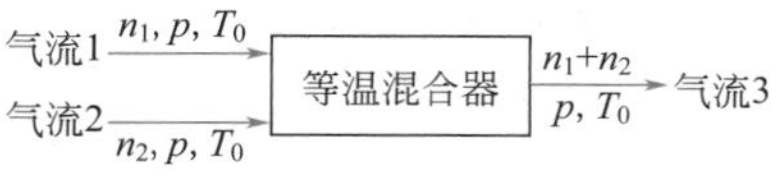

图 6-4 理想气体等温混合过程

$$\Delta \overset{0}{\cancel{H}}=Q+\overset{0}{\cancel{W_s}}$$

因此
$$Q=0$$

根据敞开系统稳流过程熵平衡式，可得等温混合过程的熵产生为

$$\Delta S_{\mathrm{g}}=\sum_j(m_jS_j)_{\mathrm{out}}-\sum_i(m_iS_i)_{\mathrm{in}}-\Delta S_{\mathrm{f}}=[(S_{1\mathrm{out}}-S_{1\mathrm{in}})+(S_{2\mathrm{out}}-S_{2\mathrm{in}})]=\Delta S_1+\Delta S_2$$

$$=-n_1R\ln\frac{y_1p}{p}-n_2R\ln\frac{y_2p}{p}=-n_1R\ln y_1-n_2R\ln y_2$$

若有 i 股气体进行等温混合，则上式变成

$$\Delta S_{\mathrm{g}}=-R\sum_i n_i\ln y_i$$

式中，$y_i<1$，故 $\Delta S_{\mathrm{g}}>0$，说明混合过程必有熵产生。此混合过程的损失功为

$$W_{\mathrm{L}}=-T_0R\sum_i n_i\ln y_i \tag{6-35}$$

对 1mol 混合物，因每个组分 i 的物质的量为 y_i，故有

$$W_{\mathrm{L}}=-T_0R\sum_i y_i\ln y_i \tag{6-36}$$

由于理想气体等温混合过程焓值不变，与外界又无轴功交换，故过程是绝热的。因此，稳定流动绝热混合过程物流的熵变即为熵产量，所以稳流等温混合过程的理想功与损失功绝对值相等。

$$W_{\mathrm{id}}=-W_{\mathrm{L}}=T_0R\sum_i n_i\ln y_i$$

(2) 分离过程

从热力学角度分析，像沉降、过滤等机械分离不需要理论能耗，这里是指均相物系的分离，如吸收（分离气体混合物，使气体进入液体）或精馏（分离液体混合物）、萃取（分离液体混合物）、蒸发、干燥结晶、吸附等分离过程。对分离过程进行热力学分析，就是讨论分离过程的最小功（即分离的理想功）。现以化工生产中应用较为普遍的分离过程为例进行热力学分析。

分离过程是混合过程的逆过程，理想气体在 T_0 环境温度下进行稳定流动，分离过程的理想功为

$$W_{\mathrm{id(sep)}}=-T_0R\sum_i n_i\ln y_i \tag{6-37}$$

同样，对于1mol要分离的物料，其分离过程理想功为

$$W_{\mathrm{id(sep)}}=-T_0R\sum_i y_i\ln y_i \tag{6-38}$$

式中，y_i 为理想气体混合物 i 组分的摩尔分数。同样，分离1mol理想溶液的理想功为

$$W_{\mathrm{id}}=-T_0R\sum x_i\ln x_i \tag{6-39}$$

式中，x_i 为理想溶液混合物 i 组分的摩尔分数。由式(6-38)和式(6-39)可知，分离理想物系所需的最小分离功只与组分的组成有关，而与各组分的物性无关。

【例 6-12】 欲将0.10133MPa、25℃的空气分离成相同温度、压力下的纯氮和纯氧，至少需要消耗多少功?

解：设空气中氮的摩尔分数为0.79，氧的摩尔分数为0.21，根据式(6-37)，对1kmol空气分离最小功为

$$\begin{aligned}W_{\mathrm{id(sep)}}&=-T_0R(0.79\times\ln0.79+0.21\times\ln0.21)\\&=-8.314\times298\times(-0.5139)=1273\mathrm{kJ\cdot kmol^{-1}}\end{aligned}$$

若分离的为非理想溶液，其分离的最小功为

$$-W_{\mathrm{id}}=\Delta H_{\mathrm{m}}\left(1-\frac{T_0}{T}\right)+RT_0\sum x_i\ln\gamma_i x_i \tag{6-40}$$

式中，ΔH_{m} 为混合热效应；γ_i 为 i 组分的活度系数（见第4章的4.3.3和4.6）。

若分离的产品并不要求是纯产品，而只要达到某一定的纯度或达到一定的浓度，则计算分离最小功可分两步进行。

第一步，将原溶液分离成纯组分，计算其消耗功；第二步，将纯组分按不同比例混合成最终产品。两步做功之和即为所求。很显然，由于第二步为混合过程，理想功为负值，两步之和的功小于分离成纯组分的功。

以上为分离的理想功，即分离混合物所消耗的最小功。由于实际分离过程的种种不可逆因素的存在。能量的消耗大大超过理想功。

一般分离过程消耗的能量是热能，例如精馏塔底有蒸馏釜，盐类溶液浓缩用蒸发器，吸收剂或吸附剂用加热方法再生等。也有的分离过程用低温分凝的方法（例如气体的分离），低温来自制冷剂，而制冷剂消耗的是电能或机械能。无论是热能、电能或机械能都应以提供的实际功耗作为评价能量利用优劣的标准。但目前习惯上往往是用热耗或汽耗作为指标，而又未说明热量的温度，其不合理是显而易见的。

【例 6-13】 精馏是分离互溶液体混合物的最常用的方法，也是化工生产中最大的耗能操作。各种液体的挥发性各不相同，精馏就是利用这一点使其分离。[例6-13]图为一精馏塔操作示意图，图中 f、d 与 b 分别为原料、馏出物与残液的流率。h_f、s_f、h_d、s_d、h_b、s_b 分别为原料、馏出物和残液的比焓和比熵；Q_{C} 为在冷凝温度 T_{C} 下单位时间放出的热量；Q_{R} 为在再沸温度 T_{R} 下单位时间输入的热量。若忽略精馏塔的热损失，并假定原料、馏出物和残液的温度基本相同，试导出该精馏塔操作过程损失功的计算式并对影响精馏塔的损失功的因素进行讨论。

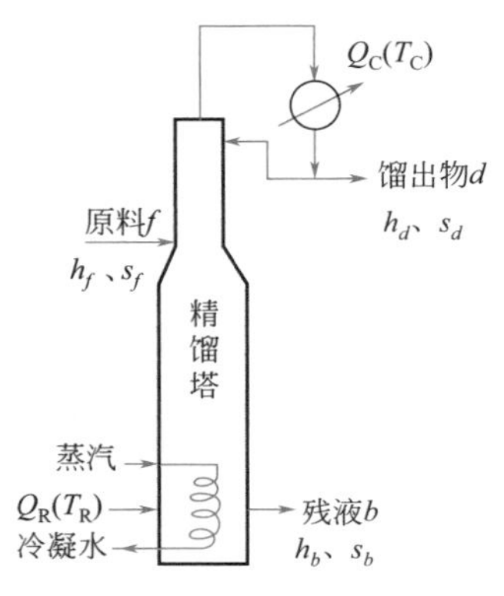

[例 6-13] 图　精馏塔操作示意

解：由熵平衡方程式可知

$$W_{\mathrm{L}}=T_0\Delta S_{\mathrm{g}}=T_0\left[(ds_d+bs_b)-fs_f-\left(\frac{Q_{\mathrm{R}}}{T_{\mathrm{R}}}+\frac{Q_{\mathrm{C}}}{T_{\mathrm{C}}}\right)\right] \tag{A}$$

根据式(6-3)，过程不做功。$W_s=0$，可得

$$\Delta H=Q=Q_R+Q_C+Q_L \tag{B}$$

精馏塔无热损失，$Q_L=0$，按题意，进料与出料温度大致相同，又都为液态，则 $fh_f \approx dh_d+bh_b$，因此

$$\Delta H=(dh_d+bh_b)-fh_f \approx 0 \tag{C}$$

将式(C) 代入式(B)，得

$$Q_R+Q_C \approx 0$$

对精馏塔而言，Q_R 是吸热量，取正号；Q_C 是放热量，取负号，因此有

$$|Q_R| \approx |Q_C| \tag{D}$$

将式(D) 代入式(A)，得

$$W_L \approx T_0[(ds_d+bs_b)-fs_f]+T_0 Q_R\left(\frac{1}{T_C}-\frac{1}{T_R}\right) \tag{E}$$

实际生产中若能将此部分热量合理利用，会使精馏能耗显著降低。

式(E) 即为绝热精馏塔操作过程损失功计算式。式中 s_d、s_b、s_f 和 T_C、T_R 都取决于物性（若再沸器和冷凝器无传热温差，则 T_R 为残液 b 的沸点；T_C 为馏出物 d 的沸点)，基本不变。由式(E) 可看出，精馏塔操作的不可逆损耗，主要取决于再沸器输入的热量 Q_R，而 Q_R 又取决于回流比。因此，回流比成为控制精馏塔损失功的主要因素。回流比愈大，产品纯度愈高，能耗也愈大。为此，在操作中要控制好回流比，既要保证一定的产品纯度，又不宜进行过度的分离。总之，减小回流比可以减小功损失。另外，利用热泵精馏技术将冷凝器放出的低温热 Q_C 升级作为再沸器的热源 Q_R，正在作为精馏节能新技术而受到重视并得到应用。

由以上讨论可知，各种动量、热量、质量的传递过程都存在阻力，需要一定的推动力才能使过程保持一定的速率。但通过加大推动力来加快过程速率的观念是欠科学的，过程的推动力愈大，不可逆程度就愈大，导致能量的贬质就越大。因此，实际的生产过程中，应通过合理的经济平衡，确定最佳的推动力，达到最佳的节能效果。

6.5 有效能

如果用同样重量的 24K 金子和 18K 金子相比较，问你哪个更有价值，你肯定能很快回答。其价值不同是因为含金量的差别。但对于能量来说，同样数量的热和功，哪个利用价值更高一些？同是 1000kg 的饱和蒸汽和过热蒸汽哪个做功能力更大？本节通过引入能级和有效能的概念来回答这个问题。能量不仅在数量上具有守恒性，在质量上还具有品位性，而且在转换与传递过程中具有贬质性。例如对 1kJ 的热和 1kJ 的功，从热力学第一定律看，它们的数量是相等的，但从热力学第二定律考察，它们的质量即做功能力是不相当的，功的质量（品位）高于热，在目前性能最好的动力装置中，热能中最多只有 40% 左右变为机械能。

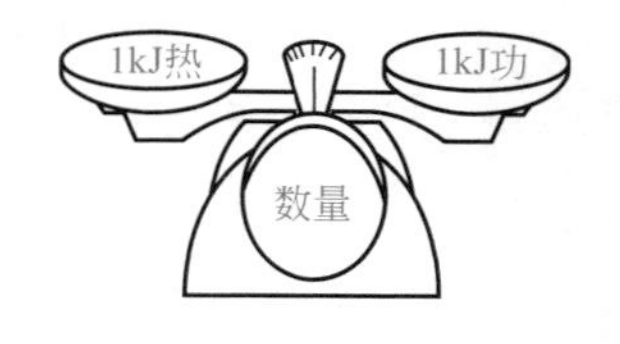

功和热的数量与质量

能量的品质问题，或者说能量转化为功的能力大小问题，在热力学的漫长发展史上曾经被先驱者们所注意到，但并没引起足够的重视。近年来，随着对地球上有限能源需求量的日益增大，人们又开始重视能源的有效利用和节约问题，使得关于有效能的理论有了长足的发展。本节主要讨论能量有效利用问题，系统地分析能量的品质，或者说有效性以及它们的数量描述方法。

6.5.1　能量的级别与有效能

从能量的观点看，化工生产过程就是能量的利用、转化和消耗过程。化工生产除了需要原料外，还要消耗各种形式的能量，如燃料、电力和蒸汽等。但也有一些生产过程在得到产品的同时还可以产生能量，这些能量可作为副产品输出或用于其他工序。化工生产不仅要求原料的综合利用，而且力求能量的合理利用。因此，有的现代化化工企业（如大型合成氨）不仅可以做到能量自给自足，甚至可以向外提供能量。

6.5.1.1　化工生产中涉及的几种主要能量形式

① 热能　许多化工单元操作均消耗热能。例如，精馏、蒸发、干燥以及吸收剂的再生等。对于吸热化学反应，或虽非吸热反应但却要求在一定温度下进行的反应，也需要热能。供热方式通常有两种：对于有较高温度要求的，一般采用加热炉，利用燃料的燃烧来提供热能；如果温度较低，多以水蒸气作为热载体供热，而水蒸气来自锅炉，也是利用燃料的燃烧热。因此，燃料是化工厂消耗的主要能源之一。

② 机械能　在物理学上称之为功。化工生产需要的机械能主要用于流体的输送和压缩。消耗机械能的设备如泵、压缩机、鼓风机、真空泵等。此外，离心机、过滤机以及固体物料的输送、提升、粉碎等也要消耗机械能。机械能本身不便于远距离传送，化工厂过去几乎都是用电机驱动上述耗功设备。近年来，利用工厂生产过程自身的余热产生高温、高压蒸汽，通过蒸汽透平来驱动，作为机械能的另一来源产生了很好的节能效果。

③ 电能　化工厂使用电能，主要是用来提供机械能。同时它还用于电解、电热等。电能具有便于输送、调节、自动化等一系列的优点，故广泛用于化工生产。机械能和电能通常又称为动力。

④ 化学能　由于物质化学结构变化提供或消耗的能量，称之为化学能。例如，燃料燃烧，将燃料中蕴藏的化学能转化为热能；电池将物质的化学能直接转化为电能；放热的化学反应，由化学能转化为热能；吸热的化学反应，则由热能转化为化学能。

以上为化工厂常见的能量形式。此外，还有势能、动能、磁能、光能、原子能等。

6.5.1.2　能量的级别（品位）

化工生产中需要的能量最主要的是取之于燃料（煤、石油、天然气），先经燃烧，将燃料的化学能转化为热能，再将其转化为功。因此，热能成了能量转化的必经之路，热功之间的转换在能量利用上占有特殊的地位。

电能或机械能可以完全变为热（如电炉、摩擦生热），电有时甚至产生高于功的热（如热泵）。但热只能通过热机部分转化为功。由此可知，就功量和热量而言，功的转换能量大，热量的转换能量小；就不同的热量而言，由卡诺热机效率 $\eta_c = 1 - T_L/T_H$ 可知，吸收热量时的温度越高，其转换能力也相应越大。因此能量不但有数量之分，而且有质量（品位）之别。

从能量的可利用性来说，可以将自然界能量分为以下三大类：

高级能量：能100%转化为功的能量，如位能、电能、机械能等。

低级能量：理论上不能100%转化为功的能量，如内能、热能、焓等。

僵态能量：完全不能转化为功的能量，如大气、大地、河流等天然水源具有的内能。

在能量的利用过程中，由高品位能量转化为低品位能量称为能量的贬质。能量贬质就意味着做功能力的损失。如传热过程是由高温热贬质为低温热。节流过程是由高压流体变成低压流体。当发生能量贬质时，就有做功能力的损失。

合理用能就是希望获得的功要多，消耗的功要少，损失的功要小。总而言之，就是要尽可能地充分利用能量，不仅从数量上而且从品位上进行控制、管理，要尽量地减少贬质，避免不必要的贬质。

化工生产中的节能，实质是对高级能量和低级能量而言，对于僵态能量，由于其不能转化为功，故无研究的必要。

6.5.1.3 有效能 E_x

因为数量相等的不同形式的能量的做功能力有很大差异，这就需要一个衡量能量质量的标准，用以度量能量的可利用程度或比较在不同状态下的做功能力，凯南（Keenen）提出了“有效能”（available energy）的概念，有的书上也称其为可用能（utilizable energy），或㶲（exergy），用符号 E_x 表示。

为了表达系统处于某状态的做功能力，先要确定一个基准态（或基态），并定义在此基准态下系统的做功能力为零。因此有效能的定义为：系统由所处的状态变到基准态时所做的理想功。也就是说，有效能是末态为基准态的理想功，$E_x=-W_{id}$。

有效能习惯用正值表达；而理想功按国际规定“对外做功为负”的原则，则为负值，因此，二者大小相等、符号相反。

应强调指出：①理想功就是变化过程以完全可逆的方式进行时所做的功；②在有效能的研究中，选定环境的状态（p_0，T_0）作为基准态；③有效能是一种热力学性质，但它和内能、熵、焓等热力学性质有所区别，系统某个状态的有效能的数值还与所选定的平衡环境状态有关。

基准态下，$E_x=0$，偏离基准态，$E_x\neq 0$，偏离越远，E_x 越大，有效能反映了系统处于某状态时所具有的最大做功能力。

规定系统的环境为基准态。环境是指人类活动的环境（大气、地球、水源……），由于系统总是处于环境之中，一切变化都是在环境中进行的，当系统变到基准态时，即系统的状态变到和周围环境完全平衡时，系统便不再具有做功的能力了。

但环境也不是一成不变的，如 T、p（春、夏、秋、冬的变化），所以应规定环境的 T、p 及化学组成不变。因此，规定了 T、p 及化学组成的环境并不是自然环境，这种人为规定的环境，称其为环境模型。我们是以环境模型为基准态，因为环境模型（即基准态）有效能为零，任何系统在基准态时均无做功能力，此状态也称为热力学死态或寂态。一般规定，基准态 $T_0=298.15\text{K}$，$p_0=0.1013\text{MPa}$。

单位能量所含的有效能称为能级，或称为有效能浓度，用 Ω 表示。能级是衡量能量质量的指标，能级的大小代表系统能量品质的优劣。

高级能量：$\Omega=1$，僵态能量：$\Omega=0$，低级能量：$1>\Omega>0$，Ω 越大，有效能（E_x）越高，利用价值愈大。

6.5.2 稳流过程有效能计算

对于没有核、磁、电以及表面张力效应的过程，稳定流动系统的有效能主要由动能有效能、势能有效能、物理有效能和化学有效能四部分组成。

① 动能有效能（$E_{x,k}$） 系统所具有的宏观动能属于机械能，可以 100%的转化为有用功。当我们取定系统的基准态，即与环境模型达到平衡的状态下的动能为零时，系统的动能全部为有效能。$E_{x,k}$ 中的线速度项指的是与地球表面的相对线速度，$E_{x,k}=\dfrac{1}{2}m\Delta u^2$。

② 势能有效能（$E_{x,p}$） 系统所具有的宏观势能也属于机械能，同样能 100%转化为有用功。当我们取定系统基准态，即与环境模型达到平衡的状态下的势能为零时，系统的势能全部为有效能。势能项中的位高以当地的海平面作为起算点，$E_{x,p}=mgz$。

③ 物理有效能（$E_{x,ph}$） 系统因温度、压力与环境模型的温度、压力不同时所具有的有效能值

称为物理有效能，物理有效能只能部分的转化为理想功。化工过程中加热、冷却、压缩和膨胀过程只需考虑物理有效能。

④ 化学有效能（$E_{x,ch}$） 系统由于组成与环境模型不同时所具有的有效能值称为化学有效能，它也只能部分转化为理想功。

对于稳定流动过程，流体的有效能系由以上四个有效能成分构成

$$E_x = E_{x,k} + E_{x,p} + E_{x,ph} + E_{x,ch}$$

系统处于基准态时，各部分有效能均为零。一般情况下，$E_{x,k}$、$E_{x,p}$ 与 $E_{x,ph}$、$E_{x,ch}$ 相比较小，可以忽略，因此下面主要介绍物理有效能和化学有效能的计算。

6.5.2.1 物理有效能的计算 $E_{x,ph}$

物理有效能是由于系统的温度、压力与环境不同而具有的做功能力，因此，当系统从任意状态（T、p）变到基准态（T_0、p_0）时

$$E_{x,ph} = -W_{id} = -(H_0 - H) + T_0(S_0 - S) \tag{6-41}$$

式中，H、S 分别是流体处于某状态的焓和熵；H_0、S_0 分别是流体在基准态下的焓和熵。物质的焓和熵可利用热力学图表或公式求得，即可用上式求得物理有效能。

【例 6-14】 现有四种蒸汽，分别为压力 1.013MPa、6.868MPa、8.611MPa 的饱和蒸汽和压力 1.013MPa、573K 的过热蒸汽，若这四种蒸汽都经过充分利用，最后排出 0.1013MPa、298K 的冷凝水。(1) 试比较每千克蒸汽的有效能和放出的热。(2) 试比较 1.013MPa、6.868MPa 两种饱和水蒸气的有效能及焓的大小，由此说明什么问题？(3) 根据计算结果对蒸汽的合理利用加以讨论。

解：(1) 根据有效能的计算公式(6-41)：

$$E_{x,ph} = -(H_0 - H) + T_0(S_0 - S)$$

1kg 水蒸气的有效能计算公式如下：

$$E_{x,ph} = 1 \times [-(h_0 - h) + T_0(s_0 - s)]$$

由附录 5.2 饱和水与饱和蒸汽表（按温度排列）查出水和四种蒸汽的比焓 h、比熵 s 值乘上 1kg，并由式(6-41) 计算出有效能值，蒸汽放出的热即为 $\Delta H = H - H_0$。结果列于［例 6-14］表。

［例 6-14］表 四种水蒸气的焓、熵及有效能值

名称	压力 p /MPa	温度 T /K	熵 s /$kJ \cdot K^{-1}$	焓 H /kJ	$H-H_0$ /kJ	$E_{x,ph}$ /kJ	$\frac{E_{x,ph}}{H-H_0}$ /%
水	0.1013	298	0.3670	104.77			
饱和蒸汽	1.013	453	6.5819	2776.30	2671.53	819.49	30.67
过热蒸汽	1.013	573	7.1251	3052.10	2947.33	933.42	31.67
饱和蒸汽	6.868	557.5	5.8215	2774.00	2669.23	1043.79	39.10
饱和蒸汽	8.611	573	5.7081	2751.00	2646.23	1054.58	39.85

(2) 由［例 6-14］表可见，1.013MPa 和 6.868MPa 的两种不同状态饱和水蒸气冷凝成 298K 水时放出的热量（即两者的焓差）分别为 2671.53kJ 和 2669.23kJ，数值极为接近，但有效能却相差很大。6.868MPa 的饱和水蒸气的有效能比 1.013MPa 的要高出 27%，高压蒸汽有更大的利用空间。因此，将高温高压蒸汽用于加热温度不高的冷物料就是一种浪费。

(3) 由计算结果可知

① 压力相同（1.013MPa）时，过热蒸汽的有效能值大于饱和蒸汽的有效能值；

② 温度相同（573K）时，高压蒸汽的焓值反而比低压蒸汽的小；

③ 温度相同（573K）时，高压蒸汽的有效能值大于低压蒸汽的有效能值，且热转化为功的效率也较高（前者为39.85%，而后者只有为31.67%）；

④ 温度为557.5K和453K的饱和蒸汽所能放出的热量基本相同，但高温蒸汽的有效能比低温蒸汽大。

结论：有效能的大小代表了系统的做功能力，有效能越大，其做功能力也越大。因此，在生产中应根据情况合理选用蒸汽，不要盲目选用高压蒸汽作为工艺的加热源，因其焓值较低压蒸汽小，且设备费用大，故一般低压蒸汽作为工艺加热之用。而高压蒸汽可作为动力的能源，以提高热能的利用率。此外，应充分合理地回收利用生产过程中释放的余热，如现代化的大型合成氨厂，利用废热锅炉回收高温转化气的热量，产生过热蒸汽带动透平做功，透平排出乏气还可作为工艺加热热源，不但可以做到能量自给，还可向外输送蒸汽或动力，这对节能减排具有重要的意义。

思考：
用高压蒸汽作为工艺加热源是否合理？

热量是系统通过边界以传热的形式传递的能量，热量相对于基准态所具有的最大做功能力称为热量有效能 $E_{x,Q}$。如果将此热量加给一个以环境为低温热源的可逆卡诺热机，则这一可逆热机所能做出的有用功就是该热量有效能。

由卡诺热机效率 $\eta_C=\left|\frac{W_s}{Q_H}\right|=\left|\frac{E_{x,Q}}{Q_H}\right|=\frac{T_H-T_0}{T_H}$ 得

$$E_{x,Q}=|Q_H|\left(\frac{T_H-T_0}{T_H}\right)$$

对于恒温热源：

$$E_{x,Q}=|Q_H|\left(1-\frac{T_0}{T}\right) \tag{6-42}$$

对于变温热源：

$$E_{x,Q}=|Q_H|\left(1-\frac{T_0}{T_m}\right) \tag{6-43}$$

思考：
为什么相同数量的热量其有效能不同？生产中应如何合理地利用不同级别的热量？

式中，T_m 为热力学平均温度

$$T_m=\frac{T_2-T_1}{\ln\frac{T_2}{T_1}} \quad （T_1、T_2\text{ 分别为变温热源的始末温度}） \tag{6-32}$$

对于仅有显热变化的过程，式(6-42) 也可表达为

$$E_{x,Q}=\int_{T_0}^{T}C_p\,dT-T_0\int_{T_0}^{T}\frac{C_p}{T}dT \tag{6-44}$$

由式(6-42) 和式(6-44) 可知，因 $T>T_0$，热量的温度越高，热量中的有效能越大。但有效能总是小于热量，可见热量是低级能量，其能级 $1>\Omega>0$。热量有效能的大小不仅与热量 Q 有关，还与环境温度 T_0 及热源温度 T（或 T_m）有关，当环境温度确定后，相同数量的热量，在不同的温度下具有不同的热量有效能。当温度降低时，热量的数量不变，但其具有的有效能即做功能力却减少了。

*6.5.2.2 化学有效能的计算 $E_{x,ch}$

化学有效能是由于系统与环境发生物质交换或化学反应，达到与环境平衡时所

具有的有效能值。由于环境模型中的基准物化学有效能为零，元素与环境物质进行化学反应变成基准物所提供的最大化学反应有用功即为元素的化学有效能。计算化学有效能时，由于涉及物质组成，不但要确定环境的温度和压力，而且要指定基准物和浓度。为了简化物质化学有效能的计算，很多学者提出建立环境状态模型，用环境状态模型计算的物质化学有效能值称为标准化学有效能 E_{x,ch_i}。计算时，一般是首先计算系统状态和环境状态的焓差和熵差，然后由下式计算化学有效能。

$$E_{x,ch}=(H-H_0)-T(S-S_0) \tag{6-45}$$

表 6-2 列出了一些元素指定的环境状态。

表 6-2　一些元素指定的环境状态（$T_0=298.15\text{K}$，$P_0=101.325\text{kPa}$）

元素	环境状态		元素	环境状态	
	基准物	浓度		基准物	浓度
Al	$Al_2O_3\cdot H_2O$	纯固体	H	H_2O	纯液体
Ar	空气	$y_{Ar}=0.01$	N	空气	$y_{N_2}=0.78$
C	CO_2	纯气体	Na	NaCl	$m=1\text{mol}\cdot\text{kg}^{-1}$
Ca	$CaCO_3$	纯固体	O	空气	$y_{O_2}=0.21$
Cl	$CaCl_2$	$m=1\text{mol}\cdot\text{kg}^{-1}$	P	$Ca_3(PO_4)_2$	纯固体
Fe	Fe_2O_3	纯固体	S	$CaSO_4\cdot 2H_2O$	纯固体

6.5.3　有效能与理想功的异同

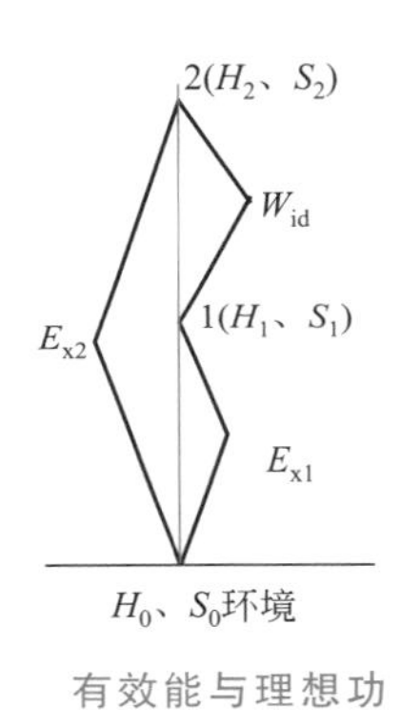

有效能与理想功

有效能和理想功都可以代表系统的做功能力，但它们有所区别。对于有效能，基准态一般都是一定的，因此一个状态就有一个有效能，如左图，状态 1 的有效能为 E_{x1}，状态 2 的有效能为 E_{x2}。因此，它是物系的状态函数，但它又和热力学能、焓、熵等状态函数不同，有效能与其基准态（热力学死态），即周围自然环境参数 T_0、p_0 及环境的物质浓度有关。因此也可将其看成是复合的状态函数。各种形式能量所含的有效能，只要其值相同，理论的做功能力都相同。

理想功是对状态变化而言，它是指一个过程系统所能提供的最大功。如左图，从状态 1 变到状态 2 的过程中系统所能提供的最大功为 W_{id}。它是一个过程函数，理想功的值不受基准态的影响，例如，对于流体的流动过程、传热过程、分离过程、化学反应过程等应该计算其理想功；而对于系统处于某状态，例如原料、燃料、产品、热量等应该计算其有效能。计算有效能必须确定基准态；而计算理想功时只需指定环境温度 T_0。只有当理想功的末态正好为有效能的基准态时，两个值才相等。因此，有效能是理想功的特例。有效能是末态为基态的理想功。因此，计算有效能和理想功的公式也是类似的。

有效能与理想功的区别
1. 终态不一定相同，理想功的终态不确定，而有效能的终态为环境状态；
2. 研究对象不同，理想功是对两个状态而言，与基准态无关，可正可负，而有效能是对某一状态而言，与基准态有关，只为正值。

某物系处于状态 1 和状态 2 时（忽略动能有效能和势能有效能），其有效能分别为

$$E_{x1}=-(H_0-H_1)+T_0(S_0-S_1)$$
$$E_{x2}=-(H_0-H_2)+T_0(S_0-S_2)$$

当系统从状态 1 变到状态 2 时

$$\begin{aligned}\Delta E_x&=E_{x2}-E_{x1}\\&=-(H_0-H_2)+T_0(S_0-S_2)-[-(H_0-H_1)+T_0(S_0-S_1)]\\&=(H_2-H_1)-T_0(S_2-S_1)=\Delta H-T_0\Delta S=W_{id}\end{aligned}$$

$$\Delta E_x = \Delta H - T_0 \Delta S \tag{6-46}$$

或

$$\boxed{W_{id} = \Delta E_x} \tag{6-47}$$

式(6-47) 说明，系统状态变化时，有效能的变化值就是状态变化时所做的理想功。当系统对外做功时，系统的有效能减少；而当外界对系统做功时，系统的有效能增加。它不仅适用于物理过程，也适用于化学过程。对于化学反应过程，若已知产物和反应物的有效能，其差值就是反应过程的理想功。

6.5.4 不可逆过程的有效能损失与无效能

一切实际生产过程都是不可逆过程，而过程的不可逆是导致能量损失的根本原因。由式(6-47) 可知，系统变化过程的理想功等于有效能增加，当 $\Delta E_x < 0$ 时，系统可对外做功，绝对值最大功即理想功；当 $\Delta E_x > 0$ 时，系统的变化必须通过消耗外功才能实现，绝对值最小功即理想功。因此可知，在可逆过程中，减少的有效能全部用于做功，故有效能没有损失，但对于不可逆过程，情况则不同，实际所做的功 W_s 的绝对值总小于有效能的减少，所以有效能必然有损失。

将 $W_{id} = W_s - W_L$ 代入式(6-47) 得

$$\Delta E_x = W_s - W_L = W_s - T_0 \Delta S_t = W_s - T_0 \Delta S_g \tag{6-48}$$

由此可见，式中第一项为不可逆过程中所做的功，后一项为不可逆过程的有效能损失，此项正是不可逆过程的损失功。因不能变为有用功，故称为无效能，用符号 A_N 表示。

因此能量可分为两部分，一部分可转变为有用功即有效能，另一部分是不能变为有用功即无效能的，即

系统中有效能和无效能的总和是守恒的。

系统总能量＝有效能＋无效能

例如，恒温热源热量有效能

$$E_{x,Q} = Q\left(1 - \frac{T_0}{T}\right) = \underbrace{Q}_{\text{总能量}} - \underbrace{\boxed{Q\frac{T_0}{T}}}_{\text{无效能}}$$

$$Q = E_{x,Q} + A_{NQ}$$

当系统温度降至环境温度时，$T_0 = T$，则 $Q\dfrac{T_0}{T} = Q$，$E_{x,Q} = Q - Q = 0$，即表示全部热量都变成了无效能，系统不再有做功能力，此时，$A_{NQ} = Q$。

由此可知，有效能是高级能量，无效能是僵态能量。

而对于稳流过程

$$E_x = -(H_0 - H) + T_0(S_0 - S) = \underbrace{H}_{\text{总能量}} - \underbrace{[H_0 - T_0(S_0 - S)]}_{\text{无效能}}$$

上式中总能量为 H，$[H_0 - T_0(S_0 - S)]$为无效能，当取 $H_0 = 0$ 时，无效能为 $T_0(S - S_0)$。

总之，能量可分为有效能和无效能两部分，其中有效能是高级能量，是有用部分，可将其转化为有用功。而无效能是僵态能量，不能转化为有用功。

对于可逆过程，有效能无损失，全部变为功，$\Delta E_x = W_{id}$

不可逆过程，有效能减少，$\Delta E_x < 0$，但无效能增加，$\Delta A_N > 0$，根据能量守恒，有效能的减少量应等于无效能的增加量，$-\Delta E_x = \Delta A_N$，ΔA_N 即为损失功。

由以上讨论可知，在有限的时空范围内，任何热力学过程中，系统的有效能和

无效能的总和是守恒的。一切实际的不可逆过程必带来能量品位的贬质，有效能一去不复返地转化为无效能，这就是能量转换与传递中的质的变化规律。经不可逆过程的有效能的减少是绝对的，是不可逆转的，能量中的无效能无论采用什么巧妙的方式也不能转变为有用功和有效能。因此，有效能转化为无效能的量可以表示能量贬质的程度。

自从有效能的概念提出后，使人们认识到，能量不仅有数量，还有质量，并不是所有的能量都能利用，只有高级能量才能转化为功，而僵态能量则不能利用，要节能就是要使有效能变为无效能的数量减少。

【例 6-15】 将 0.1MPa、127℃的 1kg 空气可逆定压加热到 427℃，试求：(1) 加热量中的有效能和无效能（热量由热源的显热供给，因此热源温度是变化的）。(2) 如果同样的加热量，由 500℃的恒温热源放出，则热量中的有效能和无效能又为多少？设环境温度为 25℃，空气平均质量热容为 $C_p^{ig}=1.004\text{kJ}\cdot\text{kg}^{-1}\cdot\text{K}^{-1}$。

思考：
由不同热源提供相同的热量，在能量级别上有何不同?

解：以 1kg 空气为计算基准

(1) 空气的定压加热量

$$Q=mC_p^{ig}(T_2-T_1)=1.004\times(427-127)=301.2\text{kJ}$$

空气在可逆吸热过程中的熵变

$$\Delta S=mC_p^{ig}\ln\frac{T_2}{T_1}=1\times1.004\ln\frac{700}{400}=0.562\text{kJ}\cdot\text{K}^{-1}$$

热量无效能 $$A_{NQ}=T_0\Delta S=298\times0.562=167.5\text{kJ}$$

热量有效能 $$E_{x,Q}=Q-A_{NQ}=301.2-167.5=133.7\text{kJ}$$

(2) 在恒温 500℃的条件下放出同样的热量

$$E_{x,Q}=Q\left(1-\frac{T_0}{T}\right)=301.2\times\left(1-\frac{298}{773}\right)=185.1\text{kJ}$$

$$A_{NQ}=Q-E_{x,Q}=301.2-185.1=116.1\text{kJ}$$

由两种条件下的计算结果可知，由于热源加热的平均温度升高，热量有效能也提高，即热量的质量提高了。

6.5.5 有效能平衡方程式与有效能效率

6.5.5.1 有效能平衡方程

有效能的守恒与否应与过程的可逆性有关，过程是可逆的，没有有效能的损失，有效能是守恒的。不可逆过程总是使有效能减少而无效能增加，在建立有效能衡算式时，应附加一项有效能损失作为有效能的输出项。所以，开系稳流系统的有效能平衡方程式应为：

输入系统的有效能＝输出系统的有效能＋有效能损失

图 6-5 是一个具有多股物流进出，和环境有热和功交换的开系稳流系统。进入系统的物流有效能为 $\left(\sum_i E_{x,i}\right)_{in}$；离开系统的物流有效能为 $\left(\sum_j E_{x,j}\right)_{out}$；进入系统的热量有效能为 $\sum_K E_{x,Q_K}$；离开系

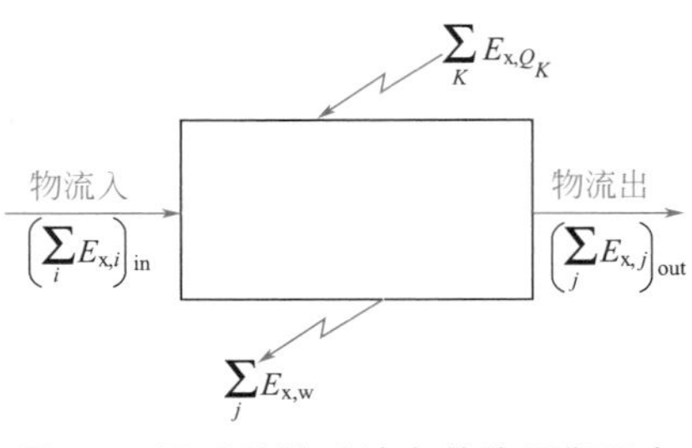

图 6-5 开系稳流系统有效能平衡示意

统的功有效能为 $\sum_j E_{x,w}$；并忽略过程物流的动能、势能变化。

可逆过程，系统无有效能损失，则有效能是守恒的，则开系稳流系统可逆过程有效能平衡方程式为

$$\boxed{(\sum_i E_{x,i})_{in} + \sum_K E_{x,Q_K} = (\sum_j E_{x,j})_{out} + \sum_j E_{x,w}} \tag{6-49}$$

对于不可逆过程，有效能损失即为过程的损失功，有效能不再守恒，则不可逆过程有效能平衡方程式为

$$(\sum_i E_{x,i})_{in} + \sum_K E_{x,Q_K} = (\sum_j E_{x,j})_{out} + \sum_j E_{x,w} + \sum_i E_{x,Li} \tag{6-50}$$

式中，$\sum_i E_{x,Li}$ 为不可逆过程的有效能损失，或将式(6-50) 表达为

$$\boxed{\sum_i E_{x,Li} = (\sum_i E_{x,i})_{in} + \sum_K E_{x,Q_K} - (\sum_j E_{x,j})_{out} - \sum_j E_{x,w}} \tag{6-51}$$

对于有动能、势能和组成变化的稳流过程，物流有效能还应包括相应各项的有效能。但多数化工生产过程中，系统的动、位能变化很小，一般可以忽略。因此可用式(6-51) 讨论化工生产过程中的有效能损失。对于只有一股物流的稳流过程，式(6-51) 变为

$$\boxed{E_{x,L} = (E_x)_{in} + E_{x,Q} - (E_x)_{out} - E_{x,w}} \tag{6-52}$$

$$E_{x,L} = \underbrace{(E_x)_{in} - (E_x)_{out}}_{-\Delta E_x} + E_{x,Q} - E_{x,w}$$

式中，$E_{x,L}$ 为单股物流的有效能损失。则式(6-52) 可写成：

$$E_{x,L} = E_{x,Q} - \Delta E_x - E_{x,w} \tag{6-53}$$

实际应用时可针对不同的过程对式(6-53) 做相应的简化。

① 当流体经蒸汽透平、膨胀机、压缩机、鼓风机、泵等设备进行绝热压缩或膨胀时

$$E_{x,L} = \cancelto{0}{E_{x,Q}} - \Delta E_x - E_{x,w}$$

即

$$E_{x,L} = -E_{x,w} - \Delta E_x \tag{6-54}$$

② 流体经有热损失的管道、阀门、换热器、混合器等

$$E_{x,L} = E_{x,Q} - \Delta E_x - \cancelto{0}{E_{x,w}}$$

即

$$E_{x,L} = E_{x,Q} - \Delta E_x \tag{6-55}$$

若忽略过程的热损失，则上式为

$$E_{x,L} = -\Delta E_x \tag{6-56}$$

③ 对于循环过程，若系统内只包括循环工质

$$E_{x,L} = E_{x,Q} - \cancelto{0}{\Delta E_x} - E_{x,w}$$

即

$$E_{x,L} = E_{x,Q} - E_{x,w} \tag{6-57}$$

因此可由热量有效能和功量计算循环过程的有效能损失。

有效能平衡方程与能量平衡方程颇为相似，但两者存在几点实质性的区别：

① 普通的能量衡算是以热力学第一定律为依据；而有效能衡算是以热力学第一、第二定律为依据，得到的结果能更全面、更深刻地反映实际过程；

② 能量在任何过程都是守恒的，但有效能只能在可逆过程才守恒，对于不可逆过程，部分有效能会转化为无效能损失掉；

③ 普通能量衡算式中包含不同品位能量，它只能反映出系统中能量的数量利用情况；有效能衡算是相同品位的能量衡算，它能够反映出系统能量在质量上的利用情况。

6.5.5.2 有效能效率

热力学分析中所确定的效率是指有效能的利用率，即能量收益量与消耗量的比值。有效能效率的定义为

$$\eta=\frac{\text{收益量}}{\text{消耗量}}$$

工程上有各种不同效率，从能量利用观点分析可分为第一定律效率和第二定律效率两种。

(1) 第一定律效率 $\boldsymbol{\eta_{\mathrm{I}}}$

以热力学第一定律为基础，用于确定过程总能量的利用率。η_{I} 被定义为

$$\eta_{\mathrm{I}}=\frac{\text{过程所期望的能量}}{\text{实现期望所消耗的能量}}=\frac{E_{\mathrm{N}}}{E_{\mathrm{A}}}$$

式中，E_{N}、E_{A} 可以是能量、能量差或能流。

热力学第一定律效率表示过程所期望的各种形式的能量与达到期望所消耗的各种形式能量之比。在不同的过程中，能量的形式不同。例如用于蒸汽动力循环，收益的是轴功，消耗的是热量，比例系数是热效率

$$\eta_{\mathrm{T}}=\frac{-W_{\mathrm{s}}}{Q} \quad \text{或} \quad \eta_{\mathrm{T}}=\frac{|W_{\mathrm{s}}|}{Q}$$

由于第一定律效率的分子和分母不是同一能级的能量，它只反映过程所需要的能量 E_{A} 在数量上的利用情况，却不反映不同质的能量的利用情况，即没有反映有效能的利用情况。而节能的含义应是减少有效能损失，但第一定律效率不能反映有效能的利用率，这是一大缺陷，因此使其应用受到限制，它不能作为衡量过程热力学完善性的指标。正因为如此，就必须引入能表征过程热力学完善性的代表热力学第二定律的效率。

(2) 有效能效率（第二定律效率 $\boldsymbol{\eta_{\mathrm{E}}}$）

有效能效率是以热力学第一、第二定律为基础，用于确定过程有效能的利用率。η_{E} 被定义为

$$\eta_{\mathrm{E}}=\frac{\text{过程期望得到的总有效能}}{\text{实现期望所消耗的总有效能}}=\frac{E_{\mathrm{x,N}}}{E_{\mathrm{x,A}}}$$

式中，$E_{\mathrm{x,N}}$、$E_{\mathrm{x,A}}$ 可以是有效能，也可以是有效能差或有效能流

$$\eta_{\mathrm{E}}=\frac{\sum E_{\mathrm{x,out}}}{\sum E_{\mathrm{x,in}}} \tag{6-58}$$

式中，$\sum E_{\mathrm{x,out}}$ 为输出的总的有效能量；$\sum E_{\mathrm{x,in}}$ 为输入的总的有效能量，包括物流有效能、热流有效能、功流有效能。

求有效能效率，必须对进、出系统的有效能进行有效能衡算。很明显

$$(\sum E_{\mathrm{x},i}+\sum E_{\mathrm{x},Q})_{\mathrm{in}}=(\sum E_{\mathrm{x},i}+\sum E_{\mathrm{x,w}})_{\mathrm{out}}+\sum E_{\mathrm{x,L}}$$

可写成

$$\sum E_{\mathrm{x,out}}=\sum E_{\mathrm{x,in}}-\sum E_{\mathrm{x,L}}$$

则

$$\eta_{\mathrm{E}}=\frac{\sum E_{\mathrm{x,in}}-\sum E_{\mathrm{x,L}}}{\sum E_{\mathrm{x,in}}} \tag{6-59}$$

对于可逆过程：$\sum E_{\mathrm{x,L}}=0$，$\sum E_{\mathrm{x,out}}=\sum E_{\mathrm{x,in}}$，说明有效能全部被利用，$\eta_{\mathrm{E}}=1$；完全不可逆过程：$\sum E_{\mathrm{x,in}}=\sum E_{\mathrm{x,L}}$，有效能全部损失了，$\eta_{\mathrm{E}}=0$。一般情况下，过程部分可逆，$0<\eta_{\mathrm{E}}<1$。

有效能效率反映了有效能的利用率，是衡量过程热力学完善性的量度，其实质是反映了真实过程和理想过程的差距。

6.6 化工过程能量分析及合理用能

6.6.1 化工过程的能量分析

能量的有效利用是化工生产和设计中的重要问题，很显然，能耗增加将使产品成本增加。因此，单位化工产品的能量消耗水平已成了衡量化学工业现代化水平的主要指标之一。能量回收及利用的好坏，直接体现了工艺流程及技术的先进水平。为了不断改进生产工艺与设备，以减少能量消耗，降低成本，在设计和研究工作中广泛地采用热力学分析的方法，来发现现有的生产过程中因不可逆而造成的能量浪费与薄弱环节，估算采用新工艺可能产生的效果。热力学分析成果是设备与系统最佳化设计的基础，也是进行全面技术分析的依据。

过程热力学分析是用热力学理论和方法对于各过程能量的转化、传递、使用和损耗进行分析。其目的是为了揭示损耗量的大小及造成能量损耗的原因及部位，从而为改进过程提供依据。热力学分析可用于各个过程。将过程热力学分析应用于化工过程称为化工热力学分析。

常用的热力学分析法有三种：能量衡算法、熵分析法和有效能分析法，三种方法各有特点，以下分别介绍。

(1) 能量衡算法

能量衡算法是建立在热力学第一定律基础之上的热力学分析方法。其实质是通过物料与能量的衡算分析能量转化、利用及损失情况，确定过程进、出的能量数量，求出能量利用率。

如果仅从能量的收益和付出的差别找节能方法，找出改进的途径，应用此方法较多，但此方法的不足在于：①热力学第一定律方程说明各种能量可以互相转化，但从第一定律效率上看，热转化为功是有限的，而且不能指出各种能量转化的方向和限度；②从能量级别可知，能量不但有大小之分，还有品位的区别，能量衡算法只反映了能量数量的关系，没有反映能量品位的高低；③此方法只能反映能量的损失，但不能指出损失的这部分能量的利用价值。

(2) 熵分析法

熵分析法是以热力学第一定律和第二定律为基础，通过计算装备或过程的熵产生量以及理想功、损失功，从而确定过程的热力学效率。根据热力学效率的大小确定装备或过程是否有改造的余地。此方法不但能够找到能量在数量上的损失，还可以确定由于过程的不可逆引起的损失功的数量。从而分析、查找损失功发生的部位及原因，提出节能降耗、提高能量利用率的途径及措施。此方法的缺陷在于只能确定过程的不可逆引起的损失功，但不能指出到底是哪种能的损失。

(3) 有效能分析法

有效能分析法与熵分析法类似，也是以热力学第一、第二定律为基础。在对装备或过程进行物料衡算和能量衡算的基础上，确定出、入各系统的物流和能流的有效能值，由有效能平衡方程确定过程的有效能损失和有效能效率。利用有效能分析法得到的信息量最大，它可以全面反映有效能损失的部位及数量，弥补了熵分析法的不足，可以有针对性地确定节能的方向和措施。

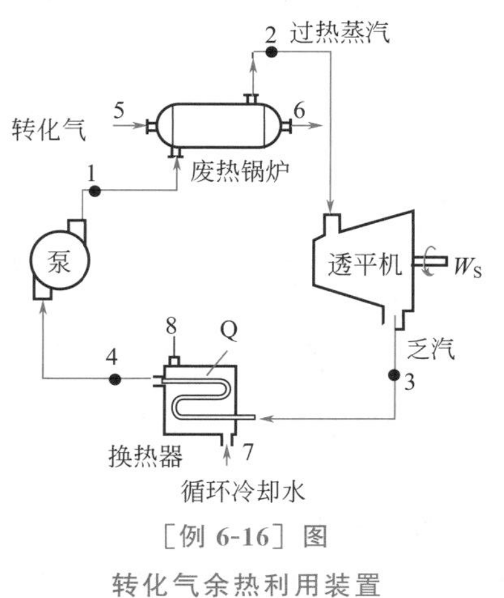

[例 6-16] 图

转化气余热利用装置

【例 6-16】 [例 6-16] 图为合成氨厂二段炉出口高温转化气余热利用装置示意图。转化气入废热锅炉的温度为 1000℃，离开时为 380℃。其流量（标准状态）为 $5160m^3 \cdot tNH_3^{-1}$，可以忽略降温过程压力变化。废热锅炉产生 4MPa、430℃的过热蒸汽，蒸汽通过透平做功，离开透平的乏汽为压力 0.01234MPa、干度为 0.9853。设转化气在此温度范围的平均摩尔定压热容 $C_p =$

36kJ·kmol^{-1}·K^{-1}，乏汽进入冷凝器用30℃的冷却水冷凝，冷凝水用泵打入锅炉，进入锅炉的水温为50℃。试用三种热力学分析方法评价其能量利用情况。

解：计算以每吨氨为基准。

为简化计算，忽略系统中有关设备的热损失。

由附录5水的性质表查得各状态点的有关参数见［例6-16］表1。

［例6-16］表1 各状态参数及焓值和熵值

状态点	物态	压力/MPa	温度/℃	h/kJ·kg^{-1}	s/kJ·kg^{-1}·K^{-1}
1	过冷水	4.00000	50	212.66	0.7016
2	过热蒸汽	4.00000	430	3285.08	6.8991
3①	湿蒸汽	0.01234	50	2557.17	7.9692
4	饱和水	0.01234	50	209.26	0.7035
7	循环冷却水	0.10133	30	125.75	0.4342

① 状态3是湿蒸汽，干度x为0.9853，根据$h=xh^{sv}+(1-x)h^{sL}$，$s=xs^{sv}+(1-x)s^{sL}$计算比焓和比熵。

1. 用能量衡算法分析能量利用情况

（1）求废热锅炉的产汽量G(kg)

对废热锅炉进行能量衡算，忽略热损失Q_L，则有

$$\Delta H=Q_L+W_S \tag{A}$$

$$Q_L=0, W_S=0 \tag{B}$$

$$\Delta H=\Delta H_{水}+\Delta H_{转} \tag{C}$$

式中，$\Delta H_{水}$与$\Delta H_{转}$分别为水与转化气的焓变。

转化气的物质的量为：

$$m=\frac{5160}{22.4}=230.36\text{kmol}$$

$$\Delta H_{转}=mC_p(T_6-T_5)=230.36\times36\times(380-1000)=-5.1416\times10^6\text{kJ}$$

$$\Delta H_{水}=G(h_2-h_1)=G(3285.08-212.66) \tag{D}$$

将式(C)和式(D)代入(A)，则可求得产汽量G

$$G=\frac{-\Delta H_{转}}{h_2-h_1}=\frac{-(-5.1416\times10^6)}{3285.08-212.66}=1673.4\text{kg}$$

水汽化吸热$Q=\Delta H_{水}=5.1416\times10^6$kJ

（2）水泵所需轴功

$$W_P=G(h_1-h_4)=1673.4\times(212.66-209.26)=0.0057\times10^6\text{kJ}$$

（3）蒸汽透平所产做的功W_S

对透平作能量衡算，忽略热损失，则

$$W_S=\Delta H_{Tur}=G(h_3-h_2)=1673.4\times(2557.17-3285.08)=-1.2181\times10^6\text{kJ}$$

（4）求冷却水吸收的热（即其焓变），忽略冷凝器的热损失，则有

$$Q'=\Delta H_{冷却水}=-\Delta H_{冷凝水}=-G(h_4-h_3)=-1673.4\times(209.26-2557.17)$$
$$=3.9290\times10^6\text{kJ}$$

以上计算结果汇总于表［例6-16］表2。

［例6-16］表2 转化气余热回收装置能量衡算表（以产1tNH_3计）

输入			输出		
项目	kJ	%	项目	kJ	%
(1)废热锅炉供热	5.1416×10^6	99.89	(1)透平做功	1.2181×10^6	23.67
(2)水泵输入功	0.0057×10^6	0.11	(2)冷凝器放热	3.9290×10^6	76.33
总计	5.1473×10^6	100	总计	5.1471×10^6	100

由能量平衡分析可以看出，输入与输出的能量基本相符（工程计算允许有微小的偏差），输入废热锅炉用于产生过热蒸汽的余热，有76.33%被冷却水带走，该系统的热效率为：

$$\eta_T=\frac{|W_S-W_P|}{Q}=\frac{|-1.2181+0.0057|\times10^6}{5.1416\times10^6}=23.58\%$$

因此节能的重点似乎在于回收这部分热量，以下通过熵衡算分析和有效能衡算分析将说明节能的重点并非在此。

2. 用熵衡算分析能量利用情况

(1) 求转化气降温放热过程的理想功

$$W_{id}=\Delta H_{转}-T_0\Delta S_{转} \tag{A}$$

式中，T_0 为冷却水的温度，即 30℃；$\Delta S_{转}$ 为转化气降温过程熵变。按题意可忽略其压力变化，则有

$$\Delta S_{转}=mC_p\ln\frac{T_6}{T_5} \tag{B}$$

将式(B) 代入式(A)，可得

$$W_{id}=\Delta H_{转}-T_0\Delta S_{转}=(-5.1416\times10^6)-303.15\times230.36\times36\times\ln\frac{653.15}{1273.15}$$
$$=-(5.1416\times10^6)+1.6780\times10^6=-3.4636\times10^6\text{kJ}$$

(2) 求各设备的损失功

废热锅炉的损失功：

$$W_{L,废}=T_0\left[\sum_j(m_js_j)_{out}-\sum_i(m_is_i)_{in}\right]=T_0[(S_6+S_2)-(S_5+S_1)]$$
$$=T_0[(S_6-S_5)+(S_2-S_1)]=T_0(\Delta S_{转}+\Delta S_{水})$$
$$=T_0\left[mC_p\ln\frac{T_6}{T_5}+G(s_2-s_1)\right]$$
$$=303.15\times\left[230.36\times36\times\ln\frac{653.15}{1273.15}+1673.4\times(6.8991-0.7016)\right]$$
$$=303.15\times4835.82=1.4660\times10^6\text{kJ}$$

透平损失功

$$W_{L,Tur}=T_0\Delta S_g=T_0G(s_3-s_2)=303.15\times1673.4\times(7.9692-6.8991)$$
$$=303.15\times1673.4\times1.0701=0.5429\times10^6\text{kJ}$$

冷凝器损失功

$$W_{L,冷}=T_0\Delta S_g=T_0[(S_8+S_4)-(S_7+S_3)]=T_0[(S_4-S_3)+(S_8-S_7)]$$
$$=T_0(\Delta S_{汽}+\Delta S_{冷却水})=T_0G(s_4-s_3)+\Delta H_{冷却水}$$
$$=303.15\times1673.4\times(0.7035-7.9692)+3.9290\times10^6=0.2432\times10^6\text{kJ}$$

$$W_{L,总}=W_{L,废}+W_{L,Tur}+W_{L,冷}=1.4660\times10^6+0.5429\times10^6+0.2432\times10^6=2.2521\times10^6\text{kJ}$$

(3) 求热力学效率 η_a（整个装置）

$$\eta_a=\frac{[W_S+W_P]}{W_{id}}=\frac{|-1.2181+0.0057|\times10^6}{[-3.4636]\times10^6}=35.00\%$$

以上计算结果汇总于表［例 6-16］表 3。

［例 6-16］表 3　转化气余热回收装置熵平衡表（以产 1tNH_3 计）

输入			输出				
项目	kJ	%	项目		kJ		%
(1)废热锅炉理想功	3.4636×10^6	99.83	(1)透平输出功		1.2181×10^6		35.10
(2)水泵理论轴功	0.0057×10^6	0.17	(2)损失功	$W_{L,Tur}$	0.5429×10^6	24.11%	15.64
				$W_{L,废}$	1.4660×10^6	65.09%	42.25
				$W_{L,冷}$	0.2432×10^6	10.80%	7.01
				小计	2.2521×10^6	100%	100
总计	3.4693×10^6	100	总计		3.4702×10^6		100

熵分析结果表明，上述过程的能量损耗主要是过程的不可逆性造成，节能的重点在于降低过程的不可逆损耗。

虽然从能量平衡（［例 6-16］表 2）得出，主要能耗在于冷凝器向环境释放热量，但就做功能力的损耗而言，冷凝器的损耗功仅占输入功的 7.01 %，占总损耗功的 10.80%。更重要的是废热锅炉的损耗功，占输入功的 42.25 %，占总损耗功的 65.09%，因此系统的节能还应注意降低废热锅炉等设备的不可逆性。

3. 用有效能衡算分析能量利用情况

(1) 计算各物流的物理有效能

取 $p_0=0.10133\text{MPa}$，$T_0=303.15\text{K}$

水和水蒸气物理有效能按式(6-41) 计算

$$E_{x,ph}=-(H_0-H)+T_0(S_0-S)=G[(h-h_0)-T_0(s-s_0)]$$

转化气的物理有效能由下式计算（忽略压力降）

$$E_{x,ph}=-(H_0-H)+T_0(S_0-S)=m\left[-C_p(T_0-T)+T_0C_p\ln\frac{T_0}{T}\right]$$

计算的结果见［例 6-16］表 4：

［例 6-16］表 4 转化气余热回收装置有效能衡算表（以产 1tNH_3 计）

状态点	物态	压力/MPa	温度/℃	h/kJ·kg^{-1}	s/kJ·kg^{-1}·K^{-1}	$E_{x,ph}$/kJ · t NH_3^{-1}
0	基态水	0.10133	30	125.75	0.4342	0
1	液态水	4.00000	50	212.66	0.7016	0.0098×10^6
2	过热蒸汽	4.00000	430	3285.08	6.8991	2.0072×10^6
3	湿蒸汽	0.01234	50	2557.17	7.9692	0.2463×10^6
4	饱和水	0.01234	50	209.26	0.7035	0.0031×10^{63}
5	转化气入	—	1000	—	—	4.4365×10^6
6	转化气出	—	380	—	—	0.9728×10^6

(2) 按生产 1tNH_3 计算输入余热回收系统的有效能

转化气输入有效能：$4.4365\times10^6\text{kJ}$

(3) 按生产 1tNH_3 计算的输出余热回收系统有效能

转化气输出有效能：$0.9728\times10^6\text{kJ}$；透平输出功有效能：$1.2181\times10^6\text{kJ}$

(4) 由各设备的有效能平衡计算不可逆有效能损失

废热锅炉不可逆有效能损失

$$\begin{aligned}E_{x,L废}&=E_{x,5}+E_{x,1}-E_{x,6}-E_{x,2}\\&=4.4365\times10^6+0.0098\times10^6-0.9728\times10^6-2.0072\times10^6\\&=1.4663\times10^6\text{kJ}\end{aligned}$$

透平不可逆有效能损失

$$\begin{aligned}E_{x,LTur}&=E_{x,2}-E_{x,3}-E_{x,w}=2.0072\times10^6-0.2463\times10^6-1.2181\times10^6\\&=0.5428\times10^6\text{kJ}\end{aligned}$$

冷凝器不可逆有效能损失

$$E_{x,L冷}=E_{x,3}-E_{x,4}=0.2463\times10^6-0.0031\times10^6=0.2432\times10^6\text{kJ}$$

冷凝器外排热量是在环境温度下进行，因此冷凝器外排热量虽大（为 $3.9290\times10^6\text{kJ}\cdot\text{tNH}_3^{-1}$），但流出的热能有效能 $E_{x,Q}=3.9290\times10^6\times\left(1-\frac{T_0}{T_0}\right)=0$

以上计算结果汇总于［例 6-16］表 5。

［例 6-16］表 5　转化气余热回收装置有效能衡算表（以产 1tNH_3 计）

输入			输出			
项　目	kJ	%	项　目	kJ		%
(1)转化气有效能	4.4365×10^6	99.87	(1)转化气有效能	0.9728×10^6		21.89
(2)水泵理论轴功	0.0057×10^6	0.13	(2)透平轴功	1.2181×10^6		27.42
			有效能损失 $E_{x,L废}$	1.4663×10^6	65.10%	33.00
			有效能损失 $E_{x,LTur}$	0.5428×10^6	24.10%	12.22
			有效能损失 $E_{x,L冷凝}$	0.2432×10^6	10.80%	5.47
			有效能损失 小计	2.2524×10^6	100%	
总　计	4.4422×10^6	100	总　计	4.4432×10^6		100

(5) 各单体设备的有效能效率

废热锅炉有效能效率　$\eta_{E,废}=\dfrac{E_{x,6}+E_{x,2}}{E_{x,5}+E_{x,1}}=\dfrac{0.9728\times10^6+2.0072\times10^6}{4.4365\times10^6+0.0098\times10^6}=67.02\%$

透平有效能效率　$\eta_{E,Tur}=\dfrac{E_{x,3}+W_S}{E_{x,2}}=\dfrac{0.2463\times10^6+1.2181\times10^6}{2.0072\times10^6}=72.96\%$

冷凝器有效能效率　$\eta_{E,冷}=\dfrac{E_{x,4}}{E_{x,3}}=\dfrac{0.0031\times10^6}{0.2463\times10^6}=1.26\%$

系统的总有效能效率　$\eta_E=\dfrac{透平实际轴功+循环气输出有效能}{循环气输入有效能}=\dfrac{W_S+E_{x,6}}{E_{x,5}}$

$$=\frac{1.2181\times10^6+0.9728\times10^6}{4.4365\times10^6}=49.38\%$$

从上分析过程可以看出，有效能分析法可以确定各物流有效能损失的数量，进而说明有效能损失的部位，而熵分析法仅确定了不可逆过程损失功的数量，不能指出到底是哪种能的损失，因此，有效能分析法可以很好地弥补熵分析法的不足。从单体设备的有效能损失来看，冷凝器的有效能效率只有1.26%，似乎节能潜力很大，但其有效能损失仅占总有效能损失的10.80%，而废热锅炉的有效能损失占总有效能损失的65.10%，为主要部分，因此，节能的重点是设法减少废热锅炉的传热不可逆性，进而减少其有效能损失。如何提高废热锅炉的热力学效率，将在第7章蒸汽动力循环中介绍。

【例 6-17】 某工厂的高压蒸汽系统，每小时产生3.5t中压冷凝水，再经闪蒸产生低压蒸汽回收利用。试比较下列两种回收方案的有效能损失（见［例 6-17］图）。

方案一：中压冷凝水1直接进入闪蒸器，产生低压蒸汽2和低压冷凝水3。

方案二：中压冷凝水1经锅炉预热器与锅炉给水5换热变为温度较低的中压过冷水4，再进入闪蒸器，仍产生低压蒸汽2和低压冷凝水3。

各状态的状态参数及焓值和熵值见［例 6-17］表。假定忽略过程的热损失，环境温度为298.15K。

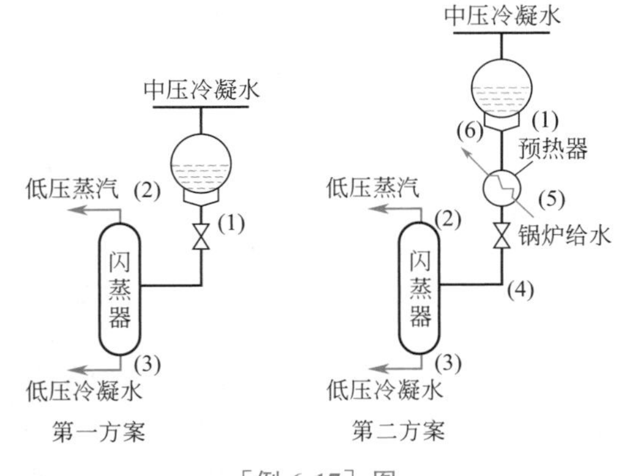

［例 6-17］图

［例 6-17］表　各状态参数及焓值和熵值

序号	1	2	3	4	5	6
状态	中压冷凝水	低压蒸汽	低压冷凝水	中压过冷水	预热前锅炉给水	预热后锅炉给水
T/K	483	423	423	433	428	478
p/MPa	1.97	0.49	0.49	1.97	1.78	1.78
h/kJ·kg^{-1}	897.0	2744.3	631.4	676.1	653.1	874.0
s/kJ·kg^{-1}·K^{-1}	2.4213	6.8308	1.8380	1.9384	1.8878	2.3744

解：方案一：设低压蒸汽2的量为 $x$kg·h^{-1}，对闪蒸器进行能量衡算。因为

$$\Delta H = Q + W$$

忽略热损失，过程不做功，$W_s=0$，$\Delta H=0$，即

$$3500H_1 = xH_2 + (3500-x)H_3$$

$$x = \frac{3500(H_1-H_3)}{H_2-H_3} = \frac{3500\times(897.0-631.4)}{2744.3-631.4} = 440\text{kg}\cdot\text{h}^{-1}$$

每小时(3500kg) 中压冷凝水通过闪蒸器的熵变

$$\Delta S = 440S_2 + 3060S_3 - 3500S_1 = 440\times6.8308 + 3060\times1.8380 - 3500\times2.4213$$
$$= 155.28\text{kJ}\cdot\text{K}^{-1}$$

每千克中压冷凝水通过闪蒸器的熵变为

$$\Delta S = \frac{155.28}{3500} = 0.04437\text{kJ}\cdot\text{kg}^{-1}\cdot\text{K}^{-1}$$

过程的有效能损失

$$E_{x,L} = T_0\Delta S = 298.15\times0.04437 = 13.23\text{kJ}\cdot\text{kg}^{-1}$$

方案二：对锅炉给水预热器进行能量衡算

$$H_1 - H_4 = H_6 - H_5$$
$$H_4 = H_1 + H_5 - H_6$$
$$= 897.0 + 653.1 - 874.0$$
$$= 676.1\text{kJ}\cdot\text{kg}^{-1}$$

查表可知此焓值的中压过冷水温度为 433K。对闪蒸器进行能量衡算

$$3500H_4 = xH_2 + (3500-x)H_3$$

低压蒸汽的量 x 为

$$x = \frac{3500(H_4-H_3)}{H_2-H_3} = \frac{3500\times(676.1-631.4)}{2744.3-631.4} = 74.1\text{kg}\cdot\text{h}^{-1}$$

每千克中压冷凝水通过锅炉给水预热器时，锅炉给水的熵变

$$\Delta S_{给水} = S_6 - S_5 = 2.3744 - 1.8887 = 0.4857\text{kJ}\cdot\text{kg}^{-1}\cdot\text{K}^{-1}$$

每千克中压冷凝水经过整个系统的熵变

$$\Delta S_{冷凝水} = \frac{74.1S_2 + 3425.9S_3 - 3500S_1}{3500}$$
$$= \frac{74.1\times6.8308 + 3425.9\times1.8380 - 3500\times2.4213}{3500}$$
$$= -0.4776\text{kJ}\cdot\text{kg}^{-1}\cdot\text{K}^{-1}$$

过程总熵变

$$\Delta S_t = \Delta S_{冷凝水} + \Delta S_{给水} = (-0.4776) + 0.4857 = 0.0081\text{kJ}\cdot\text{kg}^{-1}\cdot\text{K}^{-1}$$

有效能损失

$$E_{x,L} = T_0\Delta S_t = 298.15\times0.0081 = 2.42\text{kJ}\cdot\text{kg}^{-1}$$

从有效能损失来看，方案二的有效能损失小，即方案二的能量利用比较合理。

以上三种热力学分析方法的计算难易程度、得到的信息量及特点各不相同，因此，可根据具体情况选用不同热力学分析法。三种热力学分析方法的特点及选用原则列于表 6-3。综合运用这三种热力学分析法，对分析化工过程和能量转换过程的能量有效利用途径有重要意义。

表 6-3　三种热力学分析方法的特点及选用原则

项目	能量衡算法	熵分析法	有效能分析法
计算工作量	最小	居中	最大
得到的信息量	最少	居中	最多
特点	只给出能量排出的损失，而不考虑这部分能量的利用价值，从而不能全面地反映出用能过程中存在的问题	可以得到损失功，说明能量损失的关键是过程不可逆造成的，但是不能给出各物流的做功能力及其损失情况	虽较复杂，但可以克服熵衡算的不足，得出各物流的做功能力及其损失情况
选用原则	如果一个体系，只是为了利用热能(采暖、工业用加热炉等)可以只用能量衡算法	对既有热交换，又有功交换的定组成体系，最好选用熵分析法	对既有热交换，又有功交换的变组成体系，最好选用有效能分析法

6.6.2 合理用能基本原则

节能问题，涉及面很广，它既有能源政策、管理方面的问题，又有工艺、设备、控制、材料以及其他的节能技术问题。就节能技术而论，各行业有其各自的特点和具体情况，可以提出很多节能措施，然而节能的基本原理则有共同之处。其中最重要的就是，必须遵守合理用能的基本原则。只有合理用能，才能获得高的能量有效利用率，达到节能的目的。在用能过程中要注意以下几点。

（1）能尽其用，防止能量的无偿降级

正确合理的使用能源是能量有效利用的首要问题，其基本原则就是按质用能，按需供能。要按用户所需要能量的能级要求，选择适当的能量供应，不要供给过高质量的能量，否则就是浪费；也不能大幅度的将能量降级使用。例如用高温热源去加热低温物料（温差大，有效能损失大）；将高压蒸气节流以后降温、降压使用，或由于设备的保温不好造成的热损失（冷损失）等都是能量的无偿降级现象，应尽量避免。

（2）设计中采用最佳推动力

任何实际的化工过程都必须在一定的推动力下，以一定的速率进行，过程的速率与推动力成正比，推动力大，速率大，所需设备投资少。但推动力大，会使内部有效能损失增大，能量增加；若要减少有效能损失，就要减小推动力，但势必增大设备投资，两者是矛盾的。因此，应在技术和经济许可的前提下，采取各种措施，寻求过程的最佳推动力，以提高能量的利用率。

（3）合理组织能量的多次逐级利用

化工厂中许多化学反应为放热反应，放出的热量不仅数量大而且温度较高，是一种宝贵的余热资源，应有效的组织能量的梯级利用和多效利用。大致的做法是：高温（或高压）及中温余热通过设置废热锅炉产生高压蒸汽，然后将高压蒸汽通过透平做功或发电；最后用乏气作为工艺或热源使用。即先用功后用热，将能量逐级使用。对热量也要按其能量高低回收使用。例如用高温热源加热高温物料，用中温热源加热中温物料，用低温热源加热低温物料。这样，就构成按能量级别高低综合利用的总能体系，使有效能损失减少，从而达到较高的能量利用率。按能量级别高低综合利用能量的概念称为总能概念。

总之，按质用能，按需供能是一项指导思想。一个生产过程如何进行为宜，最终还是取决于技术经济的总评比。目前，由于能源价格上涨，能耗费在成本中的比例日趋增大，因此在经济分析中突出能量的有效利用问题愈显重要。把热力学分析与经济分析结合起来，已成为一门新兴学科——热经济学的核心内容。

知识拓展

能源的梯级利用

能源梯级利用（energy cascade use）：由于热能不可能全部转换为机械功，因而，与机械能、电能相比，其品位较低。热功转换效率与温度高低有关，高温热能的品位高于低温热能。一切不可逆过程均朝着降低能量品位的方向进行。能源的梯级利用可以提高整个系统的能源利用效率，是节能的重要措施。

能源的梯级利用包括按质用能和逐级多次利用两个方面：

（1）按质用能就是尽可能不把高质能源作为低质能源使用；在一定要用高温热源来加热时，也尽可能减少传热温差；在只有高温热源，又只需要低温加热的场合下，则应先用高温热源发电，再利用发电装置的低温余热加热，如热电联产。

（2）逐级多次利用就是高质能源的能量不一定要在一个设备或过程中全部用完，因为在使用高质能源的过程中，能源的温度是逐渐下降的（即能质下降），而每种设备在消耗能源时，总有一个最经济合理的使用温度范围。这样，当高质能源在一个装置中已降至经济适用范围以外时，即可转至另一个能够经济使用这种较低能质的装置中去使用，使总的能源利用率达到最高水平。

虽然能源梯级利用是针对发电和供热企业提出的，但可以广泛地扩展到制冷、深冷、化工、冶金等各种工业过程，必要时可用热泵来提高热源的温度品位后再利用。不同的企业对能量的等级要求是不一样的，可以根据各用能企业的能级需求的高低构成能量的梯级利用关系，高能级热源经上一级企业使用后降为低能级热源，供给需求低的企业使用。能量的梯级利用能够有效地满足各单位的用能需要，而不增加能源消耗，极大地提高能源利用率。

工程案例

化工热力学为节能减排而生

利用热力学第一、第二定律给出物质和能量的最大利用限度，指导生产过程的能量合理利用，有效地降低生产能耗，减少污染，正所谓“化工热力学就是为节能减排而生的”。

【工程案例1】低档余热换出高品质能量，由巨亏变为巨额利润

重庆长风化工厂，充分利用化学反应和化工过程中热效应的特点，建立热能梯级利用体系和热交换网络，形成以连续的化学反应热和工艺余热回收利用及部分公用工程为基础，间歇的生产过程余热作为补充的相互支持的能量梯级利用体系。实现全厂“按质用能，按需供能，梯级用能，网络化用能”，取消了蒸汽和冷却水的使用。

该化工厂自2005年起，关停了燃煤锅炉，取而代之的是他们独创的自热平衡联动系统，通过对所有的工艺流程进行改造，将每套生产装置的产热过程和用热过程进行联动集成，将不同装置的产热和用热过程进行跨装置集成，使热能供需的双方不仅在数量上相符，同时在质量上相配，并努力用低档余热换出较高品质的能量，实现了化工过程热能的自平衡。

他们先后进行了50多项工艺和技术的创新改造，从根本上改变了传统化工生产方式。仅此一项，该厂每年节约燃煤成本1000万元。一个连续亏损长达15年的老厂，一个连职工工资都无法发出的特困企业——重庆长风化工厂依靠科技创新2005年一举丢掉了多年的亏损帽子，实现产值2.3亿元，到今年上半年获利润2000万元，实现了从巨额亏损到巨额利润的质的飞跃。

【工程案例2】LNG冷能利用

液化天然气（liquefied natural gas，LNG）是一种优质能源，具有热值高、洁净、燃烧污染小等特点。为了便于运输，天然气经净化处理，降温至−162℃形成液体，液化费用约占LNG总成本的30%，该费用通过冷源的方式蓄积在LNG中。通常LNG汽化后才能使用，放出的冷量约为830kJ/kg，品位很高，具有较高利用价值。通常该冷能随空气或海水被舍弃，若以海水作为热源，不仅造成大量冷能浪费，而且海水温度降低后恶化了海洋生态平衡。因此，回收该冷能已引起各国政府和企业的广泛关注。

LNG冷能利用主要依靠其与周围环境（如空气、海水）之间的温度差和压力差，将高压低温的LNG变为常压常温的天然气，回收存储在LNG中的能量，按照利用原理可以分为直接利用和间接利用。

(1) 直接利用　冷量以传热的形式应用。主要用于低温发电、空气分离、干冰制造、轻烃分离、超低温冷冻、海水淡化、汽车空调、低温养殖和溜冰场等。

（2）间接利用　利用冷流体吸热膨胀对外做功，转化为其他形式的能源并进一步加以利用。主要是利用冷能生产液氮或液氧，再利用液氮、液氧分别进行低温粉碎、低温生物工程、污水处理等。多种 LNG 冷能利用方式的比较见［工程案例 2］表。

［工程案例 2］表　多种 LNG 冷能利用方式的比较

利用方式	优点	缺点	冷能需求	建议
空气分离	㶲利用效率高，压缩机尺寸小，能耗低	投资多，占地大	高、多，且要求工艺平稳	适用于大型气化站
冷能发电	技术成熟，易大规模实现	投资多，占地大	高、多，且要求工艺平稳	适用于大型气化站
低温粉碎	实用性强，能耗低	设备复杂，占地大	中等，要求工艺平稳	处于产业链下游
冷冻仓库	能耗低，占地少，投资省，维护方便	产业链要求较高	中等、多，且要求工艺平稳	技术相对简单，需要与下游市场匹配
冷能制冰	工艺流程简单，技术成熟，能耗低，占地少，投资低	冷能利用率低	低	适合各类 LNG 气化站
干冰生产	操作压力低，能耗低	设备多，占地大，产业链要求高	较低	需要与下游市场匹配
蓄冷装置	便于冷能储放	技术要求高，占地较大，增加投资	较高	加大研发力度
空调	便于低品位冷能利用	冷能输送距离较远	较低	需结合周边用户，适合各类 LNG 气化站
低温养殖/栽培	利用低品位冷能，可养殖/栽培需要低温的动植物	占地大	较低	养殖技术要求高
轻烃分离	设备少，能耗低，利用率高	产业链要求较高	较低	需要与下游市场匹配

LNG 冷能发电主要利用 LNG 的低温冷量使工质液化，然后工质经加热气化后在汽轮机中膨胀做功带动发动机发电。主要发电方式有直接膨胀法、采用中间媒介的低温 Rankine 循环法、Brayton 循环法和燃气轮机联合流程等。直接膨胀法是将 LNG 压缩为高压液体，然后通过换热器被海水加热到常温状态，再通过透平膨胀对外做功。这种方法的冷能回收率较低，每吨 LNG 的冷能产电能为 20kW·h 左右。中间媒介低温 Rankine 循环方式将 LNG 通过冷凝器把冷能转化到某一载冷剂上，利用 LNG 与环境之间的温差，推动载冷剂进行蒸汽动力循环，从而对外做功。常用的载冷剂主要有甲烷、乙烷、丙烷等单组分或它们的混合物。Brayton 循环法流程中氮气首先被 LNG 冷却，经压缩机增压后进入热交换器升温，再进入透平膨胀机做功，输出电能。联合法实质上是直接膨胀法和低温 Rankine 循环法的结合，**可充分回收利用 LNG 的冷量㶲（有效能）和压力㶲（有效能），大大提高冷能回收率。每吨 LNG 回收的电量大约在 40～45kW·h。**

将 LNG 冷能用于空分设备，主要是利用 LNG 的冷量取代膨胀机制冷循环。利用 LNG 的低温特性不但可减少费用，而且每生产 $1m^3$ 液化氧气需要消耗的电力从 1.2kW·h 减少到 0.5kW·h。如果利用其冷能建设一套 3 万立方米/h 的空分装置，则可年产氧气 28.6 万吨，实现产值 2 亿多元。

LNG 冷能回收在国外尤其是日本备受重视，且在大量的工程实践中得到应用，日本所用 LNG 量占全世界一半以上，主要将其用于空气分离、发电、制干冰及冷库冷藏，其中利用 LNG 冷能发电至今已经超过 30 年；韩国、澳大利亚、法国等国家主要利用 LNG 冷能进行空气分离、轻烃分离；美国、俄罗斯及欧盟等国家和地区也开展了 LNG 冷能利用的相关研究。

【工程案例 3】高效环保芳烃成套技术开发及应用

“高效环保芳烃成套技术开发及应用”获 2015 年国家科学技术进步特等奖。该技术成功地开发芳烃联合装置能量深度集成新工艺，开发能量集中和梯级利用节能新技术，首创芳烃装置低温余热发电新技术，降低了芳烃装置能耗，实现了“外供电到外送电”的历史性突破，单位产品综合能耗比国际先进水平降低 28%。

石脑油催化重整是强吸热反应，而且芳烃分离过程复杂，精馏过程较多，因此，芳烃联合装置能耗在石化装置中一直处于前列。芳烃联合装置包括芳烃抽提、歧化及烷基转移、吸附分离、异构化、二甲苯分馏装置及配套设施。

该成果有多个节能措施：

(1) 采用分壁精馏技术　精馏是最广泛使用的分离技术，但能耗巨大，化工过程 40%～70% 能耗用于分离，而精馏占 90%。新工艺采用了分壁精馏技术，避免了常规精馏塔中产品之间出现“分离-混合-再分离”现象，继而避免了能量的重复浪费，降低了分离过程中的能耗。例如，C_6^+ 芳烃分离的冷凝器、再沸器热负荷分别比常规精馏塔降低 26% 和 37%，C_8^+ 芳烃分离分别降低近 30% 和 29%，设备投资节省 30%。

(2) 加热炉对低温热能的综合利用　利用低温热水、低压蒸汽用于预热加热炉所需燃烧空气，可以减少燃料消耗。通常燃烧空气温度每提高约 20℃，燃料消耗降低 1%。重整加热炉增设空气预热器可提高热效率 2%～3%，同时采用低温废热预热燃烧空气可减少燃料消耗 5%～6%，相当于加热炉热效率提高 5%～6%。

(3) 低温余热回收发电　通过将常规塔顶温度为 150℃ 左右热负荷集中的精馏塔适当升温升压，塔顶设置蒸汽发生器，产生饱和蒸汽，饱和蒸汽与装置内其他部位的热量换热变成过热蒸汽，过热蒸汽再进入汽轮机发电。温度 90～150℃ 的工艺位置设置热水换热器，产生的热水经卡琳娜循环和有机朗肯循环（organic rankine cycle，简称 ORC）发电。验证了低温余热回收技术在芳烃联合装置应用的可能性，体现了巨大的经济效益和社会效益，大幅降低了装置能耗，显著提升了我国芳烃生产技术的国际竞争力，具有里程碑意义。

本章小结

一、重要概念

(1) 熵流：系统与外界交换热量所引起的熵的变化，与热量的符号一致。

(2) 熵产生：系统经历不可逆过程而引起的熵的变化，熵产生不是系统的性质，而与过程的不可逆程度相联系。熵产生永远不会小于零。

(3) 理想功：系统在一定的环境条件下，沿完全可逆的途径从一个状态变到另一个状态所能产生的最大有用功或必须消耗的最小功。注意理想功与可逆功的区别和联系。

(4) 损失功：在相同的始末状态下，过程的不可逆而引起的做功能力的损失。损失功反映了过程的不可逆程度。

(5) 有效能：系统由所处状态变到基准态时所做的理想功，它反映了系统处于某状态时具有的最大做功能力。注意有效能与理想功的异同。

(6) 能级：单位能量所含有的有效能。

二、重要公式

1. 开系稳流系统能量平衡式（开系稳流过程的热力学第一定律）

$$\Delta H + mg\Delta z + \frac{1}{2}m\Delta u^2 = Q + W_s$$

可针对不同的过程对方程进行简化，见表 6-1。

2. 开系稳流过程熵平衡式　$\Delta S_g = \sum_j (m_j s_j)_{out} - \sum_i (m_i s_i)_{in} - \Delta S_f$

3. 开系稳流过程的理想功计算式　$W_{id} = \Delta H - T_0 \Delta S$

4. 损失功的计算式　$W_L = T_0(\Delta S_{sys} + \Delta S_{sur}) = T_0 \Delta S_t = T_0 \Delta S_g$

5. 有效能的相关计算式

(1) 物理有效能　$E_{x,ph} = -(H_0 - H) + T_0(S_0 - S)$

(2) 热量有效能

恒温热源　$E_{x,Q} = Q\left(1 - \frac{T_0}{T}\right)$，变温热源　$E_{x,Q} = Q\left(1 - \frac{T_0}{T_m}\right)$

(3) 开系稳流可逆过程有效能衡算式

$$\left(\sum_i E_{x,i}\right)_{in} + \sum_K E_{x,Q_K} = \left(\sum_j E_{x,j}\right)_{out} + \sum_j E_{x,w}$$

不可逆过程的有效能衡算式

$$\sum_i E_{x,Li} = \left(\sum_i E_{xi}\right)_{in} + \sum_K E_{x,Q_K} - \left(\sum_j E_{x,j}\right)_{out} - \sum_j E_{x,w}$$

过程不可逆，有效能减少，无效能增加，$-\Delta E_x = \Delta A_N$，ΔA_N 即为损失功。

根据不同化工过程，可对有效能平衡方程式进行相应的简化。

三、知识应用：化工过程的热力学分析

化工过程的热力学分析是在热力学第一、第二定律的基础上，通过损失功、有效能等计算，查明化工过程能量损失的大小以及引起的原因，对化工过程的能量利用做出评价，从而可以合理有效地利用能量。

1. 损失功分析

流动、传热、传质等单元过程都存在阻力，应通过合理的经济平衡，确定最佳的推动力，提高能量的利用率。

流体流动过程应尽量减少节流过程，气体更应尽量少用节流；传热过程应有一个最合适的温差，并使温差分布合理。

2. 化工过程的热力学分析

通过三种化工过程能量的热力学分析方法，指出有效能衡算法是一种全面、清晰的方法，因此在实际化工过程中应用最多。

此外，能量利用的基本原则是高品质能量用于做功，低品质能量用于给热，实现能量梯级使用。

本章符号说明

符号	说明
U'	单位质量或每摩尔物质的热力学能
U	总热力学能
h	单位质量焓值
z	位高
u	流体流动速率
v	比容
$W_{s,R}$	可逆轴功
W_s	轴功
W_f	流动功
W_C	卡诺功
W_{id}	理想功
W_L	损失功
$E_{x,L}$	有效能损失
ΔS_g	熵产生
η_T	热效率
η_a	热力学效率
η_E	有效能效率
E_x	有效能
A_N	无效能
上下标	
p	势能
ph	物理
ch	化学
Q	热量

习　题

一、问答题

6-1　空气被压缩机绝热压缩后温度是否上升，为什么？

6-2　为什么节流装置通常用于制冷和空调场合？

6-3　请指出下列说法的不妥之处：

（1）不可逆过程中系统的熵只能增大不能减少。

（2）系统经历一个不可逆循环后，系统的熵值必定增大。

（3）在相同的始末态之间经历不可逆过程的熵变必定大于可逆过程的熵变。

（4）如果始末态的熵值相等，则必定是绝热过程；如果熵值增加，则必定是吸热过程。

6-4　某封闭体系经历一可逆过程。体系所做的功和排出的热量分别为15kJ和5kJ。试问体系的熵变：（a）正；（b）负；（c）可正可负。

6-5　某封闭体系经历一不可逆过程。体系所做的功为15kJ，排出的热量为5kJ。试问体系的熵变：（a）正；（b）负；（c）可正可负。

6-6　某流体在稳流装置内经历一不可逆过程。加给装置的功为25kJ，从装置带走的热（即流体吸热）是10kJ。试问流体的熵变：（a）正；（b）负；（c）可正可负。

6-7　某流体在稳流装置内经历一个不可逆绝热过程，加给装置的功是24kJ。试问流体的熵变：（a）正；（b）负；（c）可正可负。

6-8　热力学第二定律的各种表述都是等效的，试证明：违反了克劳休斯说法，则必定违反开尔文说法。

6-9　理想功和可逆功有什么区别？

6-10　对没有熵产生的过程，其有效能损失是否必定为零？

6-11　总结典型化工过程热力学分析。

二、计算题

6-12　一个人在睡觉时被蚊子困扰，当蚊子落在他大腿上时，此人一巴掌打下去，瞬间使腿部被打的部位温度升高了1.0℃，设手掌的质量为1.0kg，腿部皮肤组织的质量为0.015kg，求该手掌在腿上的速度。取皮肤组织的质量热容为$3800J \cdot kg^{-1} \cdot K^{-1}$。

6-13　15℃冷水从5atm节流至1atm（厨房水龙头用水过程的写照），请问该过程水温变化是多少？经过节流后每千克水损失的功是多少？15℃和1atm下，液态水的体积膨胀系数约为$1.5 \times 10^{-4}\ K^{-1}$。环境温度$T_0$=20℃。仔细说明你所做的假设（所需数据可查蒸汽表）。

6-14　空气以低速在0.1MPa及25℃时进入压缩机，在0.3MPa时排出，然后进入喷嘴，在开始的温度和压力下膨胀至最终速度。若压缩功为$240kJ \cdot kg^{-1}$，在此压缩期间必须移走多少热量？

6-15　有一水泵每小时从水井抽出1892kg的水并泵入储水槽中，水井深61m，储水槽的水位离地面18.3m，水泵用功率为3.7kW的电机驱动，在泵送水过程中，只耗用该电机功率的45%。储水槽的进、出水位的质量流量完全相等，水槽内的水位维持不变，从而确保水做稳态流动。在冬天，井水温度为4.5℃，为防止水槽输出管路发生冻结现象，在水的输入管路上安设一台加热器对水进行加热，使水温保持在7.2℃，试计算此加热器所需净输入的热量。

6-16　水蒸气在透平机中等熵膨胀，其状态由6MPa、600℃变为10kPa。如果水蒸气的质量流量为$2kg \cdot s^{-1}$，试计算透平机的输出功率。

6-17　水蒸气在800kPa和280℃下进入喷嘴，进口速度可忽略；并在525kPa下排出。假设水蒸气在喷嘴中等熵膨胀。试问排出速度是多少？当流量为$0.75kg \cdot s^{-1}$时，喷嘴出口的截面积是多少？

6-18　某理想气体（分子量为28）在0.7MPa、1089K下，以$35.4kg \cdot h^{-1}$的质量流量进入一透平机膨胀到0.1MPa。若透平机的输出功率为3.5kW，热损失$6710kJ \cdot h^{-1}$。透平机进、出口连接钢管的内径为0.016m，气体的质量热容为$1.005kJ \cdot kg^{-1} \cdot K^{-1}$，试求透平机排气的温度和速度。

6-19 CO_2 气体在 1.5MPa、30℃时稳流经过一个节流装置后减压至 0.10133MPa。试求：CO_2 节流后的温度及节流过程的熵变。

6-20 2.5MPa、200℃的乙烷气体在透平中绝热膨胀到 0.2MPa。试求绝热可逆膨胀（等熵）至中压时乙烷的温度与膨胀过程产生的轴功。乙烷的热力学性质可分别用下述两种方法计算：(1) 理想气体方程；(2) 合适的普遍化方法。

6-21 某化工厂转化炉出口高温气体的流率为 $5160Nm^3 \cdot h^{-1}$，温度为 1000℃，因工艺需要欲将其降温到 380℃。现用废热锅炉机组回收其余热。已知废热锅炉进水温度为 54℃，产生 3.73MPa、430℃的过热蒸汽。可以忽略锅炉热损失以及高温气体降温过程压力的变化，已知高温气体在有关温度范围的平均摩尔定压热容为 $36J \cdot kmol^{-1} \cdot K^{-1}$，试求：(1) 每小时废热锅炉的产气量；(2) 蒸汽经过透平对外产功，透平输出的功率为多少？已知乏气为饱和蒸汽，压力为 0.1049MPa，可以忽略透平的热损失。

6-22 丙烷从 0.1013MPa，60℃被压缩至 4.25MPa。假定压缩过程为绝热可逆（等熵）压缩，试计算 1kmol 丙烷所需要的压缩功（丙烷在此状态下不能视为理想气体）。

6-23 某理想气体经一节流装置（锐孔），压力从 1.96MPa 绝热膨胀至 0.09807MPa。求此过程产生的熵。此过程是否可逆？

6-24 将 1MPa、527℃的空气与 0.1MPa、27℃的空气混合，若两股空气的质量流率为 1∶3，混合过程为绝热可逆，问混合后空气的温度和压力各为多少？

6-25 140℃饱和水蒸气以 $4kg \cdot s^{-1}$ 的流率进入换热器，加热 20℃的空气，水蒸气与空气逆向流动。如果饱和水蒸气离开换热器时冷凝为 140℃的饱和水。求热流体传热过程的熵产生量。

6-26 设有 10kg 水被下述热流体从 288K 加热到 333K，水的平均质量定压热容为 $4.1868kJ \cdot kg^{-1} \cdot K^{-1}$，试计算热流体与被加热的水的熵变。(1) 用 0.344MPa 的饱和蒸汽加热。冷凝温度为 411.46K；(2) 用 0.344MPa、450K 的过热蒸汽加热。

已知 0.344MPa 饱和蒸汽的冷凝热为 $-2149.1kJ \cdot kg^{-1}$，411～450K 水蒸气的平均质量定压热容为 $1.918kJ \cdot kg^{-1} \cdot K^{-1}$（假设两种情况下蒸汽冷凝但不过冷）。

6-27 1mol 理想气体在 400K 由 0.1013MPa 经等温不可逆压缩到 1.013MPa，压缩过程的热被移到 300K 的贮热器，实际压缩功比同样的可逆压缩功多 20%，计算气体与贮热器的熵变及总熵变。

6-28 某蒸汽动力装置，进入蒸汽透平的蒸汽流量为 $1680kg \cdot h^{-1}$，温度为 430℃，压力为 3.727MPa，蒸汽经透平绝热膨胀对外做功。产功后的乏气分别为：(1) 0.1049MPa 的饱和蒸汽；(2) 0.0147MPa、60℃的蒸汽。试求此两种情况下，蒸汽经透平的理想功与热力学效率，已知大气温度 25℃。

6-29 12MPa、700℃的水蒸气供给一个透平机，排出的水蒸气的压力为 0.6MPa。

(1) 在透平机中进行绝热可逆膨胀，求过程理想功和损失功。环境温度为 298.15K。

(2) 如果实际输出的功等于可逆绝热膨胀时轴功的 88%，求过程的理想功、损失功和热力学效率。

6-30 某换热器内，冷热两种流体进行换热。热流体的流率为 $100kJ \cdot h^{-1}$，$\overline{C}_p = 29kJ \cdot kmol^{-1} \cdot K^{-1}$，温度从 500K 降为 350K，冷流体的流率也是 $100kJ \cdot h^{-1}$，$\overline{C}_p = 29kJ \cdot kmol^{-1} \cdot K^{-1}$，温度从 300K 进入热交换器，该换热器表面的热损失 $Q = -87000kJ \cdot h^{-1}$，求该换热过程的损失功 W_L。设 $T_0 = 300K$。

6-31 为远程输送天然气，采用压缩液化法。若天然气按甲烷计算，将 1kg 天然气自 0.09807MPa、27℃绝热压缩到 6.669MPa，并经冷凝器冷却至 27℃。已知压缩机实际的功耗为 $1021kJ \cdot kg^{-1}$，冷却水温为 27℃。试求冷凝器应移走的热量，压缩和液化过程的理想功、损失功与热力学效率。已知甲烷的焓和熵值如下：

压力/MPa	温度/℃	$h/kJ \cdot kg^{-1}$	$s/kJ \cdot kg^{-1} \cdot K^{-1}$
0.09807	27	953.1	7.067
6.667	27	886.2	4.717

6-32 今有一股流体流速为 $14400kg \cdot h^{-1}$，要求由 298K 冷却到 278K，$C_p = 3.4kJ \cdot kg^{-1} \cdot K^{-1}$。(1) 试求过程的理想功（$T_0 = 298K$）；(2) 若上述冷却目标由制冷循环配合完成，并已知其制冷系数 $\varepsilon = 4$，试求

总的实际功 W_s 和损失功 $W_L\left(注：\varepsilon=\frac{Q_0}{W_s}\right)$。

6-33 有一理想气体经一锐孔从 1.96MPa 绝热膨胀到 0.09807MPa，动能和位能的变化可忽略不计。求绝热膨胀过程的理想功与损失功。大气温度为 25℃。

6-34 设在用烟道气预热空气的预热器中，通过的烟道气和空气的压力均为常压，其流量分别为 $45000\text{kg}\cdot\text{h}^{-1}$ 和 $42000\text{kg}\cdot\text{h}^{-1}$。烟道气进入时的温度为 315℃，出口温度为 200℃。设在此温度范围内 $C_p^{ig}=1.090\text{kJ}\cdot\text{kg}^{-1}\cdot\text{K}^{-1}$。空气进口温度为 38℃，设在有关温度范围内，$C_p^{ig}=1.005\text{kJ}\cdot\text{kg}^{-1}\cdot\text{K}^{-1}$。试计算此预热器的损失功与热力学效率。已知大气温度为 25℃，预热器完全保温。

6-35 有一逆流式换热器，利用废气加热空气。空气从 0.10MPa、20℃的状态被加热到 125℃，空气的流量为 $1.5\text{kg}\cdot\text{s}^{-1}$。而废气从 0.10MPa、250℃的状态冷却到 95℃。空气的质量定压热容为 $1.04\text{kJ}\cdot\text{kg}^{-1}\cdot\text{K}^{-1}$，废气的质量定压热容为 $0.84\text{kJ}\cdot\text{kg}^{-1}\cdot\text{K}^{-1}$。假定空气与废气通过换热器的压力与动能变化可忽略不计，而且换热器与环境无热量交换，环境状态为 0.10MPa 和 20℃。试求：(1) 换热器中不可逆传热的有效能损失？(2) 换热器中的有效能效率？

6-36 有一温度为 90℃、流量为 $72000\text{kg}\cdot\text{h}^{-1}$ 的热水和另一股温度为 50℃、流量为 $108000\text{kg}\cdot\text{h}^{-1}$ 的水绝热混合。试分别用熵分析和有效能分析计算混合过程的有效能损失。大气温度为 25℃。问此过程用哪个分析方法求有效能损失较简便？为什么？

6-37 某厂因生产需要，设有过热蒸汽降温装置，将 120℃的热水 $2\times10^5\text{kg}\cdot\text{h}^{-1}$ 和 0.7MPa、300℃的蒸汽 $5\times10^5\text{kg}\cdot\text{h}^{-1}$ 等压绝热混合。大气温度为 15℃。求绝热混合过程有效能损失。

6-38 用 1400℃的炉子在接近等压下，将液体 ($C_p=6.3\text{kJ}\cdot\text{kg}^{-1}\cdot\text{K}^{-1}$) 从 15℃加热到 70℃，假设过程无热损失，环境温度为 10℃，求热效率 η_Q 和有效能效率 η_E。

第7章

蒸汽动力循环与制冷循环

本章框架

7.1　气体的压缩

7.2　气体的膨胀

7.3　蒸汽动力循环

7.4　制冷循环

7.5　热泵

*7.6　深冷循环与气体液化过程

*7.7　热管

导　言

本章与生活密切相关，通过学习可以知道电是如何产生的（蒸汽动力循环）；冰箱与空调是怎样工作的（制冷循环）；如何提高发电和制冷效率；哪些物质适合做制冷剂。

本章是第6章稳流系统热力学第一定律的应用（见图1-7），讲述热功间的转化问题。流体的焓与 p-V-T 状态是同步变化的，即物质能量交换引起相的变化是热功转化的根源，当液体吸收热变为气体时，体积剧烈膨胀并推动汽轮机做功，热转化为功；同样，当气体消耗机械能被压缩时，体积骤减而被液化，放出热量，功转化为热。蒸汽动力循环与制冷循环就是利用合适的工质在热力设备中经历吸热、膨胀、放热、压缩等热力过程的状态变化，实现热能和机械能间的相互转化。

本章基本要求

重点掌握：蒸汽动力循环与制冷循环的工作原理、主要设备（压缩机、膨胀机）的作用、工质状态变化在 T-S 图中的表达及计算（7.3和7.4）；节流膨胀和绝热做外功膨胀作用（7.1和7.2）。

掌握：Joule-Thomson效应系数 μ_J、热效率 η、制冷效能系数 ε 和等熵效率 η_S 概念；用热力学观点分析热能和机械能间转化的影响因素；提高热效率和制冷效能系数的原理和各种方法（7.3和7.4）。

理解：制冷剂选择原则（7.4）；热泵的工作原理，供热系数 ε_{HP} 概念（7.5）。

了解：热管、深度制冷循环的工作原理（7.6和7.7）。

本章涉及的主要内容——蒸汽动力循环和制冷循环与我们的生活息息相关，前者是目前使用最广泛的获取电能的方式；而有了后者，冰箱、空调才能为我们所用。化工生产更是离不开动力驱动和制冷降温。

通常，大型化工企业利用工艺过程释放的余热产生高压水蒸气，再将其引入透平机产生机械动力来驱动压缩机、泵、发电机等；而发电厂则会燃烧煤、天然气或核能获得高压水蒸气来发电。冷藏冷冻过程在化工生产中无处不在。如：用冷冻法降低氨合成塔出口气体温度以分离氨；抗生素药物类（青霉素钠）等生产需要在低温下结晶分离产品；空气分离制氮和氧；石油裂解气低温分离等均离不开深度冷冻。

其实无论蒸汽动力循环还是制冷循环其本质是功与热之间的相互转化。

众所周知，壶里的水沸腾了，蒸汽把壶盖顶了起来（见图 7-1），这是生活中常见的热与功转化的现象。水吸热后发生了状态变化，在状态变化过程中将热转化为功。

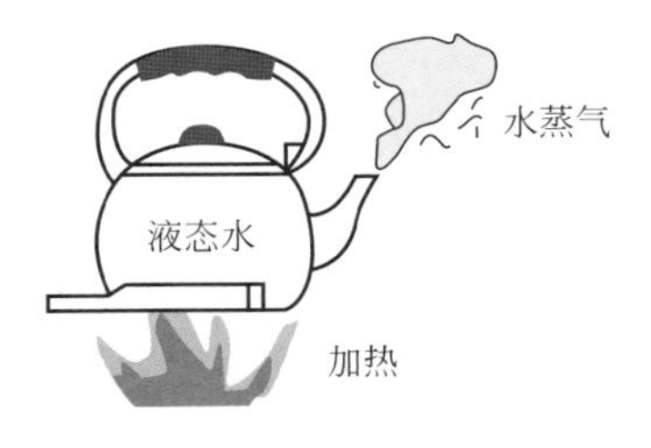

图 7-1　水吸收热变为水蒸气，其能量可以顶开壶盖

能量的转化通常是借助于工质在循环过程中连续不断、周而复始的发生 p-V-T 变化实现的，因此，工质的状态变化情况是影响动力装置性能的决定性因素。系统从初态开始，经历一系列的中间状态后，又重新回到初态，此封闭的热力过程称为循环。

将热能转化为机械能的循环为动力循环，也叫正向循环。蒸汽动力循环就是以水蒸气为工质，将热能连续不断地转换成机械能的动力循环。

将热能从低温热源传给高温热源，以消耗外界的功或热量为代价的循环为制冷循环，也叫逆向循环，工质为各种制冷剂。

本章主要介绍蒸汽动力循环与制冷循环的工作原理，循环中工质状态的变化，能量利用与消耗的计算，并对循环过程进行热力学分析，讨论提高能量效率的各种方法。

由于工质的压缩和膨胀构成了这两类循环的基本元素，因此，首先介绍气体的热力过程压缩与膨胀的原理。

7.1　气体的压缩

化工生产中常用的压缩机（耗功设备）是鼓风机、压缩机等。它是以消耗电能或机械能，实现气体由低压到高压的状态变化。尽管各类压缩机的结构和工作原理不同，但从热力学观点来看，都是消耗外功，使气体压缩升压的过程，故这一过程为化工生产中节能减排的重要话题。

下面以压缩机为例，讨论气体的压缩过程。

空气压缩机

7.1.1　气体的压缩过程

在正常工况下，气体压缩过程可以看作稳定流动过程。图 7-2 和图 7-3 给出了活塞式压缩机中工作流体的 p-V 图和 T-S 图。图中曲线 $1\to2_T$、$1\to2_m$ 及 $1\to2_s$ 分别表示在相同初态 1 以及相同的终压 p_2 条件下的等温压缩过程、多变压缩过程及绝热压缩过程。其中等温压缩及绝热压缩是两个极端情况。如果压缩过程中活塞移动极慢，压缩功转变的热量能及时被冷却介质带走，气体的温度在整个压缩过程中始终不变，即为等温压缩过程，如图 7-3 等温线 $1\to2_T$ 所示。如果压缩过程中活塞移动极快，压缩功转变的热量一点也没有被带走，全部贮存于气体内部，即为绝热压缩过程，如图 7-3 绝热线 $1\to2_s$ 所示。除了以上两种极端情况外，实际的压缩过程被认为是多变压缩过程。

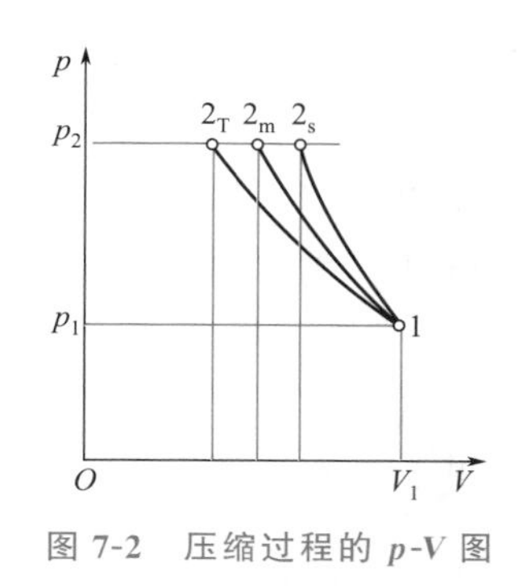

图 7-2　压缩过程的 p-V 图

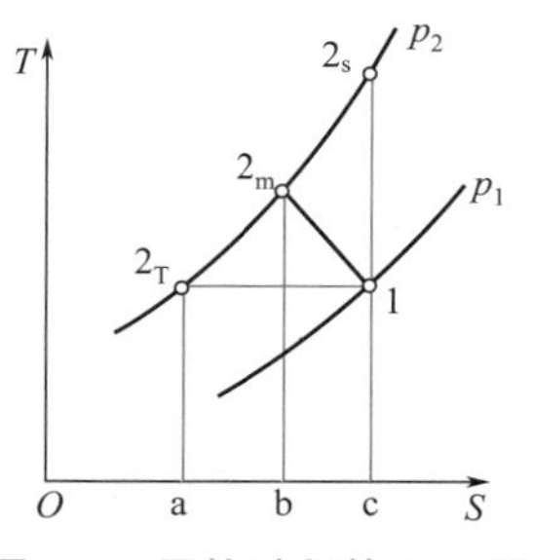

图 7-3　压缩过程的 T-S 图

对于稳定流动系统，压缩过程的理论轴功可用热力学第一定律来描述，即

$$\Delta H + mg\Delta Z + m\frac{\Delta u^2}{2} = Q + W_s \tag{6-1}$$

令 $\Delta Z \to 0$，$\frac{\Delta u^2}{2} \to 0$，则

$$\boxed{\Delta H = Q + W_s} \tag{6-3}$$

式(6-3) 具有普遍意义，可适用于任何介质的可逆和不可逆过程。

若为可逆过程，按照“体系得功为正，对外做功为负”的规定，其轴功可按式(7-1) 计算

$$(W_{s,R}) = \int_{p_1}^{p_2} V_t \mathrm{d}p = n\int_{p_1}^{p_2} V \mathrm{d}p \qquad (\mathrm{J}) \tag{7-1}$$

式中，V_t 为总体积，$V_t = nV$，其中 n 为物质的量，V 为摩尔体积。

如果选用合适的状态方程，代入式(7-1) 积分即可计算可逆压缩过程的理论功耗。

下面介绍理想气体等温、多变及绝热压缩过程的变化规律以及理论功耗的计算。

7.1.2　等温压缩过程

对于理想气体，有 $pV = RT$。若为等温过程，$\Delta H = 0$，则由式(6-3) 和式(7-1) 可知

$$(w_{s,R})_{等温} = \int_{p_1}^{p_2} V \mathrm{d}p \qquad (\mathrm{J \cdot mol^{-1}})$$

$$\boxed{(w_{s,R})_{等温} = RT_1 \ln\frac{p_2}{p_1} = p_1 V_1 \ln\frac{p_2}{p_1}} \tag{7-2a}$$

式中，$(w_{s,R})_{等温}$ 为等温压缩过程的可逆轴功。压缩比越大，压缩机的进口温度越高，压缩所需的功耗也越大。

7.1.3　绝热压缩过程

若为绝热过程，由于同时是可逆过程，所以 $\Delta S = 0$。将理想气体绝热方程 $pV^k =$ 常数，代入式(7-1) 积分得

$$(w_{s,R})_{绝热} = \int_{p_1}^{p_2} V_1 \left(\frac{p_1}{p}\right)^{\frac{1}{k}} \mathrm{d}p$$

$$\boxed{(w_{s,R})_{绝热} = \frac{k}{k-1} RT_1 \left[\left(\frac{p_2}{p_1}\right)^{\frac{k-1}{k}} - 1\right]} \tag{7-3a}$$

式中，$(w_{s,R})_{绝热}$ 为绝热可逆压缩过程的轴功；k 为绝热指数，与气体性质有关；p_1 为气体在入口状态下的压力。

7.1.4 多变压缩过程

实际压缩过程中，活塞移动得既不能极慢，也不能极快，其压缩过程既不是等温压缩，也不是绝热压缩，而是介于等温和绝热之间的多变过程。多变过程的特点为

$$pV^m = 常数$$

于是将多变过程方程式代入式(7-1)积分。对于理想气体，多变压缩过程的可逆轴功为

$$(w_{s,R})_{多变} = \frac{m}{m-1}RT_1\left[\left(\frac{p_2}{p_1}\right)^{\frac{m-1}{m}}-1\right] \tag{7-4a}$$

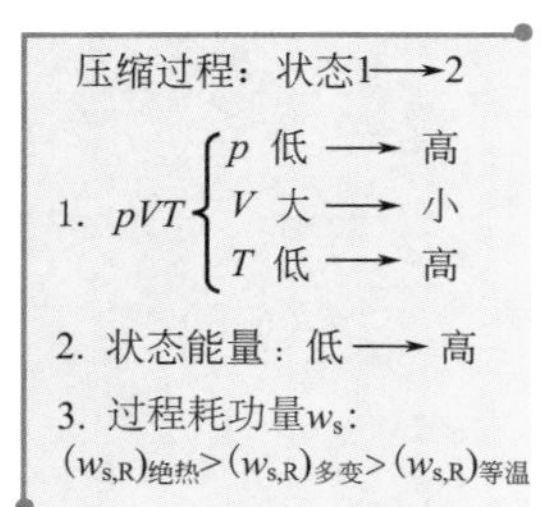

对于等压、等温、等熵、等容过程，m 分别为 0、趋近于 1、k 和∞。对于空气，多变指数取 1.2。

图 7-2 和图 7-3 描述了三种压缩过程的 p-V 图和 T-S 图。从图中得到：

$$(w_{s,R})_{绝热}>(w_{s,R})_{多变}>(w_{s,R})_{等温}$$

$$T_{2,绝热}>T_{2,多变}>T_{2,等温}$$

$$V_{2,绝热}>V_{2,多变}>V_{2,等温}$$

可见，把一定量的气体从相同的初态压缩到相同的终压时，绝热压缩消耗的功最大，等温压缩的功最小，多变压缩介于两者之间，并随多变指数 m 的减少而下降。另外，绝热压缩后被压缩气体的温度升高较多，这对机器的安全运行不利。所以，有效的冷却被压缩气体，使实际压缩过程尽可能接近于等温压缩过程，不仅可以减少耗功量，而且可使被压缩气体的温升较小，保证压缩机气缸得到良好的润滑。

思考：

压缩过程除T、p、V和能量变化外，还可能发生什么现象？

以上各种压缩过程的功耗计算均是针对理想气体的。对于真实气体，要以压缩因子来修正理想气体的计算偏差（见 2.2、2.3 节）。如果进出口流体的压缩因子相差不大，可近似取平均值。$Z=\frac{Z_{进}+Z_{出}}{2}$，Z 值按照第 2 章中介绍的方法具体计算获得。将 Z 看作常数，可导出下列近似计算式。但值得注意的是，实际过程压力变化大，Z 值变动大，计算时 Z 一般不取常数。

$$(w_{s,R})_{等温} = ZRT_1\ln\frac{p_2}{p_1} \tag{7-2b}$$

$$(w_{s,R})_{绝热} = \frac{k}{k-1}ZRT_1\left[\left(\frac{p_2}{p_1}\right)^{\frac{k-1}{k}}-1\right] \tag{7-3b}$$

$$(w_{s,R})_{多变} = \frac{m}{m-1}ZRT_1\left[\left(\frac{p_2}{p_1}\right)^{\frac{m-1}{m}}-1\right] \tag{7-4b}$$

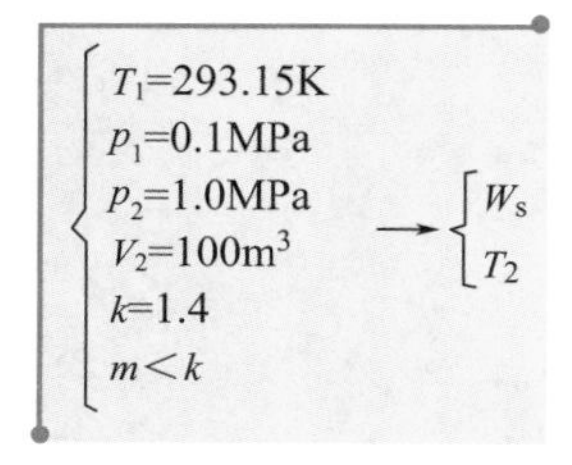

【例 7-1】 某厂每天至少需要 10MPa 的压缩空气 100m^3 用于生产。因此，要将室温（取 20℃）的空气从常压的 0.1MPa 压缩至 10MPa，要求技术人员通过计算，选择、确定所需要的空气压缩机的技术参数，以便购买时参考。进出口平均压缩因子参见第 2 章［例 2-15］，空气的绝热指数为 1.4。

提示：如果耗功较少、压缩空气的温度升高不大，一般比较有利。可分别计算可逆等温压缩、可逆绝热压缩及可逆多变压缩过程的耗功量及最终温度等技术参数，以便采购时参考。

求：(1) 三种压缩过程的功耗；(2) 按理想气体估算空气的终态温度，并计算压缩时气体放出的热量。

解 (1) 可逆等温压缩过程，进出口平均压缩因子 Z 由［例 2-15］可知为 0.988，由式 (7-2b)，得

$$(w_{s,R})_{等温}=ZRT_1\ln\left(\frac{p_2}{p_1}\right)=0.988\times8.314\times293.15\ln\frac{10}{0.1}=11089.26\text{J}\cdot\text{mol}^{-1}$$

过程等温

$$T_{2,等温}=T_1=293.15\text{K}$$

$$n=\frac{p_2V_{2,t}}{ZRT_2}=\frac{10\times10^6}{0.988\times8.314\times293.15}\times\frac{100}{24\times3600}=4.807\text{mol}\cdot\text{s}^{-1}$$

$$(W_{s,R})_{等温}=n(w_{s,R})_{等温}=-53300\text{J}\cdot\text{s}^{-1}$$

放出热量

$$Q=\Delta H-W_{s,R}=-W_{s,R}=53300\text{J}\cdot\text{s}^{-1}$$

(2) 可逆绝热压缩过程，进出口平均压缩因子 Z 由［例 2-15］可知为 1.011，由式(7-3b) 得

$$(w_{s,R})_{绝热}=\frac{k}{k-1}ZRT_1\left[\left(\frac{p_2}{p_1}\right)^{\frac{k-1}{k}}-1\right]$$

$$=\frac{1.4}{1.4-1}\times1.011\times8.314\times293.15\times\left[\left(\frac{10}{0.1}\right)^{\frac{1.4-1}{1.4}}-1\right]$$

$$=23523.33\text{J}\cdot\text{mol}^{-1}$$

$$(W_{s,R})_{绝热}=n(w_{s,R})_{绝热}=110371.46\text{J}\cdot\text{s}^{-1}$$

由理想气体的绝热过程方程式得 $p_1^{1-k}T_1^k=p_2^{1-k}T_2^k$，因此绝热压缩的终温为

$$T_{2,绝热}=T_1\left(\frac{p_1}{p_2}\right)^{\frac{1-k}{k}}=293.15\times\left(\frac{0.1}{10}\right)^{\frac{1-1.4}{1.4}}=1092.74\text{K}$$

放出热量 $Q=0\text{J}\cdot\text{s}^{-1}$

(3) 可逆多变压缩过程，取空气的多变指数 $m=1.2$，进出口平均压缩因子 Z 由［例 2-15］可知为 1.014，功耗由式(7-4b) 计算

$$(w_{s,R})_{多变}=\frac{m}{m-1}ZRT_1\left[\left(\frac{p_2}{p_1}\right)^{\frac{m-1}{m}}-1\right]$$

$$=\frac{1.2}{1.2-1}\times1.014\times8.314\times293.15\times\left[\left(\frac{10}{0.1}\right)^{\frac{1.2-1}{1.2}}-1\right]$$

$$=17118.22\text{J}\cdot\text{mol}^{-1}$$

$$(W_{s,R})_{多变}=n(w_{s,R})_{多变}=80318.69\text{J}\cdot\text{s}^{-1}$$

对应于绝热过程方程式，多变过程的另一方程式为 $p_1^{1-m}T_1^m=p_2^{1-m}T_2^m$

$$T_{2,多变}=T_1\left(\frac{p_1}{p_2}\right)^{\frac{1-m}{m}}=293.15\times\left(\frac{0.1}{10}\right)^{\frac{1-1.2}{1.2}}=631.57\text{K}$$

放出热量

$$Q=\Delta H-W_{s,R}=nC_p\Delta T-W_{s,R}$$

$$=4.693\times29.1\times(631.57-293.15)-80335.81$$

$$=-34111.8\text{J}\cdot\text{s}^{-1}$$

讨论：从计算可知，把一定量的气体从相同的初态压缩到相同的终压时，绝热压缩消耗的功为 110371.46J·s^{-1}，为最大值；等温压缩 52030.81J·s^{-1}，为最小值；多变压缩 80318.69J·s^{-1}，介于两者之间。实际生产过程中，消耗的功越多，表明生产成本越高、利润越少。

绝热压缩后被压缩气体的温度 1092.67K，为最高；等温压缩后为 293.15K，为最低；多变压缩后为 631.57K，介于两者之间。实际上，温度过高将不利于保证压缩机气缸得到良好的润滑和机器的安全运行。

绝热压缩后被压缩气体的放出热量为 0J·s^{-1}，为最低；等温压缩后为 52030.81J·s^{-1}，为最高；多变压缩后为 34111.8J·s^{-1}，介于两者之间。

因此，在出口压力达到 10MPa 的条件下，选择多变压缩指数 m 较小的空气压缩机为宜。

【例 7-2】 乙烯在涡轮压缩机中从初始状态温度 21℃，压力由 0.1MPa 压缩到 1.8MPa 的终态。压缩机等熵效率为 0.75。计算乙烯的终态温度及压缩过程的实际压缩功。设乙烯的状态方程满足第二 virial 系数关联式，其理想状态的热容为：$C_p^{ig}/R=1.424+14.394\times10^{-3}T-4.392\times10^{-6}T^2$。

解：气体在涡轮式压缩机中的压缩过程，可视为绝热压缩过程，根据能量方程可得到压缩过程所需要的轴功为

$$W_s=(\Delta H)_s$$

对于真实气体的压缩过程，需要通过压缩过程的始末状态、过程的焓变和熵变进行分析计算。由第 3 章式(3-40) 和式(3-41) 可分别计算真实气体压缩过程的焓变 ΔH 和熵变 ΔS。

$$\Delta H=(-H_1^R)+\Delta H^{ig}+(H_2^R)=(-H_1^R)+\int_{T_1}^{T_2}C_p^{ig}\mathrm{d}T+(H_2^R)$$

$$\Delta S=(-S_1^R)+\Delta S^{ig}+(S_2^R)=(-S_1^R)+\int_{T_1}^{T_2}\frac{C_p^{ig}}{T}\mathrm{d}T-R\ln\frac{p_2}{p_1}+(S_2^R)$$

乙烯的最终状态的温度未知。因此，终态温度需要通过试差确定。首先通过等熵过程条件，得到等熵压缩时的终态温度和焓变，再通过等熵效率得到实际过程的焓变。有了实际过程的焓变，就可以通过焓变方程用试差方法得到实际过程的终态温度以及实际过程的熵变。

(1) 计算等熵压缩过程的终态温度

因等熵过程　$\Delta S=0$，即

$$(-S_1^R)+\int_{T_1}^{T_2}\frac{C_p^{ig}}{T}\mathrm{d}T-R\ln\frac{p_2}{p_1}+(S_2^R)=0$$

先以理想气体绝热方程求得试差初值。

$$T_2=T_1\left(\frac{p_1}{p_2}\right)^{\frac{1-k}{k}}$$

其中

$$k=\frac{C_p^{ig}}{C_V^{ig}}=\frac{C_p^{ig}}{C_p^{ig}-R}$$

式中，C_p^{ig} 为乙烯的摩尔热容，并以初温时的值来估算

$$C_p^{ig}/R=1.424+14.394\times10^{-3}\times294-4.392\times10^{-6}\times294^2=5.28$$

$$C_p^{ig}=5.28\times8.314=43.90\ \mathrm{J/(mol\cdot K)}$$

$$k=\frac{43.90}{43.90-8.314}=1.234,\qquad \frac{k-1}{k}=\frac{0.234}{1.234}=0.19$$

因此，终温 T_2 的试差初值为

$$T_2=T_1\left(\frac{p_1}{p_2}\right)^{\frac{1-k}{k}}=T_1\left(\frac{p_2}{p_1}\right)^{\frac{k-1}{k}}=294\times\left(\frac{1.8}{0.1}\right)^{0.19}=509\mathrm{K}$$

由附录 2，查得乙烯 $T_c=282.4$K，$p_c=5.036$MPa，$\omega=0.085$，通过第二 virial 系数关联计算出剩余熵。

对于状态 1：

$$T_{r1}=\frac{T_1}{T_c}=\frac{294}{282.4}=1.04,\qquad p_{r1}=\frac{p_1}{p_c}=\frac{0.1}{5.036}=0.02$$

$$B^0=0.083-\frac{0.422}{T_{r1}^{1.6}}=0.083-\frac{0.422}{1.04^{1.6}}=-0.31,\qquad \frac{\mathrm{d}B^0}{\mathrm{d}T_r}=\frac{0.675}{T_{r1}^{2.6}}=\frac{0.675}{1.04^{2.6}}=0.61$$

$$B^1=0.139-\frac{0.172}{T_{r1}^{4.2}}=0.139-\frac{0.172}{1.04^{4.2}}=-0.007,\quad \frac{dB^1}{dT_r}=\frac{0.722}{T_{r1}^{5.2}}=\frac{0.722}{1.04^{5.2}}=0.59$$

$$\frac{S_1^R}{R}=-p_{r1}\times\left(\frac{dB^0}{dT_r}+\omega\times\frac{dB^1}{dT_r}\right)=-0.02\times(0.61+0.085\times0.59)=0.013$$

$$S_1^R=-0.013\times8.314=-0.11\ \mathrm{J/(mol\cdot K)}$$

对于状态 2：

$$T_{r2}=\frac{T_2}{T_c}=\frac{509}{282.4}=1.80,\quad p_{r2}=\frac{p_2}{p_c}=\frac{1.8}{5.036}=0.357$$

$$\frac{dB^0}{dT_r}=\frac{0.675}{T_{r2}^{2.6}}=\frac{0.675}{1.8^{2.6}}=0.15,\quad \frac{dB^1}{dT_r}=\frac{0.722}{T_{r2}^{5.2}}=\frac{0.722}{1.8^{5.2}}=0.034$$

$$S_2^R=-0.357\times8.314\times(0.15+0.085\times0.034)=-0.454\mathrm{J/(mol\cdot K)}$$

对过程 1→2，理想气体的变化过程

$$\Delta S^{ig}=\int_{T_1}^{T_2}\frac{C_p^{ig}}{T}dT-R\ln\frac{p_2}{p_1}=\int_{294}^{509}C_p^{ig}\frac{dT}{T}-R\ln\frac{p_2}{p_1}$$

$$=\int_{294}^{509}R\left(\frac{1.424}{T}+14.394\times10^{-3}-4.392\times10^{-6}T\right)dT-R\ln\frac{p_2}{p_1}=5.02\ \mathrm{J/(mol\cdot K)}$$

整个过程的熵变

$$\Delta S=(-S_1^R)+\Delta S^{ig}+(S_2^R)=0.11+5.02-0.454=4.676\mathrm{J/(mol\cdot K)}\neq0$$

这个结果表明，假设的终态温度 $T_2=509$K 不满足条件，需要继续试差。实际上，熵变大于零，说明假设温度偏高，等熵过程的终态温度应该介于状态 1 温度 294K 和 509K 之间。采用试差法，直到 $S_1=S_2$。结果为 $T_2=473$K。

(2) 计算等熵压缩过程的焓变

等熵过程的焓变［记作 $(\Delta H)_S$］，按下式计算

$$(\Delta H)_S=(-H_1^R)+\Delta H^{ig}+(H_2^R)$$

其中

$$\Delta H^{ig}=\int_{T_1}^{T_2}C_p^{ig}dT=\int_{294}^{473}C_p^{ig}dT=\int_{294}^{473}R(1.424+14.394\times10^{-3}T-4.392\times10^{-6}T^2)dT=9355.50\mathrm{J/mol}$$

$$T_{r2}=\frac{T_2}{T_c}=\frac{473}{282.4}=1.67,\quad p_{r2}=\frac{p_2}{p_c}=\frac{1.8}{5.036}=0.357$$

$$B^0=0.083-\frac{0.422}{T_{r1}^{1.6}}=0.083-\frac{0.422}{1.67^{1.6}}=-0.103,\quad \frac{dB^0}{dT_r}=\frac{0.675}{T_{r1}^{2.6}}=\frac{0.675}{1.67^{2.6}}=0.178$$

$$B^1=0.139-\frac{0.172}{T_{r1}^{4.2}}=0.139-\frac{0.172}{1.67^{4.2}}=-0.119,\quad \frac{dB^1}{dT_r}=\frac{0.722}{T_{r1}^{5.2}}=\frac{0.722}{1.67^{5.2}}=0.05$$

$$\frac{H_2^R}{RT_2}=-p_{r2}\left[\left(\frac{dB^0}{dT_r}-\frac{B^0}{T_{r2}}\right)+\omega\left(\frac{dB^1}{dT_r}-\frac{B^1}{T_{r2}}\right)\right]$$

$$=-0.357\times\left[\left(0.178-\frac{-0.103}{1.67}\right)+0.085\times\left(0.05-\frac{0.119}{1.67}\right)\right]$$

$$=-0.0849$$

$$H_2^R=-0.0849\times8.314\times473=-333.87\mathrm{J/mol}$$

同理，可计算出状态 1 条件下的剩余焓 $H_1^R=-46.44$J/mol，所以

$$(\Delta H)_S=(-H_1^R)+\int_{T_1}^{T_2}C_p^{ig}dT+(H_2^R)=46.44+9355.50-333.87=9068.07\mathrm{J/mol}$$

(3) 计算实际压缩过程的焓变和终态温度

因为 $W_s=\Delta H=\dfrac{(\Delta H)_S}{\eta_S}=\dfrac{9068.07}{0.75}=12090.76\text{J/mol}$，有实际压缩过程的焓变为

$$\Delta H=(-H_1^R)+\Delta H^{ig}+(H_2^R)=12090.76\text{J/mol}$$

实际绝热压缩过程的终态温度可通过上式试差求解。由于实际压缩过程的不可逆性，终态温度要高于可逆过程，甚至高于理想气体的绝热过程，但一般低于其等容过程，选择试差初值和区间时，可参考设置。

假定 $T_2=521\text{K}$，得到

$$\Delta H^{ig}=\int_{T_1}^{T_2}C_p^{ig}\text{d}T=\int_{294}^{521}C_p^{ig}\text{d}T=\int_{294}^{521}R(1.424+14.394\times10^{-3}T-4.392\times10^{-6}T^2)\text{d}T$$
$$=12345.40\text{J/mol}$$

$$T_{r2}=\frac{T_2}{T_c}=\frac{521}{282.4}=1.84,\qquad p_{r2}=\frac{p_2}{p_c}=\frac{1.8}{5.036}=0.357$$

$$B^0=0.083-\frac{0.422}{T_{r1}^{1.6}}=0.083-\frac{0.422}{1.84^{1.6}}=-0.08,\qquad \frac{\text{d}B^0}{\text{d}T_r}=\frac{0.675}{T_{r1}^{2.6}}=\frac{0.675}{1.84^{2.6}}=0.138$$

$$B^1=0.139-\frac{0.172}{T_{r1}^{4.2}}=0.139-\frac{0.172}{1.84^{4.2}}=0.126,\qquad \frac{\text{d}B^1}{\text{d}T_r}=\frac{0.722}{T_{r1}^{5.2}}=\frac{0.722}{1.84^{5.2}}=0.03$$

$$\frac{H_2^R}{RT_2}=-p_{r2}\left[\left(\frac{\text{d}B^0}{\text{d}T_r}-\frac{B^0}{T_{r2}}\right)+\omega\left(\frac{\text{d}B^1}{\text{d}T_r}-\frac{B^1}{T_{r2}}\right)\right]$$
$$=-0.357\times\left[\left(0.138-\frac{-0.08}{1.84}\right)+0.085\times\left(0.03-\frac{0.126}{1.84}\right)\right]$$
$$=-0.0636$$
$$H_2^R=-0.0636\times8.314\times521=-75.49\text{J/mol}$$

$$\Delta H=(-H_1^R)+\Delta H^{ig}+(H_2^R)=46.44+12345.40-75.49=12116.35\text{J/mol}$$

计算结果表明假定值基本上满足焓变方程。因此，乙烯的最终温度大约是521K。如果需要，可用这个温度计算出实际压缩过程的熵变。

思考题：利用本题的计算思路和原则，试计算［例 7-1］中三种压缩情况下的终态温度，并根据计算结果进行比较讨论。

多级多变压缩

由讨论可知，气体压缩以等温压缩最有利，因此，应设法使压缩机内气体压缩过程的指数 m 减小。为此，常采用多级压缩、级间冷却的方法。

分级压缩，级间冷却式压缩机的基本原理是将气体先压缩到某一中间压力，然后通过一个中间冷却器，使其等压冷却至压缩前的温度，然后再进入下一级气缸继续被压缩、冷却，如此进行多次压缩和冷却，使气体压力逐渐增大，而温度不至于升得过高。这样，整个压缩过程趋近于等温压缩过程。图 7-4、图 7-5 给出了两级压缩中间冷却系统的装置示意图及 p-V 图，气体从 p_1 加压到 p_2，进行单级等温压缩，其功耗在 p-V 图上可用曲线 $ABGFHA$ 所包围的面积表示。若进行单级绝热压缩，则是曲线 $ABCDHA$ 所包围的面积。现讨论两级压缩过程。先将气体绝热压缩到某中间压力 p_G，此为第一级压缩，以曲线 BC 表示，所耗的功为曲线 $BCIAB$ 所包围的面积。然后将压缩气体导入中间冷却器，冷却至初温，此冷却过程以直线 CG 表示。第二级绝热压缩，沿曲线 GE 进行，所耗的功为曲线 $GEHIG$ 所包围的面积。显然，两级与单级压缩相比较，节省的功为 $CDEGC$ 所包围的面积。

以上分析表明，分级越多，理论上可节省的功就越多。若增多到无穷级，就可趋近等温压缩。实际上，分级不宜太多，否则机构复杂，摩擦损失和流动阻力也随之增大，一般依据压缩比之大小，分为二、三级，多级压缩一般不超过七级。

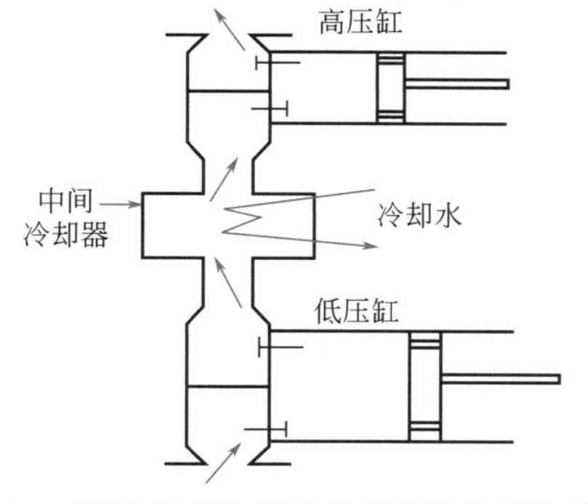

图 7-4 两级压缩中间冷却系统的装置示意图

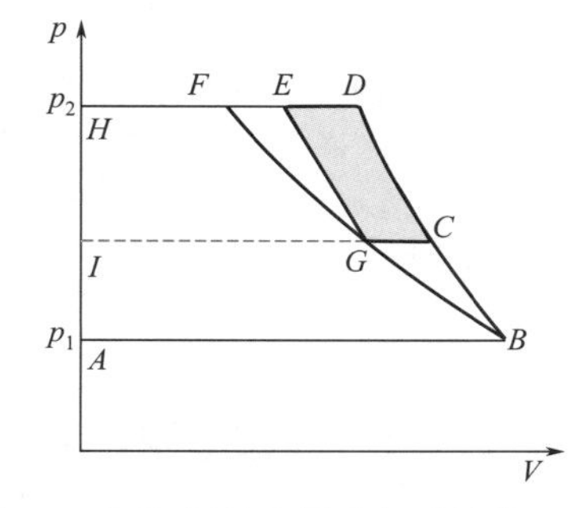

图 7-5 两级压缩中间冷却系统的 p-V 图

若实际压缩为 n 级，则多变压缩过程的最小总功耗为

$$(w_{s,R})_{t,多变}=\frac{nm}{m-1}RT_1\left[\left(\frac{p_{n+1}}{p_1}\right)^{\frac{m-1}{nm}}-1\right] \tag{7-5}$$

7.2 气体的膨胀

电厂中蒸汽产生动力的装置、化工厂或石化企业中高压气体提供动力的装置，都是以气体的膨胀过程来实现能量的转换；另一方面，制冷工程利用高压气体的节流膨胀和做外功的绝热膨胀来获得低温和冷量。两种膨胀的工作环境不同，其评价的能量利用效果也不相同。下面分别对此进行介绍。

7.2.1 节流膨胀过程

在管路中流动的流体经过截面突然缩小的阀门或孔口时，由于局部的阻力，流体压力显著下降，这一过程称节流膨胀。由 6.1.2 节知，因节流过程极快，高压流体与外界的热交换可忽略，视为绝热 $Q\to0$；该过程不对外做功，$W_s\to0$；节流前后流体的位差与速度变化可忽略不计，$\Delta Z\to0$，$\frac{\Delta u^2}{2}\to0$；由此得到节流膨胀的特点是节流前后流体的焓值不变 $\Delta H=0$，即

$$H_1=H_2 \tag{6-7}$$

由于节流时存在大量的摩擦阻力损耗，因而节流是一个高度的不可逆过程，节流后熵必定增加，即 $S_2>S_1$。

流体进行节流膨胀时，由于压力变化而引起的温度变化称为节流效应或 Joule-Thomson 效应。节流膨胀中温度随压力的变化率，称 Joule-Thomson 效应系数（微分节流效应系数）。即

$$\mu_J=\left(\frac{\partial T}{\partial p}\right)_H \tag{7-6}$$

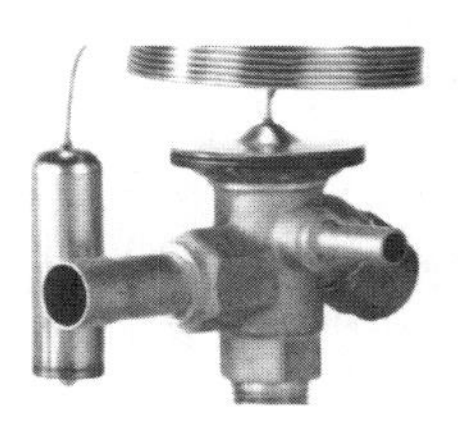

膨胀阀

由第 3 章热力学性质间关系式(3-3) 可得

$$\left(\frac{\partial T}{\partial p}\right)_H=\frac{-\left(\frac{\partial H}{\partial p}\right)_T}{\left(\frac{\partial H}{\partial T}\right)_p}$$

由等温过程焓与压力之间的关系和定压热容的定义式

思考：

理想气体能否作为制冷剂？

$$\left(\frac{\partial H}{\partial p}\right)_T=V-T\left(\frac{\partial V}{\partial T}\right)_p,\quad \left(\frac{\partial H}{\partial T}\right)_p=C_p$$

得到 μ_J 与流体 p-V-T 和 C_p 之间的关系为

$$\mu_J=\left(\frac{\partial T}{\partial p}\right)_H=\frac{T\left(\frac{\partial V}{\partial T}\right)_p-V}{C_p} \tag{7-7}$$

7.2.1.1 节流膨胀制冷的可能性

(1) 理想气体

由于 $\left(\frac{\partial V}{\partial T}\right)_p=\frac{R}{p}$，故 Joule-Thomson 效应系数为

$$\mu_J=\left(\frac{\partial T}{\partial p}\right)_H=\frac{T\left(\frac{\partial V}{\partial T}\right)_p-V}{C_p}=\frac{T\frac{R}{p}-\frac{RT}{p}}{C_p}=0$$

$\mu_J=0$，说明理想气体在节流过程中温度不发生变化，即理想气体节流后温度不变。

(2) 真实气体

由式(7-7) 可知，由于节流膨胀后流体压力是降低的，即 $\Delta p=p_2-p_1<0$，且 $C_p>0$，因此节流效应有下述三种可能的情形。

情形一：当 $T\left(\frac{\partial V}{\partial T}\right)_p-V>0$ 时，$\mu_J>0$，$\Delta T=T_2-T_1<0$，说明节流膨胀后流体温度降低，可用于制冷。

情形二：$T\left(\frac{\partial V}{\partial T}\right)_p-V=0$ 时，$\mu_J=0$，$\Delta T=0$。说明节流膨胀后流体温度不变，没有温度效应。

只有 $\mu_J>0$ 的气体才能作为制冷剂

情形三：$T\left(\frac{\partial V}{\partial T}\right)_p-V<0$ 时 $\mu_J<0$，$\Delta T>0$。说明节流膨胀后流体温度升高，可用于制热。

假如实际气体的状态方程已选定，整理求得 $\left(\frac{\partial V}{\partial T}\right)_p$，代入式(7-7)，可近似求得 μ_J 值。

Joule-Thomson 效应系数 μ_J 的符号取决于 $T\left(\frac{\partial V}{\partial T}\right)_p$ 与 V 的差值，而该差值与气体的种类和其所处的状态有关系。

实际气体的 μ_J 的表达式，也可由实验来建立。例如，对于空气和氧气，在 $p<15\times10^3\,\text{kPa}$ 时，有

$$\mu_J=(a_0-b_0p)\left(\frac{273}{T}\right)^2 \tag{7-8}$$

式中，a_0、b_0 为实验常数，空气的 $a_0=2.73\times10^{-3}$，$b_0=0.085\times10^{-6}$，氧气的 $a_0=3.19\times10^{-3}$，$b_0=0.884\times10^{-6}$。

7.2.1.2 转化点、转化曲线

μ_J 值可由实验测定。现分析 Joule-Thomson 实验的结果。若保持初态（高压气体）p_1、T_1 不变，而改变节流膨胀后压力 p_2，则可测得不同 p_2 下的温度

T_2。将所得结果绘于 T-p 图上，可得在给定初态（p_1，T_1）下的等焓线 1-2。同理，可绘出在不同初态下作节流膨胀的等焓线，如图 7-6 所示。

等焓线上任一点的斜率值即为 μ_J 值。对于实际气体，μ_J 值可为正值、负值或零。$\mu_J=0$ 的点位于等焓线上的最高点，也称为转化点，转化点的温度称为转化温度。将一系列转化点连接形成一条转化曲线，该条线称为转化曲线，图 7-7 是实验确定的不同气体的转化曲线，在曲线上任何一点的 $\mu_J=0$。

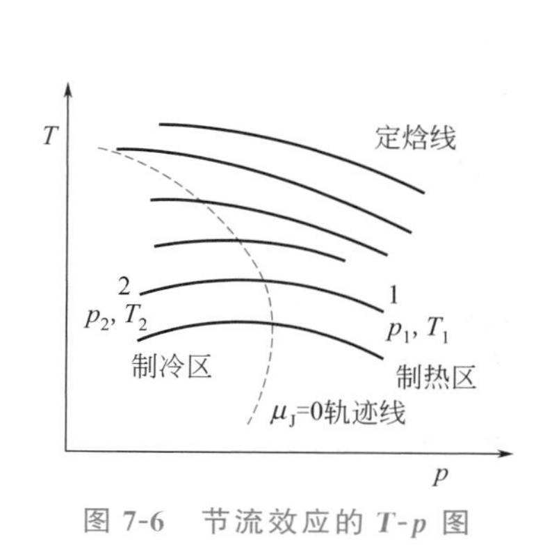

图 7-6　节流效应的 T-p 图

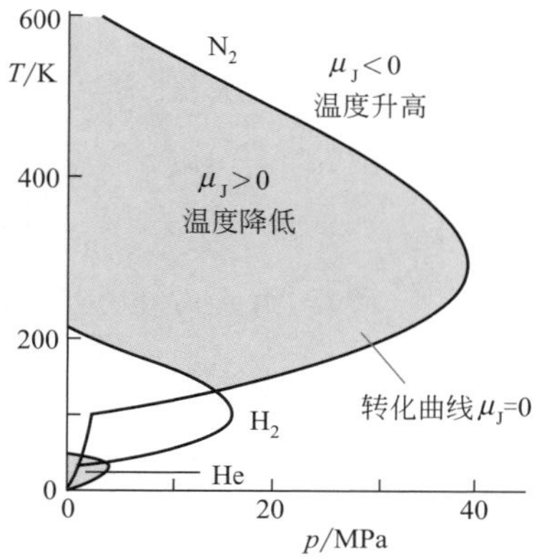

图 7-7　不同气体的转化曲线

从图 7-7 可以看到，转化曲线把 T-p 图划分成两个区域：在曲线区域以内 $\mu_J>0$，是冷效应区，初态（p_1、T_1）落在此区域内时，节流后流体温度降低，制冷；在曲线区域以外 $\mu_J<0$，是热效应区，初态（p_1、T_1）落在这个区域内时，节流后流体温度升高。因此，利用转化曲线可以确定节流膨胀后获得低温的操作条件。

大多数气体的转化温度都较高，它们可以在室温下利用节流膨胀产生冷效应。如：N_2 的转化温度高，而且在很宽的温度、压力范围内都可以经节流膨胀过程产生冷效应，这是 N_2 易液化和有可能用作制冷剂的原因，当然在压力 $p>40$MPa 情况下，N_2 也不能被液化，因为此时的 $\mu_J<0$；而氦气、氢气等的最高转化温度大大低于室温，分别约为 -80℃和 -236℃，在常温下节流膨胀后流体温度不但不降低，反而会升高，所以欲使它们节流膨胀后产生冷效应，必须在节流膨胀前对它们进行预冷，使之达到最高转化温度以下。

实际工业生产过程中，人们最关心的是节流膨胀后流体前后温度变化 ΔT_H 有多大，这一温度效应称为积分节流效应，用式(7-9) 计算。

$$\Delta T_H = T_2 - T_1 = \int_{p_1}^{p_2} \mu_J \, \mathrm{d}p \tag{7-9}$$

式中，T_1、p_1 分别为流体节流膨胀前的温度、压力；T_2、p_2 分别为流体节流膨胀后的温度、压力。

工程上，积分节流效应 ΔT_H 值直接利用热力学图求得最为简便，见图 7-8。在 T-S 图上根据流体节流膨胀前的状态（p_1、T_1）确定初态点 1，由点 1 作等焓线 1→2，与节流膨胀后 p_2 的等压线的相交于点 2，点 2 对应的温度 T_2 即为流体节流膨胀后的温度。

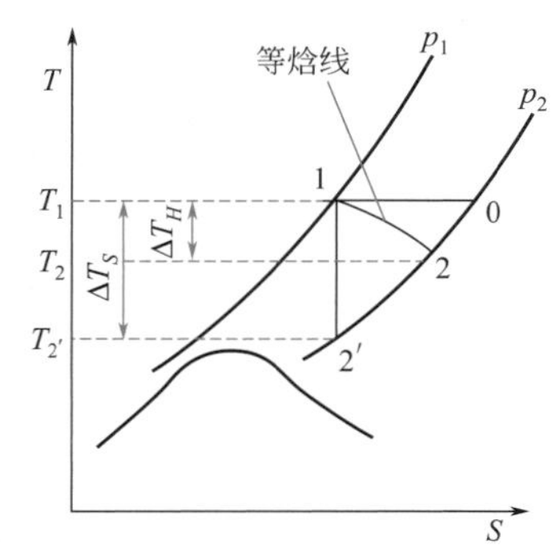

图 7-8　节流效应及等熵膨胀效应在 T-S 图上的表示

7.2.2　对外做功的绝热膨胀过程

7.2.2.1　等熵膨胀致冷的可能性

高压气体通过膨胀机从高压向低压做绝热膨胀时，对外输出功，同时气体的温度降低。最理想的情况是可逆绝热膨胀，其特点是膨胀前后熵值不变，即等熵膨胀。气体等熵膨胀时，压力的微小变化所引起

透平膨胀机

的温度变化的关系可用式(7-10)表示：

$$\mu_S=\left(\frac{\partial T}{\partial p}\right)_S \tag{7-10}$$

式中，μ_S 称为微分等熵膨胀效应系数

由第 3 章（3.2.2）Maxwell 关系式等热力学关系式可知

$$-\left(\frac{\partial S}{\partial p}\right)_T=\left(\frac{\partial V}{\partial T}\right)_p,\qquad \left(\frac{\partial S}{\partial T}\right)_p=\frac{C_p}{T}$$

$$\mu_S=\left(\frac{\partial T}{\partial p}\right)_S=-\frac{\left(\frac{\partial S}{\partial p}\right)_T}{\left(\frac{\partial S}{\partial T}\right)_p}=\frac{T\left(\frac{\partial V}{\partial T}\right)_p}{C_p} \tag{7-11}$$

由式(7-11)可知，由于任何气体，$C_p>0$，$T>0$，$\left(\frac{\partial V}{\partial T}\right)_p>0$，所以 μ_S 必为正值。也就是说：任何气体进行等熵膨胀时，对外做功，膨胀后气体的温度总是下降，总是产生冷效应。

气体等熵膨胀时，压力变化为一有限值，所引起的温度变化，称积分等熵膨胀效应 ΔT_S，可用式(7-12)计算获得

$$\Delta T_S=T_{2'}-T_1=\int_{p_1}^{p_2}\mu_S\,\mathrm{d}p \tag{7-12}$$

式中，T_1、p_1 分别为气体等熵膨胀前温度、压力；$T_{2'}$、p_2 分别为气体等熵膨胀后温度、压力。

膨胀过程：状态1 → 2
1. p 高 → 低
   V 小 → 大
   T $\begin{cases}\mu_J>0\text{或}dS=0，\text{高}\to\text{低}\\ \mu_J=0，\text{不变}\\ \mu_J<0，\text{低}\to\text{高}\end{cases}$
2. 状态能量：高 → 低
3. 过程作功量：绝热做外功膨胀 > 节流膨胀
4. 降温程度和制冷量：绝热作外功膨胀 > 节流膨胀

如果已知气体的状态方程，应用式(7-11)、式(7-12)可求得 ΔT_S 值。工程上，积分等熵膨胀效应 ΔT_S 也可利用 T-S 图直接查得，如图 7-8 所示。方法是给定状态点 1(p_1、T_1)，由 1 点作等熵线 1→2′，与等压线 p_2 的交点即是状态 2′，可从图中查得 T_2' 值。由图 7-8 可以明显看出，$|\Delta T_S|>|\Delta T_H|$。这一结果说明了在相同的初始状态和终态压力下，流体的等熵膨胀系数大于节流膨胀系数，等熵膨胀可获得比节流膨胀更好的制冷效果。因此绝热做外功膨胀的制冷量总是高于节流膨胀，这也是工业上将其用于大中型气体液化装置中，做大幅度降温用的原因。但由于节流膨胀设备简单，操作方便，常用于普冷和小型制冷装置，特别是家用空调、冰箱均采用节流膨胀制冷。两种膨胀过程的特点汇总见表 7-1。

思考：
有人认为节流膨胀和绝热做外功膨胀都能获得冷效应，且适用于任何气体。你以为如何？

表 7-1 节流膨胀与绝热做外功膨胀的特点比较

膨胀类型	节流膨胀	绝热做外功膨胀
特点	$\Delta H=0$	$\Delta S=0$(绝热可逆)
ΔT 与制冷量	ΔT_H 小/制冷量小	ΔT_S 大/制冷量大
预 冷	个别气体需预冷，方能使温度下降	不需预冷，任何气体温度均下降
做功 W_s	$W_s=0$	$W_s<0$
设备、操作、投资	节流阀/结构简单/操作方便/投资小	膨胀机/结构复杂/操作较复杂/投资大
流体相态	汽液两相区、液相区	不适于出现液滴的场合
应用	普冷、小型深冷	大、中型的气体液化

两种膨胀由于各具有优、缺点，工程上常将两种膨胀结合并用。

7.2.2.2 不可逆对外做功的绝热膨胀

实际上，气体做外功的绝热膨胀过程总是存在摩擦、泄漏、冷损等，所以是熵增大的不可逆过程。不可逆过程的程度可用等熵效率来衡量。

气体做外功的绝热膨胀过程的等熵效率 η_S 定义为

$$\eta_S=\frac{-w_s}{-w_{s,R}}=\frac{\text{绝热膨胀轴功}}{\text{绝热可逆膨胀轴功}} \tag{7-13}$$

对活塞式膨胀机，$\eta_S=0.65$；当 $t>30℃$时，对透平机，$\eta_S=0.7\sim0.85$ 。

不可逆对外做功的绝热膨胀的温度效应介于等熵膨胀效应和节流膨胀效应之间。

【例 7-3】 某工厂某一压缩机出口的空气状态为 $p_1=1.01\text{MPa}(10\text{atm})$，$T_1=325\text{K}$，现需膨胀到 $p_2=0.203\text{MPa}(2\text{atm})$。作为工程技术人员，如果有下列两种膨胀过程供你选择，从热力学角度，你认为哪一种更节能，选择哪一种？为什么？取环境温度为 25℃。

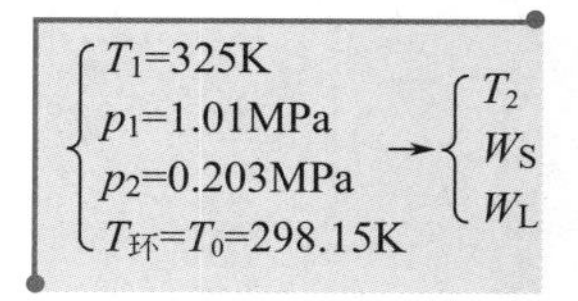

(1) 节流膨胀过程；

(2) 做外功的绝热膨胀过程，已知膨胀机的实际输出的功等于可逆绝热膨胀过程时轴功的 75%（即等熵效率为 75%）。

提示：只有求出两种膨胀过程发生后气体的温度、膨胀机的做功量（有效功）及膨胀过程的损失功；然后，确定较节能的一种作为选项。

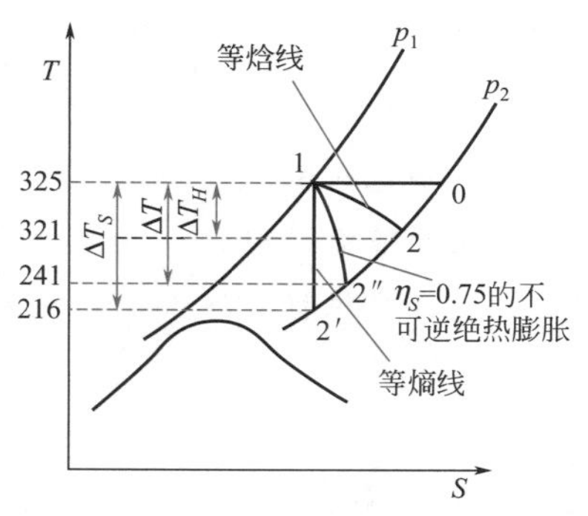

［例 7-3］图 空气的 T-S 示意图

解：取 1kg 作为计算基准。

(1) 对于节流膨胀过程，根据式(6-23) 计算损失功。先计算环境的熵变 Δs_{sur}。节流膨胀可看作绝热过程，于是有 $Q_{sur}\to0$，则

$$\Delta s_{sur}=\frac{Q_{sur}}{T_{sur}}=\frac{0}{298.15}=0$$

再计算系统的熵变 Δs_{sys}。查附录 13 空气的 T-S 图得

$p_1=1.01\text{MPa}$、$T_1=325\text{K}$ 时，$h_1=535.55\text{kJ}\cdot\text{kg}^{-1}$，$s_1=3.226\text{kJ}\cdot\text{kg}^{-1}\cdot\text{K}^{-1}$。

如图所示，由 h_1 的等焓线 1→2 与 p_2 的等压线交点 2，得：$T_2=321\text{K}$（节流膨胀后温度），$s_2=3.661\text{kJ}\cdot\text{kg}^{-1}\cdot\text{K}^{-1}$，$\Delta s_{sys}=s_2-s_1$。

节流膨胀过程所做功

$$(w_s)_{\text{节流}}=0$$

节流膨胀过程的损失功

$$(w_L)_{\text{节流}}=T_0\Delta s_t=T_0(\Delta s_{sys}+\Delta s_{sur})$$
$$=(273.15+25)\times[(3.661-3.226)+0]=129.70\text{kJ}\cdot\text{kg}^{-1}$$

(2) 对于做外功的绝热膨胀过程，由于该膨胀过程是绝热的，若同时是可逆的，则为等熵过程。从压缩机出口状态 1 作等熵线 1→2′，与 $p_2=0.203\text{MPa}$ 等压线的交点 2′。查附录 13 得 $T_{2'}=216\text{K}$（可逆绝热膨胀后温度），$h_{2'}=426.77\text{kJ}\cdot\text{kg}^{-1}$。

由式(6-4) 得

$$w_{s,R}=\Delta h=h_{2'}-h_1=426.77-535.55=-108.78\text{kJ}\cdot\text{kg}^{-1}$$

根据题意知，该过程的等熵效率为 0.75，说明此过程从点 1 到点 2″实际上是一个不可逆的绝热膨胀过程。因此

$$\eta_S=\frac{-w_s}{-w_{s,R}}=\frac{h_1-h_{2''}}{h_1-h_{2'}}=\frac{535.55-h_{2''}}{108.78}=0.75$$

解得

$$h_{2''}=453.96\text{kJ}\cdot\text{kg}^{-1}$$

由$h_{2''}$与p_2，在附录13空气的T-S图上查得$T_{2''}=241\text{K}$（做外功绝热膨胀后温度）。

$$s_{2''}=3.406\text{kJ}\cdot\text{kg}^{-1}\cdot\text{K}^{-1}$$

膨胀机实际所做功：

$$(w_s)_{绝热}=\eta_S w_{s,R}=0.75\times(-108.78)=-81.59\text{kJ}\cdot\text{kg}^{-1}$$

由式(6-23)得做外功绝热膨胀的损失功

$$(w_L)_{绝热}=T_0\Delta s_t=T_0(\Delta s_{sys}+\Delta s_{sur})$$

由于绝热膨胀过程，所以

$$\Delta s_{sur}=\frac{Q_{sur}}{T_{sur}}=\frac{0}{298.15}=0$$

$$(w_L)_{绝热}=T_0(s_{2''}-s_1)=298.15\times(3.406-3.226)=53.67\text{kJ}\cdot\text{kg}^{-1}$$

计算结果比较如［例7-3］表所示。

［例7-3］表　节流膨胀过程与做外功绝热膨胀过程比较

过　程	T/K	ΔT/K	w_s/kJ·kg^{-1}	w_L/kJ·kg^{-1}
节流膨胀过程	321	−4	0	129.70
做外功绝热膨胀过程	241	−84	−81.59	53.67

从计算结果可知，做外功绝热膨胀过程的损失功小，降温幅度大，因此，从热力学角度考虑，做外功的绝热膨胀比节流膨胀更节能，应作为首选。但由表7-1可知，其设备投资比较大，因此，究竟选择哪一种膨胀过程更合适，应根据最终需求，在节能与设备费用间找到平衡。

7.3　蒸汽动力循环

蒸汽动力循环是目前工程上使用最广泛的动力循环之一，是现代社会获取电能的主要方式。它以水蒸气为工质，将热能（主要是通过燃料燃烧而得）转变为机械能，然后再转变为电能。化工生产过程中是需要机械动力和热能的，在化工厂中，为了避免能量形式多次转换的损失和启动电流对电网电压造成大的波动，通常一些动力设备，譬如大型压缩机，一般不使用电动机，而是采用透平机作为动力源，因此，在公用工程中常常建有锅炉，为厂内的大型透平机提供动力。对于大型化工企业，往往用矿物燃料作为热源产生高压蒸汽，或者直接利用生产过程中某些反应体系的反应热作为热源，利用它们的“余热”作为蒸汽动力装置的能源来产生动力和提供热能，达到了节约能源和降低成本的目的。譬如大型氮肥厂，利用合成氨工艺本身释放的热量（转化气温度为1000℃）进废热锅炉，出来的温度为380℃，当废热锅炉进水温度54℃时，可产生3.712MPa、430℃的高压蒸汽，这部分高压蒸汽进入透平机产生机械动力来驱动压缩机、泵、发电机等，而低质热量用于过程加热，使得生产过程中各种用能设备及装置所需要的能量基本上做到自产自用，降低了生产成本。

蒸汽动力装置主要由四种设备组成：①锅炉的蒸汽发生器；②蒸汽轮机（或称透平机）；③冷凝器；④水泵。工质（水）周而复始地流过上述四种设备，构成了等压吸热、绝热膨胀、等压放热、绝热压缩四个步骤的热力循环，使工质从高温热源吸取的部分热能转变成有用功输出，实现热向功的转换。

实际上，高温热源可以是温度较高的工业废热、地热、太阳的辐射热等，也可以是矿物燃料燃烧产生的高温烟气的热能或核燃料通过核裂变转变而来的热能。蒸汽动力装置工作时，工质的聚集态发生变化（液态-饱和蒸汽-过热蒸汽-液态）。因此，对这类装置的动力循环进行分析时，不能应用理想气体的公式，而应根据水蒸气图表（附录5）进行分析计算。

知识拓展

发电厂介绍

发电厂的种类很多，有火力发电厂、核能发电厂、太阳能热发电厂、地热发电厂、水力发电、风能发电厂等，前四种均属于Rankine循环，它们最大差异在于提供蒸汽热量的来源不同：①火力发电厂（a）、（e）是通过燃烧煤、天然气等化石燃料提供热能；②核能发电厂（b）是通过重核裂变产生核能提供热能；③太阳能热发电厂（c）是通过太阳能提供热能；④地热发电厂（d）是利用贮存在地球内部的可再生热能即地热能提供热能。

你注意到了吗？不管哪种发电厂都有巨大的凉水塔（cooling tower），请问它冷却什么？通过什么来冷却？

友情提醒：当你在行驶的火车或者汽车上看到凉水塔这个庞然大物时，你就要想到这可能是一个发电厂。

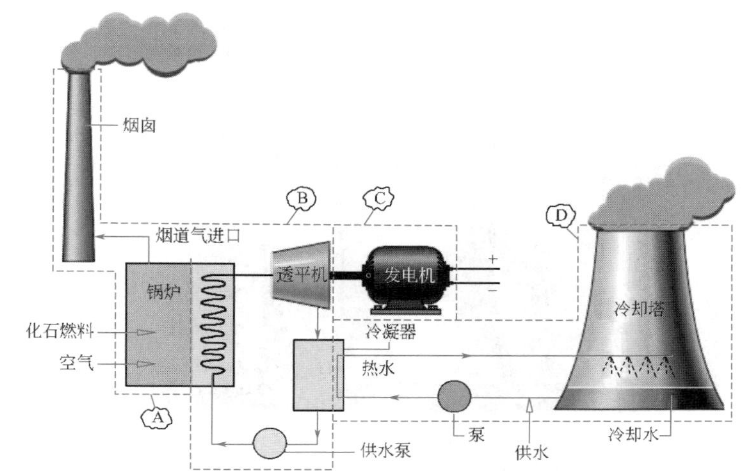

(a) 火力发电厂装置(化石燃料蒸汽动力装置)示意图

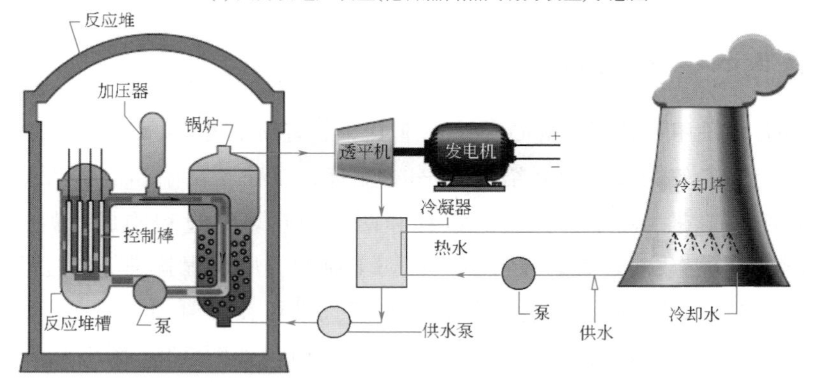

(b) 核能发电厂装置(增压-水反应堆核动力装置)示意图

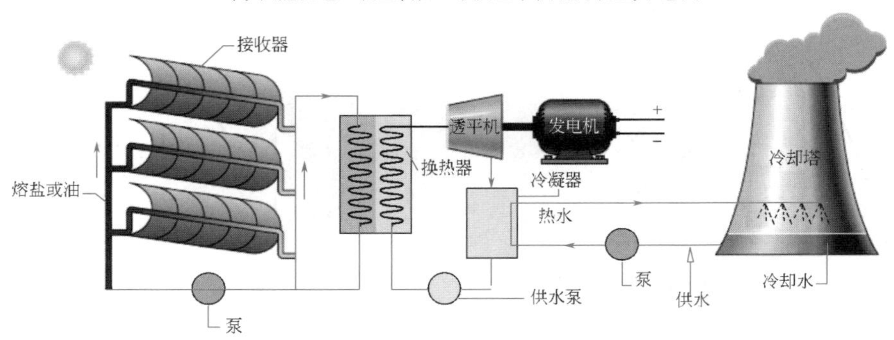

(c) 太阳能热发电厂装置(集中式太阳能蒸汽动力装置)示意图

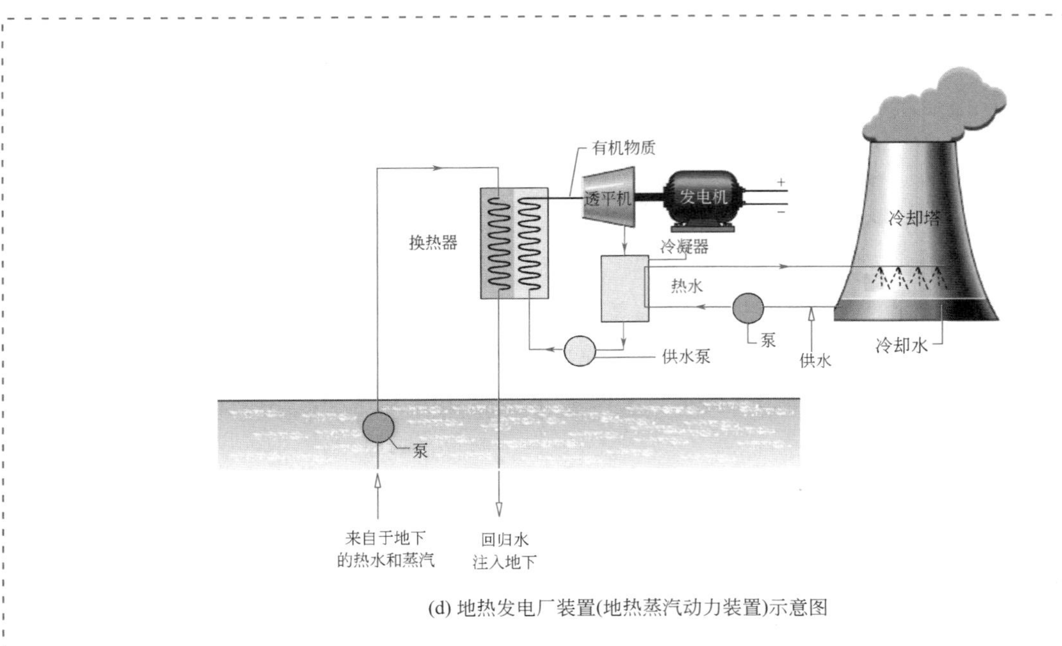

(d) 地热发电厂装置(地热蒸汽动力装置)示意图

(e) 火力发电厂实景图

7.3.1 卡诺（Carnot）蒸汽循环

虽然蒸汽动力循环不采用卡诺（Carnot）循环，但讨论它有助于我们更好地认识热功之间的相互转换。《物理化学》教材已经较为详细地介绍过 Carnot 循环，工作于高温和低温两个热源之间的 Carnot 热机，又称 Carnot 循环。它由两个等温可逆过程和两个绝热可逆过程构成。如果以水蒸气为工质，则可以实现等温吸热和等温放热过程。在湿蒸汽区，工质的等压过程就是等温过程，例如水可以在锅炉内等温等压吸热汽化为水蒸气，经汽轮机膨胀后水蒸气又可在冷凝器内等温等压放热而冷凝为水。这样便可以实现 Carnot 循环。其循环过程即 1→2→3→5→1，如图 7-9、图 7-10 所示。

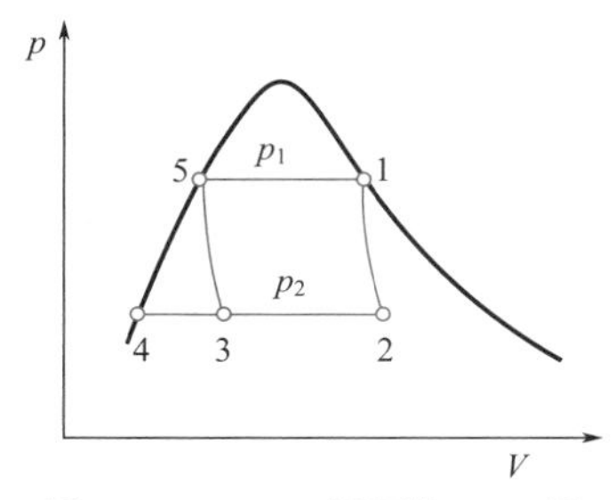

图 7-9　Carnot 循环的 p-V 图

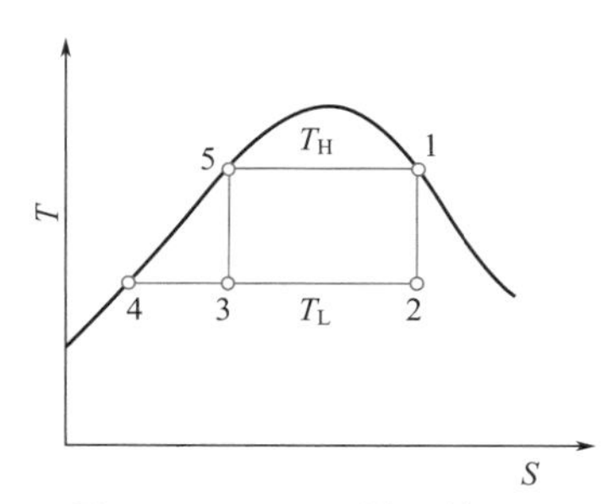

图 7-10　Carnot 循环的 T-S

Carnot 循环是由可逆过程构成的，是效率最高的热力循环。它可以最大限度地将高温热源输入的热量转变为功。在固定的高温 T_H 下接受外界的热量 Q_H，在固定的低温 T_L 下排出未能利用的热

Q_L，对外做最大功 $W_{s,C}$，根据热力学第一定律（注意功、热是代数值，符号规定同第 6 章），即

$$W_{s,C}=Q_H+Q_L=Q_H\left(1-\frac{T_L}{T_H}\right) \tag{7-14a}$$

Carnot 循环效率仅由高温与低温热源决定

$$\eta_C=\frac{-W_{s,C}}{Q_H}=1-\frac{T_L}{T_H} \tag{7-14b}$$

然而，尽管 Carnot 循环是效率最高的热力循环，但它却不能付诸实践。主要原因在于：

① 湿蒸汽对汽轮机和水泵有侵蚀作用，汽轮机带水量不能超过 10%，水泵不能带蒸汽进泵；

② 绝热可逆过程实际难以实现。

因此，Carnot 热机是一个理想的、不能实现的热机，但其效率可以为实际热机效率提供一个做比较用的最高标准。

7.3.2 Rankine 循环及其热效率

7.3.2.1 理想 Rankine 循环

第一个具有实践意义的蒸汽动力循环是 Rankine 循环。它也由四个热力过程组成。该装置的示意图及 T-S 图、H-S 图分别见图 7-11～图 7-13。

以水作为工质。进锅炉的压缩水 4（高压）在锅炉中等压下先被加热至沸点，然后在锅炉中给水继续被加热，给水蒸发变成饱和蒸汽，此时水和蒸汽的温度均不升高（即加给水的热量，完全用于使水由液态变为气态），饱和蒸汽从汽包内出来进入过热器中，并在其中加热到高温的过热蒸汽 1，进入汽轮机（或称透平机）做绝热膨胀，推动叶轮输出轴功，汽轮机出口蒸汽是处于低压下的湿蒸汽 2（工程上也称乏气），然后进入冷凝器。在冷凝器中，工质等压（低压）冷凝成饱和水 3，工质冷凝放出的热量被冷却水吸收，低压饱和水 3 经水泵升压成压缩水 4，再进入锅炉，由于水的可压缩性很小，所以，给水泵在压缩给水时的功很小，因而给水经过水泵时的温度升高不大。这样，工质水在蒸汽动力装置中完成一次封闭循环。

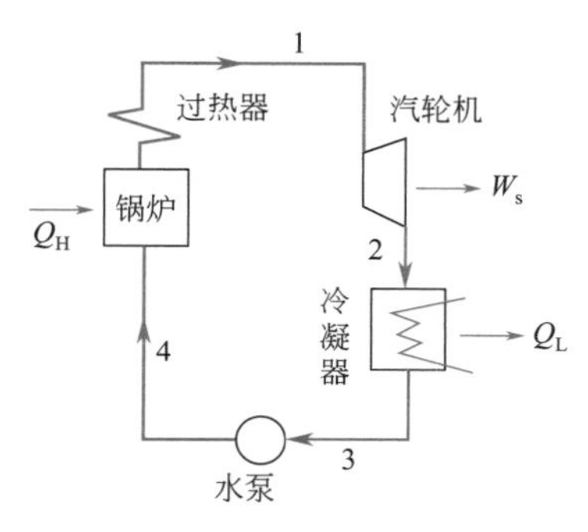

图 7-11　Rankine 循环装置

理想 Rankine 循环是指：Rankine 循环中，除了水在锅炉中进行的过程是定压过程（此过程中，水发生了相变），其他三个过程是完全可逆的，忽略水的流动阻力与温差传热，该循环对应于图 7-12 和图 7-13 上的 1→2→3→4→1。

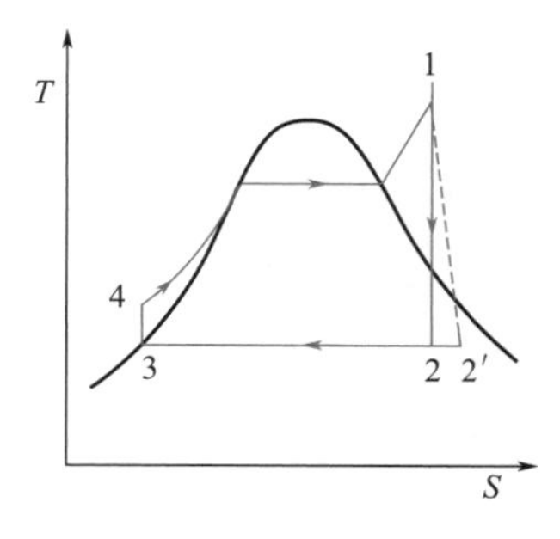

图 7-12　Rankine 循环的 T-S 图

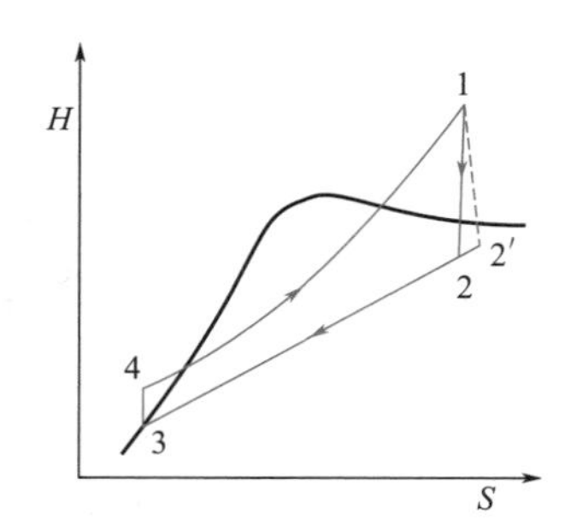

图 7-13　Rankine 循环的 H-S 图

根据稳流体系能量平衡方程，忽略膨胀前后流体的位差和动能变化，$\Delta Z\to 0$，$\frac{\Delta u^2}{2}\to 0$；于是对于单位质量（1kg）的工质水，由式(6-3)有

$$\Delta h=q+w_s$$

对于单位质量（1kg）的流体（工质水），在 Rankine 循环中各个过程的能量平衡方程分析如下。

注意：
$H=mh$
$\Delta H=m\Delta h$
$H_1-H_2=m(h_1-h_2)$
H为总焓值，kJ
h为比焓值，kJ/kg

4→1 过程：锅炉中的高压水等压升温和等压汽化，不做功$w_s=0$，过程有相变，根据式(6-3)，每千克工质水在锅炉中的吸热量为

$$q_H=\Delta h_{4\to1}=h_1-h_4 \quad \text{kJ}\cdot\text{kg}^{-1} \ (\text{工质}) \tag{7-15}$$

1→2 过程：汽轮机中工质做等熵（可逆绝热）膨胀，$Q=0$，此过程降压降温，根据式(6-3)，单位质量工质对外做功量为

$$w_s=\Delta h_{1\to2}=h_2-h_1 \ \text{kJ}\cdot\text{kg}^{-1} \ (\text{工质}) \tag{7-16}$$

2→3 过程：低压湿蒸汽在冷凝器中等压等温冷凝，不做功$w_s=0$，此过程有相变，依式(6-3)，单位质量工质冷凝的放热量为

$$q_L=\Delta h_{2\to3}=h_3-h_2 \ \text{kJ}\cdot\text{kg}^{-1} \ (\text{工质}) \tag{7-17}$$

3→4 过程：饱和水在水泵中作等熵（可逆绝热）压缩，$Q=0$，此过程升压升温无相变，根据式(6-3)，水泵压缩单位工质消耗的压缩功为

$$w_p=\Delta h_{3\to4}=h_4-h_3 \ \text{kJ}\cdot\text{kg}^{-1} \ (\text{工质}) \tag{7-18}$$

由于水的不可压缩性，压缩过程中水的容积变化很小，过程可逆，消耗的压缩功亦可按式(7-19) 计算，即

$$w_p=v_{\text{水}}(p_4-p_3)=v_{\text{水}}(p_1-p_2) \tag{7-19}$$

评价蒸汽动力循环的经济性指标是热效率与汽耗率。

热效率是指循环的净功与锅炉所供给的热量之比，用符号 η 表示。

$$\eta=\frac{-(W_s+W_p)}{Q_H}=\frac{-(w_s+w_p)}{q_H}=\frac{(h_1-h_2)+(h_3-h_4)}{h_1-h_4} \tag{7-20}$$

蒸汽动力循环中，水泵的耗功量远小于汽轮机的做功量（$|W_p|\ll|W_s|$），所以，水泵的耗功量可忽略不计，即 $W_p\approx0$，则

$$\eta=\frac{-W_s}{Q_H}=\frac{-w_s}{q_H}=\frac{h_1-h_2}{h_1-h_4} \tag{7-21}$$

式(7-21) 中，分子项为绝热过程的焓降，是 1kg 水蒸气在 Rankine 循环中用于转换为功的热量，分母项是 1kg 水在锅炉中转化为 1kg 水蒸气时所吸收的热量，两者比值便说明这个循环的热效率。

汽耗率是蒸汽动力装置中，输出 1kW·h 的净功所消耗的蒸汽量，用 SSC (specific steam consumption) 表示。

$$\text{SSC}=\frac{3600}{-W_s} \quad \text{kg}\cdot\text{kW}^{-1}\cdot\text{h}^{-1} \tag{7-22}$$

显然，热效率越高，汽耗率越低，表明循环越完善。

利用以上公式进行计算时，所需各状态点的焓值可查阅附录 5。具体确定的方法如下：

状态点 1，根据 p_1、t_1 值，由热力学图表可查得 h_1、s_1 值；

状态点 2，根据 p_2，$s_2=s_1$（等熵膨胀），可查得 h_2、t_2；

状态点 3，根据 $p_3=p_2$（等温等压冷凝），等压线与饱和液相线的交点，可确定 h_3、s_3；

状态点 4，$p_4=p_1$（等压汽化），$s_4=s_3$（等熵压缩）；由 p_4、s_4 值可确定 h_4、s_4 值。

7.3.2.2 实际 Rankine 循环

以上讨论的是理想的 Rankine 循环，即除了吸热过程其他三个热力过程（膨胀、压缩、放热）皆是可逆的，实际上，由于工质（水）在流动中不可避免会产生摩擦、涡流、散热等现象，工质（水）在汽轮机及水泵中不可能做等熵膨胀及等熵压缩，尽管工质（水）在水泵中消耗的功量对汽轮机的做功量相比而言很小，可忽略不可逆的影响，但对汽轮机而言，则必须考虑膨胀过程的不可逆性所造成的影响。实际上，蒸汽通过汽轮机的绝热膨胀过程不是等熵过程，由图 7-12 看出，出口蒸汽不再是 2 而是 2′，即 1→2′不再像 1→2 那样是一条垂直线，而是向熵增的方向偏移，但其干度要大于 90%，这样腐蚀与磨损问题就不严重了。

如图 7-12、图 7-13 中 1→2′→3→4→1 所示过程，即为实际 Rankine 循环，它与理想 Rankine 循环最大差别在于产功和耗功过程均是不可逆的。在整个循环中，锅炉将燃料燃烧的热量传递给循环工质（水），而冷凝器将循环工质的热量传递给周围环境（天然水源）。若忽略动能和位能的变化，实际膨胀过程做出的功应该为

$$-W_s = H_1 - H_{2'}$$

显然，它小于等熵膨胀过程做出的功

$$-W_{s,R} = H_1 - H_2$$

两者之比是等熵效率 η_S。工程上，通常用等熵效率 η_S 来表示热力过程的不可逆性。依据等熵效率定义式(7-13)，即可写为

$$\eta_S = \frac{-W_s}{-W_{s,R}} = \frac{H_1 - H_{2'}}{H_1 - H_2} = \frac{h_1 - h_{2'}}{h_1 - h_2} \tag{7-23}$$

实际 Rankine 循环的热效率

$$\boxed{\eta = \frac{(h_1 - h_{2'}) + (h_3 - h_4)}{h_1 - h_4} \approx \frac{h_1 - h_{2'}}{h_1 - h_4}} \tag{7-24}$$

若已知等熵效率，则可用式(7-25) 计算出透平机的产功量，即

$$\boxed{W_s = \eta_S (W_{s,R})} \tag{7-25}$$

【例 7-4】 某核潜艇以蒸汽动力循环提供动力的循环如［例 7-4］图 1 所示。锅炉从温度为 440℃的核反应堆吸入热量 Q 产生压力为 7MPa、温度为 400℃的过热蒸汽（点 1），过热蒸汽经汽轮机膨胀做功后于 0.008MPa 压力下排出（点 2），乏气在冷凝器中向环境温度 $t_2 = 20$℃下进行定压放热变为饱和水（点 3），然后经泵返回锅炉（点 4）完成循环，已知汽轮机的额定功率为 15×10^4kW，汽轮机做不可逆的绝热膨胀，其等熵效率为 0.70，而水泵可认为做可逆绝热压缩，试求：

导弹核潜艇

（1）汽轮机出口乏气的湿度；

（2）此动力循环中蒸汽的质量流量；

（3）循环的热效率。

解：①作出此动力循环的 T-S 图，见［例 7-4］图 2。

② 根据给定的条件，查附录 5 确定 1、2 状态点的参数。

1 点（过热水蒸气）$p_1 = 7$MPa、$t_1 = 400$℃时，查附录 5.3 用插值法计算得：

$$h_1 = \frac{7-5}{7.6-5} \times (3149.6 - 3198.3) + 3198.3 = 3160.84\text{kJ}\cdot\text{kg}^{-1}$$

$$s_1 = \frac{7-5}{7.6-5} \times (6.4022 - 6.6508) + 6.6508 = 6.4596\text{kJ}\cdot\text{kg}^{-1}\cdot\text{K}^{-1}$$

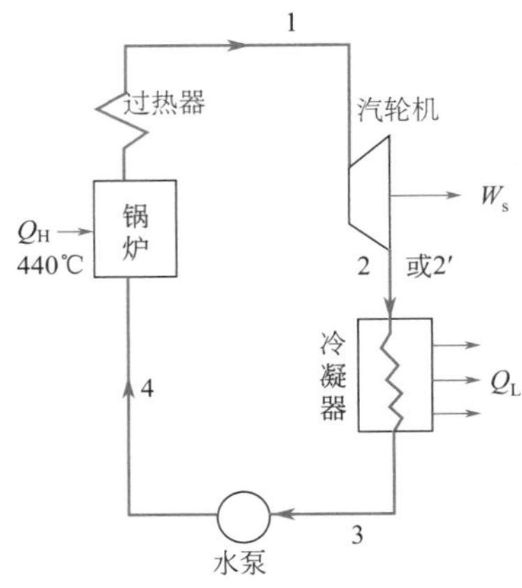

［例 7-4］图 1　动力循环示意图

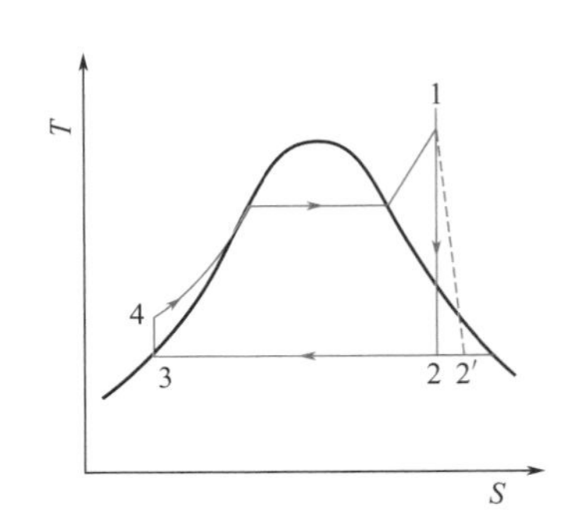

［例 7-4］图 2　动力循环的 **T-S** 图

2 点（湿蒸汽）　$p_1=0.008\text{MPa}$ 时，查得附录 5.2 得：

$h_2^{sv}=2577.1\text{kJ}\cdot\text{kg}^{-1}$，$h_2^{sL}=173.86\text{kJ}\cdot\text{kg}^{-1}$，$s_2^{sv}=8.2296\text{kJ}\cdot\text{kg}^{-1}\cdot\text{K}^{-1}$，$s_2^{sL}=0.5925\text{kJ}\cdot\text{kg}^{-1}\cdot\text{K}^{-1}$。

（1）确定膨胀后的状态点，并计算轴功和汽轮机出口乏气的湿度。

在 T-S 图中，1→2 过程表示汽轮机做等熵膨胀（即可逆绝热膨胀），膨胀后乏气的干度为 x_2，而 1→2′过程表示汽轮机的实际膨胀过程（即不可逆绝热膨胀）。在此首先计算汽轮机出口乏气的湿度，假定汽轮机做等熵膨胀，则

$$s_2=s_1=6.4596\text{kJ}\cdot\text{kg}^{-1}\cdot\text{K}^{-1}$$

状态点 2 的熵由式(3-89) 计算

$$s_2=s^{sv}x_2+(1-x_2)s^{sL}=8.2296x_2+(1-x_2)\times0.5925$$

膨胀后乏气的干度为 $x_2=0.7682$，等熵膨胀过程终点的焓值为

$$h_2=h^{sv}x_2+(1-x_2)h^{sL}=2577.1\times0.7682+(1-0.7682)\times173.86$$
$$=2020.03\text{kJ}\cdot\text{kg}^{-1}$$

等熵膨胀所做的理论功为

$$w_{s,R}=h_2-h_1=2020.03-3160.84=-1140.8\text{kJ}\cdot\text{kg}^{-1}$$

根据等熵效率 η_S 的定义　　$\eta_S=\dfrac{-W_s}{-W_{s,R}}=\dfrac{-w_s}{-w_{s,R}}$

实际膨胀过程（1→2′）所做的功为

$$w_s=w_{s,R}\eta_S=-1140.81\times0.70=-798.57\text{kJ}\cdot\text{kg}^{-1}$$

于是实际膨胀过程终点的焓值为

$$h_{2'}=w_s+h_1=-798.57+3160.84=2362.27\text{kJ}\cdot\text{kg}^{-1}$$

设汽轮机做实际膨胀后乏气的干度为 $x_{2'}$，则

$$2362.27=2577.1x_{2'}+(1-x_{2'})\times173.86,\qquad x_{2'}=0.9106$$

汽轮机出口乏气的湿度为

$$1-x_{2'}=1-0.9106=0.0894$$

出口乏气的熵值由式(3-89) 计算为

$$s_{2'}=s_2^{sv}x_{2'}+(1-x_{2'})s_2^{sL}=8.2296\times0.9106+(1-0.9106)\times0.5925=7.5468\text{kJ}\cdot\text{kg}^{-1}\cdot\text{K}^{-1}$$

（2）计算水泵所消耗的功和循环蒸汽的质量流量。

3 点（饱和液体）：取 p 为 0.008MPa 时的饱和水，由附录 5.2 得到：$h_3=173.86\text{kJ}\cdot\text{kg}^{-1}$，$s_3=s_3^{L}=0.5925\text{kJ}\cdot\text{kg}^{-1}\cdot\text{K}^{-1}$，$v_3=1.0084\times10^{-3}\text{m}^3\cdot\text{kg}^{-1}$。

4 点（未饱和水）：$p_4=7\text{MPa}$，假设水泵做可逆绝热压缩 $s_4=s_3=0.5925\text{kJ}\cdot\text{kg}^{-1}\cdot\text{K}^{-1}$，水泵所消耗的功（过程 3→4）为

$$w_p = v_3(p_4 - p_3) = 1.0084 \times 10^{-3} \times (7 - 0.008) \times 10^6$$
$$= 7.051 \times 10^3 \text{N·m·kg}^{-1} = 7.05 \text{kJ·kg}^{-1}$$

因水泵压缩过程视为绝热过程，由式(6-3) 知，$\Delta h = h_4 - h_3 = w_p$

$$h_4 = w_p + h_3 = 7.05 + 173.86 = 180.91 \text{kJ·kg}^{-1}$$

水蒸气做的净功为

$$w_{s,net} = w_s + w_p = -798.57 + 7.05 = -791.52 \text{kJ·kg}^{-1}$$

循环中蒸汽的质量流量为

$$m = \frac{N_T}{-w_s} = \frac{15 \times 10^4}{798.57} = 187.84 \text{kg·s}^{-1}$$

(3) 循环的（实际）热效率。

由式(7-20) 可得

$$\eta_{实际} = \frac{-w_{s,net}}{q_H} = \frac{-w_{s,net}}{h_1 - h_4} = \frac{791.52}{3160.84 - 180.91} = 0.2656$$

如果汽轮机做等熵膨胀，则循环的理论热效率

$$\eta_{理论} = \frac{-w_{s,R,net}}{q_H} = \frac{1140.81 - 7.05}{3160.84 - 180.91} = 0.3805$$

由计算结果可知：$\eta_{实际} < \eta_{理论}$，由此看来 Rankine 循环仍有潜力可挖。

7.3.3 蒸汽参数对 Rankine 循环热效率的影响

为了讨论这个问题，将 Rankine 循环与 Carnot 循环进行比较。

① Carnot 循环在汽轮机中进行的是可逆绝热膨胀过程，为了提高 Rankine 循环的热效率，应该减少汽轮机内的不可逆损失，这一措施主要是靠改进机械设备效率来完成的，而此效率目前已经达到 80%～90%，继续减小的潜力不大。

② Carnot 循环的工质是在高温热源的温度 T_H 下吸热，在低温热源的温度 T_L 下排热，这两个传热过程都是无温差的可逆过程。而 Rankine 循环吸热和排热都是在有温差的情况下进行的，是不可逆传热过程。Rankine 循环中，吸热过程分三个阶段进行，不论是液体升温及汽化过程，还是蒸汽过热过程，其吸热温度都比高温燃气的温度低得多，致使循环热效率低下，传热不可逆损失极大，这是理想的 Rankine 循环存在的最主要问题。因此，要想提高 Rankine 循环的热效率，必须要考虑如何来提高吸热过程的平均温度。从放热过程来看，若降低冷凝温度也能提高 Rankine 循环的热效率，但这受到冷却介质温度和冷凝器尺寸的限制。因此，提高 Rankine 循环的热效率主要从传热方面考虑。

从 Rankine 循环热效率的计算式中可以看到热效率 η 的大小取决于蒸汽初态的焓 h_1（由蒸汽的初压 p_1 及初温 T_1 而定）、终状态的焓 h_2（由乏汽压力 p_2 而定）和凝结水的焓 h_4（由于水的不可压缩性，泵出口温度与进口温度相差不大，因而工程上常取 $h_4 \approx h_3$，h_3 由乏汽压力 p_2 而定），所以，Rankine 循环热效率主要取决于蒸汽的初参数 p_1、T_1 及终压 p_2。下面通过 T-S 图来讨论蒸汽参数对热效率的影响。

7.3.3.1 蒸汽温度对热效率的影响

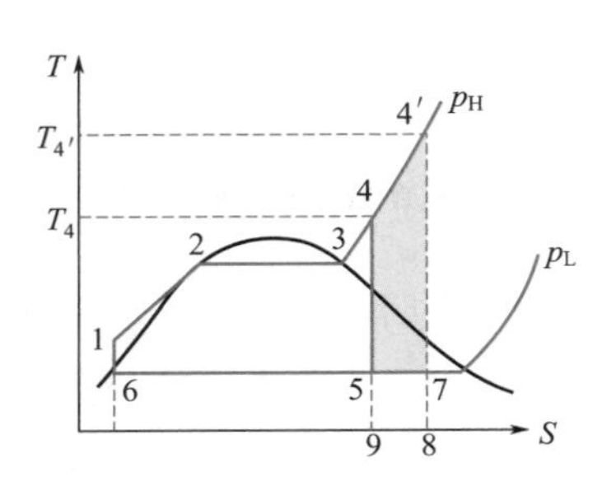

图 7-14 蒸汽温度对热效率的影响

在相同的蒸汽压力下，若提高蒸汽的过热温度，可使平均吸热温度提高，从而提高吸热过程的热效率。此外，在汽轮机的出口压力（工程上也称为背压）不变时，汽轮机将热转化为功的比率随过热温度的提高相应地增大。如图 7-14 所示，当温度由 T_4 提高到 $T_{4'}$ 时，循环净功的增加量由阴影面积表示，蒸汽增加吸收的热量由面积 44'894 表示，由图可见，新增加的这部分热量转化为功的

比率比原循环高，因而提高了整个循环的热效率。

提高蒸汽的过热温度还可提高蒸汽的干度，有利于汽轮机的安全运行。但温度的提高受到设备材料性能的限制，一般不能超过600℃。虽然现在有些抗蠕变的特种合金钢材能够耐更高的温度，可以用来制造过热器和汽轮机，但价格昂贵，将会导致投资费用增加，从经济上来考虑，过热温度不宜过高。

7.3.3.2 蒸汽压力对热效率的影响

在其他条件都不变的情况下，提高蒸汽的压力也可使平均吸热温度提高，从而使循环热效率增大。此外，由图7-15可见，当压力由 p_H 提高到 p'_H 时，代表沸腾过程的直线由2-3变为2′-3′，因而使循环的净功增加了浅蓝色阴影部分的面积而减少了深蓝色阴影部分的面积，变化不大；但蒸汽吸收的热量增加了斜线部分的面积而减少了面积7′34987′，净减量约为面积57895。即做功量基本未变而吸热量减少，故循环热效率提高了。但当压力接近水的临界压力时，其影响就越来越小。因此，仅靠提高蒸汽压力而不同时提高过热温度，不能使循环热效率有更大的提高。

此外，压力提高还会产生一些新问题，如设备的强度问题。由图7-15可知，随着压力的提高会引起汽轮机出口乏气干度的迅速降低，乏气中所含的液态水分增加，这将引起汽轮机内部效率降低，将使汽轮机寿命缩短。通常，汽轮机出口乏气干度应控制在0.88以上。因此，为了提高循环的热效率，在使用高压蒸汽的同时要提高汽轮机的进汽压力和进汽温度，必须设法减少乏气的湿含量。

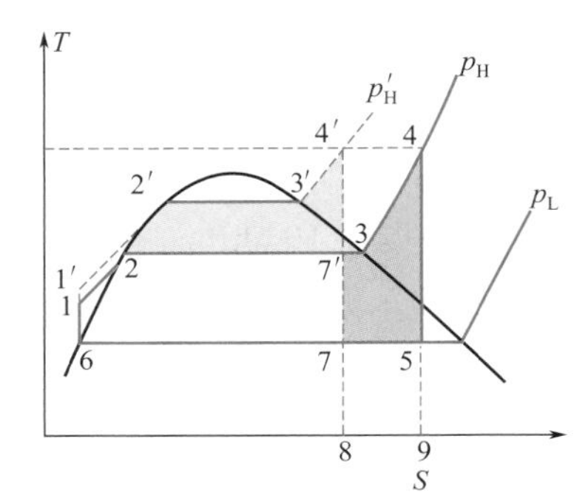

图7-15 蒸汽压力对热效率的影响

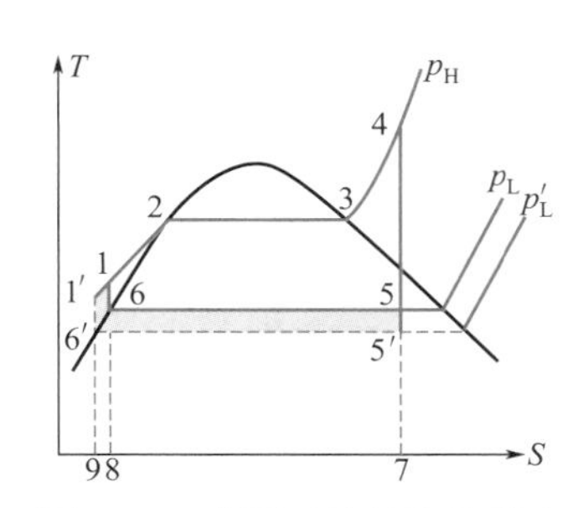

图7-16 背压对热效率的影响

7.3.3.3 背压对热效率的影响

背压指汽轮机排出的乏气压力。乏气冷凝时将一部分热量排往冷却介质，其中所含的有效能无法利用，造成了能量浪费。降低背压可降低乏气的冷凝温度，从而可降低有效能的损失，使做功量增加。由图7-16可见，当背压由 p_L 降低到 p_L' 时，循环的净功增加如阴影面积所示，而工质增加吸收的热量如面积1′1891′所示。在实际的 T-S 图上，在常压附近时阴影面积大于1′1891′，即降低背压时所增加的功比增加的热量大，因而提高了整个循环的热效率。

值得注意的是，背压的降低是有限的，其对应的冷凝温度应高于外界环境温度，以保证传热温差。此外，降低背压会降低乏气的干度，其后果与单独提高蒸汽压力类似。有时，乏气的背压还与其利用有关，若乏气用作加热（热电联用），则其压力的选择还要考虑加热用户的要求。

7.3.4 Rankine循环的改进

分析表明，在Rankine循环的范围内，调整蒸汽参数来提高蒸汽动力循环的热效率的潜力是有限的。为了进一步改进循环热效率，对循环本身加以改进，是提高循环热效率的重要途径。对现代蒸汽动力循环装置，在Rankine循环基础上研究开发了热效率较高的循环，如给水回热循环、蒸汽再热循环、热电合供循环等，达到了有效地提高蒸汽动力循环热效率和能量有效利用的目的。

7.3.4.1 给水回热循环

Rankine 循环热效率不高的原因是供给锅炉的水温相对较低，从而降低了蒸汽等压加热过程的平均吸热温度，增加了锅炉内高温烟气和供水之间温差传热引起的不可逆损失。在 Rankine 循环中，大部分热量损失是被通过冷凝器的冷却水带走的，这个热量就是汽轮机乏气在冷凝器内凝结时所放出的汽化潜热。这部分热量占的比例很大，约为燃料总发热量的 50%。提高循环效率的关键，就在于尽量减少乏气中这部分冷凝潜热损失。

乏气在冷凝器内凝结为水，凝结水的温度就等于冷凝器压力下的饱和温度。如 p_1 是 0.04bar 时，凝结水（锅炉给水）的温度是 28.97℃，当锅炉压力 p_1 是 90bar 时，相应的饱和温度为 303.3℃，如果将 1kg 温度为 28.97℃的水，在锅炉中加热到 303.3℃，就需要 1242kJ 的热量。在 Rankine 循环中，这部分热量直接由锅炉燃料燃烧放出热量供给。如果给水的加热不直接由锅炉的燃料供给，而是由汽轮机中的蒸汽来完成，可以直接从汽轮机抽出做过一部分功的蒸汽，并把它送入加热器中，见图 7-17，利用这部分抽汽加热由冷凝器来的凝结水，凝结水由于吸收了抽汽的热量，提高了它的温度，这样凝结水进入锅炉后，可少吸收燃料发生的热量，由于在锅炉中需要加入的热量减少了，从而节省了燃料，提高了循环热效率。另一方面，由于抽汽部分不是在冷凝器中凝结，故可以减少冷却水带走的热量损失。利用汽轮机抽汽以加热给水的方法，称作给水回热，有给水回热的循环，称作给水回热循环。图 7-17 和图 7-18 分别表示一次给水回热循环的装置示意图和 T-S 图。

思考：
为何需要两个水泵？d水泵是否可以省略？

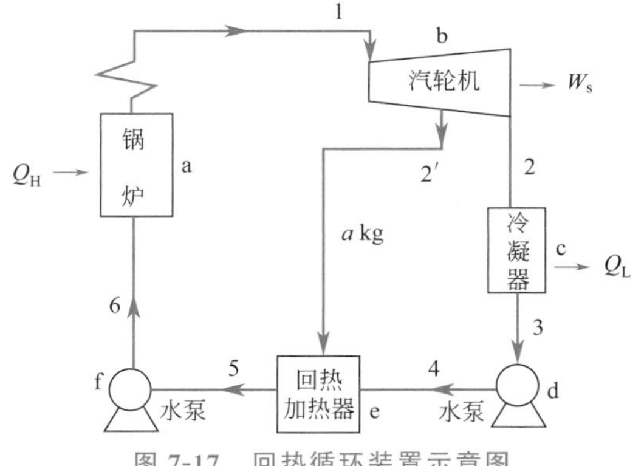

图 7-17 回热循环装置示意图

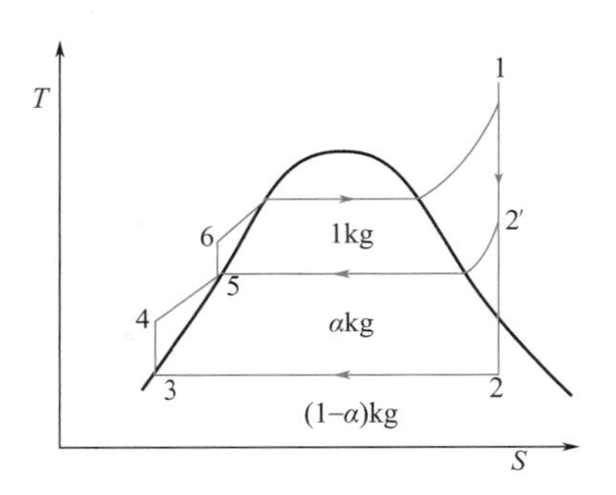

图 7-18 T-S 图上的回热循环

高压水 6 进入锅炉 a 被加热为过热蒸汽 1，吸收热量 Q_H，然后进入汽轮机膨胀做功 W_s，膨胀到 $p_{2'}$ 时，抽出部分蒸汽引入回热器 e [热量 $Q_{RH}=\alpha\ (h_{2'}-h_5)$]，其余的过热蒸汽继续由状态 2′膨胀到状态 2，再经冷凝器 c 冷凝为饱和水 3，放出热量 Q_L，此饱和水用水泵 d 送入回热器 e [热量 $Q_{RL}=\ (1-\alpha)\ (h_5-h_4)$]，在回热器中与从汽轮机抽出的部分蒸汽混合进行能量交换，使水温提高达到状态 5，而后用水泵 f 送入锅炉循环使用。

抽出部分蒸汽引入到回热器 e 时，被抽出的这部分蒸汽损失了一部分功，这是弊；但可以提高循环水的平均吸热温度，提高热效率，这是利。综合分析，利大于弊，可采用。

给水回热循环中抽气的质量分数的计算可以通过对回热器的能量分析求得。假定进入汽轮机的蒸汽量为 1kg，汽轮机的抽气量为 αkg（不考虑散热损失），依据热力学第一定律可得

$$\alpha(h_{2'}-h_5)=(1-\alpha)(h_5-h_4)$$

解得

$$\alpha=\frac{h_5-h_4}{h_{2'}-h_4} \tag{7-26}$$

给水回热循环的热效率

$$\eta_{回}=\frac{Q_{H}+Q_{L}}{Q_{H}}=1+\frac{(1-\alpha)(h_{3}-h_{2})}{h_{1}-h_{6}} \tag{7-27}$$

式(7-26)、式(7-27)中各状态点的焓值可根据给定的条件从水蒸气图表查得。

$$\left\{\begin{array}{l} p_1=140\times10^5\text{Pa}\\ p_a=20\times10^5\text{Pa}\\ p_b=1.5\times10^5\text{Pa}\\ p_2=0.05\times10^5\text{Pa}\\ t_1=560+237.15\text{K}\end{array}\right. \rightarrow \left\{\begin{array}{l}\alpha_1\\ \alpha_2\\ \eta\\ \eta'\\ \text{SSC}\end{array}\right.$$

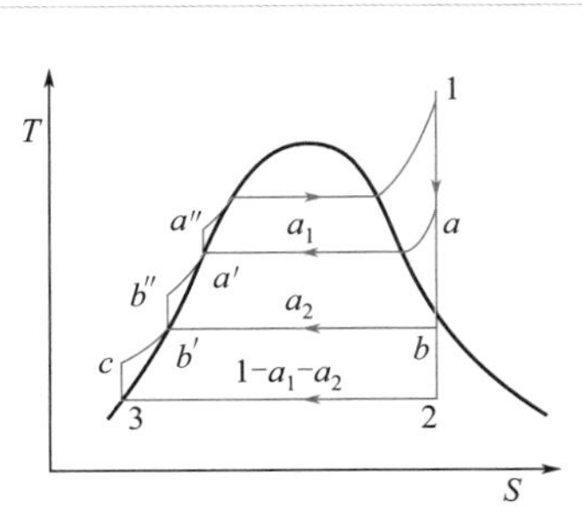

[例 7-5] 图　二次抽气回热循环的 *T-S* 图

【例 7-5】 某蒸汽动力装置采用二次抽气回热，已知进入汽轮机的过热蒸汽的参数，p_1 为 140×10^5Pa，t_1 为 560℃，第一次抽气压力为 20×10^5Pa，第二次抽气压力为 1.5×10^5Pa，乏气压力为 0.05×10^5Pa，画出此给水回热循环的 T-S 图，计算二次抽气给水回热循环的热效率与汽耗率，并将热效率的计算结果与 Rankine 循环比较。

解：二次抽气给水回热循环的 T-S 图如［例 7-5］图所示。查附录 5 或附录 12（水蒸气 H-S 图）得各状态点的参数如下。

1 点：$h_1=3486.0\text{kJ}\cdot\text{kg}^{-1}$，$s_1=6.5941\text{kJ}\cdot\text{kg}^{-1}\cdot\text{K}^{-1}$

a 点：$p_a=20\times10^5\text{Pa}$，$s^{\text{sv}}=6.3367\text{kJ}\cdot\text{kg}^{-1}\cdot\text{K}^{-1}$

等熵过程 $s_a=s_1=6.5941>6.3367=s^{\text{sv}}$，所以 a 点处于过热蒸汽状态。

当 $p_a=20\times10^5\text{Pa}$，$s_a=6.5941\text{kJ}\cdot\text{kg}^{-1}\cdot\text{K}^{-1}$时，查表并直线法内插求得

$$h_a=2929.16\text{kJ}\cdot\text{kg}^{-1}$$

a'点：a 点过热蒸汽通过回热器，经换热成为饱和液体 a'

$$v'_a=0.001177\text{m}^3\cdot\text{kg}^{-1}$$

b 点：$p_b=1.5\times10^5\text{Pa}$ 时

$$s_b^{\text{sL}}=1.4336\text{kJ}\cdot\text{kg}^{-1}\cdot\text{K}^{-1}，s_b^{\text{sv}}=7.2233\text{kJ}\cdot\text{kg}^{-1}\cdot\text{K}^{-1}。$$

而等熵过程 $s_b=s_1=6.5941\text{kJ}\cdot\text{kg}^{-1}\cdot\text{K}^{-1}<7.2233\text{kJ}\cdot\text{kg}^{-1}\cdot\text{K}^{-1}$，所以 b 点处于湿蒸汽状态，设湿蒸汽的干度为 x_b

状态点 b 的熵由式(3-89) 计算得到

$$s_b=x_b s_b^{\text{sv}}+(1-x_b)s_b^{\text{sL}}$$

$$7.2233x_b+(1-x_b)\times1.4336=6.5941$$

解得 $x_b=0.8913$。

当 $p=p_b$ 时，查得：$h_b^{\text{sL}}=467.11\text{kJ}\cdot\text{kg}^{-1}$，$h_b^{\text{sv}}=2693.6\text{kJ}\cdot\text{kg}^{-1}$，状态点 b 的焓由式(3-88) 计算得到

$$h_b=x_b h^{\text{sv}}+(1-x_b)h^{\text{sL}}=2693.6\times0.8913+(1-0.8913)\times467.11$$
$$=2451.58\text{kJ}\cdot\text{kg}^{-1}$$

b'点：$h_{b'}=h_{b'}^{\text{sL}}=467.11\text{kJ}\cdot\text{kg}^{-1}$，$v_{b'}=0.0010528\text{m}^3\cdot\text{kg}^{-1}$

2 点：2 点处于湿蒸汽状态，设此湿蒸汽的干度为 x_2。

当 $p_2=0.05\times10^5\text{Pa}$ 时：$s_2^{\text{sv}}=8.4025\text{kJ}\cdot\text{kg}^{-1}\cdot\text{K}^{-1}$

$s_2^{\text{sl}}=0.4718\text{kJ}\cdot\text{kg}^{-1}\cdot\text{K}^{-1}$，$h_2^{\text{sv}}=2560.9\text{kJ}\cdot\text{kg}^{-1}$，$h_2^{\text{sL}}=136.49\text{kJ}\cdot\text{kg}^{-1}$。

根据式(3-89) 由已知熵值计算状态点 2 湿蒸汽的干度

$8.4025x_2+(1-x_2)\times0.4718=6.5941$，　$x_2=0.7720$

根据式(3-89) 计算状态点 2 的焓值

$h_2=2560.9\times0.7720+(1-0.7720)\times136.49=2008.13\text{kJ}\cdot\text{kg}^{-1}$

3 点：$h_3=h_3^{\text{sL}}=136.49\text{kJ}\cdot\text{kg}^{-1}$，$v_3=0.0010052\text{m}^3\cdot\text{kg}^{-1}$。

a''点：$h_{a''}=h_{a'}+v_{a'}\Delta p=908.79+0.001177\times(140-20)\times10^2=922.91\text{kJ}\cdot\text{kg}^{-1}$

b''点：$h_{b''}=h_{b'}+v_{b'}\Delta p=467.11+0.0010528\times(20-1.5)\times10^2=469.06\text{kJ}\cdot\text{kg}^{-1}$

c 点：$h_c=h_3+v_3\Delta p=136.49+0.0010052\times(1.5-0.05)\times10^5\times10^{-3}=136.636\text{kJ}\cdot\text{kg}^{-1}$

(1) 抽汽率（抽汽量）计算

取第一给水回热器为热力系统，由能量平衡方程，得第一次抽汽量

$$\alpha_1=\frac{h_{a'}-h_{b''}}{h_a-h_{b''}}=\frac{908.79-469.06}{2929.16-469.06}=0.1787$$

取第二给水回热器为热力系统，由能量平衡方程，得第二次抽汽量

$$\alpha_2=(1-\alpha_1)\frac{h_{b'}-h_c}{h_b-h_c}=(1-0.1787)\times\frac{467.11-136.636}{2451.58-136.636}=0.1173$$

(2) 热效率

由热效率的计算式(7-27)，二次抽汽回热循环的热效率

$$\eta=1-\frac{(1-\alpha_1-\alpha_2)(h_2-h_3)}{h_1-h_{a''}}$$

$$=1-\frac{(1-0.1787-0.1173)\times(2008.13-136.49)}{3486.0-922.91}=48.59\%$$

相同参数 Rankine 循环的热效率为

$$\eta'=\frac{h_1-h_2}{h_1-h_c}=\frac{3486.0-2008.13}{3486.0-136.59}=44.12\%<48.59\%$$

因此，抽汽给水回热循环的热效率比相同参数 Rankine 循环的热效率高出 4.47%。

(3) 汽耗率

由式(7-22)

$$\text{SSC}=\frac{3600}{-W_s}=\frac{3600}{(1-\alpha_1-\alpha_2)(h_1-h_2)+a_1(h_1-h_a)+a_2(h_1-h_b)}$$

$$=\frac{3600}{(1-0.1787-0.1173)\times(3468.0-2008.13)+0.1787\times(3468.0-2929.16)+0.1173\times(3468.0-2451.58)}$$

$$=2.90\text{kg}\cdot\text{kW}^{-1}\cdot\text{h}^{-1}$$

值得一提的是：这个例题如果用著名的热力循环制图及分析软件 CyclePad 来计算将非常方便，该软件对给水回热循环、再热循环，包括后续讨论的制冷循环过程均可进行分析与计算。CyclePad 软件由美国西北大学、美国海军学院和牛津大学共同开发，可在网站 http://www.qrg.northwestern.edu/software/cyclepad/cyclesof.htm 免费下载。此软件的优点是可以像搭积木一样建立自己的循环过程，自己设定参数进行分析与研究，已被研究人员广泛应用，缺点是不能用于超临界条件，即现在先进的超临界、超超临界发电技术不能使用。

7.3.4.2 蒸汽再热循环

由上节已知，提高汽轮机的进口压力可以提高热效率，但如不相应提高温度，将引起乏气干度降低而影响汽轮机的安全操作，根据运行经验，汽轮机所允许的终干度不能低于 85%～88%。为了解决这一问题，目前多采用蒸汽中间再过热措施，相应的蒸汽动力循环称为蒸汽再热循环。图 7-19(a) 所示是实现蒸汽再热循环的装置系统简图。蒸汽中间再热就是把在汽轮机高压缸内已经膨胀降低了汽压、汽温的蒸汽引入中间再热器中重新加热。一般使汽温提高到初蒸汽温度，然后再引回汽轮机低压缸，继续膨胀做功，而后将乏气排入凝汽器中。图 7-19(b) 所示为蒸汽再热循环的 T-S 图。高压蒸

汽由状态点4等熵膨胀到某一中间压力 p_M 时的饱和状态点5（膨胀后的状态点也可以在过热区），做出功 $W_{s,H}$，饱和蒸汽在再热器中吸收热量 Q_{RH} 后升高温度，其状态沿等压线由5变至6（再热温度与新汽温度相同，也可以不同），最后再等熵膨胀到一定排气压力时的湿蒸汽状态点7，做出的功为 $W_{s,L}$。

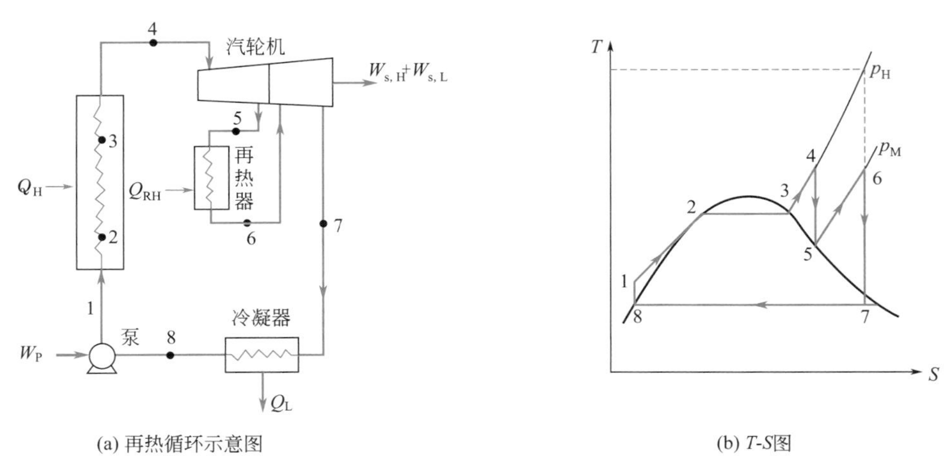

图 7-19　蒸汽再热循环装置简图及 T-S 图

由以上讨论得到，再热循环的热效率应为

$$\eta_{再热}=\frac{-\sum W}{\sum Q}=\frac{-(W_P+W_{s,H}+W_{s,L})}{Q_H+Q_{RH}} \tag{7-28}$$

式中，W_P 是外界提供给水泵的功。

目前超高压（如蒸汽初压为13MPa和24MPa或更高）的大型电厂几乎毫无例外地采用蒸汽再热循环。根据蒸汽初始参数的情况，一般都进行一次或最多二次再热。我国自行设计制造的亚临界压力30万千瓦的汽轮发电机组即为一次中间再热式的，进汽初始参数为16.2MPa、550℃，再热温度亦为550℃。

7.3.4.3　热电合供循环

化工工业上的各种工艺过程，都需要大量的不同品位的热量以满足工艺条件的需求，住宅或公共建筑也需要大量的供热。因此，如果把发电和供热联合起来，就可以把电厂中为了实现变热为功过程中所必须放出的热量，用来满足“热用户”的需要，这样可以大幅度提高热的利用率。这样的做法叫作“热电合供”。凡能够实现“热电合供循环”的电厂，就叫作“热电厂”。热电合供循环的方式有两种：一种是采用背压式汽轮机；另一种是使用调节抽气式汽轮机。

（1）背压式汽轮机热电合供循环

排气压力比大气压力高的汽轮机称为背压式汽轮机。背压式汽轮机的供热方式是把汽轮机的排气全部送出以供应热用户，排气的参数要根据“热用户”的需要来确定。此循环的装置简图及 T-S 图如图7-20所示。

此循环类似于Rankine循环，所不同的是利用汽轮机排气中冷凝放热量直接供热，因而背压式汽轮机的排气压力要与供热温度相适应。此循环的特点：

① 不需要凝汽器及其附属设备，设备简单、投资费用低。冷却工质的介质为热用户的介质（不一定是冷却水），凝汽温度由供热温度决定，Q_L 得以利用。

② 排气压力受供热温度影响，较朗肯循环排气压力高，大于大气压力。

③ 热量总利用系数高（约为65%～70%）。热电合供循环效率 ξ 同时用热效率和能量利用系数（热能利用系数）来评价，即

$$\xi=\frac{\text{循环中所做的功量与利用的热量}}{\text{循环中输入的总热量}}=\eta+\frac{Q_L}{Q_H} \tag{7-29}$$

式中，η 为循环的热效率；Q_L 为循环中提供给热用户的热量；Q_H 为循环中输入的总热量。

④ 供电和供热相互牵制，不能满足热负荷和电负荷单独变动的需要。

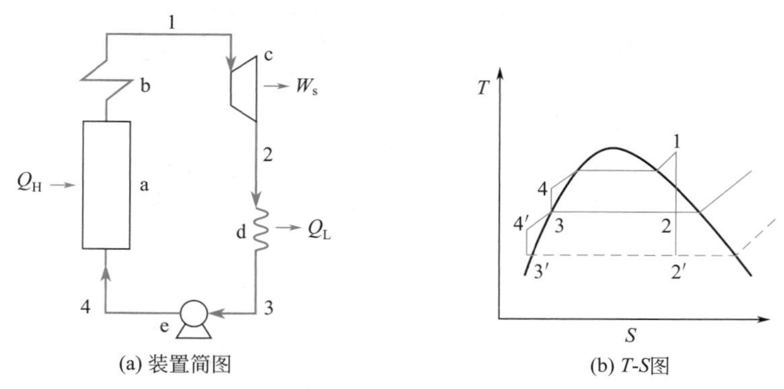

图 7-20　背压式汽轮机热电合供循环的装置简图及 T-S 图

a—锅炉；b—过热器；c—汽轮机；d—热用户；e—给水泵

(2) 调节抽气式汽轮机热电合供循环

为了克服背压式汽轮机热电合供循环的缺点，热电厂通常采用调节抽气式汽轮机热电合供循环。图 7-21 所示为此循环的装置简图及 T-S 图。

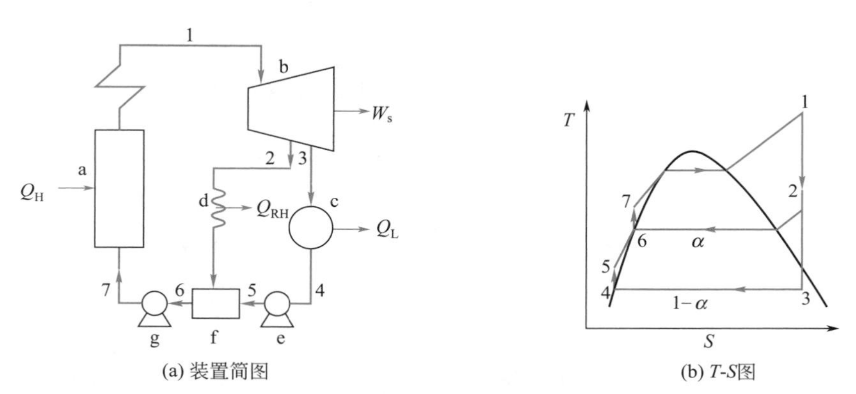

图 7-21　调节抽气式汽轮机热电合供循环的装置简图及 T-S 图

a—锅炉；b—汽轮机；c—凝汽器；d—热用户；e，g—水泵；f—混合器

此循环的特点表现为：

① 这种系统装有抽汽式汽轮机，从汽轮机中抽出一部分蒸汽送往热用户，供热和供电可以调节，能同时满足用热和用电两者的需要。

② 蒸汽在热用户放热后，其凝结水又引回系统加热器中，如此不断循环。

③ 热量总利用系数较背压式汽轮机热电合供循环为低。热电循环效率

$$\xi=\eta+\frac{|Q_{RH}|}{Q_H} \tag{7-30}$$

知识拓展

超临界和超超临界火电机组

展望未来，新一代发电设备应具备可靠、大型、高效、清洁、投资低等性能。分析目前国际上燃煤发电技术的发展趋势，整体气化联合循环发电技术 IGCC [integrated gasification combined cycle，见图 (a)] 和超临界机组/超超临界机组这些技术路线将被用来达到提高效

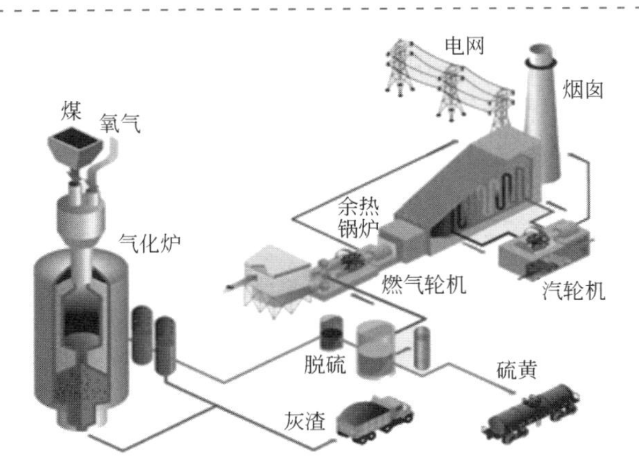

(a) 整体煤气化联合循环发电系统——IGCC

超临界、超超临界

优点：
☆ 技术成熟、易接受
☆ 容量大(1000MW)，效率高(45%)
☆ 成本可接受(5000～6000元/kW)

缺点：
☆ 单循环，效率提高的空间小、难度大
☆ 终端治理、脱除效率低
☆ 痕量元素、CO_2等处理难度大
☆ 随着效率和环保性提高，成本增加
☆ 高硫煤、水资源的限制

IGCC

优点：
☆ 联合循环、效率高且提高的空间大
☆ 在转化过程中治理污染效果高，可实现资源化回收
☆ 可实现零排放
☆ 节水
☆ 可与煤制氢、煤制油、FC等组成更先进的能源多元化生产系统

缺点：
☆ 系统复杂、技术处于发展期
☆ 目前成本相对较高

(b) IGCC、超临界、超超临界机组的优缺点对比

率和降低排放的目的。IGCC技术是利用煤化工中已经成熟的煤气化技术，集成蒸汽燃气联合循环技术实现高效清洁发电。此技术提高能效的前景很好，但需要解决因系统相对复杂而造成投资偏高的问题。

超临界机组和超超临界机组指的是锅炉内工质的压力。锅炉内的工质都是水，水的临界参数是：22.129MPa、374.15℃；在这个压力和温度时，水和蒸汽的密度是相同的，就叫水的临界点，锅炉内水的压力低于这个压力就叫亚临界锅炉，大于这个压力就是超临界锅炉，锅炉内蒸汽温度不低于593℃或蒸汽压力不低于31MPa被称为超超临界。

超临界、超超临界火电机组具有显著的节能和改善环境的效果，超超临界机组与超临界机组相比，热效率要提高12%，一年就可节约6000t优质煤。未来火电建设将主要是发展高效率高参数的超临界（SC）和超超临界（USC）火电机组，它们在发达国家已得到广泛的研究和应用。

IGCC、超临界、超超临界机组的优缺点对比见图（b）。我国超临界机组的参数见下表。

我国超临界机组的参数

机组类型	蒸汽压力/MPa	蒸汽温度/℃	电厂效率/%	供电耗煤/$g\cdot kW^{-1}\cdot h^{-1}$
亚临界	17.0	540①/540②	38	324
超临界	25.5	567/567	41	300
高温超临界	25.0	600/600	44	278
超超临界	30.0	600/600/600	48	256
高温超超临界	30.0	700	57	

① 表示主蒸汽温度。

② 表示再热蒸汽温度。

注：蒸汽温度的提高使P91、S304H、P122、HR3C等许多高温合金钢被大量使用。

7.4 制冷循环

由本章引言知，工业和生活中离不开冷冻和冷藏。使物系的温度降到低于周围环境物质（大气或天然水源）温度的过程称为“冷冻”或“制冷”。习惯上，以冷冻温度在 173K(−100℃）以上者，称为一般冷冻或“普冷”；低于 173K 的称为深度冷冻。

大气或天然水源是自然界所能得到的最大量的低温源。根据热力学第二定律，将物系温度降到大气或天然水源的温度，这是一个自发进行的过程，不需要消耗外功；但是，若要将物系温度降到低于大气或天然水源的温度，由于热不能自动从低温物体传递到高温物体，若要实现这个过程，必须要消耗外功。因此，制冷过程的实质就是利用外功将热量从低温物体传给高温环境介质。

制冷过程通常借助制冷装置，以消耗机械能或电磁能、热能、太阳能、核能等形式的能量为代价，将热量从低温系统向高温系统转移，继而得到低温。为了使制冷装置能够连续运行，必须把热量排向外部热源，这个外部热源通常是大气，称为环境。事实上，制冷装置是一部逆向工作的热机，目前已经被广泛地应用于工业、日常生活、医药卫生等领域。如：空气调节和食品冷藏等、制冰和气体脱水干燥等、化工生产中不少过程都需要制冷，如盐类结晶和汽液混合物的低温分离、润滑油的净化和低温反应等。

在工业上，通常是利用下面三种方法来达到制冷目的：①液体的减压蒸发；②气体的节流膨胀；③气体做外功的膨胀。

“普冷”主要使用第一种方法，“深冷”则使用后两种方法或三种方法联合使用。

本章节的目的是在依据热力学基本原理的基础上，阐述各种人工制冷的方法，进而分析降低功消耗的途径。

目前，工业上实现人工制冷的常用方法有：蒸汽压缩制冷、吸收制冷和喷射制冷，其中前两种应用最为广泛。

7.4.1 制冷原理与逆 Carnot 循环

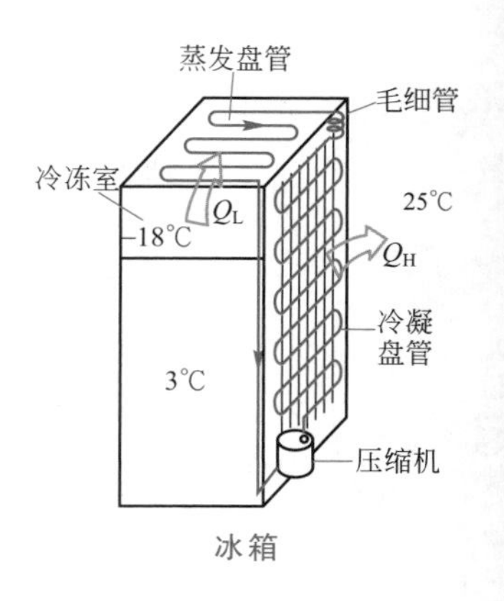

冰箱

在连续制冷过程中，需要工质（制冷剂）在低温下连续不断地吸热，通常是用稳定流动的液态工质汽化来实现的，形成的蒸汽通过压缩和冷凝过程向自然环境（大气或天然水）放热。从本质上讲，制冷循环是逆方向的热机循环，即按反方向进行的 Carnot 循环，也称为理想的制冷循环。它是由两个等温过程与两个等熵过程组成，工质在低温热源 T_L 吸热 Q_L，在高温热源 T_H 排热 Q_H。图 7-22 示出工作于两相区的逆向 Carnot 循环示意图及 T-S 图。循环由下列过程组成：

1→2 过程：在压缩机中完成，制冷剂的等熵（可逆绝热）压缩。$S_1=S_2$，消耗外功 W_s，制冷剂的温度由 T_L 升至 T_H，压力由 p_1 升至 p_2。

2→3 过程：在冷凝器中完成，制冷剂在温度 T_H 下可逆等温等压放热（由饱和的高压蒸汽冷凝为饱和的高压液体），相变，放出冷凝热 Q_H。

3→4 过程：在膨胀机中完成，制冷剂的等熵（可逆绝热）膨胀，$S_3=S_4$，对外做功，制冷剂的温度由 T_H 降至 T_L，压力由 p_2 降至 p_1。

4→1 过程：在蒸发器中完成，制冷剂在温度 T_L 下可逆等温等压吸热（低压湿蒸汽中部分液体在定温定压下蒸发吸热 Q_L）。最后回复到初始状态 1，完成一个循环。

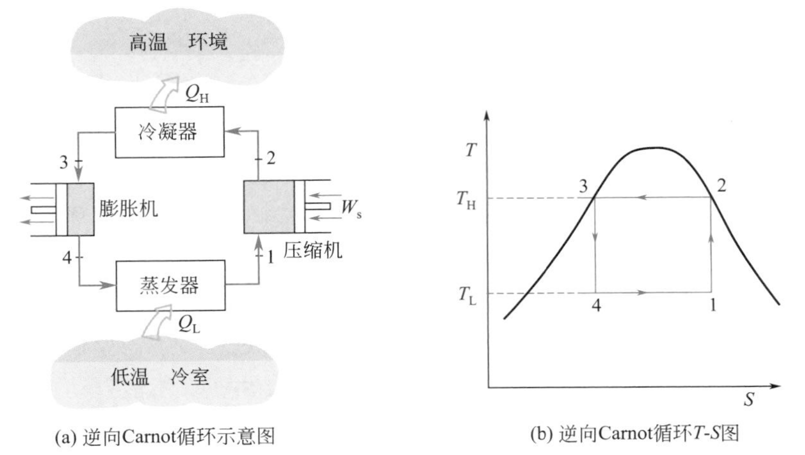

图 7-22 逆向 Carnot 循环示意图及 *T-S* 图

由于逆向 Carnot 循环是一可逆循环，借助于 *T-S* 图，可得出：

循环的放热量 $$Q_H=-mT_H(s_1-s_4) \tag{7-31}$$

循环的吸热量 $$Q_L=mT_L(s_1-s_4) \tag{7-32}$$

因为 $T_L<T_H$，所以 $|Q_L|<|Q_H|$，即制冷剂向高温物体放出的热量大于从低温物体所吸收的热量。制冷剂完成一次循环后，本身又回复到初始状态，即制冷剂的 $\Delta U=0$，$\Delta H=0$。根据稳流系统热力学第一定律关系式(6-3)：

$$W_s=-\sum Q=-(Q_H+Q_L)=m(T_H-T_L)(s_1-s_4) \tag{7-33}$$

制冷循环的效率由制冷效能系数（或称为制冷系数）ε 来度量，ε 的定义为

$$\varepsilon=\frac{\text{低温下吸收的热}}{\text{制冷循环消耗的净功}}=\frac{Q_L}{W_s}=\frac{q_L}{w_s} \tag{7-34a}$$

逆向 Carnot 循环的制冷效能系数

$$\varepsilon_C=\frac{Q_L}{W_s}=\frac{T_L}{T_H-T_L}=\frac{1}{T_H/T_L-1} \tag{7-34b}$$

式(7-34b) 给出逆向 Carnot 循环制冷效能系数的表达式，它是相同的低温热源、高温热汇温度条件下制冷循环效能系数在理论上的最高值。式(7-34b) 表明：

① 逆向 Carnot 循环的制冷循环效能系数 ε_C 只与热源温度 T_L 和热汇温度 T_H 有关，而与制冷剂的性质无关。

② ε_C 的大小随 T_H/T_L 改变，T_H/T_L 越大则 ε_C 越小，T_H 一定时，T_L 越低则 ε_C 越小。

热力学完善度 ζ（或称为循环效率）用来说明制冷循环与可逆制冷循环的接近程度。热力学上最为完善的循环是可逆循环。制冷循环的热力学完善度定义为：一个制冷循环的效能系数 ε 与相同低温热源、高温热源温度下可逆制冷循环的效能系数 ε_C 之比，即

$$\zeta=\frac{\varepsilon}{\varepsilon_C} \tag{7-35}$$

实际制冷循环中总会存在各种不可逆因素，其热力学完善度 ζ 的值介于 0～1 之间。ζ 越接近 1，说明越接近可逆循环，循环的热力学完善程度越高，不可逆损失越小，经济性越好。

值得注意的是，制冷效能系数 ε 只是从热力学第一定律，即能量转换的数量角度反映循环的经济性，在数值上它可以小于 1、等于 1 或大于 1；热力学完善度 ζ 同时考虑了能量转换的数量关系和实际循环中的不可逆程度的影响，在数值上它始终小于 1。因而，当比较两个制冷循环的经济性时，如果两者具有相同的热源温度 T_L 和热汇温度 T_H，则采用 ε 和 ζ 比较是等价的；如果两者的 T_L、T_H

不相同，只有采用 ζ 加以比较才有意义。

进行制冷计算时，应先确定制冷剂及制冷循环的工作参数（蒸发温度、冷凝温度，如有过冷，应告知过冷温度）。蒸发温度取决于被冷体系的温度，冷凝温度决定于冷却介质（大气或冷却水等）的温度，同时考虑必要的传热温差。由给定的工作参数，可在制冷剂的热力学图表上找出相应的状态点，查得或计算各状态点的焓值，而后代入相应的计算公式。

7.4.2 蒸汽压缩制冷循环

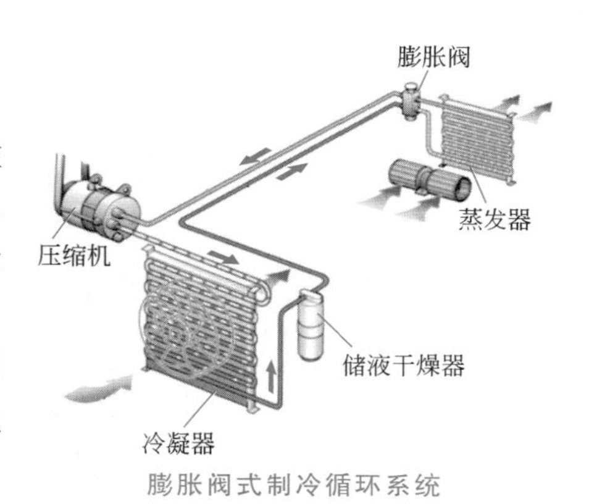

膨胀阀式制冷循环系统

逆向 Carnot 制冷循环在实际应用中是有困难的，因为在湿蒸汽区域压缩和膨胀会在压缩机和膨胀机气缸中形成液滴，造成“汽蚀”现象，容易损坏机器；同时压缩机气缸里液滴的迅速蒸发会使压缩机的容积效率降低。

为了避免这种不利状况，增加制冷量，可把蒸发器中的制冷剂汽化到干蒸气状态，使压缩过程移到过热蒸汽区进行。此外，为了设备简单运行可靠，常常用节流阀代替膨胀机。

7.4.2.1 单级蒸汽压缩制冷循环

实际的单级蒸汽压缩制冷循环是对逆向 Carnot 制冷循环的改进，它由压缩机、冷凝器、节流阀、蒸发器组成，见图 7-23。其工作过程可用 T-S 图和 $\ln p$-H 图表示（见图 7-24 和图 7-25）。

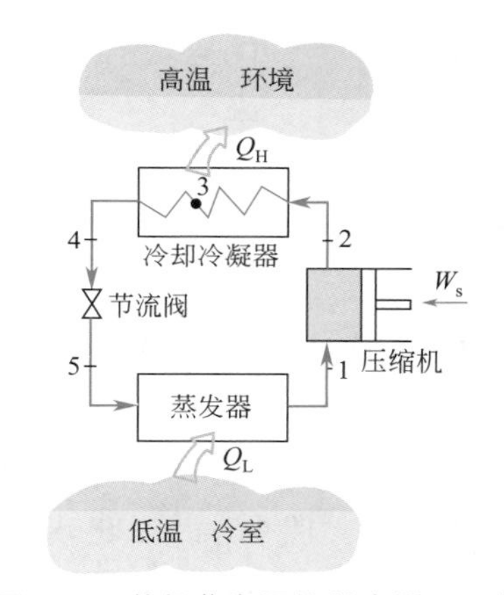

图 7-23 单级蒸汽压缩制冷循环示意

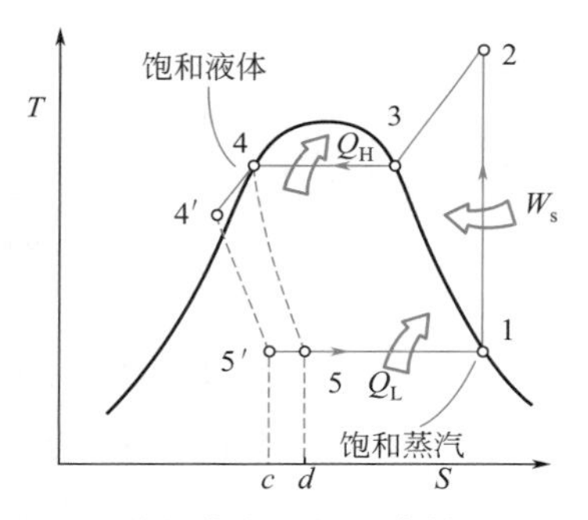

图 7-24 单级蒸汽压缩制冷循环 T-S 图

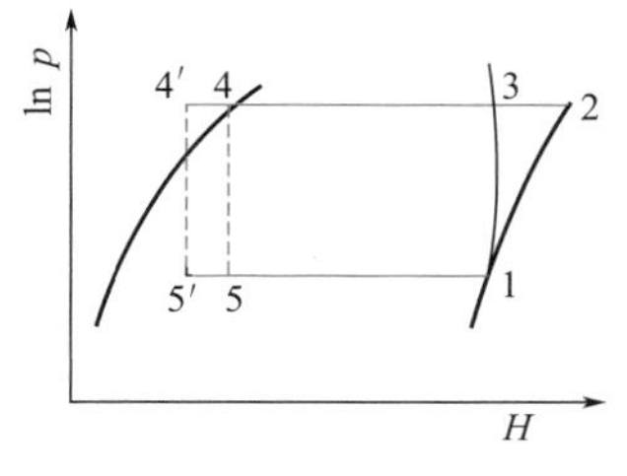

图 7-25 单级蒸汽压缩制冷循环 $\ln p$-H 图

蒸汽压缩制冷循环中的蒸发器置于低温空间。循环中，采用低沸点物质作为制冷剂，利用制冷剂在蒸发器内等温等压汽化吸热及在冷凝器内等压冷却、冷凝放热的性质，实现高温放热、低温吸热的过程。由于汽化潜热较大，制冷效果完善。

实际循环中，蒸发器出口点 1 在饱和蒸汽线上，压缩机出口点处于过热蒸汽区点 2。

① 1→2 表示等熵压缩过程。进入压缩机的制冷剂是饱和蒸汽或过热蒸汽（因湿蒸汽中液滴易损坏压缩机的部件）。该过程在 T-S 图、$\ln p$-H 图上以等熵线 1-2 表示。

（思考一下，若实际的压缩过程终点为 2′，它应该在什么位置?）

② 2→3→4 过程为发生相变的等压冷却、冷凝过程。压缩后的高压过热蒸汽 2 在冷凝器中进行等压冷却、冷凝过程，将热量传向周围环境，制冷剂本身冷凝为饱和液体 4。

③ 4→5 过程为节流膨胀过程（即等焓过程）。节流阀的作用是降低制冷剂的压力，制冷剂（饱

和液体4）经节流膨胀降温降压，由于节流膨胀是等焓过程，即 $H_4=H_5$，节流后的制冷剂为湿蒸汽状态5。

④ 5→1过程为蒸发过程（其特点为等压等温相变过程）。低压湿蒸汽5（饱和液体与饱和气体共存的状态）在蒸发器中进行等压等温汽化，吸热过程，使低温空间获得并维持低温温度。制冷剂从湿蒸汽5变为饱和蒸汽1，再进入压缩机，从而完成一次循环。

下面应用稳定流动过程的能量平衡方程式(6-2)，进行蒸汽压缩制冷循环的基本计算。

① 单位制冷量 q_L。q_L 指给定的操作条件下，单位质量（1kg）的制冷剂在一次循环中所获得的冷量（即在低温热源吸收的热量）。对蒸发器，应用式(6-2)，忽略流动中流体的位能、动能变化、无轴功输出，即由 $\Delta H=Q$[式(6-5)] 得出

$$q_L=h_1-h_4 \quad \mathrm{kJ \cdot kg^{-1}} \tag{7-36}$$

制冷装置的制冷能力 Q_L，是制冷剂在给定的操作条件下，每小时从低温热源吸取的热量，其单位为 $\mathrm{kJ \cdot h^{-1}}$。

② 单位容积制冷量 q_{zv}。表示以压缩机吸入状态计，单位体积（$1\mathrm{m^3}$）制冷剂完成一个循环时，从低温热源所吸收的热量，即

$$q_{zv}=\frac{q_L}{v_1} \quad \mathrm{kJ \cdot m^{-3}} \tag{7-37}$$

式中，v_1 为状态点1的比容。

③ 制冷剂每小时的循环量 m。

$$m=\frac{Q_L}{q_L} \quad \mathrm{kg \cdot h^{-1}} \tag{7-38}$$

④ 冷凝器的热负荷 Q_H。冷凝器的热负荷包括制冷剂显热和潜热两部分，由式(6-5)，得

$$Q_H(\mathrm{kJ \cdot h^{-1}})=\Delta H_{2\to4}=(H_3-H_2)+(H_4-H_3) \tag{7-39}$$
$$=H_4-H_2=m(h_4-h_2)$$

⑤ 压缩机消耗的功 W_s 和理论功率 P_T。制冷理论循环中压缩过程是等熵过程，忽略单位时间压缩机与外界环境交换的热量，即 $Q=0$，由式(6-4)，得

$$W_s(\mathrm{kJ \cdot h^{-1}})=\Delta H_{1\to2}=mw_s=m(h_2-h_1) \tag{7-40}$$

压缩机消耗的理论功率 P_T

$$P_T=mw_s \quad \mathrm{kJ \cdot h^{-1}}=\frac{W_s}{3600} \quad \mathrm{kW} \tag{7-41}$$

⑥ 制冷效能系数。评价蒸汽压缩制冷循环的技术经济指标用制冷效能系数 ε 表示。由 ε 定义式(7-34a) 可得

$$\varepsilon=\frac{Q_L}{W_s}=\frac{H_1-H_4}{H_2-H_1}=\frac{h_1-h_4}{h_2-h_1} \tag{7-42}$$

假如自然界的物质（如制冷剂）没有相变的性质，我们还能发明蒸汽机热机、冰箱和空调吗？

为了提高制冷效能系数，工程上常采用过冷措施，即处于状态4的饱和液体在给定的冷凝压力下再度冷却为未饱和液体4′（4′点未饱和液体的性质用4′点温度对应的饱和液体代替），未饱和液体仍经节流膨胀，在图7-24和图7-25的 T-S 图、$\ln p$-H 图上表示为12344′5′1循环，与未过冷的123451循环比较，单位质量制冷剂的耗功量相同，但单位制冷量增加，即 $(h_1-h_{5'})>(h_1-h_5)$，所以，制冷效能系数增大。

因为蒸发及冷凝过程均是等压过程，在 $\ln p$-H 图上 p 用水平直线表示；节

流膨胀是等焓过程，H 用垂直线表示。制冷剂的单位制冷量 q_L、冷凝器的单位热负荷 q_H 及制冷剂的单位耗功量 w_s 可用相应的水平距离来表示，非常直观。因此，利用制冷剂的压焓图来分析、讨论、计算制冷循环各个性能参数最为方便。下面通过例题进一步加深对蒸汽压缩制冷的理解。

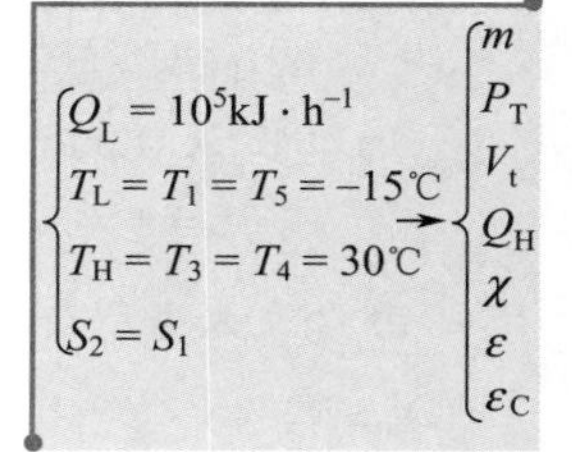

【例 7-6】 某化工厂有一蒸汽压缩制冷装置，采用氨作制冷剂，制冷能力为 $10^5 kJ \cdot h^{-1}$，蒸发温度为 $-15℃$，冷凝温度为 30℃，设压缩机做可逆绝热压缩，试求：

① 制冷剂每小时的循环量；

② 压缩机消耗的功率及处理的蒸气量；

③ 冷凝器的热负荷；

④ 节流后制冷剂中蒸气的含量；

⑤ 循环的制冷效能系数；

⑥ 相同温度区间内，逆向 Carnot 循环的制冷效能系数；

⑦ 热力学完善度。

解：(1) 此循环的 T-S 图、$\ln p$-H 的示意图见［例 7-6］图 1 和［例 7-6］图 2。氨的饱和蒸气压表、T-S 图、$\ln p$-H 图分别见附录 7～附录 9。值得注意的是，在使用这些热力学图、表时，由于不同图、表所选取的基准可能不同，导致查得的数据有所差异，因此这些图、表不能轻率混用，仅取其数值直接计算是不正确的，应该进行合理转换方能使用。参见第 3 章 3.2.2.1。

以蒸发温度为 $-15℃$ 时，氨为饱和蒸气的焓值 h_1 为例：由附录 7 查得 $h_1 = 1443.7\ kJ \cdot kg^{-1}$，由附录 8 查得 $h_1 = 1664\ kJ \cdot kg^{-1}$。由此可见，附录 7 与附录 8 数据相去甚远，这是由于基准态不同造成的。

本例题选用附录 8 T-S 图的数据。

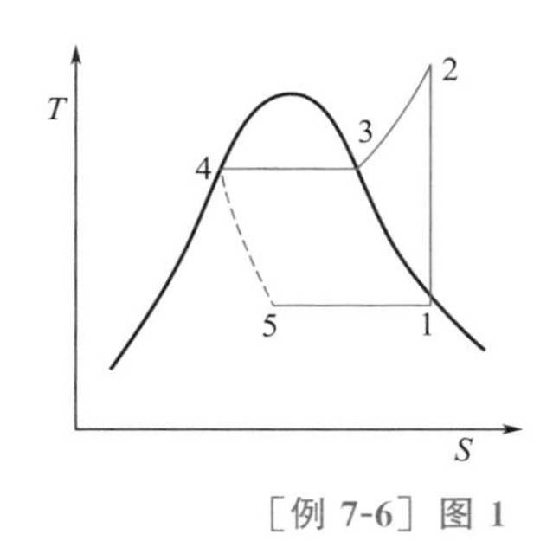

［例 7-6］图 1

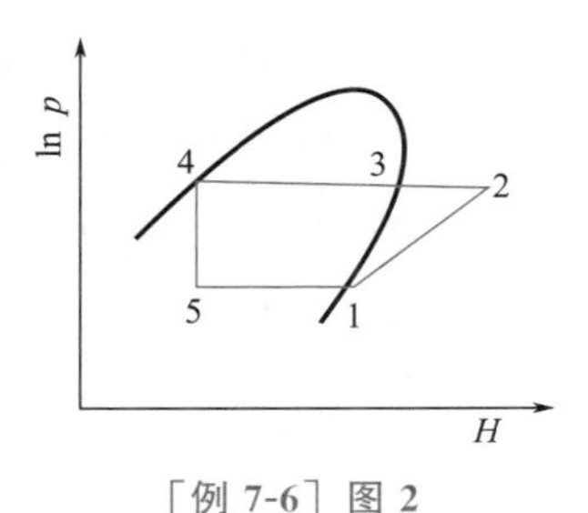

［例 7-6］图 2

状态点 1：由附录 8 查得蒸发温度为 $-15℃$ 时，制冷剂为饱和蒸气的焓值、熵值及比容，$h_1 = 1664 kJ \cdot kg^{-1}$，$s_1 = 9.021 kJ \cdot kg^{-1} \cdot K^{-1}$，$v_1 = 0.508 m^3 \cdot kg^{-1}$。

状态点 2：由冷凝温度 30℃ 时相应的冷凝压力为 1.10MPa，在附录 8 找出 1 点位置，沿等熵线与 $p_2 = 1.10 MPa$ 的等压线的交点 2，图上直接查得 $h_2 = 1880 kJ \cdot kg^{-1}$。

状态点 4：从附录 8 查得 30℃ 时饱和液体的焓值 $h_4 = 566.93 kJ \cdot kg^{-1}$。

状态点 5：4→5 过程是等焓的节流膨胀过程，故 $h_5 = h_4 = 566.93 kJ \cdot kg^{-1}$。

(2) 计算

① 制冷剂的循环量

$$m = \frac{Q_L}{q_L} = \frac{Q_L}{h_1 - h_4} = \frac{10^5}{1664 - 566.93} = 91.15 kg \cdot h^{-1}$$

② 压缩机每小时处理的制冷剂蒸气量

$$V_t = mv_1 = 91.15 \times 0.508 = 46.31\text{m}^3 \cdot \text{h}^{-1}$$

压缩机消耗的功率

$$P_T = mw_s = \frac{m(h_2 - h_1)}{3600} = \frac{91.15 \times (1880 - 1664)}{3600} = 5.47\text{kW}$$

③ 冷凝器的热负荷

$$Q_H = \Delta H_{2\to 4} = m(h_4 - h_2) = 91.15 \times (566.93 - 1880) = -11.97 \times 10^4 \text{kJ} \cdot \text{h}^{-1}$$

④ 设节流后（状态点5）制冷剂中气相含量为 x，由式(3-88) 有

$$h_5 = h_4 = h_5^{sL}(1-x) + xh_5^{sv}$$

由附录 8 查得-15℃时 $h_5^{sv} = 1664\text{kJ} \cdot \text{kg}^{-1}$、$h_5^{sL} = 349.89\text{kJ} \cdot \text{kg}^{-1}$，而

$$h_5 = h_4 = 566.93\text{kJ} \cdot \text{kg}^{-1}$$

于是节流后制冷剂中气相的含量为 $x = 0.165$。

⑤ 循环的制冷效能系数

$$\varepsilon = \frac{h_1 - h_5}{h_2 - h_1} = \frac{1664 - 566.93}{1880 - 1664} = 5.08$$

⑥ 相同温度区间内，逆向 Carnot 循环的制冷效能系数

$$\varepsilon_C = \frac{T_L}{T_H - T_L} = \frac{273 - 15}{30 - (-15)} = 5.7$$

⑦ 热力学完善度

$$\zeta = \frac{\varepsilon}{\varepsilon_C} = \frac{5.08}{5.7} = 0.8912$$

循环的制冷效能系数低于逆向 Carnot 循环的制冷效能系数。即 Carnot 制冷循环的制冷效率最大。

【例 7-7】 以 R22 为制冷剂的制冷装置，循环的工作条件如下：冷凝温度为 20℃，过冷度 $\Delta t = 5$℃，蒸发温度为-20℃，进入压缩机是干饱和蒸气。试求：(1) 此循环的单位制冷量；(2) 每千克制冷剂的耗功量以及制冷效能系数，并与无过冷（其他工作条件相同）进行比较。

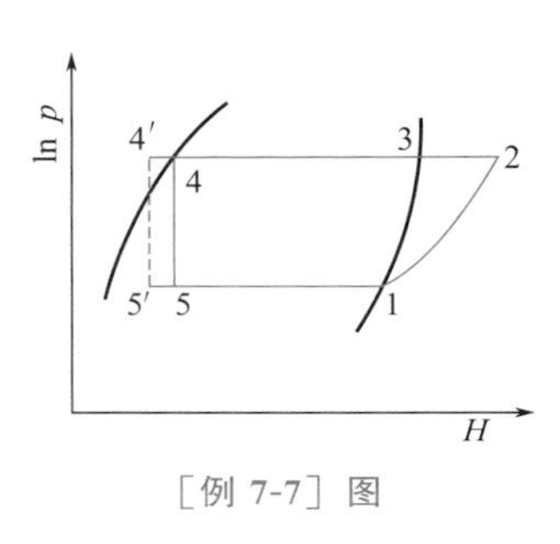

［例 7-7］图

解：此制冷循环在制冷剂的热力学图上表示如［例 7-7］图所示。由附录 11 R22 的 $\ln p$-H 图查得：$h_1 = 397.7\text{kJ} \cdot \text{kg}^{-1}$，$h_2 = 433.1\text{kJ} \cdot \text{kg}^{-1}$，$h_4 = 223.8\text{kJ} \cdot \text{kg}^{-1}$，$h_{4'} = 218.7\text{kJ} \cdot \text{kg}^{-1}$。

（为计算方便，4′未饱和液体的性质用 4′点温度对应的饱和液体代替。）

(1) 制冷循环中无过冷的单位制冷量

$$q_L = h_1 - h_4 = 397.7 - 223.8 = 173.9\text{kJ} \cdot \text{kg}^{-1}$$

(2) 每千克制冷剂所消耗的功

$$w_s = h_2 - h_1 = 433.1 - 397.7 = 35.4\text{kJ} \cdot \text{kg}^{-1}$$

制冷效能系数

$$\varepsilon = \frac{q_L}{w_s} = \frac{173.9}{35.4} = 4.91$$

制冷循环中冷凝液过冷 5℃，单位制冷量

$$q'_L = h_1 - h_{4'} = 397.7 - 218.7 = 179.0\text{kJ} \cdot \text{kg}^{-1}$$

每千克制冷剂消耗的功量与无过冷时相同，即

$$w'_s = w_s = h_2 - h_1 = 35.4\text{kJ} \cdot \text{kg}^{-1}$$

制冷效能系数

$$\varepsilon = \frac{q'_L}{w'_s} = \frac{179.0}{35.4} = 5.06$$

【例 7-8】 某化工厂空气调节装置的制冷能力为 $4.180 \times 10^4 \text{kJ} \cdot \text{h}^{-1}$，采用氨蒸汽压缩制冷循环。

夏天室内温度维持在15℃，冷却水温度为35℃。蒸发器与冷凝器的传热温差均为5℃。已知压缩机的等熵效率为0.80。试求：

(1) 逆向Carnot循环的制冷效能系数；

(2) 假定压缩为等熵过程，求制冷剂氨的循环速率、压缩功率、冷凝器热负荷、制冷效能系数和热力学完善度；

(3) 假定压缩为非等熵过程，求上述各参数。

[例7-8]图

解：(1) 制冷剂氨在冷凝器中的冷凝温度T_H为

$$T_H=35+5=40℃$$

氨在蒸发器内的蒸发温度T_L为

$$T_L=15-5=10℃$$

逆向Carnot循环的制冷效能系数为

$$\varepsilon_C=\frac{T_L}{T_H-T_L}=\frac{273.15+10}{(273.15+40)-(273.15+10)}=\frac{283.15}{313.15-283.15}=9.44$$

(2) 若压缩为等熵过程，由附录9氨的$\ln p$-H图查得对应于[例7-8]图中1、2、3、4各点的焓值分别为：$h_1=1452\text{kJ}\cdot\text{kg}^{-1}$，$h_2=1573\text{kJ}\cdot\text{kg}^{-1}$，$h_3=h_4=368.2\text{kJ}\cdot\text{kg}^{-1}$。

制冷剂氨的循环速率为

$$m=\frac{Q_L}{q_L}=\frac{Q_L}{h_1-h_4}=\frac{4.180\times10^4}{3600\times(1452-368.2)}=1.0714\times10^{-2}\text{kg}\cdot\text{s}^{-1}$$

压缩功率为

$$P_T=m\,w_s=m(h_2-h_1)=1.0714\times10^{-2}\times(1573-1452)=1.296\text{kW}$$

冷凝器热负荷为

$$Q_H=m(h_3-h_2)=1.0714\times10^{-2}\times(368.2-1573)=-12.91\text{kJ}\cdot\text{s}^{-1}$$

制冷效能系数和循环系数为

$$\varepsilon=\frac{h_1-h_4}{h_2-h_1}=\frac{1452-368.2}{1573-1452}=\frac{1083.8}{121}=8.957$$

$$\eta=\frac{\varepsilon}{\varepsilon_C}=\frac{8.957}{9.44}=0.9488$$

(3) 利用压缩机的η_S可求出不可逆绝热压缩终态的焓，即[例7-8]图中点2′的焓。根据等熵效率定义$\eta_S=\frac{w_{s,R}}{w_s}=\frac{h_2-h_1}{h_{2'}-h_1}$，将已知数据代入式中，计算得到

$$0.80=\frac{1573-1452}{h_{2'}-1452},\quad h_{2'}=1603\text{kJ}\cdot\text{kg}^{-1}$$

按(2)的计算方法即得制冷剂氨的循环速率$m=1.0714\times10^{-2}\text{kg}\cdot\text{s}^{-1}$；压缩功率

$$P_T=m(h_{2'}-h_1)=1.0714\times10^{-2}\times(1603-1452)=1.618\text{kW}$$

制冷效能系数 $$\varepsilon=\frac{h_1-h_4}{h_{2'}-h_1}=\frac{1452-368.2}{1603-1452}=\frac{1083.8}{151}=7.177$$

热力学完善度 $$\zeta=\frac{\varepsilon}{\varepsilon_C}=\frac{7.177}{9.44}=0.7603$$

由计算结果可知，压缩过程不可逆就会引起功耗增加，制冷效能系数和热力学完善度减小。

7.4.2.2 各种实际因素对蒸汽压缩制冷循环的影响

实际蒸汽压缩制冷循环除了受冷凝器温度和蒸发器温度的影响外，还受到高压液体过冷和压缩机吸气过热的影响，详细情况请参见下述扩展知识及有关专著。

知识拓展

各种实际因素对蒸汽压缩制冷循环的影响

1. 高压液体过冷的影响

制冷剂液体的温度若低于它所处压力下的饱和温度，则称为过冷液体。过冷液体温度与其饱和温度之间的差值称为过冷度。

以理论循环作为比较标准，若节流前的高压液体处于过冷状态，过冷对循环的影响可以由图 7-24 或图 7-25 分析得出。图中 1-2-3-4-5-1 是理论循环，1-2-3-4′-5′-1 是高压液体有过冷的循环。

节流前过冷的高压液体状态点 4′，其过冷度为

$$\Delta T_g = T_4 - T_{4'} \qquad (7\text{-}43)$$

过冷液体的焓比饱和液体的焓有所降低，降低值为

$$\Delta h = h_4 - h_{4'} = c'\Delta T_g \qquad (7\text{-}44)$$

式中，c'为液体比热容。循环的状态点 1 和 2 未变。循环特性比较如表 1 所示。

表 1　循环特性比较

循环特性指标	理论循环	有过冷的循环	过冷的影响
单位质量制冷量 q_L	h_1-h_4	$h_1-h_{4'}$	增大
单位容积制冷量 q_{zv}	$(h_1-h_4)/v_1$	$(h_1-h_{4'})/v_1$	增大
单位质量功耗(比功)w_s	h_2-h_1	h_2-h_1	不变
制冷效能系数 ε	$(h_1-h_4)/(h_2-h_1)$	$(h_1-h_{4'})/(h_2-h_1)$	增大

由此可得如下结论：

① 过冷对循环总是有利的。因为，液体过冷使循环的主要特性指标 q_L、q_{zv} 和 ε 增大，由于单位容积制冷量增大，还使得压缩机制冷能力提高；由于吸气的比容和功耗不变，故压缩机的功率不变。过冷度越大，得益越多。

② 相同的过冷度下，过冷使制冷量和效能系数提高的百分数取决于制冷剂的热力性质，也即与制冷剂的液体比热容和蒸发温度下的汽化潜热有关。液体比热容越大和汽化潜热越小的制冷剂，过冷的相对收益越大。譬如，在某一相同工况下，每过冷 1℃，氨的单位制冷量提高约 0.4%；而丙烷则为 0.9%。

③ 蒸发温度越低，过冷使性能的相对提高越大。这是由于低蒸发温度时，节流损失越大（节流过程的闪蒸汽多），节流后的两相状态干度变大。

④ 计算有过冷的循环时，要用到过冷液体的焓值，即图中状态点 4′的焓值 $h_{4'}$。虽然可按式 $h_{4'}=h_4-c'\Delta T_g$ 计算过冷液体的焓值，但计算中要用到液体的比热容 c'。工程计算中 $h_{4'}$ 可以近似用相同温度下饱和液体的焓值，即

$$h_{4'} \approx h^{sL}(T_{4'}) \qquad (7\text{-}45)$$

从以上的分析可知，采用液体过冷循环是有利的，而且过冷度越大，对循环越有利。在实际制冷循环中，制冷剂液体离开冷凝器进入节流阀之前往往具有一定的过冷度，过冷度的大小取决于冷凝系统的设计和制冷剂与冷却介质之间的温差。然而仅仅依靠冷凝器本身使液体过冷，获得的过冷度是有限的。如果要获得更大的过冷度，通常需要在冷凝器后增加额外的热交换装置（过冷器）。采用过冷器会增加额外的投资费用和运行费用，所以采用过冷器在经济上是否有利，要通过系统分析才能知道。

2. 压缩机吸气过热的影响

压缩机吸气过热使排气温度升高，还对其他循环特性指标造成影响，具体影响情况要看吸气过热所造成的制冷剂焓值是否产生有用的制冷作用。由蒸发器出来的低压饱和蒸汽，在进入压缩机之前从周围环境中吸取热量而过热，但它没有对被冷却介质产生制冷效应，这种过热常称为“无效”过热；如果蒸汽的过热发生在蒸发器本身，从被冷介质吸取热量而过热，对被冷介质产生了制冷效应，这种过热常称为“有效”过热。产生过热的制冷循环称为蒸汽过热循环，其压焓图如图（a）所示。其中 1-2-3-4-1 表示理论循环，1′-2′-3-4-1′表示有吸气过热的循环。吸气过热度定义为

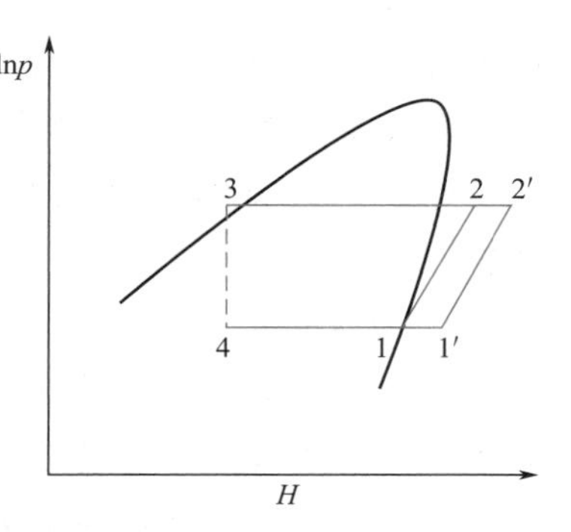

图（a） 蒸汽过热循环压焓图

$$\Delta T_r = T_{1'} - T_1 \tag{7-46}$$

当过热为无效过热时，低压制冷剂蒸气从被冷却介质的吸热（制冷）过程为 4-1。而过程 1-1′则是低压气在被压缩之前压缩机因受到加热而产生的过热过程。当过热为有效过热时，低压制冷剂的吸热（制冷）过程为 4-1′。

① 无效过热 利用图（a），无效过热情况下主要循环特性与理论循环的比较如表 2 所示。

表 2 无效过热循环与理论循环的比较

循环特性指标	理论循环	无效过热循环	无效过热的影响
单位质量制冷量 q_L	h_1-h_4	h_1-h_4	不变
单位容积制冷量 q_{zv}	$(h_1-h_4)/v_1$	$(h_1-h_4)/v_{1'}$	减小
单位质量功耗（比功）w_s	h_2-h_1	$h_{2'}-h_{1'}$	增大
制冷效能系数 ε	$(h_1-h_4)/(h_2-h_1)$	$(h_1-h_4)/(h_{2'}-h_{1'})$	减小

由此分析可知，无效过热情况下，循环的单位制冷量未变，但功耗增大，因而制冷效能系数下降。它对循环是不利的，故又将无效过热称为有害过热。而且蒸发温度越低，与环境温度的差值越大，有害过热度越大，循环经济性越差。因此，实际中应尽量减少有害过热，通常采用在制冷机的吸气管路上敷设保温材料来尽量避免有害过热。

② 有效过热 利用图（a），有效过热情况下主要循环特性与理论循环的比较如表 3 所示。

表 3 有效过热循环与理论循环的比较

循环特性指标	理论循环	有效过热循环	有效过热的影响
单位质量制冷量 q_L	h_1-h_4	$h_{1'}-h_4$	增大
单位容积制冷量 q_{zv}	$(h_1-h_4)/v_1$	$(h_{1'}-h_4)/v_{1'}$	不一定
单位质量功耗（比功）w_s	h_2-h_1	$h_{2'}-h_{1'}$	增大
制冷效能系数 ε	$(h_1-h_4)/(h_2-h_1)$	$(h_{1'}-h_4)/(h_{2'}-h_{1'})$	不一定

可以看出，有效过热使循环的单位质量制冷量 q_L 有所提高，压缩功耗增大。由于吸气比容 $v_{1'}$ 比理论循环的吸气比容 v_1 增大，所以从循环特性指标的表达上不能直接判断出有效过热对单位容积制冷量 q_{zv} 的影响，也不能直接判断出它对制冷效能系数 ε 的影响，而需要针对具体制冷剂通过计算得出结论。计算表明：有效过热对 q_{zv} 和 ε 产生正面影响还是负面影响，取决于制冷剂的性质。而正面影响或负面影响的大小还与有效过热度的大小有关。譬如，

蒸汽有效过热对制冷剂 R134a、R290、R600a 有益，制冷效能系数增大，并且随着过热度增加而增大；而对 R22、R717 不利，制冷效能系数减小，并且减小值随着过热度增加而增大。

多数情况下，由于受蒸发器传热温差的制约，在蒸发器中得到的有效过热很有限，压缩机吸气过热的大部分是无用过热。在工业上，避免大量无效过热的方法是采用气-液热交换器。

3. 回热循环

制冷回热循环示意图和 T-S 图，见图(b) 和图(c)。与单级蒸汽压缩制冷循环相比，增加了一台回热器。蒸发器出口的低温气体与冷凝器出口的高温液体在回热器中进行热量交换后，再分别进入压缩机和节流阀。

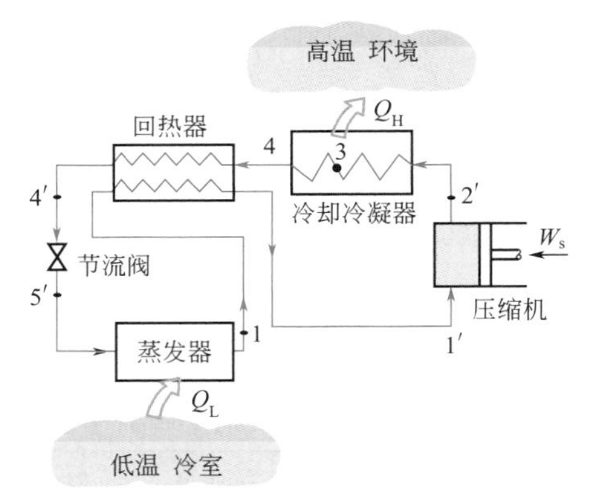

图（b）制冷回热循环示意图

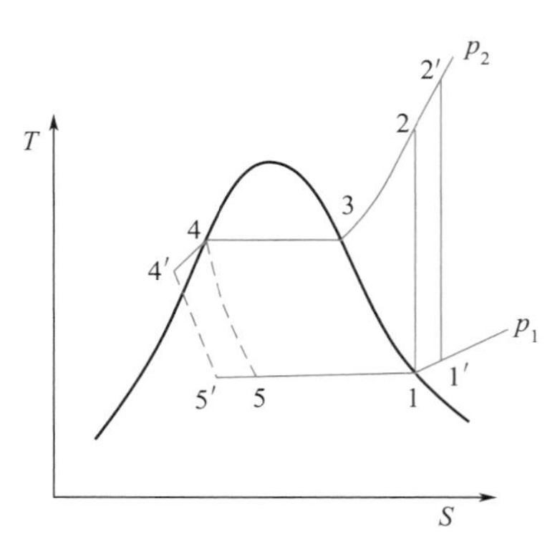

图（c）制冷回热循环 T-S 图

回热循环的作用：

① 可以使制冷液体过冷，低温蒸汽有效过热，提高压缩机进口过热度，避免压缩机液击，保证压缩机的安全。

② 降低节流膨胀阀前液体温度，增加单位制冷量。

③ 对循环性能参数的影响，具体要视制冷剂而定，对 R12 和 R502 及丙烷而言，采用回热循环后制冷系数及单位容积制冷量均有所提高，但对氨和 R22 采用回热循环后反而使上述指标下降。

7.4.2.3 制冷循环中各个过程的有效能分析

以单级压缩蒸汽制冷回热循环为例，介绍制冷循环中各过程有效能损失值的计算，循环在 $\ln p$-H 图上的表示参见图 7-26，制冷剂在各状态点的有效能值可通过第 6 章介绍内容计算。要计算过程有效能损失，只要列出该过程的有效能平衡方程就可以了。

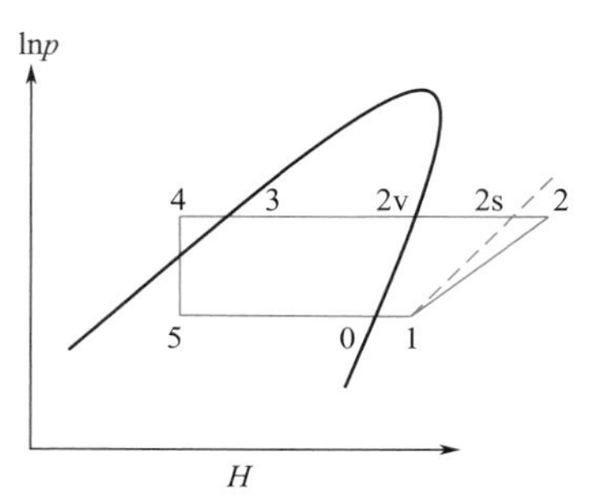

图 7-26 单级压缩蒸汽制冷回热循环压焓图

(1) 压缩过程

外界向压缩机提供的有效能就是压缩功，因此，压缩过程（1→2）有效能平衡方程为

$$E_{x,w}+E_{x,1}=E_{x,2}+E_{x,L,com} \tag{7-47}$$

压缩过程的有效能损失为

$$E_{x,L,com}=E_{x,w}+E_{x,1}-E_{x,2} \tag{7-48}$$

如果压缩过程为可逆过程，则 $s_1=s_2$，$E_{x,L,com}=0$。

(2) 冷凝器中的冷却冷凝过程

冷却冷凝过程（2→3）是把制冷剂的热量传给环境，环境得到

的有效能为

$$E_{x,2}=E_{x,3}+E_{x,L,con} \tag{7-49}$$

冷却冷凝过程的有效能损失为

$$E_{x,L,con}=E_{x,2}-E_{x,3} \tag{7-50}$$

(3) 回热过程

回热过程（3→4，0→1）是有温差的换热过程，忽略回热过程向外界的漏热，则其有效能平衡方程为

$$E_{x,3}+E_{x,0}=E_{x,4}+E_{x,1}+E_{x,L,rec} \tag{7-51}$$

回热过程的有效能损失为

$$E_{x,L,rec}=(E_{x,3}-E_{x,4})-(E_{x,1}-E_{x,0}) \tag{7-52}$$

(4) 节流过程

假设节流过程（4→5）为绝热过程，则其有效能平衡方程为

$$E_{x,4}=E_{x,5}+E_{x,L,thr} \tag{7-53}$$

节流过程的有效能损失为

$$E_{x,L,thr}=E_{x,4}-E_{x,5} \tag{7-54}$$

(5) 蒸发过程

蒸发过程（5→0）也是有温差的换热过程，忽略蒸发过程向外界的漏冷，则其有效能平衡方程为

$$E_{x,5}+\frac{E_{x,Q,0}}{m}=E_{x,0}+E_{x,L,eva} \tag{7-55}$$

$$E_{x,Q,0}=\left(1-\frac{T_0}{T}\right)Q \tag{7-56}$$

式中，$E_{x,Q,0}$ 为制冷剂从低温冷源吸热所带入的热量有效能，它由式(7-56）计算得到；m 为制冷剂的质量流量。因此，蒸发过程的有效能损失为

$$E_{x,L,eva}=E_{x,5}-E_{x,0}+\frac{E_{x,Q,0}}{m} \tag{7-57}$$

值得指出的是，根据式（7-56），$E_{x,Q,0}$ 为一负值。这意味着制冷剂在吸热蒸发时，有效能是减少的，其减少量的绝对值就是低温冷源所得到的有效能的绝对值，后者就是所谓的冷量有效能。

【例 7-9】 一台制冷量为 50kW 的往复活塞式制冷机，工作在高温热源温度 T_a 为 32℃，低温热源温度 t_0' 为−18℃，制冷剂为 R134a，采用回热循环，压缩机的吸气温度为 0℃，试进行循环的热力计算，并用有效能分析法分析该循环的损失。

解：循环的 $\ln p$-H 图如图 7-26 所示，取冷凝温度比高温热源高 8℃，蒸发温度比低温热源低 5℃，压缩机的指示效率为 0.75，压缩机的机械效率为 0.92，可确定循环各点的状态参数如［例 7-9］表 1 所示。

［例 7-9］表 1　循环各点的状态参数

状态点	参数	单位	数值	备注
0	p_0	100kPa	1.16	$t_0=t_0'-5=-18-5=-23$
	t_0	℃	−23	
	h_0	kJ/kg	382.9	
	s_0	kJ/(kg·K)	1.7376	
1	p_1	100kPa	1.16	
	t_1	℃	0	
	v_1	m^3/kg	0.185	
	h_1	kJ/kg	401.6	
	s_1	kJ/(kg·K)	1.8091	

续表

状态点	参数	单位	数值	备注
2s	p_2 t_{2s} h_{2s} s_{2s}	100kPa ℃ kJ/kg kJ/(kg·K)	10.16 71.5 452.1 1.8567	由 R134a $\ln p$-H 图查得
3	p_3 t_3 h_3 s_3	100kPa ℃ kJ/kg kJ/(kg·K)	10.16 40 256.2 1.1886	$t_3=t_a'+8=32+8=40$
4	p_4 t_4 h_4 s_4	100kPa ℃ kJ/kg kJ/(kg·K)	10.16 27.3 237.5 1.1568	根据 p_4、h_4 查 R134a $\ln p$-H 图由热平衡式算出

循环的热力计算如下。

(1) 点 1 状态确定

根据回热器的热平衡 $h_3-h_4=h_1-h_0$，$h_4=h_3-(h_1-h_0)=[256.2-(401.6-382.9)]=237.5$ kJ/kg，由 R134a 的 $\ln p$-H 图，查得 $t_4=27.3$℃。

(2) 单位质量制冷量 q_L、单位容积制冷量 q_v 及单位理论功 w_s 的计算

$$q_L=h_1-h_3=(401.6-256.2)=145.4\ \text{kJ/kg}$$
$$q_v=\frac{q_L}{v_1}=\frac{145.4}{0.185}=785.9\text{kJ/m}^3$$
$$w_s=h_{2s}-h_1=(452.1-401.6)=50.5\text{kJ/kg}$$

(3) 制冷剂质量流量 m 的计算

$$m=\frac{Q_L}{q_L}=\frac{50}{145.4}=0.344\text{kg/s}$$

(4) 压缩机理论功率 P_T 的计算

$$P_T=mw_s=0.344\times 50.5=17.372\text{kW}$$

压缩机的指示功率为

$$P_i=\frac{P_T}{\eta_i}=\frac{17.372}{0.75}=23.163\text{kJ/m}^3$$

式中，η_i 为压缩机的指示效率（又称等熵效率），它被定义为等熵压缩过程耗功量与实际压缩过程耗功量之比。

(5) 制冷效能系数 ε 及热力学完善度 ζ 的计算

$$\varepsilon=\frac{q_L}{w_s}=\frac{145.4}{23.463}=2.159$$

卡诺循环的制冷效能系数 ε_C 为

$$\varepsilon_C=\frac{T_0''}{T''-T_0''}=\frac{255.15}{305.15-255.15}=5.103$$

故热力学完善度 ζ 为
$$\zeta=\frac{\varepsilon}{\varepsilon_C}=\frac{2.159}{5.103}=0.4231$$

(6) 冷凝器热负荷 Q_H 的计算

$h_2=(h_{2s}-h_1)/\eta_i+h_1=(452.1-401.6)/0.75+401.6=468.9\text{kJ/kg}$

$Q_H=mq_H=m(h_2-h_3)=0.344\times(256.2-468.9)=-73.17\text{kW}$

(7) 回热器的热负荷 Q_R 的计算

$Q_R=m(h_1-h_0)=0.344\times(401.6-382.9)=6.433\ \text{kW}$

(8) 有效能分析法分析该循环的损失

由于制冷剂的有效能在环境状态一定时为状态参数，因此可以任意取定参考零点，本例中取状态

点 3 为参考点，由式(6-41) 计算得到循环各状态点制冷剂的比有效能值，结果见［例 7-9］表 2。

［例 7-9］表 2　循环各状态点制冷剂的比有效能值

状态点	0	1	2s	2	3	4	5
$e/\mathrm{kJ\cdot kg^{-1}}$	−40.829	−43.946	6.554	8.828	0	−0.331	−8.998

下面再分析压缩、冷凝、回热、节流和蒸发等过程的有效能损失。

压缩过程的有效能损失为

$$E_{x,L,com}=E_{x,w}+E_{x,1}-E_{x,2}=67.3+(-43.946)-8.828=14.526\mathrm{kJ/kg}$$

冷却冷凝过程的有效能损失为

$$E_{x,L,con}=E_{x,2}-E_{x,3}=8.828-0=8.828\mathrm{kJ/kg}$$

回热过程的有效能损失为

$$E_{x,L,rec}=(E_{x,3}-E_{x,4})-(E_{x,1}-E_{x,0})=[0-(-0.331)]-[(-43.946)-(-40.829)]=3.448\ \mathrm{kJ/kg}$$

节流过程的有效能损失为

$$E_{x,L,thr}=E_{x,4}-E_{x,5}=-0.331-(-8.998)=8.667\mathrm{kJ/kg}$$

冷量有效能由下式计算

$$E_{x,Q,0}=\left(1-\frac{T_a}{T}\right)Q_L=\left(1-\frac{305.15}{255.15}\right)\times 50=-9.798\mathrm{kW}$$

蒸发过程的的有效能损失为

$$E_{x,L,eva}=E_{x,5}-E_{x,0}+\frac{E_{x,Q,0}}{m}=-8.998-(-40.829)-\frac{-9.798}{0.344}=3.348\mathrm{kJ/kg}$$

总的有效能损失

$$E_{x,total}=14.526+8.828+3.448+8.667+3.348=38.817\mathrm{kJ/kg}$$

各部分有效能损失占压缩机消耗功的百分数为：压缩机 21.58%，冷凝器 13.12%，回热器 5.12%，节流阀 12.88%，蒸发器 4.97%。

循环总有效能效率

$$\eta_e=1-\sum\eta_D=1-(0.2158+0.1312+0.0512+0.1288+0.0497)=0.4233=42.33\%$$

由［例 7-9］循环的计算结果可知，该循环的热力完善度 ζ 为 0.4231 与上述结果仅差 0.047%，而且该误差由数值计算引起。

从上面的分析可以看出，最大的有效能损失发生在压缩机中，因此提高压缩机的效率可以减少有效能损失。此外，减少冷凝器、回热器和蒸发器等传热设备的平均传热温差也是减少有效能损失的有效途径。

*7.4.2.4　多级蒸汽压缩制冷循环

若要获得较低的温度，蒸汽蒸发压力必须很低，那么蒸汽的压缩比就要很大。这种情况下，单级压缩不但不经济，甚至是不可能的。采用多级压缩可以克服这一困难。如用氨作制冷剂，蒸发温度若低于−30℃，可采用两级压缩，若低于−45℃，则采用三级压缩。图 7-27、图 7-28 所示为两级压缩制冷的示意图及 T-S 图。

两级蒸汽压缩制冷循环实际上可分为一个低压循环和一个高压循环，两个循环通过一个中压分离器相连接，中压分离器同时担负着级间冷却的作用，所以又称为中间冷却器。图中状态 1 表示低压气缸吸入的饱和蒸汽状态，低压蒸汽 1 压缩成为中压蒸汽 2，其压力为 p_m；中压蒸汽 2 被水冷器降温到状态 2′，进入中间冷却器；在中间冷却器中，状态 2′的蒸汽进一步放出热量降温成为饱和蒸汽，同时更低温的冷却介质（通常采用中压饱和液体）部分吸热汽化，这两部分蒸汽和高压蒸发器中产生

> **思考：**
> 多级压缩制冷的优势是什么？

的中压蒸汽混合，其状态点为 3；中压饱和蒸汽 3 进入高压气缸被压缩到状态 4；进入冷凝器被冷凝成饱和液体 5；经高压节流阀Ⅰ膨胀至中温中压的湿蒸汽 6；再进入中间冷却器，所含液体自然沉降，中间冷却器中上部是饱和蒸汽 3，下部是饱和液体 7，液体一部分进入高压蒸发器制冷，另一部分液态制冷剂 7 经低压节流阀Ⅱ膨胀至湿蒸汽状态 8 进入低压蒸发器制冷，由此产生低压蒸汽，完成一次循环。

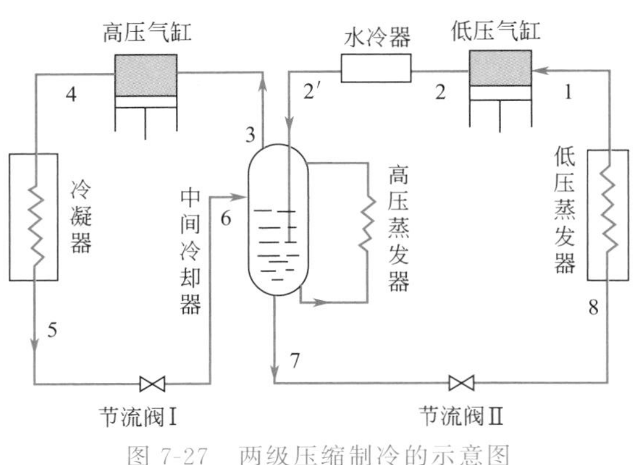

图 7-27　两级压缩制冷的示意图

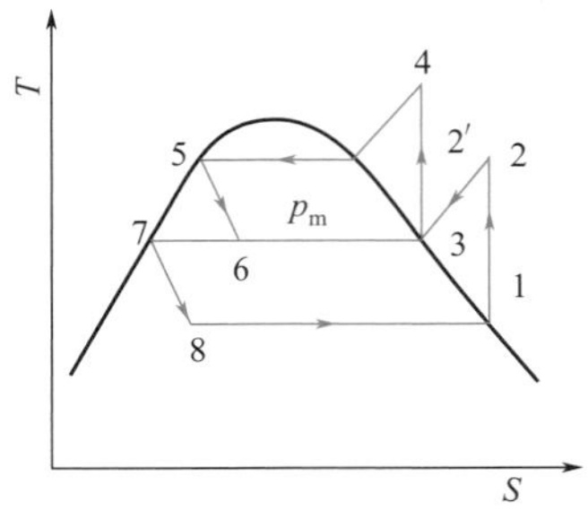

图 7-28　两级压缩制冷的 T-S 图

多级压缩制冷可提供多种不同温度下的制冷量，正适合化工生产中需要各种温度下的冷量。例如，乙烯厂对烃类混合物的提纯与分离需要在不同的温度下进行，采用丙烯作制冷剂的三级压缩制冷可提供 3℃、－24℃、－40℃级的冷量，如用乙烯作制冷剂的三级压缩制冷则可提供－55℃、－75℃、－101.4℃级的冷量。

但是，采用单一制冷剂的多级压缩将受到蒸发压力过低以及制冷剂凝固温度的限制，譬如氨的凝固点为－77.7℃。为了能获得更低的制冷温度，工程上常采用复叠式制冷。本书限于篇幅，不予详细叙述。

7.4.3　制冷剂和载冷剂的选择

7.4.3.1　制冷剂

蒸汽压缩式制冷中的制冷剂有多种。按制冷剂的组成分类，有单一制冷剂和混合制冷剂；按制冷剂物质的化学类别分类，主要有无机物、氟利昂和碳氢化合物三类；按物质的来源分类，有天然制冷剂和人工合成制冷剂。

为了书写和表达简便，制冷剂采用国际统一规定的符号命名。制冷剂符号由字母“R”和它后面的一组数字或字母组成。字母“R”表示制冷剂（refrigerant），后面的数字与字母根据制冷剂物质的化学组成按一定规则编写。编写规则可参考有关专著。

7.4.3.2　制冷剂的选择

从以上讨论可知，Carnot 制冷循环的制冷效能系数仅仅是热源和冷源温度的函数，与制冷工质的性质无关。但是，实际上，蒸汽压缩制冷循环的制冷效能系数在很大程度上取决于制冷剂的性质。因而，选择制冷剂时，离不开 p-V-T 数据，制冷剂的毒性、可燃性、成本、腐蚀性以及相关温度下的蒸气压等一些特性，在选择制冷剂时都是很重要的因素。

(1) 制冷剂具体的选择方法

① 按照环境温度对制冷工质的限制原则，确定制冷剂工作的蒸发温度和冷凝温度。

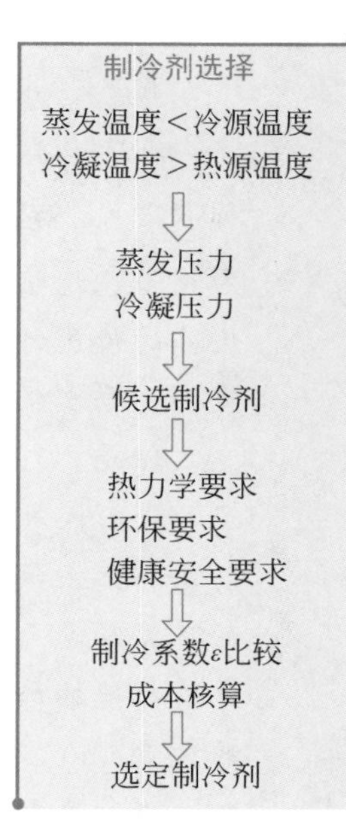

制冷工质的蒸发温度（汽化温度）≤低温冷源的温度。

制冷工质的冷凝温度（液化温度）≥高温热源的温度。

② 依据蒸发温度、冷凝温度、制冷剂的热力学要求，环保要求，安全操作要求，初步选出几种候选制冷剂。根据各候选制冷剂的 T-p 关系，确定操作时蒸发器的汽化压力和冷凝器的液化压力。

(2) 对制冷工质的热力学要求

① 在标准大气压下制冷剂的饱和温度（沸点）要低，一般应低于－10℃。低沸点不仅能获得低的制冷温度，而且在一定的制冷温度下，使蒸发压力高于大气压力，防止空气进入制冷装置。

② 蒸发温度所对应的饱和压力不应过低，以稍高于大气压力最为适宜。冷凝温度所对应的饱和压力不宜过高，以降低对设备耐压和密封的要求。

③ 在工作温度（蒸发温度与冷凝温度）范围内，汽化潜热要大，以减少制冷剂的循环量，缩小压缩机的尺寸，使单位工质有较大的制冷能力。

④ 凝固点要低，以免在低温下凝固阻塞管路。而且饱和气的比容要小，以减小设备的体积。

⑤ 临界温度应远高于环境温度，使循环不在临界点附近运行，而运行于具有较大汽化潜热的范围之内。

此外，在操作条件下还要求制冷剂传热性能良好、溶油性好、不分解、不聚合、无腐蚀作用、不可燃、无毒、泄漏易被检测和价廉等。

对选出的各候选制冷剂，用所确定的 T、p 值，查 $\ln p$-H 图计算制冷效能系数和运行成本；在比较的基础上选定制冷剂。

表 7-2 给出了 R134a、R11 和 R12 等制冷剂的基本物理性质。

表 7-2 各种制冷剂的基本物理性质

物质	化学式	相对分子质量	正常沸点/℃	正常凝固点/℃	临界温度/℃	临界压力/MPa
R134a	CH_2F-CF_3	102.031	－26.18	－101.15	101.15	4.064
R11	CCl_3F	137.39	23.7	－111.0	198.00	4.374
R12	CCl_2F_2	120.92	－29.80	－155.0	111.50	4.001
R22	$CHClF_2$	86.48	－40.80	－160.0	96.00	4.933
R13	$CClF_3$	104.47	－81.50	－180.0	28.80	3.868
R717	NH_3	17.03	－33.40	－77.7	132.40	11.297
H_2O	H_2O	18.016	100	0.0	374.16	22.129
R113	$C_2Cl_3F_3$	187.39	＋47.60	－36.6	214.10	3.415
R114	$C_2Cl_2F_4$	170.94	＋3.70	－94.0	145.80	3.275
R142	$C_2H_3ClF_2$	100.48	－9.30	－130.8	137.00	4.148
R50	CH_4	16.043	－161.40	－182.5	－82.50	4.49
R170	C_2H_6	30.070	－88.50	－183.2	32.20	4.93
R290	C_3H_8	44.097	－42.00	－187.1	96.60	4.26
R1150	C_2H_4	28.05	－103.70	－169.5	9.50	5.06
R1270	C_3H_6	42.08	－47.70	－185.0	91.40	4.60

制冷工质的发展历程

在1990年以前，广泛应用的制冷剂是氯氟烃物质CFC（如CCl_3F或称R11、CCl_2F_2或称R12）、含氢氯氟烃物质HCFC（如$CHClF_2$或称R22）和氨等。氨的汽化潜热大、制冷能力较强、价格低廉，但具有较强的毒性，且对铜有腐蚀性。氯氟烃与含氢氯氟烃物质，由于优异的使用性能和安全性，应用得尤为广泛，例如R11、R12和R22等分别作为冰箱、汽车空调、冷水机组和空调热泵的主要制冷剂。

但是，1974年美国两位科学家Molina和Rowland发现，由于CFC和HCFC物质相当稳定，进入大气后能逐渐穿越对流层而进入同温层，在紫外线的照射下，CFC和HCFC物质中的氯游离成氯离子Cl^-并与臭氧发生连锁反应，使臭氧的浓度急剧减小，严重破坏同温层中的臭氧层，大大削弱了对紫外线的吸收能力，使大量紫外线直接照射到地球表面，导致人体免疫功能的降低，对农、畜、水产品等的毒害和减产，破坏生态平衡，并且在地球上空存在的大量CFC和HCFC物质，还加剧了温室效应。

新制冷剂R134a是一种含氢的氟代烃物质，其分子式为$CH_2F—CF_3$。由于它不含氯原子，因而不会破坏臭氧层，对温室效应的影响也不大，仅为原R12的30%左右。毒性试验结果表明等于或低于R12，不可燃，而且其正常沸点和蒸气压曲线与R12的十分接近，热工性能也接近R12。应用开发技术与配套的冷冻油等也已成熟或已经解决，并且这种制冷剂已有批量上市。到目前为止，R134a已成为R12替代物，广泛用于中温制冷与空调系统，如家用或商业冰箱、汽车空调、各类中温冷水机组等。

7.4.3.3 载冷剂的选择

制冷循环所产生的冷量，并不是由制冷剂通过换热设备直接传给需要降温的物流或对象的，而是先由制冷剂在蒸发器中把制冷循环产生的冷量传递给载冷剂，然后由载冷剂再把冷量传递给需要降温的设备或装置。常用的载冷剂有两类：一类是无机盐氯化钠、氯化镁和氯化钙的水溶液（又称冷冻盐水）；另一类是有机化合物，如甲醇、乙醇和乙二醇的溶液或水溶液（这类制冷循环就是现在越来越被重视的“有机朗肯循环”）。

载冷剂具有一定的冻结温度，冻结温度与溶液的浓度有关。因此，在选用冷冻盐水的种类和浓度时，要首先考虑需要什么样的低温，选用的温度显然不能低于冷冻盐水的冻结温度，一般要高于冷冻盐水的冻结温度。譬如，饱和氯化钠水溶液的冻结温度为－21℃，实际应用温度不宜低于－18℃；饱和氯化钙冷冻盐水的冻结温度为－55℃，实际应用温度不宜低于－45℃。

冷冻盐水和有机化合物作载冷剂各有优缺点：冷冻盐水价格低廉，但冷冻盐水中的氯离子易腐蚀设备；甲醇、乙醇等对设备不腐蚀，但易挥发，需要不断地补充载冷剂，乙二醇的沸点较高，不易挥发，但黏度大，需要较大的输送动力。

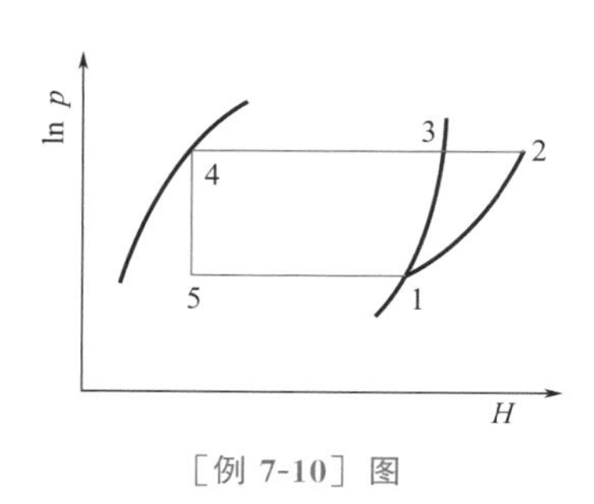

［例7-10］图

【例7-10】 一蒸汽压缩制冷循环如［例7-10］图所示。其蒸发温度为－20℃，冷凝温度为20℃，原先工质是R12，现为保护臭氧层，改用替代物R134a为工质。试计算两种工质相应的制冷效能系数。

解：计算R12为工质时的制冷效能系数。从附录10查得：$h_1=134.75\text{kcal}\cdot\text{kg}^{-1}$，$h_2=140.3\text{kcal}\cdot\text{kg}^{-1}$，$h_5=h_4=104.6\text{kcal}\cdot\text{kg}^{-1}$，故有

$$\varepsilon=\frac{q_L}{w_s}=\frac{h_1-h_5}{h_2-h_1}=\frac{h_1-h_4}{h_2-h_1}=\frac{134.75-104.6}{140.3-134.75}=5.43$$

计算 R134a 为工质时的制冷效能系数。从附录 6 查得

$h'_1=387\text{kJ}\cdot\text{kg}^{-1}$，$h'_2=417\text{kJ}\cdot\text{kg}^{-1}$，$h'_5=h'_4=230\text{kJ}\cdot\text{kg}^{-1}$，因此制冷效能系数为

$$\varepsilon'=\frac{q_L}{w_s}=\frac{h'_1-h'_4}{h'_2-h'_1}=\frac{387-230}{417-387}=5.23$$

这两种工质的制冷效能系数相当接近，可以替代。

【例 7-11】 某空间站在离地球 67km 处运行，此位置环境的平均气温为 -40℃，空间站上有一装置需维持 -80℃的低温，问应选择哪种制冷剂？有人认为可以选择氨，你以为如何？不计算制冷效能系数 ε，请你粗选一种可能的制冷剂。

国际空间站

解：根据制冷原理，需要制冷剂在低压时蒸发的沸腾温度低于低温的环境温度 $T_L=-80$℃，且此温度下不凝固；在高压时冷凝的液化温度高于高温环境温度 $T_H=-40$℃。因此应选择低压（如 0.1MPa）时其沸点低于 -80℃（如 -86℃），在高压时其沸点高于 -40℃（如 -36℃）的制冷剂作为工质。

0.1MPa 下氨的沸点为 -33.4℃，不符合，故不能选氨作为制冷剂。

查表 7-2 知，在 0.1MPa 低压下沸点低于 -80℃的制冷剂由低到高的次序是

$$T_{b,R50}<T_{b,R1150}<T_{b,R170}<T_{b,R13}$$

要求有较低的凝固温度，比较上述几种制冷剂，知凝固温度从低到高的次序是

$$T_{b,R170}<T_{b,R50}<T_{b,R13}<T_{b,R1150}$$

要求有较高的临界温度，比较上述几种制冷剂，知临界温度由高到低的次序是

$$T_{b,R170}>T_{b,R13}>T_{b,R1150}>T_{b,R50}$$

要求制冷剂在冷凝温度下的饱和压力应尽量低，以降低对设备耐压与密封的要求。这几种制冷剂的临界压力相差不大，可任意选择。

下一步需查相应的 $\ln p$-H 图，计算制冷效能系数 ε，依据其经济性能，选定制冷剂。**根据以上讨论，如不考虑成本，选择 R170 较理想。**

7.4.4 吸收式制冷循环

根据热力学第二定律可知，制冷过程是热量由低温向高温的传递的过程，实现这一过程需要以能量的消耗作为补偿。在蒸汽压缩制冷循环中压缩机消耗的是电，由第 6 章知，它是品位最高的能量，若这部分能耗能直接取自于低品位能量的话，则可以真正做到节能减排了（众所周知，热转化为功的效率只有 25%～30%）。

吸收式制冷循环的特点就是直接利用热能制冷，且所需热源温度较低，可以充分利用低温热能，如化工厂的低压蒸汽、热水、烟道气以及某些工艺气体余热等低品位热能均可作为热源。也可直接利用燃料热能，还可以利用太阳的辐射热，这对提高一次能源利用率、减少废气排放和温室气体效应等，具有重要的节能减排意义。例如，在合成氨工艺中普遍采用多级压缩级间冷却的方法来满足合成过程中需要的高压条件。在多级压缩过程中，各段压缩出口气体的温度可达到 130℃左右，为了降低压缩功和温度满足工艺要求，在进入下一级压缩之前，必须将其温度降低到 40℃以下，利用这些废热中的部分能量，采用溴化锂吸收式制冷，并将得到的冷量用于降低一级压缩机入口气体温度，达到增加压缩机排气量的目的。

吸收式制冷循环需要用二元溶液作为工质，其中低沸点组分用作制冷剂，即利用它的蒸发吸收载冷体的热量，达到制冷的目的；高沸点组分用作吸收剂，即利用它对制冷剂蒸气的吸收作用来完成工作循环。所以，吸收式制冷循环与蒸汽制冷循

环主要区别在于气体的压缩方式不同，前者依靠的是由制冷剂和吸收剂组成的“化学泵”，而后者靠的是消耗电能的压缩机。

应用最普遍的吸收制冷系统是以水为制冷剂，溴化锂为吸收剂。该系统明显的局限是制冷温度高于水的冰点。对于制冷温度较低的系统，可以用氨作制冷剂，水作吸收剂。另一可替代的系统使用甲醇为制冷剂，聚乙二醇乙醚作吸收剂。

图 7-29 所示为氨吸收式制冷循环装置工艺流程。图中虚线框部分是由吸收器、再生器（解吸器）、溶液泵、换热器及调节阀所组成，它替代了蒸汽压缩制冷循环装置中的压缩机，除此之外，其他的组成部分与蒸汽压缩制冷循环相同。

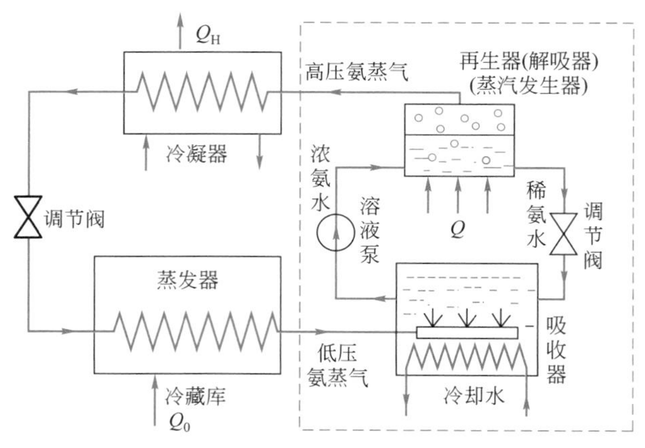

图 7-29　氨吸收式制冷循环装置工艺流程

由于采用氨为制冷剂，因此氨吸收制冷适用于蒸发温度为+5～−60℃的制冷工况。氨吸收制冷的加热热源，通常为蒸汽，最好利用生产过程中散发的各种余热（如高温水、高温气体），有时可采用直接燃烧的气体燃料加热发生器。

思考：
没有压缩过程制冷行不行？为什么？

氨的循环如下：从蒸发器出来的氨蒸气进入吸收器，在吸收器中被稀氨水吸收（吸收器用冷却水冷却，维持低温，有利于吸收），吸收器出来的浓氨水和再生器来的稀氨水在换热器进行热交换（热量充分利用），降温后的稀氨水进入吸收器以吸收氨，提高温度的浓氨水进入再生器；由于再生器处于较高压力，吸收器出来的浓氨水循环到再生器必须用泵输送，浓氨水在再生器中被外部热源（加热介质可利用蒸汽或其他废热）加热蒸出氨蒸气，氨蒸气进入冷凝器冷凝成液氨，然后经节流膨胀，以汽液混合物的状态进入蒸发器蒸发吸热，如此完成一次制冷循环。

吸收式制冷循环中，利用制冷剂在低温下被吸收剂吸收以及较高温度下从吸收剂中解吸再生的过程来代替蒸汽压缩制冷中的压缩过程，即消耗热能代替消耗机械能实现制冷的目的。再生器的压力由冷凝器中制冷剂的冷凝温度决定，吸收器的压力由蒸发器中制冷剂的蒸发温度决定。根据再生器和吸收器所给定的温度、压力条件，从氨水的蒸气压-浓度的数据确定氨水溶液的浓度。吸收式制冷装置中通过溶液泵及节流阀的调节，使解吸器中氨水溶液的浓度保持不变。

同样，溴化锂制冷循环是以蒸汽或低温热为热源，溴化锂溶液为吸收剂，水为制冷剂来获取冷量的。溴化锂制冷技术一般用于制取 5～10℃冷水，属于浅度制冷。在一定温度和浓度下溴化锂水溶液的饱和压力比同一温度下的水的饱和蒸汽压要低得多，因此可以凭借压力差，利用溴化锂溶液吸收水的蒸汽，使水的蒸汽压力降低，压力愈低则蒸发温度也愈低，这样就可以获得低温水。

吸收式制冷循环装置的技术经济指标用热能利用系数 ξ 表示，即

$$\xi=\frac{Q_0}{Q} \tag{7-58}$$

式中，Q_0 为吸收式制冷的制冷量；Q 为热源供给的热量。

吸收式制冷循环的优点有：①利用低品位的热能以及工业生产中的余热或废热；②装置中无昂贵的压缩机，设备成本低廉。其缺点是热能利用系数低，装置体积较庞大。

近年来开发太阳能的利用，吸收式制冷中也可利用太阳的辐射热作为解吸器的热源，因此，夏天可利用火热的太阳来造就凉爽的工作环境。

> **思考：**
> 某地阳光充足，宾馆没有余热，你认为用什么热源来制冷较合适？

7.5 热泵

热泵实质上是一种能源采掘机，它以消耗一部分高质能（机械能、电能或高温热能等）为补偿，通过热力循环，把环境介质（水、空气、土地）中贮存的低质能量或化工生产中产生的低品位蒸汽或热水加以发掘进行利用。它的工作原理与制冷机相同，热泵就是以冷凝器或其他部件放出的热量来供热的制冷系统。如果要说这两者有什么区别的话，主要有两点：

① 两者的目的不同。一台热泵（或制冷机）与周围环境在能量上的相互作用是从低温热源吸热，然后放热至高温热源，与此同时，按照热力学第二定律，必须消耗机械功。如果目的是为了获得高温（制热），也就是着眼于放热至高温热源，那就是热泵。如果目的是为了获得低温（制冷），也就是着眼于从低温热源吸热，那就是制冷机。

② 两者的工作温区往往有所不同。上述所谓的高温热源和低温热源，只是它们彼此相对而言的。由于两者目的不同，通常，热泵是将环境作为低温热源，而制冷机则是将环境作为高温热源。那么，对于同一环境温度而言，热泵的工作温区就明显高于制冷机。

对于同时制冷和制热的联合机，我们既可以称之为热泵，也可以称之为制冷机。

热泵在工业余热回收、蒸发浓缩、蒸馏、发酵和产品干燥等化工、制药过程中的应用也十分广泛。在工业装置进行工艺和换热网络优化后，仍然有许多低温热排除系统。这些低温热回收利用是石油化工企业深化节能的一个重要方面。对国内石油化工企业调查结果表明，排弃能量占总能耗 40.6%～67.8%，而空冷、水冷带走的热量占总能耗 33.1%～57.8%。炼油厂空冷、水冷余热分布在 90～200℃之间，约占总余热量的 70%，而这些低温热量回收利用的好坏对全厂能耗起着不可忽略的作用。

7.5.1 热泵原理及性能指标

热泵是一种将热能从较低系统转移到较高系统的装置。理想的热泵供热循环为逆向 Carnot 循环，如果把热量从 T_L 温度“泵”至 T_H 温度，逆向 Carnot 循环及 T-S 图如图 7-30 和图 7-31 所示。

对于热用户用作采暖或热水供应等的热泵，T_L 代表自然水源或大气环境温度，T_H 为采暖或热水温度。对用于化工生产中的精馏系统分馏过程的热泵，T_L 代表塔顶冷凝器温度，实际上属于热泵系统中蒸发器的蒸发温度；T_H 为塔底再沸

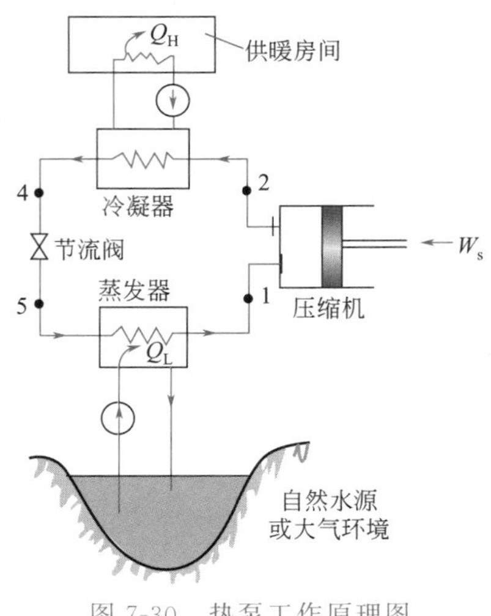

图 7-30　热泵工作原理图

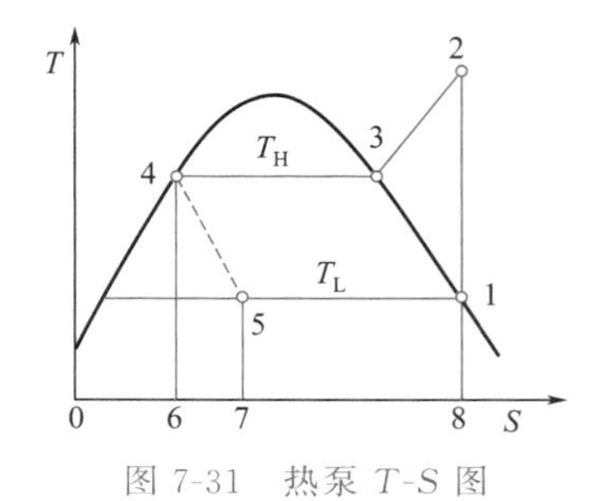

图 7-31　热泵 T-S 图

器温度，属于热泵系统中冷凝器的出口温度；热泵（一般为压缩机）消耗电功 W_s（kW）；从低温热源吸收热量为 Q_L；向高温热源放出热量 Q_H，显然有 $|Q_H|=|Q_L|+|W_s|$。热泵循环的经济性以消耗单位功量所得到的供热量来衡量，称为供热系数 ε_{HP}，即

$$\varepsilon_{HP}=\frac{|Q_H|}{|W_s|}=\frac{|q_H|}{|w_s|} \tag{7-59}$$

热泵循环向供暖房间（高温热源）供热量 Q_H 为（见图 7-31）

$$|Q_H|=|Q_L|+|W_s|=H_2-H_4=\text{面积 }234682$$

因为 $|Q_H|>|W_s|$，故总有 $\varepsilon_{HP}>1$。

理想的供热系数为

$$\varepsilon_{HPC}=\frac{|Q_H|}{|W_{s,R}|}=\frac{|Q_L|+|W_{s,R}|}{|W_{s,R}|}=\varepsilon_C+1=\frac{T_H}{T_H-T_L} \tag{7-60}$$

实际的供热系数为

$$\varepsilon_{HP}=\frac{|Q_H|}{|W_s|}=\frac{|Q_L|+|W_s|}{|W_s|}=\varepsilon+1 \tag{7-61}$$

式中　Q_H——热泵的供热量，$kJ\cdot h^{-1}$；

Q_L——热泵从自然环境中吸取的热量，$kJ\cdot h^{-1}$；

W_s——热泵消耗的功，$kJ\cdot h^{-1}$。

式(7-61) 给出了同一台机器，在相同的工况下作热泵使用时的供热系数与作制冷机使用的制冷效能系数之间的关系。由此可见，循环制冷效能系数 ε 越高，供热系数 ε_{HP} 也越高。所以，热泵从能量利用角度来看要比直接消耗电能或燃料获取热量的节能。

实际上，过程热源大多不为严格的恒温条件，且实际过程是不可逆的，热泵供热性能系数远比理想逆 Carnot 循环为少。但足以说明热泵是用少量的高质量电能把环境介质（水、空气、土地）中贮存的低质能量或大量的工程上不能使用的低温位热通过提高温位循环，投入使用。这对于本来用热品位不太高的装置来说，采用热泵技术显然可停止使用高品位燃料和蒸汽能源，获得显著的节能效益。

近年来，空调系统中出现的水源热泵空调系统可以随意进行房间的供暖或供冷的调节和同时满足供冷供暖要求，使建筑物热回收利用合理。对于同时有供热供冷要求的建筑物，热泵具有明显的优点。

*7.5.2 热泵精馏

石油化工行业是能源消耗大户，其中精馏又是能耗极高的单元操作。热泵与精馏结合在一起，构成简单的热泵精馏装置，使得石油化工行业在节能减排方面上升了一个大台阶。

热泵精馏是把精馏塔塔顶蒸汽所带热量加压升温，使其用作塔底再沸器的热源，回收塔顶蒸汽的冷凝潜热（常规精馏用冷却水或冷物料换热，使得这部分能量部分或大部分被损失掉）。利用热泵通过外界做功实现了低温载热体向高温物体传递热量，大幅度降低了能耗。

(1) 压缩式热泵精馏

压缩式热泵一般分为闭式和开式两种形式，如图 7-32 所示，开式热泵又分塔顶产物为工质和塔底产物为工质两种。闭式热泵采用外部工质循环。为了降低压缩机功耗，合理减少设备投资，精馏系统适用热泵的范围为：

① 塔顶与塔釜温差小的系统；

② 塔压力降较小的系统；

③ 被分离物系的组分因沸点相近而难以分离，需要采用较大回流比消耗大量冷量的系统；

④ 低压精馏过程需要制冷设备的系统。

塔顶气体作为压缩式热泵所需要的工质是精馏塔塔顶物料，见图 7-32(b)。精馏塔塔顶气体经压缩机升温后进入塔底再沸器，冷凝放热使釜液汽化，冷凝液经节流阀减压降温后，一部分作为产品出料，另一部分作为精馏塔塔顶回流，精馏塔的再沸器是热泵的冷凝器。

但是，当塔顶气体具有腐蚀性、或为热敏性产品、或不宜压缩时，需要采用闭式热泵，见图 7-32(a)，这种流程利用单独封闭循环工质（制冷剂）工作，制冷剂与塔顶物料换热后吸收热量蒸发为气体，气体经压缩提高压力和温度后，送至塔釜加热釜液，而本身凝结成液体。液体经节流减压后再去塔顶吸热，完成一个循环。

以塔釜液体作为压缩式热泵所需要的工质是精馏塔塔釜物料，见图 7-32(c)。塔釜液体出料经节流闪蒸降压、降温后作为制冷剂。送至塔顶冷凝器换热，吸收热量蒸发为气体，再经压缩机加压升温返回塔釜作为再沸器热源，塔顶蒸汽则在换热过程中放出热量凝成液体。

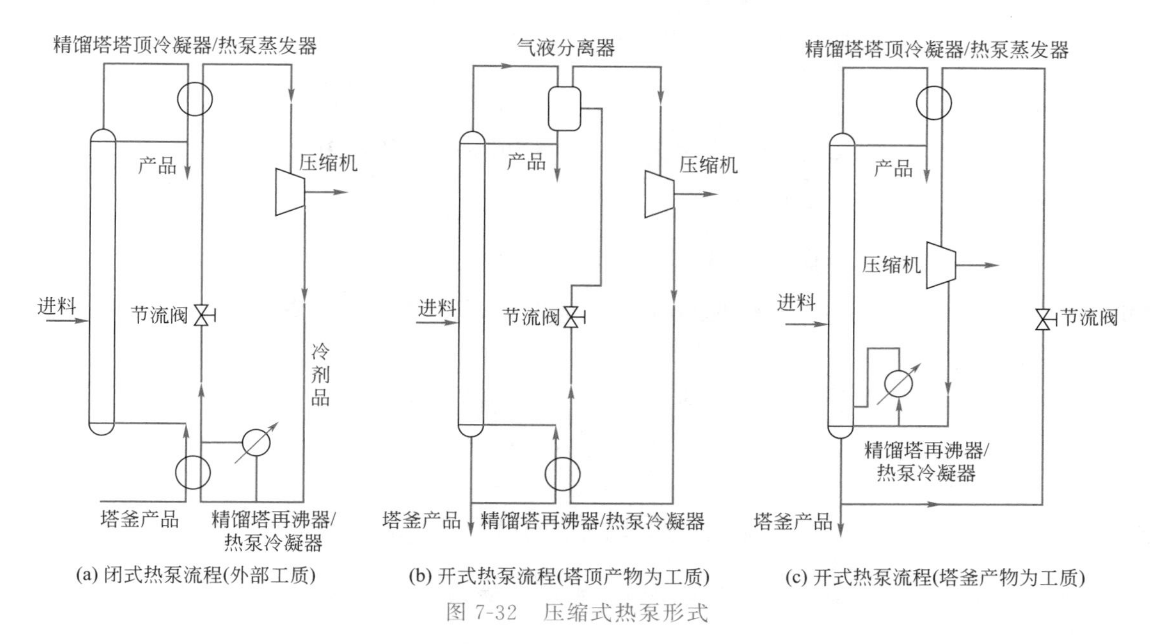

(a) 闭式热泵流程(外部工质)　(b) 开式热泵流程(塔顶产物为工质)　(c) 开式热泵流程(塔釜产物为工质)

图 7-32　压缩式热泵形式

压缩式热泵精馏在石油化工企业已有不少成功的例子。典型的是在炼油厂气体分馏装置的丙烯-丙烷分馏塔上的应用。化纤装置已内酰胺脱水塔上也成功应用了压缩式热泵技术。

由于丙烯、丙烷都是热泵循环过程中的良好工质，故丙烯-丙烷分离热泵一般都采用开式循环。

开式热泵分为塔顶循环的丙烯热泵和塔底循环的丙烷热泵两种。目前，国内几家炼油厂气体分馏热泵均为开式丙烷热泵流程。

(2) 吸收式热泵精馏

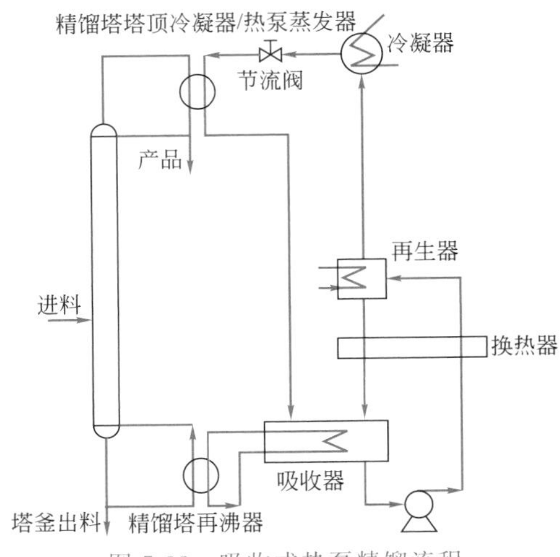

图 7-33　吸收式热泵精馏流程

吸收式热泵与吸收式制冷一样，常用溴化锂水溶液或氨水溶液作为工质，其流程见图 7-33。由再生器送来的浓溴化锂溶液在吸收器中遇到从蒸发器中过来的水蒸气，发生吸收作用，放出热量，该热量用于精馏塔再沸器使精馏塔塔釜物料汽化，浓度变稀的溴化锂溶液送往再生器蒸浓，再生器消耗的热量是热泵消耗的主要能量，从再生器蒸发出来的水蒸气，在冷凝器中冷却、冷凝，通过节流后变为气液混合物进入蒸发器，热泵的蒸发器就是精馏塔塔顶冷凝器，在蒸发器中气液混合物中的水变为水蒸气，对精馏塔来说，是塔顶物料的冷凝过程，然后水蒸气进入吸收器中被浓溴化锂溶液吸收，完成一个热泵循环，而精馏塔完成了物料在塔釜汽化在塔顶冷凝的精馏过程。

【例 7-12】 一热泵按逆卡诺循环工作的功率为 10kW，环境温度为 −13℃，用户要求供热温度为 95℃。(1) 求供热量；(2) 如热泵实际制冷循环的供热系数是逆卡诺循环的 0.65 倍，热泵功率为多少才能保证供热量？(3) 同样的供热量，如直接使用电热器供热，所需消耗的功率是多少？

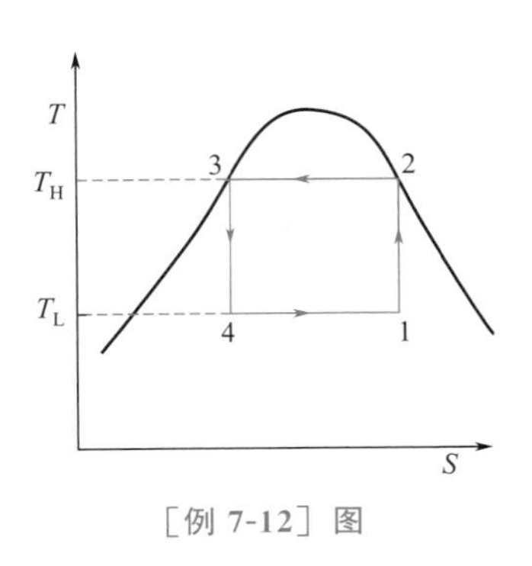

［例 7-12］图

解：(1) 热泵按逆卡诺循环运行，见［例 7-12］图。根据题意 $T_L=-13+273.15=260.15\text{K}$，$T_H=95+273.15=368.15\text{K}$。于是由式(7-60)，逆向卡诺循环供热系数 ε_{HPC} 为

$$\varepsilon_{HPC}=\left|\frac{Q_H}{W_{s,R}}\right|=\frac{T_H}{T_H-T_L}=\frac{368.15}{368.15-260.15}=3.41$$

则供热量为

$$|Q_H|=\varepsilon_{HPC}|W_{s,R}|=3.41\times10\times3600=1.227\times10^5\,\text{kJ}\cdot\text{h}^{-1}$$

热泵从周围环境中取得的热量

$$|Q_L|=|Q_H|-|W_s|=(34.1-10)\times3600=86760\text{kJ}\cdot\text{h}^{-1}$$

供热量中有 24.1/34.1=70.7%是热泵从周围环境中所提取，可见这种供热方式是经济的。

(2) 实际循环的供热系数 ε_{HP} 为

$$\varepsilon_{HP}=0.65\varepsilon_{HPC}=0.65\times3.41=2.22$$

即

$$\varepsilon_{HP}=\frac{|Q_H|}{|W'_s|}=\frac{34.1}{|W'_s|}=2.22$$

所以

$$|W'_s|=\frac{34.1}{2.22}=15.38\text{kW}>10\text{kW}$$

即实际循环热泵的功率要达到 15.38kW 才能满足供热要求。**消耗的电功率比逆卡诺循环多了 5.38kW。**

(3) 直接使用电热器供热，有

$$W_{s,电热器}=|Q_H|=34.1\text{kW}$$

三种供热方式比较见［例 7-12］表。

[例 7-12] 表　三种供热方式的比较

供热方式	逆卡诺循环	实际循环	电热器
耗电量/kW	10	15.38	34.1
功变热的效率	3.41	2.22	1

【例 7-13】 一住房冬季取暖需要能量 $30\mathrm{kJ \cdot s^{-1}}$，夏季冷却需要能量 $60\mathrm{kJ \cdot s^{-1}}$。热泵装置能使住房冬季保持 20℃，夏季保持 25℃。要达到这样的要求，需要制冷剂通过室内换热蛇管循环，蛇管温度冬季 30℃，夏季 5℃。一地下蛇管冬季提供热源，夏季接纳热量。地下温度全年维持在 15℃，蛇管的传热特性要求制冷剂冬季为 10℃，夏季为 25℃。试问冬季加热和夏季冷却时所需要的最小功率各为多少？

解：本题涉及的温度很多，在解题前需要分析一下题意。"地下温度全年维持在 15℃"是指："地下"分别是冬季热量和夏季冷量的来源；热泵装置能使住房冬季保持 20℃是指：蛇管温度 30℃液化放出热量，制冷剂冬季 10℃蒸发吸收地下的热；热泵装置能使住房夏季保持 25℃是指：室内蛇管温度 5℃蒸发吸收室内的热，制冷剂夏季为 25℃液化放出热量，被地下吸收。

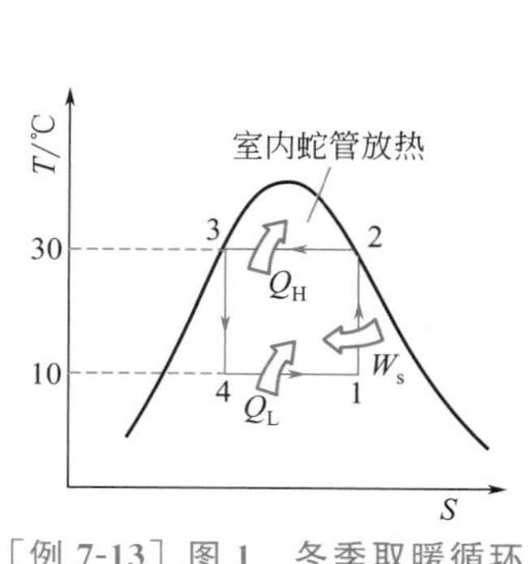

[例 7-13] 图 1　冬季取暖循环

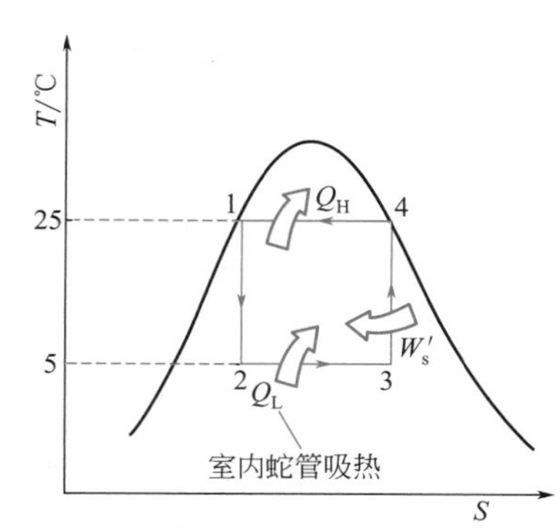

[例 7-13] 图 2　夏季制冷循环

(1) 冬季加热时，热泵按逆 Carnot 循环运行所需的功率最小，见 [例 7-13] 图 1。室内蛇管处于较高的温度 $T_H = 30 + 273.15 = 303.15\mathrm{K}$，$T_L = 10 + 273.15 = 283.15\mathrm{K}$，需要的热量 $Q_H = 30\mathrm{kJ \cdot s^{-1}}$。由式(7-60) 得，供热系数

$$\varepsilon_{HPC} = \left|\frac{Q_H}{W_s}\right| = \frac{T_H}{T_H - T_L}$$

即

$$\frac{30}{|W_s|} = \frac{303.15}{303.15 - 283.15}$$

所以

$$|W_s| = \frac{30 \times 20}{303.15} = 1.98\mathrm{kJ \cdot s^{-1}} = 1.98\ \mathrm{kW}$$

因此，冬季所需的功率为 1.98kW。

(2) 夏季冷却，见 [例 7-13] 图 2。$Q_L = Q_{吸热} = 60\mathrm{kJ \cdot s^{-1}}$，室内蛇管处于较低的温度 $T'_L = 5 + 273.15 = 278.15\mathrm{K}$，$T'_H = 25 + 273.15 = 298.15\mathrm{K}$。制冷效能系数为

$$\varepsilon_C = \left|\frac{Q_L}{W_s}\right| = \frac{T'_L}{T'_H - T'_L}$$

所以

$$|W'_s| = \frac{T'_H - T'_L}{T'_L} Q_L = 60 \times \frac{298.15 - 278.15}{278.15} = 4.31\mathrm{kJ \cdot s^{-1}}$$

即所需功率为 4.31kW。

* 7.6　深冷循环与气体液化过程

液化气体用于各种场合。例如，钢瓶装的液体丙烷用作家庭燃料，液氧是火箭推进剂，核动力厂

思考：

你知道液氧是怎样制备的吗？

需要液态氢（H_2），某些医疗工作中要使用液态氮（N_2），超低温技术中广泛地使用液态氦（He）等。石油气及天然气等，也常以液态运输和贮存。这些液态物质都是由相应的气体经液化而得到的。气体液化循环为深度制冷循环，它与前述的蒸汽压缩制冷循环的主要区别是，气体液化循环中的工质，在循环中既作为制冷剂使用，同时本身又被液化并输出液态产品。典型的气体循环有两类，即节流膨胀循环——林德（Linde）循环和等熵膨胀循环——克劳德（Claude）循环。实际气体液化循环中，常将两者结合使用。

7.6.1 气体液化最小功

如图 7-34 所示，被液化的气体处于状态 1、压力 p_1、温度 T_1、熵 S_1，使之转变为相同压力下的液态 6、温度 T_6、熵 S_6、根据式(6-41)，液化 1kg 流体（可逆）所需的最小功为

$$W_{s,\min}=W_{id}=-E_{x,ph}$$

$$=(H_6-H_1)-T_0(S_6-S_1) \qquad (7\text{-}62)$$

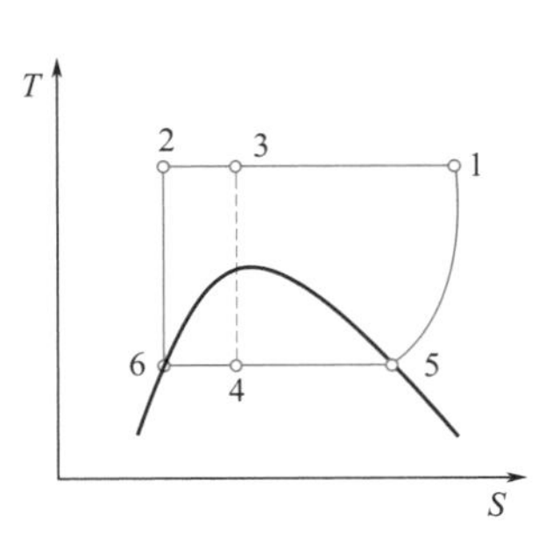

图 7-34 气体液化最小功

要实现这种过程，可设想：首先把处于状态 1 的气体经等温压缩至状态 2，然后再经等熵膨胀至状态 6，从而实现液化。这样，1→2→6→5→1 构成一个理想循环，循环所消耗的功就是最小理论功。

如果液化终点为状态 4，则只有部分气体被液化。设状态 4 下的干度为 x，则液体所占的分数为

$$y=1-x \qquad (7\text{-}63)$$

y 也称为液化分率。

7.6.2 林德（Linde）循环

利用一次节流膨胀而使气体液化的循环是 1895 年由德国工程师 Linde 首先提出的，故称为林德（Linde）循环。其设备流程和 T-S 图，分别见图 7-35 和图 7-36。

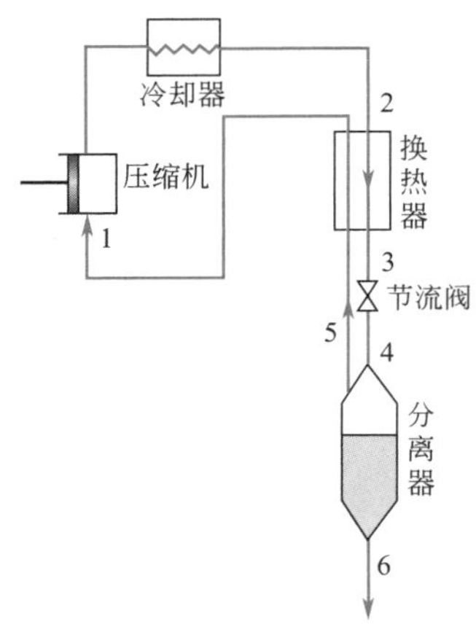

图 7-35 Linde 循环示意图

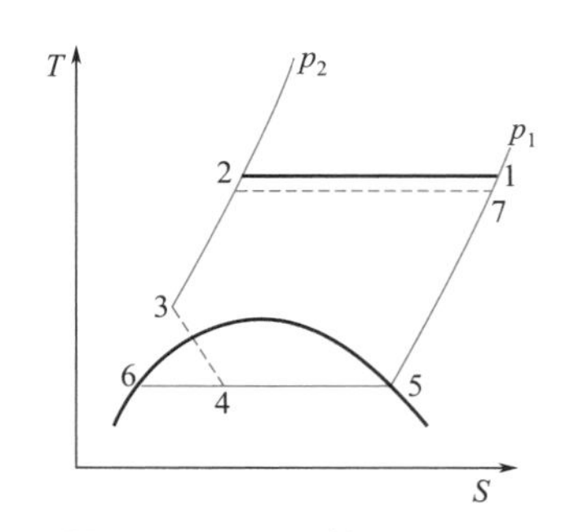

图 7-36 Linde 循环 T-S 图

循环系统达到稳定状态下的工作原理如下：处于状态 1 下的气体，经压缩机升压至 p_2，随后经冷却器等压冷却至状态 2，再进入换热器被从分离器返回的气体进一步冷却至状态 3，然后经节流阀节流降温降压至状态 4，最后进入分离器。液体自气液分离器导出作为产品，其状态为 T-S 图中的点 6；未液化的气体

（对应于 T-S 图中的点 5）自气液分离器导出，经换热器对高压气体进一步冷却后变为状态 1 下的气体返回压缩机，完成一个循环。

深冷循环的热力学计算主要包括液化量、制冷量及压缩机的功耗。

（1）循环的液化量与制冷量

在稳定操作情况下，取换热器、节流阀和分离器为研究对象，则每千克初始气体产生的液体量为 y，返回的气体量为 $1-y$（即 x）。若忽略系统对外的热损失和气体的动能差与位能差，则能量衡算的结果为

$$\Delta h=0$$

$$h_2=yh_6+(1-y)h_1 \tag{7-64}$$

$$y=\frac{h_1-h_2}{h_1-h_6} \tag{7-65}$$

循环的制冷量为液化 $y$kg 气体所需的冷量，即

$$q_0=y(h_1-h_6)=h_1-h_2 \tag{7-66}$$

循环耗功量为压缩过程所消耗的功，可依具体情况计算。

实际气体液化循环中存在着各种不可逆因素。首先，换热器中存在着不完全换热损失 q'，称为温度损失，即冷气不能回到 1 点，只能回到 7 点。其次，循环中不能做到完全绝热，因而必然从环境吸热 q''。根据式(6-5) 有

$$h_2+q''=yh_6+(1-y)h_1-q'$$

$$y=\frac{h_1-h_2-q'-q''}{h_1-h_6} \tag{7-67}$$

实际循环的制冷量为

$$q_0=h_1-h_2-q'-q'' \tag{7-68}$$

（2）压缩机的耗功量

循环耗功量为压缩过程所消耗的功，可依具体情况计算。由于气体压缩过程也存在不可逆损失。通常，先按理想气体的可逆等温压缩来计算，应用于实际过程时，再考虑等温效率 η_T（依经验可取 $\eta_T=0.59$）。处理 1kg 气体，压缩机消耗的理论功为

$$w_{T,R}=\frac{RT_1}{M}\ln\frac{p_2}{p_1} \tag{7-69}$$

实际耗功为

$$w_s=\frac{w_{T,R}}{\eta_T}=\frac{RT}{M\eta_T}\ln\frac{p_2}{p_1} \tag{7-70}$$

式中，M 为气体的相对量，mol。

显然，$W_s=mw_s$。m 为气体液化循环量，kg。每液化 1kg 气体需要消耗的功为

$$w_{ys}=\frac{w_s}{y} \tag{7-71}$$

需要指出，为实现气体液化，压缩机出口压力一般较高，气体不能按理想气体处理。状态 1 和 2 的焓值 h_1 和 h_2 是不相等的，此值应由被液化气体的 T-S 图或其他图表查得，或按有效方法计算获得。

事实上，原型的 Linde 循环是难以用于工业化气体液化的，原因在于若气体的液化率较大，返回的气体量就必然小，以至于不足以冷却高压气体到图 7-36 中点 3 处的状态。

7.6.3 克劳德（Claude）循环

与对外不做功的节流膨胀相比，采用对外做功的膨胀可获得更低的温度，同时还可回收部分功。然而，膨胀机在低温下操作时，如果出现液化，易造成水力撞击而受损。此外，低温下润滑油易凝固，润滑问题难以解决。因此，不能单独采用膨胀机进行气体液化循环，而必须与节流阀联合使用。1902 年，法国的 Claude 首先提出这种方案，故称克劳德（Claude）循环。其设备流程和 T-S 图分别

如图 7-37 和图 7-38 所示。

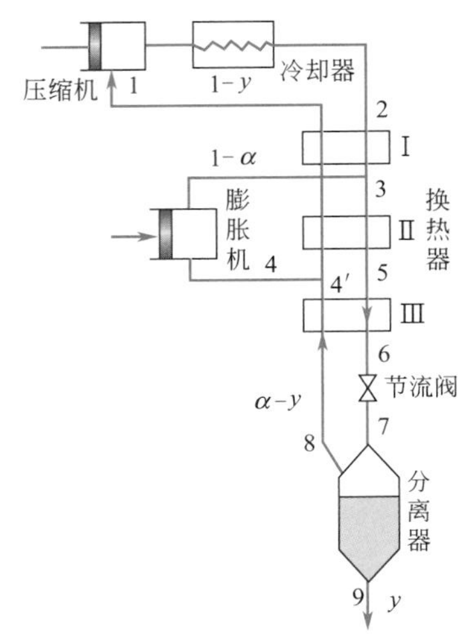

图 7-37 Claude 循环示意图

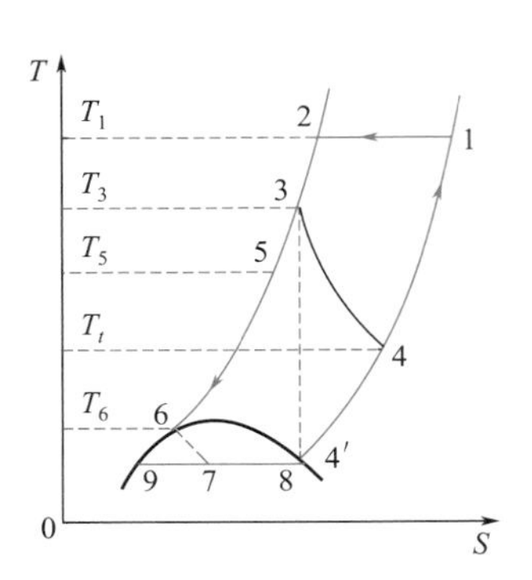

图 7-38 Claude 循环 *T-S* 图

循环系统工质达到稳定状态下，Claude 循环的工作原理如下：处于状态 1 下的 1kg 气体，经压缩机等温压缩至状态 2，再经换热器 I 等压冷却至状态 3 后分成两股：一股为 $(1-\alpha)$kg 气体通过膨胀机绝热膨胀至状态 4，并对外做功；另一股为 α kg 气体经换热器 II 和 III 进一步冷却至状态 6，随后进行节流膨胀至状态 7，然后进入分离器。$y$kg 液体自分离器导出为产品。$(\alpha-y)$kg 气体经换热器 III 预冷高压气后，与膨胀机出口气体汇合。汇合后的气体经换热器 II 和 I 预冷高压气体后变为状态 1 下的气体进入压缩机，完成一个循环。

Claude 循环中的能量交换计算方法与 Linde 循环的能量交换计算方法相似。取换热器 I 、II 、III 、节流阀和分离器为研究对象，设 q'为温度损失，q''为保温不良的冷损失，依热力学第一定律有

$$h_2+(1-\alpha)h_4+q'+q''=yh_9+(1-y)h_1+(1-\alpha)h_3 \tag{7-72}$$

$$y=\frac{(h_1-h_2)+(1-\alpha)(h_3-h_4)-q'-q''}{h_1-h_9} \tag{7-73}$$

循环制冷量为

$$q_0=(h_1-h_2)+(1-\alpha)(h_3-h_4)-q'-q'' \tag{7-74}$$

循环的耗功量为压缩机耗功量与膨胀机回收功量之差。压缩机耗功量仍为等温压缩功除以等温效率，而膨胀机回收的功量为等熵膨胀功除以等熵效率。膨胀机中实际进行的过程中，由于各种损耗使它偏离理想的等熵过程，即实际焓差 (h_3-h_4) 小于 (h_3-h_4')。等熵效率表达式为

$$\eta_S=\frac{h_3-h_4}{h_3-h_4'} \tag{7-75}$$

一般透平膨胀机的等熵效率为 $\eta_S=0.80\sim0.85$，活塞式膨胀机的等熵效率为 $\eta_S=0.65\sim0.75$。再考虑膨胀机的机械效率 η_m，则循环实际耗功量为

$$w_s=\frac{RT}{M\eta_T}\ln\frac{p_2}{p_1}-\eta_m(1-\alpha)(h_3-h_4) \tag{7-76}$$

* 7.7 热管

7.7.1 热管的工作原理

热管的一种典型结构如图 7-39 所示。它由密封的管壳、紧贴于壳体内表面的吸液芯和壳体抽真空后封装在壳体内的工作液组成。当热源对热管的一端加热时，工作液受热沸腾而蒸发，蒸汽在压差

的作用下高速地流向热管的另一端（冷端），在冷端放出潜热而凝结。冷凝液在吸液芯毛细抽吸力的作用下从冷端返回热端。如此循环不已，热量就会从热端不断地传到冷端。因此热管的工作过程是由液体的蒸发、蒸汽的流动、蒸汽的凝结和凝结液的回流组成的闭合循环。

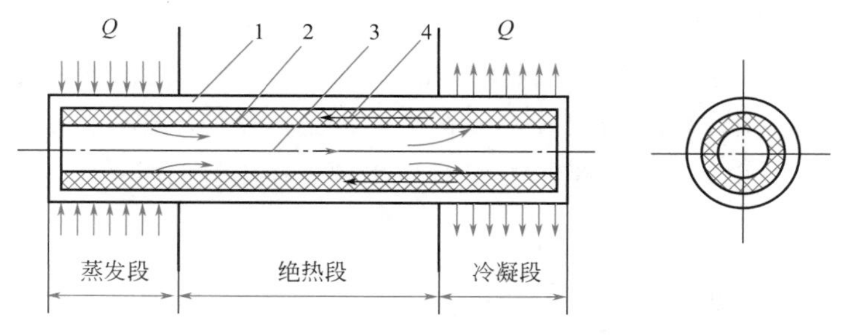

图 7-39 热管的工作原理图

1—热管壳；2—热管芯；3—蒸汽；4—液体

如把热管垂直或倾斜放置，热端在下，冷端在上，则热管内可不需吸液芯，蒸汽在冷端凝结后可靠本身的重力沿管壁回流到热端。这种热管叫重力热管，它的结构最为简单。

根据热管的工作范围，可以将热管分为低温热管、常温热管、中温热管和高温热管。对不同温度的热管应选用不同的工作液，如对低温热管可选用制冷剂作工作液，对常温和中温热管可选用水，对高温热管可选用液态金属钠等。

热管具有许多独特的优点，主要表现在以下几个方面。

① 较大的传热能力。因为蒸发和凝结时换热系数特别大，工作液的汽化潜热很大，因此热管具有很强的传热能力。一根外直径为 20mm 的铜水热管的导热能力是同直径紫铜棒的 8000 倍。

② 良好的等温性。热管表面的温度取决于蒸汽的温度分布、相变时的温差以及通过管壁和吸液芯的温降。蒸汽处于饱和状态，蒸汽流动和相变时的温差很小，而管壁和吸液芯比较薄，所以热管的表面温差很小，当热流密度很低时可以得到高度等温的表面。

③ 热流方向可逆。除重力热管外，其他热管的传热方向是可逆的，即任何一端都可以受热成为热端，而另一端向外放热成为冷端。

④ 热管流密度可调。通过改变冷、热两端的换热表面积，可以使热管的热流密度随之变化。利用热管的这一特性，可将集中的热流分散处理，作优良的散热器使用，又可将分散的热流集中使用，作优良的集热器使用。

热管还有许多独特的优点，如充入惰性气体做成可控热管，制成各种形状供不同目的的使用等。

7.7.2 热管的传热极限

热管主要靠内部物质的相变和蒸汽流动传递热量，因此传热能力较强，但也有限制。热管启动过程中可能有黏性极限和声速极限，在工作过程中有携带极限、毛细极限和沸腾极限。

7.7.3 热管的应用

随着热管技术的逐渐成熟，热管已得到了广泛的实际应用。本节仅举出热管应用的几个例子。

(1) 热管换热器

常用的空气热管换热器如图 7-40 所示。换热器壳采用顺流或逆流方式，图中所示为逆流方式。由于热管可以近乎等温工作，采用公式 $\eta=\dfrac{Q}{C_{\min}(T_{\mathrm{h,in}}-T_{\mathrm{c,in}})}$，计算热效率时可得到很高的值，其中 Q 是传热率，$C_{\min}$ 是热容量率，即热流体或冷流体的质量流量与热容的乘积（取这两个乘积中的较小者），$T_{\mathrm{h,in}}$ 和 $T_{\mathrm{c,in}}$ 分别是热流体和冷流体的进口温度。

用热管组装如图 7-40 所示的空气热管换热器几乎没有什么困难。应用这种换热器的优点是：热管可外加装翅片，传热效率高；隔板无传热作用，易采取措施防止类似间壁式换热器易发生的冷热流体掺混污染；可做成标准组合件型，易于满足不同传热量的需要；压力损失小、结构紧凑、工作可靠、易于维修等。

(2) 太阳能热管集热器

近年来使用热管的太阳能集热器已被广泛用于民用建筑的热水供应中。图 7-41 为一热管式平板集热器。太阳能被吸热板吸热后传给热管，热管的上端是换热器，将热量传给流动的工质。集热器使用热管的优点是：热冲击小、热惯性小、并可利用热管的二极管作用减少在无日照时系统的热损失。

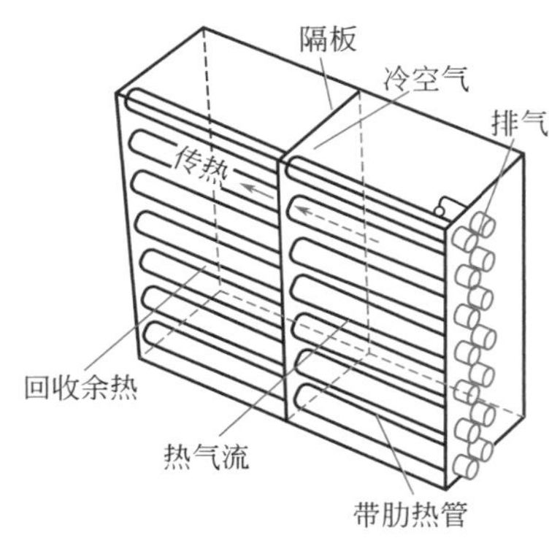

图 7-40　空气热管换热器传热示意图

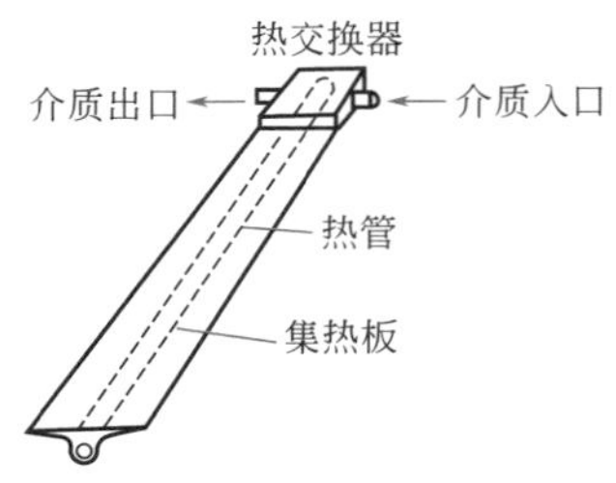

图 7-41　热管式平板集热器

(3) 热管黑体

青藏铁路

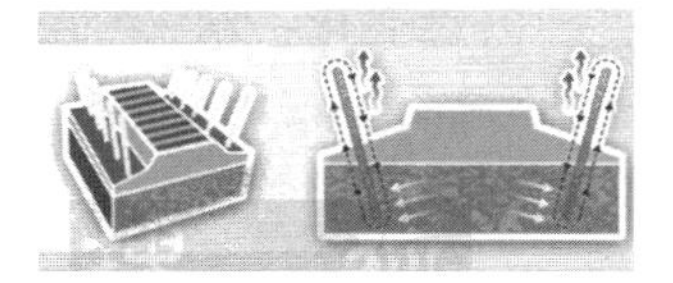

青藏铁路热管集热示意

热管黑体为一端封闭的同心热管，可用于温度标定设备或其他需要高温等温空间的地方。有一种用作高温标定计的热管黑体，用钠作热管工质，不锈钢作外壳材料，在真空中可工作到 850℃，而外壳材料用康乃尔 600 合金，在真空中可工作到 1100℃。

(4) 低温热管降服青藏铁路冻土“多动症”

科技日报 2006 年 8 月 21 日讯：多年冻土被称为青藏铁路建设中“最难啃的一块硬骨头”，航天科工集团哈尔滨风华有限公司自主研制的低温热管攻克了冻土瓶颈难题。航天风华经 3 年努力，研制出了 TSC89-7/2-Ⅱ 型低温热管，降服了冻土“多动症”。热管长 7m，是一种碳素无缝钢管，5m 埋入地下，地面露出 2m。里面灌装有液态氨，通过液态氨，将地下冻土层的“冷气”带到地表土层，让它保持冷冻状态不松软；通过露出地面管径外表的“翅片”，把蕴含在地表土层中的热量散发到空气中。一根长长的管子，就像是一个个自动传导冷热温度的“空调器”，让路基永远保持冷冻状态。

在解决“神六”等飞船迎阳和背阳材料温差、青藏高原铁路冻土路基稳定和我们日常使用的笔记本电脑的散热等问题上都采用了“热管”技术。

创新的轨迹

热力学第一定律改变了我们的生活

蒸汽机——热力学第一定律——Carnot 热机循环——Rankine 循环——制冷循环——热泵之间的关系

瓦特（James Watt）

1769 年，瓦特（James Watt，1736 年 1 月 19 日—1819 年 8 月 25 日，苏格兰著名的发明家和机械工程师）

在大量试验的基础上制成了一台单动式蒸汽机，并且获得了第一台蒸汽机的专利权。蒸汽机的发明给 James Watt 带来巨额的财富，从 1775 年到 1800 年，James Watt 和波尔顿合办的苏霍工厂，就制造出 183 台蒸汽机，全用于纺织业、冶金业和采矿业，到了 19 世纪 30 年代，蒸汽机推向了全世界，从此人类社会进入了“蒸汽时代”。造福于人类的发明家——瓦特永远被后人敬仰。

卡诺（Nicolas Léonard Sadi Carnot）

在蒸汽机的基础上，卡诺（Nicolas Léonard Sadi Carnot，1796—1832，法国物理学家）开始研究促进蒸汽机发展所需要的理论，他指出热从高温物体移到低温物体时才会产生动力，并认为最理想的机械应该具备：由带着活塞的汽缸里面的气体所产生的等温膨胀、绝热膨胀、等温压缩、绝热压缩等**四种循环过程，即 Carnot 循环。依据“Carnot 定律”发明了 Carnot 热机、实现了 Rankine 循环，并先后发明了蒸汽机车、蒸汽轮船、用于火力发电。**1824 年，**Carnot** 又发表了《关于可逆的 Carnot 循环》一文。为后续的制冷循环奠定了理论基础。

克劳修斯（Rudolf Julius Emanuel Clausius）

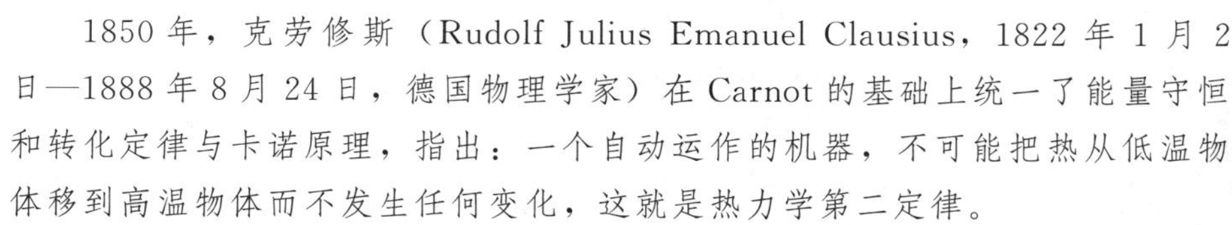

1850 年，克劳修斯（Rudolf Julius Emanuel Clausius，1822 年 1 月 2 日—1888 年 8 月 24 日，德国物理学家）在 Carnot 的基础上统一了能量守恒和转化定律与卡诺原理，指出：一个自动运作的机器，不可能把热从低温物体移到高温物体而不发生任何变化，这就是热力学第二定律。

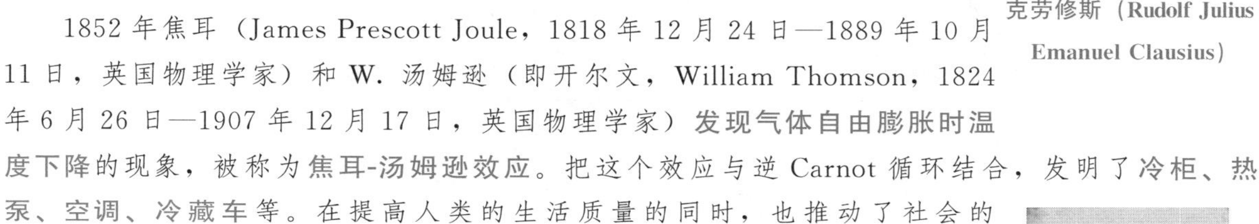

1852 年焦耳（James Prescott Joule，1818 年 12 月 24 日—1889 年 10 月 11 日，英国物理学家）和 W. 汤姆逊（即开尔文，William Thomson，1824 年 6 月 26 日—1907 年 12 月 17 日，英国物理学家）**发现气体自由膨胀时温度下降的现象，被称为焦耳-汤姆逊效应**。把这个效应与逆 Carnot 循环结合，发明了冷柜、热泵、空调、冷藏车等。在提高人类的生活质量的同时，也推动了社会的发展。

焦耳（James Prescott Joule）

热力学的发展是在科学家的不断发现和不断创新的过程中前进的，像一些我们耳熟能详的科学家瓦特、卡诺、焦耳、克劳修斯、开尔文等等，他们的不断发现和总结，为热力学的发展起到了推动作用。

然而，又有谁能想到：所有这些都是由于受到生活中最常见的相变（即 1atm 下，液态水吸收热能后转变为水蒸气）的启示——**物质在吸热或放热时其状态（p,V,T）随物质所拥有能量的不同而变化**，实现了动力循环和制冷循环，也改变了我们的生活。

本章小结

1. 本章重要概念理解

节流过程；绝热过程；Joule-Thomson 效应系数 μ_J；正向 Carnot 循环；热效率；汽耗率；逆向 Carnot 循环；制冷效能系数；热能利用系数；供热系数。

2. 功和热之间的转化以及过程中工质状态变化规律

(1) 等温压缩、绝热压缩、多变压缩的温升、功耗间的关系分别为

$$T_{绝热} > T_{多变} > T_{等温}$$

$$(W_{s,R})_{绝热} > (W_{s,R})_{多变} > (W_{s,R})_{等温}$$

k（绝热指数）$>m$（多变指数）>1（等温指数）

（2）绝热做外功膨胀比节流膨胀产生的温降大，制冷量大，且可回收功。绝热做外功膨胀适用于任何气体，膨胀后气体的温度总是下降。节流膨胀是有条件的，对理想气体不制冷；对个别实际气体需预冷到一定的低温进行节流，才能获得制冷效应。

（3）蒸汽动力循环与制冷循环的比较

项目	蒸汽动力循环	蒸汽压缩制冷循环
原理	正向 Carnot 循环	逆向 Carnot 循环
工质	水	氟利昂、氨、乙烯等
目的	将热转变为功，如发电	消耗功将热从低温传给高温，如冰箱、空调
评价指标	热效率 $\eta=0.3\sim0.4$	制冷效能系数 $\varepsilon=4\sim5$
主要设备	锅炉及过热器、汽轮机、冷凝器、水泵	压缩机、冷凝器、节流阀、蒸发器
高温换热设备	锅炉及过热器	冷凝器
高温换热介质	矿物质燃料（煤、天然气）、核能等	环境介质（水、空气）
低温换热设备	冷凝器	蒸发器
低温换热介质	环境介质（水、空气）	蒸发温度低于被冷却介质（冰箱中的食物，工业上是来自于工艺上的载冷介质）
膨胀过程	绝热对外做功膨胀过程	节流膨胀或绝热对外做功膨胀过程
循环过程示意图	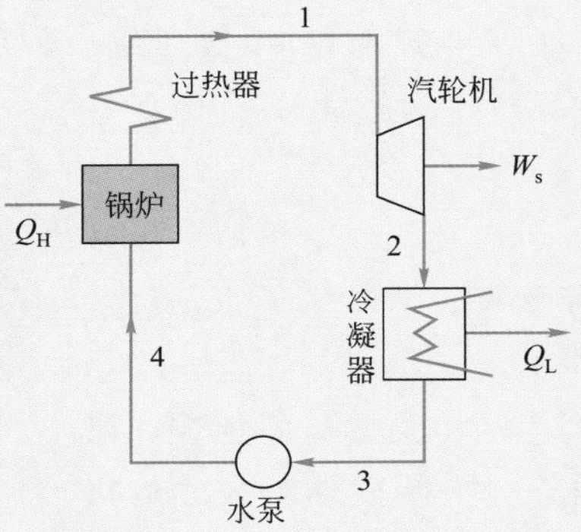	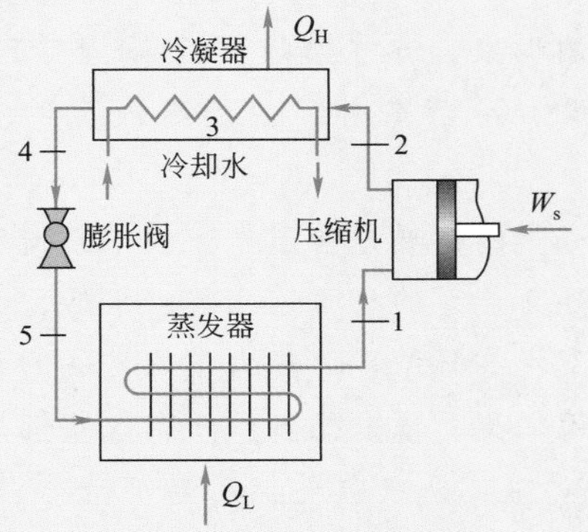
循环过程 T-S 图	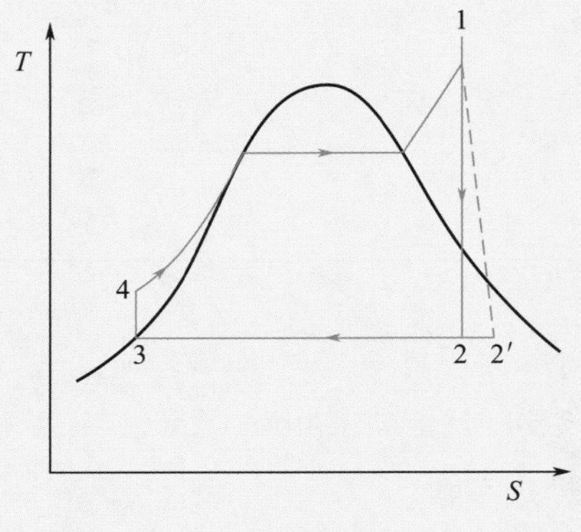	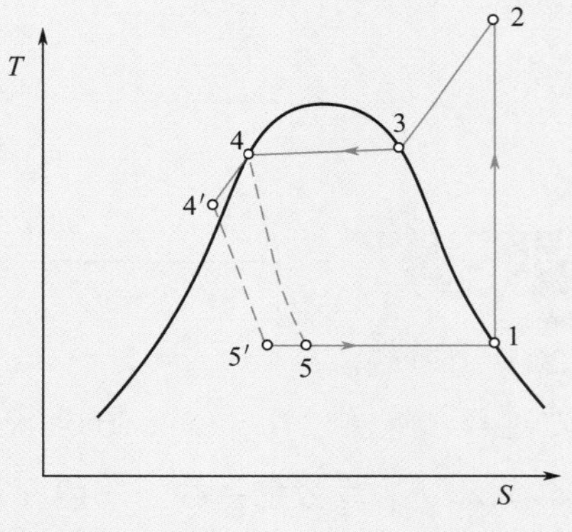

（4）制冷系统和热泵系统的区别

共同点：功能无区别——实现工作介质的循环流动。

不同点：工作温度范围不同，用途不完全相同。

制冷系统	热泵系统
被冷却介质(吸热)	大气(吸热)
环境介质(放热)	供热区域(放热)
蒸发温度低于被冷却介质	蒸发器温度低于大气温度
冷凝温度高于环境介质	冷凝温度高于供热区域
制冷机只用于供冷	热泵用于供热、供冷交替使用

3. 计算内容

(1) 蒸汽动力循环：热效率 η 和汽耗率 SSC，等

(2) 制冷循环：单位制冷量 q_L，制冷剂循环量 m，冷凝器热负荷 Q_H，压缩机功耗 W_S、功率 P_T，制冷效能系数 ε 等。

本章符号说明

W_p	水泵消耗的功	ζ	热力学完善度
W_s	轴功	η	热效率
$W_{s,R}$	可逆轴功	η_S	等熵效率
$(W_{s,R})_{等温}$	等温压缩过程的可逆轴功	ε	制冷（效能）系数或供热系数
$(W_{s,R})_{绝热}$	绝热压缩过程的可逆轴功	ξ	热能利用系数
$(W_{s,R})_{多变}$	多变压缩过程的可逆轴功	SSC	汽耗率
Q、q	热量，单位质量的热；$Q=mq$	μ_J	微分节流效应系数
Q_L、q_L	蒸汽压缩制冷的制冷量、单位制冷量	μ_S	微分等熵膨胀效应系数
N_p	水泵消耗的理论功率	T_b	正常沸点
P_T	汽轮机理论功率		

习　题

一、问答题

7-1　Rankine 循环与卡诺循环有何区别与联系？实际动力循环为什么不采用 Carnot 循环？

7-2　Rankine 循环的缺点是什么？如何对其进行改进？

7-3　影响循环热效率的因素有哪些？如何分析？

7-4　蒸汽动力循环中，若将膨胀做功后的乏汽直接送入锅炉中使之吸热变为新蒸汽，从而避免在冷凝器中放热，不是可大大提高热效率吗？这种想法对否？为什么？

7-5　蒸汽压缩制冷循环与逆向 Carnot 循环有何区别与联系？实际制冷循环为什么不采用逆向 Carnot 循环？

7-6　影响制冷循环热效率的因素有哪些？

7-7　如果物质没有相变的性质，能否实现制冷循环？动力循环又如何？

7-8　制冷循环可产生低温，同时是否可以产生高温呢？为什么？

7-9　实际循环的热效率与工质有关，这是否违反热力学第二定律？

7-10　对动力循环来说，热效率越高，做功越大；对制冷循环来说，制冷效能系数越大，耗功越少。这种说法对吗？

7-11　夏天可利用火热的太阳来造就凉爽的工作环境吗？

7-12　有人说：热泵循环与制冷循环的原理实质上是相同的，你以为如何？

7-13　蒸汽压缩制冷循环过程中，制冷剂蒸发吸收的热量一定等于制冷剂冷却和冷凝放出的热量吗？

7-14　供热系数与制冷效能系数的关系是：制冷系数愈大，供热系数也愈大。是这样吗？能否推导？

7-15 有人认为，热泵实质上是一种能源采掘机。为什么？

7-16 是不是所有精馏装置都可以实施热泵精馏操作？

7-17 有人说，物质发生相变时温度不升高就降低。你的看法？

二、思考题

7-18 现在发电厂采用哪些方法提高热力学效率，请说出其原理（用热力学图表来表达），热力学效率大概为多少？考虑二氧化碳减排后，最高的热力学效率大概为多少？为什么？

7-19 氟利昂是破坏臭氧层的元凶，因此纷纷寻找新一代的冰箱制冷剂。新一代的制冷剂有哪些？从热力学角度出发，阐述为何它们能作为新一代的制冷剂？

7-20 有人认为发电厂可将富余电力用来对空气进行压缩，并将压缩后的空气储存于500m深的地下岩洞中，有发电需要时，压缩空气会被释放出来驱动涡轮机发电。请你从热力学角度分析，为何“压缩空气能储能”，优缺点是什么？目前全世界的发展现状如何？（请使用热力学图表来表达）

7-21 请你从热力学角度分析，为何“液态空气能储能”，优缺点是什么？目前全世界的发展现状如何？

三、计算题

7-22 在25℃时，某气体的 p-V-T 可表达为 $pV=RT+6.4\times10^4 p$，在25℃，30MPa时将该气体进行节流膨胀，问膨胀后气体的温度是上升还是下降？

7-23 由氨的 T-S 图将1kg氨从0.828MPa(8.17atm）的饱和液体节流膨胀至0.0689MPa(0.68atm）时，求：（1）膨胀后有多少氨汽化？（2）膨胀后温度为多少？（3）分离出的氨蒸气再压缩到 $p_2=0.552\text{MPa}=5.45\text{atm}$ 时，$t_2'=$？（绝热可逆压缩）

7-24 某Rankine循环以水为工质，运行于14MPa和0.007MPa之间，循环最高温度为540℃，试求：（1）循环的热效率；（2）水泵功与透平功之比；（3）提供1kW电的蒸汽循环量。

7-25 某一理想Rankine循环，锅炉的压力为4.0MPa，冷凝器的压力为0.005MPa，冷凝温度为32.56℃，求以下两种条件时，Rankine循环的热效率与乏汽冷凝所放出的热量，并加以比较：（1）如果进入汽轮机的蒸汽是饱和蒸汽；（2）如果进入汽轮机的蒸汽是温度为440℃的过热蒸汽。要求将这两种蒸汽动力循环表示在 T-S 图上。

7-26 理想Rankine循环中水蒸气进入汽轮机的压力为 $30\times10^5\text{Pa}$，温度为360℃，乏气压力为 $0.1\times10^5\text{Pa}$，为了减少输出功率，采用锅炉出口的水蒸气先经过节流阀适当的降压再送进汽轮机膨胀做功，如果要求输出的功量降至正常情况的84%，问进汽轮机前的蒸汽压力应控制到多少？并示意画出此循环的 T-S 图。

7-27 采用氨作制冷剂的蒸汽压缩制冷循环，液体氨在－50℃下蒸发。由于冷损失使进入压缩机的氨气温度为－45℃（即过热5℃），冷凝器用冷却水冷却，水温为25℃，如果冷凝传热温差为5℃，假设压缩过程为等熵压缩，制冷剂的质量流量为 $85\text{kg}\cdot\text{h}^{-1}$。（1）画出该制冷循环的 T-S 图、p-H 图；（2）计算压缩机所消耗的功率；（3）计算单位制冷量与制冷系数，并用有效能分析法分析此循环的损失。

7-28 某蒸汽压缩制冷循环用 CH_3Cl（氯甲烷）作制冷剂，压缩机从蒸发器中吸入压力为177kPa的干饱和蒸汽，离开压缩机的过热蒸汽的压力为967kPa，温度为102℃，氯甲烷蒸气在冷凝器中凝结并过冷，液体制冷剂离开冷凝器的温度为35℃。液体氯甲烷的质量热容为 $1.62\text{kJ}\cdot\text{kg}^{-1}\cdot\text{K}^{-1}$，假定氯甲烷的过热蒸汽可看作理想气体，其质量热容 C_p' 为定值，此制冷装置的制冷能力为 $12\times10^3\text{kJ}\cdot\text{h}^{-1}$。

试求：（1）循环的制冷系数；（2）制冷剂的质量流量 $\text{kg}\cdot\text{h}^{-1}$；（3）若冷凝器用冷却水冷却，冷却水温升12℃，每小时需要的冷却水的数量。

氯甲烷的热力学性质

t/℃	p/Pa	v/$\text{m}^3\cdot\text{kg}^{-1}$		s/$\text{kg}\cdot\text{kg}^{-1}\cdot\text{K}^{-1}$		h/$\text{kJ}\cdot\text{kg}^{-1}$	
		v^{sL}	v^{sv}	s^{sL}	s^{sv}	h^{sL}	h^{sv}
－10	1.77×10^5	0.00102	0.223	0.183	1.762	45.4	460.7
45	9.67×10^5	0.00115	0.046	0.485	1.587	133.0	483.6

7-29 （1）某蒸汽压缩制冷循环，采用氟利昂12（R-12）为制冷剂，其操作参数如下：蒸发温度－20℃时，冷凝压力为 $9\times10^5\text{Pa}$，制冷剂质量流量为 $3\text{kg}\cdot\text{min}^{-1}$，试计算该装置的制冷系数与制冷能力；（2）如果考虑蒸发器与冷凝器的不可逆传热，蒸发温度要求－30℃，冷凝器压力提高到 $12\times10^5\text{Pa}$，则制

冷系数与制冷能力的数值变化多少？

7-30 用热效率为30%的热机来拖动制冷系数为4的制冷机，试问制冷剂从被冷物料每带走1kJ热量需要向热机提供多少热量？

7-31 某蒸汽压缩制冷循环用氨做工质，工作于冷凝器压力1.2MPa和蒸发器压力0.14MPa之间。工质进入压缩机时为饱和蒸气，进入节流阀时为饱和液体，压缩机等熵效率为80%，制冷量为1.394×10^4kJ/h。

试求：(1) 制冷系数；(2) 氨的循环速率；(3) 压缩机功率；(4) 冷凝器的放热量；(5) 逆卡诺循环的制冷系数。

7-32 为使冷库保持−20℃，需将419000kJ/h的热量排向环境，若环境温度$T_0=27$℃，试求理想情况下每小时所消耗的最小功和排向大气的热量。

7-33 利用热泵从90℃的地热水中把热量传到160℃的热源中，每消耗1kW电功，热源最多能得到多少热量？

7-34 压缩机出口氨的压力为1.0MPa，温度为50℃，若按下述不同的过程膨胀到0.1MPa，试求经膨胀后氨的温度为多少？(1) 绝热节流膨胀；(2) 可逆绝热膨胀。

7-35 某压缩制冷装置，用氨作为制冷剂，氨在蒸发器中的温度为−25℃，冷凝器内的压力为1180kPa，假定氨进入压缩机时为饱和蒸气，而离开冷凝器时是饱和液体，如果每小时的制冷量为167000kJ，求：(1) 所需的氨流率；(2) 制冷系数。

7-36 有一制冷能力为$Q_0=41800$kJ/h的氨压缩机，在下列条件下工作：蒸发温度$t_0=-15$℃，冷凝温度$t_k=25$℃，过冷温度$t=20$℃，压缩机吸入的是干饱和蒸气。

试计算。(1) 单位质量的制冷能力；(2) 每小时制冷剂循环量；(3) 在冷凝器中制冷剂放出的热量；(4) 压缩机的理论功率；(5) 理论制冷系数。

7-37 有人设计了一套装置用来降低室温。所用工质为水，工质喷入蒸发器内部分汽化，其余变为5℃的冷水，被送到使用地点，吸热升温后以13℃的温度回到蒸发器，蒸发器中所形成的干度为98%的蒸汽被离心式压缩机送往冷凝器中，在32℃的温度下凝结为水。为使此设备每分钟制成750kg的冷水，求：(1) 蒸发器和冷凝器中的压力；(2) 制冷量(kJ/h)；(3) 冷水循环所需的补充量；(4) 每分钟进入压缩机的蒸汽体积。

7-38 热泵是一个逆向运转的热机，可用来作为空气调节器，进行制冷或制热。设冬季运行时的室外温度(平均)为4℃，冷凝器(用于制热)平均温度为50℃。设夏季运行时的室外温度(平均)为35℃，蒸发器(用于制冷)平均温度为4℃，若要求制热(制冷)量为$10^5\mathrm{kJ\cdot h^{-1}}$，试求空调运行时最小理论功率各为多少？

7-39 冬天室内取暖用热泵。将R134a蒸汽压缩制冷机改为热泵，此时蒸发器在室外，冷凝器在室内。制冷机工作时可从室外大气环境中吸收热量Q_L，R134a蒸气经压缩后在冷凝器中凝结为液体放出热量Q_H，供室内取暖。设蒸发器中R134a的温度为−10℃，冷凝器中R134a蒸气的冷凝温度为30℃。

试求：(1) 热泵的供热系数；(2) 室内供热$100000\mathrm{kJ\cdot h^{-1}}$时，用于带动热泵所需的理论功率；(3) 当用电炉直接供热(热量仍为$100000\mathrm{kJ\cdot h^{-1}}$)时电炉的功率应为多少？

7-40 采用氟利昂12(R12)作制冷剂的蒸汽压缩制冷装置，为了进行房屋取暖，将此制冷装置改用热泵，已知蒸发温度为15℃，冷凝器温度为50℃，冷凝器向房屋排放$8.4\times10^4\mathrm{kJ\cdot h^{-1}}$的热量，进入压缩机为饱和蒸气，压缩机作绝热膨胀，压缩后温度为60℃，进入冷凝器被冷凝成饱和液体后进行节流阀。假定压缩后R12的过热蒸气可看作理想气体，其蒸气质量定压热容C'_p为定值，$C'_p=0.684\mathrm{kJ\cdot kg^{-1}\cdot K^{-1}}$。

试求：(1) 进入蒸发器的R12的干度；(2) 此热泵所消耗的功率；(3) 如采用电炉直接供给相同的热量，电炉的功率为多少？

7-41 动力-热泵联合体系工作于100℃和20℃之间，热机工作于100℃和20℃之间。假设热机热泵均为可逆的，试问1000℃下供给单位热量所产生的工艺用热量(100℃下得到的热量)是多少？

7-42 用简单林德循环使空气液化。空气初温为17℃，节流膨胀前压力p_2为10MPa，节流后压力p_1为0.1MPa，空气流量为$0.9\mathrm{m^3\cdot h^{-1}}$(按标准状态计)。

求：(1) 理想操作条件下空气液化率和每小时液化量；(2) 若换热器热端温差为10℃，由外界传入的热量为$3.3\mathrm{kJ\cdot kg^{-1}}$，问对液化量的影响如何？(空气的质量定压热容$C_p$为$1.0\mathrm{kJ\cdot kg^{-1}\cdot K^{-1}}$)

附 录

附录 1 常用单位换算表

长度 $1m=100cm=3.28084ft=39.3701in$

$1ft=12in=0.3048m$

面积 $1m^2=1\times10^4cm^2=10.7639ft^2=1550.00in^2$

$1ft^2=144in^2=0.0929030m^2=929.030cm^2$

体积 $1m^3=1\times10^6cm^3=1\times10^3dm^3=35.3147ft^3=264.172gal$

$1ft^3=1728in^3=0.0283168m^3=28.3168dm^3$

密度 $1g\cdot cm^{-3}=1\times10^3kg\cdot m^{-3}=62.4280lb\cdot ft^{-3}=0.0361273lb\cdot in^{-3}$

$1lb\cdot in^{-3}=1728lb\cdot ft^{-3}=27.6799g\cdot cm^{-3}$

质量 $1kg=1\times10^3g=0.001t=2.20462lb$

$1lb=0.453592kg=453.592g$

力 $1N=1kg\cdot m\cdot s^{-2}=1\times10^5dyn=0.224809lbf$

压力 $1bar=1\times10^5Pa=1\times10^5kg\cdot m^{-1}\cdot s^{-2}=1\times10^5N\cdot m^{-2}$

$=0.986923atm=750.061mmHg=14.5038psi$

$1atm=760mmHg=101.325kPa=14.6960psi$

能量 $1J=1kg\cdot m^2\cdot s^{-2}=1N\cdot m=1W\cdot s=1\times10^7dyn\cdot cm$

$=1\times10^7erg=0.238846cal$

功率 $1kW=1\times10^3W=1\times10^3kg\cdot m^2\cdot s^{-3}=1\times10^3J\cdot s^{-1}$

温度 $K=℃+273.15$，$℃=\frac{5}{9}(℉-32)$

$°R=℉+459.67$，$1K=1.8°R$

气体常数 $R=8.314J\cdot mol^{-1}\cdot K^{-1}=8.314N\cdot m\cdot mol^{-1}\cdot K^{-1}$

$=8.314Pa\cdot m^3\cdot mol^{-1}\cdot K^{-1}$

$=8.314\times10^{-3}kPa\cdot m^3\cdot mol^{-1}\cdot K^{-1}=8.314\times10^{-6}MPa\cdot m^3\cdot mol^{-1}\cdot K^{-1}$

$=8.314\times10^{-5}bar\cdot m^3\cdot mol^{-1}\cdot K^{-1}=1.987cal\cdot mol^{-1}\cdot K^{-1}$

$=82.06atm\cdot cm^3\cdot mol^{-1}\cdot K^{-1}$

附录 2　一些物质的基本物性数据表

T_b　正常沸点，K　　V_c　临界体积，$cm^3 \cdot mol^{-1}$

T_c　临界温度，K　　Z_c　临界压缩因子

p_c　临界压力，MPa　　ω　偏心因子

化合物	T_b	T_c	p_c	V_c	Z_c	ω
烷烃						
甲烷	111.7	190.6	4.600	99	0.288	0.008
乙烷	184.5	305.4	4.884	148	0.285	0.098
丙烷	231.1	369.8	4.246	203	0.281	0.152
正丁烷	272.7	425.2	3.800	255	0.274	0.193
异丁烷	261.3	408.1	3.648	263	0.283	0.176
正戊烷	309.2	469.6	3.374	304	0.262	0.251
异戊烷	301.0	460.4	3.384	306	0.271	0.227
新戊烷	282.6	433.8	3.202	303	0.269	0.197
正己烷	341.9	507.4	2.969	370	0.260	0.296
正庚烷	371.6	540.2	2.736	432	0.263	0.351
正辛烷	398.8	568.8	2.482	492	0.259	0.394
单烯烃						
乙烯	169.4	282.4	5.036	129	0.276	0.085
丙烯	225.4	365.0	4.620	181	0.275	0.148
1-丁烯	266.9	419.6	4.023	240	0.277	0.187
顺-2-丁烯	276.9	435.6	4.205	234	0.272	0.202
反-2-丁烯	274.0	428.6	4.104	238	0.274	0.214
1-戊烯	303.1	464.7	4.053	300	0.31	0.245
顺-2-戊烯	310.1	476	3.648	300	0.28	0.240
反-2-戊烯	309.5	475	3.658	300	0.28	0.237
其他有机化合物						
醋酸	391.1	594.4	5.786	171	0.200	0.454
丙酮	329.4	508.1	4.701	209	0.232	0.309
乙腈	354.8	548	4.833	173	0.184	0.321
乙炔	189.2	308.3	6.140	113	0.271	0.184
丙炔	250.0	402.4	5.624	164	0.276	0.218
1,3-丁二烯	268.7	425	4.327	221	0.270	0.195
异戊二烯	307.2	484	3.850	276	0.264	0.164
环戊烷	322.4	511.6	4.509	260	0.276	0.192
环己烷	353.9	553.4	4.073	308	0.273	0.213
二乙醚	307.7	466.7	3.638	280	0.262	0.281
甲醇	337.8	512.6	8.096	118	0.224	0.559
乙醇	351.5	516.2	6.383	167	0.248	0.635
正丙醇	370.4	536.7	5.168	218.5	0.253	0.624
异丙醇	355.4	508.3	4.762	220	0.248	—
环氧乙烷	283.5	469	7.194	140	0.258	0.200
氯甲烷	248.9	416.3	6.677	139	0.268	0.156

续表

化合物	T_b	T_c	p_c	V_c	Z_c	ω
甲乙酮	352.8	535.6	4.154	267	0.249	0.329
苯	353.3	562.1	4.894	259	0.271	0.212
氯苯	404.9	632.4	4.519	308	0.265	0.249
甲苯	383.8	591.7	4.114	316	0.264	0.257
邻二甲苯	417.6	630.2	3.729	369	0.263	0.314
间二甲苯	412.3	617.0	3.546	376	0.26	0.331
对二甲苯	411.5	616.2	3.516	379	0.26	0.324
乙苯	409.3	617.1	3.607	374	0.263	0.301
苯乙烯	418.3	647	3.992	—	—	0.257
苯乙酮	474.9	701	3.850	376	0.250	0.420
氯乙烯	259.8	429.7	5.603	169	0.265	0.122
三氯甲烷	334.3	536.4	5.472	239	0.293	0.216
四氯化碳	349.7	556.4	4.560	276	0.272	0.194
甲醛	254	408	6.586	—	—	0.253
乙醛	293.6	461	5.573	154	0.22	0.303
甲酸乙酯	327.4	508.4	4.742	229	0.257	0.283
乙酸甲酯	330.1	506.8	4.691	228	0.254	0.324
单质气体						
氩	87.3	150.8	4.874	74.9	0.291	−0.004
溴	331.9	584	10.34	127	0.270	0.132
氯	238.7	417	7.701	124	0.275	0.073
氦	4.21	5.19	0.227	57.3	0.301	−0.387
氢	20.4	33.2	1.297	65.0	0.305	−0.22
氪	119.8	209.4	5.502	91.2	0.288	−0.002
氖	27.0	44.4	2.756	41.7	0.311	0.00
氮	77.4	126.2	3.394	89.5	0.290	0.040
氧	90.2	154.6	5.046	73.4	0.288	0.021
氙	165.0	289.7	5.836	118	0.286	0.002
其他无机化合物						
氨	239.7	405.6	11.28	72.5	0.242	0.250
二氧化碳	194.7	304.2	7.376	94.0	0.274	0.225
二硫化碳	319.4	552	7.903	170	0.293	0.115
一氧化碳	81.7	132.9	3.496	93.1	0.295	0.049
肼	386.7	653	14.69	96.1	0.260	0.328
氯化氢	188.1	324.6	8.309	81.0	0.249	0.12
氰化氢	298.9	456.8	5.390	139	0.197	0.407
硫化氢	212.8	373.2	8.937	98.5	0.284	0.100
一氧化氮	121.4	180	6.485	58	0.25	0.607
一氧化二氮	184.7	309.6	7.245	97.4	0.274	0.160
硫	—	1314	11.75	—	—	0.070
二氧化硫	263	430.8	7.883	122	0.268	0.251
三氧化硫	318	491.0	8.207	130	0.26	0.41
水	373.2	647.3	22.05	56.0	0.229	0.344
R12(CCl_2F_2)	243.4	385.0	4.124	217	0.280	0.176
R22($CHClF_2$)	232.4	369.2	4.975	165	0.267	0.215
R134a(CH_2F-CF_3)	246.65	374.26	4.068	210	0.275	0.243

附录 3　一些物质的理想气体摩尔热容与温度的关联式系数表

$$C_p^{ig}/\mathrm{J \cdot mol^{-1} \cdot K^{-1}} = A + BT + CT^2 + DT^3$$

序　号	物　质	A	$B\times10$	$C\times10^5$	$D\times10^8$	温度范围/K
1	甲烷	34.67225	−0.2080306	6.172822	6.577289	100～400
		14.29597	0.7375964	−1.432200	−0.04731941	298～2000
2	乙烷	34.40750	−0.1828658	33.81380	−24.62178	100～400
		3.581650	1.857462	−7.941638	1.257666	298～2000
3	丙烷	26.07626	1.680746	−20.81624	60.10377	50～298
		−3.201797	2.999182	−15.20470	3.004944	298～1500
4	正丁烷	13.12029	5.967227	−211.5001	361.0700	50～298
		−0.9928894	3.899435	−20.21698	4.073992	298～1500
5	2-甲基丙烷	20.73325	2.929124	−29.55103	55.67879	50～298
		−9.215425	4.195421	−23.12514	4.963609	298～1500
6	正戊烷	−0.4186859	4.623553	−20.52370	2.462243	298～1000
7	正己烷	−47.65381	5.729725	−27.95255	4.244356	298～1000
8	乙烯	40.11605	−1.242080	61.28632	−55.38740	100～400
		5.703732	1.438947	−6.728475	1.179194	298～2000
9	丙烯	30.82947	0.6182860	20.55774	−12.44992	50～400
		3.495261	2.373089	−11.97360	2.345770	298～1500
10	1-丁烯	−2.38188	3.48582	−19.1360	4.12216	298～1500
11	顺-2-丁烯	−7.83722	3.38144	−16.9253	3.22175	298～1500
12	反-2-丁烯	9.213	3.03746	−14.3436	2.54786	298～1500
13	异丁烯	6.88829	3.22498	−16.7152	3.38974	298～1500
14	乙炔	30.32567	−0.6182798	60.02935	−0.8008357	100～298
		26.72785	0.7030039	−35.75192	0.7141931	298～2000
15	丙炔	26.89460	0.800913	18.78688	−25.68853	100～400
		14.30519	1.883254	−12.01584	3.343865	298～1000
16	1,3-丁二烯	37.45923	−0.5117091	96.54689	−106.1225	173～423
		−5.83145	3.52938	−23.9762	6.24914	298～1500
17	异戊二烯	6.714132	17.12055	−105.6901	26.71169	273～1000
18	环戊烷	−53.5895	5.42058	−30.2884	6.481	298～1500
19	甲基环戊烷	−50.0737	6.3747	−36.3968	8.00839	298～1500
20	环己烷	−68.79651	6.866229	−37.76614	7.659933	298～1500
21	甲基环己烷	−61.8784	7.83756	−44.3441	9.35927	298～1500
22	苯	−37.9598	4.90093	−32.1173	7.93115	298～1500
23	甲苯	−35.1697	5.62802	−34.9562	8.25332	298～1500
24	乙苯	−194.3159	29.98787	−204.0013	54.47581	298～1500
25	邻二甲苯	−15.1100	5.92446	−34.1195	7.52844	298～1500

续表

序号	物质	A	$B\times10$	$C\times10^5$	$D\times10^8$	温度范围/K
26	间二甲苯	−27.8144	6.22759	−36.6214	8.22277	298～1500
27	对二甲苯	−25.7158	6.08672	−34.9244	7.63710	298～1500
28	异丙苯	−40.8951	7.8362	−49.6950	12.0218	298～1500
29	苯乙烯	−28.2261	6.15546	−40.1950	9.92754	298～1500
30	联苯	−86.34073	10.73517	−83.30700	25.08993	298～1000
31	萘	−56.43173	7.772871	−52.01283	12.92711	298～1500
32	四氟化碳	15.03998	1.975245	−15.62914	4.281947	273～1500
33	六氟苯	47.43401	4.399853	−29.18939	7.404203	273～1500
34	氯甲烷	13.13338	1.063626	−4.891671	0.8403160	298～2000
35	三氯甲烷	30.75972	1.477355	−11.41596	3.159348	273～1500
36	四氯化碳	50.95359	1.438356	−12.73582	3.766523	273～1500
37	氯乙烷	6.312233	2.250490	−12.80883	2.840080	273～1500
38	氯乙烯	34.01368	−0.4965605	59.01916	−68.01076	100～298
		10.69507	1.756081	−11.14606	2.720117	298～1500
39	氯苯	−27.94233	5.405975	−44.18848	12.74238	298～1000
40	二氟氯甲烷	34.85166	−0.7725898	99.90308	−171.7309	50～273
		17.77987	1.593842	−11.39425	2.945654	273～1500
41	一氟二氯甲烷	31.86583	−0.0419892	78.50858	−151.6533	50～273
		24.65648	1.536868	−11.46194	3.067410	273～1500
42	三氟氯甲烷	35.66240	−1.229978	166.8737	−308.7060	50～273
		23.81606	1.861729	−15.14592	4.231639	273～1500
43	二氟二氯甲烷	32.13886	−0.3736044	145.2243	−299.0680	50～273
		32.63379	1.734618	−14.50535	4.131666	273～1500
44	一氟三氯甲烷	25.23476	0.9538603	92.22565	−230.5833	50～273
		41.94485	1.587414	−13.64827	3.960379	273～1500
45	1,1,1,2-四氟二氯乙烷	42.09221	3.201441	−26.57752	7.477297	273～1500
46	1,1,2,2-四氟二氯乙烷	40.75317	3.348326	−28.38988	8.101067	273～1500
47	1,1,2-三氟三氯乙烷	62.72124	2.800214	−23.29172	6.575112	273～1500
48	甲醇	34.55877	0.2586618	−4.370158	21.69209	100～298
		14.18429	1.107315	−3.902158	0.3786256	298～1500
49	乙醇	6.731842	2.315286	−12.11626	2.493482	298～1500
50	1-丙醇	14.6222	2.70521	−8.73841	−0.593233	273～1000
51	2-丙醇	−1.63703	3.63969	−21.6163	4.94850	273～1000
52	1-丁醇	14.6739	3.60174	−13.2970	0.147681	273～1000
53	2-丁醇	5.674297	4.278324	−24.16047	5.328512	298～1000
54	2-甲基-2-丙醇	−4.13691	4.78654	−30.811	8.10211	298～1000
55	环己醇	−18.22582	11.69740	−17.65407	11.03591	298～1000
56	乙二醇	17.09008	2.882263	−22.50416	7.406249	298～1000
57	苯酚	−23.68320	5.269296	−36.31185	9.300911	273～1500

续表

序号	物质	A	$B\times10$	$C\times10^5$	$D\times10^8$	温度范围/K
58	甲醛	20.38458	0.5172782	−0.6719763	0.3543808	298～1500
59	乙醛	13.54634	1.605576	−7.428088	1.266935	298～1500
60	丙酮	9.725871	2.518267	−12.13942	2.193516	273～1500
61	2-丁酮	22.26085	3.134601	−14.66648	2.547500	237～1500
62	3-戊酮	34.88617	3.537945	−11.91604	−0.3250751	298～1000
63	环己酮	−43.97271	6.236097	−34.79249	6.847522	298～1000
64	乙酸	6.302439	10.25723	−56.08083	11.15775	298～1500
65	乙酸乙酯	24.54275	3.288173	−9.926302	1.998997	298～1000
66	乙酸乙烯酯	3.698730	3.848681	−23.30610	5.432677	273～1500
67	环氧乙烷	−7.591119	2.223796	−12.60438	2.612272	298～1000
68	环氧丙烷	−7.963633	3.232345	−19.55647	4.671796	298～1000
69	糠醛	−12.06689	4.598032	−32.44282	8.319859	273～1500
70	苯胺	−19.62613	5.402067	−36.29090	9.122643	273～1500
71	氰化氢	24.77728	0.4450216	−2.490484	0.5914341	298～1500
72	丙烯腈	10.61736	2.209023	−15.68613	4.619728	298～1000
73	吡啶	−31.90610	4.529810	−29.92337	7.369153	298～1500
74	氢	56.5145	−4.93817	255.48	−406.799	50～298
		28.6209	0.0092052	−0.0046994	0.073628	298～1500
75	氮	29.10443	0.000012844	−0.0245576	0.1544093	50～298
		29.49170	−0.0476501	1.270622	−0.4793994	298～1500
76	氧	29.0994	0.0099450	−1.22504	4.00973	50～298
		26.0082	0.117472	−0.234106	−0.0561944	298～1500
77	氯	30.05681	−0.3370270	31.64976	−53.65058	50～298
		29.12471	0.2164781	−1.890408	56.45818	298～1500
78	氟化氢	29.89278	−0.03916215	0.5276212	−10.69220	298～1500
79	氯化氢	30.29607	−0.07318282	1.277518	−0.4147906	298～1500
80	水	33.29758	0.00718155	−0.9048465	3.262418	50～298
		32.41502	0.00342214	1.285147	−0.4408350	298～1500
81	一氧化碳	28.99295	0.02092907	−1.207134	2.251953	100～298
		27.48708	0.04248518	0.2508561	−0.1244534	298～2000
82	二氧化碳	30.22930	−0.3934193	33.22238	−41.12567	100～298
		23.05666	0.5687689	−3.182815	0.6387703	289～2000
83	氨	25.33060	0.3493728	−0.1392981	−0.2401729	298～1500
84	一氧化氮	29.19892	−0.00779887	0.9929028	−0.4345549	298～1500
85	二氧化氮	23.05324	0.5827704	−3.473943	0.7569464	298～1500
86	硫化氢	30.46594	0.09005920	1.163007	−0.5695488	298～1500
87	二氧化硫	24.68505	0.6370424	−4.420178	1.099438	298～1500
88	三氧化硫	22.22809	1.211515	−9.036043	2.380730	298～1500
89	二硫化碳	30.35530	0.6479777	−4.952581	1.336095	298～1500

附录 4　一些物质的 Antoine 方程系数表

$$\lg(p^{s}/\mathrm{kPa}) = A - \frac{B}{C + (t/℃)}$$

序号	物质	A	B	C	温度范围/K	
1	甲烷	5.963551	438.5193	272.2106	91	190
2	乙烷	6.536453	797.7197	267.1465	111	144
		6.106759	720.7483	264.2263	160	300
3	丙烷	6.079206	873.8370	256.7609	244	311
		6.809431	1348.283	326.9121	312	368
4	正丁烷	5.996319	963.7846	242.0182	195	273
		6.105086	1025.781	250.8407	294	344
5	2-甲基丙烷	5.958560	917.7420	243.9265	188	262
		6.392945	1177.903	280.7999	294	394
6	正戊烷	5.986606	1069.228	232.5237	269	341
7	正己烷	5.996943	1168.337	223.9891	298	343
8	乙烯	5.979965	612.5245	257.9652	104	176
		6.402225	800.8744	287.1486	200	282
9	丙烯	6.088813	8513.585	256.2420	244	311
		6.651058	1185.489	305.1477	273	364
10	1-丁烯	6.163737	1021.787	252.028	216	273
		6.067321	978.6640	247.2605	278	344
11	顺-2-丁烯	5.98552	956.214	236.550	203	296
		6.104010	1017.939	244.7296	278	358
12	反-2-丁烯	5.96335	947.519	238.549	204	283
		6.151555	1042.773	250.6553	278	358
13	异丁烯	5.65432	801.953	226.894	216	273
		6.31695	1118.99	266.563	273	398
14	乙炔	6.440577	803.4719	266.3992	215	273
15	丙炔	6.81779	1321.342	301.143	257	402
16	1,3-丁二烯	5.97489	930.546	238.844	213	276
		6.104102	998.7568	248.2482	278	344
17	异戊二烯	6.13677	1126.159	238.884	221	254
		6.01054	1071.578	233.514	254	316
18	乙烯基乙炔	6.07796	956.998	230.0	200	305
19	环戊烷	6.02877	1133.199	232.415	289	323
		6.08918	1174.132	238.286	322	384
20	甲基环戊烷	5.99178	1188.320	226.307	288	346
21	环己烷	5.963708	1201.863	222.7968	278	354
		6.03245	1244.124	228.239	353	414
22	甲基环己烷	5.95366	1273.962	221.755	299	375

续表

序号	物质	A	B	C	温度范围/K	
23	苯	6.060395	1225.188	222.155	277	356
		6.927418	2037.582	340.2042	379	562
24	甲苯	6.086576	1349.150	219.9785	309	385
		5.999127	1253.273	203.9267	384	594
25	乙苯	6.06991	1416.922	212.434	298	420
		6.36656	1665.991	246.434	457	554
26	邻二甲苯	5.94220	1387.336	206.409	273	323
		6.12699	1476.753	213.911	337	419
27	间二甲苯	6.46290	1641.628	230.899	273	333
		6.13232	1460.805	214.895	332	413
28	对二甲苯	6.14779	1457.767	217.909	286	453
		6.44333	1735.196	253.304	460	553
29	异丙苯	6.05710	1457.715	207.415	343	427
30	苯乙烯	6.18301	1502.162	214.420	303	418
31	α-甲基苯乙烯	6.04856	1486.88	202.40	343	493
32	联苯	6.36895	1997.558	202.608	342	544
33	萘	6.19487	1782.509	207.513	352	500
34	四氟化碳	5.96254	513.129	257.676	89	163
35	六氟苯	6.15785	1227.984	215.491	278	387
36	氯甲烷	6.593506	1178.324	281.3489	253	313
		6.908151	1419.112	317.1036	303	416
37	三氯甲烷	6.07955	1170.966	226.232	263	333
		6.738987	1659.466	291.4915	375	533
38	四氯化碳	5.99114	1202.90	225.14	263	349
39	氯乙烯	6.03896	914.571	240.627	214	273
40	氯苯	6.07963	1419.045	216.633	329	405
41	一氟二氯甲烷	4.30517	284.889	114.819	243	469
42	三氟氯甲烷	5.92806	663.370	250.537	145	192
43	二氟二氯甲烷	6.808166	1320.578	305.4405	253	313
44	三氯氟甲烷	6.156404	1115.842	244.9580	293	469
45	甲醇	7.20587	1582.271	239.726	288	357
		7.313257	1669.678	250.3901	357	513
46	乙醇	7.23710	1592.864	226.184	293	367
		6.937045	1419.051	209.5723	365	514
47	1-丙醇	6.87065	1438.587	198.552	333	378
		6.559055	1270.847	182.5150	405	537
48	2-丙醇	6.86634	1360.183	197.593	325	362
		6.553809	1204.329	183.2025	395	508
49	1-丁醇	6.76666	1460.309	189.211	296	391
		6.371419	1260.215	171.7852	419	563
50	2-丁醇	6.34976	1169.754	169.762	303	403
		6.12622	1050.17	155.342	395	485

续表

序号	物质	A	B	C	温度范围/K	
51	2-甲基-1-丙醇	7.66006	1950.940	237.147	264	381
		6.352304	1222.855	174.7211	423	548
52	2-甲基-2-丙醇	6.48658	1180.930	180.476	253	356
		6.274007	1082.234	171.5604	376	506
53	环己醇	5.890970	1168.208	139.81	351	457
54	乙二醇	7.13856	2035.185	198.936	348	473
55	甘油	6.971776	2555.005	195.0274	291	341
		5.28991	1036.056	28.097	456	534
56	苯酚	6.70346	1793.899	200.218	344	455
57	乙醛	7.13042	1600.017	291.809	273	308
		5.709053	836.9189	205.7965	308	377
58	丙酮	6.394858	1292.166	238.2409	259	508
59	2-丁酮	6.18846	1261.339	221.969	316	362
60	3-戊酮	6.15019	1310.281	214.192	330	384
61	环己酮	6.5529	1777.7	236.12	299	363
		6.103304	1495.511	209.5517	363	439
62	乙酸	6.59795	1587.182	227.758	304	415
63	乙酸酐	6.27438	1444.718	199.817	336	413
64	乙酸乙酯	6.273958	1269.990	220.4274	271	523
65	二乙醚	6.048988	1061.365	228.0658	250	329
66	甲基叔丁基醚	6.09379	1173.036	231.784	288	351
67	二苯醚	6.628705	2322.604	243.4266	339	477
		6.13594	1797.712	177.744	477	544
68	环氧乙烷	6.25333	1054.542	237.762	224	273
		7.81506	2005.779	334.765	273	305
69	环氧丙烷	6.13933	1086.369	228.594	249	308
		5.532333	794.2347	196.6330	308	345
70	糠醛	6.045833	1400.879	185.5408	338	434
71	苯胺	6.815085	1947.325	222.3707	293	376
		6.445000	1731.515	206.049	376	458
72	氰化氢	6.65313	1329.490	260.418	257	319
73	丙烯腈	4.744708	642.1963	154.7317	293	343
74	氯	6.07922	867.371	246.897	206	270
75	氟化氢	6.80588	1475.60	287.88	206	313
76	氯化氢	6.2925	744.4894	258.7	137	200
77	水	7.074056	1657.459	227.02	280	441
78	氨	6.48537	926.133	240.17	179	261
79	硫化氢	6.11872	768.1323	247.09	190	230
80	二氧化硫	6.40715	999.898	237.18	195	280
81	三氧化硫	8.17575	1735.31	236.50	280	332
82	二硫化碳	6.06769	1169.110	241.593	277	353

附录 5 水的性质表

附录 5.1 饱和水与饱和蒸汽表（按温度排列）

温度 t/℃	压力 p/kPa	比容 v/$m^3 \cdot kg^{-1}$		气体密度 ρ/$kg \cdot m^{-3}$	比焓 h/$kJ \cdot kg^{-1}$		汽化潜热 γ/$kJ \cdot kg^{-1}$	比熵 s/$kJ \cdot kg^{-1} \cdot K^{-1}$	
		液体	气体		液体	气体		液体	气体
0	0.6108	0.0010002	206.3	0.004847	−0.04	2501.6	2501.6	−0.0002	9.1577
5	0.8718	0.0010000	147.2	0.006795	21.01	2510.7	2489.7	0.0762	9.0269
10	1.2270	0.0010003	106.4	0.009396	41.99	2519.9	2477.9	0.1510	8.9020
15	1.7039	0.0010008	77.96	0.01282	62.94	2525.1	2466.1	0.2243	8.7826
20	2.337	0.0010017	57.84	0.01729	83.86	2538.2	2454.3	0.2963	8.6684
25	3.166	0.0010029	43.40	0.02304	104.77	2547.3	2442.5	0.3670	8.5592
30	4.241	0.0010043	32.93	0.03037	125.66	2556.4	2430.7	0.4365	8.4546
35	5.622	0.0010060	25.24	0.03961	146.56	2565.4	2418.8	0.5049	8.3543
40	7.375	0.0010078	19.55	0.05116	167.45	2574.4	2406.9	0.5721	8.2583
45	9.582	0.0010099	15.28	0.06546	188.35	2583.3	2394.9	0.6383	8.1661
50	12.335	0.0010121	12.05	0.08302	209.26	2592.2	2382.9	0.7035	8.0776
55	15.741	0.0010145	9.579	0.1044	230.17	2601.0	2370.8	0.7677	7.9926
60	19.920	0.0010171	7.679	0.1302	251.09	2609.7	2358.6	0.8310	7.9108
65	25.01	0.0010199	6.202	0.1612	272.02	2618.4	2346.3	0.8933	7.8322
70	31.16	0.0010228	5.046	0.1982	292.97	2626.9	2334.0	0.9548	7.7565
75	38.55	0.0010259	4.134	0.2419	313.94	2635.4	2321.5	1.0154	7.6835
80	47.36	0.0010292	3.409	0.2933	334.92	2643.8	2308.8	1.0753	7.6132
85	57.80	0.0010326	2.829	0.3535	355.92	2652.0	2296.5	0.1343	7.5454
90	70.11	0.0010361	2.361	0.4235	376.94	2660.1	2283.2	1.1925	7.4799
95	84.53	0.0010399	1.982	0.5045	397.99	2668.1	2270.2	1.2501	7.4166
100	101.33	0.0010437	1.673	0.5977	419.06	2676.0	2256.9	1.3069	7.3554
105	120.80	0.0010477	1.419	0.7046	440.17	2683.7	2243.6	1.3630	7.2962
110	143.27	0.0010519	1.210	0.8265	461.32	2691.3	2230.0	1.4185	7.2388
115	169.06	0.0010562	1.036	0.9650	482.50	2698.7	2216.2	1.4733	7.1832
120	198.54	0.0010606	0.8915	1.122	503.72	2706.0	2202.2	1.5276	7.1293
125	232.10	0.0010652	0.7702	1.298	524.99	2713.0	2188.0	1.5813	7.0769
130	270.13	0.0010700	0.6681	1.497	564.31	2719.9	2173.6	1.6344	7.0261
135	313.1	0.0010750	0.5818	1.719	567.68	2726.6	2158.9	1.6869	6.9766
140	361.4	0.0010801	0.5085	1.967	589.10	2733.1	2144.0	1.7390	6.9284
145	415.5	0.0010853	0.4460	2.242	610.60	2739.3	2128.7	1.7906	6.8815
150	476.0	0.0010908	0.3924	2.548	632.15	2745.4	2113.2	1.8416	6.8358
155	543.3	0.0010964	0.3464	2.886	653.78	2751.2	2097.4	1.8923	6.7911
160	618.1	0.0011022	0.3068	3.260	675.47	2756.7	2081.3	1.9425	6.7475
165	700.8	0.0011032	0.2724	3.671	697.25	2762.0	2064.8	1.9233	6.7048
170	792.0	0.0011145	0.2426	4.123	719.12	2767.1	2047.9	2.0416	6.6630
175	892.4	0.0011209	0.2165	4.618	741.07	2771.8	2030.7	2.0906	6.6221
180	1002.7	0.0011275	0.1938	5.160	763.12	2776.3	2013.1	2.1393	6.5819

续表

温度 t/℃	压力 p/kPa	比容 v/m³·kg⁻¹		气体密度 ρ/kg·m⁻³	比焓 h/kJ·kg⁻¹		汽化潜热 γ/kJ·kg⁻¹	比熵 s/kJ·kg⁻¹·K⁻¹	
		液体	气体		液体	气体		液体	气体
185	1123.3	0.00111344	0.1739	5.752	785.26	2780.4	1995.2	2.1876	6.5424
190	1255.1	0.0011415	0.1563	6.397	807.52	2784.3	1976.7	2.2356	6.5036
195	1398.7	0.0011489	0.1408	7.100	829.88	2787.8	1957.9	2.2833	6.4654
200	1554.9	0.0011565	0.1272	7.864	852.37	2790.9	1938.6	2.3307	6.4278
210	1907.7	0.0011726	0.1042	9.593	897.74	2796.2	1898.5	2.4247	6.3539
220	2319.8	0.0011900	0.08604	11.62	943.67	2799.9	1856.2	2.5178	6.2817
230	2797.6	0.0012087	0.07145	14.00	990.26	2802.0	1811.7	2.6102	6.2107
240	3347.8	0.0012291	0.05965	16.76	1037.2	2801.2	1764.6	2.7020	6.1406
250	3977.6	0.0012513	0.05004	19.99	1085.8	2800.4	1714.6	2.7935	6.0708
260	4694.3	0.0012756	0.04213	23.73	1134.9	2796.4	1661.5	2.8848	6.0010
270	5505.8	0.0013025	0.03559	28.10	1185.3	2789.9	1604.6	2.9763	5.9304
280	6420.2	0.0013324	0.03013	33.19	1236.8	2780.4	1543.6	3.0683	5.8586
290	7446.1	0.0013659	0.02554	39.16	1290.0	2767.6	1477.6	3.1611	5.7848
300	8592.7	0.0014041	0.02165	46.19	1345.0	2751.0	1406.0	3.2552	5.7081
310	9870.0	0.0014480	0.01833	54.54	1402.4	2730.0	1327.6	3.3512	5.6278
320	11289	0.0014995	0.01548	64.60	1462.6	2703.7	1241.1	3.4500	5.5423
330	12863	0.0015615	0.01299	76.99	1526.5	2670.2	1143.6	3.5528	5.4490
340	14605	0.0016387	0.01078	92.76	1595.5	2626.2	1030.7	3.6616	5.3427
350	16535	0.0017411	0.008799	113.6	1671.9	2567.7	895.7	3.7800	5.2177
360	18675	0.0018959	0.006940	144.1	1764.2	2485.4	721.3	3.9210	5.0600
370	21054	0.0022136	0.004973	201.1	1890.2	2342.8	452.6	4.1108	4.8144
374.15	22120	0.00317	0.00317	315.5	2107.4	2107.4	0.0	4.4429	4.4429

附录 5.2 饱和水与饱和蒸汽表（按压力排列）

压力 p/kPa	温度 t/℃	比容 v/m³·kg⁻¹		气体密度 ρ/kg·m⁻³	比焓 h/kJ·kg⁻¹		汽化潜热 γ/kJ·kg⁻¹	比熵 s/kJ·kg⁻¹·K⁻¹	
		液体	气体		液体	气体		液体	气体
1.0	6.9828	0.0010001	129.20	0.07739	29.34	2514.4	2485.0	0.1060	8.9760
2.0	17.513	0.0010012	67.01	0.01492	73.46	2533.6	2460.2	0.2607	8.7247
3.0	24.100	0.0010027	45.67	0.02190	101.00	2545.6	2444.6	0.3544	8.5786
4.0	28.983	0.0010040	34.80	0.02873	121.41	2554.5	2433.1	0.4225	8.4755
5.0	32.898	0.0010052	28.19	0.03547	137.77	2561.6	2423.8	0.4763	8.3965
6.0	36.183	0.0010064	23.74	0.04212	151.50	2567.5	2416.0	0.5209	8.3312
8.0	41.534	0.0010084	18.10	0.05523	173.86	2577.1	2403.2	0.5925	8.2296
10	45.833	0.0010102	14.67	0.06814	191.83	2584.8	2392.9	0.6493	8.1511
15	53.997	0.0010140	10.02	0.09977	225.97	2599.2	2373.2	0.7549	8.0093
20	60.086	0.0010172	7.560	0.1307	251.45	2609.9	2358.4	0.8321	7.9094
25	64.992	0.0010199	6.204	0.1612	271.99	2618.3	2346.4	0.8932	7.8323
30	69.124	0.0010223	5.229	0.1912	289.30	2625.4	2336.1	0.9441	7.7695
40	75.886	0.0010265	3.993	0.2504	317.65	2636.9	2319.2	1.0261	7.6709
50	81.345	0.0010301	3.240	0.3086	340.56	2646.0	2305.4	1.0912	7.5947

续表

压力 p/kPa	温度 t/℃	比容 v/$m^3 \cdot kg^{-1}$		气体密度 ρ/$kg \cdot m^{-3}$	比焓 h/$kJ \cdot kg^{-1}$		汽化潜热 γ/$kJ \cdot kg^{-1}$	比熵 s/$kJ \cdot kg^{-1} \cdot K^{-1}$	
		液体	气体		液体	气体		液体	气体
60	85.954	0.0010333	2.732	0.3661	359.93	2653.6	2293.6	1.1454	7.5327
70	89.959	0.0010361	2.365	0.4229	376.77	2660.1	2283.3	1.1921	7.4804
80	93.512	0.0010387	2.087	0.4792	391.72	2665.8	2274.0	1.2330	7.4352
90	96.713	0.0010412	1.869	0.5350	405.21	2670.9	2265.6	1.2696	7.3954
100	99.632	0.0010434	1.694	0.5904	417.51	2675.4	2257.9	1.3027	7.3598
120	104.81	0.0010476	1.428	0.7002	439.36	2683.4	2244.1	1.3609	7.2984
140	109.32	0.0010513	1.236	0.8088	458.42	2690.3	2231.9	1.4109	7.2465
160	113.32	0.0010547	1.091	0.9165	475.38	2696.2	2220.9	1.45507	7.2017
180	116.93	0.0010579	0.9772	1.023	490.70	2701.5	2210.8	1.4944	7.1622
200	120.23	0.0010608	0.8854	1.129	504.70	2706.3	2201.6	1.5301	7.1268
220	123.27	0.0010636	0.8098	1.235	517.62	2710.6	2193.0	1.5627	7.0949
240	126.09	0.0010663	0.7465	1.340	529.64	2714.5	2184.9	1.5929	7.0657
260	128.73	0.0010688	0.6925	1.444	540.87	2718.2	2177.3	1.6209	7.0389
280	131.20	0.0010712	0.6460	1.548	551.44	2721.1	2170.1	1.6471	7.0140
300	133.54	0.0010735	0.6056	1.651	561.43	2724.7	2163.2	1.6716	6.9906
320	135.75	0.0010757	0.5700	1.754	570.90	2727.6	2156.7	1.6948	6.9693
340	137.86	0.0010779	0.5385	1.857	579.92	2730.3	2150.4	1.7168	6.9489
360	139.86	0.0010799	0.5103	1.960	588.53	2732.9	2144.4	1.7376	6.9297
380	141.78	0.0010819	0.4851	2.062	596.77	2735.3	2138.6	1.7574	6.9116
400	143.62	0.0010839	0.4622	2.163	604.67	2737.6	2133.0	1.7764	6.8943
450	147.92	0.0010885	0.4138	2.417	623.16	2742.9	2119.7	1.8204	6.8547
500	151.84	0.0010928	0.3747	2.669	640.12	2747.5	2107.4	1.8604	6.8192
600	158.84	0.0011009	0.3155	3.170	670.42	2755.5	2085.0	1.9308	6.7575
700	164.96	0.0011082	0.2727	3.667	697.06	2762.0	2064.9	1.9918	6.7052
800	170.41	0.0011150	0.2403	4.162	720.94	2767.5	2046.5	2.0457	6.6596
900	175.36	0.0011213	0.2148	4.655	742.64	2772.1	2029.5	2.0941	6.6192
1000	179.88	0.0011274	0.1943	5.147	762.61	2776.2	2013.6	2.1382	6.5828
1200	187.96	0.0011386	0.1632	6.127	798.43	2782.7	1984.3	2.2161	6.5194
1400	195.04	0.0011489	0.1407	7.106	830.08	2787.8	1957.7	2.2837	6.4651
1600	201.37	0.0011586	0.1237	8.085	858.56	2791.7	1933.2	2.3436	6.4175
1800	207.11	0.0011678	0.1103	9.065	884.58	2794.8	1910.3	2.3976	6.3751
2000	212.37	0.0011766	0.09954	10.05	908.59	2797.2	1888.6	2.4469	6.3367
2200	217.24	0.0011850	0.09065	11.03	930.95	2799.1	1868.1	2.4922	6.3015
2400	221.78	0.0011932	0.08320	12.02	951.93	2800.4	1848.5	2.5343	6.2690
2600	226.04	0.0012011	0.07686	13.01	971.72	2801.4	1829.6	2.5736	6.2387
2800	230.05	0.0012088	0.07139	14.01	990.48	2802.0	1811.5	2.6106	6.2104
3000	233.84	0.0012163	0.06663	15.01	1008.4	2802.3	1793.9	2.6455	6.1837
3200	237.45	0.0012237	0.06244	16.20	1025.4	2802.3	1776.9	2.6786	6.1585
3400	240.88	0.0012310	0.05873	17.03	1041.8	2802.1	1760.3	2.7101	6.1344

续表

压力 p/kPa	温度 t/℃	比容 $v/m^3 \cdot kg^{-1}$		气体密度 $\rho/kg \cdot m^{-3}$	比焓 $h/kJ \cdot kg^{-1}$		汽化潜热 $\gamma/kJ \cdot kg^{-1}$	比熵 $s/kJ \cdot kg^{-1} \cdot K^{-1}$	
		液体	气体		液体	气体		液体	气体
3600	244.16	0.0012381	0.05541	18.05	1057.6	2801.7	1744.2	2.7401	6.1115
3800	247.31	0.0012451	0.05244	19.07	1072.7	2801.1	1728.4	2.7689	6.0896
4000	250.33	0.0012521	0.04975	20.10	1087.4	2800.3	1712.9	2.7965	6.0685
4500	257.41	0.0012691	0.04404	22.71	1122.1	2797.7	1675.6	2.8612	6.0191
5000	263.91	0.0012858	0.03943	25.36	1154.5	2794.2	1639.7	2.9206	5.9735
5500	269.93	0.0013023	0.03563	28.07	1184.9	2789.9	1605.0	2.9757	5.9309
6000	275.55	0.0013187	0.03244	30.83	1213.7	2785.0	1571.3	3.0273	5.8908
7000	285.79	0.0013513	0.02737	36.53	1267.4	2773.5	1506.0	3.1219	5.8162
8000	294.97	0.0013842	0.02353	42.51	1317.1	2759.9	1442.0	3.2076	5.7471
9000	303.31	0.0014179	0.02050	48.79	1363.7	2744.6	1380.9	3.2867	5.6820
10000	310.96	0.0014526	0.01804	55.43	1408.0	2727.7	1319.7	3.3605	5.6198
11000	318.05	0.0014887	0.01601	62.48	1450.6	2709.3	1258.7	3.4304	5.5595
12000	324.65	0.0015268	0.01428	70.01	1491.8	2689.2	1197.4	3.4972	5.5002
13000	330.83	0.0015672	0.1280	78.14	1532.0	2667.0	1135.0	3.616	5.4408
14000	336.64	0.0016106	0.01150	86.99	1571.6	2642.4	1070.7	3.6242	5.3803
15000	342.13	0.0016579	0.01034	96.71	1611.0	2615.0	1004.0	3.6859	5.3178
16000	347.33	0.0017103	0.009308	107.4	1650.5	2584.9	934.3	3.7471	5.2531
18000	356.96	0.0018399	0.007498	133.4	1734.8	2513.9	779.1	3.8765	5.1128
20000	365.70	0.0020370	0.005877	170.2	1826.5	2418.4	591.9	4.0149	4.9412
21000	369.78	0.0022015	0.005023	199.1	1886.3	2347.6	461.3	4.1048	4.8223
22000	373.69	0.0026714	0.003728	268.3	2011.1	2195.6	184.5	4.2947	4.5799
22120	374.15	0.00317	0.00317	315.5	2107.4	2107.4	0.0	4.4429	4.4429

附录 5.3 未饱和水与过热蒸汽表

（水平粗线之上为未饱和水、粗线之下为过热蒸汽）

t/℃	0.1MPa			0.5MPa			1.0MPa		
	v /$m^3 \cdot kg^{-1}$	h /$kJ \cdot kg^{-1}$	s /$kJ \cdot kg^{-1} \cdot K^{-1}$	v /$m^3 \cdot kg^{-1}$	h /$kJ \cdot kg^{-1}$	s /$kJ \cdot kg^{-1} \cdot K^{-1}$	v /$m^3 \cdot kg^{-1}$	h /$kJ \cdot kg^{-1}$	s /$kJ \cdot kg^{-1} \cdot K^{-1}$
0	0.0010002	0.1	−0.0001	0.0010000	0.5	−0.0001	0.0009997	1.0	−0.0001
20	0.0010017	84.0	0.2963	0.0010015	84.3	0.2962	0.0010013	84.8	0.2961
40	0.0010078	167.5	0.5721	0.0010076	167.9	0.5719	0.0010074	168.3	0.5717
50	0.0010121	209.3	0.7035	0.0010119	209.7	0.7033	0.0010117	210.1	0.7030
60	0.0010171	251.2	0.8309	0.0010169	251.5	0.8307	0.0010167	251.9	0.8305
80	0.0010292	335.0	1.0752	0.0010290	335.3	1.0750	0.0010287	335.7	1.0746
100	1.696	2676.1	7.3618	0.0010435	419.6	1.3066	0.0010432	419.7	1.3062
110	1.744	2696.4	7.4152	0.0010517	461.6	1.4182	0.0010514	416.9	1.4178
120	1.793	2716.5	7.4670	0.0010605	503.9	1.5273	0.0010602	504.3	1.5269
130	1.841	2736.5	7.5173	0.0010699	546.5	1.6341	0.0010696	546.8	1.6337
140	1.889	2756.4	7.5662	0.0010800	589.2	1.7388	0.0010796	589.5	1.7383
150	1.936	2776.3	7.6137	0.0010908	632.2	1.8416	0.0010904	632.5	1.8410
160	1.984	2796.2	7.6601	0.3835	2766.4	6.8631	0.0011019	675.7	1.9420

续表

t/℃	0.1MPa			0.5MPa			1.0MPa		
	v /m^3·kg^{-1}	h /kJ·kg^{-1}	s /kJ·kg^{-1}·K^{-1}	v /m^3·kg^{-1}	h /kJ·kg^{-1}	s /kJ·kg^{-1}·K^{-1}	v /m^3·kg^{-1}	h /kJ·kg^{-1}	s /kJ·kg^{-1}·K^{-1}
170	2.031	2816.0	7.7053	0.3941	2789.1	6.9149	0.0011143	719.2	2.0414
180	2.078	2835.8	7.7495	0.4045	2811.4	6.9647	0.1944	2776.5	6.5835
190	2.125	2855.6	7.7927	0.4148	2833.4	7.0127	0.2002	2802.0	6.6392
200	2.172	2875.4	7.8349	0.4250	2855.1	7.0592	0.2059	2826.8	6.6922
210	2.219	2895.2	7.8763	0.4350	2876.6	7.1042	0.2115	2851.0	6.7427
220	2.266	2915.0	7.9169	0.4450	2898.0	7.1478	0.2169	2874.6	6.7911
230	2.313	2934.8	7.9567	0.4549	2919.1	7.1903	0.2223	2897.8	6.8377
240	2.359	2954.6	7.9958	0.4647	2940.1	7.2317	0.2276	2920.6	6.8825
250	2.406	2974.5	8.0342	0.4744	2961.1	7.2721	0.2327	2943.0	6.9259
260	2.453	2994.4	8.0719	0.4841	2981.9	7.3115	0.2379	2965.2	6.9680
270	2.499	3014.4	8.1089	0.4938	3002.7	7.3501	0.2430	2987.2	7.0088
280	2.546	3034.4	8.1454	0.5034	3023.4	7.3879	0.2480	3009.0	7.0485
290	2.592	3054.4	8.1813	0.5130	3044.1	7.4250	0.2530	3030.6	7.0873
300	2.639	3074.5	8.2166	0.5226	3064.8	7.4614	0.2580	3052.1	7.1251
320	2.732	3114.8	8.2857	0.5416	3106.1	7.5322	0.2678	3094.9	7.1984
340	2.824	3155.3	8.3529	0.5606	3174.4	7.6008	0.2776	3137.4	7.2689
350	2.871	3175.6	8.3858	0.5701	3168.1	7.6343	0.2824	3158.5	7.3031
360	2.917	3196.0	8.4183	0.5795	3188.8	7.6673	0.2873	3179.7	7.3368
380	3.010	3237.0	8.4820	0.5984	3230.4	7.7319	0.2969	3222.0	7.4027
400	3.102	3278.2	8.5442	0.6172	3272.1	7.7948	0.3065	3264.4	7.4665
450	3.334	3382.4	8.6934	0.6640	3377.2	7.9454	0.3303	3370.8	7.6190
500	3.565	3488.1	8.8348	0.7108	3483.8	8.0879	0.3540	3478.3	7.7627
550	3.797	3595.6	8.9695	0.7574	3591.8	8.2233	0.3775	3587.1	7.8991
600	4.028	3704.8	9.0982	0.8039	3701.5	8.3526	0.4010	3697.4	8.0292
650	4.259	3815.7	9.2217	0.8504	3812.8	8.4766	0.4244	3809.3	8.1537
700	4.490	3928.2	9.3405	0.8968	3925.8	8.5957	0.4477	3922.7	8.2734
750	4.721	4042.5	9.4549	0.9432	4040.3	8.7105	0.4710	4037.6	8.3885
800	4.952	4158.3	9.5654	0.9896	4156.4	8.8213	0.4943	4154.1	8.4997

t/℃	2.5MPa			5.0MPa			7.6MPa		
	v /m^3·kg^{-1}	h /kJ·kg^{-1}	s /kJ·kg^{-1}·K^{-1}	v /m^3·kg^{-1}	h /kJ·kg^{-1}	s /kJ·kg^{-1}·K^{-1}	v /m^3·kg^{-1}	h /kJ·kg^{-1}	s /kJ·kg^{-1}·K^{-1}
0	0.0009990	2.5	−0.0000	0.0009977	5.1	0.0002	0.0009964	7.7	0.0004
20	0.0010006	86.2	0.2958	0.0009995	88.6	0.2952	0.0009983	91.0	0.2947
40	0.0010067	169.7	0.5711	0.0010056	171.9	0.5702	0.0010045	174.2	0.5691
50	0.0010110	211.4	0.7023	0.0010099	213.5	0.7012	0.0010087	215.8	0.7000
60	0.0010160	253.2	0.8297	0.0010149	255.3	0.8283	0.0010137	257.4	0.8269
80	0.0010280	336.9	1.0736	0.0010268	338.8	1.0720	0.0010256	340.9	1.0703
100	0.0010425	420.9	1.3050	0.0010412	422.7	1.3030	0.0010398	424.7	1.3010
120	0.0010593	505.3	1.5255	0.0010579	507.1	1.5232	0.0010564	508.9	1.5200
140	0.0010787	590.5	1.7368	0.0010771	592.1	1.7342	0.0010754	593.8	1.7315
150	0.0010894	633.4	1.8394	0.0010877	635.0	1.8366	0.0010859	636.6	1.8338
160	0.0011008	676.6	1.9402	0.0010990	678.1	1.9373	0.0010971	679.6	1.9343

续表

t/℃	2.5MPa			5.0MPa			7.6MPa		
	v /m³·kg⁻¹	h /kJ·kg⁻¹	s /kJ·kg⁻¹·K⁻¹	v /m³·kg⁻¹	h /kJ·kg⁻¹	s /kJ·kg⁻¹·K⁻¹	v /m³·kg⁻¹	h /kJ·kg⁻¹	s /kJ·kg⁻¹·K⁻¹
180	0.0011262	763.9	2.1372	0.0011241	765.2	2.1339	0.0011219	766.5	2.1304
200	0.0011555	852.8	2.3292	0.0011530	853.8	2.3253	0.0011504	854.9	2.3213
220	0.0011897	943.7	2.5175	0.0011866	944.4	2.5129	0.0011834	945.2	2.5082
230	0.08163	2820.1	6.2920	0.0012056	990.7	2.6057	0.0012020	991.3	2.6006
240	0.08436	2850.5	6.3517	0.0012264	1037.8	2.6984	0.0012224	1038.1	2.6928
250	0.08699	2879.5	6.4077	0.0012494	1085.8	2.7910	0.0012448	1085.8	2.7848
260	0.08951	2907.4	6.4605	0.0012750	1134.9	2.8840	0.0012696	1134.5	2.8771
270	0.09196	2934.2	6.5104	0.04053	2818.9	6.0192	0.0012973	1184.5	2.9701
280	0.09433	2960.3	6.5584	0.04222	2856.9	6.0886	0.0013289	1236.2	3.0643
290	0.09665	2985.7	6.6034	0.04380	2892.2	6.1519	0.0013654	1289.9	3.1605
300	0.09893	3010.3	6.6407	0.04530	2925.5	6.2105	0.02620	2808.8	5.8053
310	0.10115	3034.7	6.6890	0.04673	2957.0	6.2651	0.02752	2854.0	5.9285
320	0.10335	3058.6	6.7296	0.04810	2987.2	6.3163	0.02873	2895.0	5.9982
330	0.10551	3082.1	6.7689	0.04942	3016.1	6.3647	0.02985	2932.9	6.0615
340	0.10764	3105.4	6.8071	0.05070	3044.1	6.4106	0.03090	2968.2	6.1196
350	0.10975	3128.2	6.8442	0.05194	3071.2	6.4545	0.03190	3001.6	6.1737
360	0.11184	3151.0	6.8802	0.05316	3097.6	6.4966	0.03286	3033.4	6.2243
370	0.11391	3173.6	6.9158	0.05435	3123.4	6.5371	0.03378	3063.9	2.2721
380	0.11597	3196.1	6.9505	0.05551	3148.8	6.5762	0.03467	3093.3	6.3174
390	0.11801	3218.4	6.9845	0.05666	3173.7	6.6140	0.03554	3121.8	6.3607
400	0.12004	3240.7	7.0178	0.05779	3198.3	6.6508	0.03638	3149.6	6.4022
410	0.12206	3262.9	7.0505	0.05891	3222.5	6.6866	0.03720	3176.6	6.4422
430	0.12607	3307.1	7.1143	0.06110	3270.4	6.7556	0.03880	3229.2	6.5181
450	0.13004	3351.3	7.1763	0.06325	3317.5	6.8217	0.04035	3280.3	6.5896
500	0.13987	3461.7	7.3240	0.06849	3433.7	6.9770	0.04406	3403.5	6.7545
550	0.14958	3572.9	7.4633	0.07360	3549.0	7.1215	0.04760	3523.7	6.9051
600	0.15921	3685.1	7.5956	0.07862	3664.5	7.2578	0.05105	3642.9	7.0457
650	0.16876	3798.6	7.7220	0.08356	3780.7	7.3872	0.05441	3762.1	7.1784
700	0.17826	3913.4	7.8431	0.08845	3897.9	7.5108	0.05772	3881.7	7.3046
750	0.18772	4029.5	7.9395	0.09329	4016.1	7.6292	0.06099	4002.1	7.4252
800	0.19714	4147.0	8.0716	0.09809	4135.3	7.7431	0.06421	4123.2	7.5408

t/℃	10.0MPa			12.5MPa			15.0MPa		
	v /m³·kg⁻¹	h /kJ·kg⁻¹	s /kJ·kg⁻¹·K⁻¹	v /m³·kg⁻¹	h /kJ·kg⁻¹	s /kJ·kg⁻¹·K⁻¹	v /m³·kg⁻¹	h /kJ·kg⁻¹	s /kJ·kg⁻¹·K⁻¹
0	0.0009953	10.1	0.0005	0.0009946	12.6	0.0006	0.0009928	15.1	0.0007
20	0.0009972	93.2	0.2942	0.0009961	95.6	0.2936	0.0009950	97.9	0.2931
40	0.0010034	176.3	0.5682	0.0010023	178.5	0.5672	0.0010013	180.7	0.5663
50	0.0010077	217.8	0.6989	0.0010066	220.0	0.6977	0.0010055	222.1	0.6966
60	0.0010127	259.4	0.8257	0.0010116	261.5	0.8243	0.0010105	263.6	0.8230
80	0.0010245	342.8	1.0687	0.0010233	344.8	1.0671	0.0010221	346.8	1.0655
100	0.0010386	426.5	0.2992	0.0010374	428.4	1.2973	0.0010361	430.3	1.2954
120	0.0010551	510.6	0.5188	0.0010537	512.4	1.5166	0.0010523	514.2	1.5144

续表

t/℃	10.0MPa			12.5MPa			15.0MPa		
	v /$m^3\cdot kg^{-1}$	h /$kJ\cdot kg^{-1}$	s /$kJ\cdot kg^{-1}\cdot K^{-1}$	v /$m^3\cdot kg^{-1}$	h /$kJ\cdot kg^{-1}$	s /$kJ\cdot kg^{-1}\cdot K^{-1}$	v /$m^3\cdot kg^{-1}$	h /$kJ\cdot kg^{-1}$	s /$kJ\cdot kg^{-1}\cdot K^{-1}$
140	0.0010739	595.4	7.7291	0.0010724	597.1	1.7266	0.0010709	598.7	1.7241
150	0.0010843	638.1	1.8312	0.0010827	639.7	1.8285	0.0010811	641.3	1.8259
160	0.0010954	681.0	1.9315	0.0010937	682.5	1.9287	0.0010919	684.0	1.9258
180	0.0011199	767.8	2.1272	0.0011179	769.1	2.1240	0.0011159	770.4	2.1208
200	0.0011480	855.9	2.3176	0.0011456	857.0	2.3139	0.0011748	858.1	2.3102
220	0.0011805	945.9	2.5039	0.0011776	946.7	2.4996	0.0011748	947.6	2.4953
240	0.0012188	1038.4	2.6877	0.0012151	1038.8	2.6825	0.0012115	1039.2	2.6775
250	0.0012406	1085.8	2.7792	0.0012364	1086.0	2.7736	0.0012324	1086.2	2.7681
260	0.0012648	1134.2	2.8709	0.0012600	1134.1	2.8646	0.0012553	1133.9	2.8585
280	0.0013221	1235.0	3.0563	0.0013154	1233.9	3.0481	0.0013090	1232.9	3.0407
300	0.0013979	1343.4	3.2488	0.0013875	1340.6	3.2380	0.0013779	1338.2	3.2277
310	0.0014472	1402.2	3.3505	0.0014336	1398.1	3.3373	0.0014212	1394.5	3.3250
320	0.01926	2783.5	5.7145	0.0014905	1459.7	3.4420	0.0014736	1454.3	3.4267
330	0.02042	2836.5	5.8032	0.01383	2697.2	5.5018	0.0015402	1519.4	3.5355
340	0.02147	2883.4	5.8803	0.01508	2768.7	5.6195	0.0016324	1593.3	3.6571
350	0.02242	2925.8	5.5989	0.01612	2828.0	5.7155	0.01146	2694.8	5.4467
360	0.02331	2964.8	6.0110	0.01704	2879.6	5.7976	0.01256	2770.8	5.5677
370	0.02414	3001.3	6.0682	0.01787	2925.7	5.8698	0.01348	2833.6	5.6662
380	0.02493	3035.7	6.1213	0.01863	2967.6	5.9345	0.01428	2887.7	5.7497
390	0.02568	3068.5	6.1711	0.01934	3006.4	5.9935	0.01500	2935.7	5.8225
400	0.02641	3099.9	6.2182	0.02001	3042.9	6.0481	0.01566	2979.1	5.8876
410	0.02711	3130.3	6.2629	0.02065	3077.5	6.0991	0.01628	3019.3	5.9469
420	0.02779	3159.7	6.3057	0.02126	3110.5	6.1471	0.01686	3057.0	6.0016
430	0.02846	3188.3	6.3467	0.02186	3142.3	6.1927	0.01741	3092.7	6.0528
440	0.02911	3216.2	6.3861	0.02243	3173.1	6.2362	0.01794	3126.9	6.1010
450	0.02974	3243.6	6.4243	0.02299	3203.0	6.2778	0.01845	3159.7	6.1468
470	0.03098	3297.0	6.4971	0.02406	3260.7	6.3565	0.01943	3222.3	6.2322
500	0.03276	3374.6	6.5994	0.02559	3343.3	6.4654	0.02080	3310.6	6.3487
550	0.03560	3499.8	6.7564	0.02799	3474.4	6.6298	0.02291	3448.3	6.5213
600	0.03832	3622.7	6.9013	0.03026	3601.4	6.7796	0.02488	3579.3	6.6764
650	0.04096	3744.7	7.0373	0.03245	3726.6	6.9190	0.02677	3708.3	6.8195
700	0.04355	3866.8	7.1660	0.03457	3851.1	7.0504	0.02859	3835.4	6.9536
750	0.04608	3989.1	7.2886	0.03665	3975.6	7.1752	0.03036	3962.1	7.0806
800	0.04858	4112.0	7.4058	0.03868	4100.3	7.2942	0.03209	4088.6	7.2013

t/℃	20.0MPa			25.0MPa			30.0MPa		
	v /$m^3\cdot kg^{-1}$	h /$kJ\cdot kg^{-1}$	s /$kJ\cdot kg^{-1}\cdot K^{-1}$	v /$m^3\cdot kg^{-1}$	h /$kJ\cdot kg^{-1}$	s /$kJ\cdot kg^{-1}\cdot K^{-1}$	v /$m^3\cdot kg^{-1}$	h /$kJ\cdot kg^{-1}$	s /$kJ\cdot kg^{-1}\cdot K^{-1}$
0	0.0009904	20.1	0.0008	0.0009881	25.1	0.0009	0.0009857	30.0	0.0008
50	0.0010034	226.4	0.6943	0.0010013	230.7	0.6920	0.0009993	235.0	0.6897
100	0.0010337	434.0	1.2916	0.0010313	437.8	1.2879	0.0010289	441.6	1.2843

续表

t/℃	20.0MPa			25.0MPa			30.0MPa		
	v /m^3•kg^{-1}	h /kJ•kg^{-1}	s /kJ•kg^{-1}•K^{-1}	v /m^3•kg^{-1}	h /kJ•kg^{-1}	s /kJ•kg^{-1}•K^{-1}	v /m^3•kg^{-1}	h /kJ•kg^{-1}	s /kJ•kg^{-1}•K^{-1}
150	0.0010779	644.5	1.8207	0.0010748	647.7	1.8155	0.0010718	650.9	1.8105
200	0.0011387	860.4	2.3030	0.0011343	862.8	2.2960	0.0011301	865.2	2.2891
220	0.0011693	949.3	2.4870	0.0011640	951.2	2.4789	0.0011590	953.1	2.4710
240	0.0012047	1040.3	2.6677	0.0011983	1041.5	2.6583	0.0011922	1042.8	2.6492
250	0.0012247	1086.7	2.7574	0.0012175	1087.5	2.7472	0.0012107	1088.4	2.7374
260	0.0012466	1134.0	2.8468	0.0012384	1134.2	2.8357	0.0012307	1134.7	2.8250
280	0.0012971	1231.4	3.0262	0.0012863	1230.3	3.0126	0.0012763	1229.7	2.9998
300	0.0013606	1334.3	3.2088	0.0013453	1331.1	3.1916	0.0013316	1328.7	3.1756
320	0.0014451	1445.6	3.3998	0.0014214	1438.9	3.3764	0.0014012	1433.6	3.3556
340	0.0015704	1572.5	3.6100	0.0015273	1558.3	3.5743	0.0014939	1547.7	3.5447
350	0.0016662	1647.2	3.7308	0.0016000	1625.1	3.6824	0.0015540	1610.0	3.6455
360	0.001827	1742.9	3.8835	0.001698	1701.1	3.8036	0.001628	1678.0	3.7541
370	0.006908	2527.6	5.1117	0.001852	1788.8	3.9411	0.001728	1749.0	3.8653
380	0.008246	2660.2	5.3165	0.002240	1941.0	4.1757	0.001874	1837.7	4.0021
390	0.009181	2749.3	5.4520	0.004609	2391.3	4.8599	0.002144	1959.1	4.1865
400	0.009947	2820.5	5.5585	0.006014	2582.0	5.1455	0.002831	2161.8	4.4896
410	0.01061	2880.4	5.6470	0.006887	2691.3	5.3069	0.003956	2394.5	4.8329
420	0.01120	2932.9	5.7232	0.007580	2774.1	5.4271	0.004921	2558.0	5.0706
430	0.01174	2980.2	5.7910	0.008172	2842.5	5.5252	0.005643	2668.8	5.2295
440	0.01224	3023.7	5.8523	0.008696	2901.7	5.6087	0.006227	2754.0	5.3499
450	0.01271	3064.3	5.9089	0.009171	2954.3	5.6821	0.006735	2825.6	5.4495
460	0.01315	3102.7	5.9616	0.009609	3002.3	5.7479	0.007189	2887.7	5.5349
470	0.01358	3139.2	6.0112	0.01002	3046.7	5.8082	0.007602	2943.3	5.6102
480	0.01399	3174.4	6.0581	0.01041	3088.5	5.8640	0.007985	2993.9	5.6779
490	0.01439	3208.3	6.1028	0.01078	3128.1	5.9162	0.008343	3040.9	5.7398
500	0.01477	3241.1	6.1456	0.01113	3165.9	5.9655	0.008681	3085.0	5.7972
520	0.01551	3304.2	6.2262	0.01180	3237.5	6.0568	0.009310	3166.6	5.9014
540	0.01621	3364.7	6.3015	0.01242	3304.7	6.1405	0.009890	3241.7	5.9949
550	0.01655	3394.1	6.3374	0.01272	3337.0	6.1801	0.01017	3277.4	6.0386
560	0.01688	3423.0	6.3724	0.01301	3368.7	6.2183	0.01043	3312.1	6.0805
580	0.01753	3479.5	6.4398	0.01358	3430.2	6.2913	0.01095	3378.9	6.1597
600	0.01816	3535.5	6.5043	0.01413	3489.9	6.3604	0.01144	3443.0	6.2340
620	0.01878	3590.3	6.5663	0.01465	3548.1	6.4263	0.01191	3505.0	6.3042
650	0.01967	3671.1	6.6554	0.01542	3633.4	6.5203	0.01258	3595.0	6.4033
680	0.02054	3751.0	6.7405	0.01615	3716.9	6.6093	0.01323	3682.4	6.4966
700	0.02111	3803.8	6.7953	0.01663	3771.9	6.6664	0.01365	3739.7	6.5560
720	0.02167	3856.4	6.8488	0.01710	3826.5	6.7219	0.01406	3796.3	6.6136
750	0.02250	3935.0	6.9267	0.01779	3907.7	6.8025	0.01465	3880.3	6.6970
800	0.02385	4065.3	7.0511	0.01891	4041.9	6.9306	0.04562	4018.5	6.8288

续表

t/℃	35.0MPa			40.0MPa			45.0MPa		
	v /m³·kg⁻¹	h /kJ·kg⁻¹	s /kJ·kg⁻¹·K⁻¹	v /m³·kg⁻¹	h /kJ·kg⁻¹	s /kJ·kg⁻¹·K⁻¹	v /m³·kg⁻¹	h /kJ·kg⁻¹	s /kJ·kg⁻¹·K⁻¹
0	0.0009834	34.9	0.0007	0.0009811	39.7	0.0004	0.0009879	44.6	0.0001
50	0.0009973	239.2	0.6874	0.0009953	243.5	0.6852	0.0009933	247.7	0.6829
100	0.0010266	445.4	1.2807	0.0010244	449.2	1.2771	0.0010222	453.0	1.2736
150	0.0010689	654.2	1.8056	0.0010660	657.4	1.8007	0.0010632	660.7	1.7959
200	0.0011260	867.7	2.2824	0.0011220	870.2	2.2759	0.0011182	872.8	2.2695
220	0.0011542	955.1	2.4634	0.0011495	957.2	2.4560	0.0011450	959.4	2.4488
240	0.0011863	1044.2	2.6405	0.0011808	1045.8	2.6320	0.0011754	1047.5	2.6238
250	0.0012042	1089.5	2.7279	0.0011981	1090.8	2.7188	0.0011922	1092.1	2.7100
260	0.0012235	1135.4	2.8148	0.0012166	1136.3	2.8050	0.0012102	1137.3	2.7955
280	0.0012670	1277.5	3.0741	0.0012819	1276.8	3.0614	0.0012727	1276.5	3.0494
300	0.0013191	1326.8	3.1608	0.0013077	1325.4	3.1469	0.0012972	1324.4	3.1337
320	0.0013835	1429.4	3.3367	0.0013677	1425.9	3.3193	0.0013535	1423.2	3.3032
340	0.0014666	1539.5	3.5192	0.0014434	1532.9	3.4965	0.0014233	1527.5	3.4760
350	0.0015186	1598.7	3.6149	0.0014896	1589.7	3.5885	0.0014651	1582.4	3.5649
360	0.001580	1662.3	3.7166	0.001542	1650.5	3.6856	0.001512	1641.3	3.6590
370	0.001656	1725.5	3.8156	0.001605	1709.0	3.7774	0.001566	1696.6	3.7457
380	0.001754	1799.9	3.9304	0.001682	1776.4	3.8814	0.001630	1759.7	3.8430
390	0.001892	1886.3	4.0617	0.001779	1805.7	3.9942	0.001706	1827.4	3.9459
400	0.002111	1993.1	4.2214	0.001909	1934.1	4.1190	0.001801	1900.6	4.0554
410	0.002494	2133.1	4.4278	0.002095	2031.2	4.2621	0.001924	1981.0	4.1739
420	0.003082	2296.7	4.6656	0.002371	2145.7	4.4285	0.002088	2070.6	4.3042
430	0.003761	2450.6	4.8861	0.002749	2272.8	4.6105	0.002307	2170.4	4.4471
440	0.004404	2577.2	5.0649	0.003200	2399.4	4.7893	0.002587	2277.0	4.5977
450	0.004956	2676.4	5.2031	0.003675	2515.6	4.9511	0.002913	2384.2	4.7469
460	0.005430	2758.0	5.3151	0.004137	2617.1	5.0906	0.003266	2486.4	4.8874
470	0.005854	2828.2	5.4103	0.004560	2704.4	5.2089	0.003626	2580.8	5.0152
480	0.006239	2890.4	5.4934	0.004941	2779.8	5.3097	0.003982	2667.5	5.1312
490	0.006594	2946.6	5.5676	0.005291	2946.5	5.3977	0.004315	2744.7	5.2330
500	0.006925	2998.3	5.6349	0.005616	2906.8	5.4762	0.004625	2813.5	5.3226
520	0.007532	3091.8	5.7543	0.006205	3013.7	5.6128	0.005190	2933.8	5.4763
540	0.008083	3176.0	5.8592	0.006735	3108.0	5.7302	0.005698	3038.5	5.6066
550	0.008342	3215.4	5.9074	0.006982	3151.6	5.7835	0.005934	3086.5	5.6654
560	0.008592	3253.5	5.9534	0.007219	3193.4	5.8340	0.006161	3132.2	5.7206
580	0.009069	3326.2	6.0396	0.007667	3272.4	5.9276	0.006587	3217.9	5.8222
600	0.009519	3395.1	6.1194	0.008088	3346.4	6.0135	0.006984	3297.4	5.9143
620	0.009949	3461.1	6.1942	0.008487	3416.7	6.0931	0.007359	3372.2	5.9990
650	0.01056	3556.1	6.2988	0.009053	3517.0	6.2035	0.007886	3477.8	6.1154
680	0.01115	3647.7	6.3965	0.009588	3612.8	6.3056	0.008382	3577.9	6.2221
700	0.01152	3707.3	6.4584	0.009930	3674.8	6.3701	0.008699	3642.4	6.2800
720	0.01189	3766.1	6.5181	0.01026	3735.7	6.4320	0.009006	3705.5	6.3532
750	0.01242	3852.9	6.6043	0.01075	3825.5	6.5210	0.009452	3798.1	6.4451
800	0.01327	3995.1	6.7400	0.01152	3971.7	6.6606	0.01016	3948.4	6.5885

附录 6　R134a 的性质表

附录 6.1　R134a 饱和液体与蒸气的热力学性质表

温度 t /℃	压力 p /kPa	密度 ρ /kg·m^{-3}		比焓 h /kJ·kg^{-1}		比熵 s /kJ·kg^{-1}·K^{-1}		质量定容热容 C_V /kJ·kg^{-1}·K^{-1}		质量定压热容 C_p /kJ·kg^{-1}·K^{-1}		表面张力 σ/N·m^{-1}
		液体	气体	液体	气体	液体	气体	液体	气体	液体	气体	
−40	52	1414	2.8	0.0	223.3	0.000	0.958	0.667	0.646	1.129	0.742	0.0177
−35	66	1399	3.5	5.7	226.4	0.024	0.951	0.696	0.659	1.154	0.758	0.0169
−30	85	1385	4.4	11.5	229.6	0.048	0.945	0.722	0.672	1.178	0.774	0.0161
−25	107	1370	5.5	17.5	232.7	0.073	0.940	0.746	0.685	1.202	0.791	0.0154
−20	133	1355	6.8	23.6	235.8	0.097	0.935	0.767	0.698	1.227	0.809	0.0146
−15	164	1340	8.3	29.8	238.8	0.121	0.931	0.086	0.712	1.250	0.828	0.0139
−10	201	1324	10.0	36.1	241.8	0.145	0.927	0.803	0.726	1.274	0.847	0.0132
−5	243	1308	12.1	42.5	244.8	0.169	0.924	0.817	0.740	1.297	0.868	0.0124
0	293	1292	14.4	49.1	247.8	0.193	0.921	0.830	0.755	1.320	0.889	0.0117
5	350	1276	17.1	55.8	250.7	0.217	0.918	0.840	0.770	1.343	0.912	0.0110
10	415	1259	20.2	62.6	253.5	0.241	0.916	0.849	0.785	1.365	0.936	0.0103
15	489	1242	23.7	69.4	256.3	0.265	0.914	0.857	0.800	1.388	0.962	0.0096
20	572	1224	27.8	76.5	259.0	0.289	0.912	0.863	0.815	1.411	0.990	0.0089
25	666	1206	32.3	83.6	261.6	0.313	0.910	0.868	0.831	1.435	1.020	0.0083
30	771	1187	37.5	90.8	264.2	0.337	0.908	0.872	0.847	1.460	1.053	0.0076
35	887	1167	43.3	98.2	266.6	0.360	0.907	0.875	0.863	1.486	1.089	0.0069
40	1017	1147	50.0	105.7	268.8	0.384	0.905	0.878	0.879	1.514	1.130	0.0063
45	1160	1126	57.5	113.3	271.0	0.408	0.904	0.881	0.896	1.546	1.177	0.0056
50	1318	1103	66.1	121.0	272.9	0.432	0.902	0.883	0.914	1.581	1.231	0.0050
55	1491	1080	75.9	129.0	274.7	0.456	0.900	0.886	0.932	1.621	1.295	0.0044
60	1681	1055	87.2	137.1	276.1	0.479	0.897	0.890	0.950	1.667	1.374	0.0038
65	1888	1028	100.2	145.3	277.3	0.504	0.894	0.895	0.970	1.724	1.473	0.0032
70	2115	999	115.5	153.9	278.1	0.528	0.890	0.901	0.991	1.794	1.601	0.0027
75	2361	967	133.6	162.6	278.4	0.553	0.885	0.910	1.014	1.884	1.776	0.0022
80	2630	932	155.4	171.8	278.0	0.578	0.879	0.922	1.039	2.011	2.027	0.0016
85	2923	893	182.4	181.3	276.8	0.604	0.870	0.937	1.060	2.204	2.408	0.0012
90	3242	847	216.9	191.6	274.5	0.631	0.860	0.958	1.097	3.554	3.056	0.0007
95	2590	790	264.5	203.1	270.4	0.662	0.844	0.988	1.131	3.424	4.483	0.0003
100	2971	689	353.1	219.3	260.4	0.704	0.814	1.044	1.168	10.793	14.807	0.0000

附录 6.2 R134a 过热蒸气热力学性质表

温度 t/℃	密度 ρ /kg·m^{-3}	比焓 h /kJ·kg^{-1}	比熵 s /kJ·kg^{-1}·K^{-1}	质量定容热容 C_V /kJ·kg^{-1}·K^{-1}	质量定压热容 C_p /kJ·kg^{-1}·K^{-1}
−26.1*	1373.16	16.2	0.067	0.741	1.197
−26.1⁺	5.26	232.0	0.941	0.682	0.787
−25.0	5.23	232.9	0.944	0.684	0.788
−20.0	5.11	236.8	0.960	0.691	0.794
−15.0	5.00	240.8	0.976	0.699	0.799
−10.0	4.89	244.8	0.991	0.706	0.805
−5.0	4.79	248.9	1.006	0.714	0.811
0.0	4.69	252.9	1.021	0.722	0.818
5.0	4.59	257.0	1.036	0.730	0.825
10.0	4.50	261.2	1.051	0.738	0.831
15.0	4.42	265.3	1.066	0.746	0.838
20.0	4.34	269.6	1.080	0.754	0.846
25.0	4.26	273.8	1.095	0.762	0.853
30.0	4.18	278.1	1.109	0.770	0.860
35.0	4.11	282.4	1.123	0.778	0.867
40.0	4.04	286.8	1.37	0.786	0.875
45.0	3.97	291.1	1.151	0.793	0.882
50.0	3.91	295.6	1.165	0.801	0.890
55.0	3.84	300.0	1.178	0.809	0.897
60.0	3.78	304.6	1.192	0.817	0.905
65.0	3.73	309.1	1.206	0.825	0.912
70.0	3.67	313.7	1.219	0.833	0.920
75.0	3.67	318.3	1.232	0.841	0.927
80.0	3.56	322.9	1.246	0.849	0.935

注：* 饱和液体；+饱和蒸汽。

附录 7 氨（NH_3）饱和液态与饱和蒸气的热力学性质表

t/℃	p/kPa	比焓 h/kJ·kg^{-1}		比熵 s/kJ·kg^{-1}·K^{-1}		比容 v/L·kg^{-1}	
		液体	气体	液体	气体	液体	气体
−60	21.99	−69.5330	1373.19	−0.10909	6.6592	1.4010	3685.08
−55	30.29	−47.5062	1382.01	−0.00717	6.5454	1.4126	3474.22
−50	41.03	−25.4342	1390.64	0.09264	6.4382	1.4245	2616.51
−45	54.74	−3.3020	1399.07	0.19049	6.3369	1.4367	1998.91
−40	72.01	18.9024	1407.26	0.28651	6.2410	1.4493	1547.36

续表

t/℃	p/kPa	比焓 h/kJ·kg^{-1}		比熵 s/kJ·kg^{-1}·K^{-1}		比容 v/L·kg^{-1}	
		液体	气体	液体	气体	液体	气体
−35	93.49	41.1883	1415.20	0.38082	6.1501	1.4623	1212.49
−30	119.90	63.5629	1422.86	0.47351	6.0636	1.4757	960.867
−28	132.20	72.5387	1425.84	0.51015	6.0302	1.4811	878.100
−26	145.11	81.5300	1428.76	0.54655	5.9974	1.4867	803.761
−24	159.22	90.5370	1431.64	0.58272	5.9652	1.4923	736.868
−22	174.41	99.5600	1434.46	0.61865	5.9336	1.4980	676.570
−20	190.74	108.599	1432.23	0.65436	5.9025	1.5037	622.122
−18	208.26	117.656	1439.94	0.68984	5.8720	1.5096	572.875
−16	227.04	126.729	1442.60	0.72511	5.8420	1.5155	528.257
−14	247.14	135.820	1445.20	0.76016	5.8125	1.5215	487.769
−12	268.63	144.929	1447.74	0.79501	5.7835	1.5276	450.971
−10	291.57	154.056	1450.22	0.82965	5.7550	1.5338	417.477
−9	303.60	158.628	1451.44	0.84690	5.7409	1.5369	401.860
−8	316.02	163.204	1452.64	0.86410	5.7269	1.5400	386.944
−7	328.84	167.785	1453.83	0.88125	5.7131	1.5432	372.692
−6	342.07	172.371	1455.00	0.89835	5.6993	1.5464	359.071
−5	355.71	176.962	1456.15	0.91541	5.6856	1.5496	346.046
−4	369.77	181.559	1457.29	0.93242	5.6721	1.5528	333.589
−3	384.26	186.161	1458.42	0.94938	5.6586	1.5561	321.670
−2	399.20	190.768	1459.53	0.96630	5.6453	1.5594	310.263
−1	414.58	195.381	1460.62	0.98317	5.6320	1.5627	299.340
0	430.43	200.000	1461.70	1.00000	5.6189	1.5660	288.880
1	466.74	204.625	1462.76	1.01679	5.6058	1.5694	278.858
2	463.53	209.256	1463.80	1.03354	5.5929	1.5727	269.253
3	480.81	213.892	1464.83	1.05024	5.5800	1.5762	260.046
4	498.59	218.535	1465.84	1.06691	5.5672	1.5796	251.216
5	516.87	223.185	1466.84	1.08353	5.5545	1.5831	242.745
6	535.67	227.841	1467.82	1.10012	5.5419	1.5866	234.618
7	555.00	232.503	1468.78	1.11667	5.5294	1.5901	226.817
8	574.87	237.172	1469.72	1.13317	5.5170	1.5936	219.326
9	595.28	241.848	1470.64	1.14964	5.5046	1.5972	212.132
10	616.25	246.531	1471.57	1.16607	5.4924	1.6008	205.221
11	637.78	251.221	1472.46	1.18246	5.4802	1.5045	198.580
12	659.89	255.918	1473.34	1.19882	5.4681	1.6081	192.196
13	682.59	260.622	1474.20	1.21515	5.4561	1.6118	186.058
14	705.88	265.334	1475.05	1.23144	5.4441	1.6156	180.154
15	729.79	270.053	1475.88	1.24769	5.4322	1.6193	174.475

续表

t/℃	p/kPa	比焓 h/kJ·kg^{-1}		比熵 s/kJ·kg^{-1}·K^{-1}		比容 v/L·kg^{-1}	
		液体	气体	液体	气体	液体	气体
16	754.31	274.779	1476.69	1.26391	5.4204	1.6231	169.009
17	779.46	279.513	1477.48	1.28010	5.4087	1.6269	163.748
18	805.25	284.255	1478.25	1.29626	5.3971	1.6308	158.683
19	831.69	289.005	1479.01	1.31238	5.3855	1.6347	153.804
20	858.79	293.762	1479.75	1.32847	5.3740	1.6386	149.106
21	880.57	298.527	1480.48	1.34452	5.3626	1.6426	144.578
22	915.03	303.300	1481.18	1.36055	5.3512	1.6466	140.214
23	944.18	308.081	1481.87	1.37654	5.3399	1.6507	136.006
24	974.03	312.870	1482.53	1.39250	5.3286	1.6457	131.950
25	1004.6	317.667	1483.18	1.40843	5.3175	1.6588	128.037
26	1035.9	322.471	1483.81	1.42433	5.3063	1.6630	124.261
27	1068.0	327.284	1484.42	1.44020	5.2953	1.6672	120.619
28	1100.7	332.104	1485.01	1.45604	5.2843	1.6714	117.103
29	1134.3	336.933	1485.59	1.47185	5.2733	1.6757	113.708
30	1168.6	341.769	1486.14	1.48762	5.2624	1.6800	110.430
31	1203.7	346.614	1486.67	1.50337	5.2516	1.6844	107.263
32	1239.6	351.466	1487.18	1.51908	5.2408	1.6888	104.205
33	1276.3	356.326	1487.66	1.53477	5.2300	1.6932	101.248
34	1313.9	361.195	1488.13	1.55042	5.2193	1.6977	98.3913
35	1352.2	366.072	1488.57	1.56605	5.2086	1.7023	93.6290
36	1391.5	370.957	1488.99	1.58165	5.1980	1.7069	92.9579
37	1431.5	375.851	1489.39	1.59722	5.1874	1.7115	90.3743
38	1472.4	380.754	1489.76	1.61276	5.1768	1.7162	87.8748
39	1514.3	385.666	1490.10	1.62828	5.1663	1.7209	85.4561
40	1557.0	390.587	1490.42	1.64377	5.1558	1.7257	83.1150
41	1600.6	395.519	1490.71	1.65924	5.1453	1.7305	80.8484
42	1645.1	400.462	1490.98	1.67470	5.1349	1.7354	78.6536
43	1690.6	405.416	1491.21	1.69013	5.1244	1.7404	76.5276
44	1737.0	410.362	1491.41	1.70554	5.1140	1.7454	74.4678
45	1784.3	415.362	1491.58	1.72095	5.1036	1.7504	72.4716
46	1832.6	420.358	1491.72	1.73635	5.0912	1.7555	70.5365
47	1881.9	425.369	1491.83	1.75174	5.0827	1.7607	68.6602
48	1932.2	430.399	1491.98	1.76714	5.0723	1.7659	66.5403
49	1983.3	435.450	1491.91	1.78354	5.0618	1.7710	63.0746
50	2035.9	440.523	1491.89	1.79798	5.0514	1.7766	61.3608
51	2089.1	445.623	1491.83	1.81343	5.0409	1.7820	61.6971
52	2143.6	450.751	1491.73	1.82891	5.0303	1.7875	60.0813
53	2199.1	455.913	1491.58	1.84445	5.0198	1.7931	58.5114
54	2235.6	461.112	1491.38	1.86004	5.0092	1.7987	56.9833
55	2312.2	466.353	1491.12	1.87571	4.9983	1.8044	55.5014

附录8 氨的 T-S 图

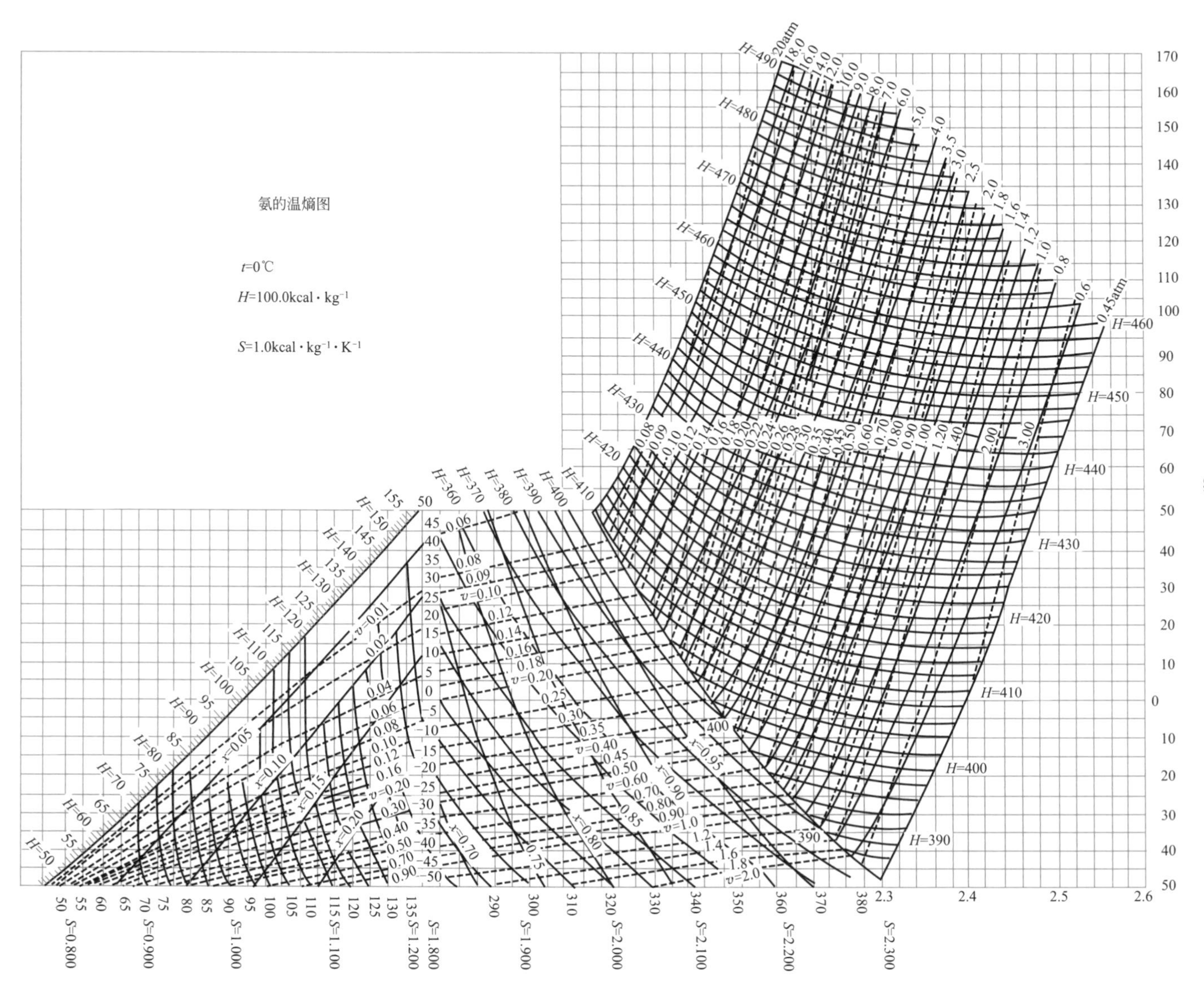

氨的温熵图
t=0℃
H=100.0kcal·kg⁻¹
S=1.0kcal·kg⁻¹·K⁻¹
t/℃
20atm
0.45atm
S=0.800
S=0.900
S=1.000
S=1.100
S=1.200
S=1.800
S=1.900
S=2.000
S=2.100
S=2.200
S=2.300

附录9 氨的 lnp-H 图

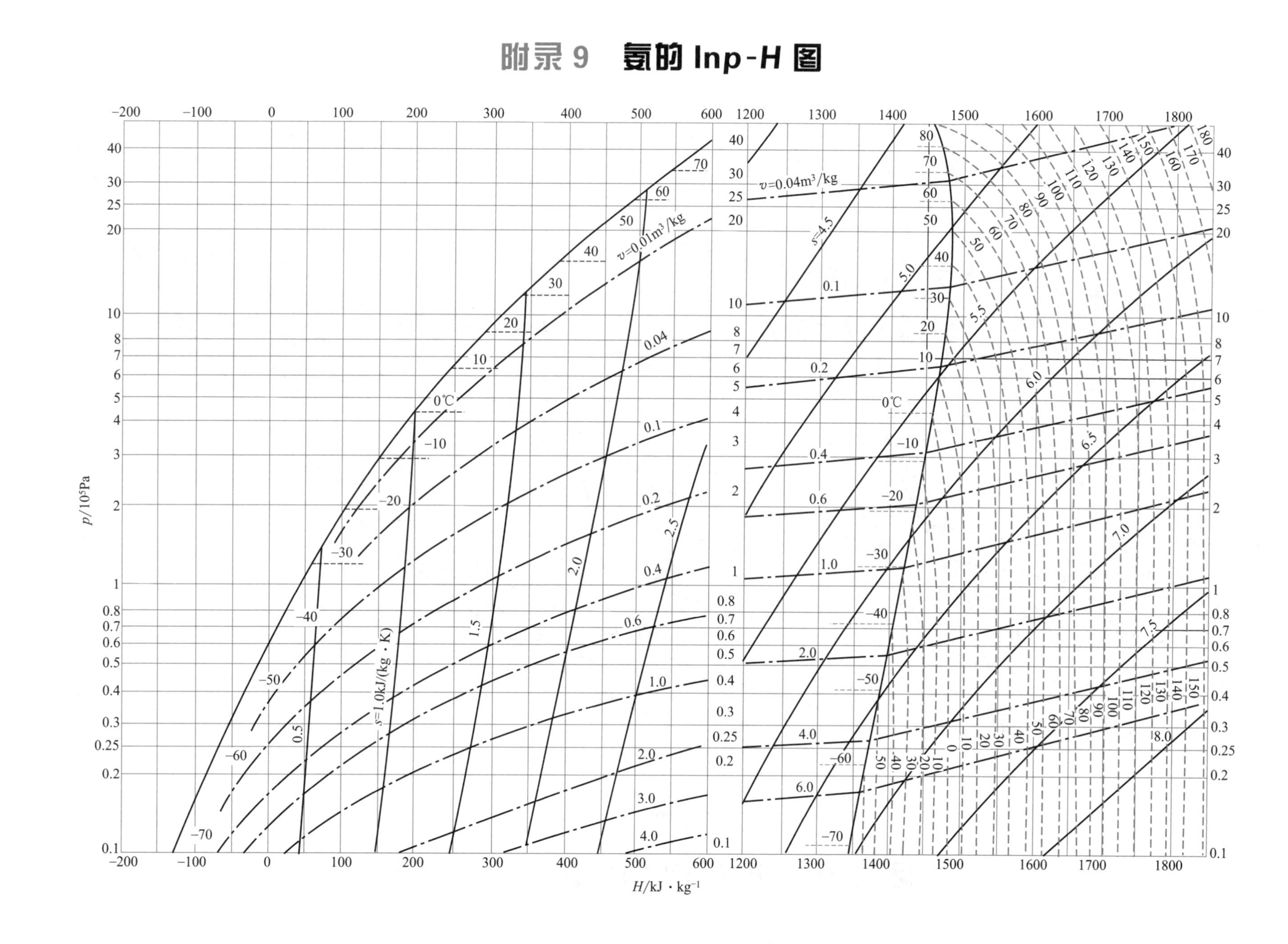

附录 10　R12（CCl_2F_2）的 ln*p*-*H* 图

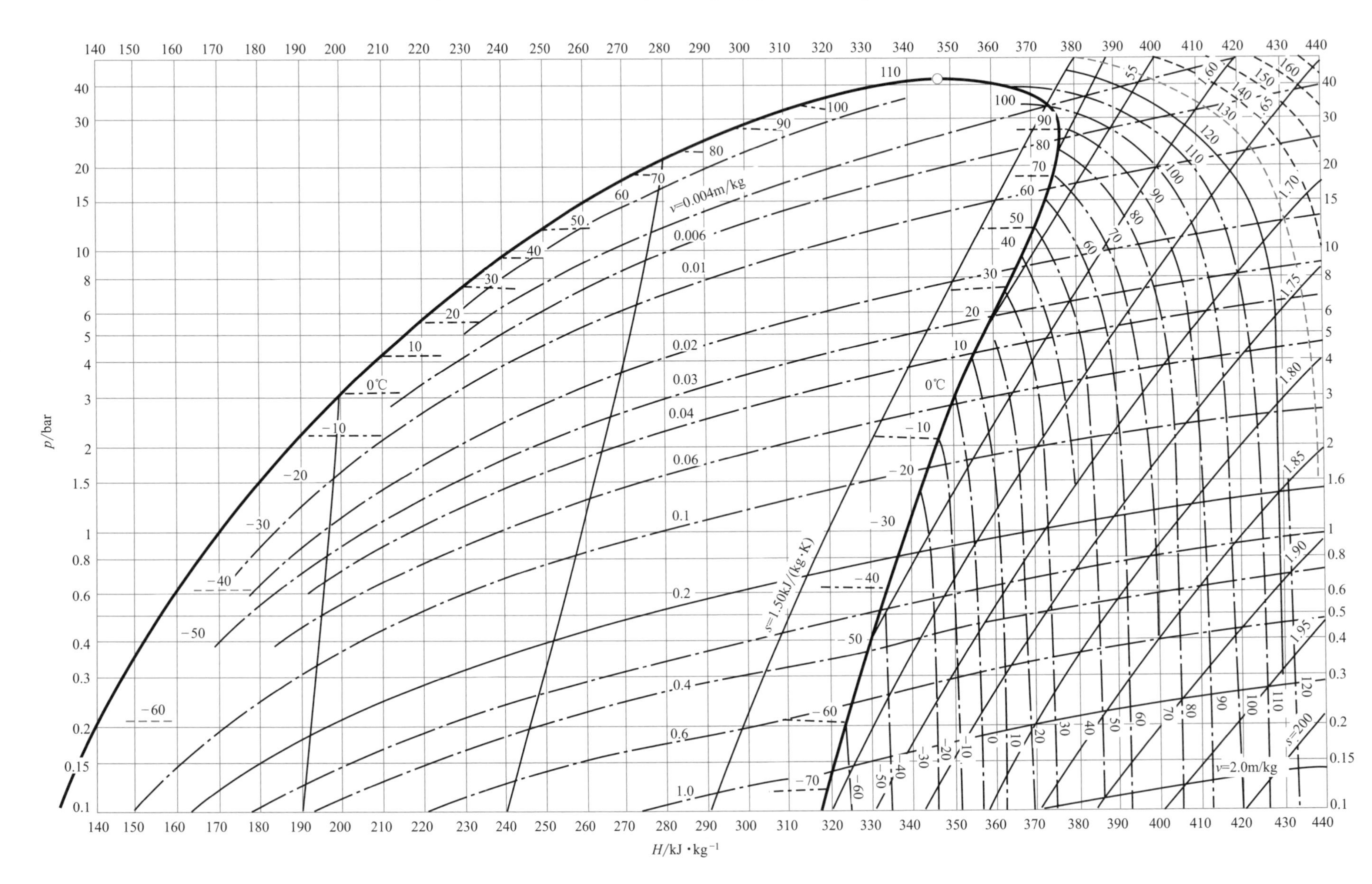

附录 11 R22（$CHClF_2$）的 lnp-*H* 图

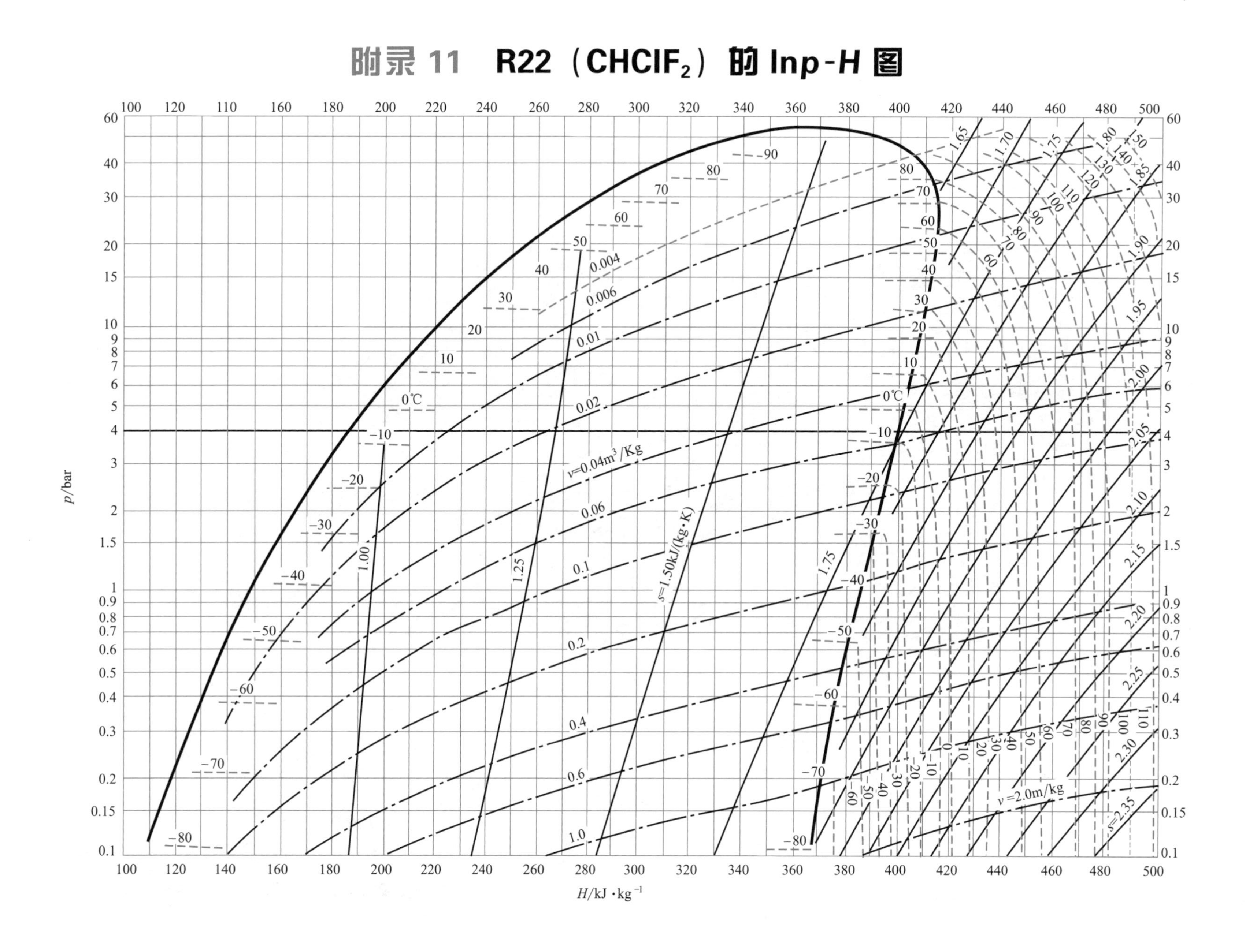

附录 12　水蒸气的 *H-S* 图

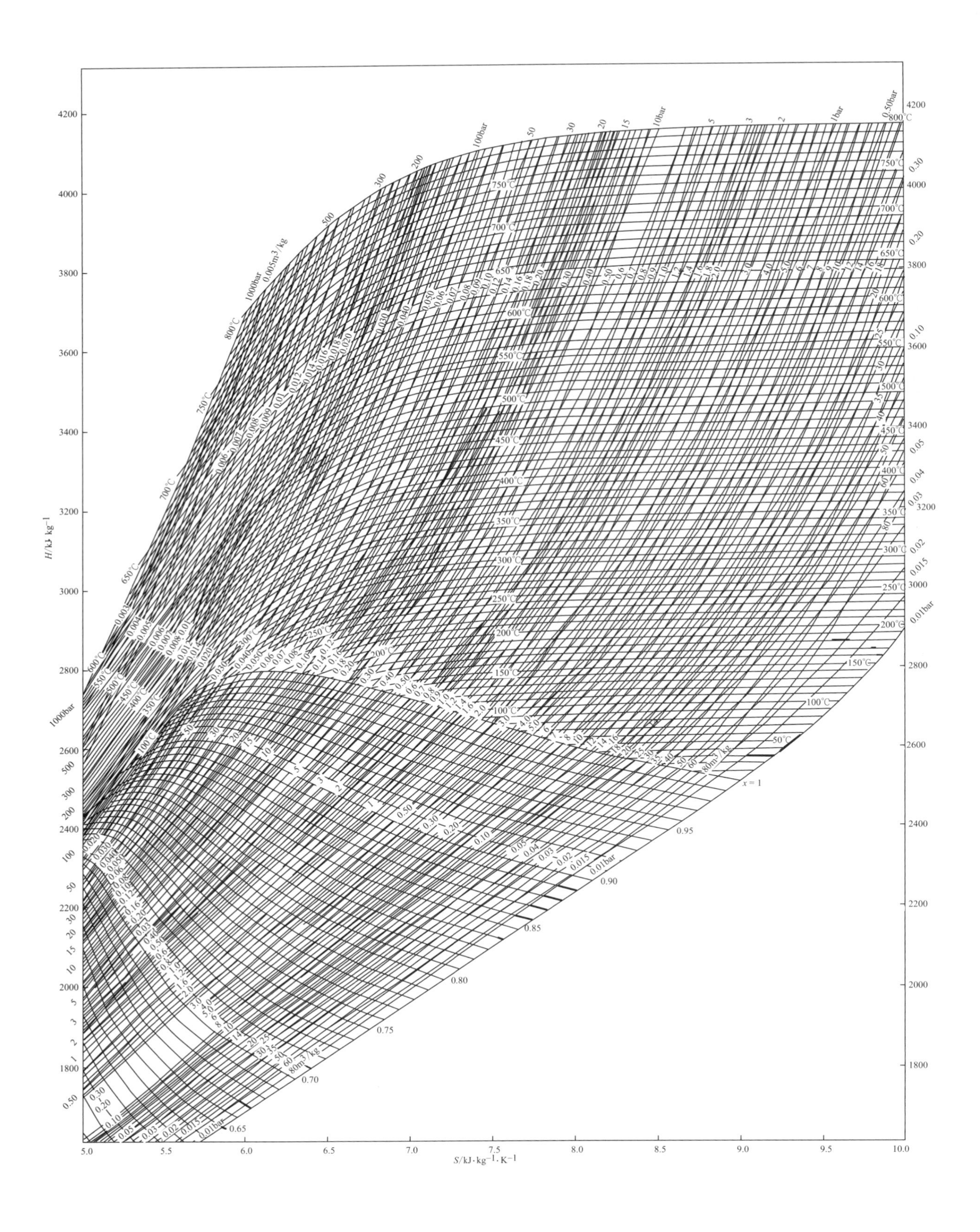

附录 13 空气的 *T*-*S* 图

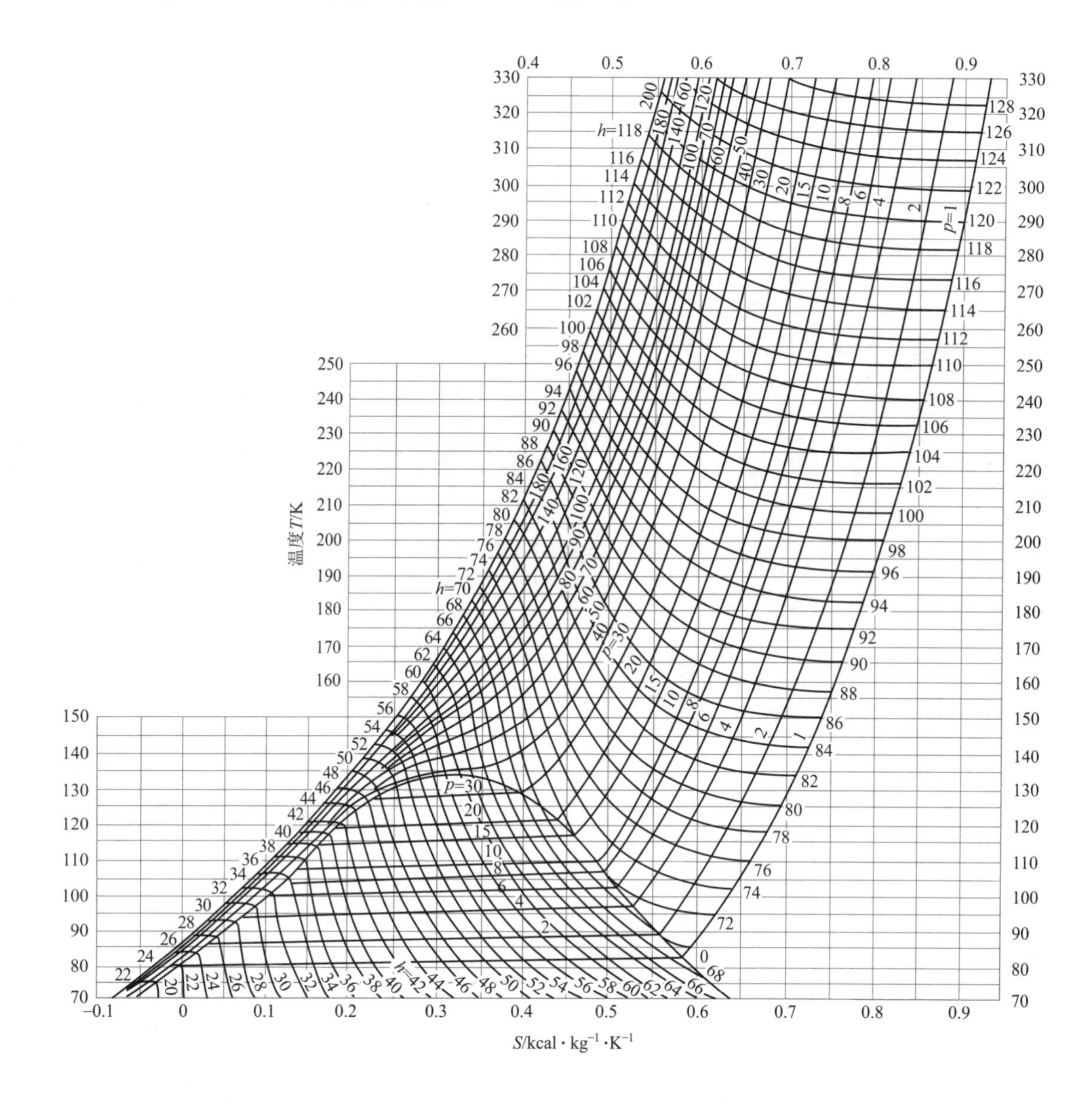

单位：压力，atm
焓，kcal·kg^{-1}
熵，kcal·kg^{-1}·K^{-1}
温度，K

附录 14　主要公式的推导

附录 14.1　由 RK 方程计算组分逸度公式的推导——公式(4-75)的推导

$$p=\frac{nRT}{nV-nb}-\frac{n^2a}{T^{1/2}(nV)(nV+nb)}$$

在恒 T、nV、$n_{j(\neq i)}$ 时求偏导，且 $nV=V_t$，d（nV）=dV_t 有

$$\left(\frac{\partial p}{\partial n_i}\right)_{T,(nV),n_{i\neq j}}=\frac{\partial}{\partial n_i}\left(\frac{nRT}{nV-nb}\right)_{T,(nV),n_{i\neq j}}-\frac{\partial}{\partial n_i}\left[\frac{n^2a}{T^{0.5}nV(nV+nb)}\right]_{T,(nV),n_{i\neq j}}$$

$$=\frac{\partial}{\partial n_i}\left(\frac{nRT}{V_t-nb}\right)_{T,V_t,n_{i\neq j}}-\frac{\partial}{\partial n_i}\left[\frac{n^2a}{T^{0.5}V_t(V_t+nb)}\right]_{T,V_t,n_{i\neq j}}$$

$$=\frac{RT}{V_t-nb}+\frac{nRT\left(\frac{\partial nb}{\partial n_i}\right)}{(V_t-nb)^2}-\frac{\left(\frac{\partial n^2a}{\partial n_i}\right)}{T^{0.5}V_t(V_t+nb)}+\frac{n^2a\left(\frac{\partial nb}{\partial n_i}\right)}{T^{0.5}V_t(V_t+nb)^2}$$

$$\ln\hat{\varphi}_i=\frac{1}{RT}\int_{\infty}^{V_t}\left[\frac{RT}{V_t}-\frac{RT}{V_t-nb}-\frac{nRT\left(\frac{\partial nb}{\partial n_i}\right)}{(V_t-nb)^2}+\frac{\left(\frac{\partial n^2a}{\partial n_i}\right)}{T^{0.5}V_t(V_t+nb)}-\frac{n^2a\left(\frac{\partial nb}{\partial n_i}\right)}{T^{0.5}V_t(V_t+nb)^2}\right]\mathrm{d}(V_t)-\ln Z$$

其中，第一、二项的积分为

$$\frac{1}{RT}\int_{\infty}^{V_t}\left(\frac{RT}{V_t}-\frac{RT}{V_t-nb}\right)\mathrm{d}V_t=\ln V_t-\ln(V_t-nb)=\ln\frac{V}{V-b}$$

其中 $b\rightarrow b_m$，按线性混合规则考虑，$b_m=\sum_i y_ib_i$，且$\frac{\partial nb}{\partial n_i}=b_i$，第三项的积分为

$$\frac{1}{RT}\int_{\infty}^{V_t}\left[-\frac{nRT\frac{\partial nb}{\partial n_i}}{(V_t-nb)^2}\right]\mathrm{d}V_t=-n\frac{\partial nb}{\partial n_i}\int_{\infty}^{V_t}\frac{1}{(V_t-nb)^2}\mathrm{d}V_t=\frac{b_i}{V_t-b}$$

按传统的二次型混合规则考虑，$a\rightarrow a_m$，$a_m=\sum_i\sum_j(y_iy_ja_{ij})$，且

$$\frac{\partial n^2a}{\partial n_i}=\frac{\partial}{\partial n_i}\left(n^2\sum_j\sum_i y_iy_ja_{ij}\right)=\frac{\partial}{\partial n_i}\left(\sum_j\sum_i n_in_ja_{ij}\right)$$

$$=a_{ij}\frac{\partial}{\partial n_i}\left[\sum_j n_j(n_1+n_2+\cdots+n_i+\cdots)\right]$$

$$=a_{ij}\frac{\partial}{\partial n_i}\begin{bmatrix}n_1(n_1+n_2+\cdots+n_i+\cdots)+n_2(n_1+n_2+\cdots+n_i+\cdots)+\\\cdots+n_i(n_1+n_2+\cdots+n_i+\cdots)+\cdots\end{bmatrix}$$

$$=2\sum_j n_ja_{ij}$$

则第四项的积分为

$$\frac{1}{RT}\int_{\infty}^{V_t}\left(\frac{T^{-0.5}\frac{\partial n^2 a}{\partial n_i}}{V_t(V_t+nb)}\right)dV_t=\frac{1}{RT^{1.5}}\frac{\partial n^2 a}{\partial n_i}\int_{\infty}^{V_t}\frac{1}{nb}\left(\frac{1}{V_t}-\frac{1}{V_t+nb}\right)dV_t$$

$$=\frac{1}{nb}\frac{1}{RT^{1.5}}\frac{\partial n^2 a}{\partial n_i}\ln\frac{V}{V+b}=\frac{2\sum_j y_j a_{ij}}{bRT^{1.5}}\ln\frac{V}{V+b}$$

第五项积分为

$$\frac{1}{RT}\int_{\infty}^{V_t}\left[-\frac{T^{-0.5}n^2 a\left(\frac{\partial nb}{\partial n_i}\right)}{V_t(V_t+nb)^2}\right]dV_t=\frac{1}{RT^{1.5}}\left(-n^2 a\frac{\partial nb}{\partial n_i}\right)\int_{\infty}^{V_t}\left[\frac{1}{V_t(V_t+nb)^2}\right]dV_t$$

$$=\left[\frac{1}{nb(V_t+nb)}-\frac{1}{n^2b^2}\ln\frac{V+b}{V}\right]\left(-n^2 a\frac{1}{RT^{1.5}}\frac{\partial nb}{\partial n_i}\right)$$

则溶液中组分的活度系数计算

$$\ln\hat{\varphi}_i=\ln\left(\frac{V}{V-b_m}\right)+\left(\frac{b_i}{V-b_m}\right)-\frac{2\sum_j^n y_j a_{ij}}{b_m RT^{1.5}}\ln\left(\frac{V+b_m}{V}\right)+$$

$$\frac{a_m b_i}{b_m^2 RT^{1.5}}\left[\ln\left(\frac{V+b_m}{V}\right)-\left(\frac{b_m}{V+b_m}\right)\right]-\ln\left(\frac{pV}{RT}\right)$$

若用压缩因子代入上式，则

$$\ln\hat{\varphi}_i=\frac{b_i}{b_m}(Z-1)-\ln\frac{p(V-b_m)}{RT}-\frac{a_m}{b_m RT^{1.5}}\left[\frac{2\sum_{j=1}^N y_j a_{ij}}{a_m}-\frac{b_i}{b_m}\right]\ln\left(1+\frac{b_m}{V}\right)\tag{4-75a}$$

结合 Prausnitz 提出的混合规则，上面公式中的交叉项计算为

$$a_{ij}=\frac{0.42748R^2T_{cij}^{2.5}}{p_{cij}}\qquad b_i=0.08664\frac{RT_{c,i}}{p_{c,i}}$$

$$T_{cij}=(T_{ci}T_{cj})^{1/2}(1-k_{ij})\qquad V_{cij}=\left(\frac{V_{ci}^{1/3}+V_{cj}^{1/3}}{2}\right)^3$$

$$Z_{cij}=\frac{Z_{ci}+Z_{cj}}{2}\qquad \omega_{ij}=\frac{\omega_i+\omega_j}{2}$$

附录 14.2 开系非稳态过程能量平衡方程式的推导

敞开体系的特点：系统与环境有物质的交换，物质流入和流出量可相等也可不相等；系统与环境除有热功交换外，还包括物流输入和输出携带的能量。

敞开系统的划分：可以是化工生产中的一台或几台设备，也可以是一个过程或几个过程，甚至可以是一个化工厂，把划定的开放系统那部分称为控制体，用 σ 表示。控制体的能量平衡与质量平衡如图所示。

图中 i 表示进入系统；j 表示流出系统。i 和 j 可以相等，也可以不等，$i=1, 2, 3, \cdots, N$；$j=1, 2, 3, \cdots, N$。m_i 和 m_j 分别表示进入和离开控制体的质量流量；e_i 和 e_j 分别为某时刻进入和离开物质单位质量所携带的能量；$(\delta Q)_\sigma$ 和 $(\delta W)_\sigma$ 分别表示控制体与外界交流的热传递流率和功传递流率；$(\dot{M}_{积累})_\sigma$ 和 $(\dot{E}_{积累})_\sigma$ 分别为控制体内质量和能量的积累速率。

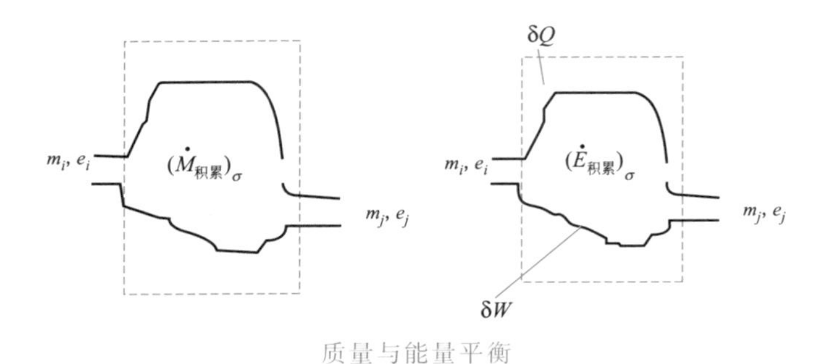

质量与能量平衡

如果通过边界的物质所携带的能量只限于位能、动能和内能，则单位质量流体携带的能量 e 为

$$e=U+gz+\frac{1}{2}u^2 \tag{A}$$

式中，z 为位高；g 为重力加速度；u 为流体的平均流速。

根据能量守恒原理，该控制体在时间间隔 $\Delta\tau=\tau_2-\tau_1$ 内总能量变化为

$$\Delta E=Q+W+\sum_i\int_{\tau_1}^{\tau_2}e_i m_i\,\mathrm{d}\tau-\sum_j\int_{\tau_1}^{\tau_2}e_j m_j\,\mathrm{d}\tau \tag{B}$$

对于非稳态过程，该过程的质量和性质均随着时间而变化，但其边界却固定不变。m_i、m_j 是变量，e_i、e_j、m_i、m_j 均是时间的函数，不能放到积分号以外。若为多股物流，积分后还需求和。Q 和 W 分别为控制体在时间间隔 $\Delta\tau$ 内敞开系统与外界交换的热和功（吸热为正，做功为正），式(B) 右边第三项表示在时间间隔 $\Delta\tau$ 内物质流进入系统携带的能量，第四项为物质流离开系统所带走的能量。

下面考察系统与外界交换的功 W，此功应包括两部分：一部分为物质进出控制体所交换的功（将物流推入、推出要做功）W_f，另一部分为其他边界交换的功 W_s。

$$W=W_\mathrm{f}+W_\mathrm{s} \tag{C}$$

W_f 为流动功，即物质流进、出控制体时与前后流体互相推动所交换的功，若进入开系，单位质量流体的体积为 v_i，所受的压力为 p_i，则上游流体对其做的功为 $p_i v_i$；同理，离开的流体对下游流体所做的功为 $p_j v_j$。物质流入对系统做功为正，物质流出对外做功为负，所以当有多股物流进出时

$\sum_i p_i v_i m_i$　　$\sum_j p_j v_j m_j$

进　　出

$$W_\mathrm{f}=\sum_i\int_{\tau_1}^{\tau_2}p_i v_i m_i\,\mathrm{d}\tau-\sum_j\int_{\tau_1}^{\tau_2}p_j v_j m_j\,\mathrm{d}\tau$$

W_s 为开系与外界通过机械轴所交换的功，即物质流在经过产功设备或耗功设备的流动过程中，由于压力的变化导致流体发生膨胀或压缩，由该设备的机械轴传出或输入的功。因为设备用轴带动，因此也称轴功。机械轴可以理解为转动的，也可以是往复的。泵、鼓风机和压缩机是消耗功的设备。透平（汽轮机）和水轮机是产生功的设备。因此式(B) 可写成

$$\Delta E=Q+W_\mathrm{s}+\sum_i\int_{\tau_1}^{\tau_2}(e_i+p_i v_i)m_i\,\mathrm{d}\tau-\sum_j\int_{\tau_1}^{\tau_2}(e_j+p_j v_j)m_j\,\mathrm{d}\tau \tag{D}$$

将式(A) 和焓的定义式 $h\equiv U+pv$ 分别代入上式的 i 和 j 项，可得敞开系统流动过程的能量平衡式

$$\Delta E=Q+W_\mathrm{s}+\sum_i\int_{\tau_1}^{\tau_2}(H_i+gz_i+1/2u_i^2)m_i\,\mathrm{d}\tau-\sum_j\int_{\tau_1}^{\tau_2}(H_j+gz_j+1/2u_j^2)m_j\,\mathrm{d}\tau \tag{E}$$

当 $\Delta\tau\rightarrow0$ 时，上式变成

$$\frac{dE}{d\tau}=\frac{\delta Q}{d\tau}+\frac{\delta W_s}{d\tau}+\sum_i m_i\left(H_i+gz_i+\frac{1}{2}u_i^2\right)-\sum_j m_j\left(H_j+gz_j+\frac{1}{2}u_j^2\right) \tag{F}$$

上两式均为敞开系统通用的能量平衡方程，推导过程未做任何假设，因此适用于任何实际过程。利用此式可以研究流体流动过程中质量或能量的积累（或释放）、流体的质量和能量随时间而变化等非稳定流动过程。

附录 15　基团贡献法

基团贡献法的实质是认为同一基团在不同分子中对于热力学性质的贡献完全相同。因而可以将物质的热力学性质看成是构成该物质各基团性质贡献的加和。例如：基团贡献法认为乙醛（CH_3CHO）与异丙胺［$(CH_3)_2CHNH_2$］中，基团［$—CH_3$］对两种物质的热力学性质贡献是一样的，不受其他基团和位置的影响。该方法的优点是可以通过少量基团参数，预测大量化合物的性质。缺点是带有一定的近似性。

采用基团贡献法估算理想气体热容的关联式有许多种，但形式简单又能保持一定精度的是Joback法。该方法把理想气体的热容表示为：

$$C_p^{ig}=\left(\sum_j n_j\Delta a-37.93\right)+\left(\sum_j n_j\Delta b+0.210\right)T+\left(\sum_j n_j\Delta c-3.91\times10^{-4}\right)T^2+\left(\sum_j n_j\Delta d+2.06\times10^{-7}\right)T^3 \tag{A}$$

式中，n_j 是第 j 种类型基团的数目；Δ 是该基团对物质摩尔热容的贡献；温度 T 的单位是 K。有关基团的 Δ 值列于 Joback 基团贡献值表。

Joback 基团贡献值表

基团种类	基团对物质摩尔热容的贡献 Δ			
	Δa	Δb	Δc	Δd
非环中				
$—CH_3$	1.95E+1	−8.08E−3	1.53E−4	−9.67E−8
$—CH_2—$	−9.09E−1	9.50E−2	−5.44E−5	1.19E−8
>CH—	−2.30E+1	2.04E−1	−2.65E−4	1.20E−7
>C<	−6.62E+1	4.27E−1	6.41E−4	3.01E−7
$=CH_2$	2.36E+1	−3.81E−2	1.72E−4	−1.03E−7
=CH—	−8.00	1.05E−1	−9.63E−5	3.56E−8
=C=	2.74E+1	−5.57E−2	1.01E−4	−5.02E−8
≡CH	2.45E+1	−2.71E−2	1.11E−4	−6.78E−8
≡C—	7.87	2.01E−2	−8.33E−6	1.39E−9
环中				
$—CH_2—$	−6.03	8.54E−2	−8.00E−6	−1.80E−8
>CH—	−2.05E+1	1.62E−1	−1.60E−4	6.24E−8
>C<	−9.09E+1	5.57E−1	−9.00E−4	4.69E−7
=CH—	−2.14	5.74E−2	−1.64E−6	−1.59E−8
=C<	−8.25	1.01E−1	−1.42E−4	6.78E−8

续表

基团种类	基团对物质摩尔热容的贡献Δ			
	Δa	Δb	Δc	Δd
卤素				
—F	2.65E+1	−9.13E−2	1.91E−4	−1.03E−7
—Cl	2.33E+1	−9.63E−2	1.87E−4	−9.96E−8
—Br	2.86E+1	−6.49E−2	1.36E−4	−7.45E−8
—I	2.31E+1	−6.41E−2	1.26E−4	−6.87E−8
含O基团				
—OH(醇)	2.57E+1	−6.41E−2	1.26E−4	−6.87E−8
—OH(酚)	−2.81	1.11E−1	−1.16E−4	−4.96E−8
—O—（非环）	1.25E+1	−6.32E−2	1.11E−4	−5.48E−8
—O—（环）	1.22E+1	−1.26E−2	6.03E−4	−3.86E−8
>C═O（非环）	6.45	6.70E−2	3.57E−4	−2.86E−9
>C═O（环）	3.04E+1	−8.29E−2	2.36E−4	−1.31E−7
O═CH—（醛）	3.09E+1	−3.36E−2	1.60E−4	−9.88E−8
—COOH（酸）	2.41E+1	4.27E−2	8.04E−5	−6.87E−8
—COO—（酯）	2.45E+1	4.02E−2	−4.02E−5	−4.52E−8
═O（不包括以上各类）	6.82	1.96E−2	1.27E−7	−1.78E−8
含N基团				
$—NH_2$	2.69E+1	−4.12E−2	1.64E−4	−9.76E−8
>NH（非环）	−1.21	7.62E−2	4.86E−5	1.05E−8
>NH（环）	1.18E+1	−2.30E−2	1.07E−4	−6.28E−8
>N—（非环）	−3.11E+1	2.27E−1	−3.20E−4	1.46E−7
>N═（环）	8.83	−3.84E−3	4.35E−5	−2.60E−8
═NH	5.69	−4.12E−3	1.28E−4	−8.88E−8
—CN	3.65E+1	−7.33E−2	1.84E−4	−1.03E−7
$—NO_2$	2.59E+1	−3.74E−3	1.29E−4	−8.88E−8
含硫基团				
—SH	3.53E+1	−7.58E−2	1.85E−4	−1.03E−7
—S—（非环）	1.96E+1	−5.61E−3	4.02E−5	−2.76E−8
—S—（环）	1.67E+1	4.81E−3	2.77E−5	−2.11E−8

【例题】 试用Joback基团加和法计算丁腈（$C_2H_5CH_2CN$）在500K时的C_p^{ig}。

解：丁腈分子含有一个$—CH_3$基团，两个$—CH_2—$基团，一个—CN基团，由Joback基团贡献值表查出各Joback基团值如下。

丁腈分子的 Joback 基团值

基团	n_j	$n_j\Delta a$	$n_j\Delta b$	$n_j\Delta c$	$n_j\Delta d$
$—CH_3$	1	1.95E+1	−8.03E−3	1.53E−4	−9.67E−8
$—CH_2—$	2	(−9.09E−1)×2	(9.50E−2)×2	(−5.44E−5)×2	(1.19E−8)×2
—CN	1	3.65E+1	−7.33E−2	1.84E−4	−1.03E−7
Σ		54.18	0.109	2.28E−4	−1.76E−7

将以上数值代入式(A)，得：

$$C_p^{ig}=(54.18-37.93)+(0.109+0.210)\times500+(2.28\times10^{-4}-3.91\times10^{-4})\times(500^2)+(-1.76\times10^{-7}+2.06\times10^{-7})\times(500^3)=138.75\mathrm{J\cdot mol^{-1}\cdot K^{-1}}$$

由文献查出实验值为 $138.37\mathrm{J\cdot mol^{-1}\cdot K^{-1}}$

$$误差=\frac{138.75-138.37}{138.37}\times100\%=0.3\%$$

参考文献

[1] Y A Cengel，M A Boles. Thermodynamics：An Engineering Approach，8th. McGraw-Hill，2014.

[2] 朱自强，吴有庭．化工热力学．第 3 版．北京：化学工业出版社，2010.

[3] 陈钟秀．化工热力学．第 3 版．北京：化学工业出版社，2012.

[4] S I Sandler. Using Aspen Plus in Thermodynamics Instruction：A Step-by-Step Guide. Wiley-AIChE，2015.

[5] 马沛生等．化工热力学（通用型）．第 2 版．北京：化学工业出版社，2009.

[6] 陈新志等．化工热力学．第 4 版．北京：化学工业出版社，2015.

[7] 郑丹星．流体与过程热力学．第 2 版．北京：化学工业出版社，2010.

[8] 施云海等．化工热力学．第 2 版．上海：华东理工大学出版社，2013.

[9] 陈光进．化工热力学．北京：石油工业出版社，2006.

[10] 胡英．化工热力学//时钧，汪家鼎，余国琮，陈敏恒．化学工程手册．第 2 版．北京：化学工业出版社，2002.

[11] （美）史密斯等著．化工热力学导论（原著第七版）．刘洪来，陆小华，陈新志等译．北京：化学工业出版社，2008.

[12] （美）普劳斯尼茨等著．流体相平衡的分子热力学（原著第三版）．陆小华，刘洪来译．北京：化学工业出版社，2006.

[13] 朱自强．流体相平衡原理及其应用．杭州：浙江大学出版社，1990.

[14] S I Sandler. Chemical，Biochemical，and Engineering Thermodynamics. 4th. John Wiley & Sons，2006.

[15] 高光华．高等化工热力学．北京：清华大学出版社，2010.

[16] 何立明．工程热力学．北京：航空工业出版，2004.

[17] 崔克清．安全工程与科学导论．北京：化学工业出版社，2004.

[18] 冯新等．化工热力学．北京：化学工业出版社，2009.